普通高等教育"十一五"国家级规划教材
国家级线上一流课程和线上线下混合式一流课程配套教材

分析化学

（第四版）

湖南大学化学化工学院　组编
王玉枝　宦双燕　张正奇　主编
刘剑波　副主编

科学出版社
北京

内 容 简 介

本书为普通高等教育"十一五"国家级规划教材，也是国家级线上一流课程和线上线下混合式一流课程配套教材。全书共 10 章(绪论单列)，包括分析质量保证、采样和试样预处理、化学分析法、原子光谱分析法、分子光谱分析法、核磁共振波谱分析法、质谱分析法、电化学分析法、色谱分离分析法、毛细管电泳分离分析法。介绍了各类分析方法的基本原理、仪器结构、特点、应用领域及最新进展等。每章前有内容提要，后有小结和习题，另有分析化学前沿知识介绍、科学家传略等阅读材料，部分重点知识还配有教学视频，均可通过扫描二维码查看，力争给读者提供最新的分析化学知识和技术，以及提高读者的学习效率和阅读兴趣。

本书可作为高等理工和师范院校化学、应用化学、化工、材料、生物、环境等专业的本科生教材，也可供相关师生、分析测试工作者和自学者参考和阅读。

图书在版编目（CIP）数据

分析化学 / 王玉枝，宦双燕，张正奇主编. —4 版. —北京：科学出版社，2023.4

普通高等教育"十一五"国家级规划教材　国家级线上一流课程和线上线下混合式一流课程配套教材

ISBN 978-7-03-074099-1

Ⅰ. ①分… Ⅱ. ①王… ②宦… ③张… Ⅲ. ①分析化学-高等学校-教材 Ⅳ. ①O65

中国版本图书馆 CIP 数据核字（2022）第 231184 号

责任编辑：陈雅娴 / 责任校对：杨　赛
责任印制：张　伟 / 封面设计：迷底书装

科学出版社　出版
北京东黄城根北街 16 号
邮政编码：100717
http://www.sciencep.com

北京中科印刷有限公司　印刷
科学出版社发行　各地新华书店经销

*

2001 年 9 月第 一 版　开本：787×1092 1/16
2006 年 1 月第 二 版　印张：34　插页：1
2016 年 1 月第 三 版　字数：870 000
2023 年 4 月第 四 版　2023 年 10 月第十四次印刷

定价：98.00 元

（如有印装质量问题，我社负责调换）

《分析化学》(第四版)编写委员会

主　编　王玉枝　宦双燕　张正奇

副主编　刘剑波

编　委（按姓名汉语拼音排序）

蔡青云　陈婷婷　陈贻文　陈增萍　崔　承　郭慢丽
宦双燕　黄　晋　黄杉生　蒋健晖　柯国梁　雷春阳
李继山　刘　宇　刘剑波　刘艳岚　罗明辉　邱丽萍
石　慧　宋国胜　谈　洁　唐　昊　唐丽娟　王　青
王玉枝　吴海龙　吴朝阳　吴振坤　熊　斌　羊小海
游常军　曾鸽鸣　张晓兵　张正奇　赵子龙　郑　晶

第四版前言

《分析化学》第一版于2001年9月问世,第二版于2006年1月问世,第三版于2016年1月问世。本书是普通高等教育"十一五"国家级规划教材,自2001年出版至今一直作为湖南大学化学类、化工类、环境、生物、医学等专业的基础课教材,也被其他高校用作教材和教学参考书。近年来,由于化学、生物学、物理学、信息科学等学科的迅猛发展,涌现了多种多样的分析化学新原理与新方法,分析化学得到了极大发展,其应用领域也更加宽广。

本次修订时,在基本保留第三版整体框架和布局的基础上,贯彻落实党的二十大精神,注重"学思用"贯通,深挖知识内容蕴含的思政元素,增加了思政育人案例、分析化学前沿思想等内容的介绍和融入,设计相关互动讨论版块;增加化学分析、仪器分析和综合谱图解析相关例题和练习,力求做到内容全面,概念清晰,深入浅出,紧跟学科前沿,渗透价值引领,体现科学性、时代性和前沿性。在强调基本原理、基本概念和基础知识、基本操作和技能基础上,增加应用实例,以提高读者综合运用所学理论解决实际问题的能力和技巧。加强数字媒体资源的更新和嵌入,构建适应新时代、能应用于各类教学需求的新形态立体化教材。通过整体修订,力争使教材更完善,更贴近教学实践。

读者扫描书中的二维码可以查看拓展资源,如课程思政案例、知识点微课视频、仪器设备原理和结构等虚拟仿真动画、仪器介绍和演示等。

第四版修订编写主要人员有:陈增萍(第1章),王玉枝(第2章、第3章),王青(4.1节、4.2节),张晓兵、柯国梁(4.3节),蒋健晖、唐昊(5.1节、5.4节),熊斌(5.2节)、邱丽萍(5.3节),宦双燕(第6章),游常军(第7章),羊小海(第8章、第10章),唐昊(第9章)。思考题和习题修订:李继山、吴振坤、雷春阳、宋国胜、黄晋、邱丽萍、熊斌、宦双燕、游常军、蔡青云、刘艳岚、赵子龙。章节引入、课程思政、应用案例等资源建设:石慧、陈婷婷、郑晶、谈洁、唐丽娟、宦双燕、游常军、刘剑波、崔承、吴海龙。仪器设备原理和结构等虚拟动画、仪器介绍和演示等数字资源引入:宦双燕。刘剑波、宦双燕和王玉枝对全书进行了统稿和审定。

在本书编写过程中,编者参考了一些相关的专著、教材、手册和文献等,受益匪浅。主要参考文献已列于书后。本书的编写和出版得到了科学出版社的大力支持,在此深表谢意。

限于编者水平,无论是在内容取舍还是在难易程度的把握等方面都具有一定的试探性,书中如有错误和不妥之处,恳请读者和同行指正。

编 者

2022年12月

第三版前言

科学及社会发展日新月异，教材的建设需与时俱进，不断更新。本书第一版于2001年9月出版，第二版于2006年1月出版，按照3~5年就要更新教材的规律，第三版亟待出版。在这种压力下，编者克服重重困难，完成了第三版修订工作。本次修订根据第二版各使用院校的反馈意见，并结合精品课程建设的实践经验，对内容进行了适当的增删。

由于第一版和第二版编写人员中大部分已退休，第三版除主编系原编写人员外，其余编者均为目前在职的年轻教师。

第一版和第二版主编为张正奇教授，编写人员为黄杉生(现为上海师范大学生命与环境科学学院教授)、陈贻文、罗明辉、王玉枝、曾鸽鸣。第三版主要在第二版编写的基础上进行修订，某些章节改动不多，主要是第一版和第二版编写人员的贡献。在此，修订编者对前两版编写人员打下的良好基础表示衷心的感谢!

第三版修订编者经过认真总结研究，确定在基本保留第一版和第二版整体结构和布局的基础上，进行适当调整。将原来的分离分析方法拆分为采样和试样预处理、色谱分离分析法并作为单独章，增加了毛细管电泳分离分析法内容。其余各章节在第二版基础上进行了适当增删和修改，力求做到内容全面、概念清晰、深入浅出、紧跟学科前沿。在强调基本理论、基本概念、基本知识和基本技能基础上，增加应用示例，以提高读者综合运用所学理论解决实际问题的能力和技巧。

参加第三版修订的主要人员为：陈增萍(第1章)，王玉枝(第2章、3.6节、第9章)，郭慢丽(现为华南师范大学化学与环境学院副教授，第3章)，王青(第4章)，蒋健晖、唐昊(第5章)，吴朝阳(第6章)，宦双燕(第7章、5.2节、5.3节)，羊小海(第8章、第10章)，其中王玉枝和宦双燕负责全书统稿。

在编写过程中编者参考了一些相关的专著、教材、手册和文献等，受益匪浅，主要参考文献已列于书后。在本书编写过程中得到了科学出版社领导、编辑人员的大力支持，在此深表谢意。

限于编者水平，无论是在内容取舍还是在难易程度的把握等方面都具有一定的试探性，书中如有疏漏和不妥之处，恳请读者和同行指正。

编 者
2015年10月

第二版前言

承蒙广大读者厚爱，自《分析化学》第一版问世以来，许多读者来信来电，提出了宝贵意见，特别是华东交通大学的老师们十分关心本教材，提出了许多修改建议。鉴于分析方法已由化学分析方法向仪器分析方法转变，分析仪器也正在向智能化、微型化方向发展，因此，本次再版仍保留第一版的整体结构和布局，仅对部分章节内容作了修改。

近两年来，我们在使用本教材第一版进行教学过程中，发现部分内容必须调整和修订，才能满足教和学的需要，为此，我们进行了认真的总结研究。比如：对于第 2 章，抓住酸碱滴定、配位滴定、沉淀滴定和氧化还原滴定的共性，即四大滴定反应可用一个化学反应式来描述，从而奠定了构建滴定分析整体的基础；同时，抓住分布系数这根主线，将酸碱平衡体系、配位平衡体系、沉淀平衡体系和氧化还原平衡体系中各型体平衡浓度的计算公式归纳为一个公式。这样，使酸碱滴定、配位滴定、沉淀滴定和氧化还原滴定真正地融为一体，因而教起来方便，学起来轻松，记起来容易，教学时数也可压缩为 12 学时左右，达到了分析化学教学以仪器分析为主的目的。又如：在第 7 章增加了紫外光谱、红外光谱、核磁共振波谱和质谱综合解析一节，以提高读者综合运用所学理论解决实际问题的能力和解析技巧。思考题从章末移至相关内容后，更便于读者理解和掌握教学重点。

参加本次修订的均为原参编人员，其中张正奇对全书进行了统稿。

感谢华东交通大学以及使用本教材的各校师生对本教材的关心和支持。书中难免存在错误，敬请读者批评指正。

编 者
2004 年 2 月

第一版前言

本教材是根据教育部理工科化学教学指导委员会拟订的关于化学、应用化学和化工类专业化学教学基本内容的要求而编写的。它是近几年来我们进行分析化学教学内容、课程体系及教学方法改革,并在化学和应用化学专业进行教学改革实践的经验总结,也是湖南大学国家工科化学教学基地建设的成果之一。

分析化学是获得物质化学成分和结构信息的科学。现代分析化学正处在第三次变革时期。生命科学、材料科学、环境科学和信息科学的飞速发展不断对分析化学提出新的挑战,也为分析化学提供了新的发展机遇和研究领域。当代生物技术、计算机技术和信息技术等新成就的引入,使分析化学进入了一个崭新时代,分析化学的研究手段和研究对象众多。在现代分析化学的坐标轴上,已不仅是传统的分析信号与浓度的二维关系,而要扩展到与时间、温度、空间结构和性能、生物活性等多维空间。为了培养适应现代分析化学高速发展需要的人才队伍,世界各国都在进行分析化学教学改革。近些年来,我们在分析化学教学中进行了系统的改革,在改革中不断更新教学观念、教育思想和教学内容,不断实践,不断总结经验,推出了这本《分析化学》教材,作为化学、应用化学和化工类专业分析化学基础课程教材,它是《国家工科化学基础课程教学基地(湖南大学)化学主干课程系列教材》之四。本教材以物理化学为先导课程,将化学分析和仪器分析作为一个整体,进行优化整改,精选内容,突出重点,着重阐述各类分析方法的基本原理和应用,提高学生综合运用能力。本教材主要的变化有下面几个方面:

(1) 鉴于分析化学正处在变革时期,分析方法正在由化学分析方法向仪器分析方法转变,测定的含量由常量向微量、痕量转变,分析仪器在向智能化、微型化转变,测量方式由离线(离体)检测向在线(in line)检测和活体分析转变,本教材在布局和内容编排上作了较大调整。例如,在化学分析部分,抓住平衡体系中分布系数这根主线,将酸碱滴定、配位滴定、氧化还原滴定和沉淀滴定四章合并为"滴定分析法"一章;仪器分析中的光度滴定、电导滴定、电位滴定、电流滴定和交流示波极谱滴定等并入本章中的"确定滴定终点的方法"一节;仪器分析中的电解分析法也并入化学分析部分的重量分析法中;色谱分析法并入分离分析方法一章;光学分析部分合并为原子光谱分析法和分子光谱分析法两章;电位分析法、伏安和极谱法以及库仑分析法合并为电化学分析法。以增强学生对分析化学学科的系统性、完整性和整体感的认识。

(2) "量"是分析化学的核心之一。分析化学的"产品"是分析测试数据。分析测试数据的可信度即为该产品的质量。为了提高分析测试质量,增强分析数据的可靠性,我们在本教材第一章"分析质量保证"中加强了数理统计理论阐述,将分析测定结果的可靠性检验方法,如 u 检验、t 检验、F 检验和 χ^2 检验等理论与化学应用紧密结合,深入浅出、简明扼要地论述了保证分析质量的原理和提高分析质量的方法,使学生不仅懂得如何处理分析数据,还懂得为什么要这样处理。

(3) 在取材方面，秉着精选内容、删除陈旧、强化基础、注重应用、兼顾前沿的原则，简明扼要地讲深讲透各类方法的基本原理及其特点，用适当篇幅介绍这些分析方法在生命科学、环境科学、材料科学和信息科学中的应用，并扼要地介绍其最新发展。

本教材理工通用。理科化学分析 40 学时，仪器分析 70 学时，讲授全书内容。工科化学分析 24 学时，仪器分析 40 学时，不讲授本教材中带"*"号的章节。

本教材是湖南大学化学化工学院分析化学教研室全体教师共同努力的结果。参加编写的人员有：张正奇(绪论、第八章)、陈贻文(第六、七章以及第三章第六、七、八节、第五章第二节)、黄杉生(第四、五章)、罗明辉(第二章)、王玉枝(第三章、第二章第六节)、曾鸽鸣(第一章)。本书由张正奇任主编。在编写过程中，得到了国防科技大学毛友安、湖南师范大学马铭和长沙电力学院李丹的大力支持；中南大学周春山教授主审了本教材，并提出了许多宝贵意见，编者深表谢意。

限于我们对分析化学教学改革的理解和教学经验，书中难免存在不妥甚至错误之处，恳望专家和读者批评指正，不胜感谢。

编　者

2001 年 2 月于湖南大学

符 号 表

α_M	金属离子副反应系数	$\varphi_{参}$	参比电极电极电位
$\alpha_{M(L)}$	配位效应系数	$\varphi_{接}$	液接电位
α_Y	EDTA 副反应系数	$\varphi_{指}$	指示电极电极电位
$\alpha_{Y(H)}$	EDTA 酸效应系数	ω	角速度(仪器分析)
$\alpha_{Y(N)}$	共存离子效应系数	Ω	不饱和度
β	累积稳定常数	a	活度
β_{pf}	沉淀累积稳定常数	a_{Ox}	氧化态活度
γ	活度系数;磁旋比	a_{Red}	还原态活度
Γ_0	吸附量	A	电极面积(电化学分析)
δ	分布系数(化学分析)		吸光度(光学分析)
	化学位移(核磁共振)	A_{Ox}	氧化态吸光度
	扩散层厚度(电化学分析)	A_{Red}	还原态吸光度
ε	摩尔吸收系数	c	分析浓度;总浓度
η	超电位	D	扩散系数
η_a	阳极超电位	E	电池电动势
η_c	阴极超电位	E_e	电子运动能量
λ	波长	E_i	激发电位
λ_{max}	最大吸收波长	E_n	核能
μ	折合质量(红外光谱)	E_r	分子转动能量
	磁矩(核磁共振)	E_t	分子平动能量
ν	频率	E_v	分子振动能量
ν_0	中心频率	$E_{分}$	分解电压
σ	总体标准偏差(化学分析)	F	法拉第常量
	屏蔽常数(核磁共振)	H	磁场强度
	标准偏差(色谱分离分析)	H_0	外磁场强度
τ	过渡时间	i	电流
φ	电极电位	i_d	极限扩散电流
φ_a	阳极电极电位	$i_{d,m}$	平均扩散电流
φ_c	阴极电极电位	i_{da}	氧化电流
φ_{de}	滴汞电极电极电位	i_{dc}	还原电流
φ_M	膜电位	i_p	峰电流
$\varphi^{\ominus}$	标准电极电位	I	光强度
$\varphi^{\ominus'}$	条件电极电位	J	偶合常数

K	平衡常数	Q	电量
K_a	酸离解常数	Q_{ads}	吸附电活性物消耗电量
K_{af}	酸稳定常数	Q_{dl}	双电层充电电量
K_b	碱离解常数	s	样本标准偏差
K_{bf}	碱稳定常数	t	时间
K_{MY}	配合物稳定常数	t_R	保留时间
K'_{MY}	条件稳定常数	t'_R	调整保留时间
K_{sp}	溶度积	T	热力学温度
K_w	水离子积	u	沉淀聚集速度(化学分析)
K_{wf}	水稳定常数		线速度(色谱分离分析)
m	质量	v	速度
m/z	质荷比	w	质量分数(化学分析)
P	动量	z	电荷

目　　录

第四版前言
第三版前言
第二版前言
第一版前言
符号表
绪论 ·· 1
  0.1　分析化学的任务与作用 ·· 1
  0.2　分析方法的分类 ·· 2
      0.2.1　定性分析、定量分析和结构分析 ··· 2
      0.2.2　无机分析和有机分析 ·· 2
      0.2.3　常量分析、半微量分析、微量分析和痕量分析 ································· 3
      0.2.4　化学分析和仪器分析 ·· 3
      0.2.5　例行分析、仲裁分析和快速分析 ··· 4
  0.3　发展中的分析化学 ··· 4
第 1 章　分析质量保证 ··· 7
  1.1　分析化学中误差的基本概念 ··· 7
      1.1.1　准确度和精密度 ··· 7
      1.1.2　分析测试中的误差 ·· 9
      1.1.3　公差 ·· 10
      1.1.4　误差的传递 ·· 10
  1.2　有效数字及其运算规则 ·· 12
      1.2.1　有效数字 ··· 12
      1.2.2　有效数字运算规则 ·· 13
      1.2.3　有效数字的运算规则在分析化学测定中的应用 ······························· 14
  1.3　分析数据的统计处理 ·· 15
      1.3.1　测量值集中趋势 ··· 15
      1.3.2　正态分布、χ^2 分布、t 分布和 F 分布 ·································· 18
      1.3.3　置信水平与平均值的置信区间 ·· 23
      1.3.4　分析数据的可靠性检验 ··· 25
      1.3.5　异常值的检验与取舍 ·· 31
      1.3.6　不确定度 ··· 33
  1.4　回归分析 ·· 34
      1.4.1　一元线性回归分析 ·· 34
      1.4.2　相关系数 ··· 36

1.5 提高分析结果准确度的方法 ·· 36
小结 ·· 38
习题 ·· 38
分析化学前沿领域简介——化学计量学 ·· 39

第2章 采样和试样预处理 ·· 40
2.1 实际试样分析的一般过程 ·· 40
2.2 试样采集 ··· 40
 2.2.1 试样的采集原则 ·· 40
 2.2.2 几种试样的采集 ·· 41
 2.2.3 采样器 ··· 43
2.3 试样的制备 ··· 43
2.4 试样的分解 ··· 43
 2.4.1 酸溶法或碱溶法 ·· 44
 2.4.2 熔融法 ··· 45
 2.4.3 半熔法 ··· 46
2.5 沉淀分离法 ··· 46
 2.5.1 无机沉淀剂沉淀分离法 ·· 46
 2.5.2 有机沉淀剂沉淀分离法 ·· 48
2.6 溶剂萃取分离法 ··· 49
 2.6.1 分配系数、分配比、萃取效率、分离因数 ····················· 49
 2.6.2 逆流分配分离 ··· 51
 2.6.3 萃取溶剂的选择 ·· 51
 2.6.4 萃取操作与反萃取 ·· 51
 2.6.5 固相萃取 ·· 51
 2.6.6 磁固相萃取 ·· 52
 2.6.7 超临界流体萃取 ·· 52
 2.6.8 微波萃取 ·· 53
2.7 离子交换分离法 ··· 53
 2.7.1 阴阳离子交换及离子交换树脂 ····································· 53
 2.7.2 离子交换分离操作程序 ·· 55
 2.7.3 离子交换分离法的应用 ·· 55
2.8 膜分离法 ··· 56
 2.8.1 过滤、超滤和纳滤 ·· 56
 2.8.2 透析 ··· 57
2.9 激光分离法 ··· 58
2.10 其他分离方法简介 ·· 58
 2.10.1 挥发和蒸馏分离法 ·· 58
 2.10.2 盐析法 ·· 59
 2.10.3 等电点沉淀法 ·· 59
2.11 分离技术的发展趋势 ··· 59

小结 ·· 60
　习题 ·· 60
　植物生理学家和化学家——茨维特 ·· 61
第3章　化学分析法 ·· 62
　3.1　滴定分析概述 ·· 62
　　3.1.1　滴定分析方法的分类 ·· 62
　　3.1.2　滴定分析对滴定反应的要求 ·· 63
　　3.1.3　基准物质和标准溶液 ·· 64
　　3.1.4　滴定方式 ·· 67
　3.2　滴定分析的基本理论 ·· 68
　　3.2.1　溶液中的化学平衡 ·· 68
　　3.2.2　分布系数 ·· 70
　　3.2.3　质子条件 ·· 73
　　3.2.4　酸碱溶液 pH 计算 ·· 74
　　3.2.5　配位平衡的条件稳定常数 ·· 83
　　3.2.6　氧化还原电对的条件电极电位 ·· 88
　3.3　确定滴定终点的方法 ·· 94
　　3.3.1　指示剂法 ·· 94
　　3.3.2　仪器分析方法指示终点 ·· 103
　3.4　滴定条件选择 ·· 106
　　3.4.1　滴定曲线 ·· 106
　　3.4.2　滴定误差 ·· 115
　　3.4.3　滴定条件 ·· 117
　3.5　滴定分析的应用 ·· 124
　　3.5.1　滴定常用标准溶液 ·· 124
　　3.5.2　直接滴定法 ·· 127
　　3.5.3　回滴定法 ·· 132
　　3.5.4　置换滴定法 ·· 134
　　3.5.5　间接滴定法 ·· 135
　　3.5.6　滴定分析结果计算 ·· 137
　3.6　重量分析法 ·· 140
　　3.6.1　重量分析理论基础 ·· 140
　　3.6.2　重量分析对沉淀形式及称量形式的要求 ·· 142
　　3.6.3　沉淀剂的选择 ·· 142
　　3.6.4　沉淀的形成与沉淀的条件 ·· 143
　　3.6.5　沉淀的过滤、洗涤、干燥或灼烧 ·· 149
　　3.6.6　重量分析法应用选例 ·· 150
　　3.6.7　复杂试样分析实例 ·· 151
　　3.6.8　电重量法 ·· 153
　小结 ·· 154

习题 ………………………………………………………………………………………… 154
名人故事——化学大师李比希 ………………………………………………………… 156

第 4 章　原子光谱分析法 ………………………………………………………… 157

4.1　原子吸收光谱分析法 …………………………………………………………… 157
4.1.1　原子吸收光谱法的基本原理 ……………………………………………… 158
4.1.2　仪器装置 …………………………………………………………………… 161
4.1.3　原子吸收光谱中的干扰及抑制 …………………………………………… 166
4.1.4　分析方法 …………………………………………………………………… 167
4.1.5　灵敏度与检出限 …………………………………………………………… 168
4.1.6　测定条件的选择 …………………………………………………………… 168

4.2　原子发射光谱分析法 …………………………………………………………… 169
4.2.1　原子发射光谱法的基本原理 ……………………………………………… 170
4.2.2　原子发射光谱仪 …………………………………………………………… 173
4.2.3　光谱定性分析 ……………………………………………………………… 176
4.2.4　光谱定量分析 ……………………………………………………………… 177

4.3　原子荧光光谱分析法 …………………………………………………………… 178
4.3.1　原子荧光光谱法的基本原理 ……………………………………………… 179
4.3.2　原子荧光光谱仪 …………………………………………………………… 181
4.3.3　原子荧光光谱定量分析 …………………………………………………… 182

小结 ……………………………………………………………………………………… 182
习题 ……………………………………………………………………………………… 182
著名化学家本生对分析化学的贡献 …………………………………………………… 183
仿真动画——原子吸收光谱 …………………………………………………………… 183

第 5 章　分子光谱分析法 ………………………………………………………… 184

5.1　吸光光度分析法 ………………………………………………………………… 185
5.1.1　光吸收的基本定律 ………………………………………………………… 186
5.1.2　无机化合物的吸收光谱 …………………………………………………… 189
5.1.3　显色反应及光度测量条件的选择 ………………………………………… 191
5.1.4　吸光光度测定方法 ………………………………………………………… 198
5.1.5　吸光光度法的应用 ………………………………………………………… 200

5.2　紫外光谱分析法 ………………………………………………………………… 203
5.2.1　有机化合物的电子能级跃迁类型 ………………………………………… 203
5.2.2　常用术语 …………………………………………………………………… 204
5.2.3　紫外光谱吸收带的分类 …………………………………………………… 205
5.2.4　常见有机化合物的紫外吸收光谱 ………………………………………… 205
5.2.5　溶剂对紫外吸收光谱的影响 ……………………………………………… 208
5.2.6　紫外吸收光谱的应用 ……………………………………………………… 210

5.3　红外光谱分析法 ………………………………………………………………… 215
5.3.1　基本原理 …………………………………………………………………… 216
5.3.2　红外光谱仪器与制样 ……………………………………………………… 219

5.3.3　红外光谱与分子结构的关系 ··· 219
　　　5.3.4　红外光谱的应用 ·· 236
　5.4　分子发光分析法 ··· 241
　　　5.4.1　分子荧光及磷光分析法 ··· 242
　　　5.4.2　化学发光与生物发光分析法 ··· 251
小结 ··· 256
习题 ··· 256
光化学传感器与荧光探针 ··· 260
仿真动画——紫外光谱 ··· 260
仿真动画——红外光谱 ··· 260
仿真动画——分子荧光光谱 ··· 260

第 6 章　核磁共振波谱分析法 ··· 261
　6.1　核磁共振基本原理 ··· 261
　　　6.1.1　原子核的自旋及分类 ··· 261
　　　6.1.2　原子核的回旋 ··· 262
　　　6.1.3　核磁共振 ··· 264
　　　6.1.4　核磁弛豫 ··· 264
　6.2　核磁共振波谱仪 ··· 266
　6.3　化学位移 ··· 269
　　　6.3.1　化学位移的产生 ··· 269
　　　6.3.2　化学位移的测量 ··· 270
　　　6.3.3　影响化学位移的因素 ··· 271
　　　6.3.4　化学位移与结构的关系 ··· 274
　6.4　自旋偶合与自旋裂分 ··· 278
　　　6.4.1　自旋裂分的产生和规律 ··· 279
　　　6.4.2　核的等价性与不等价性 ··· 280
　　　6.4.3　自旋系统分类的几项规定 ··· 281
　　　6.4.4　一些常见的自旋偶合系统 ··· 282
　　　6.4.5　偶合常数与分子结构的关系 ··· 286
　6.5　核磁共振波谱图解析 ··· 290
　　　6.5.1　谱图解析的步骤 ··· 291
　　　6.5.2　简化谱图的方法 ··· 291
　　　6.5.3　谱图解析举例 ··· 295
　6.6　^{13}C 核磁共振波谱 ··· 298
　　　6.6.1　提高 ^{13}C 谱检测灵敏度的方法 ··· 298
　　　6.6.2　简化谱图的方法 ··· 299
　　　6.6.3　化学位移与结构的关系 ··· 301
　　　6.6.4　^{13}C 谱图解析举例 ··· 305
小结 ··· 306
习题 ··· 306

生物分子的革命性分析方法 ··· 309
仿真动画——核磁共振波谱 ··· 309

第7章 质谱分析法 ·· 310

7.1 原子质谱法 ··· 310
7.1.1 基本原理 ··· 310
7.1.2 电感耦合等离子体质谱法 ··· 311
7.1.3 原子质谱的干扰效应 ·· 312
7.1.4 原子质谱的应用 ··· 312

7.2 分子质谱法的基本原理 ·· 313

7.3 质谱仪 ··· 314
7.3.1 单聚焦质谱仪 ·· 315
7.3.2 双聚焦质谱仪 ·· 316
7.3.3 四极杆质谱仪 ·· 316
7.3.4 离子阱质谱仪 ·· 317
7.3.5 飞行时间质谱仪 ··· 318

7.4 离子的主要类型 ··· 319
7.4.1 分子离子 ··· 319
7.4.2 碎片离子 ··· 321
7.4.3 亚稳离子 ··· 321
7.4.4 同位素离子 ·· 322
7.4.5 重排离子 ··· 322

7.5 有机化合物的裂解方式 ·· 323
7.5.1 单纯裂解 ··· 323
7.5.2 重排裂解 ··· 326

7.6 有机化合物的质谱 ·· 327
7.6.1 饱和脂肪族化合物 ·· 327
7.6.2 烯类化合物 ·· 327
7.6.3 炔烃类化合物 ·· 328
7.6.4 芳烃化合物 ·· 328
7.6.5 醇类化合物 ·· 329
7.6.6 酚类及苄醇 ·· 330
7.6.7 醚类化合物 ·· 331
7.6.8 醛、酮类化合物 ··· 332
7.6.9 酸和酯类化合物 ··· 333
7.6.10 胺类化合物 ·· 334
7.6.11 酰胺类化合物 ··· 335
7.6.12 腈类化合物 ·· 336
7.6.13 硝基化合物 ·· 336
7.6.14 卤化物 ·· 337
7.6.15 杂环化合物 ·· 337

7.7	生物质谱	338
7.8	质谱图解析	341
	7.8.1 解析质谱的一般程序	341
	7.8.2 质谱解析举例	343
7.9	UV、IR、NMR 和 MS 四谱综合解析	346
	7.9.1 四种谱图综合解析的一般程序	346
	7.9.2 综合解析举例	347

小结 348

习题 348

周同惠院士：我国兴奋剂检测的奠基人 353

仿真动画——质谱 353

仿真动画——电感耦合高频等离子体 353

第 8 章 电化学分析法 354

8.1	基本术语和概念	354
	8.1.1 化学电池	354
	8.1.2 电池的图解表达式	355
	8.1.3 电极电位与测量	356
	8.1.4 电极的分类	356
8.2	电位分析法	357
	8.2.1 电位分析法基本原理	357
	8.2.2 电位型电化学传感器与膜电位	358
	8.2.3 电位型电化学传感器的性能参数	367
	8.2.4 直接电位法	369
	8.2.5 电位滴定法	371
8.3	极谱分析法和伏安分析法	372
	8.3.1 普通极谱法基本原理	373
	8.3.2 极谱电流	375
	8.3.3 直流极谱波类型及方程	380
	8.3.4 定量分析方法	384
	8.3.5 单扫描极谱法	385
	8.3.6 循环伏安法	386
	8.3.7 交流、方波和脉冲极谱法	388
	8.3.8 极谱催化波	391
	8.3.9 溶出伏安法	395
8.4	库仑分析法	397
	8.4.1 Faraday 定律	397
	8.4.2 控制电位库仑分析	397
	8.4.3 控制电流库仑分析	399
8.5	计时分析法	401
	8.5.1 计时电位法	401

8.5.2 计时电流法和计时电量法············402
8.6 电分析化学进展············404
8.6.1 光谱电化学············404
8.6.2 电化学传感器············407
8.6.3 生物分析法与生物电化学传感器············413
8.6.4 扫描电化学显微镜············413
小结············415
习题············415
锂电池之父——John B. Goodenough············417
仿真动画——显微技术············417

第 9 章 色谱分离分析法············418
9.1 色谱分离分析概论············418
9.1.1 色谱发展简史············418
9.1.2 色谱分析法的分类············419
9.1.3 色谱分析法的特点············421
9.2 色谱分离分析基础理论············421
9.2.1 基本术语············421
9.2.2 塔板理论及柱效率············423
9.2.3 理论塔板数与选择性、分离度的关系············423
9.2.4 速率理论及谱峰扩展············424
9.2.5 定性和定量分析············426
9.3 气相色谱分析法············434
9.3.1 气相色谱仪············435
9.3.2 气相色谱分析法基本原理············440
9.3.3 气相色谱固定相············441
9.3.4 气相色谱操作条件的选择············446
9.3.5 衍生化气相色谱分析法············448
9.3.6 气相色谱分析法测定选例············448
9.3.7 毛细管柱气相色谱分析法简介············453
9.4 高效液相色谱分析法············457
9.4.1 高效液相色谱仪············457
9.4.2 高效液相色谱分析法基本原理············460
9.4.3 高效液相色谱分析法的类型············461
9.4.4 高效液相色谱检测器············465
9.4.5 高效液相色谱分析法应用示例············466
9.5 其他色谱分析法简介············468
9.5.1 离子交换色谱分析法简介············468
9.5.2 高压离子交换色谱分析法简介············471
9.5.3 离子色谱分析法简介············472
9.5.4 离子对色谱分析法简介············474

  9.5.5 萃取色谱分析法简介 ················ 476
  9.5.6 凝胶色谱分析法简介 ················ 477
  9.5.7 亲和色谱分析法简介 ················ 478
  9.5.8 超临界流体色谱分析法简介 ·········· 479
  9.5.9 手性色谱分析法简介 ················ 480
 9.6 色谱分析法的发展趋势 ················ 481
 9.7 色谱联用技术 ························ 482
小结 ·· 486
习题 ·· 486
谭蔚泓院士和靶向核酸抗癌药物 ·············· 487
仿真动画——液相色谱 ······················ 487
仿真动画——气相色谱 ······················ 487

第10章　毛细管电泳分离分析法 ·········· 488
 10.1 毛细管电泳与高效液相色谱比较 ········ 488
 10.2 毛细管电泳理论 ····················· 489
  10.2.1 电泳和电泳淌度 ··················· 489
  10.2.2 电渗现象与电渗流 ················· 490
  10.2.3 分离效率 ························· 493
  10.2.4 分离度 ··························· 493
  10.2.5 影响分离效率的因素 ··············· 494
 10.3 毛细管电泳的主要分离模式 ············ 495
  10.3.1 毛细管区带电泳 ··················· 495
  10.3.2 胶束电动毛细管色谱 ··············· 496
  10.3.3 毛细管凝胶电泳 ··················· 496
  10.3.4 毛细管等电聚焦 ··················· 497
  10.3.5 毛细管等速电泳 ··················· 497
 10.4 毛细管电泳仪 ······················· 498
 10.5 毛细管电泳分离分析的应用 ············ 500
小结 ·· 500
习题 ·· 500
两次诺贝尔化学奖得主——弗雷德里克·桑格 ·· 501
参考文献 ································ 502
附录 ···································· 504

绪　　论

内容提要
本章阐述分析化学的任务与作用、分析方法的分类和分析化学的发展趋势。

0.1　分析化学的任务与作用

　　分析化学(analytical chemistry)是获取物质的化学信息，研究物质的组成、状态和结构的科学。分析化学在不同的历史时期有不同的定义。20 世纪 50 年代对分析化学的定义是研究物质组成的测定方法和有关原理的一门科学。90 年代则认为，分析化学是获得物质化学组成和结构信息的科学。现在分析化学的定义是：发展和应用各种方法、仪器和策略，以获得物质在特定时间和空间有关组成和性质信息的科学分支。分析化学的定义具有时代变化的特征，它是信息科学的组成部分，是一门独立的化学信息科学。

　　分析化学将化学与数学、物理学、计算机科学、生物学和医学结合起来，通过各种各样的方法和手段，得到分析数据，从中获得有关物质的组成、结构和性质的信息，从而揭示物质世界构成的真相。分析化学的发展与生命科学、环境科学、信息科学、材料科学以及资源和能源科学等的发展息息相关，其应用范围涉及国民经济、国防建设、资源开发、环境保护以及人的衣、食、住、行等各个方面。在目前以生命科学和信息科学为龙头，以材料科学为基础的高新技术产业革命中，分析化学是一个十分活跃的学科领域。有人认为，分析化学是"解决有关物质体系问题的关键"，足见分析化学的重要性。当代科学技术和人们的生产活动的高速发展向分析化学提出了严峻的挑战，也为分析化学带来了发展机遇，扩展了分析化学的研究领域。

　　目前，环境科学研究是全世界瞩目的研究领域。美国出版的《化学中的机会：今天和明天》(*Opportunities in Chemistry*: *Today and Tomorrow*, National Academy Press, 1987 年)一书中指出：分析化学在"推动我们弄清环境中的化学问题起着关键作用"，可见环境科学离不开分析化学。

　　在新材料研究中，微量分析和超纯物质分析对航天材料、通信材料和激光材料的研究起着至关重要的作用。当今高新技术产品对材料性能及其化学、物理微结构的要求更高，不仅要把握其组成变化，控制痕量杂质元素的影响，而且要了解元素及其状态的空间分布情况。M. Grasserbauer 在综述(*Trends Anal. Chem.*，1989，8：191)中列出了一些具体分析技术在表征高新技术固体材料中的应用。

　　在能源科学中，分析化学是获取地质矿物组分、结构和性能信息及揭示地质环境变化过程的主要手段。测试与分析技术被列为四大地质科学技术体系之一。在石油化工领域，从开采、炼制到产品质量控制过程都离不开色谱分析方法。

　　分析化学在生命科学、生物工程中发挥着巨大作用。色谱、质谱、核磁共振波谱、红外光谱、电分析化学、X 射线衍射单晶分析、发光分析、化学及生物传感器等已广泛用于生命科学研究。

在药学和医学中，分析技术在药物组分含量、中草药有效成分测定、药物代谢与动力学、药理机制以及疾病诊断等研究中是不可缺少的手段。

在空间科学中，全世界数百颗飞行器全都装配了红外光谱仪、紫外光谱仪、X 射线荧光光谱仪等分析仪器，对月球、金星、火星等进行探测和研究。由质谱仪提供的信息，得出了火星上不存在生命的重要结论。

分析化学不仅在科学研究中发挥着重要作用，它也是工农业生产、疫情防控和国防科技的"眼睛"。

工农业生产分析包括各种生产中的原料、辅助材料及产品的分析方法，各种生产过程中的中间产品和副产品的分析方法以及工农业生产中燃料、用水、"三废"等的分析方法，此外还有动力分析及安全生产分析等分析方法。

工农业生产分析在国民经济建设中具有重要作用。例如，地质勘探工作中矿石的鉴定、冶金部门炼铁炉前分析、考古学中文物出土分析、卫生部门的药物检验及致癌物分析、粮食部门对食品及霉菌残毒分析、农业部门关于土壤化肥的分析、水利部门对水质的检验等，凡是涉及化学变化的领域都要运用分析化学。

在生物技术领域，细胞工程、基因工程、蛋白质工程以及保健品工业等迫切需要分析化学，现场检测和活体分析也必将促进生物工程的更大发展。2020 年新冠疫情在全球暴发，新冠病毒核酸检测等分析技术也是落实精准防控的有效手段。在国防科技领域，核燃料质量控制、生化毒剂分析、放射分析等都离不开分析化学。

总之，现代分析化学已逐步发展成为一门对其他学科起重要支撑作用的综合性中心学科，绝大多数涉及物质及其变化的现象研究和理论验证都离不开分析化学。它不仅影响着人们物质文明和社会财富的创造，而且影响着解决有关人类生存（如环境生态、食品安全等）和政治决策（如资源、能源开发等）的重大社会问题。信息时代的来临对分析化学产生了深刻的影响，分析化学家已不仅仅是"数据提供者"，也是"问题解决者"。一个国家分析化学的水平是衡量其科学技术水平的重要标志，分析化学是现代科学技术的"眼睛"。

0.2　分析方法的分类

分析化学的分类方法众多，按分析任务可分为定性分析、定量分析和结构分析；按分析对象可分为无机分析和有机分析；按分析方法的原理可分为化学分析和仪器分析；按分析试样量的多少可分为常量分析、半微量分析、微量分析和痕量分析；按照分析的要求又可以分为例行分析、仲裁分析和快速分析。

0.2.1　定性分析、定量分析和结构分析

定性分析的任务是鉴定物质的元素、离子或化合物组成，简单地说就是回答有什么或有没有的问题。定量分析的任务则是确定物质各组成部分的具体含量，如 1kg 菠菜中氰戊菊酯的含量是多少。结构分析则是确定物质的结构形式，如确定化合物的基团结构、分子结构、晶体结构等信息。

0.2.2　无机分析和有机分析

无机物和有机物在组成和结构上存在显著差异，因此它们的分析要求和分析手段也不尽

相同。无机分析侧重于元素、离子、原子团或化合物组成、相对含量、晶体结构的分析，而有机分析则侧重于官能团和结构的分析。在实际的国民经济各部门的应用中又形成了许多特定的分析对象，如金属与合金分析、硅酸盐材料分析、药物分析、食品分析、土壤分析、水质分析和大气分析等。

0.2.3 常量分析、半微量分析、微量分析和痕量分析

常量分析指试样质量大于 0.1g 或试液体积大于 10mL 的分析。微量分析指试样质量小于 0.01g 或试液体积小于 1mL 的分析。介于二者之间为半微量分析。由于试样用量不同，各方法使用的仪器及操作也不相同。

应强调指出，常量、微量和半微量分析是指试样用量而言，并非试样中被测组分含量的高低。按照试样中被测组分的含量划分，含量大于 1%的称为常量组分，含量为 0.01%～1%的称为微量组分，而含量小于 0.01%的称为痕量组分。

0.2.4 化学分析和仪器分析

1. 化学分析法

化学分析法（chemical analysis）是利用物质的化学反应及其计量关系来确定被测定物质的组分和含量的一类分析方法，主要有滴定分析法和重量分析法。因这两种方法最早用于定量分析，有人称之为经典分析方法。

通过化学反应或电化学反应，经适当处理，将试样中待测组分转化为纯净的、有固定组成且可直接称量的化合物，从而计算出待测组分的含量，这种方法称为重量分析法，它包括普通重量法和电重量法。

将标准溶液滴加到待测物质溶液中，使其与待测物质发生化学反应，并用适当方法指示出化学计量点，根据所耗去的标准溶液体积计算出待测物质的含量，这种方法称为滴定分析法。按照滴定时化学反应类型，滴定分析法可分为酸碱滴定法、配位滴定法、氧化还原滴定法和沉淀滴定法。

重量分析法和滴定分析法适用于高含量或中含量组分的测定，待测组分含量一般在 1%以上。重量分析法准确度高，至今还有许多分析测定采用重量分析方法作为标准分析方法，但是重量分析速度慢，其应用受到限制。与重量分析法相比，滴定分析法操作简便、快速，测定的相对误差在 0.2%左右，因而是重要的例行检测手段，有很大的实用价值。

2. 仪器分析法

仪器分析法（instrumental analysis）是以物质的物理性质或物理化学性质为基础建立起来的一类分析方法，通过测量物质的物理或物理化学参数，便可确定该物质的组成、结构和含量。

仪器分析的方法众多，而且各种方法相对独立，可自成体系。常用的仪器分析方法有光学分析法、电化学分析法、色谱分析法、热分析法和质谱分析法等。

1) 光学分析法

光学分析法的依据是物质的能量变化。它是基于能量作用于待测物质后，物质的热力学能变化以辐射（电磁波）的形式表现出来，用合适的仪器将电磁波记录下来，这类方法称为光

学分析法，可分为光谱法和非光谱法。

光谱法是以光的发射、吸收和散射为基础建立起来的分析方法。通过检测光谱波长和强度来进行定性和定量分析。根据产生热力学能变化的基本粒子分类，有原子光谱法和分子光谱法。原子发射光谱分析法、原子吸收光谱分析法和原子荧光光谱分析法属原子光谱法，而吸光光度法、紫外-可见光谱法、红外光谱法、分子荧光光谱法、分子磷光光谱法、拉曼光谱法、化学发光和生物发光分析法等均属分子光谱法。

2）电化学分析法

电化学分析法是以物质在溶液中的电化学性质变化为基础建立起来的一类分析方法。它将含有待测物的试液组成化学电池，通过测量电池的电化学参数，如电导、电位、电流或电量等电信号，从而获得待测物的组成或含量。常用的分析方法有电位分析法、库仑分析法、极谱法和伏安法，早期使用的还有电导分析法。

3）色谱分析法

以物质在互不相溶的两相中的分配系数差异为基础建立起来的分离和分析方法称为色谱分析法。目前广泛使用的有气相色谱分析法、高效液相色谱分析法和离子色谱分析法，近十几年来，发展了许多新的色谱技术，如超临界流体色谱分析法、毛细管电泳和毛细管电色谱分析法等。

4）质谱分析法

待测物在离子源中被电离成带电离子，经质量分析器按离子的质荷比 m/z 的大小进行分离，并以谱图形式记录下来，根据记录的质谱图确定待测物的组成和结构，这种分析方法称为质谱分析法。

此外，还有热分析法、电子能谱法等仪器分析方法。

0.2.5　例行分析、仲裁分析和快速分析

例行分析是指一般实验室对日常生产、生活中的原材料或产品进行的分析，又称常规分析。仲裁分析则是指不同单位对某一试样的分析结果发生争议时，要求权威部门用特定的方法进行准确的分析，并以此做出裁定。仲裁分析对分析方法和分析结果的准确度要求更高。快速分析主要强调在分析的现场快速出结果。例如，做毒品检验时就有现场快速筛检分析，对现场筛检结果呈阳性的样品就要送权威机构鉴定。

0.3　发展中的分析化学

由于现代科学技术的发展，尤其是相关学科之间相互渗透、相互促进，分析化学的发展经历了三次巨大的变革。第一次变革始于 20 世纪初，物理化学中的溶液化学平衡理论、动力学理论、缓冲作用原理等的发展为分析化学奠定了理论基础，建立了溶液中的酸碱、氧化还原、配位和沉淀四大平衡，使得分析化学由一门技术转变为一门科学。第二次变革发生在 20 世纪 40 年代，物理学和电子学的发展促进了各种仪器分析方法的发展，使得分析化学从以化学分析为主转变为利用物质的物理化学性质进行检测的仪器分析为主。从 20 世纪 70 年代末起，随着计算机科学的发展，为了满足生命科学、环境科学、材料科学发展的需要，分析化学广泛吸收并应用当代科学技术的最新成就，促成了分析化学的第三次变革。扫码可查看分析化学发展变革史中的重要中外科学家。

著名分析化学家、中国科学院院士高鸿先生阐述：对象和方法的矛盾是分析化学发展的动力，促进了分析化学的发展。生产实践与科学实验的发展不断向分析化学提出新的课题。分析化学吸取了当代科学技术最新成就，利用物质一切可以利用的性质来解决这些问题，促进分析化学不断发展。

分析化学是随着化学和其他相关学科的发展而不断发展的。现代分析化学已不局限于测定物质的组成和含量，还可以对物质的形态(如价态、配位态、晶形等)、结构(空间分布)、微区、薄层、化学活性和生物活性等进行瞬时跟踪监测，实现无损分析、在线监测分析和过程控制等。现代分析化学的发展趋势大体可归纳为以下几个方面。

1. 提高灵敏度

提高灵敏度是各种分析化学方法长期以来所追求的目标。各种新技术引入分析化学，都是为了提高分析方法的灵敏度。当前，激光技术引入光学分析法，使原子吸收光谱分析法、荧光光谱分析法、质谱分析法以及光声光谱分析法等仪器分析法的灵敏度大大提高。多元配合物、表面活性剂等使吸光光度法、极谱法和伏安法、色谱等分析方法的灵敏度提高一到多个数量级，分析性能也大幅度提高。

2. 提高选择性

迄今，已知的化合物超过2400万种，而且新化合物的数量正在以指数速度增加。复杂体系的分离和测定已成为分析化学家所面临的艰巨任务。尽管色谱分离技术取得了长足的发展，但还是满足不了科学研究和生产发展的需要。例如，蛋白质、DNA等生物大分子的分离测定对毛细管电泳技术、核磁共振波谱法和质谱分析法等提出了更高的要求。

各种选择性检测技术、选择性试剂以及多组分同时测定技术等是当前分析化学研究的重要课题。

3. 扩展时空多维信息

现代分析化学已不再局限于将待测组分从复杂试样中分离出来进行表征和测量，而是成为一门为物质提供尽可能多的化学信息的科学。当前，人们对客观世界的认识不断深入，那些过去不熟悉的领域，如多维、不稳态和边界条件等已逐渐成为分析化学家的研究领域。现代核磁共振波谱、红外光谱、质谱等可提供有机物分子和生物分子的精细结构、空间排列构型以及瞬时状态等信息，为人们认识化学反应历程及生命过程提供了有力工具。

4. 状态分析

在环境科学中，同一元素的不同价态和化合物分子的不同形态在毒性上可能存在很大差异。在材料科学中，物质的不同晶态或结合态对材料性能的影响十分显著。因此，必须对待测组分进行价态或状态分析。目前，光谱电化学分析法、溶出伏安分析法、X射线电子能谱分析法、热分析法和X射线衍射分析法等在这方面有广阔的应用前景。

5. 微型化与微环境分析

微型化及微环境分析是现代分析化学认识物质世界从宏观向微观的延伸。电子技术、光学技术等向微型化发展，推动了分析化学研究微观世界的进程。纳米技术的兴起促进了纳米化学传感器的研制成功，从而可以研究单个细胞内生物活性物质的运动和变化。

6. 生物分析技术与活体分析

20 世纪后期，生命科学取得了迅猛发展，生命科学时代已经到来。生命科学引起了各学科研究者的关注，它也是分析化学的重要研究领域，生物分析技术的发展必将促进生命科学的发展。目前，生物光化学和电化学传感器的研究十分活跃，酶传感器、免疫传感器、DNA 传感器、细胞传感器等不断涌现。纳米传感器的出现为活体分析带来了机遇，Adams 等采用微电极实现了在体检测多巴胺、5-羟色胺、去甲肾上腺素等神经递质。DNA 芯片技术和蛋白质芯片技术将更加拓展分析化学的研究领域。

7. 准确度和自动化

分析化学作为一门化学信息科学，信息的准确度至关重要，虽然不可能获得绝对准确的分析结果，但可以通过改进分析方法，提高分析结果的准确度。

分析过程的智能化、自动化是分析方法走向成熟的标志，自动化的分析装置在军事、航天、海洋、环境监测等领域中正发挥着越来越重要的作用，微流控芯片技术将大大促进分析化学的自动化与微型化。

8. 分析化学发展趋势

在汪尔康院士所著的《21 世纪的分析化学》中，对分析化学的发展趋势给出了如图 0.1 所示的总体轮廓。

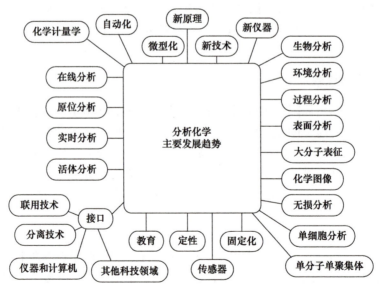

图 0.1　分析化学主要发展趋势

第1章 分析质量保证

内容提要

本章简明扼要地阐述了分析化学中有关测量误差的一些基本概念和表示方法、有效数字及其运算规则、几种常见的统计量及其分布(正态分布、χ^2 分布、t 分布和 F 分布)、平均值的置信区间、误差的传递,并在此基础上讨论 u 检验、t 检验、χ^2 检验、F 检验等分析结果可靠性检验方法,异常值的检验与取舍、回归分析,以及提高分析结果准确度的方法。

在分析化学中,尽管不同分析方法的原理和手段各不相同,但均是通过从研究的对象中抽出一部分样品进行实验,以获取所研究对象的物质组成、结构和性质方面的准确信息。

分析化学中定量分析的任务是准确测定试样中组分的含量,但在实际测量中,定量分析结果的准确度总会不可避免地受到许多未知因素的影响。即使用最好的方法和仪器,由很熟练的分析人员尽可能细心地对同一个试样进行多次测定,所获得的实验结果之间仍会有或大或小的差异。这就是说,分析过程中误差是客观存在的,任何分析结果都必然有不确定度。因此,分析工作者需要了解有关误差的一些基本知识,学会运用简单的统计学知识和方法对所获得的实验数据进行合理的处理和评价,保证分析结果的准确性和可靠性。

1.1 分析化学中误差的基本概念

1.1.1 准确度和精密度

1. 准确度与误差

分析结果的准确度是指测定结果 x 与真实值 μ 之间相符合的程度。两者之间的差别越小,则分析结果准确度越高。测定结果准确度的高低可用绝对误差或相对误差衡量。

$$绝对误差 = x - \mu \tag{1.1}$$

$$相对误差 = \frac{x - \mu}{\mu} \times 100\% \tag{1.2}$$

相对误差表示误差在真实值中所占的百分数。例如,用分析天平称量两物体的质量分别为 1.0001g 和 0.1001g,假定二者的真实质量分别为 1.0000g 和 0.1000g,则两者称量的绝对误差分别为

$$1.0001 - 1.0000 = 0.0001(g)$$
$$0.1001 - 0.1000 = 0.0001(g)$$

两者称量的相对误差分别为

$$\frac{0.0001}{1.0000} \times 100\% = 0.01\%$$

$$\frac{0.0001}{0.1000} \times 100\% = 0.1\%$$

由此可知，绝对误差相等，相对误差不一定相同。也就是说，同样的绝对误差，当被测样本的量较大时，相对误差较小，测定的准确度也就比较高。因此，用相对误差表示各种情况下测定结果的准确度更为确切。

绝对误差和相对误差均可能是正值，也可能是负值。正值表示分析结果偏高，负值表示分析结果偏低。

由式(1.1)和式(1.2)可知，无论是绝对误差还是相对误差，其计算均涉及真值 μ。真值是指某一物理量本身具有的客观存在的真实数值。在分析化学中，常以如下值当作真值来计算误差。

(1) 理论真值：如某化合物的理论组成等。

(2) 计量学约定真值：如国际计量大会确定的长度、质量、物质的量单位等。

(3) 相对真值：采用各种可靠的分析方法和最精密的仪器，经过不同实验室、不同分析人员进行平行分析，并用数理统计方法对测量数据进行处理所得的分析结果称为标准值。一般可用标准值代替真值来计算误差，但这种真值是相对的(或称为相对真值)。

在实际工作中，真实值往往是不知道的，因此无法求得分析结果的准确度，于是常用另一种方法——精密度来表示分析结果的优劣。

2. 精密度与偏差

分析结果的精密度是指多次平行测定结果(x_i，$i=1, 2, \cdots, n$)相互接近的程度。精密度的高低用偏差(d)衡量。偏差是指某次测量结果与多次平行测定结果平均值之间的差值

$$d = x_i - \bar{x} \tag{1.3}$$

式中，$\bar{x} = \frac{1}{n}\sum_{i=1}^{n} x_i$ 为多次平行测定结果的平均值。为了更好地反映分析方法的精密度，当平行测量次数不多时，常用平均偏差($\bar{d}$)和相对平均偏差($\bar{d}_r$)表示分析结果精密度

$$\bar{d} = \frac{1}{n}\sum_{i=1}^{n}|x_i - \bar{x}| \tag{1.4}$$

$$\bar{d}_r = \frac{\bar{d}}{\bar{x}} \times 100\% \tag{1.5}$$

当平行测量次数较多时，常用标准偏差(standard deviation，s)和相对标准偏差(relative standard deviation，s_r)表示一组平行测定值的精密度

$$s = \sqrt{\frac{\sum_{i=1}^{n}(x_i - \bar{x})^2}{n-1}} \tag{1.6}$$

$$s_r = \frac{s}{\bar{x}} \times 100\% \tag{1.7}$$

标准偏差小，表示测定结果的重现性好，即各测定值之间比较接近，精密度高。

3. 准确度与精密度之间的关系

准确度表示测定结果与真实值之间相符合的程度，而精密度表示测定结果的重现性。由于真实值往往是不知道的，因此常根据测定结果的精密度来衡量分析结果的好坏，但是精密度高的测定结果其准确度不一定高。图1.1 阐明了准确度与精密度之间的关系。

图 1.1 表示甲、乙、丙、丁四人测定同一试样中某待测物质含量时所获得的结果。由图可见，甲所得结果的准确度和精密度均好，结果可靠。乙所得结果的精密度很差，平均值 $\bar{x}$ 虽然接近真值，但这是大的正负误差相互抵消的结果。如果只取2次或3次乙的测定结果来求平均值，计算出来的平均值就会与真实值相差很大，因此乙的测定结果不可靠。丙的分析结果的精密度虽然较高，但其平均值与真实值相差较大，因而准确度较差。

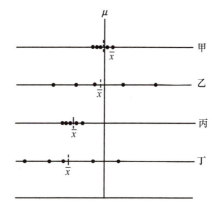

图 1.1 不同操作人员分析同一试样所获得的结果

丁的测定结果的精密度和准确度都很差。由此可见，精密度好是保证准确度高的先决条件；精密度差表示所得结果不可靠，但是精密度高并不意味着准确度也一定高。

1.1.2 分析测试中的误差

在图 1.1 的示例中，为什么丙所得结果精密度高而准确度低？为什么四个人所做的平行数据都有或大或小的差别？这是由于分析测试过程中存在着各种性质不同的误差。误差按其性质可以分为三类：系统误差、随机误差和过失误差。

1. 系统误差

系统误差又称可测误差，它是由分析测试过程中某些经常发生的比较固定的因素造成的，它决定测定结果的准确度。系统误差的最重要性质是其单向性，即误差的大小及其符号在同一实验中是恒定的，当重复测定时会重复出现。若能发现系统误差产生的原因，就可以设法避免和校正系统误差。

系统误差产生的主要原因有：

(1) 仪器误差。仪器误差来源于仪器本身不够精确；长期使用造成磨损，引起仪器精度下降；仪器未调整到最佳状态；实验所用器皿未经校正等。

(2) 试剂误差。试剂误差来源于实验中所用试剂（如蒸馏水）中所含有微量杂质对测定结果的干扰。

(3) 方法误差。方法误差是由分析方法本身不够完善造成的。例如，滴定分析中反应不完全或者有副反应，重量分析中沉淀的溶解、杂质的共沉淀等，都会系统地使分析结果偏高或偏低。

(4) 主观误差。主观误差是由操作人员的主观因素造成的。例如，对终点颜色的辨别不同，或者偏浅，或者偏深。又如，后一次读数受到前一次读数的影响，希望两次测定获得相同或相近的结果。

2. 随机误差

随机误差是在测定过程中由一系列有关因素微小的随机波动而形成的具有相互抵偿性的误差，它决定测定结果的精密度。随机误差有时大，有时小，有时正，有时负，随着测定次数的增加，正负误差相互抵偿，误差平均值趋向于零。因此，多次测定平均值的随机误差比单次测定值的随机误差小。由于随机误差的形成取决于测定过程中一系列随机因素，这些因素是操作者无法严格控制的，因此随机误差是无法避免的。分析工作者可以设法将其大大减小，但不可能将其完全消除。

3. 过失误差

过失误差是指工作中的差错，是工作上粗枝大叶、不按操作规程办事等原因造成的。例如，器皿不洁净，试液损失，加错试剂，看错砝码，记录及计算错误等，这些都属于不应有的过失，会给分析结果带来严重影响，必须注意避免。为此，在学习过程中必须养成严格遵守操作规程，耐心细致地进行实验的良好习惯，培养实事求是、严肃认真、一丝不苟的科学态度。若发现错误的测定结果，应予剔除，不能用于计算平均值。

1.1.3 公差

公差是指生产部门对分析结果误差允许的一种限度。如果误差超出允许的公差范围，该项分析工作就必须重做。公差范围是根据实际情况对分析结果准确度的要求而确定的。例如，对一般工业分析而言，允许的误差范围宽一些，其相对误差在百分之几到千分之几；而进行相对原子质量的测定时，要求的相对误差要小得多。公差范围常依试样组成及待测组分含量的不同而不同。试样组成越复杂，引起误差的可能性就越大，允许的公差范围则宽一些。在工业分析中，公差范围与待测组分含量的关系见表1.1。

表1.1 公差范围与待测组分含量关系

待测组分的质量分数/%	公差(相对误差)/%	待测组分的质量分数/%	公差(相对误差)/%
90	±0.3	5	±1.6
80	±0.4	1.0	±5.0
40	±0.6	0.1	±20
20	±1.0	0.01	±50
10	±1.2	0.001	±100

此外，由于各种分析方法的准确度不同，则公差的范围也不同。例如，滴定分析法和重量分析法的相对误差较小，而光谱分析法的相对误差较大。因此，规定公差的允许范围要根据具体情况而定。

1.1.4 误差的传递

在定量分析中，分析结果通常是通过将各测量值按一定公式计算而得。由于每个测量值均有各自的误差，各测量值的误差均会传递到最终分析结果，并对最终分析结果的准确度产生一定的影响。误差的传递规律随误差的性质不同而不同。

1. 系统误差的传递

设测量值为 x、y 和 z，其各自的绝对误差分别为 E_x、E_y 和 E_z，计算结果为 $w = f(x, y, z)$，则计算结果 w 的绝对误差可按下式计算：

$$E_w = \frac{\partial w}{\partial x} E_x + \frac{\partial w}{\partial y} E_y + \frac{\partial w}{\partial z} E_z \tag{1.8}$$

最终分析结果的计算方法不同，其绝对误差的最简表达式也将不同。

1）加减运算

在加减运算中，分析结果的绝对系统误差等于各测量值绝对误差的代数和。若分析结果的计算公式为 $w = ax + by - cz$，则

$$E_w = aE_x + bE_y - cE_z \tag{1.9}$$

2）乘除运算

在乘除运算中，分析结果的相对系统误差等于各测量值相对误差的代数和。若分析结果的计算公式为 $w = a\dfrac{xy}{z}$，则

$$\frac{E_w}{w} = \frac{E_x}{x} + \frac{E_y}{y} - \frac{E_z}{z} \tag{1.10}$$

其中，$\dfrac{E_w}{w}$、$\dfrac{E_x}{x}$、$\dfrac{E_y}{y}$ 和 $\dfrac{E_z}{z}$ 分别为 w、x、y 和 z 的相对系统误差。

3）指数运算

在指数运算中，分析结果的相对系统误差为各测量值相对误差的指数倍。若分析结果的计算公式为 $w = ax^b$，则

$$\frac{E_w}{w} = b \frac{E_x}{x} \tag{1.11}$$

4）对数运算

若分析结果的计算公式为 $w = a\lg x$，则其误差传递公式为

$$E_w = 0.434 a \frac{E_x}{x} \tag{1.12}$$

2. 随机误差的传递

随机误差一般用标准偏差 s 表示，其传递规律与系统误差的传递规律不同。设测量值为 x、y 和 z 的标准偏差分别为 s_x、s_y 和 s_z，则计算结果 $w = f(x, y, z)$ 的标准偏差 s_w 可按下式计算：

$$s_w^2 = \left(\frac{\partial w}{\partial x}\right)^2 s_x^2 + \left(\frac{\partial w}{\partial y}\right)^2 s_y^2 + \left(\frac{\partial w}{\partial z}\right)^2 s_z^2 \tag{1.13}$$

1）加减法

设 $w = ax + by - cz$，则 $\dfrac{\partial w}{\partial x} = a$，$\dfrac{\partial w}{\partial y} = b$，$\dfrac{\partial w}{\partial z} = -c$，所以

$$s_w^2 = a^2 s_x^2 + b^2 s_y^2 + c^2 s_z^2 \tag{1.14}$$

2) 乘除法

若分析结果的计算公式为 $w = a\dfrac{xy}{z}$，则

$$\dfrac{\partial w}{\partial x} = a\dfrac{y}{z} = \dfrac{w}{x} \qquad \dfrac{\partial w}{\partial y} = a\dfrac{x}{z} = \dfrac{w}{y} \qquad \dfrac{\partial w}{\partial z} = -a\dfrac{xy}{z^2} = -\dfrac{w}{z}$$

所以

$$\dfrac{s_w^2}{w^2} = \dfrac{s_x^2}{x^2} + \dfrac{s_y^2}{y^2} + \dfrac{s_z^2}{z^2} \tag{1.15}$$

3) 指数关系

若分析结果的计算公式为 $w = ax^b$，则 $\dfrac{\partial w}{\partial x} = abx^{b-1}$，所以

$$\dfrac{s_w^2}{w^2} = b^2 \dfrac{s_x^2}{x^2} \tag{1.16}$$

4) 对数关系

若分析结果的计算公式为 $w = a\lg x$，则 $\dfrac{\partial w}{\partial x} = 0.434a\dfrac{1}{x}$，所以

$$s_w = 0.434a\dfrac{s_x}{x} \tag{1.17}$$

【例 1.1】 设某样的质量（m_s）是从先称（样品+称量瓶）质量（m_{s+b}），再称空称量瓶质量（m_b），相减得来，即 $m_s = m_{s+b} - m_b$。假定一次称量的标准偏差是 1mg，计算 s_{m_s}。

解 $s_{m_s}^2 = s_{m_{s+b}}^2 + s_{m_b}^2$，因为 m_{s+b} 和 m_b 都是一次称量得来

$$s_{m_{s+b}}^2 = s_{m_b}^2 = (1\text{mg})^2$$

故

$$s_{m_s}^2 = (1\text{mg})^2 + (1\text{mg})^2 = 2(\text{mg})^2$$

$$s_{m_s} = \sqrt{2(\text{mg})^2} = 1.4\text{mg}$$

思考题 1.1 准确度与精密度有什么区别和联系？

思考题 1.2 用标准偏差和平均偏差表示结果，哪一个更合理？

思考题 1.3 下列情况分别引起什么误差？如果是系统误差，应如何消除？
(1) 砝码被腐蚀　　　　　　　　　(2) 天平两臂不等长
(3) 容量瓶刻度不准　　　　　　　(4) 重量分析中杂质被共沉淀
(5) 天平称量时最后一位读数估计不准　(6) 以含量为 99% 的邻苯二甲酸氢钾作基准物标定碱溶液

思考题 1.4 简述误差传递的概念。分析结果的准确度与误差有什么关系？

思考题 1.5 滴定管读数误差为 ±0.01mL，如滴定时用去标准溶液 2.50mL，相对误差是多少？如果用去 25.00mL，相对误差又是多少？这个数值说明什么问题？

1.2 有效数字及其运算规则

1.2.1 有效数字

在分析测试中，为了得到准确的分析结果，不仅要准确地测量，而且要正确地记录和计算。因为记录的数字不仅表示数量的大小，而且反映测量的精确程度。

有效数字是实际能测到的数字，即可靠数字加一位可疑数字。可靠数字指某一量经多次

测定的结果中总是固定不变的数字。例如，用分析天平称取碳酸钠(g)三次读数为 0.3561、0.3562、0.3560，其中 0.356 是准确的可靠数字，最后一位为可疑数字，因此有四位有效数字。对有效数字的最后一位可疑数字，通常理解为可能有±1 个单位的误差。

例如，下列几组数据的有效数字：

试样质量　　0.3560g　　四位有效数字(分析天平称取)
　　　　　　0.35g　　　两位有效数字(台秤称取)
溶液体积　　25.00mL　　四位有效数字(滴定管或移液管量取)
　　　　　　25mL　　　 两位有效数字(量筒量取)
标准溶液浓度 0.1000mol·L^{-1}　　四位有效数字
离解常数 $K_a = 1.8 \times 10^{-5}$　　两位有效数字

测量结果中"0"有双重意义。例如，0.1000mol·L^{-1} 中前面一个"0"只起定位作用，与测量的精度无关，不是有效数字，后面的三个"0"表示该溶液浓度准确到小数点后第三位，第四位可能有±1 误差，因此后面三个"0"是有效数字。

当需要在某数的末尾加"0"作定位作用时，为了避免混淆，最好采用指数形式表示。例如 15.0g，若以毫克为单位，则为 1.50×10^4mg；若表示为 15000mg，就易误解为五位有效数字。

1.2.2　有效数字运算规则

(1)在记录一个测量所得的数据时，数据中只应保留一位可疑数字。

(2)在运算中弃去多余数字时(修约数字)，一律根据"四舍六入五成双"的原则进行，即被修约的数小于等于 4 则舍去，被修约的数大于等于 6 需进位，被修约的数等于 5 则要使前一位数字成双。注意"五成双"需按以下规则进行：①当尾数为 5，而尾数 5 后面的数字均为 0 时，应看尾数 5 的前一位，若前一位数字此时为奇数则向前进一位，若前一位数字此时为偶数则应将尾数舍去，数字 0 在此时应被视为偶数；②当尾数为 5，而尾数 5 后面还有任何不为 0 的数字时，无论前一位数字在此时为奇数还是偶数，也无论 5 后面不为 0 的数字在哪一位，都应向前进一位。

例如，将下列数据修约为四位有效数字：

$$0.21334 \longrightarrow 0.2133$$
$$0.21336 \longrightarrow 0.2134$$
$$0.21335 \longrightarrow 0.2134$$
$$0.21345 \longrightarrow 0.2134$$
$$0.213451 \longrightarrow 0.2135$$

注意在修约数字时，只允许对原测量值一次修约到所需要的位数，不能分次修约。例如，将 0.213346 修约为 4 位有效数字，不能先修约为 0.21335，再修约为 0.2134，而应一次修约为 0.2133。使用计算器计算分析结果时，应注意按有效数字的运算规则进行修约。

(3)在加减法中，它们的和或差的有效数字的保留，应以小数点后位数最少的数据为依据，即取决于绝对误差最大的数据。例如，将 0.5362、0.0014 及 0.25 三数相加，其中 0.25 为绝对误差最大的数据，所以应将计算器计算的结果 0.7876 也取到小数点后第二位，修约为 0.79。

(4)在乘除法中，所得结果以有效数字位数最少的为依据，即以相对误差最大的数据为依据，弃去过多的位数。运算时，若第一位有效数字等于 8 或大于 8，则有效数字可多计一位（如 8.03mL 的有效数字可视作四位）。例如，5.21×0.2000×1.0432=1.09。各数的相对误差分别为

$$5.21 \quad \frac{\pm 0.01}{5.21} \times 100\% = \pm 0.2\%$$

$$0.2000 \quad \frac{\pm 0.0001}{0.2000} \times 100\% = \pm 0.05\%$$

$$1.0432 \quad \frac{\pm 0.0001}{1.0432} \times 100\% = \pm 0.01\%$$

可见，其中相对误差最大为 5.21，是三位有效数字，因此，计算结果也应取三位有效数字。如果将计算得到的 1.0870144 作为结果就不对了，因为 1.0870144 的相对误差为±0.00001%，而在测量中没有达到如此高的准确程度。

(5)在所有计算式中，常取 π、e 的数值，以及 $\sqrt{2}$、$\frac{1}{2}$ 等系数的有效数字位数，可以认为无限多，即在计算中需要几位就可以写几位。

(6)在对数计算中，所取对数位数应与真数的有效数字位数相等。例如 pH = 4.30，则 c_{H^+} = 5.0×10^{-5} mol·L^{-1}；K_a = 1.8×10^{-5}，则 pK_a = 4.74。

(7)大多数情况下，表示相对误差时，结果取一位有效数字，最多取两位。

(8)对于组分含量大于 10%的测定，一般要求分析结果有四位有效数字；对于组分含量在 1%～10%的测定，一般要求有三位有效数字；对于组分含量小于 1%的测定，一般只要求两位有效数字。

1.2.3　有效数字的运算规则在分析化学测定中的应用

1)正确地记录数据

例如，在万分之一分析天平上称得某物质质量为 0.2500g，不能记录成 0.250g 或 0.25g；在滴定管上读取溶液的体积为 24.00mL，不能记录为 24mL 或 24.0mL。

2)正确地选取用量和适当的仪器

若采用差减法称取的样品质量为 2～3g，就不需要用万分之一的分析天平，用千分之一的天平即可。因为千分之一的天平已满足称量准确度的要求：

$$\frac{\pm 0.001 \times 2}{2.000} \times 100\% = \pm 0.1\%$$

若称取 0.01g 试样，就不能在万分之一天平上称取，因为其相对误差为

$$\frac{\pm 0.0001 \times 2}{0.0100} \times 100\% = \pm 2\%$$

不能满足分析上的要求，而应在十万分之一的天平上称量：

$$\frac{\pm 0.00001 \times 2}{0.01000} \times 100\% = \pm 0.2\%$$

因此，在选取用量时，要根据分析要求正确称取用量。

3) 正确表示分析结果

例如，分析煤中含硫量时，称样为 3.5g，甲、乙两人各测 2 次，甲报结果为 0.042%和 0.041%，乙报结果为 0.04201%和 0.04199%，甲报的结果合理，这是因为

甲的相对误差为 $\dfrac{\pm 0.001}{0.042} \times 100\% = \pm 3\%$

乙的相对误差为 $\dfrac{\pm 0.00001}{0.04200} \times 100\% = \pm 0.03\%$

称样的相对误差为 $\dfrac{\pm 0.1}{3.5} \times 100\% = \pm 3\%$

甲的相对误差与称量试样的相对误差一致，而乙的相对误差与称样的相对误差相差很远，没有意义，所以应采用甲的结果。

思考题 1.6 应如何考虑有效数字的修约与计算的顺序问题？

思考题 1.7 下列数值各有几位有效数字？
0.02670　　328.0　　7000.0　　200.06　　6.030 × 10^{-4}　　7.80 × 10^{-10}　　pH = 4.30　　pK_a = 4.74

思考题 1.8 下列各数中，有效数字位数为四位的是哪个？
(1) c_{H^+} = 0.0003 mol·L^{-1}　　　　(2) pH = 10.42
(3) w_{MgO} = 19.96%　　　　　　　　(4) 0.0400

思考题 1.9 按有效数字运算规则，$\dfrac{2.236 \times 1.1124}{1.03590 \times 0.2000} = 12.00562989$，结果应修约为多少？

思考题 1.10 某人以示差分光光度法测定某药物中主成分含量时，称取此药物 0.0350g，最后计算其主成分含量为 97.26%。该结果是否合理？为什么？

1.3　分析数据的统计处理

实际的分析检测工作总要或多或少受到诸多不可控制因素的影响，使得到的测量数据参差不齐，因此需要利用科学的数理统计学方法从参差不齐的测量数据中提取有用的信息并做出正确的结论。在分析数据的统计处理中经常会遇到总体、样本和个体等术语，现解释如下。

所研究对象的某特性值的全体称为总体，又称母体；其中的每个单元称为个体。对分析化学来说，在一定条件下做无限次测量所得的无限多的数据的集合就称为总体，其中每个数据就是一个个体。

自总体中随机抽出的 n 个个体 $x_1, x_2, \cdots, x_n$，称为总体的一个样本，又称子样。样本中所含个体(测量值)的数目 n 称为样本容量，即样本的大小。

1.3.1　测量值集中趋势

1. 测量数据的集中趋势表示方法

1) 样本平均值(简称平均值)

测量数据的集中趋势常用样本平均值 $\bar{x}$ 表示：

$$\bar{x} = \dfrac{1}{n}\sum_{i=1}^{n} x_i \tag{1.18}$$

当 $n \to \infty$ 时，样本平均值 $\bar{x}$ 趋于总体平均值(简称总体均值) μ。

2) 中位数

将一组数据从小到大排列后,当样本容量 n 为奇数时,排在正中间的测量值即为中位数;若 n 为偶数,中位数为中间两个测量值的平均值。样本平均值受极端值(或异常数据点)的影响较大,而中位数(与平均值相比)受极端值的影响较小,故也常用中位数表示测量数据的集中趋势。

2. 测量数据的分散性表示方法

1) 方差

总体方差
$$\sigma^2 = \frac{1}{n}\sum_{i=1}^{n}(x_i-\mu)^2 \quad n\to\infty \tag{1.19}$$

样本方差
$$s^2 = \frac{1}{n-1}\sum_{i=1}^{n}(x_i-\bar{x})^2 \tag{1.20}$$

式(1.20)中,$n-1$ 为自由度,常用 f 表示。

样本方差只能是总体方差的近似值,即
$$\lim_{n\to\infty} s^2 = \sigma^2$$

$$\lim_{n\to\infty}\frac{1}{n-1}\sum_{i=1}^{n}(x_i-\bar{x})^2 = \frac{1}{n}\sum_{i=1}^{n}(x_i-\mu)^2$$

2) 标准偏差(或称标准差)

总体标准偏差
$$\sigma = \sqrt{\frac{\sum_{i=1}^{n}(x_i-\mu)^2}{n}} \tag{1.21}$$

当样本总体均值未知时,常用样本标准偏差 $\left(s = \sqrt{\dfrac{\sum_{i=1}^{n}(x_i-\bar{x})^2}{n-1}}\right)$ 和相对标准偏差 $\left(s_r = \dfrac{s}{\bar{x}}\times 100\%\right)$ 表示测量数据的分散性。

3. 标准偏差的计算

1) 小样本测定时标准偏差的计算

令一组测定值为 $x_1, x_2, \cdots, x_n$,其平均值为 $\bar{x}$,由于式(1.6)计算标准偏差比较麻烦,而且计算平均值时会带来舍入误差,可用下列等效式进行计算:

$$s = \sqrt{\frac{\sum_{i=1}^{n}x_i^2 - \left(\sum_{i=1}^{n}x_i\right)^2\Big/n}{n-1}} \tag{1.22}$$

目前,一般的计算器都有此计算功能,只要将数据输入计算器,就可以得到结果。

2) 多个样本测定时标准偏差的计算

若有 m 个从同一总体随机抽出的样本,每个样本重复进行多次测定(表1.2),这时如何从这 m 组测定值求得多个样本的标准偏差呢?

表 1.2 多个样本测定值

序号	重复测量数据				平均值
样本 1	x_{11}	x_{12}	…	x_{1n_1}	$\bar{x}_1$
样本 2	x_{21}	x_{22}	…	x_{2n_2}	$\bar{x}_2$
…	…	…	…	…	…
样本 m	x_{m1}	x_{m2}	…	x_{mn_m}	$\bar{x}_m$

显然,各样本的测定平均值不同,需计算合并方差:

$$\begin{aligned}\bar{s}^2 &= \frac{\sum_{i=1}^{n_1}(x_{1i}-\bar{x}_1)^2 + \sum_{i=1}^{n_2}(x_{2i}-\bar{x}_2)^2 + \cdots + \sum_{i=1}^{n_m}(x_{mi}-\bar{x}_m)^2}{(n_1-1)+(n_2-1)+\cdots+(n_m-1)} \\ &= \frac{\left[\sum_{i=1}^{n_1}x_{1i}^2 - \frac{\left(\sum_{i=1}^{n_1}x_{1i}\right)^2}{n_1}\right] + \left[\sum_{i=1}^{n_2}x_{2i}^2 - \frac{\left(\sum_{i=1}^{n_2}x_{2i}\right)^2}{n_2}\right] + \cdots + \left[\sum_{i=1}^{n_m}x_{mi}^2 - \frac{\left(\sum_{i=1}^{n_m}x_{mi}\right)^2}{n_m}\right]}{(n_1-1)+(n_2-1)+\cdots+(n_m-1)} \\ &= \frac{(n_1-1)s_1^2 + (n_2-1)s_2^2 + \cdots + (n_m-1)s_m^2}{(n_1-1)+(n_2-1)+\cdots+(n_m-1)}\end{aligned} \quad (1.23)$$

需要指出的是,只有当各样本的标准方差之间没有显著性差异(采用 F 统计检验,参见 1.3.4 节),才能按照式(1.23)计算合并方差。

【例 1.2】 用同一方法测定四种样品中的氯含量(%),得到如下数据,求此方法的标准偏差。

样品 1　11.25　11.30　11.31　11.31
样品 2　14.25　14.27　14.30　14.31
样品 3　18.72　18.65　18.60
样品 4　16.50　16.45　16.42

解 首先求各样本的标准偏差

样品 1　$f_1 = 4-1, s_1 = 0.029$
样品 2　$f_2 = 4-1, s_2 = 0.028$
样品 3　$f_3 = 3-1, s_3 = 0.061$
样品 4　$f_4 = 3-1, s_4 = 0.041$

经 F 统计检验后发现,s_1、s_2、s_3 和 s_4 两两之间没有显著性差异。(此处省略检验过程)
最后用式(1.23)求算该方法的标准偏差

$$\begin{aligned}\bar{s} &= \sqrt{\frac{(n_1-1)s_1^2 + (n_2-1)s_2^2 + (n_3-1)s_3^2 + (n_4-1)s_4^2}{(n_1-1)+(n_2-1)+(n_3-1)+(n_4-1)}} \\ &= \sqrt{\frac{3\times 0.029^2 + 3\times 0.028^2 + 2\times 0.061^2 + 2\times 0.041^2}{3+3+2+2}} \\ &= 0.04\end{aligned}$$

3)平均值的标准偏差计算

样本平均值 $\bar{x}$ 是非常重要的统计量,通常以此来估计总体均值 μ。今假定对同一总体中的一系列样品进行分析,可求出一系列样本平均值 $\bar{x}_1, \bar{x}_2, \cdots$。由于 x 的各次测定是由同一总体而来,并用同一方法测定,故可认为每次单次测量方差相等,用 $\sigma_{\bar{x}}$ 表示总体平均值的标准偏差。统计学已证明

$$\sigma_{\bar{x}} = \frac{\sigma_x}{\sqrt{n}} \tag{1.24}$$

对于有限次测量值,则为

$$s_{\bar{x}} = \frac{s_x}{\sqrt{n}} \tag{1.25}$$

由此可见,平均值的标准偏差与测定次数的平方根成反比。随着测定次数 n 的增加,测定误差减小,当 $n > 5$ 时,$s_{\bar{x}}$ 随测定次数增加而减小得很慢(图 1.2),这时再增加测定次数,工作量加大了,但对减小测定误差已无多大实际意义。因此,在分析化学实际工作中一般平行测定三四次就可以了。

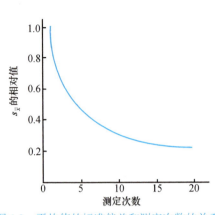

图 1.2 平均值的标准偏差和测定次数的关系

1.3.2 正态分布、χ^2 分布、t 分布和 F 分布

1. 随机误差的正态分布

在化学分析中,即使是在严格控制的实验条件下,对一个样品进行多次重复测定,由于不可避免的某些无法控制的因素的作用,各次测定值也并非完全相等,而是在一定的范围内波动。表 1.3 列出了测定某催化剂中碳含量的数据。这些数据看起来有点"杂乱无章",然而如果将这些表面上看来"杂乱无章"的数据进行适当整理,例如将全部测定数据按大小排列起来,并按一定间隔分成若干组,计算测定值落在每个组的数目(也称为频数),便可得到表 1.4 所示的频数分布表。如果以分组为横坐标,相应的频数或相对频数(频数与样本总数之比)为纵坐标,画成直方图,便可得到如图 1.3 和图 1.4 所示的频数分布直方图和相对频数分布直方图。

表 1.3 某催化剂中碳含量测定值

测定结果											
1.60	1.67	1.67	1.64	1.58	1.64	1.67	1.62	1.57	1.60	1.59	1.64
1.74	1.65	1.64	1.61	1.65	1.69	1.64	1.63	1.65	1.70	1.63	1.62
1.70	1.65	1.68	1.66	1.69	1.70	1.70	1.63	1.67	1.70	1.70	1.63
1.57	1.59	1.62	1.60	1.53	1.56	1.56	1.60	1.58	1.59	1.61	1.62
1.55	1.52	1.49	1.56	1.57	1.61	1.61	1.61	1.50	1.53	1.53	1.59
1.66	1.63	1.54	1.66	1.64	1.64	1.64	1.62	1.62	1.65	1.60	1.63
1.62	1.61	1.65	1.61	1.64	1.63	1.54	1.61	1.60	1.64	1.65	1.59

表 1.4 频数分布表

分组	频数	相对频数	分组	频数	相对频数
1.485~1.515	2	0.024	1.635~1.665	20	0.238
1.515~1.545	6	0.071	1.665~1.695	7	0.084
1.545~1.575	6	0.071	1.695~1.725	6	0.071
1.575~1.605	14	0.167	1.725~1.755	1	0.012
1.605~1.635	22	0.262	Σ	84	1.00

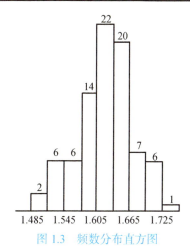

图 1.3 频数分布直方图

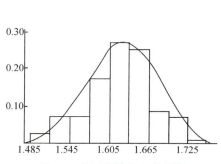

图 1.4 相对频数分布直方图

从所得到的频数分布表、频数分布直方图以及相对频数分布直方图便可以明显地看出，表 1.3 中的测定数据并不是"杂乱无章"的，而是有其规律性的。虽然不同测定值之间各种大小偏差的出现是彼此独立、互不相关的，但在全部测定数据中，测定值有明显规律：①集中趋势，大多数测定值集中在测定平均值 1.620 附近；②相对于平均值而言，偏差大小相等、符号相反的测定值出现的次数差不多；③偏差小的测定值比偏差较大的测定值出现的次数要多些，偏差很大的测定值出现的次数很少。可以想象，如果测定数据更多，组分得更细，各组相对频数分布直方图将逐渐趋于一条曲线，它反映了测定值随机误差分布的一般状态。当测定值连续变化时，其随机误差的这种分布特性在数学上可用高斯分布的正态概率密度函数表示

$$f(x) = \frac{1}{\sigma\sqrt{2\pi}} e^{-(x-\mu)^2/2\sigma^2} \qquad (1.26)$$

式中，x 为从此分布中随机抽取的样本值；μ 为相应于正态分布密度曲线最高点的横坐标，称为正态分布的均值，在不存在系统误差的情况下就是真值，它表示样本值的集中趋势。曲线关于 μ 对称。σ 是正态分布的标准偏差，代表从总体均值 μ 到正态分布曲线两个拐点中任何一个的距离，它表示样本值的离散特性。e = 2.718，是自然对数的底。为简便起见，把均值为 μ、标准偏差为 σ 的正态分布记作 $N(\mu,\sigma^2)$。如果用图形表示，就得到如图 1.5 所示形状的分布曲线，称为随机误差正态分布曲线。由图 1.5 和正态概率密度函数可以

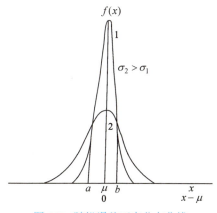

图 1.5 随机误差正态分布曲线

看出，集中趋势和离散特性是正态分布的两个基本参数，当给定了均值 μ 和标准偏差 σ，正态分布就完全被确定了。

显然，不管标准偏差 σ 为何值，分布曲线和横坐标之间所夹的总面积就是概率密度函数在 $-\infty < x < \infty$ 区间的积分值，它代表具有各种大小偏差的样本值出现概率的总和，其值为 1，即概率为

$$P(-\infty < x < \infty) = \frac{1}{\sigma\sqrt{2\pi}} \int_{-\infty}^{\infty} e^{-(x-\mu)^2/2\sigma^2} dx = 1 \tag{1.27}$$

分布密度曲线的最高点，即在 $x = \mu$ 处值为 $\frac{1}{\sigma\sqrt{2\pi}}$，它只取决于标准偏差 σ。从化学分析的观点来看，这是符合实际情况的，σ 越大，意味着测定精度越差，实验测定值越分散，分布密度曲线自然拉得越平；反之，σ 越小，表示测定精度越好，实验测定值越集中，分布密度曲线就越陡。

设 x_1，x_2，$\cdots$，x_n 是来自总体 $N(\mu, \sigma^2)$ 的随机样本，则 $\bar{x} = \frac{1}{n}\sum_{i=1}^{n} x_i$ 服从均值为 μ、标准偏差为 $\frac{\sigma}{\sqrt{n}}$ 的正态分布，记作 $\bar{x} \sim N\left(\mu, \frac{\sigma^2}{n}\right)$。这意味着：采取多次平行测定并取平均值的方法可以减小随机误差，提高测定结果的精密度。

对于任何正态分布，它的样本值 x 落在区间 (a,b) 的概率 $P(a \leqslant x \leqslant b)$ 等于在横坐标上 $x = a$，$x = b$ 区间的曲线和横坐标之间所夹的面积，即

$$P(a \leqslant x \leqslant b) = \frac{1}{\sigma\sqrt{2\pi}} \int_a^b e^{-(x-\mu)^2/2\sigma^2} dx \tag{1.28}$$

由于这个积分的计算与 μ 和 σ 值有关，计算比较麻烦，为了简便起见，常经过一个变换式，令

$$u = \frac{x - \mu}{\sigma} \tag{1.29}$$

则 u 服从概率密度如式(1.30)所示的标准正态分布

$$f_0(u) = \frac{1}{\sqrt{2\pi}} e^{-u^2/2} \tag{1.30}$$

于是，均值为 μ、标准偏差为 σ 的正态概率密度函数便变成均值为 0、标准偏差为 1 的标准正态概率密度函数，记为 $N(0,1)$。图 1.6 表示标准正态分布曲线，这时对于任何正态分布，样本值 x 落在区间 (a,b) 的概率 $P(a \leqslant x \leqslant b)$ 相应地可由标准正态分布算出。

$$P\left(\frac{a - \mu}{\sigma} \leqslant u \leqslant \frac{b - \mu}{\sigma}\right) = \frac{1}{\sqrt{2\pi}} \int_{\frac{a-\mu}{\sigma}}^{\frac{b-\mu}{\sigma}} e^{-u^2/2} du \tag{1.31}$$

为了应用方便，将标准正态分布制成表，由于积分上下限不同，表的形式有很多，为了区别，在表的上方一般绘图说明表中所列值是什么区间的概率。表 1.5 是其中一种形式，表中列出的面积与阴影部分相对应，表示随机误差在此区间的概率，若是求 $\pm u$ 值区间的概率，由于峰形是对称的，必须乘以 2。

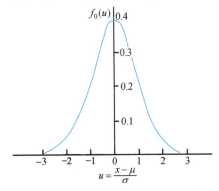

图 1.6　标准正态分布曲线

表 1.5　正态分布概率积分表

$$\text{概率} = \text{面积} = \frac{1}{\sqrt{2\pi}} \int_0^u e^{-u^2/2} du$$

$$|u| = \frac{|x-\mu|}{\sigma}$$

$|u|$	面积	$|u|$	面积	$|u|$	面积
0.0	0.0000	1.0	0.3413	2.0	0.4773
0.1	0.0398	1.1	0.3643	2.1	0.4821
0.2	0.0793	1.2	0.3849	2.2	0.4861
0.3	0.1179	1.3	0.4032	2.3	0.4893
0.4	0.1554	1.4	0.4192	2.4	0.4918
0.5	0.1915	1.5	0.4332	2.5	0.4938
0.6	0.2258	1.6	0.4452	2.6	0.4953
0.7	0.2580	1.7	0.4554	2.7	0.4965
0.8	0.2881	1.8	0.4641	2.8	0.4974
0.9	0.3159	1.9	0.4713	2.9	0.4987

【例 1.3】　计算 $1 < u < 2$ 区间的概率。

解　$P(1 < u < 2) = \int_1^2 \frac{1}{\sqrt{2\pi}} e^{-u^2/2} du$

$= \int_0^2 \frac{1}{\sqrt{2\pi}} e^{-u^2/2} du - \int_0^1 \frac{1}{\sqrt{2\pi}} e^{-u^2/2} du$

$= 0.4773 - 0.3413$

$= 0.1360$

若随机误差在 $u \pm 1$ 区间，同理可以算出测量值 x 在 $\mu \pm \sigma$ 区间的概率是 $2 \times 0.3413 \approx 68.3\%$，也可求出测量值出现在其他区间的概率。

随机误差出现的区间(以 σ 为单位)	测量值出现的区间	概率/%
$u \pm 1$	$x = \mu \pm \sigma$	68.3
$u \pm 1.96$	$x = \mu \pm 1.96\sigma$	95.0
$u \pm 2$	$x = \mu \pm 2\sigma$	95.5
$u \pm 2.58$	$x = \mu \pm 2.58\sigma$	99.0
$u \pm 3$	$x = \mu \pm 3\sigma$	99.7

由此可见，分析结果落在 $\mu \pm 3\sigma$ 范围内的概率达 99.7%，分析结果落在 $\mu \pm 3\sigma$ 之外的概率平均 1000 次测定中只有三次机会，也就是说，在多次重复测量中出现特别大的误差的概率很小。一旦出现，可以认为它不是由随机因素引起的，应将它舍去。

2. χ^2 分布

设 $x_1, x_2, \cdots, x_k$ 是来自总体 $N(0,1)$ 的随机样本，则统计量

$$\chi^2 = x_1^2 + x_2^2 + \cdots + x_k^2 = \sum_{i=1}^{k} x_i^2 \tag{1.32}$$

服从自由度为 k 的 χ^2 分布，记为 $\chi^2 \sim \chi^2(k)$。χ^2 分布的概率密度函数为

$$\begin{cases} f_k(x) = \dfrac{(1/2)^{k/2}}{\Gamma(k/2)} x^{k/2-1} e^{-x/2} & x \geqslant 0 \\ f_k(x) = 0 & x < 0 \end{cases} \tag{1.33}$$

式中，Γ 代表 Gamma 函数。

3. t 分布

当对一个样品进行足够多次数的重复测定时，其测定误差遵从正态分布。然而，通常的分析测试只进行 3~5 次（仪器分析 9~11 次）测定，属于小样本实验。由于通过小样本实验无法获得总体均值 μ 和总体标准偏差 σ，因此不能将正态分布直接用于小样本实验数据的统计分析。对于小样本实验，可以求得 n 次检测数据 $x_1, x_2, \cdots, x_n$ 的平均值 $\bar{x}$ 和样本标准偏差 s，然后按下式定义统计量 t，则该统计量服从 t 分布（Student's t-distribution）。

$$t = \frac{\bar{x} - \mu}{s_{\bar{x}}} = \frac{\bar{x} - \mu}{s} \sqrt{n} \tag{1.34}$$

t 分布的概率密度函数由下式表示

$$\varphi_f(t) = \frac{1}{\sqrt{f\pi}} \frac{\Gamma\left(\dfrac{f+1}{2}\right)}{\Gamma\left(\dfrac{f}{2}\right)} \left(1 + \frac{t^2}{f}\right)^{-\frac{f+1}{f}} \tag{1.35}$$

式中，$f = n-1$，为计算 s 的自由度；Γ 为 Gamma 函数。由式(1.35)可知，t 分布取决于计算 s 的自由度 f。图 1.7 给出了一组不同 f 值的 t 分布曲线。

当 $f < 10$ 时，t 分布曲线与正态分布曲线差别较大；当 $f > 20$ 时，t 分布曲线和正态分布曲线很近似；当 $f \to \infty$ 时，t 分布曲线和正态分布曲线是严格一致的，这时 $t = u$。

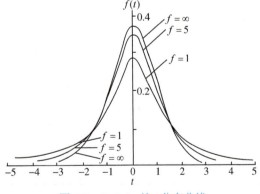

图 1.7　$f = 1, 5, \infty$ 的 t 分布曲线

4. F 分布

设 $x_1, x_2, \cdots, x_m$ 为服从 $N(\mu_x, \sigma_x^2)$ 的 m 个独立分布随机变量，$y_1, y_2, \cdots, y_n$ 为服从 $N(\mu_y, \sigma_y^2)$ 的 n 个独立分布随机变量，$\bar{x}$ 和 $\bar{y}$ 分别为两组随机变量的样本均值，s_x^2 和 s_y^2 分别为两组随机变量的样本方差，则按式(1.36)定义的统计量 F 服从 F 分布

$$F = \frac{s_x^2/\sigma_x^2}{s_y^2/\sigma_y^2} \sim F(m-1, n-1) \tag{1.36}$$

特别地，当 $\sigma_x^2 = \sigma_y^2$ 时，$F = \frac{s_x^2}{s_y^2} \sim F(m-1, n-1)$。$F$ 分布的概率密度函数由下式表示

$$\varphi_{f_1,f_2}(x) = \frac{\left(\dfrac{f_1 x}{f_1 x + f_2}\right)^{\frac{f_1}{2}} \left(1 - \dfrac{f_1 x}{f_1 x + f_2}\right)^{\frac{f_2}{2}}}{xB\left(\dfrac{f_1}{2}, \dfrac{f_2}{2}\right)} \tag{1.37}$$

式中，$f_1 = m-1$，$f_2 = n-1$，为自由度；B 为 Beta 函数。

1.3.3 置信水平与平均值的置信区间

如前所述，随机误差服从正态分布，当 μ 和 σ 均已知时，可以求测定值以 μ 为中心的某一区间的概率。然而总体均值 μ 在绝大多数情况下是未知的，因此，需要讨论当标准偏差(σ 或 s)已知时，在一定概率下 μ 的取值范围。在统计学上把这一取值范围(可靠性范围)称为置信区间，其对应的概率 P 称为置信度(置信水平)，α($\alpha = 1-P$)称为显著性水平，表示测量值落在置信区间之外的概率。

(1) 总体标准偏差 σ 已知时，μ 的置信区间。

当总体标准偏差 σ 已知时，则可用正态分布计算 μ 的置信区间。若只进行了单次测量，$u = \dfrac{x - \mu}{\sigma}$ 服从标准正态分布 $N(0,1)$，$P(|u| \leqslant u_\alpha) = 1 - \alpha$，则可推出如下关系式

$$x - u_\alpha \sigma \leqslant \mu \leqslant x + u_\alpha \sigma，或写成 \mu = x \pm u_\alpha \sigma \tag{1.38}$$

类似地，当进行了 n 次测量并计算出了样本平均值 $\bar{x}$，$u = \dfrac{\bar{x} - \mu}{\sigma/\sqrt{n}}$ 服从标准正态分布 $N(0,1)$，$P(|u| \leqslant u_\alpha) = 1 - \alpha$，则可按式(1.39)估算 μ 的置信区间。

$$\bar{x} - u_\alpha \sigma/\sqrt{n} \leqslant \mu \leqslant \bar{x} + u_\alpha \sigma/\sqrt{n}，或写成 \mu = \bar{x} \pm u_\alpha \sigma/\sqrt{n} \tag{1.39}$$

【例 1.4】 某车间生产滚珠，从长期的实践中已知滚珠的直径 x 服从正态分布，$\sigma^2 = 0.05$。某天从产品中随机抽样 6 个，量得直径(mm)如下：14.70，15.00，14.90，14.80，15.20，15.10。试估计该产品直径的置信区间(设置信度为 95%)。

解 已知置信度为 95% 时，$u_\alpha = 1.96$，$\bar{x} = 14.95\text{mm}$。根据

$$\mu = \bar{x} \pm u_\alpha \frac{\sigma}{\sqrt{n}}$$

故得

$$\mu = 14.95 \pm 1.96\sqrt{\frac{0.05}{6}} = 14.95 \pm 0.18(\text{mm})$$

结果表明，有 95% 的把握认为该区间包含当天的总体均值 μ。

(2) 已知样本标准偏差 s 时，μ 的置信区间。

在实际工作中，由于测量的数据有限，难以获得总体标准偏差 σ。此时计算样本平均值 $\bar{x}$ 和样本标准偏差 s，统计量 $t = \dfrac{\bar{x} - \mu}{s}\sqrt{n}$ 服从 t 分布，$P(|t| \leqslant t_\alpha) = 1 - \alpha$，则可按式(1.40)估算 μ 的置信区间。

$$\bar{x} - t_{\alpha,f} s/\sqrt{n} \leqslant \mu \leqslant \bar{x} + t_{\alpha,f} s/\sqrt{n}，\text{ 或写成 } \mu = \bar{x} \pm t_{\alpha,f} s/\sqrt{n} \qquad (1.40)$$

由于 t_α 的值与自由度 $f(f = n-1)$ 有关，故式(1.40)中用 $t_{\alpha,f}$ 代替 t_α。表1.6中列出的是不同显著性水平和自由度下的 $t_{\alpha,f}$ 值。

表 1.6 t 分布表（双边）

$P(|t| > t_\alpha) = \alpha$

f	P	90%	95%	98%	99%	99.9%
	α	0.10	0.05	0.02	0.01	0.001
1		6.31	12.71	31.82	63.66	636.62
2		2.92	4.30	6.37	9.93	31.60
3		2.35	3.18	4.54	5.84	12.92
4		2.13	2.78	4.25	4.60	8.61
5		2.02	2.57	3.67	4.03	6.86
6		1.94	2.45	3.14	3.71	5.96
7		1.90	2.37	3.00	3.50	5.41
8		1.86	2.31	2.90	3.36	5.04
9		1.83	2.26	2.82	3.25	4.78
10		1.81	2.23	2.76	3.17	4.59
11		1.80	2.20	2.72	3.11	4.44
12		1.78	2.18	2.68	3.06	4.32
13		1.77	2.16	2.65	3.01	4.22
14		1.76	2.15	2.62	2.98	4.14
15		1.75	2.13	2.60	2.95	4.07

【例 1.5】 分析某合金试样中某成分的含量，重复测定 6 次，其结果(%)为 49.69、50.90、48.49、54.75、51.47、48.80。求置信度分别为 90%、95% 和 99% 的相应置信区间。

解 $\bar{x} = 50.18$，$s_x = 1.39$，$\mu = \bar{x} \pm t_{\alpha,f}\dfrac{s_x}{\sqrt{n}}$

置信水平	α	$t_{\alpha,f}$	置信区间
90%	0.1	2.02	$50.18 \pm 2.02\dfrac{1.39}{\sqrt{6}} = 50.18 \pm 1.15(\%)$

95%	0.05	2.57	$50.18 \pm 2.57 \dfrac{1.39}{\sqrt{6}} = 50.18 \pm 1.46(\%)$
99%	0.01	4.03	$50.18 \pm 4.03 \dfrac{1.39}{\sqrt{6}} = 50.18 \pm 2.29(\%)$

由本例可以看出，置信度越高，置信区间就越宽，即所估计区间包括真值的可能性也就越大。在分析化学中一般将置信度定在 95%或 90%。

【例 1.6】 利用硫化物在氢火焰中的 S_2 分子发射光谱测定天然气中的含硫量，测定结果($mg \cdot m^{-3}$)为 49.2、49.0、49.5、50.4、50.0。试由以上测定结果估计天然气中硫的含量范围。

解 $\bar{x} = 49.6 mg \cdot m^{-3}$，$s_x = 0.6 mg \cdot m^{-3}$

当置信度为 95%，$\alpha = 0.05$，$t_{0.05,4} = 2.78$

$$\mu = \bar{x} \pm t_{\alpha,f} \frac{s_x}{\sqrt{n}} = \left(49.6 \pm 2.78 \frac{0.6}{\sqrt{5}}\right) mg \cdot m^{-3} = (49.6 \pm 0.7) mg \cdot m^{-3}$$

即天然气中硫含量范围有 95%的把握在 $(48.9 \sim 50.3) mg \cdot m^{-3}$。

1.3.4 分析数据的可靠性检验

在分析测试中所获得的测量数据不可避免会受到随机误差的影响，有时甚至包含系统误差和过失误差。随机误差、系统误差和过失误差经常纠缠在一起，除了极为明显的情况外，一般难以通过简单的观察将其区分，此时需要使用统计检验方法处理这类问题。

1. u 检验法

1) 样本平均值与总体均值的比较

当总体标准差 σ 已知时，可采用 u 检验法来检验样本平均值 $\bar{x}$ 与总体均值 μ_0 之间是否有显著性差异。进行 u 检验的一般步骤如下：

(1) 设实际样本的总体均值为 μ，提出统计假设 H_0：$\mu = \mu_0$。

(2) 计算统计量 $u = \dfrac{\bar{x} - \mu_0}{\sigma / \sqrt{n}}$。

(3) 确定是双尾检验还是单尾检验。

(4) 选定显著性水平 α，查表确定 u_α，使 $P(|u| > u_\alpha) = \alpha$。

(5) 比较 $|u|$ 和 u_α 的大小，作出统计判断：$|u| > u_\alpha$，否定统计假设，即 $\bar{x}$ 与 μ 之间有显著性差异，存在系统误差；$|u| \leq u_\alpha$，接受原假设，即 $\bar{x}$ 与 μ 之间没有显著性差异，两者之间的差异是由随机误差引起的。

【例 1.7】 已知某标准铁样的含碳量遵从正态分布 $N(4.55, 0.10^2)$。某天为检查分析系统(如仪器设置、试剂、操作人员的情绪和操作、环境等)是否正常，对该标准铁样的含碳量进行 6 次测定，碳含量(%)为 4.37、4.35、4.28、4.30、4.42、4.40。该分析系统是否正常？

解 H_0：$\mu = \mu_0$，即假设分析系统各项条件都是正常的，样本值是从该总体中随机抽出的。

$$\bar{x} = 4.35$$

$$u = \frac{\bar{x} - \mu_0}{\sigma / \sqrt{n}} = \frac{4.35 - 4.55}{0.10 / \sqrt{6}} = -4.9$$

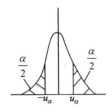

图1.8 双尾检验示意图

因为假设该分析系统各项条件都是正常的，故 $\bar{x}$ 应遵从正态分布 $N\left(\mu, \dfrac{\sigma^2}{n}\right)$，从而 u 遵从标准正态分布 $N(0, 1)$。若6次测定含碳量的平均值与标准值 μ 有显著性差异，不论结果是高于还是低于标准值，都判为异常，对原假设予以否定，所以本例题中是双尾检验。图1.8中阴影部分为否定域，若计算得出的统计量 u 值落在阴影部分，可否定原假设。

选取显著性水平 $\alpha = 0.05$，置信度为 $1 - \alpha = 0.95$，从表 1.5 正态分布概率积分表中面积 $\dfrac{0.95}{2} = 0.475$，查得 $u_{0.05} = 1.96$。

$|u| > u_{0.05}$，否定原假设，故有 95% 的把握认为当天的分析系统有显著性差异，存在系统误差，应迅速查明原因并予以纠正，待分析系统正常后，再做试样分析。

2）两个平均值的比较

当总体方差 σ 已知时，可以用 u 检验法检验两组样本的平均值 $\bar{x}_1$ 和 $\bar{x}_2$ 之间是否存在显著性差异。若存在显著性差异，则两组样本分别取自两个不同的总体；若不存在显著性差异，则两组样本取自同一个总体。

当两组样本的标准偏差 s_1 和 s_2 均与 σ 没有显著性差异时，平均值 $\bar{x}_1$ 的方差 $s_{\bar{x}_1}^2 = \sigma^2/n_1$，$\bar{x}_2$ 的方差 $s_{\bar{x}_2}^2 = \sigma^2/n_2$，根据随机误差传递公式得

$$S_{(\bar{x}_1 - \bar{x}_2)} = \sqrt{s_{\bar{x}_1}^2 + s_{\bar{x}_2}^2} = \sqrt{\sigma^2/n_1 + \sigma^2/n_2} \tag{1.41}$$

使用 u 检验比较两个平均值 $\bar{x}_1$ 和 $\bar{x}_2$ 的步骤如下：

(1) 设两组样本的总体均值分别为 μ_1 和 μ_2，提出统计假设 H_0: $\mu_1 = \mu_2$。

(2) 计算统计量 u。

$$u = \dfrac{\bar{x}_1 - \bar{x}_2}{\sqrt{\sigma^2/n_1 + \sigma^2/n_2}} = \dfrac{\bar{x}_1 - \bar{x}_2}{\sigma\sqrt{1/n_1 + 1/n_2}} \tag{1.42}$$

(3) 确定是双尾检验还是单尾检验。这类比较是双尾检验，因为不论 $\bar{x}_1 > \bar{x}_2$ 或 $\bar{x}_1 < \bar{x}_2$，只要两者有显著性差异，就应否定统计假设。

(4) 选定显著性水平 α，查表确定 u_α，使 $P(|u| > u_\alpha) = \alpha$。

(5) 比较 $|u|$ 和 u_α 的大小，作出统计判断：$|u| > u_\alpha$，否定统计假设，即 $\bar{x}_1$ 和 $\bar{x}_2$ 之间有显著性差异，存在系统误差；$|u| \leqslant u_\alpha$，接受原假设，即 $\bar{x}_1$ 和 $\bar{x}_2$ 之间没有显著性差异，两者之间的差异是由随机误差引起的。

2. t 检验法

若总体方差 σ 未知，无法计算 u 统计量，此时可以考虑使用 t 检验法检验样本平均值与标准值，或者检验两组样本的平均值之间是否有显著性差异。

1）样本平均值与标准值的比较

使用 t 检验法比较样本平均值 $\bar{x}$ 和标准值 μ_0 的一般步骤如下：

(1) 设样本的总体均值为 μ，提出统计假设 H_0: $\mu = \mu_0$。

(2) 计算样本标准偏差 s 和统计量 $t = \dfrac{\bar{x} - \mu_0}{s}\sqrt{n}$。

(3) 选定显著性水平 α，查表确定 $t_{\alpha,f}$，使 $P(|t|>t_{\alpha,f})=\alpha$。

(4) 比较 $|t|$ 和 $t_{\alpha,f}$，作出统计判断：$|t|>t_{\alpha,f}$，拒绝原假设；$|t|\leqslant t_{\alpha,f}$，接受原假设。

在实际分析检测中，当遇到需要用标准试样或基准物来评价某种分析方法时，可采用 t 检验法。

【例 1.8】 采用某种新方法测定基准物明矾中铝的含量(%)得到下列 9 个分析数据：

10.74，10.77，10.77，10.81，10.81，10.73，10.86，10.81，10.77

已知明矾中铝含量的标准值为 10.77%，采用新方法是否引起系统误差？

解 H_0：$\mu=10.77\%$

$$\bar{x}=10.79\% \quad s=0.04\%$$

$$t=\frac{\bar{x}-\mu_0}{s/\sqrt{n}}=\frac{10.79-10.77}{0.04/\sqrt{9}}=1.5$$

选定显著性水平 $\alpha=0.05$，双尾检验，查 t 分布表，$t_{0.05,8}=2.31$，则 $t<t_{0.05,8}$，接受原假设，新方法没有系统误差。

2) 两个平均值的比较

不同的分析人员用同一方法或同一分析人员用不同的方法测定同一样品，所得结果的平均值一般不相等，其原因之一是各平均值之间确有系统误差存在，另一种可能是各平均值之间并无系统误差存在，只是在有限次测定中由于随机因素的影响，各平均值有些波动，t 检验可以帮助正确判断是哪一种可能性。

若两个平均值 $\bar{x}_1$ 和 $\bar{x}_2$ 之间没有显著性差异，则两组样本取自同一个总体，因此用 t 检验法检验两个平均值 $\bar{x}_1$ 和 $\bar{x}_2$ 之间是否有显著性差异的统计假设 H_0：$\mu_1=\mu_2$（μ_1 和 μ_2 分别为两组样本的总体均值）。在统计检验过程中，首先必须用 F 检验法检验这两组数据的方差是否有显著性差异（这将在 F 检验中介绍）。当两组数据的方差 s_1^2 和 s_2^2 没有显著性差异时，可把两组数据合在一起求合并计算标准偏差 $s_合[s_合^2=\dfrac{(n_1-1)s_1^2+(n_2-1)s_2^2}{n_1+n_2-2}$，$n_1$ 和 n_2 分别为两组样本的样本数目]，然后检验假设 H_0：$\mu_1=\mu_2$。假定 s_1^2 和 s_2^2 没有显著性差异，则可以按下式计算 t 统计量。

$$t=\frac{\bar{x}_1-\bar{x}_2}{\sqrt{s_合^2/n_1+s_合^2/n_2}}=\frac{\bar{x}_1-\bar{x}_2}{s_合\sqrt{1/n_1+1/n_2}} \tag{1.43}$$

选定显著性水平 α，查表确定 $t_{\alpha,f}(f=n_1+n_2-2)$，使 $P(|t|>t_{\alpha,f})=\alpha$。将式(1.43)求出的 t 和分布表 t 值相比较：如果 $|t|\leqslant t_{\alpha,f}$，接受原假设，认为两组样本来自同一个总体，两个平均值没有显著性差异；如果 $|t|>t_{\alpha,f}$，拒绝原假设，认为两组样本来自不同的总体，两个平均值存在显著性差异。

如果 $n_1=n$，而 $n_2=\infty$，则 $\bar{x}_2=\mu$，式(1.43)的 t 统计量变为 $t=\dfrac{\bar{x}_1-\mu}{s_合}\sqrt{n}$。由此可见，样本平均值与标准值的比较是两个平均值比较的一个特例。

【例 1.9】 鉴定一个有机化合物可测定它在色谱柱上的保留时间，若与标准物质的保留时间相等，则可以假定两个物质相同,再以其他方法确证之,否则可否定两物质等同。设某未知物通过柱三次,测得保留时间 t_{R_1}(s) 为 10.20、10.35、10.25;标准物正辛烷通过柱八次,测得保留时间 t_{R_s}(s) 为 10.24、10.28、10.31、10.32、10.34、10.36、10.36、10.37。这一未知物是否可能是正辛烷?(s_1 与 s_2 之间无显著性差异)

解 H_0: $\mu_1 = \mu_2$

$\bar{x}_1 = 10.27$,$\bar{x}_2 = 10.32$,$s_1 = 0.076$,$s_2 = 0.045$

$$s_{合}^2 = \frac{(n_1-1)s_1^2 + (n_2-1)s_2^2}{(n_1-1)+(n_2-1)} = \frac{2\times(0.076)^2 + 7\times(0.045)^2}{2+7} = 2.86\times10^{-3}$$

$$s_{合} = 0.054(s)$$

$$t = \frac{\bar{x}_1 - \bar{x}_2}{s_{合}\sqrt{1/n_1 + 1/n_2}} = \frac{10.27 + 10.32}{0.054\sqrt{\frac{1}{3}+\frac{1}{8}}} = -1.37$$

当置信度为 95%时,显著性水平 $\alpha = 0.05$,$t_{\alpha,f} = t_{0.05,9} = 2.26$。$|t| < t_{0.05,9}$,所以与假设相容,未知物可能是正辛烷。

【例 1.10】 分析两个石灰石样品中镁含量(%),结果为

样品 1:1.22、1.25、1.26

样品 2:1.31、1.34、1.35

这两个样品有显著性差异吗?(s_1 与 s_2 之间无显著性差异)

解 H_0: $\mu_1 = \mu_2$

$\bar{x}_1 = 1.24\%$,$\bar{x}_2 = 1.33\%$,$s_1 = 0.021\%$,$s_2 = 0.021\%$

$$s_{合}^2 = \frac{(n_1-1)s_1^2 + (n_2-1)s_2^2}{(n_1-1)+(n_2-1)} = \frac{2\times(0.021\%)^2 + 2\times(0.021\%)^2}{3+3-2}$$

$$s_{合} = 0.021\%$$

$$t = \frac{\bar{x}_1 - \bar{x}_2}{s_{合}\sqrt{1/n_1 + 1/n_2}} = \frac{1.24 - 1.33}{0.021\sqrt{\frac{1}{3}+\frac{1}{3}}} = -5.25$$

当置信度为 95%时,$t_{0.05,4} = 2.78$,$|t| > t_{0.05,4}$,表明两个样品之间有显著性差异。

3)痕量分析中检验分析结果的真实性

在痕量分析中,被测组分浓度很低,同时测定信号比较弱,如果遇空白值高而不稳,测定结果的真实性受到干扰和歪曲,此时可用 t 检验作出正确判断。

【例 1.11】 用分子发射腔分析法测定某公园湖水中硫酸根的含量,三次测定 S_2 分子发射强度为 1.0、1.5、2.0,平均值 $\bar{x}$ 为 1.5。为了进行对照,同时测定去离子水中硫空白值,三次测定 S_2 分子发射强度分别为 1.0、0.5、0.5,平均值 $\bar{x}_0$ 为 0.67。试确定湖水中是否含有硫化物。

解 去离子水中若不含硫化物,真实含量应为 0,若去离子水中硫测定平均值($\bar{x}_0$)与 0 没有显著性差异,可以认为去离子水不含硫,故

$$s_0 = 0.29$$

$$t = \frac{\bar{x}_0 - \mu}{s_0/\sqrt{n}} = \frac{0.67 - 0}{0.29/\sqrt{3}} = 4.0$$

查 t 分布表,$f = 2$,置信度为 95%,因为单尾检验,应查 t 分布表 $\alpha = 0.05\times2 = 0.10$ 的数据,故 $t_{0.10,2} = 2.92$,$t > t_{0.10,2}$,说明去离子水中确实含有微量硫化物。

为了确定湖水中是否真含有硫化物,计算测定湖水中 S_2 分子发射强度的标准差 $s = 0.50$,对 s_0^2 与 s^2 进行

F 检验表明两方差一致，求出合并标准差，以及 t 统计量。

$$s_{合} = \sqrt{\frac{(n_1-1)s_0^2 + (n_2-1)s^2}{(n_1-1)+(n_2-1)}} = \sqrt{\frac{2\times 0.29^2 + 2\times 0.50^2}{2+2}} = 0.41$$

$$t = \frac{\bar{x} - \bar{x}_0}{s_{合}\sqrt{1/n_0 + 1/n}} = \frac{1.50 - 0.67}{0.41\sqrt{\frac{1}{3}+\frac{1}{3}}} = 2.48$$

查 t 分布表，$f = n_0 + n - 2 = 4$，置信度为 90% 时，$t_{0.10,4} = 2.13$，$t > t_{0.10,4}$，表明 $\bar{x}$ 与 $\bar{x}_0$ 之间有显著性差异，即湖水中产生的分析信号确实同空白值有显著性差异，因此有 90% 的把握说湖水中含有微量硫化物。

3. χ^2 检验法

χ^2 检验（卡方检验）用于检验总体方差是否正常，即检验统计假设 $\sigma^2 = \sigma_0^2$，适用于总体方差 σ_0^2 已知的情况。

在工厂生产质量控制中，正常时某个指标服从正态分布 $N(\mu, \sigma_0^2)$，若某天做了几次分析测试，发现这个指标波动较大，就应作 χ^2 检验，以此判断这一天生产是否正常。

使用 χ^2 检验法检验总体方差是否正常的一般步骤如下：

(1) 提出统计假设 H_0：$\sigma^2 = \sigma_0^2$。

(2) 计算样本标准偏差 s 和 χ^2 统计量

$$\chi^2 = \frac{(n-1)s^2}{\sigma_0^2} \tag{1.44}$$

(3) 选定显著性水平 α，查表确定临界值 $\chi^2_{\left(1-\frac{\alpha}{2}\right),f}$ 和 $\chi^2_{\left(\frac{\alpha}{2}\right),f}$，使满足 $P\left(\chi^2 < \chi^2_{\left(1-\frac{\alpha}{2}\right),f}\right) = P\left(\chi^2 > \chi^2_{\left(\frac{\alpha}{2}\right),f}\right) = \frac{\alpha}{2}$。

(4) 若 $\chi^2 < \chi^2_{\left(1-\frac{\alpha}{2}\right),f}$ 或 $\chi^2 > \chi^2_{\left(\frac{\alpha}{2}\right),f}$，则拒绝 H_0，说明总体方差发生了变化，生产不正常；若 $\chi^2_{\left(1-\frac{\alpha}{2}\right),f} < \chi^2 < \chi^2_{\left(\frac{\alpha}{2}\right),f}$，则说明总体方差没有改变，即 $\sigma^2 = \sigma_0^2$。

【例 1.12】 某钢铁厂生产的铁水中含碳量在正常生产的情况下遵从正态分布 $N(4.55, 0.10^2)$，某天抽测了 5 炉铁水，测得的碳含量分别为 4.59、4.56、4.65、4.48、4.42。这一天生产的铁水中含碳量的总体方差是否正常？

解　H_0：$\sigma^2 = \sigma_0^2$

$$s^2 = 0.091^2$$

$$\chi^2 = \frac{(n-1)s^2}{\sigma_0^2} = \frac{(5-1)\times 0.091^2}{0.10^2} = 3.31$$

取显著性水平 $\alpha = 0.10$，$f = 5 - 1 = 4$，查 χ^2 分布表（表 1.7）得

$$\chi^2_{0.95,4} = 0.711，\quad \chi^2_{0.05,4} = 9.49$$

现求得的 $\chi^2_{0.95,4} < \chi^2 < \chi^2_{0.05,4}$，接受原假设，说明在显著性水平 10% 下不能认为方差有了明显变化，即方差是正常的。

表 1.7 χ^2 分布表

$P(\chi^2 > \chi_\alpha^2) = \alpha$

f	P									
	0.99	0.98	0.95	0.90	0.50	0.10	0.05	0.02	0.01	0.001
1	0.000	0.001	0.001	0.016	0.455	2.71	3.84	5.41	6.64	10.83
2	0.020	0.040	0.103	0.211	1.386	4.61	5.99	7.82	9.21	13.82
3	0.115	0.185	0.352	0.584	2.366	6.25	7.82	9.84	11.34	16.27
4	0.297	0.429	0.711	1.064	3.357	7.78	9.49	11.67	13.28	18.47
5	0.554	0.752	1.145	1.610	4.351	9.24	11.07	13.39	15.09	20.52
6	0.874	1.134	1.635	2.204	5.35	10.65	12.69	15.03	16.81	22.46
7	1.239	1.564	2.167	2.833	6.35	12.02	14.07	16.62	18.48	24.37
8	1.646	2.032	2.731	3.490	7.34	13.36	15.51	18.17	20.09	26.13
9	2.088	2.532	3.325	4.168	8.34	14.68	16.92	19.68	21.67	27.88
10	2.558	3.059	3.940	4.865	9.34	15.99	18.31	21.16	23.21	29.59
11	3.05	3.61	4.57	5.58	10.34	17.28	19.68	22.62	24.73	31.26
12	3.57	4.18	5.23	6.30	11.34	18.55	21.03	24.05	26.22	32.91
13	4.11	4.76	5.89	7.04	12.34	19.81	22.36	25.47	27.69	34.53
14	4.66	5.37	6.57	7.79	13.34	21.06	23.69	26.87	29.14	36.17
15	5.23	5.99	7.26	8.55	14.34	22.31	25.00	28.26	30.58	37.70

4. F 检验法

当总体方差未知时，可用 F 检验法检验两组样本的样本方差 s_1^2 和 s_2^2 之间是否有显著性差异。统计量 F 定义为两个样本方差的比值

$$F = \frac{s_1^2}{s_2^2} \tag{1.45}$$

式中，方差值较大者为 s_1^2，作为分子；方差值较小者为 s_2^2，作为分母。由此可见，统计量 F 总是大于 1，即 $F \geqslant 1$。

F 检验法的原理可以解释如下：

(1) 如果原假设 H_0：$\sigma_1^2 = \sigma_2^2 = \sigma^2$，那么方差比

$$F = \frac{s_1^2}{s_2^2} \approx 1$$

当自由度 f_1 和 f_2 都等于 ∞ 时，$F = 1$。若 $F = s_1^2/s_2^2$ 太大，则表明原假设 H_0 不正确。

(2) 但是在实际工作中，只能从有限次测试中求出 s_1^2 和 s_2^2，即使是同一总体求出的 s_1^2 和 s_2^2，由于存在测定误差，s_1^2 和 s_2^2 也未必完全相同，即 $F \neq 1$。但是，不能认为 $F \neq 1$，原假设 H_0 不正确，也不能当 F 远离 1 时，认为原假设正确。因此，F 偏离 1 应该有一个合理的允许范围，可用统计法确定。

(3) 确定是双尾检验还是单尾检验：比较两组数据的方差，不管两个方差中哪一个比另一个大得多或小得多，都认为是有显著差异，因此是双尾检验。

(4) 在选定的显著性水平 α 下，查表确定临界值 $F_{\alpha/2,f_1,f_2}$，使得 $P(F > F_{\alpha/2,f_1,f_2}) = \dfrac{\alpha}{2}$。

(5) 将统计量 F 值与 $F_{\alpha/2,f_1,f_2}$（表 1.8）比较。

若 $F > F_{\alpha/2,f_1,f_2}$，拒绝原假设 H_0，表示 s_1^2 显著地大于 s_2^2，两者有显著差异，不能看作同一总体方差 σ^2 的估计值；

若 $F \leqslant F_{\alpha/2,f_1,f_2}$，表示两个方差没有显著差异，应接受原假设 H_0，认为这两个样本中的方差都是同一总体方差 σ^2 的估计量。

表 1.8　F 分布表

($\alpha = 0.05$)　$P(F > F_\alpha) = \alpha$

f_2	f_1										
	1	2	3	4	5	6	7	8	9	10	12
1	161.4	199.5	215.7	224.6	230.2	234.0	236.8	238.9	240.5	241.9	243.9
2	18.51	19.00	19.16	19.25	19.30	19.33	19.35	19.37	19.38	19.40	19.41
3	10.13	9.55	9.28	9.12	9.01	8.94	8.89	8.85	8.81	8.75	8.74
4	7.71	6.94	6.59	6.39	6.26	6.16	6.09	6.04	6.00	5.96	5.91
5	6.61	5.79	5.41	5.19	5.05	4.95	4.88	4.82	4.77	4.74	4.68
6	5.99	5.14	4.76	4.53	4.39	4.28	4.21	4.15	4.10	4.06	4.00
7	5.99	4.74	4.35	4.17	3.97	3.87	3.79	3.73	3.68	3.64	3.57
8	5.32	4.46	4.07	3.84	3.69	3.58	3.50	3.44	3.39	3.35	3.28
9	5.12	4.26	3.86	3.63	3.48	3.37	3.29	3.23	3.18	3.14	3.07
10	4.96	4.10	3.71	3.48	3.33	3.22	3.14	3.07	3.02	2.98	2.91
11	4.84	3.98	3.59	3.36	3.20	3.09	3.01	2.95	2.90	2.85	2.79
12	4.75	3.89	3.49	3.26	3.11	3.00	2.91	2.85	2.80	2.75	2.69

【例 1.13】　甲、乙两人分析同一试样，甲经 11 次测定，$s = 0.21$，乙经 9 次测定，$s = 0.60$。试比较甲、乙的精密度之间是否有显著性差异。

解　H_0：$\sigma_1^2 = \sigma_2^2$

$$F = \frac{s_1^2}{s_2^2} = \frac{0.60^2}{0.21^2} = 8.2$$

$$f_1 = 9 - 1 = 8，\quad f_2 = 11 - 1 = 10$$

若显著性水平 $\alpha = 0.10$，查 F 分布表得 $F_{0.05,8,10} = 3.07$，$F > F_{0.05,8,10}$，拒绝原假设 H_0，说明两批数据精密度有显著性差异。

1.3.5　异常值的检验与取舍

在实验中，当对同一试样进行多次平行测定时，常发现有个别测定值比其他测定值明显地偏大或偏小，这个测定值称为异常值，又称可疑值或极端值。在报告结果时，这个异常值是参加平均值的计算，还是将其弃去，要考察产生该异常值的实验过程，看有无技术上的异常原因和过失误差存在，如有应舍弃，若无且原因不明，应进行异常值检验，以决定该异常值是否应弃去。

1. Q 检验法

Q 检验法是迪克森(W. J. Dixon)在1951年专为分析化学中少量观测次数($n<10$)提出的一种简易判据式。Q 检验法按以下步骤确定可疑值的取舍。

(1) 将测定值从小到大排列为：$x_1, x_2, \cdots, x_{n-1}, x_n$。

(2) 计算统计量 Q：

x_n 为异常值时

$$Q = \frac{x_n - x_{n-1}}{x_n - x_1} \tag{1.46}$$

x_1 为异常值时

$$Q = \frac{x_2 - x_1}{x_n - x_1} \tag{1.47}$$

(3) 选定置信度 P，查表1.9中 $Q_{P,n}$ 值，然后进行判别。

$Q \leqslant Q_{P,n}$，异常值应保留；$Q > Q_{P,n}$，异常值应舍弃

表 1.9 **Q 值表**

测定次数 n	$Q_{0.90}$	$Q_{0.96}$	$Q_{0.99}$	测定次数 n	$Q_{0.90}$	$Q_{0.96}$	$Q_{0.99}$
3	0.94	0.98	0.99	7	0.51	0.59	0.68
4	0.76	0.85	0.93	8	0.47	0.54	0.63
5	0.64	0.73	0.82	9	0.44	0.51	0.60
6	0.56	0.64	0.74	10	0.41	0.48	0.57

【例 1.14】 某标准溶液的4次标定值($mol \cdot L^{-1}$)为0.2014、0.2012、0.2025、0.2016。异常值0.2025可否舍弃？

解 x_n 为异常值，故统计量 Q 为

$$Q = \frac{x_n - x_{n-1}}{x_n - x_1} = \frac{0.2025 - 0.2016}{0.2025 - 0.2012} = 0.69$$

选定置信度为90%，查表1.9，得 $Q_{0.90,4} = 0.76$，$Q < Q_{0.90,4}$，故 0.2025 应保留。

2. 格鲁布斯(Grubbs)法

格鲁布斯法又称 T 检验法，按以下步骤确定异常值的取舍。

(1) 将一组测定值从小到大排列为 $x_1, x_2, \cdots, x_n$，其中 x_1 或 x_n 可能是异常值。

(2) 计算样本平均值 $\bar{x}$ 和样本标准偏差 s，并计算 T 统计量：

x_n 为异常值时

$$T = \frac{x_n - \bar{x}}{s} \tag{1.48}$$

x_1 为异常值时

$$T = \frac{\bar{x} - x_1}{s} \tag{1.49}$$

(3) 选定显著性水平 α，查表 1.10 中 $T_{\alpha,n}$ 值，然后进行判别：

$T \leqslant T_{\alpha,n}$，异常值应保留；$T > T_{\alpha,n}$，异常值应舍弃

表 1.10 $T_{\alpha,n}$ 值表

n	显著性水平 α			n	显著性水平 α		
	0.05	0.10	0.25		0.05	0.10	0.25
3	1.15	1.15	1.15	10	2.18	2.41	2.29
4	1.46	1.49	1.48	11	2.23	2.48	2.36
5	1.67	1.75	1.71	12	2.29	2.55	2.41
6	1.82	1.94	1.89	13	2.33	2.61	2.46
7	1.94	2.10	2.02	14	2.37	2.66	2.51
8	2.03	2.22	2.13	15	2.41	2.71	2.55
9	2.11	2.32	2.21	20	2.56	2.88	2.71

【例 1.15】 例 1.14 中的实验数据用格鲁布斯检验法判别时，数据 0.2025 是否应保留？

解 x_n 为异常值，用 $T = \dfrac{x_n - \bar{x}}{s}$ 计算

$$\bar{x} = 0.2017 \quad s = 5.74 \times 10^{-4}$$

$$T = \dfrac{0.2025 - 0.2017}{5.74 \times 10^{-4}} = 1.39$$

选定 $\alpha = 0.05$，$T_{0.05,4} = 1.46$，$T < T_{0.05,4}$，故 0.2025 这个测定值应保留。

格鲁布斯检验法最大的优点是在判别异常值时引入了正态分布中两个最重要的参数 $\bar{x}$ 和 s，故其判断结果较准确。

思考题 1.11 u 分布曲线与 t 分布曲线有何不同？
思考题 1.12 t 检验和 F 检验分别适用于什么情况？

1.3.6 不确定度

不确定度指分析结果的正确性或准确性的可疑程度。不确定度是表达分析质量优劣的一个指标。

测量是为了确定被测量对象的量值。测量结果的品质是量度测量结果可信程度的最重要的依据。测量不确定度就是对测量结果质量的定量表征，测量结果的可用性很大程度上取决于测量不确定度的大小。测量不确定度有两种表示方式：标准不确定度和扩展不确定度。大多数情况下推荐使用扩展不确定度。

测量结果的不确定度往往由多种原因引起，对每个不确定度来源评定的标准偏差称为标准不确定度分量。用对观测列进行统计分析的方法评定标准不确定度称为不确定度 A 类评定；所得到的相应标准不确定度称为 A 类不确定度分量，用符号 U_A 表示，它用实验标准偏差表征。例如，对某样本进行 n 次平行测定，获得样本标准偏差 s，则 A 类标准不确定度 $U_A = s/\sqrt{n}$。

用不同于对观测列进行统计分析的方法评定标准不确定度，称为不确定度 B 类评定；所得到的相应标准不确定度称为 B 类不确定度分量，用符号 U_B 表示。它主要是由仪器设备精度

有限(存在最大允许误差)和其他的系统性因素所产生的。

当测量结果是由若干个其他量的值求得时，按其他各量的标准不确定度($U_i, i=1,2,\cdots,m$)算得的标准不确定度称为合成标准不确定度。它是测量结果标准偏差的估计值，用符号 U_C 表示。

$$U_C = \sqrt{\sum_{i=1}^{m} U_i^2} \tag{1.50}$$

扩展不确定度是确定测量结果区间的量，合理赋予被测量值大部分分布于此区间。它有时也称为范围不确定度。扩展不确定度是由合成标准不确定度的倍数表示的测量不确定度，通常用符号 U 表示。合成不确定度 U_C 与包含因子 k 的乘积称为总不确定度(符号为 U)。这里包含因子 k 值一般为 2，有时为 3，取决于被测量的重要性、效益和风险。当 $k = 2$ 时，置信水平为 95%；当 $k = 3$ 时，置信水平为 99%。扩展不确定度是测量结果的取值区间的半宽度，可期望该区间包含了被测量值分布的大部分。而测量结果的取值区间在被测量值概率分布中所包含的百分数称为该区间的置信水平。

在报告测量的结果时必须给出相应的不确定度，一方面便于使用者评定其可靠性，另一方面增强测量结果之间的可比性。因此，测量结果表述必须同时包含赋予被测量的值及与该值相关的测量不确定度，才完整并有意义。例如，若测得某物体的质量为 $m = 12345$ g，其扩展不确定度为 $U(95\%) = 120$ g，则测量结果的最正确表示方法是 $m = (12.34 \pm 0.12)$ kg。

不确定度越小，所测定结果与被测量的真值越接近，测量结果的质量越高，其使用价值越高；不确定度越大，测定结果的质量越低，其使用价值也越低。

误差和不确定度是两个完全不同的概念，不确定度是理念上的，而误差是客观存在的。误差是本，不确定度分析实质上是对误差分布的分析。

1.4 回归分析

当使用光谱和色谱等仪器对样本进行分析时，通常需要建立回归方程(标准曲线，或称工作曲线)，从仪器的响应信号中获得未知样本中待测组分的浓度。例如，一定的范围内，溶液的吸光度与溶液中待测物质的浓度服从朗伯-比尔定律，可以用直线方程描述。因此，可以通过测量一系列待测组分浓度已知的标准溶液的吸光度值，然后在待测组分浓度与溶液的吸光度值之间建立线性回归方程，测得未知样本的吸光度值后，就可以利用回归方程获得未知样本中待测组分的浓度。但是由于随机误差的存在，由标准溶液的吸光度值和其待测组分浓度组成的数据点往往不会恰好落在同一条直线上，这时就需要用回归分析方法找到一条最接近各数据点的直线，使得其预测结果的误差最小。

1.4.1 一元线性回归分析

设现有 n 个待测组分浓度为 $x_i (i = 1, 2, \cdots, n)$ 的标准溶液，测得其相应的吸光度值为 $y_i (i = 1, 2, \cdots, n)$，一元线性回归的目的就是用 n 个实验数据点 (x_1, y_1), (x_2, y_2), $\cdots$, (x_n, y_n) 确定直线方程 $y = a + bx$ 中两个模型参数 a 和 b 的值。所有 n 个实验点与理论线性回归方程之间的误差平方和可用下式表示：

$$E = \sum_{i=1}^{n}[y_i - (a+bx_i)]^2 \tag{1.51}$$

要使线性回归方程能够充分代表所测得的 n 个数据点，则模型参数 a 和 b 的取值应使 E 达到最小值。使 E 最小的 a、b 值通常用如下最小二乘法获得

$$\frac{\partial E}{\partial a} = \sum_{i=1}^{n} -2[y_i - (a+bx_i)] = 0 \qquad \frac{\partial E}{\partial b} = \sum_{i=1}^{n} -2x_i[y_i - (a+bx_i)] = 0$$

则

$$a = \bar{y} - b\bar{x} \tag{1.52}$$

$$b = \frac{\sum_{i=1}^{n}(x_i - \bar{x})(y_i - \bar{y})}{\sum_{i=1}^{n}(x_i - \bar{x})^2} \tag{1.53}$$

式中，$\bar{x} = \sum_{i=1}^{n} x_i \big/ n$，$\bar{y} = \sum_{i=1}^{n} y_i \big/ n$。当模型参数 a 和 b 确定以后，线性回归方程也就确定了。对于未知样本，测得其吸光度值 y_{test}，该样本中待测组分的浓度 x_{test} 就可以按下式计算

$$x_{\text{test}} = \frac{y_{\text{test}} - a}{b} \tag{1.54}$$

【例 1.16】 用原子吸收分光光度法测定合金中的 Mn 含量，吸光度与 Mn 含量之间有下列关系，求未知样中 Mn 的含量。

Mn 的质量/μg	0	0.02	0.04	0.06	0.08	0.10	0.12	未知样
吸光度	0.032	0.135	0.187	0.268	0.359	0.435	0.511	0.242

解 要求出未知样中 Mn 的含量，首先必须求出吸光度与 Mn 含量之间的回归方程。此组数据中，由于有背景干扰的存在，Mn 含量为 0 时，吸光度并不为 0。

设 Mn 的含量值为 x，吸光度值为 y，则可用一元线性回归方程 $y = a + bx$ 描述吸光度与 Mn 含量之间的关系。模型参数 a 和 b 可分别按式 (1.51) 和式 (1.52) 计算。

$$\bar{x} = \sum_{i=1}^{7} x_i \big/ 7 = 0.06, \quad \bar{y} = \sum_{i=1}^{7} y_i \big/ 7 = 0.275$$

$$\sum_{i=1}^{7}(x_i - \bar{x})(y_i - \bar{y}) = 0.0442, \quad \sum_{i=1}^{7}(x_i - \bar{x})^2 = 0.0112$$

$$b = \frac{\sum_{i=1}^{7}(x_i - \bar{x})(y_i - \bar{y})}{\sum_{i=1}^{7}(x_i - \bar{x})^2} = \frac{0.0442}{0.0112} = 3.95$$

$$a = \bar{y} - b\bar{x} = 0.275 - 3.95 \times 0.06 = 0.038$$

所以回归方程为

$$y = 0.038 + 3.95x$$

未知样的吸光度为

$$y = 0.242$$

故未知样中 Mn 的含量为

$$x = \frac{y-a}{b} = \frac{0.242 - 0.038}{3.95} = 0.052 \, (\mu g)$$

1.4.2 相关系数

在实际工作中，当两个变量间并不存在严格的线性关系时，虽然也可以按照上述步骤求得线性回归方程，但此线性回归方程不一定有意义。所得线性回归方程是否有意义可用相关系数(correlation coefficient，r)检验

$$r = \frac{\sum_{i=1}^{n}(x_i - \bar{x})(y_i - \bar{y})}{\sqrt{\sum_{i=1}^{n}(x_i - \bar{x})^2 \sum_{i=1}^{n}(y_i - \bar{y})^2}} \tag{1.55}$$

当两个变量(x, y)之间存在完全线性关系时，$|r|=1$；当两个变量之间不存在任何关系时，$r=0$；当$0<|r|<1$时，两变量之间存在相关关系，$|r|$越接近1，两变量之间的线性关系越强。当用相关系数来判断两变量之间线性关系的强弱时，还应考虑测量次数和置信水平。表1.11列出了不同置信水平及自由度时的相关系数。若计算出的相关系数的绝对值大于表上相应的数值，则表示两变量显著相关，所求得的线性回归方程有意义；反之，则无意义。

表 1.11 检验相关系数的临界值表

$f=n-2$	置信度				$f=n-2$	置信度			
	90%	95%	99%	99.9%		90%	95%	99%	99.9%
1	0.988	0.997	0.9998	0.999999	6	0.622	0.707	0.834	0.925
2	0.900	0.950	0.990	0.999	7	0.582	0.666	0.798	0.898
3	0.805	0.878	0.959	0.991	8	0.549	0.632	0.765	0.872
4	0.729	0.811	0.917	0.974	9	0.521	0.602	0.735	0.847
5	0.669	0.755	0.875	0.951	10	0.497	0.576	0.708	0.823

【例 1.17】 求例 1.16 中样本中 Mn 的含量与样本吸光度值之间的相关系数，并判断所得线性回归方程是否有意义。

解 按式(1.54)计算相关系数

$$r = \frac{\sum_{i=1}^{n}(x_i - \bar{x})(y_i - \bar{y})}{\sqrt{\sum_{i=1}^{n}(x_i - \bar{x})^2 \sum_{i=1}^{n}(y_i - \bar{y})^2}} = 0.9993$$

查表 1.11，$r_{99\%, 7-2} = 0.875$，$r > r_{99\%, 7-2}$，故所得线性回归方程有意义。

1.5 提高分析结果准确度的方法

分析测试过程中不可避免地存在误差，如何减小分析误差，提高分析结果的准确度，下面将结合实际情况予以讨论。

1. 选择合适的分析方法

各种分析方法的准确度和灵敏度是不相同的，在实际工作中要根据具体情况和要求来选择分析方法。化学分析法中的重量分析和滴定分析，相对于仪器分析而言，准确度高，但灵敏度低，适于高含量组分的测定。仪器分析方法相对于化学分析而言，其灵敏度高，但准确度低，适于低含量组分的测定。例如，有一试样铁含量为 40.10%，若用重铬酸钾法滴定铁，其方法的相对误差为 0.2%，则铁的含量范围是 40.02%～40.18%。若采用分光光度法测定，其方法的相对误差约为 2%，则铁的含量范围是 39.3%～40.9%，很明显，后者的误差大得多。如果试样中铁含量为 0.50%，用重铬酸钾法滴定无法进行，也就是说方法的灵敏度达不到。而分光光度法，尽管方法相对误差为 2%，但含量低，其分析结果绝对误差低，为 0.02×0.5% = 0.01%，可能测得的范围为 0.49%～0.51%，这样的结果是符合要求的。

2. 用标准样品对照

采用标准样品进行对照是检验分析方法可靠性的有效方法。

3. 减小测量误差

为了保证分析测试结果的准确度，必须尽量减小测量误差。例如，在滴定分析中，用碳酸钠基准物标定 $0.2\text{mol}\cdot\text{L}^{-1}$ 盐酸标准溶液，测量步骤中首先用分析天平称取碳酸钠的质量，其次读出从滴定管滴定盐酸的体积。这就应设法减小称量和滴定的相对误差。

分析天平的一次称量误差为 ±0.0001g，采用差减法称量两次，为使称量时相对误差小于 0.1%，称量质量至少应为

$$试样质量 = \frac{绝对误差}{相对误差} = \frac{2\times 0.0001\text{g}}{0.1\%} = 0.2\text{g}$$

滴定管的一次读数误差为 ±0.01mL，在一次滴定中需要读数两次。为使滴定时相对误差小于 0.1%，消耗的体积至少应为

$$滴定体积 = \frac{2\times 0.01\text{mL}}{0.1\%} = 20\text{mL}$$

所以，实际工作中称取碳酸钠基准物质量为 0.25～0.35g，使滴定体积在 30mL 左右，以减小测量误差。

应该指出，不同的分析方法准确度要求不同，应根据具体情况控制各测量步骤的误差，使测量的准确度与分析方法的准确度相适应。例如，分光光度法测定微量组分，方法的相对误差为 2%，若称取 0.5g 试样，试样的称量误差小于 $0.5\times\frac{2}{100}=0.01(\text{g})$ 即可，没有必要像滴定分析法那样强调称准至 ±0.0001g。

4. 增加平行测定次数，减小随机误差

由前面讨论已知，在消除系统误差的前提下，平行测定次数越多，平均值越接近真实值。因此，增加平行测定次数可减小随机误差。但测定次数过多，工作量加大，随机误差减小不大，故一般分析测试平行测定三四次即可。

5. 消除测量过程中系统误差

系统误差产生的原因是多方面的，可根据具体情况采用不同的方法检验和消除系统误差。检验分析过程中有无系统误差可采用对照实验。对照实验有以下几种类型：

(1) 选择组成与试样组成相近的标准试样进行分析，将测定结果与标准值比较，用 t 检验法确定是否有系统误差。

(2) 采用标准方法和所选方法同时测定某一试样，用 F 检验和 t 检验法判断是否有系统误差。

(3) 如果对试样的组成不完全清楚，则可以采用"加入回收法"进行对照实验。即取两份等量的试样，向其中一份加入已知量的被测组分进行平行实验，看加入的被测组分量是否定量回收，以此判断有无系统误差。

若通过以上对照实验确认有系统误差存在，则应设法找出产生系统误差的原因，根据具体情况采用下列方法加以消除：

(1) 做空白实验消除试剂、去离子水带入杂质所造成的系统误差，即在不加试样的情况下，按照试样分析操作步骤和条件进行实验，所得结果称为空白值。从试样测试结果中扣除此空白值。

(2) 校准仪器以消除仪器不准确所引起的系统误差。例如，对砝码、移液管、滴定管、容量瓶等进行校准。

(3) 采用其他分析方法进行校正。例如，用 Fe^{2+} 标准溶液滴定钢铁中铬时，钒和铈一起被滴定，产生正系统误差，可分别选用其他适当的方法测定钒和铈含量，然后以每 1% 钒相当于 0.34% 铬和每 1% 铈相当于 0.123% 铬进行校正，从而得到铬的正确结果。

思考题 1.13 如何减少偶然误差？如何减少系统误差？

思考题 1.14 提高分析结果准确度的方法有哪些？

小　结

习　题

1.1 计算下列结果。

(1) $2.776 \times 0.0050 - 6.7 \times 10^{-3} + 0.036 \times 0.0271$

(2) $\dfrac{50.00 \times (27.80 - 24.39) \times 0.1167}{1.3241}$

1.2 测定某铜合金中铜含量，五次平行测定的结果为 27.22%、27.20%、27.24%、27.25%、27.15%。计算：

(1) 平均值；中位数；平均偏差；相对平均偏差；标准偏差；相对标准偏差；平均值的标准偏差。

(2) 若已知铜的标准含量为 27.20%，计算以上结果的绝对误差和相对误差。

1.3 从一车皮钛铁矿砂测得 TiO_2 含量，六次取样分析结果的平均值为 58.66%，标准偏差 0.07%。求置信度分别为 90%、95%、99% 时总体平均值 μ 的置信区间并比较。结果说明了什么？

1.4 某学生测定工业纯碱中总碱量，两次测定值分别为 51.80%、51.55%，计算其真实含量的置信区间。如果该学生又在同样条件下继续进行四次测定，其结果为 51.23%、51.90%、52.22%、52.10%。计算六次测定其真实含量的置信区间并比较。结果说明了什么？

1.5 某取自月球的试样由七块拼成，设每次称量的标准偏差为 3mg，求该合成样总量的标准偏差。

1.6 设 $\bar{x}=f(x_1,x_2,\cdots,x_n)=\dfrac{1}{n}(x_1+x_2+\cdots+x_n)$，试由随机误差的传递公式证明 $s_{\bar{x}}=\dfrac{s_x}{\sqrt{n}}$。

1.7 某工厂生产一种化工产品，在生产工艺改进前，产品中杂质铁含量为 0.20%。经过生产工艺改进后，测定产品中铁含量为 0.17%、0.18%、0.19%、0.18%、0.17%。经过工艺改进后，产品中杂质含量是否降低了？（显著性水平 $\alpha=0.05$）

1.8 有一标样，其标准值为 0.123%，今用一新方法测定，得四次数据为 0.112%、0.118%、0.115%和 0.119%。判断新方法是否存在系统误差。（置信度选 95%）

1.9 用某光度法测一钢标样中微量钛，五次测定值分别为 0.0240%、0.0223%、0.0246%、0.0234%、0.0240%，钛含量标准值为 0.0227%。判断该测钛的方法是否存在系统误差。（显著性水平 $\alpha=0.05$）

1.10 某样品中铁含量用重量法测定六次，得均值 46.20%；滴定分析法测定四次，得均值 46.02%。标准偏差均为 0.08%。这两种方法测得的结果是否有显著性差异？（显著性水平 $\alpha=0.05$）

1.11 用两种方法测定某试样中镁含量，得到测定值(%)分别为
方法 1：5.8，4.9，5.1，6.3，5.6，6.2
方法 2：5.3，5.3，4.1，6.0，7.6，4.5，6.0
判断两种方法精密度是否存在系统误差。（显著性水平 $\alpha=0.05$）

1.12 某分析标准方法要求标准偏差为 0.11，现将分析方法进行简化，五次测定结果为 4.28%、4.40%、4.42%、4.35%、4.37%。简化的方法是否仍符合标准偏差要求？（显著性水平 $\alpha=0.05$）

1.13 某人在不同月份用同一方法分析某样品中锌含量，所得结果(%)如下：
五月：35.05，34.78，35.23，34.98，34.88，35.16
十月：33.90，34.30，33.80，34.12，34.20，34.08
两批结果有无显著性差异？（显著性水平 $\alpha=0.05$）

1.14 甲乙两人分别测定同一样品，所得结果如下：
甲：93.3%，93.3%，93.4%，93.4%，93.3%，94.0%
乙：93.0%，93.3%，93.4%，93.5%，93.2%，94.0%
用格鲁布斯法检验两组结果中异常值 94.0%是否应该舍去。检查结果说明了什么？（显著性水平 $\alpha=0.05$）

1.15 某学生标定 NaOH 溶液，结果为 $0.2012\text{mol}\cdot\text{L}^{-1}$、$0.2025\text{mol}\cdot\text{L}^{-1}$、$0.2015\text{mol}\cdot\text{L}^{-1}$、$0.2013\text{mol}\cdot\text{L}^{-1}$。用 Q 检验法判别 0.2025 值是否应保留。（置信度 96%）

1.16 测定试样中 P_2O_5 质量分数，数据为 8.44%、8.32%、8.45%、8.52%、8.69%、8.38%。用格鲁布斯法及 Q 检验法对可疑数据决定取舍，求置信度为 95%及 99%时的置信区间。

分析化学前沿领域简介——化学计量学

第 2 章 采样和试样预处理

内容提要

在介绍分析试样的采集、制备和分解的基础上，阐述沉淀分离法、溶剂萃取分离法、离子交换分离法、膜分离法和激光分离法等分离方法。

2.1 实际试样分析的一般过程

一个完整的分析过程通常包括：试样采集、试样预处理、试样检测、数据处理、分析结果报告 5 个步骤。

1) 试样采集

在执行一项分析任务时，不可能对分析对象总体(population)进行分析，只能在总体中采集一部分试样，并对这些试样进行有限次的平行测量。从分析对象总体中抽出可供分析的代表性物质的过程就是采样(sampling)，这部分代表性物质称为试样(sample)或样品。

2) 试样预处理

采集得到的试样并不一定满足分析方法的要求，往往需要经过试样预处理(sample pretreatment)。例如，大多数分析方法要求待测试样必须是溶液(试液)，因此，对于固体试样就必须首先经过溶解、提取、消化等试样预处理过程，使待测物质进入溶液。又如，每种分析方法都有一定的检出限，如果试样中待测组分的浓度低于检出限，就需对试样进行富集或浓缩，使待测组分浓度达到分析方法的要求。此外，如果试样中其他共存物质对待测物质的测定产生干扰，则必须采用一定的分离操作将干扰物与待测物质分离。以蔬菜农药残留检测为例，可扫码查看。

3) 试样检测

当试样的状态达到分析要求后，就可以选择适当的分析方法对试样进行检测。各种检测方法的原理及适用对象在本书各章中都将有详细的讨论。

4) 数据处理

定量分析的目标是得到试样中待测物质的量的信息，因此需将分析方法所产生的信号转化为物质的量，最后对得到的定量数据进行统计处理，求出分析结果的平均值、偏差等。对于定性分析和结构分析，则需对试样谱图的信息与标准图谱进行分析、归纳与比对。

5) 分析结果报告

定量分析结果应该以平均值的合理置信区间或平均值±标准偏差的形式给出。具体方法可参考第 1 章。

2.2 试样采集

2.2.1 试样的采集原则

进行物质定量分析首先要保证所采集的样品具有代表性，否则分析结果再准确也是毫无意义的。实际工作中遇到的样品种类繁多、组成复杂，且试样的粒度大小不一，化学成分的分布也通常是不均匀的，为保证所取样品具有代表性，必须做好分析样品的采集和制备工作。

1. 组成分布比较均匀的试样的采集

对金属试样、水样、液态或气态试样，以及一些组成较为均匀的化工产品等，任意取一部分或稍加搅匀后取一部分即成为具有代表性的试样，但应根据试样的性质，尽量避免可能产生不均匀性的一些因素。例如钢锭和铸铁，由于表面和内部的凝固时间不一样，它们的成分可能也不完全一致，应该在不同部位、不同深度多孔取样，然后混合均匀后取样作为分析试样。

2. 组成分布不均匀的试样的采集

矿石、煤炭、土壤等是一些颗粒大小不一、成分混杂、组成不均的试样，制备这些试样时，首先应从物料不同部位合理选取有代表性的一小部分（数千克至数十千克）试样，称为原始平均试样，然后将原始平均试样经过破碎、过筛及缩分等工序，制成分析试样。这里以矿石为例，介绍固体试样的采集方法。

采集原始平均试样时，应根据矿石的存放情况选取合理的取样点。至于采集多少原始试样才具有代表性，可用矿石采样量的经验公式计算

$$m = Kd^2$$

式中，m 为采集平均试样的最小质量(kg)；K 为缩分常数；d 为试样的最大粒度(直径，mm)。

例如，在取赤铁矿的平均试样时（K 值为 0.06），若此矿石最大颗粒的直径为 20mm，则

$$m = Kd^2 = 0.06 \times 20^2 = 24 \text{(kg)}$$

即该赤铁矿的最低采样量为 24kg。如果将上述试样的最大颗粒砸碎至 4mm，则

$$m = 0.06 \times 4^2 \approx 1.0 \text{(kg)}$$

K 值由各部门根据经验拟定。不同的矿石有不同的 K 值。K 值通常为 0.05～1.0。按取样公式计算的一些结果列于表 2.1。

表 2.1 采集原始平均试样时的最小质量

筛孔直径/mm	最小质量 m/kg				
	$K=0.1$	$K=0.2$	$K=0.3$	$K=0.5$	$K=1.0$
6.72	4.52	9.03	13.55	22.5	45.2
3.36	1.13	2.26	3.39	5.65	11.3
2.00	0.40	0.80	1.20	2.00	4.00
0.83	0.069	0.14	0.21	0.35	0.69
0.42	0.018	0.035	0.053	0.088	0.176
0.250	0.006	0.013	0.019	0.031	0.065
0.177	0.003	0.006	0.009	0.016	0.031

2.2.2 几种试样的采集

以上讲述的只是采样的一般原则，实际工作中还会遇到许多更为复杂的情况。以下仅就

常见的某些物料的采集作简单介绍。

1. 金属或金属制品试样的采集

由于金属或金属制品的组成比较均匀,取样量可适当减少。对于片状或丝状试样,剪取一部分即可进行分析。对表面有氧化层、锈斑或污渍的试样,则应先将表面清理后再采样。对钢锭或铸铁试样,由于其表面和内部的凝固时间不同,铁和杂质的凝固温度也不一样,其表面和内部的组成不一样,因此应在不同部位和深度钻取屑末并混匀作为分析样品,或捣碎并混匀后取一部分作为分析样品。

2. 液体试样的采集

对于装在大容器里的液体样品,只要在贮槽的不同深度取样后均匀混合即可作为分析试样;分装在若干容器里的液体样品,应从每个容器里取样,然后混匀作为分析试样;采集水管中或有泵水井中的水样时,取样前需先将水龙头或泵打开放水 10~15min,然后用干净瓶子收集水样;采集江、河、湖中的水样时,可将干净的空瓶盖上塞子,塞子上系一根绳并在瓶底系一块石头,将瓶沉入水中至一定深度后拉绳拔塞,让水灌满瓶后取出。按此方法在不同深度取几份试样,混合后作为分析试样。

如果测定液体中某种气体的含量,则不能将其暴露于大气中。例如,测定水样中的氧,取样时要用锰(Ⅱ)盐形成沉淀而固定;测定水样中的硫化氢,则要加入锌盐形成沉淀而固定。

3. 气体试样的采集

常用的方法有集气法和富集法。集气法(又称直接采集法)是用一容器收集气体,以测定被测物质的瞬时浓度或短时间内的平均浓度。集气法适用于被测物质的浓度较高、测定方法的灵敏度较高或只需要采集少量气样的情况。富集法是通过收集器将被测气体组分吸收或吸附下来,是一种浓缩的采样方法。用富集法测得的结果是采样时间内的平均浓度。

4. 植物样品的采集

测定植物中易变化的酚、氰、亚硫酸等污染物以及瓜果蔬菜试样,宜用鲜样分析。试样采集后,经洗净擦干、切碎混匀后放入电动捣碎机,打碎使成浆状。如果要分析植物体内蛋白质或酶的活性,则应在低温下将组织捣碎,以免蛋白质变性。若需以干样形式分析,试样采集后应尽快洗净、风干,将其剪碎,经磨碎机粉碎和过筛后,贮存在磨口瓶中备用。

5. 临床化学试样的采集

测定血液中氧或二氧化碳的含量时应采集动脉血。取一支玻璃试管,用稀硝酸或稀乙酸浸泡,蒸馏水洗净,烘干。用注射器或毛细管抽取适量血样(必要时需加抗凝剂)放入试管中。取样之后,由于血液中的细胞仍呈活态,血液的化学成分随时会发生变化,故抽血的同时应进行各种处理。原则上抽血后应马上进行分析。不能立即分析的试样应妥善保存,但不可长期贮存。

采集尿液的器具事先要用稀硝酸浸泡,再用蒸馏水洗净,烘干备用。尿样应置于冷暗处,分析尿的化学成分通常不使用防腐剂，有时可根据分析的项目加入适当的防腐剂。使尿产生颜色的物质很多，正常人尿的颜色大部分是由尿色素引起的，当这些颜色干扰分析时应以适当方法脱色。尿发生混浊的原因是尿酸盐结晶和细菌尿。结晶部分可用离心法除去，细菌尿可用微孔过滤法（孔径 0.45μm 以下）除去。

2.2.3 采样器

固体试样可用图 2.1 所示的采样器采样。

液体试样可以用一般的瓶子，下垂重物使之能浸入物料中。从较小的容器中取样时，也可用一般的移液管吸取试样。

气体取样装置由取样探头、试样导管和贮样器组成。取样探头应伸入输送气体的容器内部。

图 2.1　几种不同形式的采样器

2.3　试样的制备

原始平均试样的量一般很大（数千克至数十千克），要将其处理成 200～500g 的分析试样，一般可经过破碎、过筛、混匀和缩分等步骤。

1. 破碎

用机械或人工方法把试样逐步破碎。一般分为粗碎、中碎和细碎等阶段：

(1) 粗碎。用颚式碎样机把试样粉碎至通过 6.72～3.36mm 筛孔筛。

(2) 中碎。用盘式碎样机把粗碎后的试样磨碎至能通过 0.83mm 筛孔筛。

(3) 细碎。用盘式碎样机进一步磨碎，必要时再用研钵研磨，直至试样全部通过所要求的筛孔（通常为 0.149～0.074mm 筛孔）为止。

矿石中的粗颗粒与细颗粒的化学成分常常不同，故在任何一次过筛时都应将未通过筛孔的粗粒进一步破碎，直到全部过筛为止，而不可将粗颗粒弃去，否则会影响分析试样的代表性。

筛子一般用细铜合金丝制成。表 2.1 中列出了我国现用的标准筛的筛孔直径。

2. 缩分

试样每经一次破碎后，使用机械（分样器）或人工方法取出一部分有代表性的试样，继续加以破碎，这样就可将试样量逐步缩小。这个过程称为缩分。

常用的缩分法是四分法。这种方法是将已破碎的试样充分混匀，堆成圆锥形，然后将它压成圆饼状，再通过中心将其切为四等份，弃去任意对角的两份。由于试样基本上分布均匀，故留下的一半试样仍有代表性。

缩分的次数不是随意的。每次缩分时，试样的粒度与保留的试样量之间都应符合取样公式，否则就应进一步破碎后才能缩分。

2.4　试样的分解

试样的分解方法很多，选择方法时应考虑测定对象、测定方法和干扰组分等因素。例如，钢铁试样能用 HCl、HNO$_3$、H$_2$SO$_4$ 或 H$_3$PO$_4$ 分解，但在测定磷时，显然不能采用 H$_3$PO$_4$，也不宜单独采用 H$_2$SO$_4$ 或 HCl，否则磷将生成 PH$_3$ 而挥发损失，因此，常采用 HNO$_3$ 或王水分解试样，并将磷氧化为 H$_3$PO$_4$ 后再进行测定。

下面介绍几种常用的分解试样的方法。

2.4.1 酸溶法或碱溶法

酸溶法或碱溶法是在溶液中分解试样，称为"湿法"。常用的溶剂如下。

1) HCl

HCl 是用来分解试样的重要强酸之一，能分解许多比氢更活泼的金属或其合金以及碳酸盐和某些氧化物矿石。由于 Cl$^-$ 具有一定的还原作用和与某些金属离子(如 Fe^{3+}等)的配位作用，因此 HCl 是软锰矿(MnO$_2$)、赤铁矿(Fe$_2$O$_3$)、辉锑矿(Sb$_2$S$_3$)等矿物的良好溶剂。

HCl+HNO$_3$、HCl+H$_2$O$_2$、HCl+Br$_2$ 常用于分解铜合金及硫化物矿石等样品。

2) HNO$_3$

HNO$_3$ 是强酸，具有强氧化性，除金和铂族元素外，绝大部分金属能被 HNO$_3$ 溶解。但是铝、铬等金属与 HNO$_3$ 作用后，由于表面上生成氧化膜，产生"钝化"现象而阻碍其继续溶解。锡和锑与 HNO$_3$ 作用，生成微溶性的 H$_2$SnO$_3$ 和 HSbO$_3$，这些金属不宜用 HNO$_3$ 溶解。

1 体积 HNO$_3$ 和 3 体积 HCl 的混合物称为王水；3 体积 HNO$_3$ 和 1 体积 HCl 的混合物称为逆王水。它们是溶解金属及矿石最常用的混合溶剂之一。

对于一般硫化物矿石，单用 HNO$_3$ 分解会析出单质硫，可用 HNO$_3$ + KClO$_3$、HNO$_3$ + Br$_2$ 等强氧化性的混合溶剂溶解。

用 HNO$_3$ 分解试样后，溶液中将含有 HNO$_2$ 和氮的其他低价氧化物，它们常破坏有机显色剂和指示剂，故需煮沸溶液将它们除去。

钢铁分析中，常用 HNO$_3$ 破坏碳化物。

HNO$_3$ + H$_2$O$_2$ 是溶解毛发、肉类等有机物的良好混合溶剂之一。

3) H$_2$SO$_4$

H$_2$SO$_4$ 的特点是沸点高(338℃)，热的浓 H$_2$SO$_4$ 有强氧化性和脱水能力，可用于分解独居石[(Ce、La、Th)PO$_4$]、萤石(CaF$_2$)和锑、铀、钛等矿物，破坏试样中的有机物等。

当 HNO$_3$、HCl、HF 等低沸点酸的阴离子对测定有干扰时，常加入 H$_2$SO$_4$ 并蒸发至冒 SO$_3$ 白烟，使低沸点酸挥发除去。

4) H$_3$PO$_4$

热的浓 H$_3$PO$_4$ 具有较强的分解矿石的能力。

许多难溶性矿石都能被 H$_3$PO$_4$ 分解，如铬铁矿(FeCr$_2$O$_4$)、铌铁矿[(FeMn)Nb$_2$O$_6$]、钛铁矿(FeTiO$_3$)等。在钢铁分析中，也常用 H$_3$PO$_4$ 作某些合金钢的溶剂。在硅酸盐分析中，常用 H$_3$PO$_4$ 分解水泥生料。

单独用 H$_3$PO$_4$ 溶样时，加热的时间不宜过长，否则会析出微溶性的焦磷酸盐，同时会腐蚀玻璃，生成聚硅磷酸而黏结于皿底。

5) HClO$_4$

HClO$_4$ 在加热情况下(特别是接近沸点 203℃时)是一种强氧化剂和脱水剂。钨、铬可被氧化成 H$_2$WO$_4$ 和 H$_2$Cr$_2$O$_7$，所以 HClO$_4$ 常用来分解不锈钢和其他铁合金、铬矿石、钨铁矿等。

使用 HClO$_4$ 时，必须注意避免与有机物接触，以免引起爆炸。

6) HF

HF 常与 H_2SO_4、HNO_3 或 $HClO_4$ 等混合使用，用于分解硅铁、硅酸盐及含钨、铌、钛的试样和有关的合金钢。

矿石用 HF 分解后，Fe(Ⅲ)、Al(Ⅲ)、Ti(Ⅳ)、Zr(Ⅳ)、W(Ⅴ)、Nb(Ⅴ)、Ta(Ⅴ) 和 U(Ⅵ) 等以氟配合物的形式进入溶液，Ca^{2+}、Mg^{2+}、Th^{4+}、U(Ⅳ) 和稀土金属离子则析出微溶性氟化物沉淀。此时硅以 SiF_4 形式挥发逸出。

用 HF 分解试样，应采用聚四氟乙烯的烧杯、坩埚或铂皿，温度必须低于 250℃，并要注意避免 HF 与皮肤接触，以免灼伤溃烂。

7) NaOH 溶液(20%～30%)

可用于分解铝、铝合金及某些酸性氧化物(如 Al_2O_3)等，其反应可在银、铂或聚四氟乙烯器皿中进行。

2.4.2 熔融法

熔融法是利用酸性或碱性熔剂与试样在高温下进行复分解反应，使欲测成分转变为可溶于酸或溶于水的化合物。熔融法分解能力强，但熔融时要加入大量熔剂(一般为试样质量的6～12倍)，故将带入熔剂本身的离子和其中的杂质；熔融时坩埚材料的腐蚀也会引入杂质。常用的熔剂如下。

1) $K_2S_2O_7$(酸熔融法)

$K_2S_2O_7$ 是酸性熔剂，在 420℃ 以上分解产生 SO_3，对矿石试样有分解作用。

$$K_2S_2O_7 = K_2SO_4 + SO_3\uparrow$$

$K_2S_2O_7$ 与碱性或中性氧化物混合熔融时，在 300℃ 左右即发生复分解反应。例如，金红石(TiO_2) 与 $K_2S_2O_7$ 的反应：

$$TiO_2 + 2K_2S_2O_7 = Ti(SO_4)_2 + 2K_2SO_4$$

铁、铝、钛、锆、铌、钽的氧化物矿石，中性和碱性耐火材料，都可用 $K_2S_2O_7$ 熔融分解。

用 $K_2S_2O_7$ 熔融分解试样时，温度不宜过高，时间不宜过长，可在瓷坩埚中进行，也可使用铂皿，但对铂皿稍有腐蚀。

$KHSO_4$ 在加热时放出水蒸气，得 $K_2S_2O_7$

$$2KHSO_4 = K_2S_2O_7 + H_2O\uparrow$$

故可代替 $K_2S_2O_7$ 作为熔剂。

2) Na_2CO_3、K_2CO_3、Na_2O_2、NaOH 和 KOH(碱熔融法)

酸性试样(如硅酸盐、黏土)、酸不溶性残渣、酸性炉渣($CaO/SiO_2 < 1$) 等均可用碱熔融法分解。例如，分解钠长石($NaAlSi_3O_8$)和重晶石($BaSO_4$)的反应为

$$NaAlSi_3O_8 + 3Na_2CO_3 = NaAlO_2 + 3Na_2SiO_3 + 3CO_2\uparrow$$

$$BaSO_4 + Na_2CO_3 = BaCO_3 + Na_2SO_4$$

在 900℃ 左右熔融后均转化为可溶于水和酸的化合物。为了降低熔融温度，可用混合熔剂，如 Na_2CO_3-K_2CO_3(1∶1) 的熔点约 700℃，Na_2CO_3-$Na_2B_4O_7$ 的熔点约 750℃。

Na_2O_2 是强氧化性、强腐蚀性的碱性熔剂，能分解很多难溶性的物质，如铬铁、硅铁、绿柱石[$Be_3Al(SiO_3)_6$]、锡石、独居石、铬铁矿、黑钨矿[(FeMn)WO_4]、辉钼矿(MoS_2)和硅砖等。Na_2O_2 对坩埚腐蚀严重，故通常用价廉的铁坩埚在 600℃ 左右进行熔融，也常用刚玉或镍坩埚。锆坩埚能抵抗 Na_2O_2 的腐蚀。

NaOH 和 KOH 都是低熔点强碱性熔剂，常用于分解铝土矿、硅酸盐、黏土等试样。在分

解难溶性物质时，可用 NaOH 与少量 Na_2O_2 混合，或将 NaOH 与少量 KNO_3 混合，作为氧化性碱性熔剂。

NaOH 或 KOH 熔融时，常在铁、银或镍坩埚中进行。

2.4.3 半熔法

半熔法是在低于熔点的温度下，使试样与固体试剂发生反应。与熔融法相比较，半熔法的温度较低，加热时间较长，不易损坏坩埚。半熔法通常在瓷坩埚中进行。

1) Na_2CO_3-ZnO 半熔法

以 Na_2CO_3 和 ZnO 作熔剂，于 800℃左右分解试样，常用于矿石或煤中全硫量的测定。其中，Na_2CO_3 起熔剂作用；ZnO 起疏松通气作用，使空气中的 O_2 将硫化物氧化为 SO_4^{2-}。熔块浸取时，由于析出 $ZnSiO_3$ 沉淀，故能除去大部分硅酸。

若试样中含有游离硫，加热时易挥发而损失，故应在混合熔剂中再加入少量 $KMnO_4$ 粉末，并缓慢地升高温度，使游离硫氧化为 SO_4^{2-}。

2) $CaCO_3$-NH_4Cl 半熔法

常用于测定硅酸盐中的 K^+、Na^+，以分解钾长石为例：

$$2KAlSi_3O_8 + 6CaCO_3 + 2NH_4Cl = 6CaSiO_3 + Al_2O_3 + 2KCl + 6CO_2\uparrow + 2NH_3\uparrow + H_2O$$

分解温度为 750～800℃。反应后的物质仍为粉末状，但 K^+、Na^+已转化为可被水浸取的氯化物。

思考题 2.1 在进行农业科学试验时，需要了解微量元素对农作物栽培的影响。某人从试验田中挖了一小铲泥土试样，送分析人员测定其中微量元素的含量。所测得的分析结果有无意义？

思考题 2.2 镍币中含有少量铜、银，欲测其中铜、银的含量，有人将镍币的表层擦净后直接用稀 HNO_3 溶解部分镍币制备试液。根据称量镍币在溶解前后的质量之差，确定试样的质量，然后用不同的方法测定试液中铜、银的含量。这样做对不对？为什么？

思考题 2.3 怎样溶解下列试样？

锡青铜，高钨钢，纯铝，银币，玻璃(不测硅)

思考题 2.4 下列试样宜采用什么熔剂和坩埚进行熔融？

铬铁矿，金红石(TiO_2)，锡石(SnO_2)，陶瓷

2.5 沉淀分离法

沉淀分离法是根据溶度积原理，利用各类沉淀剂将组分从分析的样品体系中沉淀分离出来，可分为无机沉淀剂沉淀分离法、有机沉淀剂沉淀分离法等几种。

2.5.1 无机沉淀剂沉淀分离法

无机沉淀剂很多，形成沉淀的类型也很多，主要有以下几种。

1. 氢氧化物沉淀分离法

这类分离法常用的沉淀剂有 NaOH、NH_4OH、ZnO 悬浮溶液、六次甲基四胺等。一些常见金属氢氧化物开始沉淀和沉淀完全时的 pH 见表 2.2。

表 2.2　各种金属离子氢氧化物开始沉淀和沉淀完全时的 pH

氢氧化物	溶度积 K_{sp}	开始沉淀时的 pH 假定[M] = 0.01 mol·L^{-1}	沉淀完全时的 pH 假定[M] = 10^{-6} mol·L^{-1}
Sn(OH)$_4$	1.0×10^{-57}	0.5	1.3
TiO(OH)$_2$	1.0×10^{-29}	0.5	2.0
Sn(OH)$_2$	3.0×10^{-27}	1.7	3.7
Fe(OH)$_3$	3.5×10^{-38}	2.2	3.5
Al(OH)$_3$	2.0×10^{-32}	4.1	5.4
Cr(OH)$_3$	5.4×10^{-31}	4.6	5.9
Zn(OH)$_2$	1.2×10^{-17}	6.5	8.5
Fe(OH)$_2$	1.0×10^{-15}	7.5	9.5
Ni(OH)$_2$	6.5×10^{-18}	6.4	8.4
Mn(OH)$_2$	4.5×10^{-13}	8.8	10.8
Mg(OH)$_2$	1.8×10^{-11}	9.6	11.6

氢氧化物沉淀分离时常用于控制 pH 的试剂有：

(1) NaOH 溶液。常用于控制 pH≥12 的沉淀分离反应，适用于两性金属离子和非两性金属离子的分离。

(2) 氨-氯化铵缓冲溶液。用于控制 pH = 9 左右的沉淀分离反应，常用来沉淀不与 NH$_3$ 形成配位离子的许多金属离子，也可用于两性金属离子的沉淀分离。

(3) 其他。例如，乙酸-乙酸盐、六次甲基四胺-六次甲基四胺盐酸盐等弱酸(碱)及其共轭碱(酸)所组成的缓冲体系，可分别控制相应的 pH，用于沉淀分离。

2. 硫化物沉淀分离法

能形成硫化物沉淀的金属离子有 40 余种。由于它们的溶解度相差悬殊，通过在反应中控制[S^{2-}]，可使溶解度不同的硫化物分批沉淀下来。

该法常用的沉淀剂为 H$_2$S，溶液中 S^{2-} 与溶液中的 H$^+$ 之间存在下列平衡：

$$H_2S \underset{+H^+}{\overset{-H^+}{\rightleftharpoons}} HS^- \underset{+H^+}{\overset{-H^+}{\rightleftharpoons}} S^{2-}$$

因此溶液中的[S^{2-}]与溶液的酸度有关，控制适当的酸度即控制了[S^{2-}]，就可进行硫化物沉淀分离。

根据硫化物的溶解度不同，可将离子分为下列五类：

(1) 在[H$^+$]≈0.3 mol·L^{-1} 时，能生成硫化物沉淀的有：铜、镉、铋、铅、银、汞、钌、铑、钯、锇、砷、锑、锡、钒、锗、硒、碲、钼、钨、铱、铂和金。

(2) 上述硫化物沉淀中，能溶于硫化钠溶液的有：砷、锑、锡、钒、锗、硒、碲、钼、钨、铱、铂和金。

(3) 在 pH≈2 的酸性溶液中，能生成硫化物沉淀的元素除(1)所列的以外还有锌、镓、铟和铊。

(4) 在氨性溶液中，能生成硫化物沉淀的有：银、汞、铅、铜、镉、铋、铟、铊、锰、铁、钴、镍、钍和铀等，同时铝、镓、铬、铍、钛、锆、铪、铌和钽等析出难溶性的氢氧化物沉淀。

(5) 硫化物可溶于水的有：钾、钠、锂、铷、铯、镁、钙、锶、钡和镭。

另外，采用硫代乙酰胺在热溶液中水解，可从溶液内部产生 H$_2$S，起到均相沉淀的作用。

$$CH_3CSNH_2 + H_2O \xrightarrow{\triangle} CH_3CONH_2 + H_2S\uparrow$$

2.5.2 有机沉淀剂沉淀分离法

有机沉淀剂与金属离子形成的沉淀有三种类型：螯合物沉淀、缔合物沉淀和三元配合物沉淀。由于能形成配合物的有机试剂与金属离子的反应具有高的灵敏度和选择性，因此在分离分析中应用较普遍。

1. 形成螯合物沉淀

所用的有机沉淀剂常具有下列官能团：—COOH、—OH、=NOH、—SH、—SO$_3$H 等，这些官能团中的 H$^+$ 可被金属离子置换。同时在沉淀剂中还含有另一些官能团，这些官能团具有不止一个能与金属离子形成配位键的原子。因而这种沉淀剂能与金属离子形成具有五元环或六元环的稳定的螯合物。例如，8-羟基喹啉与 Mg^{2+} 的作用可简单表示为

$$\text{8-羟基喹啉} + Mg^{2+} \rightleftharpoons \text{8-羟基喹啉镁} \downarrow + 2H^+$$

这类螯合物不带电荷，含有较多的憎水性基团，因而难溶于水，便于沉淀分离。

2. 形成缔合物沉淀

所用的有机沉淀剂在水溶液中离解成带正电荷或带负电荷的大体积离子。沉淀剂的离子与带不同电荷的金属离子或金属配合离子缔合，成为不带电荷的难溶于水的中性分子而沉淀。例如氯化四苯砷、四苯硼钠等，它们形成沉淀的反应如下：

$$(C_6H_5)_4As^+ + MnO_4^- = (C_6H_5)_4AsMnO_4\downarrow$$

$$2(C_6H_5)_4As^+ + HgCl_4^{2-} = [(C_6H_5)_4As]_2HgCl_4\downarrow$$

$$B(C_6H_5)_4^- + K^+ = KB(C_6H_5)_4\downarrow$$

3. 形成三元配合物沉淀

这里泛指被沉淀的组分与两种不同的配位体形成三元混配配合物和三元离子缔合物。例如，在 HF 溶液中，硼与 F$^-$ 和二安替比林甲烷及其衍生物所形成的三元离子缔合物就属于这一类。二安替比林甲烷及其衍生物在酸性溶液中形成阳离子，可与 BF$_4^-$ 缔合成三元离子缔合物沉淀，如下所示：

(R可以是H、C$_3$H$_7$、C$_6$H$_5$等)

形成三元配合物的沉淀反应不仅选择性好、灵敏度高,而且生成的沉淀稳定、相对分子质量大,作为重量分析的称量形式也较合适,因而近年来三元配合物的应用发展较快。三元配合物不仅应用于沉淀分离中,也应用于分析化学的其他方面,如分光光度法等。

思考题 2.5 氢氧化物沉淀分离时常用控制 pH 的试剂有哪些?

思考题 2.6 硫代乙酰胺作为硫化物沉淀剂的原理和特点是什么?

2.6 溶剂萃取分离法

2.6.1 分配系数、分配比、萃取效率、分离因数

被分离的物质从一种液相转入互不相溶的另一种液相的过程称为萃取。萃取时选用的溶剂必须与被抽提的溶液互不相溶,且对被抽提分离的溶质有选择性的溶解能力。因此,萃取的过程是溶质在两相中经充分振摇平衡后按一定比例分配的过程。

用有机溶剂从水溶液中萃取溶质 A,A 在两相之间有一定的分配关系。如果溶质在水相和有机相中的存在形式相同,都为 A,达到平衡后

$$A_水 \rightleftharpoons A_有$$

$$K_D = \frac{[A]_有}{[A]_水} \tag{2.1}$$

分配平衡中的平衡常数 K_D 称为分配系数。在萃取分离中,实际上采用的是两相中溶质总浓度之比,称为分配比 D

$$D = \frac{c_有}{c_水} \tag{2.2}$$

对于分配比 D 较大的物质,用该种有机溶剂萃取时,溶质的绝大部分将进入有机相中,这时萃取效率就高。根据分配比可以计算萃取效率 E

$$E = \frac{A 在有机相中的总量}{A 在两相中的总量} \times 100\%$$
$$= \frac{c_有 V_有}{c_有 V_有 + c_水 V_水} \times 100\% \tag{2.3}$$

将分配比代入,则有

$$E = \frac{D}{D + \frac{V_水}{V_有}} \times 100\% \tag{2.4}$$

式中,$V_水$、$V_有$ 分别为水溶液和有机溶剂的体积。

为了达到分离的目的,不但要求萃取效率高,而且需要考虑共存组分间的分离效果好,一般用分离因数 β 表示分离效果

$$\beta = \frac{D_A}{D_B} \tag{2.5}$$

D_A 和 D_B 相差越大,则 β 值越大,表示两种组分分离效率越高,即萃取的选择性越好。当被萃取的物质的分配比不高时,通过 1 次萃取往往不能满足分析工作的要求,这时可

考虑采用多次连续萃取的办法，以提高萃取效率。

设体积(mL)为$V_\text{水}$的溶液中，含有被萃取物质 A 的质量(g)为W_0，用体积为$V_\text{有}$的有机溶剂进行 1 次萃取，以W_1表示经 1 次萃取后水中剩余的被萃取物质的质量，则萃取至有机相中的质量为(W_0-W_1)，故分配比为

$$D=\frac{[A]_\text{有}}{[A]_\text{水}}=\frac{(W_0-W_1)/V_\text{有}}{W_1/V_\text{水}} \tag{2.6}$$

即

$$W_1=W_0\left(\frac{V_\text{水}}{DV_\text{有}+V_\text{水}}\right) \tag{2.7}$$

如果用体积为$V_\text{有}$的新鲜有机溶剂再萃取 1 次，并以W_2表示经第 2 次萃取后剩留在水相中的溶质的质量，则

$$W_2=W_1\left(\frac{V_\text{水}}{DV_\text{有}+V_\text{水}}\right)=W_0\left(\frac{V_\text{水}}{DV_\text{有}+V_\text{水}}\right)^2 \tag{2.8}$$

如果每次用体积为$V_\text{有}$的有机溶剂萃取，萃取 n 次后，水相中剩余的被萃取物质的质量减少至W_n，则

$$W_n=W_0\left(\frac{V_\text{水}}{DV_\text{有}+V_\text{水}}\right)^n=W_0\left(\frac{1}{D\left(\frac{V_\text{有}}{V_\text{水}}\right)+1}\right)^n \tag{2.9}$$

若$V_\text{有}=V_\text{水}$，则

$$W_n=W_0\left(\frac{1}{D+1}\right)^n \tag{2.10}$$

【例 2.1】 有 10mL 含 I_2 1mg 的水溶液，用 9mL CCl_4 萃取：(1)全量 1 次萃取，(2)每次用 3mL 分 3 次萃取。求水溶液中剩余的 I_2 量，并比较萃取率。已知 $D=\frac{[I_2]_\text{有}}{[I_2]_\text{水}}=85$。

解 (1)全量 1 次萃取时，$W_1=W_0\left(\dfrac{V_\text{水}}{DV_\text{有}+V_\text{水}}\right)=1\times\dfrac{10}{85\times 9+10}=0.013\,(\text{mg})$

萃取百分率为

$$E=\frac{D}{D+\dfrac{V_\text{水}}{V_\text{有}}}\times 100\%=\frac{85}{85+\dfrac{10}{9}}\times 100\%=98.7\%$$

或

$$E=\frac{1-0.013}{1}\times 100\%=98.7\%$$

(2)每次用 3mL 分 3 次萃取时，$W_3=W_0\left(\dfrac{V_\text{水}}{DV_\text{有}+V_\text{水}}\right)^3=1\times\left(\dfrac{10}{85\times 3+10}\right)^3=0.0001\,(\text{mg})$

萃取百分率为

$$E=\frac{1-0.0001}{1}\times 100\%=99.99\%$$

由上可知，分配比大的萃取体系的萃取效率高，同时，同量的有机溶剂分几次萃取的效

果比 1 次萃取好。应该指出，增加萃取的次数将增大萃取操作的工作量，这在很多情况下是不现实的，因此，不能单纯地为了提高萃取率而无限制地增加萃取次数。

2.6.2 逆流分配分离

液液萃取有简单的一次抽提和多次抽提，抽提时可用普通分液漏斗人工操作，也可以用自动转液的逆流分配仪。逆流分配萃取分离是一种多次液液萃取的分离过程，有定型的仪器装置，可以自动进行数十次甚至数百次连续的转液抽提，最后一系列 K 值十分相似的组分经过两相系统不断抽提和重新分配后达到彼此分离。逆流分配仪已广泛地用于多肽，如垂体激素、加压素、催产素、短杆菌肽和核苷酸的分离。

2.6.3 萃取溶剂的选择

在溶剂萃取分离中，选择一种对被分离制备的物质溶解度大而对杂质溶解度小的溶剂，使被分离物质从混合组分中有选择性地分离出来；同时选择另一种对被分离物质溶解度小而对杂质溶解度大的溶剂，使杂质从混合组分中有选择性地分离出来，达到产物与杂质的分离。

物质溶解度性质的一般规律可总结为：极性物质易溶于极性溶剂中，非极性物质易溶于非极性溶剂中；碱性物质易溶于酸性溶剂中，酸性物质易溶于碱性溶剂中；在极性溶液中，随着溶剂的介电常数的减小，溶质的溶解度也随之减少。简言之为"相似相溶"的原则。

一些常用溶剂按极性的大小可大致排列如下：饱和烃类<全卤代烃类<不饱和烃类<醚类<未全卤代烃类<脂类<芳胺类<酚类<酮类<醇类。

2.6.4 萃取操作与反萃取

在分离分析工作中，萃取操作一般用间歇法，在梨形分液漏斗中进行，对于分配系数较小的物质的萃取，则可以在不同形式的连续萃取器中进行连续萃取。在萃取过程中，如果被萃取离子进入有机相的同时还有少量干扰离子也转入有机相，可以采用洗涤的方法除去杂质离子。分离后，如果需要将被萃取的物质再转到水相中进行测定，可以改变条件进行反萃取。

2.6.5 固相萃取

固相萃取（solid-phase extraction，SPE）实际上是一个待分离物质的吸附-洗脱分离过程。固相萃取柱一般为开口玻璃柱，其直径约为1cm，柱长约为7.5cm，内装分离载体（多为硅氧基甲烷）。例如 C_{18}，其颗粒直径为 40～80μm，载体高度根据待分离富集组分的量选定，常为 1～2cm。固相萃取分离富集程序为：选择适宜固相萃取柱，用水或适当的缓冲溶液润湿载体，加入试样溶液到载体，选用适宜溶剂洗涤除去干扰物，然后洗脱待分离物质。例如，用固相萃取分离神经腺孵化物中 9 种苄基腺嘌呤同系物及其代谢 N-氧化物，萃取载体用 500mg C_{18}，预先用 2mL 甲醇润湿并用 4mL H_3PO_4 缓冲溶液（0.1 mol·L^{-1}，pH = 7.4）流过，滴加试样溶液（流速 1～2mL·min^{-1}）。接着用含 15%甲醇的 4mL H_3PO_4 缓冲溶液（0.1mol·L^{-1}，pH = 7.4）洗涤除去干扰物质，再用 2mL 水洗去盐，最后用 3mL 甲醇洗脱待测物，收集，减压蒸发溶剂，残渣用 30mL 甲醇溶解，再用 HPLC 检测。固相萃取操作快速、所需溶剂少，对于含有微量组分的大体积试液也能通过柱进行富集。

2.6.6 磁固相萃取

磁固相萃取（magnetic solid-phase extraction，MSPE）是选择富有磁性的材料作为萃取剂，添加到含有目标分析物的溶液中，实现目标物质的萃取分离。萃取流程如图2.2所示，将适量的磁性萃取剂加入液体样品基质中，通过振荡或搅拌使萃取剂与目标分析物充分结合，萃取完成后，通过外部磁铁收集萃取剂，转移出上清液直接测定完成定量分析。随后，通过添加适当的洗脱液实现分析物的脱附和萃取剂的回收。与传统固相萃取方法相比，磁性萃取剂的应用无需再将萃取剂装入固相萃取柱，有效减少了固相萃取中常面临的柱堵塞和高压问题。此外，与复杂繁琐的离心过滤相比，用外部磁铁实现相分离更加高效简便。与常规固相萃取和液液萃取方法相比，萃取剂和有机溶剂的消耗均显著降低。基于此，MSPE被广泛应用于蛋白质的分离纯化、环境样品中有毒有害污染物的去除等领域。

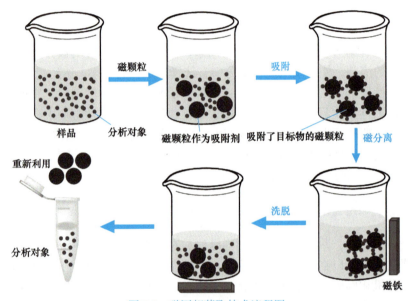

图2.2 磁固相萃取技术流程图

2.6.7 超临界流体萃取

超临界流体萃取是用超临界流体作为萃取剂进行萃取分离的方法，萃取剂是超临界条件下的气体，可认为是气固萃取。超临界流体常温常压下为气体，在超临界条件下为液体。超临界流体密度较大，与溶质分子作用力类似液体。另外，超临界流体黏度类似气体，有接近零的表面张力，比许多液体更容易渗透固体颗粒，传质速率高，使萃取过程快速高效。萃取完全后，由简单的降低压力就可以从萃取物中使超临界流体萃取剂成为气体而除去。通常用CO_2作为超临界流体萃取剂分离弱极性和非极性化合物，而用NH_3或N_2O作为超临界流体萃取剂分离极性较大的化合物。

超临界萃取分离设备组成及流程一般按如下进行：

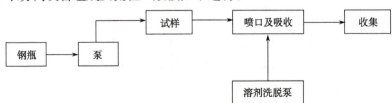

由钢瓶、高压泵及其他附属装置组成超临界流体发生源，将常温常压下的气体转化为超临界流体。由试样管及附属装置构成超临界流体萃取部分，处于超临界流态的萃取剂在此将被萃取的物质从试样基体中溶解出来，随着流体的流动使含被萃取物的流体与试样基体分开。含有被萃取物的流体通过喷口及吸收管减压降温转化为常温常压态，超临界流态的萃取剂挥发逸出，而溶质吸附在吸收管内的多孔填料表面，再用适宜溶剂淋洗吸收管并把溶质收集用于分析。

2.6.8 微波萃取

微波萃取分离法是利用微波能强化溶剂萃取的效率，使固体或半固体试样中的某些有机组分与基体有效分离，并能保持分析对象的原本化合物状态。微波萃取分离法包括试样粉碎、与溶剂混合、微波辐射、萃取液的分离等步骤。萃取过程一般在特定的密闭容器中进行。由于微波能的作用，体系的温度和压力升高，微波能是内部均匀加热，热效率高，故萃取率大大提高。微波萃取装置能对温度、压力、时间等实行自动控制，使萃取分离过程中的有机物不分解，有利于萃取不稳定的物质。

萃取溶剂直接影响微波萃取效率，一般极性试样采用极性溶剂，非极性试样采用非极性溶剂，有时混合溶剂比单一溶剂效果好。常用的溶剂有甲醇、乙醇、异丙醇、丙酮、二氯甲烷、正己烷、异辛烷、苯和甲苯等。此外，试样的种类、含量、基体的含水量、微波能的强弱、微波辐射时间等因素也将影响萃取效率。

微波萃取分离法除具有快速、节能、节省溶剂、污染小、设备简单廉价等优点外，特别适合于大量试样的快速萃取分离和同时处理多份试样，适应面宽。微波萃取分离法的应用日益增加。例如，用于提取土壤和沉积物中的多环芳烃、除草剂、杀虫剂、多酚类化合物和其他中性、碱性有机污染物，提取食品、植物种子等中的某些有机物质、生物活性物质和药物残留等。另外，从薄荷、海鸥芹、雪松叶和大蒜中等提取天然产物也用到微波萃取分离法。

思考题 2.7　试说明分配系数与分配比的物理意义。

2.7　离子交换分离法

离子交换分离法是利用离子交换剂与溶液中的离子之间所发生的交换反应进行分离的方法。离子交换可使能被交换的离子与不被交换的离子分离，或由于被交换的能力不同而使能被交换的几种离子彼此分离。

2.7.1 阴阳离子交换及离子交换树脂

能与带负电荷的阴离子进行交换反应称为阴离子交换，能与阳离子进行交换反应称为阳离子交换。离子交换树脂是一种高分子聚合物，具有网状结构。在这种聚合物的网状结构骨架中有许多可以与溶液中的离子起交换作用的活性基团。根据可以被交换的活性基团的不同，一般把离子交换树脂分为阴离子交换树脂和阳离子交换树脂两大类。

离子交换树脂
- 阳离子交换树脂
  - 强酸性阳离子交换树脂(—SO_3H)
  - 弱酸性阳离子交换树脂(—COOH,—OH)
- 阴离子交换树脂
  - 强碱性阴离子交换树脂(季铵碱≡N^+)
  - 弱碱性阴离子交换树脂(—NH_2,—NHR_1,—NR_2)

分离分析中对离子交换树脂的要求包括：①不溶于水，对酸、碱、氧化剂、还原剂及加热具有化学稳定性；②具有较大的交换容量；③对不同离子具有良好的交换选择性；④交换速率大；⑤树脂易再生。

下面分别列举不同类型阳离子和阴离子交换树脂的交换反应。

(1) 强酸型离子交换树脂的交换反应

酸型：
$$R\text{—}SO_3^-, H^+ + Na^+, OH^- \rightleftharpoons R\text{—}SO_3^-, Na^+ + H_2O$$
$$R\text{—}SO_3^-, H^+ + Na^+, Cl^- \rightleftharpoons R\text{—}SO_3^-, Na^+ + H^+, Cl^-$$

盐型：
$$R\text{—}SO_3^-, Na^+ + K^+, Cl^- \rightleftharpoons R\text{—}SO_3^-, K^+ + Na^+, Cl^-$$
$$R(\text{—}SO_3^-, Na^+)_2 + Ca^{2+}, 2Cl^- \rightleftharpoons R(\text{—}SO_3^-)_2, Ca^{2+} + 2Na^+, 2Cl^-$$

(2) 弱酸型阳离子交换树脂的交换反应

酸型：R—COO^-, H^+
盐型：R—COO^-, Na^+ }与强酸型相似，但程度有所不同

(3) 强碱型阴离子交换树脂的交换反应

酸型：
$$R\equiv N^+, OH^- + H^+, Cl^- \rightleftharpoons R\equiv N^+, Cl^- + H_2O$$
$$R\equiv N^+, OH^- + Na^+, Cl^- \rightleftharpoons R\equiv N^+, Cl^- + Na^+, OH^-$$

盐型：
$$R\equiv N^+, Cl^- + Na^+, Br^- \rightleftharpoons R\equiv N^+, Br^- + Na^+, Cl^-$$
$$R(\equiv N^+, Cl^-)_2 + 2Na^+, SO_4^{2-} \rightleftharpoons R(\equiv N^+)_2, SO_4^{2-} + 2Na^+, 2Cl^-$$

(4) 弱碱型阴离子交换树脂的交换反应

碱型：R—NH_3^+, OH^-
盐型：R—NH_3^+, Cl^- }与强碱型相似，但程度有所不同

离子交换树脂对不同离子的亲和力有下列经验规律：

(1) 在低浓度和常温下，交换量随交换离子的离子价的增加而变大，例如：

$$Na^+ < Ca^{2+} < Al^{3+} < Th^{4+}$$

(2) 在低浓度和一定温度下，同价的被交换离子的交换量顺序为

$$Li^+ < Na^+ < K^+ < Rb^+ < Cs^+$$

$$Mg^{2+} < Zn^{2+} < Co^{2+} < Cu^{2+} < Cd^{2+} < Ni^{2+} < Ca^{2+} < Sr^{2+} < Pb^{2+} < Ba^{2+}$$

$$F^- < Cl^- < Br^- < I^-$$

(3) 离子活度越高，交换量越大。

(4) 在高温度、非水溶液或高浓度水溶液中，离子的亲和力顺序会发生改变。

常用离子交换树脂的类型、牌号见表2.3。

表 2.3　常用离子交换树脂的类型与牌号

类别	交换基	树脂牌号	生产单位	交换容量 /(mg·mol·g^{-1})	国外对照产品
阳离子交换树脂	—SO$_3$H	强酸性#1 阳离子交换树脂	南开大学	4.5	
	—SO$_3$H	732（强酸 1×7）	上海树脂厂	≥4.5	Amberlite IR-120（美）
	—SO$_3$H	华东强酸#45	华东理工大学	2.0~2.2	Zerolit 225（英）
	—OH				Amberlite IR-100（美）
	—COOH	华东弱酸-122	华东理工大学	3~4	Zerolit 216（英）
	—OH	弱酸性#101	南开大学	8.5	
阴离子交换树脂	—N$^+$(CH$_3$)$_3$	强碱性#201 阴离子交换树脂	南开大学	2.7	
	—N$^+$(CH$_3$)$_3$	711（强酸 201×4）	上海树脂厂	≥3.5	Amberlite IRA-401（美）
	—N$^+$(CH$_3$)$_3$	717（强酸 201×7）	上海树脂厂	≥3	Amberlite IRA-400（美）
	—N=	701（强酸 330）	上海树脂厂	≥9	Zerolit FF（英）
	—NH$_2$				Doolite A-3013（美）
	—N=	330（弱碱性阴离子交换树脂）	南开大学	8.5	

2.7.2　离子交换分离操作程序

首先根据分离要求选用适当的树脂。市售树脂往往颗粒大小不均匀或粒度不合要求，而且含有杂质，需经处理。方法如下：水浸泡干树脂 2h 后减压抽去气泡，倾去水，用去离子水淘洗至澄清，倾去水后加入 4 倍树脂量的 4~6mol·L^{-1} 的 HCl，搅拌 4h 后除去酸液，水洗至中性，再加 4 倍量 4~6mol·L^{-1} 的 NaOH，搅拌 4h 后除去碱液，水洗至中性备用。

选用适当的试剂，使经上述处理的树脂转型成所需的形式：阳离子交换树脂用 HCl 处理则转为 H$^+$型，用 NaOH 处理则转为 Na$^+$型，用 NH$_4$OH 处理则转为 NH$_4^+$型；阴离子交换树脂用 HCl 处理则转为 Cl$^-$型，用 NaOH 或 NH$_4$OH 处理转为 OH$^-$型。

离子交换分离一般在交换柱中进行，如图 2.3 所示。其装柱与一般色谱分析法相同，主要是防止出现气泡和分层，装填要均匀。

装柱完毕后，将欲交换的试液倾入交换柱中，试液流经交换柱中的树脂层时，从上到下一层层地发生交换过程。交换完毕后，应进行洗涤，洗净后的交换柱继续进行洗脱。对于阳离子交换树脂，常用 HCl 溶液作为洗脱液；对于阴离子交换树脂，则常用 NaCl 或 NaOH 溶液作为洗脱液，在洗脱液中测定被交换的离子。

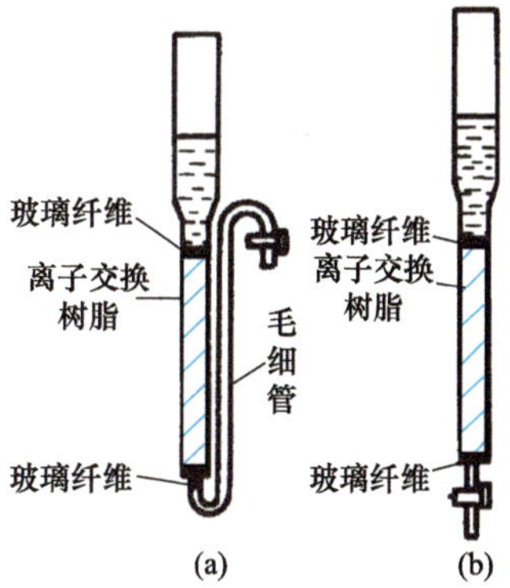

图 2.3　离子交换柱

2.7.3　离子交换分离法的应用

1. 水的净化

自来水中含有一些溶解的盐类离子，要获得分析化学实验或医药制剂等用的去离子水可通过离子交换分离法制备。让自来水先通过 H^+ 型强酸性阳离子交换树脂，以交换除去各种阳离子：

$$M^{n+} + nR-SO_3H \rightleftharpoons (R-SO_3)_nM + nH^+$$

然后通过 OH^- 型强碱性阴离子交换树脂，以交换除去阴离子：

$$nH^+X^{n-} + nR-N(CH_3)_3^+OH^- \rightleftharpoons [R-N(CH_3)_3]_nX + nH_2O$$

则可以方便地得到不含无机盐离子的去离子水，它可以代替纯净蒸馏水使用。交换柱经转型再生后可循环使用。

2. 单核苷酸的分离

在介质 pH = 1.5 时，腺苷酸(AMP)、胞苷酸(CMP)、鸟苷酸(GMP)上的氨基离解而带正电荷，可被阳离子交换树脂所吸附。尿苷酸(UMP)没有氨基，不带正电荷，大部分直接流下来。当用去离子水洗脱时，随着 pH 的变化，GMP、CMP、AMP 上的氨基离解度降低的程度不同，而先后失去在阳离子交换树脂上的吸着能力，按 GMP、CMP、AMP 的顺序依次洗脱。

3. 微量元素的富集

当试样中并不含有大量的其他电解质时，用离子交换分离法富集微量组分是比较方便的。例如，天然水中 K^+、Na^+、Mg^{2+}、Cl^-、SO_4^{2-} 等组分的测定，可将水样先后流过阳、阴离子交换树脂，使各种组分分别交换于柱上。然后用稀 HCl 洗脱阳离子，另用稀氨液洗脱阴离子，则微量组分得到了富集。

思考题 2.8 试述 H^+ 型强酸性阳离子交换树脂和 OH^- 型强碱性阴离子交换树脂的交换作用原理。如果要在较浓的 HCl 溶液中分离钠离子和铁离子，应选用哪种树脂？这时哪种离子交换在柱上？哪种离子进入流出液中？

2.8 膜分离法

2.8.1 过滤、超滤和纳滤

1. 过滤

过滤是利用多孔介质阻留固体而让液体通过以达到固体和液体分离目的的方法。过滤材料有纤维素、合成聚合物、玻璃和金属。过滤速率一般以单位时间内单位过滤面积流出的滤液体积计算。常用下式表示

$$u = \frac{n\pi d^4 \Delta p_0}{128 \eta L} \tag{2.11}$$

式中，u 为过滤速率；n 为过滤面积上的滤膜毛细管孔道数；Δp_0 为毛细管孔道两端的压强差；η 为滤液的黏度；L 为滤饼厚度；d 为毛细管的直径。

实际上滤膜毛细管孔道的情况很复杂，n、d 难于准确测定，故式(2.11)只能反映各因子

的相互关系及各因子所起作用的综合结果。

要提高滤速,除了对式(2.11)中诸因素进行优选外,还可通过选择适当的过滤介质,添加助滤剂,增加过滤推动力及加大过滤面积等措施来达到。

2. 超滤

超滤是指外源加压的膜分离。超滤的原理和一般过滤一样,主要基于被分离物质相对分子质量的大小、形状和性质不同,在通过外源 N_2 或真空泵施以一定的压力差的条件下,使小分子能够通过具有一定孔径的特制薄膜,在孔径大小限额以上的大分子被膜截留从而使不同大小的分子得以分离。要在膜的两面产生压差,可通过在样液的一面加正压或使超滤液的一面产生负压达到。根据所加的操作压和所用膜平均孔径的不同,可分为微孔过滤、超滤和反渗透三种。

微孔过滤的操作压在 0.07MPa,膜的平均孔径为 0.05~14μm,用于分离较大颗粒。

加压超滤的操作压为 0.03~6MPa,膜的平均孔径为 0.001~0.01μm,用于分离大分子溶质。反渗透操作压比超滤更大,常达 30~120MPa,膜的平均孔径更小,一般在 0.001μm 以下,用于分离小分子溶质。

采用戴安弗洛(Diaflo)超滤薄膜 UM-2(截止相对分子质量约为 1000)的超滤法,可以浓缩湖水中腐殖质缔合的痕量元素。

3. 纳滤

纳滤是介于反渗透与超滤之间的一种以压力为驱动的新型膜分离过程,这种膜分离过程拓宽了液相膜分离的应用。纳滤的关键是膜材料及其制作。

纳滤具有下述特点:①在过滤过程中,它能截留小分子的有机物并同时透析出盐,集浓缩与分离为一体;②操作压力低,由于无机盐是通过纳滤膜而透析,因此纳滤的渗透压远小于反渗透压,具有节能的优点。纳滤在工业上有广泛的应用前景。

2.8.2 透析

透析是采用半透膜作为滤膜,其特点是半透膜两边都是液相,一边是实验液,另一边是纯净溶剂(水或缓冲液)。实验液中不可透析的大分子被截留于膜内,可透析的小分子经扩散作用不断透出膜外,直到膜内外两边浓度达到平衡。透析法多用于制备及提纯生物大分子时除去或更换小分子物质,脱盐和改变溶剂成分。用于透析分离的半透膜必须具备:在溶剂中能膨胀形成分子筛状多孔薄膜,只允许小分子溶质和溶剂通过而阻止大分子(如蛋白质)通过,具有化学惰性,不含能和溶质起作用的基团,在水、盐溶液、稀碱或稀酸中不溶解;有一定的机械强度和良好的再生性能等。

透析的装置和方法较简单,如图 2.4 所示。将已处理(先用 50%乙醇慢慢煮沸 1h,再分别用 50%乙醇、0.01mol·L^{-1} 碳酸氢钠溶液、0.001mol·L^{-1} EDTA 溶液依次洗涤,最后用蒸馏水洗三次)及检漏合格的透析袋用绒线或尼龙丝扎紧底端,然后将待透析液从管口倒入袋内。注意:不能装满,常留一半左右空间,以防膜外溶剂因浓度差大量渗入袋内时将袋胀裂或因透析袋过度膨胀而引起膜的孔

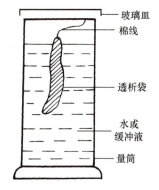

图 2.4 透析的简单装置

径大小的改变。装完被透析液后即扎紧袋口,悬于装有大量纯净溶剂(水或缓冲液)的大容器内(量筒或玻璃缸)进行透析。小分子可从透析膜内透出,直到膜内外浓度相等。若加上搅拌装置并定期或连续地换上新鲜溶剂均可提高透析速率,增强透析效果。可扫码查看透析反渗透技术。

思考题 2.9 试述透析技术、超滤技术和反渗透技术的联系与区别。

2.9 激光分离法

近 40 年来,随着激光技术的应用与发展,在物理和化学领域中出现了一门崭新的边缘学科——激光化学。激光化学与经典光化学一样,是研究光子与物质相互作用过程中物质激发态的产生、结构、性能及其相互转化的一门科学。

与普通光相比,激光具有亮度高、单色性好、相干性好和方向性好等突出优点,因而激光与物质相互作用特别是在引发化学反应过程中,能产生经典光化学不能得到的许多新的实验现象,如红外多光子吸收、选择性共振激发等。这些新的实验现象不仅在理论上具有很大意义,也在实际应用方面展开了新领域。

激光技术的应用创立了一些新的分析方法。用激光原子荧光法可检测 100 个 Na 原子/mL。激光拉曼光谱、激光光声光谱、激光闪光光谱等都是应用激光技术的新分析法,而激光在化学分离(包括各种元素及同位素之间分离)中的应用,在较短的时间内也获得了可喜的进展。可扫码查看激光在高纯材料杂质分离、稀土元素分离和同位素分离中的研究和应用详情。

2.10 其他分离方法简介

2.10.1 挥发和蒸馏分离法

挥发和蒸馏分离法是利用化合物的挥发性的差异来进行分离的方法,可以用于除去干扰组分,也可以用于使被测组分定量分出,然后进行测定。

蒸馏法是有机化学中的一种重要的分离方法。在有机分析中也经常用到挥发和蒸馏分离法。例如,有机化合物中 C、H、O、N、S 等元素的定量分析就采用了这种分离方法。在无机分析中,挥发和蒸馏分离法的应用虽不多,但由于方法的选择性较高,容易掌握,故在某些情况下仍具有很大的意义。例如,钢铁中 C、S 的测定,就是在高温炉中通氧燃烧,使试样中的 C、S 转化为 CO_2 和 SO_2 从基体中分离出来之后,再进行测定的。

表 2.4 列出了某些组分的挥发和蒸馏分离条件。可见在无机分析中,挥发和蒸馏分离法主要用于非金属元素和少数几种金属元素的分离。

表 2.4 某些元素的挥发和蒸馏分离条件

组分	挥发性物质	分离条件	应用
B	$B(OCH_3)_3$	酸性溶液中加甲醇	B 的测定或去 B
C	CO_2	1100℃通氧燃烧	C 的测定
Si	SiF_4	$HF + H_2SO_4$	去 Si
S	SO_2	1300℃通氧燃烧	S 的测定
	H_2S	$HI + H_3PO_2$	S 的测定

续表

组分	挥发性物质	分离条件	应用
Se, Te	$SeBr_4$, $TeBr_4$	H_2SO_4 + HBr	Se、Te 的测定或去 Se、Te
F	SiF_4	SiO_2 + H_2SO_4	F 的测定
CN^-	HCN	H_2SO_4	CN^-的测定
Ge	$GeCl_4$	HCl	Ge 的测定
As	$AsCl_3$, $AsBr_3$, $AsBr_5$	HCl 或 HBr + H_2SO_4	去 As
As	AsH_3	Zn + H_2SO_4	微量 As 的测定
Sb	$SbCl_3$, $SbBr_3$, $SbBr_5$	HCl 或 HBr + H_2SO_4	去 Sb
Sn	$SnBr_4$	HBr + H_2SO_4	去 Sn
Cr	CrO_2Cl_2	HCl + $HClO_4$	去 Cr
Os, Ru	OsO_4, RuO_4	$KMnO_4$ + H_2SO_4	痕量 Os、Ru 的测定
Tl	$TlBr_2$	HBr + H_2SO_4	去 Tl
铵盐	NH_3	NaOH	氨态氮的测定

2.10.2 盐析法

在溶液中加入中性盐使溶质沉淀析出的过程称为盐析。许多生物物质的制备过程中都可以用盐析法进行沉淀分离，如蛋白质、多肽、多糖、核酸等，其中盐析法在蛋白质的分离中应用最广泛。由于共沉淀的影响，盐析法不是一种高分辨率的方法，但与其他分离方法交替使用仍具有成本低、操作简单安全、对许多生物活性物质有稳定作用的优点，因而在生化分离技术高度发展的今天仍然十分常用。用于盐析的中性盐有硫酸盐、磷酸盐、氯化物等，以硫酸铵、硫酸钠应用得最多，尤其适用于蛋白质的盐析。盐析条件的选择途径有两条：一是固定离子强度（盐的浓度），改变 pH 和温度；二是固定 pH 和温度，改变离子强度。

2.10.3 等电点沉淀法

利用两性电解质分子在电中性时溶解度最低，而不同的两性电解质分子具有不同的等电点而进行分离的方法称为等电点沉淀法。氨基酸、核苷酸和许多同时具有酸性和碱性基团的生物小分子以及蛋白质、核酸等生物大分子都是一些两性电解质，在处于等电点的 pH 时加上其他沉淀因素则很容易沉淀析出。因许多蛋白质的等电点十分接近，单独运用等电点分离分辨率较差，故等电点法常与盐析法、有机溶剂和其他沉淀剂法一起作用，以提高其分离能力。

2.11 分离技术的发展趋势

混合物中各组分的分离是分析化学要解决的课题，随着分析方法朝着快速、微量、仪器化的方向发展，面临着石油、化工、地质、煤炭、冶金、空间科学等诸多领域以及水文气象、农业、医学、卫生学、食品化学、环境科学等相关学科不断提出的分析课题，某些经典的化学分离方法如蒸馏、重结晶、萃取等已远不能适应现代分析的需要。尤其是在生命科学领域，许多需保存生理活性的微量成分（如蛋白质、肽、酶、核酸等）存在于组成复杂的生物样品中需要进行分离分析,这些都有力地推动着经典分离技术向现代分离技术发展。

分析化学工作面临的样品千差万别,尤其是生物样品组成成分复杂,没有一种分离纯化方法可适用于所有样品的分离、分析。在选择具体分离方法时,主要根据该物质的物理化学性质和具体实验室条件而定。例如,离子交换树脂分离、DEAE-纤维素和羟基磷灰石色谱常用于蛋白质、多肽、酶等物质从生物样品中的早期纯化。其他方法如连续流动电泳、连续流动等电聚焦等现代分离方法在一定条件下用于早期从生物样品的粗抽提液中分离制备小量物质,但目前仍处于探索发展阶段。总的来说,早期分离提纯的方法选择的原则是从低分辨能力到高分辨能力,尽量采用特异性高的分离方法。

液相色谱法是生物技术中分离纯化的一种重要方法,在多肽、蛋白质的分离纯化工艺研究中早已获得应用,并已走出实验室投入到大规模的工业化生产中。目前出现了许多以柱层析为基础的系统装置,例如快速蛋白液相色谱系统(FPLC)是用于纯化分离各种生物分子的专用系统,用该系统分离纯化的生物物质已超过 400 种。FPLC 采用凝胶过滤、离子交换、等电聚焦、亲和层析、疏水色谱等多种色谱技术对繁多的生物大分子进行分离纯化。

20 世纪 70 年代在液相色谱基础上发展起来的高效液相色谱(HPLC)是分离分析的最有效的技术手段。从天然物质到合成产物,从小分子到大分子,从一般化合物到生物活性物质等,HPLC 分离的物质几乎包括了所有类型的物质。HPLC 可以根据分离对象,按不同分离机理,广泛选择色谱柱、淋洗体系和操作参数。它既是精细的分离纯化方法,也是快速、灵敏、准确、简便的分析检测手段,可以实现在线检测和自动化操作。目前 HPLC 已发展成为包括许多分支的综合性分离技术。这些技术按照其分离机理可分为:基于吸附分配作用的反相、正相和疏水性相互作用色谱;基于电荷作用的强阴、强阳、弱阴、弱阳离子交换色谱;基于空间排阻作用的凝胶过滤和凝胶渗透色谱;基于生物特异性作用的亲和色谱等。近 20 年来随着合成技术的进步,以有机高分子为基质的 HPLC 填料获得了快速发展并迅速应用于各个分支技术中,促进了现代 HPLC 分离分析方法的飞速发展。

毛细管电泳是近 20 年发展起来的一种新的液相色谱技术,已经研究出 6 种不同的分离形式,它将在生物大分子、天然有机物、医药化学、高分子化学等领域得到广泛应用。

微流控芯片技术是把生物、化学、医学分析过程的样品制备、反应、分离、检测等基本操作单元集成到一块微米尺度的芯片上,自动完成分析全过程。它在生物、化学、医学等领域有巨大应用潜力,已经发展成为一个生物、化学、医学、流体、电子、材料、机械等学科交叉的崭新研究领域。目前普遍认为的生物芯片如基因芯片、蛋白质芯片等只是微流量为零的点阵列型杂交芯片,功能非常有限,属于微流控芯片的特殊类型。微流控芯片具有更广泛的类型、功能与用途,可以开发出生物计算机、基因与蛋白质测序、质谱和色谱等分析系统,成为系统生物学尤其是系统遗传学中极为重要的技术基础。

小 结

习 题

2.1 简述对于组成分布不均匀的试样的采集流程。

2.2 说明矿石采样公式 $m = Kd^2$ 中 m、K 和 d 的意义,并以此为依据分析当 K 值为 0.1、矿石最大颗粒直径为 10mm 和 5mm 时对应的最低采样量。

2.3　新冠病毒检测中,咽拭子是常见的病毒核酸采集方法。查阅资料,简述咽拭子采样流程和处理方法。
2.4　试样的制备一般包括哪些步骤?
2.5　什么是试样的缩分?
2.6　要测定头发中的 Fe 和 Cu,应如何预处理试样以得到试液?
2.7　简述样品分析的一般过程。
2.8　试样的采集一般遵循什么原则?
2.9　简述分离方法的分类及其分离原理。
2.10　如何评价分离方法?
2.11　酸溶法常用的溶剂有哪些?
2.12　设计直接饮用水或超纯水制备方法。
2.13　举例评述蛋白质分离分析方法新进展。
2.14　分离的目的是什么?
2.15　结合参考文献 1~3,简述循环肿瘤细胞(CTC)分离分型的方法。

[1] Gertrude H, Werner H. Immunofluorescence in cells derived from Burkitt's lymphoma. J. Bacteriol, 1966, 91: 1248-1256.

[2] Witek M A Freed I M, Soper S A. Cell Separations and Sorting. Anal. Chem., 2020, 92: 105-131.

[3] Cho H, Kim J, Song H, et al. Microfluidic technologies for circulating tumor cell isolation. Analyst, 2018, 143: 2936-2970.

植物生理学家和化学家——茨维特

俄国植物学家茨维特
(Michael Semenovich Tswett)

第 3 章 化学分析法

内容提要

本章介绍滴定分析、重量分析的基本概念和基本理论；根据酸碱反应、配位反应、氧化还原反应和沉淀反应的共性，使酸碱滴定、配位滴定、氧化还原滴定和沉淀滴定融为一体，构建滴定分析法；归纳确定滴定终点的各种方法；按照滴定分析误差要求，推导各种滴定分析可行性判断式，列举滴定分析、重量分析的具体应用实例。

化学分析法是利用物质的化学反应及其化学计量关系确定被测定物质的组成和含量的一类分析方法，主要有滴定分析法和重量分析法。

3.1 滴定分析概述

滴定分析法是将一种已知准确浓度的标准溶液(又称滴定剂)滴加到待测物的溶液中，直到所加标准溶液与被测物质按化学式计量关系定量反应完全为止，根据所消耗的标准溶液的体积和浓度，计算出待测物含量的定量分析方法。由于这种滴定方法是以测量溶液体积为基础，故又称为容量分析法。

进行滴定分析时，一般已知浓度的标准溶液置于滴定管中，被测物溶液置于锥形瓶中。将标准溶液从滴定管加到被测物溶液中的过程称为滴定。当加入的标准溶液与被测组分定量反应完全时，称反应达到了化学计量点。为了在最接近化学计量点时停止滴定，常加入一种辅助试剂(称为指示剂)，借助指示剂在化学计量点附近发生颜色改变来指示反应的完成，这一颜色转变点称为滴定终点。因滴定终点与化学计量点不一致造成的误差称终点误差，又称滴定误差。终点误差是滴定分析误差的主要来源之一，其大小取决于化学反应的完全程度和指示剂的选择。另外，也可以采用仪器分析方法来确定滴定终点。

滴定分析法使用的标准溶液与被测物具有确定的化学计量关系，通常适用于测定常量组分，准确度较高，在一般情况下，滴定的误差不高于 0.1%，且操作简便、快速，所用仪器简单、成本低。因此，滴定分析法是化学分析中很重要的一类方法，具有较高的实用价值。

3.1.1 滴定分析方法的分类

滴定分析以化学反应为基础，根据所利用的化学反应的不同，滴定分析法可分为四类。

1. 酸碱滴定法

酸碱滴定法是一种以酸碱反应(质子转移)为基础的滴定分析方法。

一般的酸、碱以及能与酸、碱直接或间接发生质子转移的物质都可以用酸碱滴定法测定。例如：

强酸(碱)滴定强碱(酸)： $H_3O^+ + OH^- \rightleftharpoons 2H_2O$

强碱滴定弱酸： $OH^- + HA \rightleftharpoons A^- + H_2O$

强酸滴定弱碱： $H_3O^+ + A^- \rightleftharpoons HA + H_2O$

2. 配位滴定法

配位滴定法是一种以配位反应为基础的滴定分析方法。

常用有机配位剂乙二胺四乙酸的二钠盐（EDTA，用 H_2Y^{2-} 表示）作滴定剂，滴定金属离子。例如：

$$Ca^{2+} + H_2Y^{2-} \rightleftharpoons CaY^{2-} + 2H^+$$

$$Fe^{3+} + H_2Y^{2-} \rightleftharpoons FeY^- + 2H^+$$

按照酸碱质子理论，式中 H^+ 在溶液中实际上是以 H_3O^+ 型体存在，为书写方便，本教材仍简写为 H^+。

3. 氧化还原滴定法

氧化还原滴定法是一种以氧化还原反应为基础的滴定分析方法。可用氧化剂作滴定剂，如高锰酸钾法、重铬酸钾法、直接碘量法等；也可用还原剂作滴定剂，如间接碘量法。

4. 沉淀滴定法

沉淀滴定法是一种以沉淀生成反应为基础的滴定分析方法。最常用的是利用生成难溶银盐的反应，即银量法。

$$Ag^+ + X^- \rightleftharpoons AgX\downarrow \quad (X^-表示 Cl^-、Br^-、I^-、SCN^-)$$

可滴定 Ag^+、Cl^-、Br^-、I^-、SCN^- 等离子。

3.1.2 滴定分析对滴定反应的要求

适用于滴定分析的反应应具备以下几个条件：

（1）反应必须按一定的反应方程式进行，即具有确定的化学计量关系，不发生副反应。设待测物 A 与滴定剂 B 有如下反应：

$$aA + bB \rightleftharpoons cC + dD$$

表示 A 与 B 按物质的量之比 $a:b$ 的关系反应。在化学计量点时有

$$n_A : n_B = a : b$$

式中，n_A 为已反应的待测物的物质的量；n_B 为消耗的滴定剂的物质的量。

（2）反应必须定量地进行完全，通常要求达到 99.9% 以上。

设有滴定反应 $A + B \rightleftharpoons R$，则反应的平衡常数为

$$K = \frac{[R]}{[A][B]}$$

又设开始滴定时，$c_A = c_B = c(\text{mol} \cdot L^{-1})$，$c_R = 0 \text{mol} \cdot L^{-1}$。平衡时，若有 99.9% 的反应物转变为生成物，即可认为反应完全。此时，$[A]_平 = [B]_平 = 0.001[R]_平$，则

$$K = \frac{[R]_平}{[A]_平[B]_平} = \frac{[R]_平}{(0.001[R]_平)^2} = \frac{10^6}{[R]_平}$$

因平衡时，$[R]_平 \approx c$，故

$$cK = 10^6$$

当 $cK \geqslant 10^6$ 时，反应即可定量进行完全（达 99.9%以上）。

(3) 反应速率要快。如果反应进行很慢，将无法确定滴定终点，对于速率较慢的反应，可以通过加热、增加反应物浓度、加入催化剂等方法提高反应速率。

(4) 有合适的指示终点的方法。在定量化学分析的滴定中，通常利用指示剂的颜色变化或溶液体系中某一参数的变化指示化学计量点。这就要求指示剂能在计量点附近发生人眼所能辨别的颜色改变，或者当溶液的某一参数在计量点附近发生变化时，能在仪器上明确显示出来。

凡能满足上述要求的反应都可采用直接滴定法。

3.1.3 基准物质和标准溶液

滴定分析是一类相对分析方法。在滴定分析中，需要通过标准溶液的浓度和用量计算待测组分的含量。因此，正确地配制和使用标准溶液，准确地测定标准溶液的浓度，对于滴定分析的准确度有重要的意义。

1. 标准溶液配制方法

标准溶液的配制有直接法和间接法两种。

1) 直接法

准确称取一定量某物质，经溶解后，置于一定体积容量瓶中稀释至刻度，根据物质的质量和溶液的体积，即可计算该标准溶液的准确浓度。可用来直接配制标准溶液的物质称为基准物质，它必须符合下列要求：

(1) 纯度高，杂质含量应低于滴定分析法所允许的误差范围，即试剂纯度应在 99.9% 以上。

(2) 物质的组成与化学式完全相符，若含结晶水，如 $H_2C_2O_4 \cdot 2H_2O$，其结晶水的含量应符合化学式。

(3) 性质稳定。例如，不与大气中的组分发生作用，结晶水不易丢失，不易吸湿等。

(4) 最好有较大的相对分子质量，可减小称量误差。

2) 间接法

很多物质不能直接用来配制标准溶液。例如，NaOH 易吸收空气中的水分和 CO_2；一般市售的盐酸含量不准确，易挥发；高锰酸钾、硫代硫酸钠不纯，在空气中不稳定。这些试剂的标准溶液只能用间接法配制。先把它们配制成近似于所需浓度的溶液，然后用基准物质测定它的准确浓度。这种操作过程称为标定。有时也可用另一种标准溶液标定，但其准确度不及直接用基准物质标定的高。

常用的基准物是纯金属或纯化合物，其干燥条件及应用见表 3.1。

表 3.1 常用基准物的干燥条件及应用

基准物质	化学式	干燥条件	标定对象
无水碳酸钠	Na_2CO_3	270~300℃	酸
硼砂	$Na_2B_4O_7 \cdot 10H_2O$	置于有 NaCl 和蔗糖饱和溶液的密闭容器中	酸
二水合草酸	$H_2C_2O_4 \cdot 2H_2O$	室温空气干燥	碱、$KMnO_4$
邻苯二甲酸氢钾	$KHC_8H_4O_4$	110~120℃	碱
草酸钠	$Na_2C_2O_4$	130℃	$KMnO_4$
锌	Zn	室温干燥器中保存	EDTA
碳酸钙	$CaCO_3$	110℃	EDTA
重铬酸钾	$K_2Cr_2O_7$	140~150℃	$Na_2S_2O_3$
氯化钠	NaCl	500~600℃	$AgNO_3$
硝酸银	$AgNO_3$	280~290℃	NaCl

2. 标准溶液浓度

化学分析中标准溶液浓度常用量浓度(简称浓度)和滴定度表示。

1) 量浓度

物质的量浓度是指单位体积溶液所含溶质物质的量(n)。例如 B 物质的浓度以符号 C_B 表示，即

$$C_B = \frac{n_B}{V} \tag{3.1}$$

式中，V 为溶液的体积，单位为 L；n_B 为溶质物质的量，单位为 mol。浓度的常用单位为 $mol \cdot L^{-1}$。

物质的量 n_B 的数值取决于基本单元的选择，因此，在表示物质的量浓度时需要指明基本单元。该基本单元可以是原子、分子、离子、电子及其他粒子，或是这些粒子的某种特定组合。例如，硫酸的基本单元可以是 H_2SO_4，也可以是 $1/2H_2SO_4$。当用 H_2SO_4 作基本单元时，如果 $n_{H_2SO_4}$ =1mol，则用 $1/2H_2SO_4$ 作基本单元时，$n_{1/2H_2SO_4}$ =2mol。可见，同样质量的物质，其物质的量随所选用的基本单元不同而不同，因此在说到系统中物质 B 的物质的量 n_B 和使用单位摩尔时，必须注明基本单元，否则就没有明确的意义。

物质 B 的物质的量 n_B 与物质 B 的质量 m_B 的关系为

$$n_B = \frac{m_B}{M_B} \tag{3.2}$$

式中，M_B 为物质 B 的摩尔质量，其与所选用的基本单元有关。根据式(3.2)可以从溶质的质量求出溶质的物质的量，进而计算溶液的浓度。

【例 3.1】 已知硫酸密度为 1.84g·mL^{-1}，其中 H_2SO_4 含量约为 95%。求每升硫酸中含有的 $n_{H_2SO_4}$、$n_{\frac{1}{2}H_2SO_4}$ 及其 $C_{H_2SO_4}$ 和 $C_{\frac{1}{2}H_2SO_4}$。

解 $n_B = \dfrac{m_B}{M_B}$, $C_B = \dfrac{n_B}{V}$

$$n_{H_2SO_4} = \dfrac{m_{H_2SO_4}}{M_{H_2SO_4}} = \dfrac{1.84\text{g}\cdot\text{mL}^{-1}\times 1000\text{mL}\times 0.95}{98.08\text{g}\cdot\text{mol}^{-1}} = 17.8\text{mol}$$

$$n_{\frac{1}{2}H_2SO_4} = \dfrac{m_{H_2SO_4}}{M_{\frac{1}{2}H_2SO_4}} = \dfrac{1.84\text{g}\cdot\text{mL}^{-1}\times 1000\text{mL}\times 0.95}{\frac{1}{2}\times 98.08\text{g}\cdot\text{mol}^{-1}} = 35.6\text{mol}$$

$$C_{H_2SO_4} = \dfrac{n_{H_2SO_4}}{V_{H_2SO_4}} = 17.8\text{ mol}\cdot\text{L}^{-1}, \quad C_{\frac{1}{2}H_2SO_4} = \dfrac{n_{\frac{1}{2}H_2SO_4}}{V_{\frac{1}{2}H_2SO_4}} = 35.6\text{ mol}\cdot\text{L}^{-1}$$

【例 3.2】 欲配制浓度为 $0.02100\text{mol}\cdot\text{L}^{-1}$ 的草酸标准溶液 500mL，应称取 $H_2C_2O_4\cdot 2H_2O$ 多少克？

解 已知 $M_{H_2C_2O_4\cdot 2H_2O} = 126.07\text{g}\cdot\text{mol}^{-1}$

$$n_B = \dfrac{m_B}{M_B}, \quad C_B = \dfrac{n_B}{V}$$

$$\begin{aligned}m_{H_2C_2O_4\cdot 2H_2O} &= C_{H_2C_2O_4\cdot 2H_2O}V_{H_2C_2O_4\cdot 2H_2O}M_{H_2C_2O_4\cdot 2H_2O}\\ &= 0.02100\times 500\times 10^{-3}\times 126.07\\ &= 1.3237\text{g}\end{aligned}$$

2）滴定度

企业质量控制室（化验室）应用最多的标准溶液浓度表示方法是滴定度。滴定度是指与每毫升标准溶液相当的待测组分的质量，用 $T_{\text{待测物/滴定剂}}$ 表示。例如，用来测定铁含量的 $KMnO_4$ 标准溶液，其滴定度可用 $T_{\text{Fe}/KMnO_4}$ 或 $T_{Fe_2O_3/KMnO_4}$ 表示。若 $T_{Fe_2O_3/KMnO_4} = 0.003882\text{g}\cdot\text{mL}^{-1}$，即表示 1mL $KMnO_4$ 标准溶液相当于 0.003882g Fe，也就是说，1mL 的 $KMnO_4$ 标准溶液能把 0.003882g Fe^{2+} 氧化成 Fe^{3+}。在生产实际中常需要对大批试样测定其中同一组分的含量，若用滴定度表示标准溶液所相当的被测物质的质量，则可以较方便计算待测组分的含量。在上例中，如果已知滴定中消耗 $KMnO_4$ 标准溶液的体积为 V，则被测定物质铁的质量 $m_{Fe} = TV$。

滴定度与量浓度之间的关系为

$$C = 10^3 \dfrac{T}{M} \tag{3.3}$$

有时滴定度也可以用每毫升标准溶液中所含溶质的质量表示，如 $T_{I_2} = 0.02488\text{g}\cdot\text{mL}^{-1}$，即每毫升标准碘溶液含有碘 0.02488g。

【例 3.3】 已知 $K_2Cr_2O_7$ 标准溶液的浓度 C 为 $0.2004\text{mol}\cdot\text{L}^{-1}$，计算此标准溶液对 Fe 的滴定度。

解 滴定反应为 $Cr_2O_7^{2-} + 6Fe^{2+} + 14H^+ = 2Cr^{3+} + 6Fe^{3+} + 7H_2O$

$$\dfrac{n_{K_2Cr_2O_7}}{n_{Fe^{2+}}} = \dfrac{1}{6}, \quad C_{K_2Cr_2O_7}V_{K_2Cr_2O_7} = \dfrac{1}{6}\dfrac{m_{Fe}}{M_{Fe}}$$

又

$$T_{Fe/K_2Cr_2O_7} = \dfrac{m_{Fe}}{V_{K_2Cr_2O_7}}$$

所以
$$T_{\text{Fe/K}_2\text{Cr}_2\text{O}_7} = 6 \times C_{\text{K}_2\text{Cr}_2\text{O}_7} M_{\text{Fe}} = 6 \times 0.2004 \times 55.85 \text{mg} \cdot \text{mL}^{-1}$$
$$= 67.1540 \text{mg} \cdot \text{mL}^{-1} \approx 0.06715 \text{g} \cdot \text{mL}^{-1}$$

3.1.4 滴定方式

1. 直接滴定法

对于能满足滴定分析要求的反应，可用标准溶液直接滴定被测物质。例如，用 NaOH 标准溶液可直接滴定 HCl、HOAc 等；用 $KMnO_4$ 标准溶液可滴定 $C_2O_4^{2-}$ 等；用 EDTA 标准溶液可滴定 Ca^{2+}、Mg^{2+}、Zn^{2+} 等；用 $AgNO_3$ 标准溶液可滴定中性或弱碱性溶液中的 Cl^-（K_2CrO_4 等作指示剂）等。直接滴定法是最常用和最基本的滴定方式，简便、快速，引入的误差较少。

2. 回滴定法

如果反应速率较慢（如 Al^{3+} 与 EDTA 的配位反应），或反应物不溶于水（如测定石灰石中 $CaCO_3$ 含量），反应不能立即完成，此时可先加入一定量过量滴定剂使反应完全。待反应完全后，再用另一种标准溶液滴定剩余的滴定剂。这种滴定方式称为回滴定法，又称返滴定法或剩余量滴定法。

有时采用回滴定法是由于没有合适的指示剂。例如，在酸性溶液中用 $AgNO_3$ 滴定 Cl^-，缺乏合适的指示剂，可先加一定量过量的 $AgNO_3$ 标准溶液，使 Cl^- 沉淀完全，再以 NH_4SCN 标准溶液回滴定过剩的 Ag^+，以铁铵矾为指示剂，出现 $Fe(SCN)^{2+}$ 的淡红色即为终点。

3. 置换滴定法

如果滴定剂与待测物的反应不能直接发生或不按一定反应式进行，或伴有副反应，或缺乏合适指示剂，则可先用适当试剂与被测物质反应，定量置换出另一种可与滴定剂反应的物质，从而可用滴定剂滴定，这种方法称为置换滴定法。例如，$Na_2S_2O_3$ 与 $K_2Cr_2O_7$ 等强氧化剂反应时，$S_2O_3^{2-}$ 将部分被氧化成 SO_4^{2-} 和 $S_4O_6^{2-}$，反应没有一定的化学计量关系，因此不能用 $Na_2S_2O_3$ 直接滴定 $K_2Cr_2O_7$。但 $Na_2S_2O_3$ 与 I_2 之间的反应符合滴定分析的要求，于是，可在酸性 $K_2Cr_2O_7$ 溶液中加入过量 KI，使产生一定量的 I_2，再用 $Na_2S_2O_3$ 标准溶液滴定 I_2。

4. 间接滴定法

不能与滴定剂直接反应的物质，有时可以通过另外的化学反应间接进行滴定。例如，Ca^{2+} 不能直接用 $KMnO_4$ 标准溶液滴定，可加入 $(NH_4)_2C_2O_4$ 将其定量沉淀为 CaC_2O_4 后，用 H_2SO_4 溶解，再用 $KMnO_4$ 标准溶液滴定 $C_2O_4^{2-}$，从而间接测定钙含量。

思考题 3.1　什么叫滴定分析？化学计量点与滴定终点有什么区别？
思考题 3.2　滴定分析中常采用的滴定方式有哪几类？各在什么情况下采用？
思考题 3.3　下列分析物质中，哪些可用直接法配制标准溶液？
固体 NaOH、固体 $KBrO_3$、固体 $K_2Cr_2O_7$、固体 $Na_2S_2O_3$、浓 HCl、EDTA 二钠盐、固体 $KMnO_4$
思考题 3.4　下列说法哪些是正确的？
(1) 直接滴定分析中，各反应物的物质的量应成简单整数比。

(2) 滴定分析具有准确度高的优点。
(3) 用间接法配制 HCl 标准溶液时使用量筒取水稀释。
(4) 基准物应具备的主要条件是摩尔质量大。
(5) 用左手拿移液管，右手拿洗耳球。
(6) 移液管尖部最后留有的少量溶液及时吹入接受器中。

3.2 滴定分析的基本理论

3.2.1 溶液中的化学平衡

由 3.1.1 可知，滴定分析中利用的化学反应有酸碱反应、配位反应、氧化还原反应和沉淀反应。滴定分析中的酸碱反应、配位反应和沉淀反应可用通式表示（忽略电荷）

$$A + nB \rightleftharpoons AB_n \tag{3.4}$$

这些反应常常是分步进行的

$$A + B \rightleftharpoons AB$$
$$AB + B \rightleftharpoons AB_2$$
$$\vdots$$
$$AB_{n-1} + B \rightleftharpoons AB_n \tag{3.5}$$

式中，A 和 B 随化学反应类型不同，而有不同的化学意义（表 3.2）。

表 3.2　A 与 B 的化学意义

反应类型	A	B
酸碱反应	酸根（共轭碱）	H^+
配位反应	金属离子	配体（L）
沉淀反应	金属离子	沉淀剂，如 OH^-

氧化还原反应是电子转移过程，通式中 A 为氧化态，B 为电子 e^-。在滴定分析中，电子（包括多电子）转移速率很快，氧化还原反应通常能进行完全，故表中未予列出。

滴定过程是形成平衡反应过程，在滴定体系（酸碱溶液、配合物溶液和微溶化合物溶液）中形成平衡反应（其逆过程为离解平衡反应）常常是按照式（3.5）分步进行的，因此从溶液中反应平衡入手展开讨论。

1. 配合物或微溶化合物溶液中的反应平衡

忽略电荷，金属离子用 M 表示，配体（或沉淀剂）用 L 表示，K 为逐级稳定常数，β 为累积稳定常数，配合物或微溶化合物溶液中的反应平衡列于表 3.3。对于沉淀反应，累积稳定常数 $\beta_{pf} = 1/K_{sp}$（K_{sp} 为难溶化合物的溶度积）。

表 3.3　配位平衡和沉淀平衡

逐级反应	逐级稳定常数	累积稳定常数
$M+L \rightleftharpoons ML$	K_1	$\beta_1 = K_1$
$ML+L \rightleftharpoons ML_2$	K_2	$\beta_2 = K_1 K_2$
⋮	⋮	⋮
$ML_{n-1}+L \rightleftharpoons ML_n$	K_n	$\beta_n = K_1 K_2 \cdots K_n$

2. 酸碱溶液中的反应平衡

根据酸碱质子理论，凡是能给出质子(H^+)的物质称为酸，凡是能接受质子的物质称为碱。当一种酸给出质子后，剩下的部分就是碱，而碱接受质子后就成为酸。一种酸(HA)给出一个质子后所得的碱(A^-)称为该酸的共轭碱，而酸(HA)称为碱(A^-)的共轭酸。酸和碱的这种相互依存、相互转化的关系可表示如下：

$$\underbrace{HA \rightleftharpoons H^+ + A^-}_{\text{共轭酸碱对}}$$

酸碱反应的实质是酸给出质子而碱同时接受质子的过程。酸(碱)给出(接受)质子形成共轭碱(酸)的反应称为酸碱半反应。一个酸碱反应必须由两个共轭酸碱对共同作用(两个酸碱半反应)才能完成。

水是一种两性溶剂，既能给出质子(酸)也能接受质子(碱)，其质子自递反应(酸碱反应)为

$$H_2O + H_2O \rightleftharpoons OH^- + H_3O^+$$

水的质子自递常数(平衡常数)为

$$K_w = [H^+][OH^-] = 10^{-14} \; (25℃)$$

醋酸在水溶液中的离解平衡(酸碱反应)为

$$HAc + H_2O \rightleftharpoons Ac^- + H_3O^+$$

其离解常数

$$K_a = \frac{[H^+][Ac^-]}{[HAc]}$$

醋酸的共轭碱 Ac^- 在水溶液中的离解平衡为

$$Ac^- + H_2O \rightleftharpoons HAc + OH^-$$

其离解常数

$$K_b = \frac{[HAc][OH^-]}{[Ac^-]}$$

由此得出共轭酸碱对离解常数的关系为

$$K_a K_b = [H^+][OH^-] = K_w = 10^{-14}(25℃)$$

查表已知其中一个离解常数就能根据此公式求出其共轭酸(碱)的离解常数。与配合物溶液中的反应平衡相似，将酸的离解平衡改写成酸的形成平衡。

酸形成平衡：

$$A^- + H^+ \rightleftharpoons HA \qquad K_{af} = \frac{[HA]}{[H^+][A^-]} \qquad (3.6)$$

共轭碱　　质子　　共轭酸

酸离解平衡：

$$HA \rightleftharpoons H^+ + A^- \qquad K_a = \frac{[H^+][A^-]}{[HA]} \qquad (3.7)$$

共轭酸　　质子　　共轭碱

在式(3.6)和式(3.7)中，K_{af}是酸稳定常数(有人称为加质子常数，或者形成常数)，K_{af}越大，说明酸越稳定，酸性越弱；K_a是酸的离解常数，K_a越大，酸性越强。结合式(3.6)和式(3.7)，得

$$K_{af} = 1/K_a \qquad (3.8)$$

累积稳定常数用β_{af}表示，酸碱溶液中的反应平衡列于表3.4。

表 3.4　酸碱平衡

反应	逐级酸稳定常数	累积酸稳定常数
$A^{n-} + H^+ \rightleftharpoons HA^{(n-1)-}$	K_{af1}	$\beta_{af1} = K_{af1}$
$HA^{(n-1)-} + H^+ \rightleftharpoons H_2A^{(n-2)-}$	K_{af2}	$\beta_{af2} = K_{af1}K_{af2}$
⋮	⋮	⋮
$H_{n-1}A^- + H^+ \rightleftharpoons H_nA$	K_{afn}	$\beta_{afn} = K_{af1}K_{af2}\cdots K_{afn}$

同样，碱稳定常数用K_{bf}表示(K_b为碱的离解常数)，水稳定常数用K_{wf}表示(K_w为水的质子自递常数，$K_w = [H^+][OH^-]$，25℃时，$K_w = 10^{-14}$)

$$K_{bf} = 1/K_b \qquad (3.8a)$$

$$K_{wf} = 1/K_w = 10^{14} \qquad (3.8b)$$

$$K_{af}K_{bf} = K_{wf} \qquad (3.8c)$$

3.2.2　分布系数

由上面逐级形成反应可见，如果反应的最后产物为AB_n，该体系中就有$n+1$种型体，各型体平衡浓度用$[AB_n]$表示。例如，在HOAc溶液中，HOAc存在两种型体：HOAc和OAc^-，相应的平衡浓度表示为[HOAc]和$[OAc^-]$。各型体平衡浓度之和称为总浓度，又称分析浓度，用c表示。各型体在整个体系中所占比例称分布系数，用δ表示。例如，$\delta_{HOAc} = [HOAc]/c_{HOAc}$。$\delta$值受体系条件的影响。

根据式(3.5)

$$c = [A] + [AB] + [AB_2] + \cdots + [AB_n] \qquad (3.9)$$

$$\delta_A = \frac{[A]}{c} = \frac{[A]}{[A] + [AB] + [AB_2] + \cdots + [AB_n]}$$

$$\delta_{AB} = \frac{[AB]}{c} = \frac{[AB]}{[A] + [AB] + [AB_2] + \cdots + [AB_n]}$$

$$\vdots$$

$$\delta_{AB_n} = \frac{[AB_n]}{c} = \frac{[AB_n]}{[A]+[AB]+[AB_2]+\cdots+[AB_n]} \tag{3.10}$$

式中平衡浓度无法知道，式(3.10)必须进行变换。式(3.10)中最右边的分子、分母同除以[A]，则

$$\delta_A = \frac{1}{1+[AB]/[A]+[AB_2]/[A]+\cdots+[AB_n]/[A]}$$

$$\delta_{AB} = \frac{[AB]/[A]}{1+[AB]/[A]+[AB_2]/[A]+\cdots+[AB_n]/[A]} \tag{3.11}$$

$$\vdots$$

$$\delta_{AB_n} = \frac{[AB_n]/[A]}{1+[AB]/[A]+[AB_2]/[A]+\cdots+[AB_n]/[A]}$$

而

$$[AB]/[A] = \beta_1[B]$$

$$[AB_2]/[A] = \beta_2[B]^2$$

$$\vdots$$

$$[AB_n]/[A] = \beta_n[B]^n$$

因此

$$\delta_A = \frac{1}{1+\beta_1[B]+\beta_2[B]^2+\cdots+\beta_n[B]^n}$$

$$\delta_{AB} = \frac{\beta_1[B]}{1+\beta_1[B]+\beta_2[B]^2+\cdots+\beta_n[B]^n} \tag{3.12}$$

$$\vdots$$

$$\delta_{AB_n} = \frac{\beta_n[B]^n}{1+\beta_1[B]+\beta_2[B]^2+\cdots+\beta_n[B]^n}$$

式中，累积稳定常数可以查表。通常分析浓度 c 是已知的，当分布系数 δ 一定时，可以计算出各种存在形式(各型体)的平衡浓度。

1. 配位平衡体系和沉淀平衡体系分布系数

按照式(3.12)，结合表3.3，对于配位平衡体系和沉淀平衡体系

$$\delta_M = \frac{1}{1+\beta_1[L]+\beta_2[L]^2+\cdots+\beta_n[L]^n}$$

$$\delta_{ML} = \frac{\beta_1[L]}{1+\beta_1[L]+\beta_2[L]^2+\cdots+\beta_n[L]^n} \tag{3.13}$$

$$\vdots$$

$$\delta_{ML_n} = \frac{\beta_n[L]^n}{1+\beta_1[L]+\beta_2[L]^2+\cdots+\beta_n[L]^n}$$

可见，在配位平衡体系或沉淀平衡体系中，各型体的分布系数是配体或沉淀剂平衡浓度的函数(注：沉淀平衡体系 ML_n 不论 n 等于几，都只有一个 β_{pf}，没有逐级的累积，$\beta_{pf}=1/k_{sp}$)。

2. 酸碱平衡体系分布系数

同样，按照式(3.12)，结合表3.4，酸碱溶液各型体分布系数为

$$\delta_{A^{n-}} = \frac{1}{1+\beta_{af1}[H^+]+\beta_{af2}[H^+]^2+\cdots+\beta_{afn}[H^+]^n}$$

$$\delta_{HA^{(n-1)-}} = \frac{\beta_{af1}[H^+]}{1+\beta_{af1}[H^+]+\beta_{af2}[H^+]^2+\cdots+\beta_{afn}[H^+]^n}$$

$$\vdots \qquad (3.14)$$

$$\delta_{H_nA} = \frac{\beta_{afn}[H^+]^n}{1+\beta_{af1}[H^+]+\beta_{af2}[H^+]^2+\cdots+\beta_{afn}[H^+]^n}$$

可见，酸碱平衡体系中各型体的分布系数是[H$^+$]的函数。此表达式在形式上与式(3.13)相似。在酸碱溶液中，当溶液 pH 一定时，便可按照式(3.14)计算各型体 δ 值，以 δ 对 pH 作图，便得到分布系数曲线(分布曲线，δ-pH 曲线)。

1) 一元弱酸溶液中各型体分布系数

【例3.4】 计算 pH = 3.0 和 6.0 时 HOAc 和 OAc$^-$ 的分布系数。

解 $K_{af} = 10^{4.74}$

$$\delta_{OAc^-} = \frac{1}{1+K_{af}[H^+]}$$

$$\delta_{HOAc} = \frac{K_{af}[H^+]}{1+K_{af}[H^+]}$$

pH = 3.0 时，$\delta_{OAc^-} = 0.02$，$\delta_{HOAc} = 0.98$。
pH = 6.0 时，$\delta_{OAc^-} = 0.95$，$\delta_{HOAc} = 0.05$。

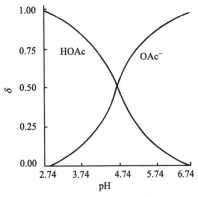

图 3.1 HOAc 溶液中 δ-pH 曲线

图 3.1 为 HOAc(pK_a = lgK_{af} = 4.74)的 δ-pH 曲线，可见 δ_{OAc^-} 随 pH 升高而增大，δ_{HOAc} 随 pH 升高而减小。当 pH = lgK_{af} 时，$\delta_{HOAc} = \delta_{OAc^-} = 0.5$，[HOAc] 和 [OAc$^-$] 各占一半；当 pH < lg$K_{af}$ 时，主要存在型体为 HOAc；当 pH > lgK_{af} 时，主要存在型体为 OAc$^-$。

在酸碱溶液中，分析浓度是已知的，通过分布系数便可计算出各型体在给定 pH 下的平衡浓度。

2) 多元酸溶液中各型体分布系数

【例3.5】 计算 pH = 4.0 时，0.050mol·L^{-1} 酒石酸(H$_2$A)溶液中酒石酸根的平衡浓度[A^{2-}]。

解 查表得 $\beta_{af1} = 10^{4.37}$，$\beta_{af2} = 10^{7.41}$。按照式(3.14)

$$\delta_{A^{2-}} = \frac{1}{1+\beta_{af1}[H^+]+\beta_{af2}[H^+]^2}$$
$$= 1/(1+10^{4.37}\times 10^{-4}+10^{7.41}\times 10^{-8})$$
$$= 0.28$$
$$[A^{2-}] = c\delta_{A^{2-}} = 0.050\times 0.28 = 0.014(\text{mol}\cdot L^{-1})$$

图 3.2 是酒石酸($pK_{a1} = \lg K_{af2} = 3.04$，$pK_{a2} = \lg K_{af1} = 4.37$)的 δ-pH 曲线。

二元弱酸 H_2A 有两个 $\lg K_{af}$ 值($\lg K_{af1}$ 和 $\lg K_{af2}$)，以它们为界可分为三个区域：pH $< \lg K_{af2}$ 时，以 H_2A 型体为主；pH $> \lg K_{af1}$ 时，以 A^{2-} 型体为主；$\lg K_{af2} <$ pH $< \lg K_{af1}$ 时，以 HA^- 型体为主。二元酸 H_2A 的 δ-pH 曲线见图 3.3。

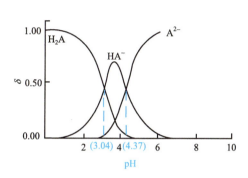 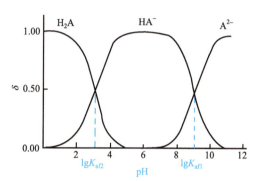

图 3.2　酒石酸的 δ-pH 曲线　　　　图 3.3　二元酸 H_2A 的 δ-pH 曲线

3.2.3　质子条件

酸碱质子理论认为，酸碱反应的实质是质子转移，酸失去质子成为其共轭碱，碱得到质子成为其共轭酸。在酸碱溶液中，有酸式型体存在，就必定有碱式型体存在，酸式型体与碱式型体组成共轭酸碱对。例如，NH_4^+ 与 NH_3，HCO_3^- 与 CO_3^{2-} 互为共轭酸碱对。

$$\text{酸}1 + \text{碱}1 \rightleftharpoons \text{碱}2 + \text{酸}2 \tag{3.15}$$

(失去质子 / 得到质子)

酸碱溶液的酸度用 pH 表示。要计算酸碱溶液的 pH，必须知道 H^+ 平衡浓度 $[H^+]$。用溶液中各型体平衡浓度表示 $[H^+]$ 的等式称为质子平衡方程(proton balance equation，PBE)或质子条件。常按照下列步骤写出给定体系的质子条件。

(1) 找出体系中存在的与质子相关联的所有型体。

(2) 找出参考水平(型体)，也称为零水准。一般选取溶液中大量存在的并参与质子转移的物质型体为参考水平。

(3) 确定得质子产物或失质子产物的型体及得失的质子个数。

(4) 写出质子条件：得到的质子总和 = 失去的质子总和(用各型体平衡浓度表示)。

【例 3.6】　写出 HA 溶液的质子条件。

解　存在型体：H_3O^+、A^-、OH^-、HA、H_2O

　　参考水平：HA、H_2O

　　失质子产物：A^-、OH^-

得质子产物：H_3O^+

质子条件：$[H^+] = [A^-] + [OH^-]$

【例 3.7】 写出 H_3PO_4 溶液的质子条件。

解　存在型体：H_3O^+、$H_2PO_4^-$、HPO_4^{2-}、PO_4^{3-}、OH^-、H_3PO_4、H_2O

参考水平：H_3PO_4、H_2O

失质子产物：$H_2PO_4^-$、HPO_4^{2-}（2个）、PO_4^{3-}（3个）、OH^-

得质子产物：H_3O^+

质子条件：$[H^+] = [H_2PO_4^-] + 2[HPO_4^{2-}] + 3[PO_4^{3-}] + [OH^-]$

【例 3.8】 写出 Na_2CO_3 溶液的质子条件。

解　存在型体：H_3O^+、HCO_3^-、OH^-、H_2CO_3、CO_3^{2-}、H_2O

参考水平：CO_3^{2-}、H_2O

失质子产物：OH^-

得质子产物：H_3O^+、HCO_3^-、H_2CO_3（2个）

质子条件：$[H^+] + [HCO_3^-] + 2[H_2CO_3] = [OH^-]$

【例 3.9】 写出 Na_2HPO_4 溶液的质子条件。

解　存在型体：H_3O^+、$H_2PO_4^-$、HPO_4^{2-}、PO_4^{3-}、OH^-、H_3PO_4、H_2O

参考水平：HPO_4^{2-}、H_2O

失质子产物：PO_4^{3-}，OH^-

得质子产物：H_3PO_4（2个）、$H_2PO_4^-$、H_3O^+

质子条件：$[H^+] = [PO_4^{3-}] + [OH^-] - 2[H_3PO_4] - [H_2PO_4^-]$

3.2.4　酸碱溶液 pH 计算

根据质子条件和分布系数，很容易计算酸碱溶液的 pH。

1）强酸（强碱）溶液

【例 3.10】 计算下列 HCl 溶液的 pH。

(1) $0.010\ \text{mol·L}^{-1}$ HCl 溶液　　　　(2) $1.0 \times 10^{-7}\ \text{mol·L}^{-1}$ HCl 溶液

解　质子条件：$[H^+] = [OH^-] + [Cl^-]$

(1) $[Cl^-] = c_{HCl} = 0.010\ \text{mol·L}^{-1}$，显然，$[OH^-]$ 项可以忽略，所以溶液 pH 为 2。

(2) $[Cl^-] = c_{HCl} = 1.0 \times 10^{-7}\ \text{mol·L}^{-1}$，$[OH^-]$ 项不能忽略，$[OH^-] = 1/(K_{wf}[H^+])$

$$[H^+] = [OH^-] + [Cl^-] = 1/(K_{wf}[H^+]) + c_{HCl}$$

$$K_{wf}[H^+]^2 - c_{HCl}K_{wf}[H^+] - 1 = 0$$

$$[H^+] = \frac{c_{HCl}K_{wf} + [(-c_{HCl}K_{wf})^2 + 4K_{wf}]^{1/2}}{2K_{wf}} = 1.62 \times 10^{-7}\ (\text{mol·L}^{-1})$$

$$\text{pH} = 6.79$$

2）一元弱酸（弱碱）溶液

以浓度（mol·L^{-1}）为 c 的一元弱酸 HA 溶液为例，推导 pH 计算公式。

该体系质子条件：

$$[H^+] = [OH^-] + [A^-] \tag{3.16}$$

$$[OH^-] = 1/(K_{wf}[H^+]) \tag{3.16a}$$

$$[A^-] = \delta_A c = c/(1 + K_{af}[H^+]) \tag{3.16b}$$

式(3.16a)和式(3.16b)代入质子条件式(3.16)

$$[H^+] = \frac{1}{K_{wf}[H^+]} + \frac{c}{1 + K_{af}[H^+]}$$

展开并整理得

$$K_{af}[H^+]^3 + [H^+]^2 - (c + K_{af}/K_{wf})[H^+] - 1/K_{wf} = 0 \tag{3.17}$$

式(3.17)为一元弱酸溶液 pH 的精确式。实际工作中往往无需精确计算，可根据具体情况作合理的近似处理。对于具体某一元酸溶液，根据 c、K_{af} 和 K_{wf}，式(3.17)可以进行如下简化。

(1) 若 $\dfrac{cK_{wf}}{K_{af}} \geqslant 20 \, (cK_a \geqslant 20K_w)$，水的离解可以忽略，式(3.17)中含有 $1/K_{wf}$ 的项忽略，简化为

$$K_{af}[H^+]^2 + [H^+] - c = 0 \tag{3.18}$$

在 $cK_{af} < 500 \, (c/K_a < 500)$ 情况下，即 K_{af} 小，酸不稳定，易离解，式(3.18)中第二项与第三项相比较，第二项 $[H^+]$ 不能忽略，用求根公式得

$$[H^+] = \frac{-1 + \sqrt{1 + 4cK_{af}}}{2K_{af}} \tag{3.19}$$

将 $K_{af} = 1/K_a$ 代入式(3.19)，得到以 K_a 表示的 $[H^+]$ 表达式

$$[H^+] = \frac{-K_a + \sqrt{K_a^2 + 4cK_a}}{2} \tag{3.19a}$$

式(3.19a)与文献一致。

(2) 若 $\dfrac{cK_{wf}}{K_{af}} \geqslant 20 \, (cK_a \geqslant 20K_w)$，且 $cK_{af} \geqslant 500 \, (c/K_a \geqslant 500)$ 时，酸很稳定，离解度少于 5%，式(3.18)中第二项与第三项相比较，$[H^+] \ll c$，式(3.18)中第二项 $[H^+]$ 忽略，则

$$[H^+] = \sqrt{\frac{c}{K_{af}}} = \sqrt{cK_a} \tag{3.20}$$

式(3.20)为最简式。

(3) 若 $\dfrac{cK_{wf}}{K_{af}} < 20 \, (cK_a < 20K_w)$，式(3.16)中 $[OH^-]$ 项不能忽略

$$[H^+] = [OH^-] + [A^-]$$

而

$$[A^-] = \frac{[HA]}{[H^+]K_{af}}$$

$$[H^+] = \frac{1}{K_{wf}[H^+]} + \frac{[HA]}{[H^+]K_{af}}$$

$$[H^+] = \sqrt{\frac{[HA]}{K_{af}} + \frac{1}{K_{wf}}} \qquad (3.21)$$

对于极弱酸，$cK_{af} \geqslant 500(c/K_a \geqslant 500)$，酸很稳定，离解度很小

$$[HA] \approx c$$

代入式(3.21)

$$[H^+] = \sqrt{\frac{c}{K_{af}} + \frac{1}{K_{wf}}} = \sqrt{K_a c + K_w} \qquad (3.22)$$

【例3.11】 计算下列溶液的pH。
(1) 0.10 mol·L^{-1} HF 溶液　　(2) 1.0×10^{-4} mol·L^{-1} HCN 溶液
(3) 0.10 mol·L^{-1} NH$_4$Cl 溶液

解　(1) $c = 0.10$ mol·L^{-1}，$K_{af} = 10^{3.18}$，$cK_{wf}/K_{af} > 20$，$cK_{af} < 500$，用式(3.19)计算。

$$[H^+] = [-1 + (1 + 4cK_{af})^{1/2}]/2K_{af} = [-1 + (1 + 4 \times 0.10 \times 10^{3.18})^{1/2}]/(2 \times 10^{3.18}) = 7.8 \times 10^{-3} (\text{mol} \cdot \text{L}^{-1})$$

$$\text{pH} = 2.11$$

(2) $c = 1.0 \times 10^{-4}$ mol·L^{-1}，$K_{af} = 10^{9.21}$，$cK_{wf}/K_{af} < 20$，$cK_{af} > 500$，用式(3.22)计算。

$$[H^+] = (c/K_{af} + 1/K_{wf})^{1/2} = (1.0 \times 10^{-4}/10^{9.21} + 10^{-14})^{1/2} = 2.68 \times 10^{-7} (\text{mol} \cdot \text{L}^{-1})$$

$$\text{pH} = 6.57$$

(3) $c = 0.10$ mol·L^{-1}，$K_{af} = 10^{9.26}$，$cK_{wf}/K_{af} > 20$，$cK_{af} > 500$，用式(3.20)计算。

$$[H^+] = (c/K_{af})^{1/2} = (0.10/10^{9.26})^{1/2} = 7.45 \times 10^{-6} (\text{mol} \cdot \text{L}^{-1})$$

$$\text{pH} = 5.13$$

如果是碱溶液，判别式中的K_{af}用K_{bf}替换，式(3.19)、式(3.20)、式(3.21)和式(3.22)中的[H$^+$]用[OH$^-$]替换，K_{af}也用K_{bf}替换即可。

【例3.12】 计算下列弱碱溶液的pH。
(1) 0.10 mol·L^{-1} NH$_3$ 溶液　　(2) 0.10 mol·L^{-1} NaOAc 溶液

解　(1) $c = 0.10$ mol·L^{-1}，$K_{bf} = 10^{4.74}$，$cK_{wf}/K_{bf} > 20$，$cK_{bf} > 500$，用最简式。

$$[OH^-] = (c/K_{bf})^{1/2}$$

$$[OH^-] = (0.10/10^{4.74})^{1/2} = 1.34 \times 10^{-3} (\text{mol} \cdot \text{L}^{-1})$$

$$[H^+] = 7.46 \times 10^{-12} (\text{mol} \cdot \text{L}^{-1})$$

$$\text{pH} = 11.13$$

(2) $c = 0.10$ mol·L^{-1}，$K_{bf} = 10^{9.26}$，$cK_{wf}/K_{bf} > 20$，$cK_{bf} > 500$，用最简式。

$$[OH^-] = (c/K_{bf})^{1/2} = (0.10/10^{9.26})^{1/2} = 7.46 \times 10^{-6} (\text{mol} \cdot \text{L}^{-1})$$

$$[H^+] = 1.34 \times 10^{-9} (\text{mol} \cdot \text{L}^{-1})$$

$$\text{pH} = 8.87$$

3) 多元酸(碱)溶液

多元酸在溶液中逐级离解，要精确处理非常麻烦。以二元酸为例，推导浓度(mol·L^{-1})为c的某二元弱酸H$_2$A溶液的pH计算公式。离解常数为K_{a1}和K_{a2}；酸稳定常数为$K_{af1} = 1/K_{a2}$，$K_{af2} = 1/K_{a1}$；累积稳定常数为$\beta_{af1} = K_{af1}$和$\beta_{af2} = K_{af1}K_{af2}$。

此体系质子条件

$$[H^+] = [HA^-] + 2[A^{2-}] + [OH^-] \tag{3.23}$$

式(3.23)为溶液中真实准确的$[H^+]$表达式。

$$[HA^-] = c\delta_{HA^-} = \frac{c\beta_{af1}[H^+]}{1 + \beta_{af1}[H^+] + \beta_{af2}[H^+]^2} \tag{3.24}$$

$$[A^{2-}] = c\delta_{A^{2-}} = \frac{c}{1 + \beta_{af1}[H^+] + \beta_{af2}[H^+]^2} \tag{3.25}$$

$$[OH^-] = 1/(K_{wf}[H^+]) \tag{3.26}$$

式(3.24)、(3.25)和(3.26)代入式(3.23),整理得

$$\beta_{af2}[H^+]^4 + \beta_{af1}[H^+]^3 + (1 - c\beta_{af1} - \beta_{af2}/K_{wf})[H^+]^2 - (2c + \beta_{af1}/K_{wf})[H^+] - 1/K_{wf} = 0 \tag{3.27}$$

式(3.27)为二元弱酸溶液中$[H^+]$的精确式。

若 $\dfrac{cK_{wf}}{K_{af2}} \geqslant 20 \,(cK_{a1} \geqslant 20K_w)$,$\dfrac{cK_{wf}}{K_{af1}} \geqslant 20 \,(cK_{a2} \geqslant 20K_w)$,式(3.27)中含$1/K_{wf}$的项忽略,简化为

$$\beta_{af2}[H^+]^3 + \beta_{af1}[H^+]^2 + (1 - c\beta_{af1})[H^+] - 2c = 0 \tag{3.28}$$

即

$$K_{af1}K_{af2}[H^+]^3 + K_{af1}[H^+]^2 + (1 - cK_{af1})[H^+] - 2c = 0 \tag{3.28a}$$

$$[1/(K_{a1}K_{a2})][H^+]^3 + (1/K_{a2})[H^+]^2 + (1 - c/K_{a2})[H^+] - 2c = 0 \tag{3.28b}$$

$$[H^+]^3 + K_{a1}[H^+]^2 + (K_{a1}K_{a2} - cK_{a1})[H^+] - 2cK_{a1}K_{a2} = 0 \tag{3.28c}$$

当$K_{a1} \gg K_{a2}$,即当$\dfrac{2K_{a2}}{\sqrt{cK_{a1}}} < 0.05$时,式(3.28c)中含有$K_{a2}$的项忽略,式(3.28c)再简化

$$[H^+]^2 + K_{a1}[H^+] - cK_{a1} = 0 \tag{3.28d}$$

$$K_{af2}[H^+]^2 + [H^+] - c = 0 \tag{3.29}$$

可见,当$\dfrac{cK_{wf}}{K_{af2}} \geqslant 20$,$\dfrac{cK_{wf}}{K_{af1}} \geqslant 20$时,忽略水的离解,同时,若$K_{af1} \gg K_{af2}$,即 $\dfrac{2\sqrt{K_{af2}/c}}{K_{af1}} < 0.05$,第一级形成反应的完全程度比第二级形成反应的完全程度大很多,可以认为第一级形成反应进行完全,即由A^{2-}几乎完全生成了HA^-,因而仅考虑第二级形成平衡反应。这样,二元弱酸(弱碱)可按一元弱酸(弱碱)处理。

【例 3.13】 计算下列多元弱酸或弱碱溶液 pH。
(1) $0.10 \text{mol} \cdot \text{L}^{-1}$ $H_2C_2O_4$ 溶液 (2) $0.10 \text{mol} \cdot \text{L}^{-1}$ Na_2CO_3 溶液

解 (1) $c = 0.10 \text{mol} \cdot \text{L}^{-1}$,查表 $K_{af1} = 10^{4.19}$, $K_{af2} = 10^{1.23}$。$cK_{wf}/K_{af2} > 20$, $cK_{wf}/K_{af1} > 20$,且$K_{af1} \gg K_{af2}$,所以可以按一元弱酸处理,用式(3.29)。而$cK_{af2} < 500$,按照式(3.19)

$$[H^+] = [-1 + (1 + 4cK_{af2})^{1/2}]/2K_{af2} = 5.28 \times 10^{-2} \text{ (mol·L}^{-1})$$

$$pH = 1.28$$

(2) $c = 0.10 \text{mol·L}^{-1}$,查表 $K_{bf1} = 10^{7.62}$,$K_{bf2} = 10^{3.75}$。$cK_{wf}/K_{bf2} > 20$,$cK_{wf}/K_{bf1} > 20$,且 $K_{bf1} \gg K_{bf2}$,所以可以按一元弱碱处理。而 $cK_{bf2} > 500$,仿照最简式(3.20)计算。

$$[OH^-] = (c/K_{bf2})^{1/2} = (0.10/10^{3.75})^{1/2} = 4.22 \times 10^{-3} \text{ (mol·L}^{-1})$$

$$[H^+] = 2.37 \times 10^{-12} \text{ (mol·L}^{-1})$$

$$pH = 11.63$$

4) 酸(或碱)混合溶液

在分析化学中,经常遇到强酸和弱酸、强碱和弱碱、弱酸和弱酸或弱碱和弱碱的混合溶液中 pH 计算问题。对于这类酸碱平衡问题可仿照多元弱酸或多元弱碱,根据质子条件进行近似处理。

以浓度(mol·L^{-1})为 c_a 的一元强酸与浓度(mol·L^{-1})为 c 的一元弱酸 HA 混合溶液为例,推导 pH 计算公式(弱酸稳定常数为 K_{af})。

质子条件

$$[H^+] = [OH^-] + [A^-] + c_a \tag{3.30}$$

由于溶液为酸性,[OH$^-$]项忽略

$$[H^+] = [A^-] + c_a \tag{3.30a}$$

当 $c_a > 20[A^-]$ 时

$$[H^+] = c_a \tag{3.30b}$$

当 $c_a < 20[A^-]$ 时

$$[H^+] = [A^-] + c_a = c/(1 + K_{af}[H^+]) + c_a$$

整理后得

$$K_{af}[H^+]^2 + (1 - c_a K_{af})[H^+] - (c + c_a) = 0$$

$$[H^+] = \frac{c_a K_{af} - 1 + \sqrt{(1 - c_a K_{af})^2 + 4K_{af}(c + c_a)}}{2K_{af}} \tag{3.31}$$

【例 3.14】 计算 0.10mol·L^{-1} H$_2$SO$_4$ 溶液的 pH。

解 H$_2$SO$_4$ 第一级离解为强酸,$c_a = 0.10 \text{mol·L}^{-1}$;第二级离解为较弱酸,$c = 0.10 \text{mol·L}^{-1}$,$K_{af} = 10^{2.00}$,$c_a < 20[A^-]$,用式(3.31)计算。

$$[H^+] = \frac{0.10 \times 10^{2.00} - 1 + \sqrt{(1 - 0.10 \times 10^{2.00})^2 + 4 \times 10^{2.00} \times (0.10 + 0.10)}}{2 \times 10^{2.00}} = 0.11 \text{ (mol·L}^{-1})$$

$$pH = 0.96$$

如果混合溶液由两种弱酸构成,如浓度(mol·L^{-1})分别为 c_{HA} 和 c_{HB} 的 HA 和 HB 组成的混合溶液,其 pH 计算公式推导如下。

设酸稳定常数分别为 K_{afA} 和 K_{afB},该体系的质子条件为

$$[H^+] = [A^-] + [B^-] + [OH^-] \quad (3.32)$$

由于溶液为弱酸性，可以忽略$[OH^-]$项

$$[H^+] = [A^-] + [B^-] \quad (3.32a)$$

而

$$K_{afA} = \frac{[HA]}{[H^+][A^-]}$$

$$K_{afB} = \frac{[HB]}{[H^+][B^-]}$$

$$[H^+] = \frac{[HA]}{K_{afA}[H^+]} + \frac{[HB]}{K_{afB}[H^+]} \quad (3.32b)$$

因两种酸均为弱酸，而且离解出来的H^+又互相抑制，所以$[HA] \approx c_{HA}$，$[HB] \approx c_{HB}$

$$[H^+] = \sqrt{c_{HA}/K_{afA} + c_{HB}/K_{afB}} \quad (3.33)$$

【例3.15】 计算 $0.10 \text{mol} \cdot L^{-1}$ HF 和 $0.20 \text{mol} \cdot L^{-1}$ HOAc 混合溶液的 pH。

解 $c_{HF} = 0.10 \text{mol} \cdot L^{-1}$，$K_{afF} = 10^{3.18}$，$c_{HOAc} = 0.20 \text{mol} \cdot L^{-1}$，$K_{afOAc} = 10^{4.74}$

$$[H^+] = (c_{HA}/K_{afA} + c_{HB}/K_{afB})^{1/2} = (0.10/10^{3.18} + 0.20/10^{4.74})^{1/2} = 8.4 \times 10^{-3} (\text{mol} \cdot L^{-1})$$

$$\text{pH} = 2.08$$

5) 两性物质溶液

在溶液中某一物质既起酸的作用，又起碱的作用，称它为两性物质。例如，多元酸的酸式盐、弱酸弱碱盐、氨基酸等均属两性物质。对于这类物质的溶液，同样根据溶液的质子条件进行近似处理和 pH 计算。例如，推导浓度($\text{mol} \cdot L^{-1}$)为 c 的二元弱酸酸式盐 NaHA 溶液 pH 计算公式。

质子条件

$$[H^+] = [A^{2-}] + [OH^-] - [H_2A] \quad (3.34)$$

而

$$K_{af1} = \frac{[HA^-]}{[H^+][A^{2-}]}$$

$$K_{af2} = \frac{[H_2A]}{[H^+][HA^-]}$$

代入式(3.34)

$$[H^+] = \frac{[HA^-]}{K_{af1}[H^+]} - K_{af2}[H^+][HA^-] + \frac{1}{K_{wf}[H^+]} \quad (3.34a)$$

$$[H^+]^2 = \frac{[HA^-]}{K_{af1}} - K_{af2}[H^+]^2[HA^-] + \frac{1}{K_{wf}} \quad (3.34b)$$

而一般情况下 HA^- 碱式和酸式离解很小，$[HA^-] \approx c$，代入式(3.34b)，并整理得

$$[H^+] = \sqrt{\frac{c/K_{af1} + 1/K_{wf}}{1 + cK_{af2}}} \tag{3.35}$$

当 $\dfrac{cK_{wf}}{K_{af1}} \geqslant 20$ ($cK_{a2} \geqslant 20K_w$) 时，水的离解忽略

$$[H^+] = \sqrt{\frac{c}{K_{af1}(1 + cK_{af2})}} \tag{3.36}$$

K_{af1} 一般大于 K_{af2}，如果 $cK_{af2} > 20$ ($c/K_{a1} > 20$)，则 $1 + cK_{af2} \approx cK_{af2}$

$$[H^+] = \sqrt{\frac{1}{K_{af1}K_{af2}}} = \sqrt{K_{a1}K_{a2}} \tag{3.37}$$

式(3.36)为两性物质溶液 pH 计算近似公式，式(3.37)为两性物质溶液 pH 计算最简式。注意，最简式的应用前提是 $\dfrac{cK_{wf}}{K_{af1}} \geqslant 20$，溶液不能太稀，即 $cK_{af2} > 20$。

【例 3.16】 计算 $0.10\,\text{mol}\cdot\text{L}^{-1}$ NaHCO$_3$ 溶液的 pH。

解 $c = 0.10\,\text{mol}\cdot\text{L}^{-1}$，$K_{af1} = 10^{10.25}$，$K_{af2} = 10^{6.38}$。$cK_{wf}/K_{af1} > 20$，$cK_{af2} > 20$，用式(3.37)最简式

$$[H^+] = [1/(K_{af1}K_{af2})]^{1/2} = (10^{-10.25} \times 10^{-6.38})^{1/2} = 4.84 \times 10^{-9}\,(\text{mol}\cdot\text{L}^{-1})$$

$$\text{pH} = 8.32$$

【例 3.17】 计算 $0.10\,\text{mol}\cdot\text{L}^{-1}$ NH$_4$OAc 溶液 pH。

解 $c = 0.10\,\text{mol}\cdot\text{L}^{-1}$，NH$_4^+$ 的 $K_{af} = 10^{9.26} = K_{af1}$，HOAc 的 $K_{af} = 10^{4.74} = K_{af2}$。$cK_{wf}/K_{af1} > 20$，$cK_{af2} > 20$，用式(3.37)最简式

$$[H^+] = [1/(K_{af1}K_{af2})]^{1/2} = (10^{-9.26} \times 10^{-4.74})^{1/2} = 1.0 \times 10^{-7}\,(\text{mol}\cdot\text{L}^{-1})$$

$$\text{pH} = 7.00$$

6) 缓冲溶液

(1) 缓冲溶液是维持溶液酸度稳定的溶液。当外加少量酸、碱或因化学反应产生少量酸、碱或溶液稀释时，其 pH 不发生显著变化。缓冲溶液可由下列任一体系构成：①弱酸及其共轭碱；②弱碱及其共轭酸；③高浓度强酸；④高浓度强碱；⑤两性物质。

对于两性物质组成的缓冲溶液的 pH 计算可根据质子条件进行近似处理。对于弱酸及其共轭碱和弱碱及其共轭酸组成的缓冲溶液，由于参考水平不便确定，质子条件表达式难于书写，可利用物料平衡(material balance equation，MBE)和电荷平衡(charge balance equation，CBE)进行处理。以 $c_a\,(\text{mol}\cdot\text{L}^{-1})$ HA 和 $c_b\,(\text{mol}\cdot\text{L}^{-1})$ NaA 组成的缓冲溶液为例。

由酸形成平衡可得

$$[H^+] = [HA]/(K_{af}[A^-]) \tag{3.38}$$

物料平衡

$$[Na^+] = c_b \tag{3.38a}$$

$$[HA] + [A^-] = c_a + c_b \tag{3.38b}$$

电荷平衡

$$[Na^+]+[H^+]=[OH^-]+[A^-] \quad (3.38c)$$

由式(3.38a)和式(3.38c)可得

$$c_b+[H^+]=[OH^-]+[A^-]$$

$$[A^-]=c_b+[H^+]-[OH^-] \quad (3.38d)$$

式(3.38d)代入式(3.38b)得

$$[HA]=c_a-[H^+]+[OH^-] \quad (3.38e)$$

式(3.38d)和式(3.38e)代入式(3.38)得

$$[H^+]=\frac{c_a-[H^+]+[OH^-]}{K_{af}(c_b+[H^+]-[OH^-])} \quad (3.39)$$

当 pH 小于 6 时，可忽略 $[OH^-]$ 项

$$[H^+]=\frac{c_a-[H^+]}{K_{af}(c_b+[H^+])} \quad (3.39a)$$

当 pH 大于 8 时，可忽略 $[H^+]$ 项

$$[H^+]=\frac{c_a+[OH^-]}{K_{af}(c_b-[OH^-])} \quad (3.39b)$$

当 c_a 和 c_b 均较大时，即式(3.39a)中 $c_a>20[H^+]$，$c_b>20[H^+]$；或式(3.39b)中 $c_a>20[OH^-]$，$c_b>20[OH^-]$ 时

$$pH=\lg K_{af}+\lg(c_b/c_a)=pK_a+\lg(c_b/c_a) \quad (3.40)$$

式(3.40)为缓冲溶液 pH 计算最简式。

【例 3.18】 $0.30\,mol\cdot L^{-1}$ 吡啶溶液与 $0.10\,mol\cdot L^{-1}$ HCl 溶液等体积混合，求此溶液的 pH。

解 因为

碱 　　　 共轭酸

查表 $\lg K_{bf}=8.77$，$\lg K_{af}=5.23$。等体积混合后共轭酸浓度为 $0.050\,mol\cdot L^{-1}$，碱的浓度为 $(0.30-0.10)/2=0.10\,(mol\cdot L^{-1})$。因此，该缓冲溶液 pH 为

$$pH=\lg K_{af}+\lg(c_b/c_a)=5.23+\lg(0.10/0.050)=5.53$$

【例 3.19】 考虑离子强度的影响，计算 $0.025\,mol\cdot L^{-1}$ KH_2PO_4-$0.025\,mol\cdot L^{-1}$ Na_2HPO_4 缓冲溶液的 pH（其标准 pH 为 6.86，$\lg K_{af2}$ 为 7.20）。

解 考虑离子强度的影响，需以活度代替浓度进行计算，则

$$pH=\lg K_{af}+\lg\frac{a_b}{a_a}=\lg K_{af}+\lg\frac{\gamma_b c_b}{\gamma_a c_a}$$

因为
$$I = 0.5\sum c_i z_i^2 = 0.5 \times (c_{K^+} \times 1^2 + c_{Na^+} \times 1^2 + c_{H_2PO_4^-} \times 1^2 + c_{HPO_4^{2-}} \times 2^2)$$
$$= 0.5 \times (0.025 + 0.025 \times 2 + 0.025 + 0.025 \times 4) = 0.10$$

查得 HPO_4^{2-} 的 $a = 400\text{pm}$，$H_2PO_4^-$ 的 $a = 400\text{pm}$，由 Debye-Hückel 公式：
$$-\lg\gamma_i = 0.512 z_i^2 [I^{1/2}/(1+BaI^{1/2})] \quad (25℃时\ B = 0.00328)$$

求得 $\gamma_{HPO_4^{2-}} = 0.35$，$\gamma_{H_2PO_4^-} = 0.77$，所以
$$pH = 7.20 + \lg[0.35 \times 0.25/(0.77 \times 0.025)] = 6.86$$

(2) 缓冲溶液的缓冲范围。由公式 $pH = \lg K_{af} - \lg\dfrac{c_a}{c_b}$ 可知，当 $c_a : c_b(c_{酸}:c_{碱}) = 1:1$ 时，$pH = \lg K_{af}(pH = pK_a)$；当 $c_a : c_b = 1:10$ 时，$pH = pK_a + 1$；当 $c_a : c_b = 10:1$ 时，$pH = pK_a - 1$。因此，弱酸及其共轭碱和弱碱及其共轭酸缓冲溶液的缓冲范围为：$pH = pK_a \pm 1$（K_a 为其中酸式型体的离解常数）。

例如，HOAc-NaOAc 缓冲溶液的缓冲范围为 $pH = pK_a(HOAc) \pm 1 = 4.74 \pm 1$，即 3.74～5.74，而 $NH_3 \cdot H_2O$-NH_4Cl 缓冲溶液的缓冲范围为 $pH = pK_a(NH_4^+) \pm 1 = 9.26 \pm 1$，即 8.26～10.26。

要配制 pH 为 4.0、4.5、5.0 等缓冲溶液时，可以选 HOAc-NaOAc 缓冲体系；而要配制 pH 为 9.0、9.5、10.0 等缓冲溶液，则应选择 $NH_3 \cdot H_2O$-NH_4Cl 缓冲体系。

(3) 缓冲溶液的配制。可按一般溶液配制方法配制缓冲溶液。例如，配制 pH = 9.21 的 $NH_3 \cdot H_2O$-NH_4Cl 缓冲溶液 1000mL，控制 $NH_3 \cdot H_2O$ 的浓度为 $0.8\text{mol} \cdot L^{-1}$，则应加 NH_4Cl 的质量可按如下计算：

$$K_{b(NH_3 \cdot H_2O)} = 1.8 \times 10^{-5}, \quad M_{NH_4Cl} = 53.49\text{g} \cdot \text{mol}^{-1}$$
$$pOH = pK_w - pH = 14 - 9.21 = 4.79$$

即
$$[OH^-] = 10^{-4.79} = 1.62 \times 10^{-5} \text{mol} \cdot L^{-1}$$

又
$$K_{b(NH_3 \cdot H_2O)} = \frac{[NH_4^+][OH^-]}{[NH_3 \cdot H_2O]} = \frac{c_a[OH^-]}{c_b}$$
$$c_a = \frac{c_b}{[OH^-]} \cdot K_b = \frac{0.8}{1.62 \times 10^{-5}} \times 1.8 \times 10^{-5} = 0.89 \ (\text{mol} \cdot L^{-1})$$

又
$$\frac{m_{NH_4Cl}}{M_{NH_4Cl}} = C_{NH_4Cl} V_{NH_4Cl}$$
$$m_{NH_4Cl} = C_{NH_4Cl} V_{NH_4Cl} M_{NH_4Cl} = 0.89 \times 1 \times 53.49 = 47.6 \ (g)$$

(4) 缓冲容量。缓冲容量是指 1L 溶液改变 1 个 pH 单位时需要的一元强酸或强碱的量，其用于衡量加入酸或碱后溶液抵御 pH 改变能力的大小。如果缓冲溶液中加入的强酸或强碱不超过一定量，则溶液的 pH 能保持稳定。缓冲容量的大小与缓冲溶液总浓度及组分浓度比有关。缓冲溶液组分浓度比相同时，总浓度越低，溶液的缓冲容量越小。但溶液的浓度不能太高，因为要考虑溶液中离子间的相互影响。缓冲溶液总浓度一定时，缓冲容量与溶液组分浓度比关系有下列几种情况。

(i) 当组分浓度比为 1 时，溶液抗酸与抗碱能力相同，溶液具有最大缓冲容量。

(ii) 当组分浓度比大于 1 或小于 1 时，溶液抗酸与抗碱能力不同。当 $c_{酸} > c_{碱}$ 时，抗酸能力小于抗碱能力；当 $c_{酸} < c_{碱}$ 时，抗酸能力大于抗碱能力。

(iii) 当组分浓度比为 9∶1 时，溶液的缓冲能力很小，如果组分浓度比大于 9∶1 或小于 1∶9 时，仅有很小的缓冲作用。

3.2.5 配位平衡的条件稳定常数

在配位滴定中，常用乙二胺四乙酸(简称 EDTA)作滴定剂，它是一种配位剂，其结构式为

$$\begin{array}{c} HOOCH_2C \\ \diagdown \\ N-CH_2-CH_2-N \\ \diagup \diagup \\ HOOCH_2C CH_2COOH \end{array}$$

EDTA 酸在水中溶解度较小，难溶于酸和有机溶剂，易溶于 NaOH 和氨溶液。通常把 EDTA 制成二钠盐，亦称 EDTA，用 $Na_2H_2Y \cdot 2H_2O$ 表示，在 22℃ 时每 100mL 水可溶解 11.1g，溶液浓度约为 $0.3\text{mol} \cdot L^{-1}$，pH 约为 4.7。

EDTA 是一种弱酸，在强酸性溶液中可再结合两个质子，其酸根忽略电荷后用 Y 表示。EDTA 形成平衡反应如下，其分布曲线见图 3.4。

$$Y^{4-} + H^+ \Longleftrightarrow HY^{3-} \qquad K_{af1}=10^{10.26} \qquad \beta_{af1}=10^{10.26}$$
$$HY^{3-} + H^+ \Longleftrightarrow H_2Y^{2-} \qquad K_{af2}=10^{6.16} \qquad \beta_{af2}=10^{16.42}$$
$$H_2Y^{2-} + H^+ \Longleftrightarrow H_3Y^- \qquad K_{af3}=10^{2.67} \qquad \beta_{af3}=10^{19.09}$$
$$H_3Y^- + H^+ \Longleftrightarrow H_4Y \qquad K_{af4}=10^{2.0} \qquad \beta_{af4}=10^{21.09}$$
$$H_4Y + H^+ \Longleftrightarrow H_5Y^+ \qquad K_{af5}=10^{1.6} \qquad \beta_{af5}=10^{22.69}$$
$$H_5Y^+ + H^+ \Longleftrightarrow H_6Y^{2+} \qquad K_{af6}=10^{0.9} \qquad \beta_{af6}=10^{23.59}$$

在各型体与金属离子生成的配合物中，仅 Y^{4-} 与 M^{n+} 形成的配合物最稳定，故 EDTA 与金属离子配合的有效浓度为 $[Y^{4-}]$。

EDTA 与金属离子形成的配合物有如下特点：

(1) EDTA 具有广泛的配位性，几乎能与所有的金属离子形成配合物，因而配位滴定应用很广，但如何提高滴定的选择性便成为配位滴定中的一个重要问题。

(2) EDTA 与金属离子一般形成 1∶1 的配合物。EDTA 分子有六个配位原子，能与金属离子形成具有多个五元环结构的螯合物(见图 3.5)，因此配合物的稳定性较高。常见 EDTA 配合物的 $\lg K_{稳}$ 值见表 3.5。

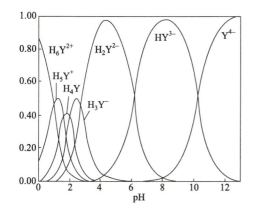

图 3.4　EDTA 各种存在形式在不同 pH 的分布曲线

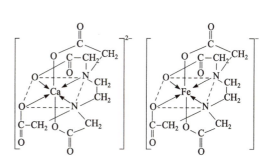

图 3.5　EDTA 与 Ca^{2+}、Fe^{3+} 的配合物的结构示意图

表 3.5　EDTA 配合物的 $\lg K_{稳}$

离子	$\lg K_{MY}$	离子	$\lg K_{MY}$	离子	$\lg K_{MY}$	离子	$\lg K_{MY}$
Na^+	1.66	Ca^{2+}	10.69	Cd^{2+}	16.46	Hg^{2+}	21.7
Li^+	2.79	Mn^{2+}	13.87	Zn^{2+}	16.50	Sn^{2+}	22.11
Ag^+	7.32	Fe^{2+}	14.32	Pb^{2+}	18.04	Cr^{3+}	23.4
Ba^{2+}	7.86	Al^{3+}	16.3	Ni^{2+}	18.62	Fe^{3+}	25.1
Mg^{2+}	8.7	Co^{2+}	16.31	Cu^{2+}	18.80	Bi^{3+}	27.94

(3) EDTA 配合物易溶于水，使配位反应速率较快。

大多数金属离子与 EDTA 形成的配合物无色，这有利于用指示剂确定终点。有色金属离子形成的 EDTA 配合物的颜色更深。在滴定这些离子时，要注意金属离子浓度的控制。

1. 副反应系数

配位反应涉及的平衡比较复杂，为了定量处理各种因素对配位平衡的影响，引入副反应系数的概念。

在 EDTA 滴定金属离子的过程中，除了被滴定的金属离子 M 与 EDTA 之间的主反应外，还存在下列各种副反应：

$$
\begin{array}{l}
\text{主反应} \quad OH^- \diagup\!\!\!\diagdown M \diagup\!\!\!\diagdown L \; + \; H^+ \diagup\!\!\!\diagdown Y \diagup\!\!\!\diagdown N \rightleftharpoons H^+ \diagup\!\!\!\diagdown MY \diagup\!\!\!\diagdown OH^- \\
\text{副反应} \begin{cases} M(OH) & ML & HY & NY & MHY & MOHY \\ M(OH)_2 & ML_2 & H_2Y & & & \\ \vdots & \vdots & \vdots & & & \\ M(OH)_n & ML_n & H_6Y & & & \end{cases}
\end{array}
$$

（为简便计，省去电荷，且有：$K_{稳} = \dfrac{[MY]}{[M][Y]}$）

反应物 M、Y 发生的副反应不利于主反应的进行，而反应产物 MY 发生的副反应则有利于主反应进行，但由于酸式、碱式配合物一般不太稳定，故在多数计算中可忽略不计。

各副反应对主平衡反应的影响程度可用副反应系数 α 表示。下面分别讨论 M 和 Y 的几种重要的副反应及副反应系数。

1) EDTA 的副反应及副反应系数

(1) 酸效应。因 H^+ 存在而使 EDTA 参加主反应能力降低的现象称为酸效应。酸效应的大小用酸效应系数 $\alpha_{Y(H)}$ 表示，$\alpha_{Y(H)}$ 越大，则 [Y] 越小，副反应越严重。

$$
\begin{aligned}
\alpha_{Y(H)} &= \frac{\text{未参加主反应的EDTA总浓度}}{\text{游离EDTA酸根的浓度}} = \frac{[Y']}{[Y]} = 1/\delta_Y \\
&= \frac{[Y]+[HY^{3-}]+[H_2Y^{2-}]+[H_3Y^-]+[H_4Y]+[H_5Y^+]+[H_6Y^{2+}]}{[Y]} \\
&= 1 + \beta_{af1}[H^+] + \beta_{af2}[H^+]^2 + \beta_{af3}[H^+]^3 + \beta_{af4}[H^+]^4 + \beta_{af5}[H^+]^5 + \beta_{af6}[H^+]^6
\end{aligned}
\tag{3.41}
$$

$\alpha_{Y(H)}$ 随着溶液 pH 的增大而减小。$\alpha_{Y(H)}$ 越小，酸度对配合物稳定性的影响越小。表 3.6 列出了不同 pH 的溶液中酸效应系数的对数 $\lg \alpha_{Y(H)}$ 的值。在分析工作中，常将表 3.6 的数据绘成 pH-$\lg \alpha_{Y(H)}$ 关系曲线，即 EDTA 的酸效应曲线，如图 3.6 所示。

表 3.6　EDTA 的 $\lg \alpha_{Y(H)}$ 值

pH	$\lg \alpha_{Y(H)}$	pH	$\lg \alpha_{Y(H)}$	pH	$\lg \alpha_{Y(H)}$	pH	$\lg \alpha_{Y(H)}$	pH	$\lg \alpha_{Y(H)}$
0.0	23.64	2.5	11.90	5.0	6.45	7.5	2.78	10.0	0.45
0.1	23.06	2.6	11.62	5.1	6.26	7.6	2.68	10.1	0.39
0.2	22.47	2.7	11.35	5.2	6.07	7.7	2.57	10.2	0.33
0.3	21.89	2.8	11.09	5.3	5.88	7.8	2.47	10.3	0.28
0.4	21.32	2.9	10.84	5.4	5.69	7.9	2.37	10.4	0.24
0.5	20.75	3.0	10.60	5.5	5.51	8.0	2.27	10.5	0.20
0.6	20.18	3.1	10.37	5.6	5.33	8.1	2.17	10.6	0.16
0.7	19.62	3.2	10.14	5.7	5.15	8.2	2.07	10.7	0.13
0.8	19.08	3.3	9.92	5.8	4.98	8.3	1.97	10.8	0.11
0.9	18.54	3.4	9.70	5.9	4.81	8.4	1.87	10.9	0.09
1.0	18.01	3.5	9.48	6.0	4.65	8.5	1.77	11.0	0.07
1.1	17.49	3.6	9.27	6.1	4.49	8.6	1.67	11.1	0.06
1.2	16.98	3.7	9.06	6.2	4.34	8.7	1.57	11.2	0.05
1.3	16.49	3.8	8.85	6.3	4.20	8.8	1.48	11.3	0.04
1.4	16.02	3.9	8.65	6.4	4.06	8.9	1.38	11.4	0.03
1.5	15.55	4.0	8.44	6.5	3.92	9.0	1.28	11.5	0.02
1.6	15.11	4.1	8.24	6.6	3.79	9.1	1.19	11.6	0.02
1.7	14.68	4.2	8.04	6.7	3.67	9.2	1.10	11.7	0.02
1.8	14.27	4.3	7.84	6.8	3.55	9.3	1.01	11.8	0.01
1.9	13.88	4.4	7.64	6.9	3.43	9.4	0.92	11.9	0.01
2.0	13.51	4.5	7.44	7.0	3.32	9.5	0.83	12.0	0.01
2.1	13.16	4.6	7.24	7.1	3.21	9.6	0.75	12.1	0.01
2.2	12.82	4.7	7.04	7.2	3.10	9.7	0.67	12.2	0.005
2.3	12.50	4.8	6.84	7.3	2.99	9.8	0.59	13.0	0.0008
2.4	12.19	4.9	6.65	7.4	2.88	9.9	0.52	13.9	0.0001

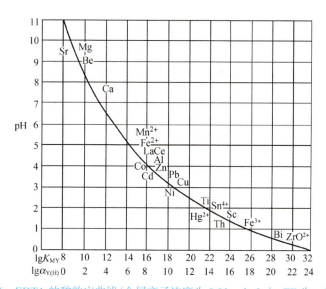

图 3.6　EDTA 的酸效应曲线（金属离子浓度为 $0.01\,\mathrm{mol\cdot L^{-1}}$，TE 为 $\pm 0.1\%$）

(2) 共存离子效应。因其他金属离子存在，EDTA 参加主反应能力降低的现象称为共存离子效应。共存离子效应又称干扰效应，其影响程度用干扰效应系数 $\alpha_{Y(N)}$ 表示。

$$\alpha_{Y(N)} = \frac{[NY]+[Y]}{[Y]} = 1 + K_{NY}[N] \tag{3.42}$$

若有多种共存离子 N_1、N_2、$\cdots$、N_n 存在，则

$$\begin{aligned}\alpha_{Y(N)} &= \frac{[Y]+[N_1Y]+[N_2Y]+\cdots+[N_nY]}{[Y]} \\ &= 1 + K_{N_1Y}[N_1] + K_{N_2Y}[N_2] + \cdots + K_{N_nY}[N_n] \\ &= 1 + \alpha_{Y(N_1)} + \alpha_{Y(N_2)} + \cdots + \alpha_{Y(N_n)} - n \\ &= \alpha_{Y(N_1)} + \alpha_{Y(N_2)} + \cdots + \alpha_{Y(N_n)} - (n-1)\end{aligned} \tag{3.43}$$

当体系中既有酸效应，又有共存离子效应时，EDTA 的总副反应系数为

$$\alpha_Y = \alpha_{Y(H)} + \alpha_{Y(N)} - 1 \tag{3.44}$$

【例 3.20】 在 pH = 1.5 的溶液中，含有浓度约为 $0.010\,\mathrm{mol\cdot L^{-1}}$ 的 Fe^{3+}、Ca^{2+}，当用同浓度 EDTA 滴定 Fe^{3+} 时，计算 α_Y。

解 已知 $\lg K_{CaY} = 10.69$；pH = 1.5 时，$\lg \alpha_{Y(H)} = 15.55$

$$\alpha_{Y(Ca)} = 1 + K_{CaY}[Ca^{2+}] = 1 + 10^{10.69} \times 0.010 \approx 10^{8.69}$$

$$\alpha_Y = \alpha_{Y(H)} + \alpha_{Y(Ca)} - 1 = 10^{15.55} + 10^{8.69} - 1 \approx 10^{15.55}$$

由例题可见，当 pH 较低时酸效应系数远大于共存离子效应系数，成为最主要的副反应。

2) 金属离子的副反应及副反应系数

由于其他配位剂的存在，金属离子参加主反应能力降低的现象称为配位效应。配位效应的大小用配位效应系数 $\alpha_{M(L)}$ 衡量。

$$\alpha_{M(L)} = \frac{未参与主反应的金属离子总浓度}{游离金属离子浓度} = \frac{[M']}{[M]} = \frac{1}{\delta_M} \tag{3.45}$$

$\alpha_{M(L)}$ 越大，表示金属离子与配位剂 L 的反应越完全，即配位效应越严重。

L 可能是滴定时所加入的缓冲剂或为掩蔽干扰离子而加的掩蔽剂(辅助配位效应)。在 pH 较高时，OH^- 有可能与 M 形成羟基配合物(羟基配位效应)，L 即代表 OH^-。不同 pH 时金属离子的 $\lg \alpha_{M(OH)}$ 见表 3.7。

表 3.7 金属离子的 $\lg \alpha_{M(OH)}$

金属离子	I	pH													
		1	2	3	4	5	6	7	8	9	10	11	12	13	14
Ag(Ⅰ)	0.1										0.1	0.5	2.3	5.1
Al(Ⅲ)	2				0.4	1.3	5.3	9.3	13.3	17.3	21.3	25.3	29.3	33.3
Ba(Ⅱ)	0.1													0.1	0.5
Bi(Ⅲ)	3	0.1	0.5	1.4	2.4	3.4	4.4	5.4							

续表

金属离子	I	pH													
		1	2	3	4	5	6	7	8	9	10	11	12	13	14
Ca(Ⅱ)	0.1													0.3	1.0
Cd(Ⅱ)	3									0.1	0.5	2.0	4.5	8.1	12.0
Ce(Ⅳ)	1~2	1.2	3.1	5.1	7.1	9.1	11.1	13.1							
Cu(Ⅱ)	0.1								0.2	0.8	1.7	2.7	3.7	4.7	5.7
Fe(Ⅱ)	1									0.1	0.6	1.5	2.5	3.5	4.5
Fe(Ⅲ)	3				0.4	1.8	3.7	5.7	7.7	9.7	11.7	13.7	15.7	17.7	19.7	21.7
Hg(Ⅱ)	0.1				0.5	1.9	3.9	5.9	7.9	9.9	11.9	13.9	15.9	17.9	19.9	21.9
La(Ⅲ)	3										0.3	1.0	1.9	2.9	3.9
Mg(Ⅱ)	0.1											0.1	0.5	1.3	2.3
Ni(Ⅱ)	0.1									0.1	0.7	1.6			
Pb(Ⅱ)	0.1							0.1	0.5	1.4	2.7	4.7	7.4	10.4	13.4
Th(Ⅳ)	1				0.2	0.8	1.7	2.7	3.7	4.7	5.7	6.7	7.7	8.7	9.7
Zn(Ⅱ)	0.1								0.2	2.4	5.4	8.5	11.8	15.5

若溶液中有多种配位剂 L_1、L_2、…、L_n 同时与金属离子产生副反应,其影响可用 M 的总副反应系数 α_M 表示:

$$\alpha_M = \alpha_{M(L_1)} + \alpha_{M(L_2)} + \cdots + \alpha_{M(L_n)} - (n-1)$$

在这种情况下,决定 α_M 的一般只有一种或少数几种配位剂的副反应,其他配位剂的副反应可以忽略。

一般情况下,金属离子的副反应主要是缓冲剂等配位剂 L 引起的配位效应和酸度较低引起的金属离子的水解效应,此时

$$\alpha_M = \alpha_{M(L)} + \alpha_{M(OH)} - 1 \tag{3.46}$$

【例 3.21】 在 $0.010\text{mol} \cdot L^{-1}$ 锌氨溶液中,当游离氨的浓度为 $0.10\text{mol} \cdot L^{-1}$(pH = 10.00)时,计算锌离子的总副反应系数 α_{Zn}。

解 已知 pH = 10.00 时,$\alpha_{Zn(OH)} = 10^{2.4}$。Zn-$NH_3$ 的 $\lg\beta_1 \sim \lg\beta_4$ 分别为 2.37、4.81、7.31、9.46,故

$$\alpha_{Zn(NH_3)} = 1 + \beta_1[NH_3] + \beta_2[NH_3]^2 + \beta_3[NH_3]^3 + \beta_4[NH_3]^4 = 1 + 10^{2.37-1} + 10^{4.81-2} + 10^{7.31-3} + 10^{9.46-4} = 10^{5.49}$$

$$\alpha_{Zn} = \alpha_{Zn(NH_3)} + \alpha_{Zn(OH)} - 1 \approx 10^{5.49}$$

在上述情况下,$\alpha_{Zn(OH)}$ 可以忽略。

在例 3.21 中,如果 pH = 12,游离氨浓度为 $0.10\text{mol} \cdot L^{-1}$ 时,则

$$\alpha_{Zn(OH)} = 10^{8.5}$$

$$\alpha_{Zn} = 10^{5.49} + 10^{8.5} - 1 \approx 10^{8.5}$$

即 $\alpha_{Zn(NH_3)}$ 可以忽略。

2. 条件稳定常数

配合物的绝对稳定常数 $K_{MY} = \dfrac{[MY]}{[M][Y]}$ 是在不考虑副反应的情况下，对配位反应进行程度的一种度量。当存在副反应时，K_{MY} 的大小不能反映主反应进行的实际程度。因为此时未参与主反应的金属离子不仅有 M，还有 ML_1、$ML_2 \cdots$，应当用这些型体的浓度总和[M′]代替[M]。同样，未参与主反应的滴定剂浓度也应当用[Y′]代替[Y]。而在许多情况下配合物 MY 的副反应可以忽略。因此，当有副反应发生时，主反应进行的程度应当用条件稳定常数 K'_{MY} 度量。

$$K'_{MY} = \dfrac{[MY]}{[M'][Y']} \tag{3.47}$$

由于 $[M'] = \alpha_M[M]$，$[Y'] = \alpha_Y[Y]$，将它们代入式(3.47)得

$$K'_{MY} = \dfrac{[MY]}{\alpha_M[M]\alpha_Y[Y]} = \dfrac{1}{\alpha_M \alpha_Y} \cdot K_{MY}$$

在一定条件下（如溶液 pH 和试剂浓度一定时），K'_{MY} 是常数。式(3.47)常用对数形式表示：

$$\lg K'_{MY} = \lg K_{MY} - \lg \alpha_M - \lg \alpha_Y \tag{3.48}$$

K'_{MY} 是考虑了副反应的 EDTA 与金属离子配合物的稳定常数，称为条件稳定常数，即在一定条件下用 EDTA 和金属离子总浓度表示的稳定常数。它的大小说明在外界条件影响下配合物的实际稳定程度。

【例 3.22】 计算 pH = 9.0、c_{NH_3} = 0.1 mol·L^{-1} 时 ZnY 的条件稳定常数。

解 已知 pH = 9.0 时，$\lg \alpha_{Y(H)}$ = 1.28，$\lg \alpha_{Zn(OH)}$ = 0.2，$\lg K_{ZnY}$ = 16.50，Zn-NH$_3$ 的 $\lg \beta_1 \sim \lg \beta_4$ 分别为 2.37、4.81、7.31、9.46。

$$[NH_3] = 0.1 \times \delta_{NH_3} = 0.1 \times \dfrac{1}{1+10^{9.26} \times 10^{-9}} = 0.036 = 10^{-1.44}$$

$$\alpha_{Zn(NH_3)} = 1 + \beta_1[NH_3] + \beta_2[NH_3]^2 + \beta_3[NH_3]^3 + \beta_4[NH_3]^4 = 1 + 10^{0.93} + 10^{1.93} + 10^{2.99} + 10^{3.7} = 10^{3.78}$$

$$\alpha_{Zn} = \alpha_{Zn(NH_3)} + \alpha_{Zn(OH)} - 1 = 10^{3.78}$$

$$\lg K'_{ZnY} = \lg K_{ZnY} - \lg \alpha_{Zn} - \lg \alpha_Y = 16.50 - 3.78 - 1.28 = 11.44$$

【例 3.23】 计算 pH = 4.00 时，CaC_2O_4 饱和溶液的浓度。

解 查表得 $H_2C_2O_4$（$C_2O_4^{2-}$ 记为 A）的 $\lg \beta_{af1}$ = 4.19，$\lg \beta_{af2}$ = 5.41，$\lg \beta_{pf,CaC_2O_4}$ = 8.75。由于 $H_2C_2O_4$ 酸效应，β_{pf} 减少为 β'_{pf}。

$$\alpha_{A(H)} = 1 + \beta_{af1}[H^+] + \beta_{af2}[H^+]^2 = 2.55$$

$$\lg \beta'_{pf} = \lg \beta_{pf} - \lg \alpha_{A(H)} = 6.15$$

$$c = (1/\beta'_{pf})^{1/2} = 8.4 \times 10^{-4} (\text{mol} \cdot \text{L}^{-1})$$

3.2.6 氧化还原电对的条件电极电位

1. 条件电极电位

对于可逆氧化还原电对

$$Ox + ne^- \rightleftharpoons Red$$

其电极电位可用能斯特(Nernst)方程表示

$$\varphi = \varphi^{\ominus} + \frac{0.0591}{n} \lg \frac{a_{Ox}}{a_{Red}} \quad (25℃) \tag{3.49}$$

式中，a_{Ox} 和 a_{Red} 分别是氧化态和还原态的活度；$\varphi^{\ominus}$ 为电对的标准电极电位，表示在一定温度(通常为25℃)下，当 $a_{Ox} = a_{Red} = 1\text{mol}\cdot L^{-1}$ 时的电极电位。实际工作中，容易得到的是氧化剂和还原剂的浓度而不是活度。若用浓度代替活度，需引入相应的活度系数 γ_{Ox}、γ_{Red}；当氧化态、还原态存在副反应时，还需引入相应的副反应系数 α_{Ox}、α_{Red}。

因

$$a_{Ox} = \gamma_{Ox}[Ox] = \gamma_{Ox}\frac{c_{Ox}}{\alpha_{Ox}}, \quad a_{Red} = \gamma_{Red}[Red] = \gamma_{Red}\frac{c_{Red}}{\alpha_{Red}}$$

代入式(3.49)，得

$$\varphi = \varphi^{\ominus} + \frac{0.0591}{n} \lg \frac{\gamma_{Ox}\alpha_{Red}}{\gamma_{Red}\alpha_{Ox}} + \frac{0.0591}{n} \lg \frac{c_{Ox}}{c_{Red}}$$

当 $c_{Ox} = c_{Red} = 1\text{mol}\cdot L^{-1}$ 时，有

$$\varphi^{\ominus\prime} = \varphi^{\ominus} + \frac{0.0591}{n} \lg \frac{\gamma_{Ox}\alpha_{Red}}{\gamma_{Red}\alpha_{Ox}} \tag{3.50}$$

$\varphi^{\ominus\prime}$ 为条件电极电位。它表示在一定介质条件下，氧化态与还原态的分析浓度都是 $1\text{mol}\cdot L^{-1}$(或者浓度比值为 1)时的实际电极电位，反映了离子强度与各种副反应的影响。条件电极电位的大小说明在外界因素影响下氧化还原电对的实际氧化还原能力。用 $\varphi^{\ominus\prime}$ 代替 $\varphi^{\ominus}$，用浓度代替活度进行计算，比较符合实际情况。

各种条件下的条件电极电位均由实验测定。附录中列出了一些氧化还原电对的条件电极电位。在实际工作中，若无相同条件下的条件电极电位，可采用条件相近的条件电极电位数据。对于没有相应条件电极电位数据的氧化还原电对，则采用标准电极电位。

2. 氧化还原反应的方向和次序

利用条件电极电位可以判断氧化还原反应实际进行的方向和次序，也可通过改变外界条件使条件电极电位发生改变，从而改变氧化还原反应的方向。

氧化还原反应中，当氧化剂电对的电极电位大于还原剂电对的电极电位时，反应正向进行，否则逆向进行。氧化剂电对和还原剂电对的电极电位相差越大，越容易进行(首先进行反应)。

1) 改变氧化态或还原态的浓度

(1) 生成沉淀。在氧化还原体系中，若存在与氧化态或还原态形成沉淀的沉淀剂，就会改变氧化态或还原态的浓度，从而改变条件电极电位。例如反应

$$Cu^{2+} + 2I^{-} \rightleftharpoons CuI\downarrow + 1/2I_2$$

$$\varphi^{\ominus}_{Cu^{2+}/Cu^{+}} = 0.16\text{V} \qquad \varphi^{\ominus}_{I_2/2I^{-}} = 0.54\text{V}$$

从两个电对的标准电极电位看，上述反应不会向右进行，而实际向右进行得很完全。这是因为生成了溶解度很小的 CuI 沉淀，降低了溶液中 $[Cu^+]$，增大了 Cu^{2+}/Cu^+ 电对的实际电极电位，使 Cu^{2+} 成为较强的氧化剂。如果忽略离子强度的影响，根据式(3.49)得

$$\varphi_{Cu^{2+}/Cu^{+}} = 0.16 + 0.0591\lg\frac{[Cu^{2+}]}{[Cu^{+}]} = 0.16 + 0.0591\lg\beta_{pf,CuI}[Cu^{2+}][I^{-}]$$

当 $[Cu^{2+}] = [I^-] = 1\text{mol}\cdot L^{-1}$ 时

$$\varphi_{Cu^{2+}/Cu^+}^{\ominus'} = 0.16 + 0.0591\lg\beta_{pf,CuI} = 0.16 + 0.0591\times 11.96 = 0.87(V)$$

(2) 形成配合物。在氧化还原体系中，溶液中存在的一些阴离子常与金属离子的氧化态或还原态形成配合物，从而改变它们的有效浓度，使电极电位发生改变。一般氧化态形成的配合物更稳定，使电极电位降低。定量分析中常利用这种情况改变氧化还原反应的方向或掩蔽干扰离子。例如，用碘量法测定 Cu^{2+} 时，Fe^{3+} 的存在会因对 I^- 的氧化而干扰对 Cu^{2+} 的测定，这时可加入 NH_4F，使 F^- 与 Fe^{3+} 形成稳定配合物，降低 Fe^{3+}/Fe^{2+} 电对的电极电位，Fe^{3+} 便失去了氧化能力。

【例 3.24】 计算 $pH = 3.0$，$c_F = 0.1\text{mol}\cdot L^{-1}$ 时，Fe^{3+}/Fe^{2+} 电对的条件电极电位（不考虑离子强度的影响）。

解 查附录得：Fe^{3+} 与 F^- 形成的配合物的 $\lg\beta_1\sim\lg\beta_3$ 分别为 5.28、9.30、12.06；$\varphi_{Fe(III)/Fe(II)}^{\ominus} = 0.77\text{V}$；HF 酸的 $\lg K_{af} = 3.18$。根据式 (3.49) 得

$$\varphi_{Fe(III)/Fe(II)} = \varphi_{Fe(III)/Fe(II)}^{\ominus} + 0.0591\lg\frac{[Fe(III)]}{[Fe(II)]} = 0.77 + 0.0591\lg\frac{c_{Fe(III)}}{\alpha_{Fe(III)}\cdot c_{Fe(II)}}$$

要计算 $\alpha_{Fe(III)}$ 值必须知道 F^- 的平衡浓度

$$[F^-] = c_F\cdot\delta_{F^-} = \frac{c_F}{1+K_{af}[H^+]} = 0.1\times(1+10^{3.18}\times 10^{-3})^{-1} = 10^{-1.4}$$

$$\alpha_{Fe(III)} = 1 + \beta_1[F^-] + \beta_2[F^-]^2 + \beta_3[F^-]^3 = 1 + 10^{5.28}\times 10^{-1.4} + 10^{9.30}\times 10^{-2.8} + 10^{12.06}\times 10^{-4.2} = 10^{7.88}$$

$$\varphi_{Fe(III)/Fe(II)}^{\ominus'} = \varphi_{Fe(III)/Fe(II)}^{\ominus} + 0.0591\lg[\alpha_{Fe(III)}]^{-1} = 0.77 + 0.0591\lg 10^{-7.88} = 0.31(V)$$

2) 改变体系的酸度

一些含氧的物质如 MnO_4^-、$Cr_2O_7^{2-}$、H_3AsO_4 等，在氧化还原过程中需要 H^+ 参加，故有关电对的 Nernst 方程中也包含 $[H^+]$ 项。当溶液酸度改变时，电对的条件电极电位会随之改变。还有些物质的氧化态或还原态是弱酸或弱碱，酸度的变化将影响其存在形式，也会影响电极电位值。

【例 3.25】 忽略离子强度的影响，计算 $pH = 8.0$ 时 As(V)/As(III) 电对的条件电极电位。

解 查附录得：H_3AsO_4 的 $\lg K_{af1}\sim\lg K_{af3}$ 分别为 11.5、7.0、2.2；$\lg\beta_{af1}\sim\lg\beta_{af3}$ 分别为 11.5、18.5、20.7；$H_3AsO_3(HAsO_2)$ 的 $\lg K_{af}$ 为 9.22。

$$H_3AsO_4 + 2H^+ + 2e^- \rightleftharpoons H_3AsO_3 + H_2O \qquad \varphi_{As(V)/As(III)}^{\ominus} = 0.56\text{V}$$

$$\varphi_{As(V)/As(III)} = \varphi_{As(V)/As(III)}^{\ominus} + \frac{0.0591}{2}\lg\frac{[H_3AsO_4][H^+]^2}{[H_3AsO_3]}$$

$$= \varphi_{As(V)/As(III)}^{\ominus} + \frac{0.0591}{2}\lg\frac{c_{As(V)}\delta_{As(V)}[H^+]^2}{c_{As(III)}\delta_{As(III)}}$$

$$\delta_{As(V)} = \beta_{af3}[H^+]^3/\left(1+\beta_{af1}[H^+]+\beta_{af2}[H^+]^2+\beta_{af3}[H^+]^3\right) = 10^{-6.8}$$

$$\delta_{As(III)} = K_{af}[H^+]/(1+K_{af}[H^+]) = 0.94$$

$$\varphi_{As(V)/As(III)}^{\ominus'} = 0.56 + \frac{0.0591}{2}\lg\frac{10^{-6.8}\times 10^{-16}}{0.94} = -0.11(V)$$

注：此题中 As(V) 和 As(III) 分别代表 H_3AsO_4 和 $H_3AsO_3(HAsO_2)$，后者当作一元酸处理。

3) 氧化还原反应次序

试样 —HCl溶解/加热→ SnCl₂/还原 → 钨酸钠 → TiCl₃/还原 → 蓝色 —水→ H₂SO₄+H₃PO₄ → K₂Cr₂O₇标准溶液滴定 → 蓝色消失 —二苯胺磺酸钠→ K₂Cr₂O₇标准溶液滴定 → 终点

上述含铁试样，首先使用重铬酸钾标准溶液除去剩余的三价钛，此处就是反应次序问题：氧化剂和还原剂的电极电位相差大的首先反应。

$$\varphi^{\ominus}_{TiO^{2+}/Ti^{3+}} = 0.10\text{V}, \quad \varphi^{\ominus}_{Fe^{3+}/Fe^{2+}} = 0.77\text{V}, \quad \varphi^{\ominus}_{Cr_2O_7^{2-}/Cr^{3+}} = 1.33\text{V}$$

3. 氧化还原反应进行的程度

一个反应的完全程度用平衡常数 K 的大小衡量。氧化还原反应的平衡常数可从有关电对的标准电极电位求得。若采用条件电极电位，则求得的是条件平衡常数 K'，这更能反映反应实际进行的程度。

设氧化还原反应

$$n_2\text{Ox}_1 + n_1\text{Red}_2 \rightleftharpoons n_2\text{Red}_1 + n_1\text{Ox}_2$$

式中，$n_1 \neq n_2$，则

$$K' = \left(\frac{c_{\text{Red}_1}}{c_{\text{Ox}_1}}\right)^{n_2}\left(\frac{c_{\text{Ox}_2}}{c_{\text{Red}_2}}\right)^{n_1}$$

两电对的半反应为

$$\text{Ox}_1 + n_1\text{e}^- \rightleftharpoons \text{Red}_1 \qquad \varphi_1 = \varphi_1^{\ominus\prime} + \frac{0.0591}{n_1}\lg\frac{c_{\text{Ox}_1}}{c_{\text{Red}_1}}$$

$$\text{Ox}_2 + n_2\text{e}^- \rightleftharpoons \text{Red}_2 \qquad \varphi_2 = \varphi_2^{\ominus\prime} + \frac{0.0591}{n_2}\lg\frac{c_{\text{Ox}_2}}{c_{\text{Red}_2}}$$

反应达到平衡时，$\varphi_1 = \varphi_2$，即

$$\varphi_1^{\ominus\prime} + \frac{0.0591}{n_1}\lg\frac{c_{\text{Ox}_1}}{c_{\text{Red}_1}} = \varphi_2^{\ominus\prime} + \frac{0.0591}{n_2}\lg\frac{c_{\text{Ox}_2}}{c_{\text{Red}_2}}$$

两边同时乘以 $n_1 n_2$，整理得

$$\lg K' = \frac{\left(\varphi_1^{\ominus\prime} - \varphi_2^{\ominus\prime}\right)n_1 n_2}{0.0591} \tag{3.51a}$$

当 $n_1 = n_2 = n$ 时，氧化还原反应表示为

$$\text{Ox}_1 + \text{Red}_2 \rightleftharpoons \text{Red}_1 + \text{Ox}_2$$

$$K' = \frac{c_{\text{Red}_1}c_{\text{Ox}_2}}{c_{\text{Ox}_1}c_{\text{Red}_2}}$$

$$\varphi_1^{\ominus\prime} + \frac{0.0591}{n}\lg\frac{c_{\text{Ox}_1}}{c_{\text{Red}_1}} = \varphi_2^{\ominus\prime} + \frac{0.0591}{n}\lg\frac{c_{\text{Ox}_2}}{c_{\text{Red}_2}}$$

整理得

$$\lg K' = \frac{\left(\varphi_1^{\ominus\prime} - \varphi_2^{\ominus\prime}\right)n}{0.0591} \tag{3.51b}$$

根据式(3.51a)和式(3.51b)，两个氧化还原电对的标准电极电位或条件电极电位相差越大，反应的平衡常数就越大，反应进行得也越完全。

对于滴定分析，一般要求反应完全程度在 99.9%以上。对于反应

$$n_2 Ox_1 + n_1 Red_2 \rightleftharpoons n_2 Red_1 + n_1 Ox_2$$

即

$$\frac{c_{Red_1}}{c_{Ox_1}} \geqslant 10^3 , \quad \frac{c_{Ox_2}}{c_{Red_2}} \geqslant 10^3$$

当 $n_1 \neq n_2$ 时，反应的条件平衡常数为

$$K' = \left(\frac{c_{Red_1}}{c_{Ox_1}}\right)^{n_2} \left(\frac{c_{Ox_2}}{c_{Red_2}}\right)^{n_1} \geqslant 10^{3n_2} \times 10^{3n_1}$$

即

$$\lg K' \geqslant 3(n_1 + n_2)$$

根据式(3.51a)得

$$\frac{(\varphi_1^{\ominus'} - \varphi_2^{\ominus'})n_1 n_2}{0.0591} \geqslant 3(n_1 + n_2) \tag{3.52a}$$

当 $n_1 = n_2 = n$ 时，反应的条件平衡常数为

$$K' = \frac{c_{Red_1} c_{Ox_2}}{c_{Ox_1} c_{Red_2}} \geqslant 10^6$$

根据式(3.51b)得

$$\frac{(\varphi_1^{\ominus'} - \varphi_2^{\ominus'})n}{0.0591} \geqslant 6 \tag{3.52b}$$

因此，当两个半反应的电子转移数均为 1 时，则反应的条件平衡常数必须大于 10^6，或两个电对的标准电极电位或条件电极电位之差不能小于 0.35V。

如果两个半反应的电子转移数一个是 1，另一个是 2，即氧化还原反应式为

$$Ox_1 + 2Red_2 \rightleftharpoons Red_1 + 2Ox_2$$

则反应的条件平衡常数必须大于 10^9，两电对条件电极电位之差须大于 0.27V，此时才能用于滴定分析。

4. 氧化还原反应进行的速率

在氧化还原滴定中，根据氧化还原电对的标准电极电位或条件电极电位，可以判断氧化还原反应进行的方向和反应进行的程度。但这只能说明反应进行的可能性，并不能指出反应进行的速率(现实性)。实际上不同的氧化还原反应，其反应速率会有很大差别，有的反应虽然从理论上看是可以进行的，但由于反应速率太慢而可以认为氧化剂与还原剂之间并没有发生反应。

例如，水溶液中的溶解氧：

$$O_2 + 4H^+ + 4e^- \rightleftharpoons 2H_2O \qquad \varphi^{\ominus}_{O_2/H_2O} = 1.23\,V$$

其标准电极电位较高，应该很容易氧化一些较强的还原剂，如

$$Sn^{4+} + 2e^- \rightleftharpoons Sn^{2+} \qquad \varphi^{\ominus}_{Sn^{4+}/Sn^{2+}} = 0.15\,V$$

又如强氧化剂：

$$Ce^{4+} + e^- = Ce^{3+} \qquad \varphi^{\ominus}_{Ce^{4+}/Ce^{3+}} = 1.61\,V$$

其标准电极电位很高，它应该能氧化水产生 O_2，但实际上 Sn^{2+} 与 Ce^{4+} 均能存在于水溶液中，说明它们与水中的溶解氧或与水分子之间的氧化还原反应速率是缓慢的，因而可以认为没有发生氧化还原反应。

氧化还原反应方程式只表示反应的最初状态、最终状态以及它们之间的数量关系，并不说明反应过程的真实情况和反应速率的快慢。实际上，氧化还原反应常不是一步完成，而是分步进行的，反应的总速率取决于其中最慢的一步。作为一个滴定反应，反应速率必须足够快，否则不能使用。

影响氧化还原反应速率的因素如下：

(1) 氧化剂与还原剂的性质。不同的氧化剂和还原剂，反应速率有很大不同，这与其电子层结构、条件电极电位之差、反应历程等因素有关，多靠实践判断。

(2) 反应物的浓度。一般说来，增加反应物浓度，能加快反应速率。对于有 H^+ 参加的反应，提高酸度也能增加反应速率。此外，在滴定过程中，由于反应物浓度不断降低，反应速率也逐渐减慢，临近化学计量点，反应速率更慢。因此在氧化还原滴定中，应注意控制滴定的速率与反应速率相适应。

(3) 溶液的温度。升高溶液温度能使反应速率加快，但在加热以提高反应速率时，还应考虑可能引起的不利因素。例如用 MnO_4^- 滴定 $C_2O_4^{2-}$ 时，温度过高，$H_2C_2O_4$ 可能分解；对某些易挥发物质（如 I_2），加热溶液会引起挥发损失；有些还原性物质（如 Sn^{2+}、Fe^{2+}）在加热时，会促进它们被空气中的氧所氧化而引起误差。因此需根据具体情况，确定滴定的最适宜温度。

(4) 催化剂。加入催化剂可使某些氧化还原反应速率加快。例如，在酸性溶液中用 $KMnO_4$ 滴定 $H_2C_2O_4$ 的反应

$$2MnO_4^- + 5C_2O_4^{2-} + 16H^+ = 2Mn^{2+} + 10CO_2\uparrow + 8H_2O$$

在滴定的最初阶段，即使将溶液的温度升高，$KMnO_4$ 褪色仍很慢。若加入少许 Mn^{2+}，反应即能很快进行。这里的 Mn^{2+} 就是反应的催化剂。在此反应中，Mn^{2+} 是反应产物，即使不加入 Mn^{2+}，一旦反应发生，生成的 Mn^{2+} 就会起催化作用，使反应速率加快。这种由反应产物起催化作用的现象称为自动催化作用。

又如，在酸性溶液中 MnO_4^- 氧化 Cl^- 的反应速率很慢，但若有 Fe^{2+} 同时存在，则 MnO_4^- 氧化 Fe^{2+} 的反应将加速 MnO_4^- 氧化 Cl^- 的反应。

$$MnO_4^- + 5Fe^{2+} + 8H^+ = Mn^{2+} + 5Fe^{3+} + 4H_2O$$

$$2MnO_4^- + 10Cl^- + 16H^+ = 2Mn^{2+} + 5Cl_2\uparrow + 8H_2O$$

这种由于一个氧化还原反应的发生促使另一氧化还原反应进行的现象，称为诱导作用。MnO_4^- 与 Fe^{2+} 的反应称为诱导反应，Fe^{2+} 为诱导体；MnO_4^- 与 Cl^- 的反应称为受诱反应，Cl^- 为受诱体。由于 Fe^{2+} 与 MnO_4^- 反应后不再恢复到原来状态，增加了 MnO_4^- 的消耗量而使结果产生误差。

应注意诱导反应与催化反应、副反应的区别。

思考题 3.5 什么叫分布系数？写出 H_nA、ML_n 的分布系数表达式。

思考题 3.6 甲酸 $pK_a = 3.74$，在 $pH < 3.74$、$pH > 3.74$、$pH = 3.74$ 时各型体的分布情况分别如何？

思考题 3.7 什么是质子条件？怎样写质子条件？

思考题 3.8 推导一元弱酸、二元弱酸、强酸与弱酸混合溶液、两性物质及缓冲溶液的 pH 计算公式。

思考题 3.9 酸效应和配位效应如何影响配位平衡、氧化还原平衡和沉淀平衡？

思考题 3.10 如何判断氧化还原反应的完全程度？

思考题 3.11 欲配制 $pH = 5.00$ 的缓冲溶液 1L，其中 $[HOAc] = 0.20 mol \cdot L^{-1}$，需要 $NaOAc \cdot 3H_2O$ 多少克？

3.3 确定滴定终点的方法

在滴定分析中，确定终点的方法有指示剂法和仪器分析方法两类。

3.3.1 指示剂法

根据作用原理，指示剂分为以下四类。

1. 酸碱指示剂

1）作用原理与变色范围

酸碱指示剂是一类有机弱酸或弱碱，其共轭酸碱对具有不同的结构，因而呈现不同的颜色。当溶液 pH 改变时，指示剂失去或得到质子，成为碱式或酸式结构，同时引起溶液颜色的变化。

以甲基橙为例，它在溶液中存在如下平衡：

$$(CH_3)_2N\text{-}C_6H_4\text{-}N=N\text{-}C_6H_4\text{-}SO_3^- + H^+ \rightleftharpoons (CH_3)_2N^+=C_6H_4=N\text{-}NH\text{-}C_6H_4\text{-}SO_3^-$$

黄色离子　　　　　　　　　　　　　红色分子
指示剂碱式　　　　　　　　　　　　指示剂酸式

当溶液酸度增加时，以醌式的双极离子形式存在，呈现红色；当溶液酸度降低时，则转变为偶氮式结构，呈现黄色。又如酚酞，在酸性下无色，在碱性溶液中转化为醌式结构呈现红色，但在强碱性条件下又会进一步转化为无色的羧酸盐结构。

若以 HIn 表示指示剂的酸式 (其颜色为酸式色)，In^- 表示指示剂的碱式 (其颜色为碱式色)，则弱酸指示剂在溶液中有下列平衡：

$$In^- + H^+ \rightleftharpoons HIn$$

$$K_{HIn} = \frac{[HIn]}{[H^+][In^-]}$$

上式可改写为

$$\frac{[HIn]}{[In^-]} = K_{HIn}[H^+]$$

对于一定的指示剂，在一定温度下，K_{HIn} 是指示剂的形成常数。因此，溶液中酸式与碱式浓度的比值只与 $[H^+]$ 有关。

酸碱指示剂的颜色是随溶液 pH 的改变而变化的。但人的视觉对颜色的辨别能力有局限性。事实证明当指示剂的一种颜色为另一种颜色的 10 倍时，人们才能看出浓度大的那种颜色。

在一般情况下，当两种型体的浓度之比在 10 或 10 以上时，看到的是浓度较大的那种型体的颜色，如当 $\frac{[In^-]}{[HIn]} > 10$，即 $pH > \lg K_{HIn} + 1$ 时，看到的是碱式色；当 $\frac{[In^-]}{[HIn]} < \frac{1}{10}$ 时，即 $pH < \lg K_{HIn} - 1$ 时，看到的是酸式色；当 $\frac{[In^-]}{[HIn]} = 1$ 时，表示溶液中有 50%酸式和 50%碱式，溶液呈现指示剂的中间过渡色，此时 $pH = \lg K_{HIn}$（或 $pH = pK_a$，$K_a = 1/K_{HIn}$），这一点称为指示剂的理论变色点。

当溶液的 pH 由 $\lg K_{HIn} - 1$ 改变到 $\lg K_{HIn} + 1$ 时，能明显看到指示剂由酸式色变到碱式色，故 $pH = \lg K_{HIn} \pm 1$（或 $pH = pK_a \pm 1$）称为指示剂的变色范围。

由于人眼对不同颜色的敏感程度不同，观察到的变色范围与理论计算值有区别，故指示剂的变色范围常由实验测得。常用酸碱指示剂列于表 3.8。

表 3.8 常用酸碱指示剂

指示剂	变色范围	酸式色	碱式色	$\lg K_{HIn}$	浓度	用量 (10mL 试液所需滴数)
甲基黄	2.9~4.0	红	黄	3.3	0.1%的 90%乙醇溶液	1
甲基橙	3.1~4.4	红	黄	3.4	0.05%水溶液	1
溴酚蓝	3.1~4.6	黄	紫	4.1	0.1%的 20%乙醇溶液	1
溴甲酚绿	3.8~5.4	黄	蓝	4.9	0.1%乙醇溶液	1
甲基红	4.4~6.2	红	黄	5.2	0.1%的 60%乙醇溶液	1
中性红	6.8~8.0	红	黄橙	7.4	0.1%的 60%乙醇溶液	1
酚红	6.7~8.4	黄	红	8.0	0.1%的 60%乙醇溶液	1
酚酞	8.0~9.6	无	红	9.1	0.1%的 90%乙醇溶液	1~2
百里酚酞	9.4~10.6	无	蓝	10.0	0.1%的 90%乙醇溶液	1~2

2) 影响指示剂变色范围的因素

为了使在化学计量点时，pH 稍有改变指示剂即可由一种颜色变到另一种颜色，滴定更准确，希望指示剂的变色范围越窄越好。

影响指示剂变色范围的主要因素有：

(1) 温度。指示剂的变色范围与 K_{HIn} 有关，当温度改变时，K_{HIn} 会发生变化，指示剂变色范围也发生变化。所以滴定都应在室温下进行，有必要加热时，须将溶液冷却到室温后再滴定。

(2) 指示剂用量。对于双色指示剂，如甲基红、甲基橙等，指示剂用量多一点或少一点不会影响指示剂的变色范围。但若指示剂用量过多，会使色调的变化不明显。另外，若指示剂本身与滴定剂有作用，会因消耗过多滴定剂而引入误差。

对于单色指示剂(如酚酞)，指示剂的用量对其变色范围有影响。因为其酸式 HIn 无色，颜色深度仅取决于 $[In^-]$

$$[\text{In}^-] = \frac{[\text{HIn}]}{K_{\text{HIn}}[\text{H}^+]}$$

设指示剂总浓度为 c，人眼观察到碱式色的红色时，其最低浓度为一定值 a，则

$$\frac{1}{K_{\text{HIn}}[\text{H}^+]}(c-a) = a$$

当 c 增大时，要维持平衡，只有增大 $[\text{H}^+]$，即呈现红色的 pH 会偏低。

(3) 离子强度。当溶液中存在盐类时，增加了溶液中的离子强度。对于 HIn 型指示剂，其稳定常数当用活度表示

$$K_{\text{af}} = \frac{a_{\text{HIn}}}{a_{\text{H}^+} a_{\text{In}^-}}$$

则指示剂理论变色点为

$$\text{pH} = \lg K_{\text{af}} - 0.5 z^2 \sqrt{I}$$

当离子强度增大时，理论变色点 pH 向减小的方向移动，从而影响变色范围。

3) 混合指示剂

在酸碱滴定中，有时需将滴定终点限制在很窄的 pH 范围，以达到一定的准确度。单一指示剂都有约 2 个 pH 单位的变色范围，难以达到要求。这时可采用混合指示剂，它能缩小指示剂的变色范围，使颜色变化更明显。

混合指示剂有两种配制方法，一种是用两种或两种以上指示剂混合配成，因颜色互补使变色范围变窄，颜色变化敏锐。例如，甲酚红（pH 7.2～8.8，黄→紫）和百里酚蓝（pH 8.0～9.6，黄→蓝）按 1∶3 混合后变色范围为 pH 8.2～8.4（黄→紫）。另一种是在某种指示剂中加入一种惰性染料，也是因颜色互补使变色敏锐，但变色范围不变。例如，甲基橙（pH 3.1～4.4，红→黄）与靛蓝二磺酸钠（蓝色）混合后，变色范围仍然为 pH 3.1～4.4，但是颜色由紫→绿。

常用酸碱混合指示剂见表 3.9。

表 3.9 常用酸碱混合指示剂

混合指示剂组成	变色点 pH	酸式色	碱式色
1 份 0.1%甲基橙水溶液 1 份 0.25%靛蓝二磺酸钠水溶液	4.1	紫	黄绿
3 份 0.1%溴甲酚绿乙醇溶液 1 份 0.2%甲基红乙醇溶液	5.1	酒红	绿
1 份 0.1%溴甲酚绿钠盐水溶液 1 份 0.1%氯酚红钠盐水溶液	6.1	黄绿	蓝紫
1 份 0.1%中性红乙醇溶液 1 份 0.1%亚甲基蓝乙醇溶液	7.0	蓝紫	绿
1 份 0.1%甲酚红钠盐水溶液 3 份 0.1%百里酚蓝钠盐水溶液	8.3	黄	紫
1 份 0.1%百里酚蓝的 50%乙醇溶液 3 份 0.1%酚酞的 50%乙醇溶液	9.0	黄	紫

2. 金属指示剂

通常利用一种能与金属离子生成有色配合物的显色剂指示配位滴定过程中金属离子浓度的变化，这种显色剂称为金属指示剂。在配位滴定中广泛采用金属指示剂指示终点。

1) 金属指示剂作用原理

金属指示剂是一种有机染料，也是一种配位剂(In^-)，能与某些金属离子形成与其本身颜色显著不同的配合物(MIn)以指示终点。

滴定前： $M(少量) + In^- \rightleftharpoons MIn(B色)$ （A色）

滴入滴定剂 EDTA 后，它逐渐与大量的 M 发生配位反应，到化学计量点时，加入的 EDTA(Y)夺取 MIn 中的 M，使指示剂游离出来，溶液颜色便从 B 色变到 A 色。

终点： $MIn(B色) + Y \rightleftharpoons MY + In^-(A色)$

例如，用 EDTA 标准溶液滴定 Mg^{2+}，当加入铬黑 T(以 H_3In 表示其分子式)为指示剂，在 pH = 10 的缓冲溶液中为蓝色，与 Mg^{2+} 配合后生成红色配合物。反应如下：

滴定前： $Mg^{2+}(少量) + HIn^{2-} \rightleftharpoons MgIn^- + H^+$
　　　　　　　　　　　　　　蓝色　　　　　红色

当以 EDTA 溶液进行滴定到达化学计量点时，EDTA 逐渐夺取配合物 $MgIn^-$ 中的 Mg^{2+} 而生成更稳定的配合物 MgY^{2-}，终点置换反应如下：

终点： $MgIn^- + H_2Y^{2-} \rightleftharpoons MgY^{2-} + H^+ + HIn^{2-}$
　　　　　红色　　　　　　　　　　　　　　　　　　蓝色

直到 $MgIn^-$ 完全转变为 MgY^{2-}，同时游离出蓝色的 HIn^{2-}，即当溶液由红色变为纯蓝色时为滴定终点。

由此可见，作为配位滴定用的金属指示剂需具备以下条件：

(1) 指示剂与金属离子形成的配合物颜色应与指示剂本身的颜色有明显区别。因指示剂多为有机弱酸，在不同 pH 时，颜色不同，故须控制合适的 pH 范围。例如，铬黑 T(EBT)在溶液中有如下平衡：

$$In^{3-} \underset{}{\overset{\lg K_{af1}=11.6}{\rightleftharpoons}} HIn^{2-} \underset{}{\overset{\lg K_{af2}=6.3}{\rightleftharpoons}} H_2In^-$$
　　橙　　　　　　　蓝　　　　　　　紫红

pH < 6.3 时呈紫红色，pH > 11.6 时则呈橙色，而铬黑 T 与二价金属离子形成的配合物颜色为红色或紫红色，所以，只有在 pH = 7～11 范围内使用，指示剂才有明显的颜色变化。根据实验，最适宜的酸度是 pH = 9～10.5。

(2) 指示剂与金属离子配合物稳定性要适当。若 K_{MIn} 太小，会使终点过早出现，颜色变化不敏锐，一般要求 $K_{MIn} \geqslant 10^4$。但 K_{MIn} 也不能太大，因为 MIn 稳定性太高，将使终点拖后或使显色失去可逆性，得不到滴定终点。通常要求 $K_{MY}/K_{MIn} \geqslant 10^2$。

有些指示剂与某些金属离子形成的配合物稳定性很高或显色反应为不可逆，在滴定这些离子时，即使过量很多 EDTA，也不能释放出指示剂，使终点拖长或不变色。这种现象称为指示剂封闭。例如，Fe^{3+}、Co^{2+}、Ni^{2+}、Cu^{2+}、Al^{3+}、Ti^{4+} 对铬黑 T 有封闭作用；Fe^{3+}、

Co^{2+}、Ni^{2+}、Cu^{2+}、Al^{3+}对钙指示剂有封闭作用；Fe^{3+}、Ni^{2+}、Al^{3+}、Ti^{4+}对二甲酚橙有封闭作用。

如果封闭现象是由共存离子引起的，可加入掩蔽剂消除它们的这种干扰。例如，加入 F^- 可掩蔽 Al^{3+}，用三乙醇胺可掩蔽 Fe^{3+}、Al^{3+}等。

如果封闭现象是由被测离子引起的，则可采用回滴定法加以避免。例如，Al^{3+}对二甲酚橙有封闭作用，采用回滴定法予以消除。

(3)指示剂与金属离子的配合物应易溶于水。有的指示剂与金属离子形成的配合物在水中溶解度很小，终点时与 EDTA 置换缓慢，使终点拖长，这种现象称为指示剂僵化。例如，用 PAN[1-(2-吡啶偶氮)-2-萘酚]作指示剂测 Cu^{2+}、Bi^{3+}、Pb^{2+}、Cd^{2+}、Hg^{2+}、Sn^{2+}等离子时，常需加入乙醇等有机试剂，并适当加热，才能加快变色过程(防止指示剂僵化)。

(4)指示剂稳定，便于贮存和使用。在常用的几种金属指示剂中，铬黑 T 的水溶液易发生分子聚合而变质，需加入三乙醇胺防止其聚合或与 NaCl 制成固体混合物。钙指示剂的水溶液及乙醇溶液均不稳定，也须与 NaCl 制成固体混合物使用。

2)金属指示剂的理论变色点

为了减小滴定误差，须使指示剂变色时(终点)的 pM_{ep} 尽量与化学计量点的 pM_{sp} 接近。金属指示剂与酸碱指示剂不同，它的 pM_{ep} 与外界条件有关。

设金属指示剂配合物在溶液中有如下平衡(忽略金属离子的副反应)

$$M + In \rightleftharpoons MIn$$
$$\downarrow H^+$$
$$HIn$$
$$\downarrow H^+$$
$$H_2In$$
$$\vdots$$

指示剂条件稳定常数为 $K'_{MIn} = \dfrac{[MIn]}{[M][In']}$

$$\lg K'_{MIn} = pM + \lg \dfrac{[MIn]}{[In']}$$

到达指示剂变色点时，[MIn] = [In']，此时，pM 即 pM_{ep}

$$pM_{ep} = \lg K'_{MIn}$$

即指示剂变色点 pM_{ep} 为有色配合物的 $\lg K'_{MIn}$。

由于存在酸效应，$\lg K'_{MIn}$ 随溶液 pH 的变化而变化，即 pM_{ep} 也随 pH 而变化，故金属指示剂没有一个确定的变色点。选择指示剂时，须考虑体系的酸度，使终点 pM_{ep} 与化学计量点 pM_{sp} 尽量靠近。当 M 也有副反应时，则应使 pM'_{ep} 与 pM'_{sp} 尽量一致，此时，$pM'_{ep} = pM_{ep} - \lg \alpha_M$。

在计算 pM'_{ep} 时，要涉及有关常数，表 3.10 列出了铬黑 T 和二甲酚橙的酸效应系数。

表 3.10　铬黑 T 和二甲酚橙的 $\lg\alpha_{In(H)}$

(1) 铬黑 T

项目	红	$\lg K_{af2}=6.3$	蓝	$\lg K_{af1}=11.6$		橙
	pH6.0	pH7.0	pH8.0	pH9.0	pH10.0	pH11.0
$\lg\alpha_{In(H)}$	6.0	4.6	3.6	2.6	1.6	0.7
pCa_{ep}(至红)			1.8	2.8	3.8	4.7
pMg_{ep}(至红)	1.0	2.4	3.4	4.4	5.4	6.3
pMn_{ep}(至红)	3.6	5.0	6.2	7.8	9.7	11.5
pZn_{ep}(至红)	6.9	8.3	9.3	10.5	12.2	13.9

(2) 二甲酚橙

项目	黄					$\lg K_{af2}=6.3$		红
	pH0	pH1.0	pH2.0	pH3.0	pH4.0	pH4.5	pH5.0	pH5.5	pH6.0
$\lg\alpha_{In(H)}$	35.0	30.0	25.1	20.7	17.3	15.7	14.2	12.8	11.3
pBi_{ep}(至红)		4.0	5.4	6.8					
pCd_{ep}(至红)						4.0	4.5	5.0	5.5
pHg_{ep}(至红)							7.4	8.2	9.0
pLa_{ep}(至红)						4.0	4.5	5.0	5.6
pPb_{ep}(至红)				4.2	4.8	6.2	7.0	7.6	8.2
pTh_{ep}(至红)			3.6	4.9	6.3				
pZn_{ep}(至红)						4.1	4.8	5.7	6.5
pZr_{ep}(至红)	7.5								

【例 3.26】 在 pH = 10.0 的氨性溶液中，以铬黑 T 为指示剂，用 0.02000 mol·L^{-1} EDTA 滴定同浓度 Zn^{2+}，终点时游离氨的浓度为 0.20 mol·L^{-1}，计算 pM$'_{ep}$。

解　由表 3.7 查得 pH = 10.0 时，$\lg\alpha_{Zn(OH)} = 2.4$。已知 $\lg K_{ZnY} = 16.5$，Zn-NH$_3$ 的 $\lg\beta_1 \sim \lg\beta_4$ 分别为 2.37、4.81、7.31、9.46

$$\alpha_{Zn(NH_3)} = 1 + \beta_1[NH_3] + \beta_2[NH_3]^2 + \beta_3[NH_3]^3 + \beta_4[NH_3]^4 = 4.78\times10^6 \approx 10^{6.7}$$

由表 3.10 查得，pH = 10.0 时，$pZn_{ep} = 12.2$，所以

$$pZn_{ep} = 12.2 - 6.7 = 5.5$$

实际工作中多采用实验方法选择指示剂。几种常用指示剂及其应用列于表 3.11。

表 3.11　常用金属指示剂及其应用

指示剂名称	用途	注意事项
铬黑 T (EBT)	pH = 10，测 Mg^{2+}、Zn^{2+}、Cd^{2+}、Pb^{2+}、Hg^{2+}、In^{3+}	Fe^{3+}、Co^{2+}、Ni^{2+}、Cu^{2+}、Al^{3+}、Ti^{4+}有封闭作用
二甲酚橙 (XO)	pH = 1～2 (HNO$_3$)，测 Bi^{3+} pH = 2～3.5 (HNO$_3$)，测 Th^{3+} pH = 5～6 (六次甲基四胺)，测 Cd^{2+}、Co^{2+}、Cu^{2+}、Pb^{2+}、Hg^{2+} pH = 5～6 (HOAc-NaOAc)，测 Zn^{2+}、La^{3+}	pH<6 使用 Fe^{3+}、Ni^{2+}有封闭作用
磺基水杨酸	pH = 1.5～3，测 Fe^{3+}	Ni^{2+}
钙指示剂	pH = 12～13，测 Ca^{2+}	Fe^{3+}、Co^{2+}、Ni^{2+}、Cu^{2+}、Al^{3+}有封闭作用
PAN	pH = 1.9～12.2，测 Cu^{2+}、Bi^{3+}、Cd^{2+}、Hg^{2+}、Pb^{2+}、Zn^{2+}、Fe^{2+}、Ni^{2+}、Mn^{2+}	配合物水溶性差，加入有机溶剂并适当加热

3. 氧化还原滴定中的指示剂

氧化还原滴定中所用的指示剂有以下几类。

1) 自身指示剂

有些滴定剂本身有颜色，其滴定产物无色或颜色很浅。这样，滴定时不必另加指示剂，利用标准溶液本身的颜色变化指示终点。例如，在用 $KMnO_4$ 标准溶液滴定还原性物质时，滴定产物 Mn^{2+} 为无色，这种利用滴定剂本身颜色变化指示终点的指示剂称为自身指示剂。只要过量的 MnO_4^- 的浓度达到 $2 \times 10^{-6} mol \cdot L^{-1}$，就能显示其粉红色。

2) 特殊指示剂（专属指示剂）

这种指示剂本身不具有氧化还原性，但能与滴定剂或被滴定物作用产生颜色，从而指示滴定终点。例如，淀粉遇碘生成蓝色配合物（I_2 的浓度可低至 $2 \times 10^{-5} mol \cdot L^{-1}$），借此蓝色的出现（$I_2$）或消失（$I^-$），表示终点的到达。在直接碘量法中，用 I_2 作滴定剂，加入淀粉指示剂，终点由无色变到蓝色。在间接碘量法中，用 $Na_2S_2O_3$ 滴定反应中析出的 I_2，近终点时加入淀粉指示剂（近终点才加入指示剂是为了防止 I_2 淀粉配合物吸附部分 I_2，致使终点提前），终点时，溶液由蓝色变为无色。

3) 氧化还原指示剂

氧化还原指示剂本身是氧化剂或还原剂，其氧化态和还原态具有不同的颜色。若用 In(O) 和 In(R) 分别表示指示剂的氧化态和还原态，则

$$In(O) + ne^- \rightleftharpoons In(R)$$

其 Nernst 方程为

$$\varphi_{In} = \varphi_{In}^{\ominus'} + \frac{0.0591}{n} \lg \frac{[In(O)]}{[In(R)]}$$

滴定体系电位的任何改变，将引起 $\frac{[In(O)]}{[In(R)]}$ 比值的改变，从而引起溶液颜色的变化。变色范围相当于两种型体浓度的比值从 1/10 变到 10 时的变化范围，即终点的电位范围为 $\varphi_{In}^{\ominus'} \pm \frac{0.0591}{n}$，$\varphi_{In}^{\ominus'}$ 即指示剂的变色电位。

因指示剂的变色范围较小，故常直接用指示剂的 $\varphi_{In}^{\ominus'}$ 估量。

现以常用的二苯胺磺酸钠指示剂为例说明化学计量点时颜色变化的情况。二苯胺磺酸钠是二苯胺的衍生物，易溶于水，常配成 0.2%～0.5%的水溶液。在酸性溶液中主要以二苯联苯胺磺酸的还原态形式存在，溶液为无色。当被氧化后，以二苯联苯胺磺酸紫的氧化态形式存在，溶液为紫色。

$$2HSO_3\text{-}\underset{\text{二苯联苯胺磺酸}}{\underset{\text{无色}}{\text{[结构式]}}}\text{-}NH\text{-}\text{[结构式]} \rightleftharpoons HSO_3\text{-}\underset{\text{二苯联苯胺磺酸紫}}{\underset{\text{紫色}}{\text{[结构式]}}}\text{-}N=\text{[结构式]}=N\text{-}\text{[结构式]}\text{-}SO_3H + 2H^+ + 2e^-$$

当用 $K_2Cr_2O_7$ 标准溶液滴定 Fe^{2+} 到化学计量点时，稍微过量的 $K_2Cr_2O_7$ 就使二苯胺磺酸钠由无色的还原型氧化为紫色的氧化型，以指示终点的到达。

表 3.12 列出了常用的氧化还原指示剂。

表 3.12 常用氧化还原指示剂

指示剂	$\varphi_{\text{In}}^{\ominus'}(c_{\text{H}^+}=1\text{mol}\cdot\text{L}^{-1})$	还原态色	氧化态色
亚甲基蓝	0.53	无	蓝
二苯胺	0.76	无	紫
二苯胺磺酸钠	0.84	无	紫
邻苯氨基苯甲酸	0.89	无	紫红
邻二氮菲-亚铁	1.06	红	淡蓝
硝基邻二氮菲-亚铁	1.25	紫红	淡蓝

4. 沉淀滴定中的指示剂

虽然能形成沉淀的反应很多，但并不是所有的沉淀反应都能用于滴定分析。用于沉淀滴定法的沉淀反应必须符合下列几个条件：

(1) 生成的沉淀应具有恒定的组成，即有确定的化学计量关系，而且溶解度必须很小。
(2) 沉淀反应必须迅速、定量地进行。
(3) 能够用适当的指示剂或其他方法确定滴定终点。
(4) 沉淀的吸附现象不影响滴定终点的确定。

由于上述条件的限制，能用于沉淀滴定法的反应就不多了。目前应用较广的是生成难溶银盐的反应：

$$\text{Ag}^+ + \text{X}^- = \text{AgX}\downarrow \qquad \text{X}^-\text{为 Cl}^-\text{、Br}^-\text{、I}^-\text{、SCN}^-$$

这种利用生成难溶银盐反应的测定方法称为银量法，用银量法可以测定 Cl^-、Br^-、I^-、Ag^+、CN^-、SCN^- 等离子。

因指示剂的不同，银量法分为三种。

1) 摩尔法

摩尔法(Mohr method)是以 K_2CrO_4 作指示剂的银量法。在含 Cl^- 的溶液中加入 K_2CrO_4 指示剂，以 AgNO_3 标准溶液滴定

$$\text{Ag}^+ + \text{Cl}^- \rightleftharpoons \text{AgCl}\downarrow(白色)$$

$$2\text{Ag}^+ + \text{CrO}_4^{2-} \rightleftharpoons \text{Ag}_2\text{CrO}_4\downarrow(红色)$$

由于 AgCl 的溶解度小于 Ag_2CrO_4 的溶解度，根据分步沉淀的原理，在滴定过程中 AgCl 首先沉淀出来。随着滴定的进行，溶液中 Cl^- 浓度越来越小，Ag^+ 浓度相应增大，直至 Ag^+ 与 CrO_4^{2-} 的浓度乘积超过 Ag_2CrO_4 的溶度积，出现红色 Ag_2CrO_4 沉淀，借此指示滴定终点。

摩尔法的滴定条件：

(1) 指示剂的用量要适当。若 $[\text{CrO}_4^{2-}]$ 过大，使滴定终点提前到达。若 $[\text{CrO}_4^{2-}]$ 过小，则使滴定终点推后。为了获得比较准确的测定结果，须严格控制 CrO_4^{2-} 的浓度。在实际测定时，每 25～50mL 溶液加入 1mL 5%的 K_2CrO_4 较好。

(2) 滴定应在中性或弱碱性溶液中进行。酸性太强，有

$$2\text{CrO}_4^{2-} + 2\text{H}^+ \rightleftharpoons 2\text{HCrO}_4^-$$
$$\longrightarrow \text{Cr}_2\text{O}_7^{2-}$$

降低了$[CrO_4^{2-}]$，化学计量点时不能形成Ag_2CrO_4沉淀。若溶液碱性太强，则有

$$2Ag^+ + 2OH^- \rightleftharpoons 2AgOH\downarrow$$
$$\longrightarrow Ag_2O\downarrow$$

使$AgNO_3$标准溶液用量增大，产生误差。

因此，摩尔法只能在pH 6.5~10.5范围进行。当溶液中有铵盐存在时，要求溶液pH在6.5~7.2，因为当溶液pH更高时，游离NH_3浓度增大，形成$Ag(NH_3)_2^+$，而增大AgCl和Ag_2CrO_4的溶解度。

(3)摩尔法适用于测Cl^-和Br^-。当用来测定I^-和SCN^-时，因AgI和AgSCN沉淀有强烈的吸附作用，使终点变色不明显，误差增大。另外，若用摩尔法测定Ag^+，只能采用回滴定法，而不能用Cl^-标准溶液滴定Ag^+。

(4)应除去有干扰的离子。对摩尔法有干扰的离子包括：

与Ag^+生成沉淀的阴离子，如PO_4^{3-}、AsO_4^{3-}、SO_3^{2-}、S^{2-}、CO_3^{2-}、$C_2O_4^{2-}$等；

与CrO_4^{2-}形成沉淀的阳离子，如Ba^{2+}、Pb^{2+}等；

有色离子，如Cu^{2+}、Co^{2+}、Ni^{2+}等；

在测定条件下发生水解的离子，如Al^{3+}、Fe^{3+}、Bi^{3+}、Sn^{4+}等。

2) 福尔哈德法

福尔哈德法(Volhard method)是以铁铵矾$[NH_4Fe(SO_4)_2]$为指示剂的银量法，可用NH_4SCN或KSCN标准溶液直接滴定Ag^+。测定原理如下：

滴定 $\qquad\qquad Ag^+ + SCN^- \rightleftharpoons AgSCN\downarrow$(白色)

终点 $\qquad\qquad Fe^{3+} + SCN^- \rightleftharpoons [Fe(SCN)]^{2+}\downarrow$(血红色)

为了防止Fe^{3+}水解，滴定时须在强酸性介质中进行。另外，在酸性介质中可避免许多弱酸根离子如PO_4^{3-}、AsO_4^{3-}、CrO_4^{2-}、CO_3^{2-}等的干扰，还可破坏胶体，减少AgSCN对溶液中Ag^+吸附带来的误差。

3) 法扬斯法

法扬斯法(Fajans method)是采用吸附指示剂的银量法。吸附指示剂是一类有机染料，其阴离子在溶液中易被带有正电荷的胶状沉淀所吸附，并使结构变形而引起颜色变化，指示终点。

例如荧光黄作指示剂，用$AgNO_3$滴定Cl^-，荧光黄在水溶液中有如下离解：

$$HFL \rightleftharpoons H^+ + FL^-(黄绿色)$$

终点前，溶液存在过量Cl^-，AgCl沉淀吸附Cl^-而带负电荷(首先吸附构晶离子)，FL^-受到排斥而不被吸附，溶液中存在的是

$$AgCl\cdot Cl^- + FL^-(黄绿色)$$

化学计量点后，稍过量Ag^+被AgCl沉淀吸附带正电荷，由于静电引力可强烈吸附FL^-，使荧光黄阴离子结构发生变化，溶液由黄绿色变为粉红色，指示终点到达。

$$AgCl\cdot Ag^+ + FL^-(黄绿色) \rightleftharpoons AgCl\cdot Ag^+FL^-(粉红色)$$

采用吸附指示剂法，应注意以下测定条件：

(1)沉淀须保持胶体状态，以增强吸附能力。因颜色变化发生在沉淀的表面，应尽量使沉淀的比表面积大一些，为此，可加入糊精或淀粉作为胶体保护剂，防止AgCl沉淀凝聚。

(2) 溶液酸度要适当。因指示剂为有机弱酸，起指示剂作用的是它的阴离子，故溶液的 pH 应有利于指示剂阴离子的存在（根据分布曲线判定）。稳定常数大的指示剂，要求溶液 pH 要高一些。例如，荧光黄的 $K_{af}=10^7$，要求溶液 pH 为 7～10；二氯荧光黄 $K_{af}=10^4$，适用 pH 范围是 4～10。

(3) 指示剂被沉淀吸附的能力要略小于沉淀对被测离子的吸附力，以免终点提前。AgX 沉淀对 X^- 和几种吸附指示剂的吸附力大小顺序如下：

$$I^- > 二甲基二碘荧光黄 > Br^- > 曙红 > Cl^- > 荧光黄$$

(4) 指示剂的离子与加入的滴定剂离子应带有相反的电荷。例如，用 Cl^- 滴定 Ag^+，采用甲基紫 MV^+ 作指示剂。

终点前：$AgCl \cdot Ag^+ + MV^+$（红）

终点：$AgCl \cdot Cl^- MV^+$（紫）

(5) 带有吸附指示剂的 AgX 对光极敏感，遇光易分解析出金属银，故在滴定过程中应避免强光照射。

常用的吸附指示剂见表 3.13。

表 3.13 常用的吸附指示剂

指示剂	待测离子	滴定剂	适用 pH 范围
荧光黄	Cl^-	Ag^+	7～10
二氯荧光黄	Cl^-	Ag^+	4～10
曙红	Br^-、I^-、SCN^-	Ag^+	2～10
甲基紫	SO_4^{2-}(Ag^+)	Ba^{2+}(Cl^-)	1.5～3.5（酸性）
溴酚蓝	生物碱盐类	Ag^+	弱酸性
二甲基二碘荧光黄	I^-	Ag^+	中性

3.3.2 仪器分析方法指示终点

用指示剂确定滴定终点简单方便，但不适合在有色溶液或有沉淀的溶液中滴定，用电位滴定、电导滴定、电流滴定、交流示波极谱滴定和光度滴定等仪器分析方法确定滴定终点则可克服上述不足，且这些仪器分析方法对于酸碱滴定、配位滴定、氧化还原滴定和沉淀滴定均适用。这部分可在掌握相关仪器分析方法后再学习。

1. 电位滴定

在滴定分析中，当遇到有色溶液或混浊溶液时，用指示剂难以指示滴定终点，采用电位滴定可以准确判断终点。电位滴定的装置示于图 3.7。在被测物溶液中插入指示电极和参比电极，由于滴定过程中待测离子与滴定剂发生化学反应，离子活度发生变化，引起指示电极的电位改变。在化学计量点附近，离子活度的变化可能达几个数量级，出现电位突跃，因此可确定滴定终点。图 3.8 是用 $0.1000\,mol\cdot L^{-1}$ $AgNO_3$ 溶液滴定 2.433mmol Cl^- 的滴定曲线，图 3.8(a) 为电动势 E 对体积 V 的曲线。

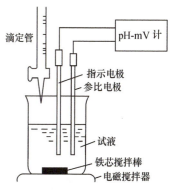

图 3.7 电位滴定装置

如果电位突跃不明显，可采用一次微分法[图 3.8(b)]，以 $\Delta E/\Delta V$ 对 V 作图，图中极大点即为滴定终点。也可以绘制二次微分曲线，以 $\Delta^2 E/\Delta V^2$ 对 V 作图[图 3.8(c)]，$\Delta^2 E/\Delta V^2$ 等于零的点即为终点。

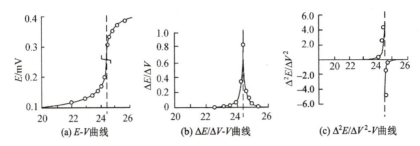

图 3.8　用 $0.1000 \text{mol} \cdot \text{L}^{-1}$ $AgNO_3$ 滴定 2.433mmol Cl^- 的电位滴定曲线

滴定终点也可以根据滴定至终点时的电动势来确定。此时，先滴定标准试样获得经验化学计量点的电动势值，以此值为依据，可进行自动电位滴定。

电位滴定法具有如下特点：

(1) 准确度高，与普通容量法一样，测定的相对误差为 0.2%。

(2) 能用于有色溶液或混浊溶液滴定。

(3) 适合于非水滴定指示终点。许多有机物的滴定在非水溶液中进行，难以找到合适的指示剂，可采用电位滴定。

(4) 能连续滴定，同时测定多组分，也可自动滴定，并适用于微量分析。

用电位滴定法进行物质含量测定时，应根据滴定反应类型选用不同的指示电极。酸碱滴定常用 pH 玻璃电极作指示电极。氧化还原滴定用 Pt 电极等零类电极作指示电极。沉淀滴定要根据不同的沉淀反应选用指示电极。例如，用硝酸银滴定卤离子时可用银电极作指示电极；以碘离子选择性电极作指示电极，可用硝酸银连续滴定氯、溴和碘离子。

在配位滴定中，可采用两种类型的指示电极。一种是应用于个别反应的指示电极，如用 EDTA 滴定 Fe^{3+} 时，加入 Fe^{3+} 后用 Pt 电极作指示电极。另一种是能够指示多种金属离子浓度的电极，在试液中加入 Cu-EDTA 配合物，用铜离子选择性电极作指示电极，当向溶液中滴加 EDTA 时，溶液中游离 Cu^{2+} 浓度随溶液中游离 EDTA 浓度的改变而变化，引起铜离子电极电位发生变化，可间接反映待测金属离子浓度的变化。

2. 电导滴定

电导滴定在电导滴定池(图 3.9)中进行。在滴定过程中，化学反应常引起溶液电导率变化。利用记录被测试液中电导率的变化来确定滴定终点的方法称为电导滴定法。图 3.10 是用 NaOH 溶液滴定极弱酸 H_3BO_3($K_{af} = 10^{9.24}$)的电导滴定曲线。滴定开始时，加入的 NaOH 与 H_3BO_3 反应，形成缓冲体系，溶液的 pH 接近恒定。继续滴加 NaOH 溶液，OH^- 被缓冲体系消耗，因而不引起溶液电导变化。但加入的 Na^+ 与生成的 $H_2BO_3^-$ 使电导增加。化学计量点后，硼酸盐不再增加，而加入的 OH^- 使溶液电导直线上升。两直线延长线的交点所对应的体积即为终点。

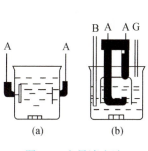
图 3.9 电导滴定池

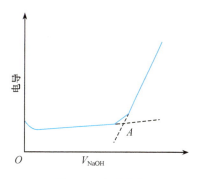
图 3.10 电导滴定

3. 电流滴定

电流滴定(又称安培滴定)和极谱的 $i\text{-}E$ 曲线有密切关系,施加于电极上的电压通常根据 $i\text{-}E$ 曲线确定。电流滴定中可用一个工作电极,也可采用两个工作电极(称为双电流滴定)。

电流滴定用一个工作电极和一个参比电极时,工作电极是极化电极,一般用旋转铂微电极或滴汞电极。参比电极为去极化电极,在有微小电流通过时它的电极电位要基本不变,故常用大面积的甘汞电极。

施加于两电极间的外加电压一般选择在极化曲线 i_d 平台处相对应的电位,因为这时电流的大小不随外加电压而变化,且与电活性物质的浓度成正比。

电流滴定装置示于图 3.11。图 3.12 是用重铬酸钾滴定 Pb^{2+} 的滴定曲线,外加电压 $E_{外} = -1.2V$(vs. SCE),在此电位下,Pb^{2+} 和 $Cr_2O_7^{2-}$ 均可以还原,因此电流在化学计量点以前下降(Pb^{2+} 和 $Cr_2O_7^{2-}$ 反应生成 $PbCrO_4$ 沉淀),而在化学计量点后上升,形成 V 形曲线。不同的滴定体系,曲线有 L 形、反 V 形等。

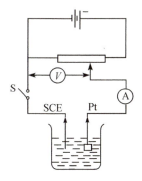
图 3.11 电流滴定装置

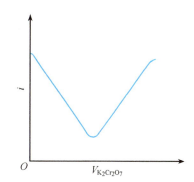
图 3.12 $K_2Cr_2O_7$ 滴定 Pb^{2+} 的曲线

4. 交流示波极谱滴定

交流示波极谱滴定法是利用交流示波极谱曲线 $[dE/dt - f(E)]$ 上切口的出现或消失来指示滴定终点的容量分析方法。交流示波极谱滴定在交流示波极谱滴定仪上进行。图 3.13 是 dE/dt 对电位 E 的封闭曲线,切口的位置直接给出半波电位,切口的深度或离电位轴的距离与电活性物质的浓度有关。对于可逆极谱波,阳极和阴极的切口相对应。

(a) $NH_3 \cdot H_2O$-NH_4Cl 底液　　　(b) Zn^{2+}+$NH_3 \cdot H_2O$-NH_4Cl 溶液

图 3.13　Zn^{2+} 在 $NH_3 \cdot H_2O$-NH_4Cl 溶液中的交流示波极谱图

苯妥英钠是一种强碱弱酸盐，其共轭酸苯妥英在水中溶解度很小，因此不能用酸直接滴定苯妥英钠。用汞膜电极作工作电极，以 W 电极为参比电极，在溶液中加入酚红作抗钝化剂，以交流示波极谱滴定便可用 HCl 溶液直接滴定片剂中的苯妥英钠含量。图 3.14 是在滴定过程中交流示波极谱图形的变化。

(a) 滴定前　(b) 滴定中　(c) 终止时　(d) 终点(原料药)　(e) 终点(片剂)

图 3.14　盐酸滴定苯妥英钠的交流示波极谱图

5. 光度滴定

光度测量可用来指示滴定终点。光度滴定须在有滴定池的分光光度计上进行，将普通分光光度计改装，使在光路中可插入滴定容器，便可完成光度滴定。在滴定过程中，滴加一定量的滴定剂后，测定溶液的吸光度，绘制吸光度-滴定剂体积曲线(图 3.15)，便可确定滴定终点。例如，用 EDTA 连续滴定 Bi^{3+} 和 Cu^{2+}，745nm 处 Bi^{3+} 或 EDTA 均无吸收。加入 EDTA 后，Bi^{3+}-EDTA 配合物在此波长也无吸收，因此，在第一个化学计量点以前吸光度没有变化。过了第一个化学计量点，随着 EDTA 的加入，Cu^{2+}-EDTA 配合物形成，该配合物在此波长处有吸收，因而随着 EDTA 的加入吸光度增加，至 Cu^{2+} 完全形成配合物，吸光度达到最大。第二个化学计量后，继续加入 EDTA，吸光度不发生变化。

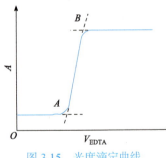

图 3.15　光度滴定曲线

思考题 3.12　影响酸碱指示剂变色范围的因素有哪些？

思考题 3.13　为什么金属指示剂没有确定的变色范围？同一种金属指示剂用于不同的金属离子滴定时，为什么酸度范围不一定相同？

思考题 3.14　金属指示剂的封闭和僵化有什么区别？如何避免？

3.4　滴定条件选择

3.4.1　滴定曲线

1. 滴定曲线的绘制

在滴定过程中，随着滴定剂的加入，溶液的某种参数[pH、pM、pAg 或 pX(X⁻为 Cl⁻、Br⁻、

I⁻、SCN⁻)及 φ 等]不断变化，若以加入的滴定剂体积为横坐标，溶液的某种参数为纵坐标，便可绘制滴定曲线。由于各种不同类型的滴定过程中组分浓度的变化规律各不相同，因此分别加以讨论。

1)强碱滴定强酸

强酸与强碱相互滴定的基本反应为

$$H^+ + OH^- \rightleftharpoons H_2O$$

滴定反应平衡常数为 $K_t = \dfrac{1}{[H^+][OH^-]} = \dfrac{1}{K_w} = K_{wf} = 1.00 \times 10^{14}$，这是所有酸碱滴定中最大的滴定反应平衡常数，说明强酸和强碱的反应完全程度最高。

例如，以 $0.1000 \text{mol} \cdot \text{L}^{-1}$ NaOH 溶液滴定 20.00mL $0.1000 \text{mol} \cdot \text{L}^{-1}$ HCl 溶液为例，整个滴定过程可分为 4 个阶段。

(1) 滴定开始前，溶液中仅有 HCl 存在，所以溶液的 pH 取决于 HCl 溶液的原始浓度，即 $[H^+] = 0.1000 \text{mol} \cdot \text{L}^{-1}$，pH = 1.00。

(2) 滴定开始至化学计量点前，由于加入 NaOH，部分 HCl 被中和，此时组成 HCl+NaCl 溶液，其中的 Na^+、Cl^- 对 pH 无影响，所以可根据剩余的 HCl 量计算溶液的 pH。例如，加入 18.00mL NaOH 溶液时，还剩余 2.00mL HCl 溶液未被中和，这时溶液中的 HCl 浓度应为

$$\frac{2.00 \times 0.1000}{20.00 + 18.00} = 5.3 \times 10^{-3} (\text{mol} \cdot \text{L}^{-1}), \quad [H^+] = 5.3 \times 10^{-3} \text{mol} \cdot \text{L}^{-1}, \quad \text{pH} = 2.28$$

又如滴入 NaOH 19.98mL（化学计量点前 0.1%）时：

$$[H^+] = \frac{0.02 \times 0.1000}{20.00 + 19.98} = 5.00 \times 10^{-5} (\text{mol} \cdot \text{L}^{-1}), \quad \text{pH} = 4.30$$

(3) 化学计量点时，当加入 20.00mL NaOH 溶液时，HCl 被 NaOH 全部中和，生成 NaCl 溶液，溶液呈中性，即 $[H^+] = [OH^-] = 10^{-7} \text{mol} \cdot \text{L}^{-1}$，pH = 7.00。

(4) 化学计量点后，过了化学计量点再加入 NaOH 溶液，构成 NaOH+NaCl 溶液体系，其 pH 取决于过量的 NaOH，计算方法与强酸溶液中计算 $[H^+]$ 的方法类似。例如，加入 20.02mL NaOH 溶液时（化学计量点后 0.1%），NaOH 溶液过量 0.02mL，多余的 NaOH 浓度为

$$\frac{0.02 \times 0.1000}{20.00 + 20.02} = 5.0 \times 10^{-5} (\text{mol} \cdot \text{L}^{-1}), \quad [OH^-] = 5.0 \times 10^{-5} \text{mol} \cdot \text{L}^{-1}, \quad \text{pOH} = 4.30, \quad \text{pH} = 9.70$$

用类似方法可以计算出滴定过程中各点的 pH，其数据列于表 3.14，则得如图 3.16 所示的滴定曲线。

表 3.14　用 $0.1000 \text{mol} \cdot \text{L}^{-1}$ NaOH 溶液滴定 20.00mL $0.1000 \text{mol} \cdot \text{L}^{-1}$ HCl 溶液的 pH 变化（室温下）

加入 NaOH 溶液		剩余 HCl 溶液		过量 NaOH 溶液的体积		pH	
V/mL	%	V/mL	%	V/mL	%		
0.00	0	20.00	100			1.00	
18.00	90.0	2.00	10			2.28	
19.80	99.0	0.20	1			3.30	
19.98	99.9	0.02	0.1			4.30	⎫
20.00	100.0	0.00	0	0.00	0	7.00	⎬ 滴定突跃
20.02	100.1			0.02	0.1	9.70	⎭

续表

加入 NaOH 溶液		剩余 HCl 溶液	过量 NaOH 溶液的体积		pH
20.20	101.0		0.20	1.0	10.70
22.00	110.0		2.00	10	11.70
40.00	200.0		20.00	100	12.50

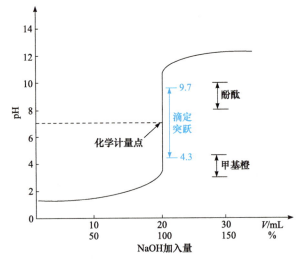

图 3.16　用 $0.1000\text{mol}\cdot\text{L}^{-1}$ NaOH 溶液滴定 20.00mL $0.1000\text{mol}\cdot\text{L}^{-1}$ HCl 溶液的滴定曲线

如果用强酸滴定强碱，则滴定曲线恰好和图 3.16 的曲线对称，即 pH 变化方向相反。

2) 强碱滴定弱酸

强碱滴定弱酸基本反应为

$$HA + OH^- \rightleftharpoons H_2O + A^-$$

滴定反应平衡常数为

$$K_t = \frac{K_a}{K_w} = \frac{K_{wf}}{K_{af}}$$

例如，以 $0.1000\text{mol}\cdot\text{L}^{-1}$ NaOH 溶液滴定 20.00mL $0.1000\text{mol}\cdot\text{L}^{-1}$ HOAc 溶液，已知 HOAc 的 $pK_a = \lg K_{af} = 4.74$。

(1) 滴定开始前，溶液的 $[H^+]$ 主要来自 HOAc 的离解，按一元弱酸 pH 计算最简式，得

$$[H^+] = \sqrt{\frac{c}{K_{af}}} = \sqrt{0.1000 \times 10^{-4.74}} = 10^{-2.87}(\text{mol}\cdot\text{L}^{-1}),\quad pH = 2.87$$

(2) 滴定开始至化学计量点前，这一阶段溶液中未反应的弱酸 HOAc 及反应产物 OAc⁻ 组成缓冲溶液。如果滴入的 NaOH 溶液为 19.98mL，剩余 HOAc 为 0.02mL，则溶液中剩余的 HOAc 浓度为

$$c_a = \frac{0.02 \times 0.1000}{20.00 + 19.98} = 5.00 \times 10^{-5}(\text{mol}\cdot\text{L}^{-1})$$

同理可得反应生成的 OAc⁻ 浓度为 $c_b = 5.00 \times 10^{-2}\text{mol}\cdot\text{L}^{-1}$。

根据缓冲溶液 pH 计算最简式

$$pH = \lg K_{af} + \lg \frac{[OAc^-]}{[HOAc]} = 4.74 + \lg \frac{5.00 \times 10^{-2}}{5.00 \times 10^{-5}} = 7.74$$

(3) 化学计量点时，此时溶液为 NaOAc 溶液，其酸度由 HOAc 的共轭碱 OAc^- 的 K_{bf} 和 c_b 决定，其浓度为

$$c_b = \frac{20.00 \times 0.1000}{20.00 + 20.00} = 5.00 \times 10^{-2} (mol \cdot L^{-1})$$

$$\lg K_{bf} = 14 - \lg K_{af} = 14 - 4.74 = 9.26$$

$$[OH^-] = \sqrt{\frac{c}{K_{bf}}} = \sqrt{5.00 \times 10^{-2} \times 10^{-9.26}} = 5.24 \times 10^{-6}$$

$$pOH = 5.28, \quad pH = 8.72$$

(4) 化学计量点后，由于过量 NaOH 的存在抑制了 OAc^- 的水解，溶液的 pH 仅由过量的 NaOH 的量和溶液体积决定，其计算方法与强碱滴定强酸的情况完全相同。

如上所示逐一计算，其滴定曲线见后文图 3.22。

对强酸(HCl)滴定弱碱时 pH 的变化情况可采用类似方法处理，与强碱滴定弱酸比较，仅 pH 的变化方向相反，突跃范围的大小取决于碱的稳定性及其浓度。

3) EDTA 滴定金属离子

与酸碱滴定相似，配位滴定过程中 pM 的变化规律可用 pM 对配位剂 EDTA 的加入量所绘制的滴定曲线表示。考虑到各种副反应的影响，需要应用条件稳定常数。对于不易水解或不易与其他配位剂配合的金属离子(如 Ca^{2+})，只需考虑 EDTA 的酸效应，即计算出不同 pH 溶液中在滴定的不同阶段被滴定金属离子的浓度，据此绘制滴定曲线。

例如，用 $0.0100 mol \cdot L^{-1}$ EDTA 标准溶液滴定 20.00mL $0.0100 mol \cdot L^{-1}$ Ca^{2+} 溶液。

$$pH = 12, \quad \lg K_{CaY} = 10.69, \quad \lg \alpha_{Y(H)} = 0.01 \approx 0$$

$$\lg K'_{CaY} = \lg K_{CaY} - \lg \alpha_{Y(H)} = \lg K_{CaY} = 10.69$$

(1) 滴定开始前，$[Ca^{2+}] = 0.0100 mol \cdot L^{-1}$，$pCa = -\lg[Ca^{2+}] = -\lg 0.01 = 2.00$。

(2) 滴定开始至化学计量点前，设已加入 EDTA 溶液 19.98mL，此时还剩余 Ca^{2+} 溶液 0.02mL，所以 $[Ca^{2+}] = \frac{0.0100 \times 0.02}{20.00 + 19.98} = 5 \times 10^{-5} mol \cdot L^{-1}$，$pCa = 5.30$。

(3) 化学计量点时，Ca^{2+} 与 EDTA 几乎全部配合成 CaY^{2-}：

$$[CaY^{2-}] = 0.0100 \times \frac{20.00}{20.00 + 20.00} = 5 \times 10^{-3} (mol \cdot L^{-1})$$

同时，pH = 12 时，$\lg \alpha_{Y(H)} = 0.01 \approx 0$，$[Y] = [Y']$，$[Ca^{2+}] = [Y]$，故

$$\frac{5 \times 10^{-3}}{[Ca^{2+}]^2} = 10^{10.69}, \quad [Ca^{2+}] = 3.2 \times 10^{-7} mol \cdot L^{-1}, \quad pCa = 6.49$$

(4) 化学计量点后，设加入 20.02mL EDTA 溶液，此时 EDTA 溶液过量 0.02mL，即

$$[Y] = \frac{0.0100 \times 0.02}{20.00 + 20.02} = 5 \times 10^{-6} (mol \cdot L^{-1})$$

代入稳定常数表达式，得

$$\frac{5\times10^{-3}}{[Ca^{2+}]\times 5\times10^{-6}}=10^{10.69}, \quad [Ca^{2+}]=10^{-7.69}, \quad pCa=7.69$$

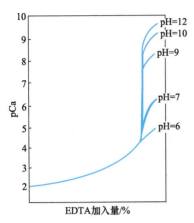

图 3.17　$0.01000 mol\cdot L^{-1}$ EDTA 滴定 $0.0100 mol\cdot L^{-1}$ 的 Ca^{2+} 的滴定曲线

按照相同的方法可以计算其他 pH 时各点的 pCa 并绘制滴定曲线，如图 3.17 所示。从图 3.17 的曲线可以看出，用 EDTA 溶液滴定某一金属离子时（如 Ca^{2+}），金属离子浓度的变化情况与溶液 pH 有关，即滴定曲线是随溶液 pH 大小不同而变化的。这是由于配合物的条件稳定常数 K'_{MY} 的大小随 pH 而改变。pH 越大，条件稳定常数越大，配合物越稳定。由此可见，溶液 pH 的选择在 EDTA 配位滴定中非常重要。

4）氧化还原滴定

氧化还原滴定法和其他滴定方法一样，随着滴定剂标准溶液的不断加入，被滴定物质的氧化态和还原态的浓度逐渐改变，电对的电极电位也随之不断改变。

现以 $0.1000 mol\cdot L^{-1}$ $Ce(SO_4)_2$ 溶液滴定 $1 mol\cdot L^{-1} H_2SO_4$ 溶液中的 $0.1000 mol\cdot L^{-1}$ Fe^{2+} 溶液为例讨论可逆氧化还原电对的滴定曲线。

已知电对 Ce^{4+}/Ce^{3+} 和 Fe^{3+}/Fe^{2+} 为对称可逆电对（氧化态和还原态计量系数相同为对称，否则为不对称），其条件电极电位分别为 1.44V 和 0.68V。

滴定反应为 $\quad\quad\quad\quad Ce^{4+}+Fe^{2+}\rightleftharpoons Ce^{3+}+Fe^{3+}$

滴定开始后，溶液中存在两个电对，根据能斯特方程式，两个电对的电极电位分别为

$$\varphi_{Fe^{3+}/Fe^{2+}}=\varphi^{\ominus'}_{Fe^{3+}/Fe^{2+}}+0.0591 \lg\frac{c_{Fe(III)}}{c_{Fe(II)}} \quad \varphi^{\ominus'}_{Fe^{3+}/Fe^{2+}}=0.68\,V$$

$$\varphi_{Ce^{4+}/Ce^{3+}}=\varphi^{\ominus'}_{Ce^{4+}/Ce^{3+}}+0.0591 \lg\frac{c_{Ce(IV)}}{c_{Ce(III)}} \quad \varphi^{\ominus'}_{Ce^{4+}/Ce^{3+}}=1.44\,V$$

在滴定过程中，每加入一定量滴定剂，反应达到一个新的平衡，此时两个电对的电极电位相等，即 $\varphi_{Fe^{3+}/Fe^{2+}}=\varphi_{Ce^{4+}/Ce^{3+}}$。因此，溶液中各平衡的电位可选用便于计算的任何一个电对计算。

(1) 滴定开始前，此时无法计算出电对的电极电位。

(2) 滴定开始至化学计量点前，滴定开始后随着 Ce^{4+} 的滴入，Ce^{3+} 和 Fe^{3+} 不断生成，Ce^{4+} 几乎完全转化为 Ce^{3+}，溶液中 Ce^{4+} 的浓度很低而难以直接求得，而溶液中存在未被氧化的 Fe^{2+}，滴定过程中电极电位的变化可根据 Fe^{3+}/Fe^{2+} 电对计算：

$$\varphi_{Fe^{3+}/Fe^{2+}}=\varphi^{\ominus'}_{Fe^{3+}/Fe^{2+}}+0.0591 \lg\frac{c_{Fe(III)}}{c_{Fe(II)}}$$

如加入 19.98ml Ce^{4+} 溶液时，有 99.9% Fe^{2+} 被氧化为 Fe^{3+}，则

$$\varphi_{Fe^{3+}/Fe^{2+}} = \varphi_{Fe^{3+}/Fe^{2+}}^{\ominus\prime} + 0.0591\lg\frac{c_{Fe(III)}}{c_{Fe(II)}} = 0.68 + 0.0591\lg\frac{99.9\%}{0.1\%} = 0.86(V)$$

(3)化学计量点时，反应到达平衡，两电对的电位相等。令化学计量点的电位为φ_{sp}，则对下述氧化还原反应：$n_2 Ox_1 + n_1 Red_2 \rightleftharpoons n_2 Red_1 + n_1 Ox_2$

$$\varphi_{sp} = \varphi_1^{\ominus\prime} + \frac{0.0591}{n_1}\lg\frac{c_{Ox_1}}{c_{Red_1}}, \qquad \varphi_{sp} = \varphi_2^{\ominus\prime} + \frac{0.0591}{n_2}\lg\frac{c_{Ox_2}}{c_{Red_2}}$$

整理并将上述两式相加，得

$$(n_1 + n_2)\varphi_{sp} = n_1\varphi_1^{\ominus\prime} + n_2\varphi_2^{\ominus\prime} + 0.0591\lg\frac{c_{Ox_1}c_{Ox_2}}{c_{Red_1}c_{Red_2}}$$

从反应式可知 $\frac{c_{Ox_1}}{c_{Red_2}} = \frac{n_2}{n_1}$，$\frac{c_{Ox_2}}{c_{Red_1}} = \frac{n_1}{n_2}$，故

$$\lg\frac{c_{Ox_1}c_{Ox_2}}{c_{Red_1}c_{Red_2}} = 0, \qquad \varphi_{sp} = \frac{n_1\varphi_1^{\ominus\prime} + n_2\varphi_2^{\ominus\prime}}{n_1 + n_2}$$

上式即为可逆对称氧化还原反应化学计量点时电极电位的计算式。如果为可逆不对称氧化还原反应，如 $Cr_2O_7^{2-} + 6Fe^{2+} + 14H^+ \rightleftharpoons 2Cr^{3+} + 6Fe^{3+} + 7H_2O$，则 φ_{sp} 除与 $\varphi^{\ominus}$ 及 n 有关外，还和离子的浓度有关。

对于 $Ce(SO_4)_2$ 溶液滴定 Fe^{2+}，化学计量点时的电极电位为

$$\varphi_{sp} = \frac{\varphi_{Ce^{4+}/Ce^{3+}}^{\ominus\prime} + \varphi_{Fe^{3+}/Fe^{2+}}^{\ominus\prime}}{2} = \frac{0.68 + 1.44}{2} = 1.06(V)$$

(4)化学计量点后，由于此时溶液中的 Fe^{2+} 几乎全被氧化成 Fe^{3+}，Fe^{2+} 的浓度极小，不能求得。而加入了过量的 Ce^{4+}，因此可利用 Ce^{4+}/Ce^{3+} 电对计算：

$$\varphi_{Ce^{4+}/Ce^{3+}} = \varphi_{Ce^{4+}/Ce^{3+}}^{\ominus\prime} + 0.0591\lg\frac{c_{Ce(IV)}}{c_{Ce(III)}}$$

如 Ce^{4+} 过量 0.1%时其电极电位为

$$\varphi_{Ce^{4+}/Ce^{3+}} = 1.44 + 0.0591\lg\frac{0.1}{100} = 1.26(V)$$

按照上述方法可以计算出不同滴定剂加入量时溶液的电极电位值，滴定曲线如图 3.18 所示。

5)沉淀滴定

银量法可分为直接法和间接法。在直接滴定法中，随着 $AgNO_3$ 溶液的滴入，卤素离子浓度不断变化。以滴入的 $AgNO_3$ 溶液体积作为横坐标，pX($-\lg[X^-]$)为纵坐标，可得滴定曲线。图 3.19 为 $0.1000 mol \cdot L^{-1} AgNO_3$ 溶液滴定 20.00mL $0.1000 mol \cdot L^{-1}$ Cl^-、Br^-、I^- 溶液的滴定曲线。

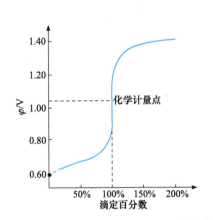
图 3.18　以 0.1000mol·L⁻¹ Ce(SO₄)₂ 溶液滴定 0.1000mol·L⁻¹Fe²⁺溶液的滴定曲线

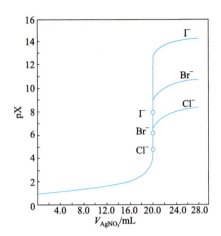
图 3.19　用 0.1000mol·L⁻¹ AgNO₃ 溶液滴定 20.00mL 0.1000mol·L⁻¹ Cl⁻、Br⁻、I⁻溶液的滴定曲线

2. 滴定曲线的形状

在滴定前，溶液的参数取决于被滴定物质的性质或浓度，并由此决定曲线起点的高低。强碱(酸)滴定强酸(碱)、EDTA 滴定金属离子、AgNO₃ 滴定 Cl⁻ 等，被滴定物质的浓度越高，则曲线的起点就越低。强碱(酸)滴定弱酸(碱)，除了弱酸(碱)的浓度以外，其稳定常数也对滴定曲线起点的高低有影响。

在氧化还原滴定中，设以氧化剂为滴定剂，在滴定前，溶液中大量存在的是还原剂电对中的还原态物质，因空气的氧化作用产生的氧化态物质很少，且不能准确知道其浓度，故此时溶液的电位无法计算。

滴定开始至化学计量点前：

设以浓度为 c 的滴定剂 A 滴定同浓度 20.00mL 被测物 B，滴定反应为

$$A + B \rightleftharpoons C + D$$

滴定开始时，溶液中有大量 B，加入 A 后引起溶液参数的变化比较缓慢，一直滴定到溶液中只剩下 0.1%(0.02mL)B 时，曲线都比较平坦。强碱(酸)滴定强酸(碱)、配位滴定、氧化还原滴定、沉淀滴定都是这种情形(图 3.20 和图 3.21)。

强碱(酸)滴定弱酸(碱)时，如 NaOH 滴定 HOAc，加入滴定剂后，生成的 OAc⁻ 抑制 HOAc 的离解，使溶液中 [H⁺] 降低较快，曲线一开始斜率较大。随着滴定的进行，[HOAc] 不断降低，[OAc⁻] 逐渐增大，HOAc-OAc⁻ 的缓冲体系使溶液 pH 的增加速率减慢，曲线便变得较为平坦；继续加入 NaOH 后，因 [HOAc] 越来越小，缓冲作用渐渐减弱，pH 的增加又变明显，曲线又变得陡直(图 3.22)，故此类滴定曲线与强碱滴定强酸曲线不同。

在用 EDTA 滴定金属离子如 M^{2+} 时，$H_2Y^{2-} + M^{2+} \rightleftharpoons MY^{2-} + 2H^+$，由于在滴定过程中不断释放出 H⁺，且金属指示剂都要求在一定的 pH 范围使用，故须用缓冲溶液维持一定的酸度。若只考虑 EDTA 的酸效应，则在整个滴定过程中，EDTA 配合物的条件稳定常数是一个恒定值。如果还要考虑金属离子的辅助配位效应，则因辅助配位剂的总浓度会随滴定剂的不断加入而被稀释，使 $\alpha_{M(L)}$ 不断降低，故 EDTA 配合物的条件稳定常数将不断增大。

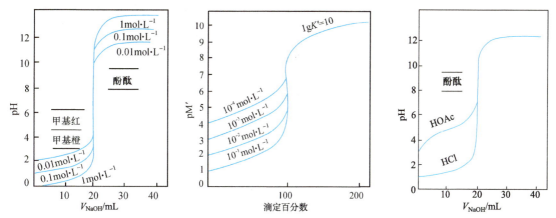

图 3.20 不同浓度 NaOH 滴定不同浓度 HCl 的滴定曲线

图 3.21 不同浓度 EDTA 滴定 M 的滴定曲线

图 3.22 $0.1000 \text{mol} \cdot \text{L}^{-1}$ NaOH 分别滴定 $0.1000 \text{mol} \cdot \text{L}^{-1}$ HOAc 和 HCl 的滴定曲线

继续加入滴定剂至化学计量点附近,溶液的参数将发生突变,曲线变得陡直。化学计量点后,溶液参数取决于滴定剂的浓度,曲线又趋平缓。

3. 滴定突跃范围

对于滴定反应

$$A + B \Longrightarrow C + D$$

设用 $0.1000 \text{mol} \cdot \text{L}^{-1}$ A 滴定 20.00mL $0.1000 \text{mol} \cdot \text{L}^{-1}$ B,当加入 99.9% A 后,再加一滴滴定剂(0.04mL)即不足 0.1%到过量 0.1%,溶液参数将发生突然的改变,这种参数的突然改变就是滴定突跃,突跃所在的参数范围称为滴定突跃范围。

滴定突跃范围有重要的实际意义:一方面它是选择指示剂的依据;另一方面它反映了滴定反应的完全程度,滴定突跃越大,滴定反应越完全,滴定越准确。对于不同类型的滴定,影响突跃范围的因素各不相同,下面分别进行讨论。

1) 强碱(酸)滴定强酸(碱)

突跃范围大小取决于酸、碱的浓度。酸、碱溶液的浓度各增加 10 倍,突跃范围就增加 2 个 pH 单位(图 3.20)。常用的酸碱溶液浓度为 $0.1 \text{mol} \cdot \text{L}^{-1}$,若溶液浓度太低,滴定突跃太小,指示剂的选择将受到限制;若溶液浓度太高,化学计量点附近加入一滴溶液的物质的量较大,引入的误差也较大。因此,在酸碱滴定中一般不采用高于 $1 \text{mol} \cdot \text{L}^{-1}$ 和低于 $0.01 \text{mol} \cdot \text{L}^{-1}$ 的溶液。另外,酸碱溶液的浓度也应相近。

2) 强碱(酸)滴定弱酸(碱)

滴定突跃范围的大小除了与酸、碱的浓度有关外,还要受弱酸(碱)的强度的影响。弱酸(碱)的稳定常数越小(大),离解常数越大(小),曲线的起点就越低(高),突跃范围就越大(图 3.23),故弱酸(碱)的强度影响的是突跃的前半部分。

3) EDTA 滴定金属离子

突跃范围的大小取决于配合物的条件稳定常数和金属离子的起始浓度 c_M,金属离子起始浓度越大,滴定曲线的起点就越低(图 3.21),突跃范围就越大;反之,突跃范围就越小。

设用 $0.01000\text{mol}\cdot\text{L}^{-1}$ EDTA 滴定 20.00mL 同浓度的 Zn^{2+}，氨性缓冲剂总浓度为 $0.40\text{mol}\cdot\text{L}^{-1}$，溶液 pH = 10.0，当 EDTA 过量 0.1%时，由于$[Zn^{2+}]$很小，与 Zn^{2+} 形成配合物消耗的氨量可忽略不计，$c_{NH_3} = \dfrac{0.40}{2} = 0.20(\text{mol}\cdot\text{L}^{-1})$。

$$\delta_{NH_3} = \frac{1}{1+K_{af}[H^+]} = 0.85, \quad [NH_3] = 0.20 \times 0.85 = 0.17(\text{mol}\cdot\text{L}^{-1})$$

$$\alpha_{Zn(NH_3)} = 1 + \beta_1[NH_3] + \beta_2[NH_3]^2 + \beta_3[NH_3]^3 + \beta_4[NH_3]^4$$

$$= 1 + 10^{2.37} \times 0.17 + 10^{4.81} \times 0.17^2 + 10^{7.31} \times 0.17^3 + 10^{9.46} \times 0.17^4 = 10^{6.40}$$

查表得，pH = 10.0 时，$\lg\alpha_{Zn(OH)} = 2.4$，$\alpha_{Y(H)} = 0.45$，$\lg K_{Zn} = 16.5$

$$\alpha_{Zn} = \alpha_{Zn(NH_3)} + \alpha_{Zn(OH)} - 1 = 10^{6.40}, \quad \lg K'_{ZnY} = 16.5 - 6.40 - 0.45 = 9.65$$

$$[Y'] = 0.01000 \times \frac{0.02}{40.02} = 5 \times 10^{-6}(\text{mol}\cdot\text{L}^{-1})$$

$$[Zn'] = \frac{[ZnY]}{K'_{ZnY}[Y']} = \frac{\dfrac{0.01 \times 20.00}{40.02}}{10^{9.65} \times 5 \times 10^{-6}} = 10^{-6.65}(\text{mol}\cdot\text{L}^{-1})$$

$$pZn' = 6.65$$

可见，化学计量点以后，pM′与$\lg K'_{MY}$有关(图3.24)。

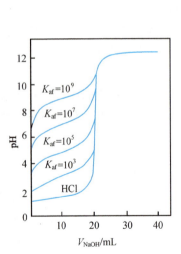 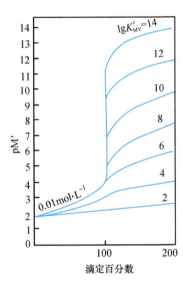

图 3.23　$0.1\text{mol}\cdot\text{L}^{-1}$ NaOH 与不同强度弱酸的滴定曲线　　图 3.24　EDTA 对不同 $\lg K'_{MY}$ 的金属离子的滴定曲线

4) 氧化还原滴定

例如，在 $1\text{mol}\cdot\text{L}^{-1}$ H_2SO_4 介质中用 $0.1000\text{mol}\cdot\text{L}^{-1}$ Ce^{4+} 滴定 20.00mL 同浓度的 Fe^{2+}，当滴入 Ce^{4+} 19.98mL 时，电极电位为 0.86V，若滴入 Ce^{4+} 20.02mL，则为 1.26V，突跃范围是 0.86～1.26V。可见其大小主要取决于氧化剂和还原剂两电对的条件电极电位(或标准电极电位)之差，此差值越大，滴定突跃就越大，反之越小。而氧化剂和还原剂的浓度基本不影响突跃的大小。

5) 沉淀滴定

如果用 $AgNO_3$ 滴定 X^-，则 X^- 的起始浓度越高，pX 越小，曲线起点越低。又由于

$$[X^-] = \frac{1}{\beta_{pf}[Ag^+]}$$

故其突跃范围的大小还与 β_{pf} 有关，沉淀的溶解度越小，突跃范围越大。用 $0.1000 \text{mol} \cdot L^{-1}$ $AgNO_3$ 溶液滴定 20.00mL 浓度均为 $0.1000 \text{mol} \cdot L^{-1}$ 的 Cl^- 或 I^- 时，AgI 的稳定常数更大，所以用 $AgNO_3$ 滴定 Cl^- 的滴定突跃仅为 1.1 个单位，而用 $AgNO_3$ 滴定 I^- 的滴定突跃为 7.48 个单位(图 3.19)。

4. 指示剂选择与化学计量点

为了保证滴定误差小于 0.1%，按下列原则选择指示剂：

(1) 对于酸碱滴定，指示剂的变色范围应全部或部分处于滴定突跃范围之内，实际上多以化学计量点为选择指示剂的依据。

(2) 对于氧化还原滴定，若采用氧化还原指示剂，指示剂的变色必须在滴定突跃范围之内，并尽量靠近化学计量点电位。

(3) 配位滴定中，须通过控制酸度等条件，使所选择的指示剂的变色点 pM'_{ep} 尽量靠近化学计量点 pM'_{ep}。

因此，化学计量点的计算非常重要。

在酸碱滴定中，应根据化学计量点生成物的性质选择合适的 pH 计算公式，并应注意生成物的浓度。

配位滴定中，若金属离子起始浓度为 c_M，滴定反应：

$$M + Y \rightleftharpoons MY$$

在化学计量点时，$[M']_{sp} = [Y']_{sp}$，$[MY] = \dfrac{c_M}{2}$，$K'_{MY} = \dfrac{[MY]}{[M']_{sp}[Y']_{sp}} = \dfrac{\frac{c_M}{2}}{[M']_{sp}^2}$，所以

$$[M']_{sp} = \sqrt{\frac{c_M}{2K'_{MY}}} \tag{3.53}$$

氧化还原滴定中，设滴定反应为可逆反应

$$n_2 O_1 + n_1 R_2 \rightleftharpoons n_2 R_1 + n_1 O_2$$

则在化学计量点时

$$\varphi_{sp} = \frac{n_1 \varphi_1^{\ominus'} + n_2 \varphi_2^{\ominus'}}{n_1 + n_2} \tag{3.54}$$

如果两电对的电子转移数相等，则 φ_{sp} 正好位于突跃范围的中点，滴定曲线在化学计量点前后基本对称；若两电对的电子转移数不相等，则 φ_{sp} 不处在突跃范围的中点，而是偏向电子转移数较多的电对一方。

在沉淀滴定中，根据化学计量点时生成沉淀的稳定常数可计算其化学计量点。

3.4.2 滴定误差

此处仅讨论酸碱滴定、配位滴定和氧化还原滴定的滴定误差(终点误差)。

设在酸碱滴定和配位滴定中，溶液中发生变化的参数为 pA（A 为 H 或 M），终点 pA_{ep} 与化学计量点 pA_{sp} 之差为

$$\Delta pA = pA_{ep} - pA_{sp}$$

若 $\Delta pA > 0$，表示终点在化学计量点之后，误差为正；

若 $\Delta pA < 0$，表示终点在化学计量点之前，误差为负。

根据林邦公式（林邦公式是近似公式，在滴定终点和化学计量点接近时比较准确，并且仅适用于反应物化学计量关系为 1:1 的滴定反应）

$$TE = \frac{10^{\Delta pA} - 10^{-\Delta pA}}{\sqrt{cK_t}} \times 100\% \tag{3.55}$$

式中，K_t 为滴定反应平衡常数。设化学计量点时滴定产物的总浓度为 c^{sp}，则

强碱（酸）滴定强酸（碱）时

$$c = (c^{sp})^2, \quad K_t = K_{wf} = 10^{14}\ (25\ ℃)$$

强碱（酸）滴定一元弱酸（碱）时

$$c = c^{sp}, \quad K_t = \frac{K_{wf}}{K_{af}} \quad \left(K_t = \frac{K_{wf}}{K_{bf}}\right)$$

配位滴定时

$$c = c_M^{sp}, \quad K_t = K'_{MY}$$

式中，c_M^{sp} 表示化学计量点时金属离子的分析浓度。若滴定剂与被滴物浓度相等，c_M^{sp} 即为金属离子原始浓度之半。

对于氧化还原滴定

$$n_2 O_1 + n_1 R_2 \rightleftharpoons n_2 R_1 + n_1 O_2$$

指示剂的条件电极电位

$$\varphi^{\ominus'} = \varphi_{ep}, \quad \Delta\varphi = \varphi_{ep} - \varphi_{sp}$$

滴定误差公式为

$$TE = \frac{10^{n_1 \Delta\varphi/0.0591} - 10^{-n_2 \Delta\varphi/0.0591}}{10^{n_1 n_2 \Delta\varphi^{\ominus'}/(n_1+n_2)0.0591}} \times 100\% \tag{3.56}$$

【例 3.27】 用 $0.1000\ mol \cdot L^{-1}$ NaOH 溶液滴定 25.00 mL $0.1000\ mol \cdot L^{-1}$ HCl，若滴定至甲基红终点（$pH_{ep} \approx 6.00$）或酚酞终点（$pH_{ep} \approx 9.00$），计算滴定误差。

解 化学计量点 $pH_{sp} = 7.00$，$c^{sp} = 0.05000\ mol \cdot L^{-1}$

甲基红终点 $\Delta pH = 6.00 - 7.00 = -1.00$

$$TE = \frac{10^{-1.00} - 10^{1.00}}{\sqrt{0.05000^2 \times 10^{14}}} \times 100\% = -0.002\%$$

酚酞终点 $\Delta pH = 9.00 - 7.00 = 2.00$

$$TE = \frac{10^{2.00} - 10^{-2.00}}{\sqrt{0.05000^2 \times 10^{14}}} \times 100\% = 0.02\%$$

【例 3.28】 用 $0.1000\ mol \cdot L^{-1}$ NaOH 溶液滴定 20.00 mL $0.1000\ mol \cdot L^{-1}$ HOAc，终点 pH 比化学计量点 pH 高 0.5 单位，计算滴定误差。

解 $c^{sp} = 0.05000 \text{mol} \cdot \text{L}^{-1}$，$\Delta \text{pH} = 0.5$

$$\text{TE} = \frac{10^{0.5} - 10^{-0.5}}{\sqrt{0.05000 \times 1.8 \times 10^9}} \times 100\% = 0.03\%$$

【例 3.29】 在 pH 10.00 的氨性溶液中，以 EBT 为指示剂（$K_{af1} = 10^{11.6}$，$K_{af2} = 10^{6.3}$，$\lg K_{CaEBT} = 5.4$），用 0.02000 mol·L^{-1} EDTA 溶液滴定 0.02000 mol·L^{-1} Ca^{2+} 溶液，计算滴定误差。

解 查附录表得 $\lg K_{CaY} = 10.69$，pH = 10.00，$\lg \alpha_{Y(H)} = 0.45$

$$\lg K'_{CaY} = 10.69 - 0.45 = 10.24$$

$$[\text{Ca}^{2+}]_{sp} = (0.01000 / 10^{10.24})^{1/2} = 10^{-6.12}$$

查表 3.10，$p\text{Ca}_{ep} = 3.8$

$$\Delta p\text{Ca} = 3.8 - 6.12 = -2.32$$

根据式（3.55）

$$\text{TE} = \frac{10^{-2.32} - 10^{2.32}}{\sqrt{0.01000 \times 10^{10.24}}} \times 100\% = -1.6\%$$

【例 3.30】 在 pH 10.0 氨性溶液中，以 EBT 为指示剂，用 0.02000 mol·L^{-1} EDTA 溶液滴定 0.02000 mol·L^{-1} Zn^{2+} 溶液，终点时游离的氨浓度为 0.20 mol·L^{-1}，计算滴定误差。

解 查表 3.7，pH = 10.0 时，$\lg \alpha_{\text{Zn(OH)}} = 2.4$

$$\alpha_{\text{Zn(NH}_3\text{)}} = 1 + 10^{2.37} \times 0.2 + 10^{4.81} \times 0.2^2 + 10^{7.31} \times 0.2^3 + 10^{9.46} \times 0.2^4 = 10^{6.68}$$

所以

$$\alpha_{\text{Zn}} = \alpha_{\text{Zn(NH}_3\text{)}} + \alpha_{\text{Zn(OH)}} - 1 = 10^{6.68}$$

由表 3.10 查得，pH = 10.0 时，$p\text{Zn}_{ep} = 12.2$

$$p\text{Zn}'_{ep} = p\text{Zn}_{ep} - \lg \alpha_{\text{Zn}} = 12.2 - 6.68 = 5.52$$

$$\lg K'_{\text{ZnY}} = 16.5 - 0.45 - 6.68 = 9.37$$

$$[\text{Zn}']_{sp} = \sqrt{\frac{0.01}{10^{9.37}}} = 10^{-5.69}, \quad p\text{Zn}'_{sp} = 5.69$$

$$\Delta p\text{Zn}' = 5.52 - 5.69 = -0.17$$

$$\text{TE} = \frac{10^{-0.17} - 10^{0.17}}{\sqrt{0.01 \times 10^{9.37}}} \times 100\% = -0.02\%$$

【例 3.31】 在 1 mol·L^{-1} HCl 介质中，以 0.1000 mol·L^{-1} Fe^{3+} 溶液滴定 0.05000 mol·L^{-1} Sn^{2+}，若以亚甲基蓝为指示剂，计算滴定误差。

解 已知 $\varphi^{\ominus'}_{\text{Fe}^{3+}/\text{Fe}^{2+}} = 0.68 \text{V}$，$\varphi^{\ominus'}_{\text{Sn}^{4+}/\text{Sn}^{2+}} = 0.14 \text{V}$，$n_1 = 1$，$n_2 = 2$，亚甲基蓝的条件电极电位 $\varphi^{\ominus'}_{\text{In}} = 0.53 \text{V} = \varphi_{ep}$，故

$$\varphi_{sp} = \frac{0.68 + 2 \times 0.14}{1 + 2} = 0.32 (\text{V})$$

$$\Delta \varphi = 0.53 - 0.32 = 0.21 (\text{V})$$

$$\text{TE} = \frac{10^{0.21/0.0591} - 10^{-2 \times 0.21/0.0591}}{10^{1 \times 2 \times 0.54/(1+2) \times 0.0591}} \times 100\% = \frac{10^{3.56} - 10^{-7.12}}{10^{6.10}} \times 100\% = 0.29\%$$

3.4.3 滴定条件

在进行滴定分析时，要求滴定误差小于 0.1%，这就要求在滴定反应进行完全时，指示剂

能发生明显的颜色变化，即有一定的突跃范围。不同类型的滴定，不同的指示剂，对突跃范围的大小要求不同，下面分别进行讨论。

1. 酸碱滴定

酸碱滴定中，因人眼对颜色判断能力的限制，滴定突跃范围须大于0.4个pH单位，才能保证滴定分析的准确度。

1）强碱（酸）滴定强酸（碱）

滴定反应进行得很完全，突跃范围较大（$0.1000\text{mol} \cdot \text{L}^{-1}$ NaOH 滴定 $0.1000\text{mol} \cdot \text{L}^{-1}$ HCl 的突跃范围是 4.3～9.7），酚酞、甲基红都是合适的指示剂，酸碱浓度较大时，也可用甲基橙作指示剂。当用 $0.01000\text{mol} \cdot \text{L}^{-1}$ NaOH 滴定 $0.01000\text{mol} \cdot \text{L}^{-1}$ HCl 时，若用甲基橙作指示剂，将使终点误差超过-0.1%；当用 $0.1000\text{mol} \cdot \text{L}^{-1}$ HCl 滴定同浓度 NaOH，若用甲基橙作指示剂，只能滴定至黄色色调稍有改变，若滴定至橙色，终点误差将超过+0.1%。此时，最好作指示剂校正，以消除系统误差。另外，若以酚酞作指示剂，用碱滴定酸时，溶液由无色变为红色，较易察觉；用酸滴定碱时，指示剂由红色变为无色，较难观察。因此，酚酞指示剂适合于用碱滴定酸。同理，甲基红和甲基橙指示剂则适合于用酸滴定碱。

2）强碱滴定弱酸

当浓度一定时，弱酸的稳定常数越小（离解常数越大），滴定反应越完全，突跃范围也越大。当 $c/K_{af} < 10^{-8}$（$cK_a < 10^{-8}$）时，已经没有明显的突跃，利用一般的酸碱指示剂已无法确定它的滴定终点，不能直接滴定。因此，通常以 $c/K_{af} \geq 10^{-8}$（$cK_a \geq 10^{-8}$）作为判断弱酸能否直接进行准确滴定的界限。对于不符合 $c/K_{af} \geq 10^{-8}$ 的弱酸，可采用其他滴定方式或者其他途径，如电位滴定或改变溶剂、强化弱酸等进行测定。强酸滴定弱碱的滴定条件是弱碱的 $c/K_{bf} \geq 10^{-8}$（$cK_b \geq 10^{-8}$）。

3）强碱滴定多元酸

多元酸是弱酸，它们在水溶液中分步离解，故在多元酸的滴定中涉及两个问题：多元酸能否分步滴定，应选择何种指示剂。以二元弱酸为例，可根据下列条件进行判断。

(1) 如果 $\dfrac{c}{K_{af2}} \geq 10^{-8}$（$cK_{a1} \geq 10^{-8}$），则这一级离解的 H^+ 可被滴定。

(2) 相邻的两个 K_{af} 值之比在 10^4（$K_{a1}/K_{a2} \geq 10^4$）以上，则两级滴定反应能分开，形成第一个突跃；是否有第二个突跃则取决于 $\dfrac{c}{K_{af1}}$ 是否 $\geq 10^{-8}$（$cK_{a2} \geq 10^{-8}$）。

(3) 若相邻的 K_{af} 值之比小于 10^4，滴定时两个突跃将合在一起，形成一个突跃。在实际工作中，通常是选在化学计量点附近变色的指示剂指示滴定终点。

例如，用 NaOH 滴定 $0.1000\text{mol} \cdot \text{L}^{-1}$ H_3PO_4（$pK_{a1} = \lg K_{af3} = 2.16$，$pK_{a2} = \lg K_{af2} = 7.21$，$pK_{a3} = \lg K_{af1} = 12.32$），各相邻稳定常数比值>$10^4$，故可分步滴定。其滴定曲线如图3.25（此处第二步滴定在滴定条件的边缘上，影响滴定突跃清晰度）。

第一化学计量点：滴定产物是 NaH_2PO_4，为两性物质，其浓度 $c = 0.05000\text{mol} \cdot \text{L}^{-1}$，溶液中[$H^+$]用式(3.36)计算

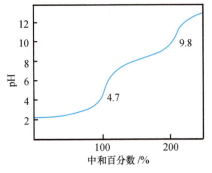

图3.25　$0.1000\text{mol} \cdot \text{L}^{-1}$ NaOH 滴定 $0.1000\text{mol} \cdot \text{L}^{-1}$ H_3PO_4 的滴定曲线

$$[H^+] = \sqrt{\frac{c}{K_{af2}(1+cK_{af3})}} = 10^{-4.71}$$

pH 为 4.71，可选用甲基橙为指示剂。

第二化学计量点：产物是 Na_2HPO_4，其浓度 $c = 0.03300 mol \cdot L^{-1}$，用式(3.35)计算$[H^+]$后，得 pH 为 9.66。若用酚酞(变色点 pH = 9)作指示剂，终点会出现过早，若用百里酚酞(变色点 pH ≈ 10)作指示剂，终点颜色由无色变为浅蓝色。

第三化学计量点：因为 $c/K_{af1}(cK_{a3}) < 10^{-8}$，无法用 NaOH 滴定，可加入 $CaCl_2$，从溶液中沉淀 PO_4^{3-}

$$2HPO_4^{2-} + 3Ca^{2+} \rightleftharpoons Ca_3(PO_4)_2 \downarrow + 2H^+$$

再用 NaOH 滴定释放出来的 H^+。为了不使 $Ca_3(PO_4)_2$ 溶解，可用酚酞作指示剂。

强酸滴定多元碱与此类似。

2. 配位滴定

1) 配位滴定中单一离子准确滴定判别式

配位滴定突跃范围的大小取决于 $c_M K'_{MY}$，$c_M K'_{MY}$ 越大，滴定反应就进行得越完全，滴定突跃就越大；反之，滴定突跃就越小。

根据误差公式

$$TE = \frac{10^{\Delta pM'} - 10^{-\Delta pM'}}{\sqrt{c_M^{sp} K'_{MY}}} \times 100\%$$

设

$$f = \left|10^{\Delta pM'} - 10^{-\Delta pM'}\right|$$

则

$$TE = \frac{f}{\sqrt{c_M^{sp} K'_{MY}}} \times 100\%$$

对上式取对数，整理得到

$$\lg c_M^{sp} K'_{MY} = 2pT + 2\lg f \tag{3.57}$$

式中，pT 为滴定误差的负对数；$\lg f$ 表示检测终点方法的灵敏度。$\lg f$ 越大，灵敏度越差，反之就越灵敏。采用指示剂来指示终点时，设 ΔpM 的不确定性为 $\pm 0.2 pM$ 单位，则 $\lg f \approx 0$，式(3.57)改写为

$$\lg c_M^{sp} K'_{MY} = 2pT$$

当 $T \leqslant 0.1\%$ 时

$$\lg c_M^{sp} K'_{MY} \geqslant 6 \tag{3.58}$$

当 $T \leqslant 0.3\%$ 时

$$\lg c_M^{sp} K'_{MY} \geqslant 5 \tag{3.59}$$

式(3.58)和式(3.59)为单一离子在不同误差要求下的准确滴定判别式。

2) 单一离子滴定的最高酸度与最低酸度

为了准确进行滴定,须保证一定的 K'_{MY},若仅考虑 EDTA 的酸效应,则 K'_{MY} 仅取决于 $\alpha_{Y(H)}$,$\alpha_{Y(H)}$ 的最大值所对应的酸度即滴定的最高酸度。

设无金属离子的副反应,根据式(3.58)

$$\lg c_M^{sp} K'_{MY} = \lg c_M^{sp} + \lg K_{MY} - \lg \alpha_{Y(H)} \geqslant 6$$

$$\lg \alpha_{Y(H)} \leqslant \lg c_M^{sp} + \lg K_{MY} - 6 \tag{3.60}$$

【例 3.32】 用 EDTA 标准溶液滴定 0.02000 mol·L^{-1} Zn^{2+} 溶液,若无其他配位剂的影响,为获得准确结果($\Delta pM = \pm 0.2$,TE $\leqslant 0.1\%$),则滴定时所允许的最高酸度是多少?

解 由式(3.60),$\lg \alpha_{Y(H)} \leqslant -2 + 16.5 - 6 = 8.5$,查表 3.6,得 pH > 3.95。

若将金属离子的 $\lg K_{MY}$ 值或酸效应系数的对数 $\lg \alpha_{Y(H)}$ 与其对应的 pH 绘成酸效应曲线(图 3.6,滴定前金属离子浓度为 0.02000 mol·L^{-1},TE = 0.1%),金属离子位置所对应的 pH 即为滴定这种离子时的最高酸度。

如果溶液酸度过低,金属离子可能发生水解生成 M(OH)$_n$ 沉淀,这将影响配位反应速率,使终点难以确定,并影响配位反应的化学计量关系。金属离子发生水解时的酸度即为滴定的最低酸度,可由 M(OH)$_n$ 的累积稳定常数(或者溶度积)求得。例如,在例 3.32 中滴定 Zn^{2+} 时 [$\beta_{pf,Zn(OH)_2} = 10^{16.92}$,$K_{sp}$,Zn(OH)$_2$ = 10$^{-16.92}$],为防止滴定开始时形成 Zn(OH)$_2$ 沉淀

$$[OH^-] = \left(c_{Zn^{2+}}^{\ominus} \beta_{pf}\right)^{-\frac{1}{2}} = (0.02 \times 10^{16.92})^{-\frac{1}{2}} = 10^{-7.61}$$

$$pH = 14 - 7.61 = 6.39$$

即最低酸度为 pH 6.39。

3) 混合离子的选择滴定

(1) 控制酸度进行分步滴定。

设溶液中存在能与 EDTA 配位的被测金属离子 M 和干扰离子 N,且 $K_{MY} > K_{NY}$,要解决的问题是:$\lg c_M K'_{MY}$ 和 $\lg c_N K'_{NY}$ 相差多大才能在 N 存在下准确滴定 M,滴定的酸度范围是多少。

因混合离子中选择滴定的允许误差可以较大,设 $\Delta pM = \pm 0.2$,TE = 0.3%,则准确滴定判别式为

$$\lg c_M^{sp} K'_{MY} \geqslant 5$$

若不考虑 α_M,且控制酸度使 $\alpha_{Y(H)} \ll \alpha_{Y(N)}$,那么

$$\alpha_Y = \alpha_{Y(N)} = 1 + K_{NY} c_N^{sp} \approx K_{NY} c_N^{sp}$$

$$\lg c_M^{sp} K'_{MY} = \lg c_M^{sp} + \lg K_{MY} - \lg \alpha_Y = \lg c_M^{sp} K_{MY} - \lg c_N^{sp} K_{NY}$$

即

$$\Delta \lg cK \geqslant 5, \quad \lg c_M^{sp} K'_{MY} - \lg c_N^{sp} K'_{NY} \geqslant 5 \tag{3.61}$$

若有辅助配位剂存在,则在配位滴定时分别滴定的判别式为

$$\Delta \lg \frac{c}{\alpha} K \geqslant 5 \tag{3.62}$$

式(3.61)和式(3.62)为配位滴定中的分别滴定判别式，当满足此条件时，若有合适的指示 M 离子终点的方法，则在 M 离子的适宜酸度范围内，可准确滴定 M，而 N 不干扰。此时，滴定 M 离子的误差约为 0.3%。

N 存在下能准确滴定 M 而 N 不干扰的适宜酸度范围是：M 离子的最高酸度至 $\lg\alpha_{Y(H)} \leq \lg K_{MY} - \lg c_M^{sp} - 5$ 值所对应的酸度。如果干扰离子 N 不与金属指示剂显色，则滴定 M 的最低酸度同单一金属离子滴定时一样，为金属的水解酸度；如果干扰离子 N 与金属离子指示剂显色，则最低酸度要同时考虑指示剂和水解的影响。

【例 3.33】 设 $\Delta pM = \pm 0.2$，允许误差为 0.3%，若采用二甲酚橙作指示剂，求用 $0.02000 \text{mol} \cdot \text{L}^{-1}$ EDTA 溶液滴定浓度均为 $0.02000 \text{mol} \cdot \text{L}^{-1}$ Bi^{3+} 和 Pb^{2+} 混合溶液中 Bi^{3+} 和 Pb^{2+} 的适宜酸度。

解 $\lg K_{BiY} c_{Bi}^{sp} - \lg K_{PbY} c_{Pb}^{sp} = 27.94 - 18.04 = 9.9 > 5$

故可利用酸效应选择滴定 Bi^{3+}，而 Pb^{2+} 不干扰。

(1) 滴定 Bi^{3+} 的酸度范围。

最高酸度：$\lg\alpha_{Y(H)} = \lg K_{BiY} + \lg c_{Bi}^{sp} - 5 = 27.94 - 2 - 5 = 20.94$，查表 3.6，pH 约为 0.5（如果从 TE = 0.1% 考虑，最低 pH 为 0.7）。

最低酸度：如果从 Bi^{3+} 的水解酸度考虑，最低 pH = 2，而实际实验操作中控制 pH = 1 左右。如果以 $\alpha_{Y(H)} = \frac{1}{10} c_N^{sp} K_{NY}$ 对应的酸度来计算最低酸度，$\lg\alpha_{Y(H)} = \lg K_{PbY} + \lg c_{Pb}^{sp} - 1 = 18.04 - 2 - 1 = 15.04$，对应 pH 约为 1.6；如果从掩蔽滴定最低酸度 $\alpha_{Y(H)} \geq 20 K_{NY} c_{N,sp1}$ 计算，对应的 pH = 1.1，与实际更接近。（参考：混合金属离子滴定的酸度范围，邹明珠等，大学化学，2003，6：14-15）

(2) 滴定 Pb^{2+} 的酸度范围。

最高酸度：滴定 Pb^{2+} 至终点时，溶液稀释了 3 倍，$c_{Pb}^{sp} = \frac{0.02}{3} = 0.0067 (\text{mol} \cdot \text{L}^{-1})$

$\lg\alpha_{Y(H)} = \lg K_{PbY} + \lg c_{Pb}^{sp} - 5 = 18.04 - 2.2 - 5 = 10.84$，由表 3.6 查得 pH 为 2.9

最低酸度：即 Pb^{2+} 的水解酸度

$$[OH^-] = \sqrt{\frac{1}{0.01 \times \beta_{pf}}} = \sqrt{\frac{1}{0.01 \times 10^{14.93}}} = 10^{-6.5}$$

$$pH = 14 - 6.5 = 7.5$$

故滴定 Pb^{2+} 的酸度范围是 pH 2.9~7.5，可在此酸度范围内选择合适的指示剂。

(2) 利用掩蔽剂进行选择性滴定。

当 $\Delta\lg cK < 5$ 时，就不能用控制酸度的方法分步滴定 M，这时可利用某种试剂与干扰离子作用，使 [N] 降低以达到消除其干扰的目的。这种方法称为掩蔽法。按所利用反应的类型不同，分为以下几种掩蔽法。

配位掩蔽法 当 M、N 离子共存时，加入配位掩蔽剂 L，N 与 L 形成稳定的配合物，降低了溶液中游离 N 离子的浓度，此时

$$\alpha_{Y(N)} = 1 + K_{NY}[N] \approx K_{NY} \frac{c_N^{sp}}{\alpha_{N(L)}}$$

即 $c_N^{sp} K_{NY}$ 降低到原来的 $\frac{1}{\alpha_{N(L)}}$，使 $\Delta\lg cK > 5$，达到选择滴定 M 的目的。常用配位掩蔽剂见表 3.15。

表 3.15 常见金属离子配位掩蔽剂

名称	使用条件	被掩蔽离子
KCN	pH > 8	Co^{2+}、Ni^{2+}、Cu^{2+}、Zn^{2+}、Hg^{2+}、Cd^{2+}、Ag^+等
NH$_4$F	pH = 4~6	Al^{3+}、Ti^{4+}、Sn^{4+}、Zr^{4+}、W^{6+}
	pH = 10	Al^{3+}、Mg^{2+}、Ca^{2+}、Sr^{2+}、Ba^{2+}及稀土元素
三乙醇胺	pH = 10	Al^{3+}、Sn^{4+}、Ti^{4+}、Fe^{3+}
	pH = 11~12	Fe^{3+}、Al^{3+}及少量Mn^{2+}
酒石酸	pH = 1.2	Sb^{3+}、Sn^{4+}、Fe^{3+}、5mg 以下 Cu^{2+}
	pH = 2	Fe^{3+}、Sn^{4+}、Mn^{2+}
	pH = 5.5	Fe^{3+}、Al^{3+}、Sn^{4+}、Ca^{2+}
	pH = 6~7.5	Mg^{2+}、Cu^{2+}、Fe^{3+}、Al^{3+}、Mo^{4+}、Sb^{3+}、W^{6+}
	pH = 10	Al^{3+}、Sn^{4+}
草酸	pH = 2	Sn^{2+}、Cu^{2+}、稀土
	pH = 5.5	Zr^{4+}、Ti^{4+}、Fe^{3+}、Fe^{2+}、Al^{3+}
邻二氮菲	pH = 1~2	Cu^{2+}、Ni^{2+}
	pH = 5~6	Cu^{2+}、Ni^{2+}、Zn^{2+}、Cd^{2+}、Co^{2+}、Hg^{2+}、Mn^{2+}及毫克量的 Fe^{2+}
乙酰丙酮	pH = 5~6	Al^{3+}、Fe^{3+}
硫脲	弱酸	Hg^{2+}、Cu^{2+}

【例 3.34】 用 $0.02000 \text{mol} \cdot L^{-1}$ EDTA 滴定 $0.02000 \text{mol} \cdot L^{-1}$ Zn^{2+} 和 $0.02000 \text{mol} \cdot L^{-1}$ Cd^{2+} 溶液中的 Zn^{2+}，加入过量 KI 掩蔽 Cd^{2+}，终点时 $[I^-] = 1\text{mol} \cdot L^{-1}$。能否准确滴定 Zn^{2+}？

解 已知 $\lg K_{ZnY} = 16.50$，$\lg K_{CdY} = 16.46$，Cd-I 的 $\lg\beta_1 \sim \lg\beta_4$ 为 2.10、3.43、4.49、5.41

$$\alpha_{Cd(I)} = 1 + 10^{2.10} + 10^{3.43} + 10^{4.49} + 10^{5.41} = 10^{5.46}$$

$$\Delta\lg cK = \lg K_{ZnY} c_{Zn}^{sp} - \lg K_{CdY} \frac{c_{Cd}^{sp}}{\alpha_{Cd(I)}} = 16.50 - 2 - (16.46 - 2 - 5.46) = 5.5 > 5$$

故可选择滴定 Zn^{2+}。

为了提高配位滴定的选择性，有时也需利用某些选择性的掩蔽剂将已被配位的配位剂或金属离子释放出来。例如，苦杏仁酸可从 SnY、TiY 中夺取金属离子，释放出定量的 EDTA；NH$_4$F 可使 AlY、TiY、SnY 中的 Y 释放出来；甲醛可使 $Zn(CN)_4^{2-}$、$Cd(CN)_4^{2-}$ 被解蔽而释放出 Zn^{2+}、Cd^{2+}，而 $Cu(CN)_4^{2-}$ 难被解蔽。

必须注意的是，用三乙醇胺作掩蔽剂，应在酸性溶液中加入，然后调节溶液 pH 为 10，否则金属离子易水解，掩蔽效果不好。另外，KCN 必须在碱性条件下使用，否则生成剧毒的 HCN 气体。滴定后的溶液应加入过量的 $FeSO_4$，使之生成稳定的 $Fe(CN)_6^{4-}$ 以防止污染环境。

沉淀掩蔽法 沉淀掩蔽法是在溶液中加入某种与干扰离子生成沉淀的试剂，使干扰离子的浓度降低，便可在不分离沉淀的情况下直接进行滴定。例如，在 pH>12 用 EDTA 滴定 Ca^{2+} 时，Mg^{2+} 形成 $Mg(OH)_2$ 沉淀不干扰测定。一些常用的沉淀掩蔽剂见表 3.16。

表 3.16　常用沉淀掩蔽剂

掩蔽剂	被掩蔽离子	被滴定离子	pH	指示剂
OH^-	Mg^{2+}	Ca^{2+}	12	钙指示剂
I^-	Cu^{2+}	Zn^{2+}	5~6	PAN
F^-	Ba^{2+}、Sr^{2+}、Ca^{2+}、Mg^{2+}	Zn^{2+}、Cd^{2+}、Mn^{2+}	10	铬黑 T
SO_4^{2-}	Ba^{2+}、Sr^{2+}	Ca^{2+}、Mg^{2+}	10	铬黑 T
铜试剂	Bi^{3+}、Cu^{2+}	Mg^{2+}、Ca^{2+}	10	铬黑 T

由于一些沉淀反应不够完全，尤其是过饱和现象使沉淀效率不高；有时发生共沉淀现象，沉淀吸附被测离子或指示剂等，影响测定准确度；一些沉淀有色或体积庞大妨碍终点观察等，故沉淀掩蔽法不是一种理想的掩蔽方法。

氧化还原掩蔽法　氧化还原掩蔽法是使加入的氧化剂或还原剂与干扰离子发生氧化还原反应，改变干扰离子的价态以消除其干扰。例如，当 Fe^{3+} 与 Bi^{3+}、Zr^{4+}、Th^{4+}、Sn^{4+}、Hg^{2+} 等离子共存时，Fe^{3+} 会干扰 Bi^{3+} 等离子的测定。若加入盐酸羟胺或抗坏血酸将 Fe^{3+} 还原为 Fe^{2+}，因 FeY^{2-} 的稳定性小得多，将不干扰这些离子的测定。

常用的还原剂有抗坏血酸、盐酸羟胺、联胺、硫脲、$Na_2S_2O_3$、KCN 等；常用的氧化剂有 H_2O_2、$(NH_4)_2S_2O_8$ 等。

3. 氧化还原滴定

1) 准确进行氧化还原滴定的判别

对于反应

$$n_2 Ox_1 + n_1 Red_2 \rightleftharpoons n_2 Red_1 + n_1 Ox_2$$

若要求反应完全程度在 99.9% 以上，由式 (3.52a) 和式 (3.52b) 得

当 $n_1 \neq n_2$ 时
$$\varphi_1^{\ominus\prime} - \varphi_2^{\ominus\prime} \geqslant \frac{0.0591 \times 3(n_1 + n_2)}{n_1 n_2} \quad (3.63a)$$

当 $n_1 = n_2 = n$ 时
$$\varphi_1^{\ominus\prime} - \varphi_2^{\ominus\prime} \geqslant \frac{0.0591 \times 6}{n} \quad (3.63b)$$

所以准确进行氧化还原滴定的条件是：

$n_1 = n_2 = 1$ 时，$\lg K' \geqslant 6$ 或 $\Delta\varphi^{\ominus\prime} \geqslant 0.35V$

$n_1 = 1$，$n_2 = 2$ 时，$\lg K' \geqslant 9$ 或 $\Delta\varphi^{\ominus\prime} \geqslant 0.27V$

$n_1 = n_2 = 2$ 时，$\lg K' \geqslant 6$ 或 $\Delta\varphi^{\ominus\prime} \geqslant 0.18V$

其余可依次类推。

2) 氧化还原滴定法中的预处理

在进行氧化还原滴定之前常需要进行一些预处理，使欲测组分处于一定的价态。例如，测定某试样中 Mn^{2+}、Cr^{3+} 的含量时，由于 $\varphi^{\ominus}_{MnO_4^-/Mn^{2+}}$ (1.51V) 和 $\varphi^{\ominus}_{Cr_2O_7^{2-}/Cr^{3+}}$ (1.33V) 都很高，要找一个电极电位比它们更高的氧化剂进行直接滴定是非常困难的。若预先将 Mn^{2+}、Cr^{3+} 分别氧化成 MnO_4^- 和 $Cr_2O_7^{2-}$，就可以用还原剂标准溶液（如 Fe^{2+}）直接滴定。

预处理时所用的预氧化剂或预还原剂必须符合以下条件：

(1) 反应速率快。

(2) 必须将欲测组分定量地氧化或还原。

(3) 预处理反应应具有一定的选择性。例如用金属锌为预还原剂，由于 $\varphi^{\ominus}_{Zn^{2+}/Zn}$ 值较低 (−0.76V)，电位比它高的金属离子都可被还原，所以金属锌的选择性较差。而 $SnCl_2$ ($\varphi^{\ominus}_{Sn^{4+}/Sn^{2+}} = +0.14$ V) 的选择性则较高。

(4) 过量的氧化剂或还原剂要易于除去，除去的方法通常有如下几种：①加热分解，如预氧化剂 $(NH_4)_2S_2O_8$、H_2O_2 可借加热煮沸，分解而除去；②过滤，如 $NaBiO_3$ 不溶于水，可借过滤除去；③利用化学反应，如用 $HgCl_2$ 可除去过量 $SnCl_2$，其反应为 $SnCl_2 + 2HgCl_2 =\!=\!= SnCl_4 + Hg_2Cl_2\downarrow$，生成的 Hg_2Cl_2 沉淀不会被一般滴定剂氧化，不必过滤除去；④有机物的除去，常用方法有干法灰化和湿法灰化等，干法灰化是在高温下使有机物被空气中的氧或纯氧（氧瓶燃烧法）氧化而破坏，湿法灰化是使用氧化性酸如 HNO_3、H_2SO_4 或 $HClO_4$ 于它们的沸点时将有机物分解除去。

思考题 3.15 影响酸碱滴定、配位滴定、氧化还原滴定和沉淀滴定突跃范围的因素有哪些？

思考题 3.16 酸碱指示剂、金属指示剂、氧化还原指示剂和沉淀指示剂为什么能指示滴定终点？如何选择指示剂？

思考题 3.17 下列情况将对测定结果产生怎样的影响？（偏高、偏低或无影响）

(1) 用 EDTA 滴定血清钙时，酸度过高。

(2) 用直接碘量法测定维生素 C 含量时，溶液呈碱性。

(3) 用间接碘量法测定铜时，淀粉指示剂加入过早。

(4) 用盐酸标准溶液滴定小苏打时，滴定管内壁挂有水珠。

(5) 标定盐酸溶液用的 Na_2CO_3 中含有少量 $NaHCO_3$。

思考题 3.18 用 HCl 标准溶液准确滴定一元弱碱或多元弱碱的条件是什么？

思考题 3.19 用 EDTA 准确滴定单一金属离子的条件是什么？在有共存离子存在时，用 EDTA 准确滴定某一金属离子的条件是什么？

思考题 3.20 如何确定用 EDTA 准确滴定单一金属离子的酸度范围？当有共存离子存在时，如何确定用 EDTA 准确滴定某一金属离子的酸度范围？

思考题 3.21 设计下列物质的分析测定方案。

(1) 不经分离，用酸碱滴定法测定 $HOAc$-H_3BO_3、Na_3PO_4-$NaOH$、HCl-H_3PO_4 体系中各组分含量。

(2) 不经分离，用配位滴定法测定铜-锌-镁混合液、铅-钙-铋混合液和钙-镁-铁混合液中各组分含量。

(3) 不经分离，如何测定钢铁酸洗废液中 Fe^{2+}-Fe^{3+} 的含量。

思考题 3.22 当试样中 Fe^{3+}、Al^{3+} 含量较高时，怎样用配位滴定法测定其中 Ca^{2+}、Mg^{2+} 含量？

思考题 3.23 用 EDTA 滴定含有少量 Fe^{3+} 的 Ca^{2+} 和 Mg^{2+} 试液时，能否用抗坏血酸掩蔽 Fe^{3+}？在滴定有少量 Fe^{3+} 存在的 Bi^{3+} 时，能否用三乙醇胺或 KCN 掩蔽？说明理由。

思考题 3.24 哪些因素影响氧化还原滴定的突跃范围的大小？如何确定化学计量点时的电极电位？

3.5 滴定分析的应用

3.5.1 滴定常用标准溶液

滴定分析中标准溶液浓度一般为 $0.01 \sim 1$ mol·L^{-1}，最常用的浓度是 0.1mol·L^{-1}。

1. 酸标准溶液

常用的 HCl 标准溶液相当稳定。HCl 标准溶液一般用浓 HCl 采用间接法配制,即先配制成近似浓度的溶液,然后用基准物标定。标定时常用的基准物是无水 Na_2CO_3 和硼砂。

用 Na_2CO_3 标定 HCl 溶液的反应如下,可用甲基橙指示终点:

$$Na_2CO_3 + 2HCl = 2NaCl + H_2CO_3 \longrightarrow H_2O + CO_2\uparrow$$

硼砂($Na_2B_4O_7 \cdot 10H_2O$)基准物的标定反应如下,以甲基红指示终点:

$$Na_2B_4O_7 + 2HCl + 5H_2O = 4H_3BO_3 + 2NaCl$$

2. 碱标准溶液

碱标准溶液一般用 NaOH 配制。应采用间接法配制其标准溶液,即配成近似浓度的碱溶液,然后加以标定。

如果 NaOH 标准溶液中吸收了二氧化碳,含有少量 Na_2CO_3,在用甲基橙作指示剂滴定强酸时,不会因 Na_2CO_3 的存在而引入误差,但如采用该碱液滴定弱酸,用酚酞作指示剂,滴到酚酞出现浅红色时,Na_2CO_3 仅交换 1 个质子,即作用到生成 $NaHCO_3$,就会引起一定的误差。因此,应尽量保持标定和测定时采用同一指示剂,标定后尽快测定;滴定强酸时尽量选择偏碱性的酚酞等指示剂,以减小或消除误差。

标定 NaOH 常用的基准物有 $H_2C_2O_4 \cdot 2H_2O$、KHC_2O_4、苯甲酸等,但最常用的是邻苯二甲酸氢钾。其标定反应如下:

邻苯二甲酸氢钾(COOK/COOH) + NaOH = 邻苯二甲酸钾钠(COOK/COONa) + H_2O

采用酚酞指示剂指示终点,变色相当敏锐。

3. EDTA 标准溶液

由于乙二胺四乙酸在水中溶解度小,因此常用 EDTA 二钠盐配制标准溶液,一般也称为 EDTA 溶液。EDTA 二钠盐($Na_2H_2Y \cdot 2H_2O$)相对分子质量为 372.24,在室温下每 100mL 水中溶解度为 11.1g。由于水和其他试剂中常含有金属离子(Ca^{2+}、Mg^{2+}、Zn^{2+}、Sn^{4+} 等),因此需用间接法配制 EDTA 标准溶液。

标定 EDTA 的基准物质很多,一般采用对口标定法,即需要测定某种金属离子就用含有该金属离子的基准物进行标定。例如,金属 Zn、Cu、Bi 以及纯 ZnO、$CaCO_3$、$MgSO_4 \cdot 7H_2O$ 等都是常用的基准物。

值得注意的是,为了提高测定的准确度,应尽量选用在与被测金属离子测定相近的条件下进行标定,以消除由水或试剂引入的杂质所带来的影响。

4. 高锰酸钾标准溶液

$KMnO_4$ 在制备和贮存过程中常混入少量 MnO_2 杂质,市售的高锰酸钾也常含有少量其他杂质,如硫酸盐、含氯化物及硝酸盐等,因此不能用直接法配制准确浓度的标准溶液。$KMnO_4$

还能自行分解，见光时分解更快。因此 $KMnO_4$ 溶液的浓度容易改变。

$$4KMnO_4 + 2H_2O = 4MnO_2\downarrow + 4KOH + 3O_2\uparrow$$

为了配制较稳定的 $KMnO_4$ 溶液，可称取稍多于理论量的 $KMnO_4$ 固体，溶于一定体积的蒸馏水中，加热煮沸，以使其浓度迅速达到稳定，或者使用新煮沸放冷的蒸馏水配制，并将配成的溶液盛在棕色玻璃瓶中于冷暗处放置一段时间（一般为 7～10 天），使溶液中可能存在的还原性物质完全氧化。然后过滤除去析出的 MnO_2 沉淀（过滤不能使用滤纸，因其能还原 $KMnO_4$，一般采用垫有玻璃棉的漏斗或微孔玻璃漏斗过滤），待浓度稳定后方可进行标定。使用经久放置后的 $KMnO_4$ 溶液时应重新标定其浓度。

标定 $KMnO_4$ 溶液常用的基准物有 $H_2C_2O_4 \cdot 2H_2O$、$Na_2C_2O_4$、$FeSO_4 \cdot (NH_4)_2SO_4 \cdot 6H_2O$、$As_2O_3$ 以及纯铁丝等。其中 $Na_2C_2O_4$ 因不含结晶水，没有吸湿性，受热稳定，容易提纯，是最常用的基准物质。

标定反应为

$$2MnO_4^- + 5C_2O_4^{2-} + 16H^+ = 2Mn^{2+} + 10CO_2\uparrow + 8H_2O$$

为了使这个反应能够较快地完成，需掌握下述滴定条件：

(1) 温度：滴定时溶液的温度要保持在 75～85℃。过低，反应速率太慢；过高，会促使 $H_2C_2O_4$ 部分分解。

$$2H^+ + C_2O_4^{2-} = H_2C_2O_4 \xrightarrow{>90℃} CO_2\uparrow + CO\uparrow + H_2O$$

(2) 酸度：酸度不够，将产生 $MnO(OH)_2$ 沉淀；酸度太高，也会促使 $H_2C_2O_4$ 分解。一般在开始滴定时溶液酸度为 $0.5\sim1\, mol \cdot L^{-1}$，滴定结束时酸度为 $0.2\sim0.5\, mol \cdot L^{-1}$。

(3) 滴定速度：由于 MnO_4^- 和 $C_2O_4^{2-}$ 的反应是自动催化反应，滴定开始时加入第一滴 $KMnO_4$ 溶液褪色很慢，因此开始滴定时滴定速度要慢些，在 $KMnO_4$ 红色没有褪去以前，不要加入第二滴，待颜色褪掉后再滴入下一滴。但不能使 $KMnO_4$ 溶液像流水似的流下，因为如果 $KMnO_4$ 加入速度过快则来不及与 $C_2O_4^{2-}$ 反应，可能在酸性热溶液中发生分解：

$$4MnO_4^- + 12H^+ \xrightarrow{\triangle} 4Mn^{2+} + 5O_2 + 6H_2O$$

待反应生成 Mn^{2+} 后，它的催化作用加快了反应速率，可适当提高滴定速度至"见滴成线"。

(4) 滴定终点：$KMnO_4$ 法的滴定终点不太稳定（自身指示剂），由于空气中的还原性气体和灰尘能与 MnO_4^- 作用使其还原，溶液的粉红色逐渐消失。因此，只要滴定到溶液呈现浅红色并在 30～60s 之内不褪色即可。

5. 重铬酸钾标准溶液

$K_2Cr_2O_7$ 易于提纯，可以准确称取一定质量干燥纯净的 $K_2Cr_2O_7$ 直接配制成一定浓度的标准溶液，无需标定。配制好的 $K_2Cr_2O_7$ 标准溶液相当稳定，只要保存在密闭容器中，长期放置浓度不变。$K_2Cr_2O_7$ 在酸性溶液中的条件电极电位比 $KMnO_4$ 的条件电极电位低，在 $1\, mol \cdot L^{-1}$ HCl 溶液中，在室温下用 $K_2Cr_2O_7$ 滴定还原剂不受 Cl^- 的干扰（$\varphi_{Cl_2/Cl^-}^{\ominus} = 1.36\, V$），可在 HCl 溶液中进行滴定。

应该指出，$K_2Cr_2O_7$ 有毒，使用时应注意废液的处理，以免污染环境。

6. $Na_2S_2O_3$ 标准溶液

市售硫代硫酸钠($Na_2S_2O_3 \cdot 5H_2O$)一般含有少量杂质，并且在空气中不稳定，容易风化或潮解，因此不能直接配制成准确浓度的溶液，只能先配制近似浓度的溶液，然后标定。

$Na_2S_2O_3$ 溶液浓度不稳定，容易改变，因为：

(1) 水中溶解的 CO_2 的作用。水中溶有 CO_2，使水的酸度升高，若溶液的 pH<4.6，发生以下反应：

$$Na_2S_2O_3 + H_2CO_3 == NaHCO_3 + NaHSO_3 + S\downarrow$$

(2) 空气中 O_2 的作用。空气氧化 $Na_2S_2O_3$，产生不具还原性的 SO_4^{2-}，并且有 S 析出：

$$2Na_2S_2O_3 + O_2 == 2Na_2SO_4 + 2S\downarrow$$

(3) 细菌的作用。水中存在的嗜硫菌等微生物分解 $Na_2S_2O_3$，降低 $Na_2S_2O_3$ 溶液的浓度：

$$Na_2S_2O_3 \xrightarrow{\text{细菌}} Na_2SO_3 + S\downarrow$$

因此，配制 $Na_2S_2O_3$ 溶液时，为了除去水中的 CO_2 和杀死细菌，应用新煮沸并冷却的蒸馏水，并加入少量 Na_2CO_3(约 0.02%)使溶液呈微碱性(pH = 9~10)，有时为了避免细菌的作用，加入少量 HgI_2($10mg \cdot L^{-1}$)。为了避免日光促进 $Na_2S_2O_3$ 的分解，溶液应保存在棕色瓶中放置暗处，经 8~14 天再标定。长期保存的 $Na_2S_2O_3$ 溶液隔 1~2 个月标定一次，若发现溶液变浑，应弃去重配。

标定 $Na_2S_2O_3$ 溶液的基准物质有纯碘、KIO_3、$KBrO_3$、$K_2Cr_2O_7$、$K_3[Fe(CN)_6]$、纯铜等。这些物质除纯碘外都能与 KI 反应而析出 I_2：

$$IO_3^- + 5I^- + 6H^+ == 3I_2 + 3H_2O$$

$$BrO_3^- + 6I^- + 6H^+ == 3I_2 + 3H_2O + Br^-$$

$$Cr_2O_7^{4-} + 6I^- + 14H^+ == 2Cr^{2+} + 3I_2 + 7H_2O$$

$$2[Fe(CN)_6]^{3-} + 2I^- == 2[Fe(CN)_6]^{4-} + I_2$$

$$2Cu^{2+} + 4I^- == 2CuI\downarrow + I_2$$

析出的 I_2 用 $Na_2S_2O_3$ 标准溶液滴定：

$$2S_2O_3^{2-} + I_2 == S_4O_6^{2-} + 2I^-$$

采用淀粉专属指示剂，先以 $Na_2S_2O_3$ 溶液滴定至溶液呈浅黄色(大部分 I_2 已作用)，然后加入淀粉溶液，用 $Na_2S_2O_3$ 溶液继续滴定至蓝色恰好消失，即为终点。淀粉指示剂若加入太早，则大量的 I_2 与淀粉结合成蓝色物质，这一部分就不容易与 $Na_2S_2O_3$ 反应，因而产生滴定误差。滴定至终点后再经过几分钟，溶液又会出现蓝色，这是由空气氧化 I^- 所引起的。

3.5.2 直接滴定法

如前所述，凡能满足滴定分析要求的反应都可用于进行直接滴定。

1. 双指示剂法测定烧碱中 NaOH 和 Na_2CO_3 的含量

NaOH 俗称烧碱，它易吸收空气中 CO_2，使部分 NaOH 变成 Na_2CO_3，形成 NaOH 和 Na_2CO_3

混合物。根据 HCl 滴定 Na_2CO_3 时有两个化学计量点的原理（强酸滴定多元碱），可在溶液中先加入酚酞指示剂，至第一化学计量点，NaOH 全部被中和，Na_2CO_3 被中和到 $NaHCO_3$，设此时用去 HCl 的体积(mL)V_1；接着在同一溶液中加入甲基橙指示剂，继续用 HCl 滴定至溶液由黄色变为橙色，即达第二化学计量点，此时，$NaHCO_3$ 全部转变为 H_2CO_3($H_2O + CO_2$)，设又耗去 HCl(mL)V_2，则 Na_2CO_3 消耗的 HCl 体积为 $2V_2$，NaOH 消耗的 HCl 体积为 (V_1-V_2)。

NaOH 和 Na_2CO_3 的质量分数分别按下列两式计算：

$$w_{NaOH} = \frac{c_{HCl}(V_1-V_2) \times 40.00}{m_{样} \times 1000} \times 100\%$$

$$w_{Na_2CO_3} = \frac{c_{HCl} \times V_2 \times 106.0}{m_{样} \times 1000} \times 100\%$$

在用 HCl 滴定混合碱时，因 Na_2CO_3 的 K_{b2} 不够大，故第二化学计量点时突跃不太明显，且易形成 CO_2 的过饱和溶液，滴定过程中生成的 H_2CO_3 转化成 CO_2 速率较慢，使终点出现过早，故在滴定终点附近需剧烈摇动溶液，或者终点前暂停滴定，加热除去 CO_2 再滴定至终点。

2. 乙酰水杨酸的测定

乙酰水杨酸是一种解热镇痛药，分子结构中含有羧基，在溶液中可离解出 H^+，故可用标准碱溶液直接滴定：

$$\text{(COOH, OCOCH}_3\text{)} + NaOH = \text{(COONa, OCOCH}_3\text{)} + H_2O$$

乙酰水杨酸的质量分数可按下式计算：

$$w_{C_9H_8O_4} = \frac{c_{NaOH} V_{NaOH} \times \frac{180.2}{1000}}{m_{样}} \times 100\%$$

乙酰水杨酸含有酯的结构，为了防止酯在滴定时水解而使结果偏高，滴定时应控制以下条件：

(1) 应在中性乙醇溶液中滴定。
(2) 滴定时应保持温度在 10℃ 以下。
(3) 应在不断振摇下稍快地进行滴定，以防止 NaOH 局部过浓促使水解。

$$\text{(COOH, OCOCH}_3\text{)} + 2NaOH = \text{(COONa, OH)} + CH_3COONa + H_2O$$

3. 水的总硬度的测定

硬度是水质的重要指标，水的硬度是指溶解于水中钙盐和镁盐的总量。水中钙镁的酸式碳酸盐形成的硬度称为暂时硬度，钙镁的其他盐类（如硫酸盐、氯化物等）形成的硬度称为永久硬度。两种硬度的总和称为总硬度。硬度的单位有下列几种表示方法：

(1) CaO mg·L^{-1} 或 $CaCO_3$ mg·L^{-1}。
(2) 硬度度数(°)。规定 1L 水中含 10mg CaO 为 1°。

在测定硬度时，可准确吸取一定量水样，用 NH_3-NH_4Cl 缓冲液调节 pH 到 10，以铬黑 T

为指示剂,用 EDTA 标准溶液滴定至溶液由酒红色变为蓝色即为终点。金属离子如 Fe^{3+}、Co^{2+}、Ni^{2+}、Cu^{2+}、Al^{3+} 及高价锰会因封闭现象使指示剂褪色或终点拖长。Na_2S 或 KCN 可掩蔽重金属离子,盐酸羟胺可使高价铁离子和高价锰离子还原成低价离子而消除其干扰。

4. 葡萄糖酸钙的测定

样品溶于水后,用 NaOH 调节 pH 至 12 左右,加入少量钙指示剂,用 EDTA 滴定至溶液由红色变为纯蓝色即可。

钙盐的 EDTA 滴定也可用 EDTA-Mg-EBT 作指示剂:

滴定前
$$MgY^{2-} + Ca^{2+} \rightleftharpoons CaY^{2-} + Mg^{2+}$$
$$Mg^{2+} + HIn^{2-} \rightleftharpoons MgIn^- + H^+$$

($K_{CaIn} < K_{MgIn} < K_{MgY} < K_{CaY}$,单独用铬黑 T 作指示剂,会使终点提前到达)

终点
$$MgIn^- + H_2Y^{2-} \rightleftharpoons MgY^{2-} + HIn^{2-} + H^+$$

由于在实验中加入的是 MgY,滴定至最后仍回到 MgY,因此它只起了辅助铬黑 T 指示滴定终点的作用。

5. 高锰酸钾法测定 Fe^{2+}

高锰酸钾是强氧化剂之一,在强酸性溶液中能被还原为 Mn^{2+}:

$$MnO_4^- + 8H^+ + 5e^- \rightleftharpoons Mn^{2+} + 4H_2O \quad \varphi^{\ominus} = 1.51\,V$$

在中性或碱性溶液中,则获得 3 个电子,被还原为 MnO_2:

$$MnO_4^- + 2H_2O + 3e^- \rightleftharpoons MnO_2 + 4OH^- \quad \varphi^{\ominus} = 0.58\,V$$

而在 NaOH 浓度大于 $2\,mol \cdot L^{-1}$ 的强碱溶液中,则被还原为 MnO_4^{2-}:

$$MnO_4^- + e^- \rightleftharpoons MnO_4^{2-} \quad \varphi^{\ominus} = 0.564\,V$$

由此可见,高锰酸钾法既可在酸性条件下使用,也可在中性或碱性条件下使用。由于 $KMnO_4$ 在强酸性溶液中具有更强的氧化能力,因此一般在强酸条件下使用。但 $KMnO_4$ 在碱性条件下氧化有机物的反应速率比酸性条件下更快。在 NaOH 浓度大于 $2\,mol \cdot L^{-1}$ 的碱性溶液中,很多有机物都能与 $KMnO_4$ 反应,因此可用此来测定有机化合物。

用 $KMnO_4$ 作氧化剂可直接滴定许多还原性物质,如 Fe(Ⅱ)、H_2O_2、草酸盐、As(Ⅲ)、Sb(Ⅲ)、W(Ⅴ) 及 U(Ⅳ) 等。

用 $KMnO_4$ 标准溶液滴定 Fe^{2+},以测定矿石(如褐铁矿等)、合金、金属盐类及硅酸盐等试样中的含铁量,有很大的实用价值。

试样溶解(通常使用 HCl 作溶剂)后生成的 Fe^{3+}(实际上是 $FeCl_4^-$、$FeCl_6^{3-}$ 等配合离子)应先用还原剂还原为 Fe^{2+},然后用 $KMnO_4$ 标准溶液滴定。常用的还原剂是 $SnCl_2$(也可用 Zn、Al、H_2S、SO_2 及汞齐等还原剂),多余的 $SnCl_2$ 可以借加入 $HgCl_2$ 而除去:

$$SnCl_2 + 2HgCl_2 \rightleftharpoons SnCl_4 + Hg_2Cl_2 \downarrow$$

但是 $HgCl_2$ 有剧毒!为了避免环境污染,近年来采用了各种不用汞盐的测定铁的方法(无汞定铁法)。

在以 $KMnO_4$ 溶液滴定 Fe^{2+} 前还应加入 $MnSO_4$、H_2SO_4 及 H_3PO_4 的混合液，其作用是：①避免 Cl^- 存在下所发生的诱导反应；②由于滴定过程中生成黄色的 Fe^{3+}，达到终点时，微过量的 $KMnO_4$ 所呈现的粉红色将不易分辨，以致影响终点的正确判断。在溶液中加入 H_3PO_4 后，PO_4^{3-} 与 Fe^{3+} 生成无色的 $FeH(PO_4)_2^-$ 配合离子，可使终点易于观察。

6. 重铬酸钾法测铁矿石中全铁

$K_2Cr_2O_7$ 在酸性条件下与还原剂作用，$Cr_2O_7^{2-}$ 得到 6 个电子而被还原为 Cr^{3+}，其半电池反应为

$$Cr_2O_7^{2-} + 14H^+ + 6e^- \rightleftharpoons 2Cr^{3+} + 7H_2O \quad \varphi^\ominus = 1.33 \text{ V}$$

可见，$K_2Cr_2O_7$ 的氧化能力比 $KMnO_4$ 稍弱些，但它仍是一种较强的氧化剂。用重铬酸钾法能测定许多无机物和有机物。由于 Cr^{3+} 易水解，滴定要求在酸性条件下进行，因此它的应用范围比 $KMnO_4$ 法窄些。

在酸性介质中，橙色的 $Cr_2O_7^{2-}$ 还原后生成绿色的 Cr^{3+}，故 $K_2Cr_2O_7$ 本身不能用作自身指示剂。应用 $K_2Cr_2O_7$ 标准溶液进行滴定时，常用氧化还原指示剂，如二苯胺磺酸钠或邻苯氨基苯甲酸等。

重铬酸钾法最重要的应用是测定样品中铁的含量。另外，能与 $Fe(III)$ 定量反应生成化学计量 $Fe(II)$ 的还原性物质，如 $Cu(I)$、$U(IV)$ 等也可用间接滴定法测其含量；还有一些氧化性物质，如 MnO_4^- 等可利用加入已知过量的 Fe^{2+}，待反应完全后，然后用 $K_2Cr_2O_7$ 标准溶液滴定剩余 Fe^{2+} 的方法加以测定。

铁矿试样用 HCl 加热分解后，先用 $SnCl_2$ 在热的浓 HCl 溶液中将大部分 $Fe(III)$ 还原为 $Fe(II)$。再以钨酸钠为指示剂，用 $TiCl_3$ 还原剩余的 $Fe(III)$（滴加 $TiCl_3$ 至钨蓝出现），多余的 $TiCl_3$ 用 $K_2Cr_2O_7$ 处理（滴至溶液蓝色刚好消失）。然后在 H_2SO_4-H_3PO_4 混合酸介质中，用二苯胺磺酸钠作指示剂，以 $K_2Cr_2O_7$ 标准溶液滴定：

$$Cr_2O_7^{2-} + 6Fe^{2+} + 14H^+ = 2Cr^{3+} + 6Fe^{3+} + 7H_2O$$

H_3PO_4 可与 Fe^{3+} 形成 $Fe(HPO_4)_2^-$，一方面利于观察终点颜色，另一方面可使滴定突跃增大，反应更完全。

铁矿石中铁的含量为

$$w_{Fe} = \frac{(cV)_{K_2Cr_2O_7} \times 6 \times 55.85}{m_{样} \times 1000} \times 100\%$$

7. 直接碘量法测定还原性物质

碘量法是以 I_2 作为氧化剂，或以 I^- 作为还原剂进行氧化还原滴定的方法。其半电池反应为

$$I_2(s) + 2e^- \rightleftharpoons 2I^- \quad \varphi^\ominus_{I_2/2I^-} = 0.5345 \text{ V}$$

由于固体 I_2 在水中的溶解度很小（1.18×10^{-3} mol·L^{-1}/25℃），故通常在配制 I_2 溶液时加入一些碘化物（通常为 KI），使 I_2 与 I^- 结合成 I_3^-，增大其溶解度，相应的反应为

$$I_2 + I^- \rightleftharpoons I_3^- \quad I_3^- + 2e^- \rightleftharpoons 3I^- \quad \varphi^\ominus_{I_3^-/3I^-} = 0.5355 \text{ V}$$

由于这两个标准电极电位值相差只有 1mV，为了简便并突出化学计量关系，I_3^- 一般仍简

写为 I_2。

由 I_2/I^- 电对的条件电极电位或标准电极电位可见，I_2 是一种不太强的氧化剂，I^- 是一种不太弱的还原剂。I_2 能与较强的还原剂如 Sn(Ⅱ)、Sb(Ⅲ)、As_2O_3、S^{2-}、SO_3^{2-} 等作用，例如

$$I_2 + SO_2 + 2H_2O = 2I^- + SO_4^{2-} + 4H^+$$

因此可用 I_2 标准溶液直接滴定这类还原性物质，这种方法称为直接碘量法。

另一方面，I^- 能被一般氧化剂如 $K_2Cr_2O_7$、$KMnO_4$、H_2O_2、KIO_3 等定量氧化而析出 I_2，例如

$$2MnO_4^- + 10I^- + 16H^+ = 2Mn^{2+} + 5I_2 + 8H_2O$$

析出的 I_2 可用还原剂 $Na_2S_2O_3$ 标准溶液滴定：

$$I_2 + 2S_2O_3^{2-} = 2I^- + S_4O_6^{2-}$$

因而可间接测定氧化性物质，这种方法称为间接碘量法。

由于 I_2 的氧化能力不太强，能被 I_2 氧化的物质有限，而且受溶液中 H^+ 浓度的影响较大，直接碘量法只能在酸性、中性或弱碱性溶液中进行，如果溶液的 pH>9，就会发生下面副反应：

$$I_2 + 2OH^- \rightleftharpoons I^- + IO^- + H_2O$$

$$3IO^- \rightleftharpoons IO_3^- + 2I^-$$

而且在较强的碱性溶液中，I_2 会发生歧化反应：

$$3I_2 + 6OH^- = IO_3^- + 5I^- + 3H_2O$$

所以直接碘量法的应用受到一定的限制。

但是，凡能与 KI 作用定量地析出 I_2 的氧化性物质及能与过量 I_2 在碱性介质中作用的有机物质，都可用间接碘量法测定。

碘量法的主要误差来源是：I_2 具有挥发性，容易挥发损失；I^- 在酸性溶液中易为空气中氧所氧化：

$$4I^- + 4H^+ + O_2 = 2I_2 + 2H_2O$$

实验中可通过加入过量 KI 形成 I_3^-，室温下进行滴定，使用碘量瓶，避免剧烈振摇等措施来减少 I_2 的挥发；通过控制溶液酸度和析出 I_2 的时间(5min)，适当加快滴定速度，避免阳光直射等措施防止 I^- 的氧化。

碘量法一般在中性或弱酸性溶液中及低温(<25℃)下进行滴定，并应在碘量瓶中进行。I_2 溶液应保存于棕色密闭的容器中。

碘量法中应用最多的是淀粉指示剂(专属指示剂)。

I_2 可以用升华法纯制到符合直接配制标准溶液的纯度，但因其具有挥发性和腐蚀性，不宜在分析天平上称量，故通常用间接法配制。标准 I_2 溶液的浓度可借与已知浓度的 $Na_2S_2O_3$ 标准溶液比较而求得。

直接碘量法可用于测定 Sn(Ⅱ)、Sb(Ⅲ)、As_2O_3、S^{2-}、SO_3^{2-} 等。

8. 摩尔法测定人体血清 Cl⁻ 和电解食盐车间入槽盐水中 NaCl 含量

人体内氯是以 Cl⁻ 形式存在于细胞外液中，血清中正常值为 $3.4\sim3.8\text{g}\cdot\text{L}^{-1}$，Cl⁻ 常与 Na⁺ 共存，故 NaCl 是细胞外液中的重要电解质。将血清中蛋白沉淀后，即可取无蛋白滤液进行 Cl⁻ 测定，通常采用摩尔法。

电解食盐车间入槽盐水要求 NaCl 含量在 $315\sim320\text{g}\cdot\text{L}^{-1}$。将试样预热至约 70℃，然后送到电解槽中电解。此项分析属于中间控制分析项目，一般用摩尔法测定，NaCl 含量计算如下：

$$\text{NaCl}(\text{g}\cdot\text{L}^{-1}) = \frac{(cV)_{\text{AgNO}_3} \times \dfrac{58.5}{1000}}{V_{\text{NaCl}}(\text{mL})} \times 1000$$

9. 法扬斯法测定盐酸麻黄碱

盐酸麻黄碱（$C_{10}H_{15}ON\cdot HCl$）是用溴酚蓝（HBs）作吸附指示剂进行测定的。滴定反应为

$$\left[\text{C}_6\text{H}_5\text{—CH(OH)—CH(CH}_3\text{)—N}^+\text{H(CH}_3\text{)—H}\right]\text{Cl}^- + \text{AgNO}_3 \longrightarrow \left[\text{C}_6\text{H}_5\text{—CH(OH)—CH(CH}_3\text{)—N}^+\text{H(CH}_3\text{)—H}\right]\text{NO}_3^- + \text{AgCl}\downarrow$$

终点前：$\text{AgCl}\cdot\text{Cl}^- + \text{Bs}^-$（黄绿）

终点：$\text{AgCl}\cdot\text{Ag}^+\cdot\text{Bs}^-$（灰绿）

3.5.3 回滴定法

1. 血浆中 HCO_3^- 浓度的测定

人体血液中约 95% 以上的 CO_2 是以 HCO_3^- 形式存在，临床上测定 HCO_3^- 浓度可帮助诊断血液中酸碱指标。在血浆中加入过量 HCl 标准溶液，使 HCO_3^- 反应生成 CO_2，并使 CO_2 逸出。然后用酚红为指示剂，用 NaOH 标准溶液滴定剩余的 HCl，根据 HCl 和 NaOH 标准溶液的用量，即可按下式计算血浆中 HCO_3^- 的浓度 $(\text{mol}\cdot\text{L}^{-1})$：

$$c_{\text{HCO}_3^-} = \frac{(cV)_{\text{HCl}} - (cV)_{\text{NaOH}}}{V_{样}}$$

正常血浆 HCO_3^- 浓度为 $22\sim28\text{mmol}\cdot\text{L}^{-1}$。

2. 空气中 CO 含量的测定

滤去 CO_2 的气体样品经过含五氧化二碘的热管（$120\sim150$℃），将 CO 氧化为 CO_2，用已知过量的 $Ba(OH)_2$ 标准溶液吸收，将生成的 $BaCO_3$ 沉淀滤掉，然后以酚酞为指示剂，用 HCl 标准溶液滴定剩余的 $Ba(OH)_2$，并计算空气中 CO 的含量。反应如下：

$$5\text{CO} + \text{I}_2\text{O}_5 \xrightarrow{\triangle} 5\text{CO}_2 + \text{I}_2$$

$$\text{CO}_2 + \text{Ba(OH)}_2(过量) = \text{BaCO}_3\downarrow + \text{H}_2\text{O}$$

$$\text{Ba(OH)}_2(余) + 2\text{HCl} = \text{BaCl}_2 + 2\text{H}_2\text{O}$$

计算公式为

$$\rho_{CO} = \frac{\left[(cV)_{Ba(OH)_2} - \frac{1}{2}(cV)_{HCl}\right] \times 28}{V_{样}} \; (g \cdot L^{-1})$$

3. 明矾[$KAl(SO_4)_2 \cdot 12H_2O$]的测定

测定明矾的含量一般通过测定其组成中铝的含量，然后换算成明矾的含量。因 EDTA 与 Al^{3+} 配位反应速率较慢，需要加过量 EDTA 并加热煮沸才能反应完全，且 Al^{3+} 对指示剂有封闭作用，因此要采用回滴定法进行测定。即在试样溶液中加入准确过量的 EDTA 标准溶液，在 pH ≈ 3.5 时，煮沸溶液。再调节 pH = 5~6，然后以二甲酚橙为指示剂，$ZnSO_4$ 标准溶液回滴定剩余的 EDTA。反应式为

$$Al^{3+} + H_2Y^{2-}(过量) == AlY^- + 2H^+$$

$$Zn^{2+} + H_2Y^{2-}(余) == ZnY^{2-} + 2H^+$$

需用 HOAc-NaOAc 缓冲溶液控制溶液 pH = 5~6，因为 pH < 4 时配位反应不完全，pH ≥ 7 时 Al^{3+} 会水解，且二甲酚橙指示剂也要求溶液酸度控制在 pH < 6.3。

4. 葡萄糖含量的测定

葡萄糖的测定通常采用旋光法，也可采用回滴定法(间接碘量法)。葡萄糖分子中含有醛基，能在碱性条件下用过量的 I_2 溶液氧化成羧基，然后用 $Na_2S_2O_3$ 标准溶液回滴定剩余的 I_2。反应过程为

$$I_2 + 2NaOH == NaIO + NaI + H_2O$$

$$CH_2OH(CHOH)_4CHO + NaIO + NaOH == CH_2OH(CHOH)_4COONa + NaI + H_2O$$

剩余的 NaIO 在碱性溶液中转化成 $NaIO_3$ 和 NaI

$$3NaIO == NaIO_3 + 2NaI$$

溶液经酸化后，恢复成 I_2 析出

$$NaIO_3 + 5NaI + 3H_2SO_4 == 3I_2 + 3Na_2SO_4 + 3H_2O$$

最后用 $Na_2S_2O_3$ 标准溶液滴定反应剩余的 I_2

$$2S_2O_3^{2-} + I_2 == S_4O_6^{2-} + 2I^-$$

采用间接碘量法应注意以下反应条件：

(1) 控制溶液酸度为中性或弱酸性。在强酸性溶液中，$Na_2S_2O_3$ 会分解

$$S_2O_3^{2-} + 2H^+ == SO_2 + S\downarrow + H_2O$$

在强碱性溶液中，I_2 与 $S_2O_3^{2-}$ 会发生副反应

$$S_2O_3^{2-} + 4I_2 + 10OH^- == 2SO_4^{2-} + 8I^- + 5H_2O$$

另外，I_2 也会在强碱性溶液中发生歧化。

(2) 防止 I_2 的挥发和空气中的 O_2 氧化 I^-。I_2 的挥发和 I^- 的氧化是间接碘量法的主要误差来源。为了防止 I_2 的挥发，溶液温度不宜过高，一般在室温下进行反应；滴定反应最好在碘量瓶中进行。要防止空气氧化 I^-，应避免阳光照射，因在酸性溶液中光能加速空气中 O_2 对 I^- 的氧化；溶液酸度不宜过高，否则，酸度会增大 O_2 氧化 I^- 的速度；滴定时快滴慢摇，减少 I^-

与空气的接触等。

5. 福尔哈德法测定卤素及 SCN⁻

用回滴定法测定 Cl^-、Br^-、I^-、SCN^- 时，是先在溶液中加入准确过量的 $AgNO_3$ 标准溶液，Ag^+ 与被测离子形成沉淀，然后用 NH_4SCN 标准溶液滴定剩余的 Ag^+，稍过量的 SCN^- 与 Fe^{3+} 生成血红色配合物显示终点。以 Cl^- 的测定为例

终点前： Ag^+(过量) + Cl^- ══ $AgCl\downarrow$(白)

Ag^+(余) + SCN^- ══ $AgSCN\downarrow$(白)

终点： Fe^{3+} + SCN^- ══ $Fe(SCN)^{2+}$(血红)

滴定条件：

(1) 必须在硝酸酸性溶液中进行滴定。

(2) 应事先除去与 SCN^- 作用的强氧化剂、NO_2^-、Cu^{2+}、Hg^{2+} 等。

(3) 滴定 Cl^- 时，应防止滴定过程中 $AgCl$ 沉淀在化学计量点时转化为溶解度更小的 $AgSCN$，通常是加入已知过量的 $AgNO_3$ 后，加入有机溶剂如 1,2-二氯乙烷或甘油等，使之覆盖在 $AgCl$ 沉淀表面；也可将溶液煮沸，使 $AgCl$ 凝聚，减少对 Ag^+ 的吸附，滤去 $AgCl$ 沉淀后，再用 NH_4SCN 标准溶液滴定滤液中过量的 Ag^+。

3.5.4 置换滴定法

1. 甲醛法测定铵盐中氮

NH_4^+ 的 K_a 很小，不能被 NaOH 直接滴定，可在铵盐溶液中加入甲醛，甲醛本身无酸碱性，但它与铵盐作用生成质子化的六次甲基四胺（$K_a = 7.1 \times 10^{-6}$）和 H^+

$$4NH_4^+ + 6HCHO \rightleftharpoons (CH_2)_6N_4H^+ + 3H^+ + 6H_2O$$

可用 NaOH 滴定至酚酞指示剂显红色为终点。

2. EDTA 滴定 Ag^+（置换出金属离子）

Ag^+ 与 EDTA 配合物的稳定性不大，不能用 EDTA 直接滴定，在 Ag^+ 溶液中加入过量 $Ni(CN)_4^{2-}$ 后

$$2Ag^+ + Ni(CN)_4^{2-} \rightleftharpoons 2Ag(CN)_2^- + Ni^{2+}$$

然后在 pH = 10 的氨性溶液中，以紫脲酸铵为指示剂，用 EDTA 滴定被置换出来的 Ni^{2+}，即可得到 Ag^+ 的含量。

3. EDTA 测定复杂试样中的 Al^{3+}（置换出 EDTA）

于复杂试样溶液中先加入过量 EDTA，使 Al^{3+} 和其他能与 EDTA 配位的金属离子完全配位；调节溶液 pH = 5～6，以二甲酚橙为指示剂，用 Zn^{2+} 标准溶液滴定过量的 EDTA 至终点，然后加入 NH_4F，使 AlY 中的 Y 释放出来，再用 Zn^{2+} 标准溶液滴定释放出来的 Y，即可测得 Al^{3+} 的含量。

4. 漂白粉中有效氯的测定

漂白粉的有效成分是 $Ca(ClO)_2$，它与盐酸反应放出氯，具有氧化、漂白和杀菌作用，故称"有效氯"。将漂白粉悬浊液在酸性条件下与过量 KI 作用，就能析出与有效氯相当的 I_2，然后以淀粉作指示剂，用 $Na_2S_2O_3$ 标准溶液滴定。

$$ClO^- + 2H^+ + Cl^- =\!= Cl_2 + H_2O$$

$$Cl_2 + 2I^- =\!= I_2 + 2Cl^-$$

$$I_2 + 2S_2O_3^{2-} =\!= 2I^- + S_4O_6^{2-}$$

3.5.5 间接滴定法

1. 硼酸的测定

H_3BO_3 是很弱的酸，不能用 NaOH 标准溶液直接滴定。但是，H_3BO_3 与多元醇生成配位酸后能增加酸的强度，如 H_3BO_3 与甘油生成的配位酸的 $K_{af} = 3.3 \times 10^6$，与甘露醇生成的配位酸的 $K_{af} = 1.8 \times 10^4$，故可用酚酞作指示剂，用 NaOH 标准溶液滴定。当有大量多元醇存在时，H_3BO_3 的配位反应为

$$H_3BO_3 + 2\ \begin{matrix} R-C(H)-OH \\ R-C(H)-OH \end{matrix} =\!= \left[\begin{matrix} R-C(H)-O \\ R-C(H)-O \end{matrix} B \begin{matrix} O-C(H)-R \\ O-C(H)-R \end{matrix}\right]^- H^+ + 3H_2O$$

2. 凯达尔 (Kjeldahl) 定氮法

对于含氮的有机物质 (如面粉、谷物、肥料、生物碱、肉类中的蛋白质、土壤、饲料以及合成药物等) 常通过凯达尔法测定氮含量，以确定其氨基态氮或蛋白质的含量，也称凯氏定氮法。

测定时将试样与浓 H_2SO_4 共煮，进行消化分解，并加入 K_2SO_4，提高沸点，以促进分解过程，使有机物转化成 CO_2 和 H_2O，所含的氮在硒粉和 $CuSO_4$ 或汞盐催化下成为 NH_4^+：

$$C_mH_nN \xrightarrow[Se+CuSO_4]{H_2SO_4,\ K_2SO_4} CO_2\uparrow + H_2O + (NH_4)_2SO_4$$

溶液以过量 NaOH 碱化后，再以水蒸气蒸馏法蒸出 NH_3，蒸出的 NH_3 可用 4% 的饱和 H_3BO_3 溶液吸收：

$$(NH_4)_2SO_4 + 2NaOH =\!= 2NH_3\uparrow + Na_2SO_4 + 2H_2O$$

$$NH_3 + H_3BO_3 =\!= NH_4H_2BO_3$$

[或 $NH_3 + H_3BO_3 + H_2O =\!= NH_4B(OH)_4$，注意硼酸不能直接离解出氢离子，水的羟基进攻缺电子的 B，生成 $B(OH)_4^-$ 和 H^+]

生成的 $NH_4H_2BO_3$ [或 $NH_4B(OH)_4$] 是一种两性化合物，根据酸碱滴定原理，只能选用 HCl 标准溶液进行滴定。

$$H_2BO_3^- + H^+ \rightleftharpoons H_3BO_3$$

食品工业界常用凯氏定氮法通过氮含量测定得出蛋白质含量，但前提是氮只来源于蛋白质。凯氏法定氮是酸碱滴定在有机物分析中的重要应用，有全量、微量凯氏定氮法和全自动凯氏定氮法。尽管凯氏法定氮过程中，消化与蒸馏操作较为费时，而且已有更快的测定蛋白质的方法，也有氨基酸自动分析仪商品，但是在我国的国家标准及国际标准方法中，仍确认凯氏法为标准检验方法。全自动凯氏定氮法采用了自动化控制技术，整个抽提、萃取、测定和计算过程实现了全程自动化，使整个过程更高效、准确和简便，应用更为广泛。

3. EDTA 测定硫酸盐、磷酸盐

有些金属离子（如 Li^+、Na^+、K^+、Rb^+、Cs^+）和一些非金属离子（如 SO_4^{2-}、PO_4^{3-} 等）不能和 EDTA 配位，或与 EDTA 生成的配合物不稳定，可采用间接滴定法进行测定。

测定 SO_4^{2-} 时，可在试液中加入已知过量的 $BaCl_2$ 标准溶液，加热，使 SO_4^{2-} 定量地沉淀为 $BaSO_4$，过量的 Ba^{2+} 用 EDTA 标准溶液滴定，由此计算 SO_4^{2-} 的含量。

EDTA 间接滴定法可测定 PO_4^{3-}。在一定条件下，将 PO_4^{3-} 沉淀为 $MgNH_4PO_4$，过滤后，将沉淀溶解，在 pH = 10 时，用铬黑 T 作指示剂，EDTA 滴定沉淀中的 Mg^{2+}，由 Mg^{2+} 的含量间接计算出磷或 PO_4^{3-} 的含量。

4. 高锰酸钾法测定 Ca^{2+}

在酸性溶液中，加入适当过量的 $(NH_4)_2C_2O_4$ 溶液，用稀氨水中和至甲基橙呈黄色，使 Ca^{2+} 完全沉淀为 CaC_2O_4，经过滤、洗涤后，将沉淀溶于热的稀 H_2SO_4 中，然后用 $KMnO_4$ 标准溶液滴定 $C_2O_4^{2-}$，从而间接求得 Ca^{2+} 的含量。

经典的人体血钙测定即用此法。此法还可测 Ba^{2+}、Cd^{2+} 等能与 $C_2O_4^{2-}$ 定量生成沉淀的离子。

5. 间接碘量法测定铜盐

二价铜盐与 I^- 的反应如下：

$$2Cu^{2+} + 4I^- \rightleftharpoons 2CuI\downarrow + I_2$$

析出的 I_2 用 $Na_2S_2O_3$ 标准溶液滴定，就可计算出铜的含量。

$$I_2 + 2S_2O_3^{2-} \rightleftharpoons 2I^- + S_4O_6^{2-}$$

上述反应是可逆的，为了促使反应完全，必须加入过量的 KI（此处 KI 是配位剂、还原剂、沉淀剂）。CuI 沉淀会强烈地吸附 I_2，从而使测定结果偏低。如果加入 KSCN，使 CuI 转化为溶解度更小的 CuSCN 沉淀：

$$CuI + KSCN \rightleftharpoons CuSCN\downarrow + KI$$

则不仅可以释放出被 CuI 吸附的 I_2，而且反应时再生出来的 I^- 可与未作用的 Cu^{2+} 反应。这样可以使用较少的 KI 而能使反应进行得更完全。但是 KSCN 只能在接近终点时加入，否则 SCN^- 可能被氧化而使结果偏低。

为了防止铜盐水解，反应必须在酸性溶液中进行（一般控制 pH 在 3~4）。酸度过低，反应速率慢，终点拖长；酸度过高，则 I^- 被空气氧化为 I_2 的反应被 Cu^{2+} 催化而加速，使结果偏高。又因大量 Cl^- 与 Cu^{2+} 配合，因此应用 H_2SO_4 而不用 HCl（少量 HCl 不干扰）溶液。

矿石(铜矿等)、合金、炉渣或电镀液中的铜也可应用碘量法测定。对于固体试样，可选用适当的溶剂溶解后再用上述方法测定，但应注意防止其他共存离子的干扰。例如试样中如含有 Fe^{3+}，由于 Fe^{3+} 能氧化 I^-：

$$2Fe^{3+} + 2I^- == 2Fe^{2+} + I_2$$

故干扰 Cu^{2+} 的测定。若加入 NH_4HF_2，可使 Fe^{3+} 生成稳定的 FeF_6^{3-} 配合离子，使 Fe^{3+}/Fe^{2+} 电对的电位降低，从而可防止 Fe^{3+} 氧化 I^-。NH_4HF_2 还可控制溶液的酸度，使 pH 为 3～4。

3.5.6 滴定分析结果计算

【例 3.35】 称取 0.5000g 纯 $CaCO_3$ 溶于 50.00mL HCl 溶液中，多余的酸用 NaOH 溶液回滴，计消耗 6.20mL。已知 1mL NaOH 溶液相当于 1.010mL HCl 溶液。求 HCl 溶液和 NaOH 溶液的浓度。

解 已知 1mL NaOH 溶液相当于 1.010mL HCl 溶液，故 6.20mL NaOH 溶液相当于 6.20 × 1.010 = 6.26(mL) HCl 溶液。

因此，与 $CaCO_3$ 反应的 HCl 溶液的体积实际为

$$50.00 - 6.26 = 43.74 \text{(mL)}$$

已知 $M_{CaCO_3} = 100.1 \text{g·mol}^{-1}$，$CaCO_3$ 与 HCl 的反应为

$$CaCO_3 + 2HCl == Ca^{2+} + 2Cl^- + CO_2 + H_2O$$

根据反应式可知 $n_{HCl} = 2n_{CaCO_3}$，即

$$c_{HCl}V_{HCl} = 2\frac{m_{CaCO_3}}{M_{CaCO_3}}$$

$$c_{HCl} \times 43.74 \times 10^{-3} = 2 \times \frac{0.5000}{100.1}$$

$$c_{HCl} = 0.2284 \text{ mol·L}^{-1}$$

又滴定反应为

$$HCl + NaOH == NaCl + H_2O$$

因为 $n_{HCl} = n_{NaOH}$，所以

$$c_{NaOH} \times 1.00 \times 10^{-3} = 0.2284 \times 1.010 \times 10^{-3}$$

$$c_{NaOH} = 0.2307 \text{mol·L}^{-1}$$

【例 3.36】 已知试样可能含有 Na_3PO_4、Na_2HPO_4、NaH_2PO_4 或它们的混合物，以及其他不与酸作用的物质。今称取试样 2.0000g，溶解后用甲基橙指示终点，以 0.5000mol·L^{-1} HCl 溶液滴定，消耗 HCl 溶液 32.00mL。同样质量的试样当用酚酞指示终点时，消耗 HCl 标准溶液 12.00mL。求试样中各组分的质量分数。

解 当用 HCl 溶液滴定到酚酞变色时，发生下述反应：

$$Na_3PO_4 + HCl == Na_2HPO_4 + NaCl \quad 消耗滴定剂体积 V_1 \text{(mL)}$$

当用 HCl 溶液滴定到甲基橙变色时，发生下述反应：

$$Na_3PO_4 + HCl == Na_2HPO_4 + NaCl$$

$$Na_2HPO_4 + HCl == NaH_2PO_4 + NaCl \quad 消耗滴定剂体积 V_2 \text{(mL)}$$

因为 $V_2(32.00\text{mL}) > 2V_1(12.00\text{mL})$，所以此试样应为 Na_3PO_4 和 Na_2HPO_4 的混合物(试样中不会含有 NaH_2PO_4)。

根据反应式可知 $n_{Na_3PO_4} = n_{HCl}$，$n_{Na_2HPO_4} = n_{HCl}$，即

$$\frac{m_{Na_3PO_4}}{M_{Na_3PO_4}} = c_{HCl}V_1$$

$$\frac{m_{Na_2HPO_4}}{M_{Na_2HPO_4}} = c_{HCl}(V_2 - 2V_1)$$

$$w_{Na_3PO_4} = \frac{m_{Na_3PO_4}}{G} \times 100\% = \frac{c_{HCl}V_1 M_{Na_3PO_4}}{G} \times 100\%$$

$$= \frac{0.5000 \times 12.00 \times 163.90 \times 10^{-3}}{2.0000} \times 100\% = 49.17\%$$

$$w_{Na_2HPO_4} = \frac{m_{Na_2HPO_4}}{G} \times 100\%$$

$$= \frac{0.5000 \times (32.00 - 12.00 \times 2) \times 10^{-3} \times 142.0}{2.0000} \times 100\% = 28.40\%$$

试样含 Na_3PO_4 49.17%，含 Na_2HPO_4 28.40%。

【例 3.37】 分析含 Cu、Zn、Mg 的含量。称取试样 0.5000g，分解试样并处理成溶液后定容至 100mL。量取 25.00mL 该试液，调节酸度至 pH = 6，以 PAN 为指示剂，用 $0.05000 mol \cdot L^{-1}$ EDTA 标准溶液滴定 Cu^{2+} 和 Zn^{2+}，消耗 EDTA 溶液 37.30mL。另取一份 25.00mL 试液，加入 KCN 掩蔽 Cu^{2+} 和 Zn^{2+}，用同浓度 EDTA 标准溶液滴定 Mg^{2+}，用去 4.10mL。然后加入甲醛以解蔽 Zn^{2+}，再用 EDTA 溶液滴定，用去 13.40mL。计算试样中 Cu、Zn、Mg 的质量分数。

解 （1）依题意可知，滴定 Mg^{2+} 时：$V = 4.10$mL，$c = 0.05000 mol \cdot L^{-1}$，所以

$$w_{Mg} = \frac{cVM}{G} \times 100\%$$

$$= \frac{0.05000 \times 4.10 \times 10^{-3} \times 24.31}{0.5000 \times \frac{1}{4}} \times 100\% = 3.90\%$$

（2）依题意可知，滴定 Zn^{2+} 时：$V = 13.40$mL，$c = 0.05000 mol \cdot L^{-1}$，所以

$$w_{Zn} = \frac{cVM}{G} \times 100\%$$

$$= \frac{0.05000 \times 13.40 \times 10^{-3} \times 65.38}{0.5000 \times \frac{1}{4}} \times 100\% = 35.04\%$$

（3）依题意可知，滴定 Cu^{2+} 时：$V = 37.30 - 13.40 = 23.90$(mL)，$c = 0.05000 mol \cdot L^{-1}$，所以

$$w_{Cu} = \frac{cVM}{G} \times 100\%$$

$$= \frac{0.05000 \times 23.90 \times 10^{-3} \times 63.55}{0.5000 \times \frac{1}{4}} \times 100\% = 60.75\%$$

【例 3.38】 称取含 F 试样 0.5000g，溶解，在弱碱性介质中加入 $0.1000 mol \cdot L^{-1}$ Ca^{2+} 溶液 50.00mL，将沉淀过滤，洗涤，收集滤液和洗液，然后于 pH = 10.00 时用 $0.05000 mol \cdot L^{-1}$ EDTA 标准溶液回滴过量的 Ca^{2+}，消耗 EDTA 20.00mL。计算试样中 F 的质量分数。

解 沉淀反应为 $\quad\quad\quad Ca^{2+} + 2F^- \rightleftharpoons CaF_2 \downarrow$

滴定反应为 $\quad\quad\quad Ca^{2+} + H_2Y^{2-} \rightleftharpoons CaY^{2-} + 2H^+$

根据反应式可知 $\frac{n_{Ca}}{n_F} = \frac{1}{2}$，即

$$\frac{m_F}{M_F} = 2(c_{Ca^{2+}}V_{Ca^{2+}} - c_{EDTA}V_{EDTA})$$

故 $$w_F = \frac{2[(cV)_{Ca^{2+}} - (cV)_{EDTA}] \times M_{F^-}}{G} \times 100\%$$

$$= \frac{2 \times (0.1000 \times 50.00 \times 10^{-3} - 0.05000 \times 20.00 \times 10^{-3}) \times 19.00}{0.5000} \times 100\% = 30.40\%$$

【例 3.39】 称取软锰矿 0.1000g。试样经碱熔后得到 MnO_4^{2-}，煮沸溶液以除去过氧化物。酸化溶液，此时 MnO_4^{2-} 歧化为 MnO_4^- 和 MnO_2，然后滤去 MnO_2，用 0.1012mol·L^{-1} Fe^{2+} 标准溶液滴定 MnO_4^-，用去 25.80mL。计算试样中 MnO_2 的质量分数。

解 有关反应式为

$$MnO_2 + Na_2O_2 = Na_2MnO_4$$

$$3MnO_4^{2-} + 4H^+ = 2MnO_4^- + MnO_2 + 2H_2O$$

$$MnO_4^- + 5Fe^{2+} + 8H^+ = Mn^{2+} + 5Fe^{3+} + 4H_2O$$

$$1MnO_2 \sim 1MnO_4^{2-} \sim \frac{2}{3}MnO_4^- \sim \frac{2}{3} \times 5Fe^{2+}$$

$$1MnO_2 \sim \frac{10}{3}Fe^{2+}$$

故 $$w_{MnO_2} = \frac{\frac{3}{10}(c_{Fe^{2+}}V_{Fe^{2+}})M_{MnO_2}}{G} \times 100\%$$

$$= \frac{\frac{3}{10} \times 0.1012\ mol \cdot L^{-1} \times 25.80\ mL \times 10^{-3} \times 86.94\ g \cdot mol^{-1}}{0.1000g} \times 100\%$$

$$= 68.10\%$$

【例 3.40】 称取 Pb_3O_4 试样 0.1000g，加入 HCl 溶液后释放出 Cl_2。此 Cl_2 与 KI 溶液反应，析出 I_2，用 $Na_2S_2O_3$ 溶液滴定，用去 25.00mL。已知 1mL $Na_2S_2O_3$ 溶液相当于 0.3249mL $KIO_3 \cdot HIO_3$ (389.9g·mol^{-1})。求试样中 Pb_3O_4 的质量分数。已知 $M_{Pb_3O_4} = 685.6$ g·mol^{-1}。

解 有关反应式为

$$Pb_3O_4 + 8HCl = Cl_2 \uparrow + 3PbCl_2 + 4H_2O$$

$$Cl_2 + 2KI = I_2 + 2KCl$$

$$I_2 + 2S_2O_3^{2-} = 2I^- + S_4O_6^{2-}$$

$$KIO_3 \cdot HIO_3 + 10KI + 11HCl = 6I_2 + 11KCl + 6H_2O$$

$$1Pb_3O_4 \sim 1Cl_2 \sim 1I_2$$

$$1KIO_3 \cdot HIO_3 \sim 6I_2$$

$$1Pb_3O_4 \sim \frac{1}{6}KIO_3 \cdot HIO_3$$

$$w_{Pb_3O_4} = \frac{6 \times \frac{m_{KIO_3 \cdot HIO_3}}{M_{KIO_3 \cdot HIO_3}} \times V_{Na_2S_2O_3} \times M_{Pb_3O_4}}{G} \times 100\% = 85.70\%$$

【例 3.41】 称取氯化物试样 0.5000g，溶解后加入固体 $AgNO_3$ 0.8920g，用 Fe^{3+} 作指示剂，过量的 $AgNO_3$ 用 0.1400mol·L^{-1} 的 KSCN 溶液回滴，用去 25.50mL，计算试样中 NaCl 的质量分数。（试样中除 Cl^- 外，不含有与 $AgNO_3$ 生成沉淀的其他离子）

解 已知 $M_{AgNO_3} = 169.9$ g·mol^{-1}，$M_{NaCl} = 58.44$ g·mol^{-1}

$$w_{NaCl} = \frac{(n_{AgNO_3} - n_{KSCN}) \times \frac{M_{NaCl}}{1000}}{G} \times 100\%$$

$$= \frac{\left(\frac{0.8920}{169.9} - 0.1400 \times \frac{25.50}{1000}\right) \times 58.44}{0.5000} \times 100\% = 19.65\%$$

思考题 3.25 用双指示剂法测定混合碱组成的方法原理是什么?

思考题 3.26 某溶液可能是 Na_3PO_4、Na_2HPO_4、NaH_2PO_4 或它们的混合物,如何判断其组成并测定各组分的含量?

思考题 3.27 铵盐中氮的测定为何不采用 NaOH 直接滴定法?

思考题 3.28 用高锰酸钾法测定血钙浓度时,能否用 HNO_3 或 HCl 控制酸度?

思考题 3.29 当试样中 Fe^{3+} 和 Al^{3+} 含量较高时,怎样用配位滴定法测定其中 Ca^{2+}、Mg^{2+} 含量?

思考题 3.30 用配位滴定法测定矿石中 Ca^{2+}、Mg^{2+} 含量,当 Mg^{2+} 量多而 Ca^{2+} 量少时,怎样才能得到较准确的结果?

3.6 重量分析法

3.6.1 重量分析理论基础

重量分析通常是通过物理或化学反应将试样中待测组分与其他组分分离,以称量的方法称得待测组分或它的难溶化合物的质量,计算出待测组分在试样中的含量。常用的从试样中分离出待测组分的方法有两种。

(1)挥发法。这种方法适用于挥发性组分的测定。一般用加热或蒸馏等方法使被测组分转化为挥发性物质逸出,称量后根据试样质量的减少来计算试样中该组分的含量;或用吸收剂吸收组分逸出的气体,根据吸收剂质量的增加来计算该组分的含量。例如,要测定氯化钡晶体($BaCl_2 \cdot 2H_2O$)中结晶水的含量,可将一定质量的氯化钡试样加热,使水分逸出,根据氯化钡质量的减轻算出试样中水分的含量。也可以用吸湿剂(如高氯酸镁)吸收逸出的水分,根据吸湿剂质量的增加来计算水分的含量。

(2)沉淀重量法。这种方法是使待测组分生成难溶化合物沉淀下来,然后称量沉淀的质量,根据沉淀的质量算出待测组分的含量。例如,测定试液中 SO_4^{2-} 含量时,在试液中加入过量 $BaCl_2$ 溶液,使 SO_4^{2-} 完全生成难溶的 $BaSO_4$ 沉淀,经过滤、洗涤、干燥至恒量后,称量 $BaSO_4$ 的质量,从而计算试液中硫酸根离子的含量。

重量分析法是经典的化学分析方法,它通过直接称量得到分析结果,不需要从容量器皿中引入许多数据,也不需要基准物质作比较,对于高含量组分的测定,重量分析比较准确,一般测定的相对误差不大于 0.1%。对高含量的硅、磷、钨、稀土元素等试样的准确分析,至今仍常使用重量分析方法。但重量法的不足之处是操作较繁琐、费时,不适于生产中的控制分析,对低含量组分的测定误差较大。

上述两种方法中以沉淀重量法应用较多,本节主要讨论沉淀重量法。

1. 化学因数

在重量分析中,通常按下式计算被测组分的质量分数:

$$w_x = \frac{m_x}{m} \times 100\% \tag{3.64}$$

式中,w_x 为被测组分的质量分数;m_x 为被测组分的质量;m 为试样质量。

如果最后得到的称量形式就是被测组分的形式,则分析结果的计算比较简单。例如,重

量法测定岩石中的 SiO_2，称样 0.2000g，析出硅胶沉淀后灼烧成 SiO_2 的形式称量，得 0.1364g，则试样中 SiO_2 的质量分数为

$$w_{SiO_2} = \frac{m_{SiO_2}}{m} \times 100\% = \frac{0.1364}{0.2000} \times 100\% = 68.20\%$$

但是，在很多情况下，沉淀的称量形式与被测组分的表示形式不一样，这时需要由称量形式的质量计算出被测组分的质量，即

$$m_x = Fm'$$

式中，m_x 为被测组分质量；m' 为称量形式质量；F 为换算因数，或称为化学因数。F 为 m_x 和 m' 之间的比例系数。具体地说，知道了称量形式的质量后，乘以换算因数，即可求得被测组分的质量。换算因数可根据有关的化学式求得。

【例 3.42】 计算用 AgCl 形式测定 Cl^- 的换算因数。

解 称量形式为 AgCl，被测组分的表示形式为 Cl^-。1mol AgCl(143.3g) 相当 1mol Cl^-(35.45g)，1 单位的 AgCl 相当于 F 单位的 Cl^-，则

$$m_{Cl^-} : m_{AgCl} = F : 1$$

$$F = \frac{m_{Cl^-}}{m_{AgCl}} = \frac{35.45}{143.3} = 0.2474$$

【例 3.43】 计算 0.2000g Fe_2O_3 相当于 FeO 的质量。

解 1mol Fe_2O_3 相当于 2mol FeO，换算因数为

$$F = \frac{2m_{FeO}}{m_{Fe_2O_3}} = \frac{2 \times 71.85}{159.7} = 0.8998$$

由换算因数计算 FeO 的质量：

$$m_{FeO} = F \times 0.2000 = 0.8998 \times 0.2000 = 0.1800 (g)$$

2. 重量分析结果的计算

【例 3.44】 称取某试样 0.2621g，用 $MgNH_4PO_4$ 重量法测定其中镁的含量，得 $Mg_2P_2O_7$ 0.6300g，求 MgO 的质量分数。

解

$$w_{MgO} = \frac{m_{Mg_2P_2O_7} \times \frac{2M_{MgO}}{M_{Mg_2P_2O_7}}}{试样的质量} \times 100\% = 87.04\%$$

【例 3.45】 称取某铁矿石试样 0.2500g，经处理后，沉淀形式为 $Fe(OH)_3$，称量形式为 Fe_2O_3，质量为 0.2490g，求 Fe 和 Fe_3O_4 的质量分数。

解

$$w_{Fe} = \frac{m_{Fe_2O_3}}{m} \times \frac{2M_{Fe}}{M_{Fe_2O_3}} \times 100\% = \frac{0.2490}{0.2500} \times \frac{2 \times 55.85}{159.79} \times 100\% = 69.66\%$$

$$w_{Fe_3O_4} = \frac{0.2490}{0.2500} \times \frac{2M_{Fe_3O_4}}{3M_{Fe_2O_3}} \times 100\% = \frac{0.2490}{0.2500} \times \frac{2 \times 231.54}{3 \times 159.79} \times 100\% = 96.27\%$$

3.6.2 重量分析对沉淀形式及称量形式的要求

在重量分析中，沉淀是经过干燥或灼烧后再称量的，在干燥或灼烧过程中可能发生化学变化，因而称量的物质可能不是原来的沉淀，而是从沉淀转化而来的另一种物质。也就是说在重量分析中沉淀形式和称量形式可能是不相同的。例如在 Mg^{2+} 的测定中，沉淀形式是 $MgNH_4PO_4 \cdot 6H_2O$，灼烧后所得的称量形式是 $Mg_2P_2O_7$。

在有些情况下沉淀形式和称量形式是同一种化合物。例如在 SO_4^{2-} 的测定中，用 $BaCl_2$ 作沉淀剂，因为 $BaSO_4$ 在灼烧过程中不发生化学变化，所以沉淀形式和称量形式都是 $BaSO_4$。

对沉淀形式和称量形式分别提出以下要求。

1. 对沉淀形式的要求

(1) 沉淀要完全，沉淀的溶解度要小，要求沉淀的溶解损失不应超过天平的称量误差。一般要求溶解损失应小于 0.1mg。

(2) 沉淀要纯净，尽量避免混进杂质，杂质尽量在洗涤、灼烧时除去。

(3) 沉淀要易于过滤和洗涤。因此，在进行沉淀时希望得到粗大的晶形沉淀。

(4) 沉淀易转化为称量形式。

2. 对称量形式的要求

(1) 组成必须与化学式完全符合，这是对称量形式最重要的要求，只有这样才能根据化学比例计算被测组分的质量。

(2) 称量形式要稳定，不易吸收空气中的水分和二氧化碳，在干燥、灼烧时不易分解等。

(3) 称量形式的摩尔质量尽可能地大，这样少量的待测组分可以得到较大量的称量物质，可以提高分析灵敏度，减少称量误差。

例如，测定铝时，称量形式可以是 Al_2O_3（相对分子质量为 101.96）或 8-羟基喹啉铝（相对分子质量为 459.44）。如果两种称量形式的沉淀在操作过程中都是损失 0.5mg，则有

以 Al_2O_3 为称量形式时铝的损失量

$$\frac{M_{Al_2O_3}}{2M_{Al}} = \frac{0.5}{x}, \quad x = \frac{2M_{Al} \times 0.5}{M_{Al_2O_3}} = \frac{2 \times 27 \times 0.5}{101.96} = 0.25 \text{(mg)}$$

以 8-羟基喹啉铝为称量形式时铝的损失量

$$M_{Al(C_9H_6NO)_3} : M_{Al} = 0.5 : x, \quad x = \frac{27 \times 0.5}{459.44} = 0.03 \text{(mg)}$$

显然，称量形式的相对分子质量越大，被测组分在沉淀中所占的比例越小，则沉淀的损失或沾污对被测组分的影响越小，分析结果的准确度越高。为了达到上述要求必须选择合适的沉淀剂。

3.6.3 沉淀剂的选择

应根据上述对沉淀形式及称量形式的要求来考虑沉淀剂的选择。常要求沉淀剂应具有较好的选择性，即要求沉淀剂只能和待测组分生成沉淀，与试液中的其他组分不起作用。例如，丁二酮肟和 H_2S 都可沉淀 Ni^{2+}，但在测定 Ni^{2+} 时常选用前者。又如沉淀锆离子时，选用在盐酸溶液中与锆有特效反应的苦杏仁酸作沉淀剂，这时即使有钛、铁、钒、铝、铬等十多种离

子存在，也不发生干扰。

此外，还应保证在沉淀中或滤液中的过量沉淀剂应易挥发或易灼烧除去。一些铵盐和有机沉淀剂都能满足这项要求。

许多有机沉淀剂的选择性较好，而且组成固定，易于分离和洗涤，简化了操作，加快了速度，称量形式的摩尔质量也较大，因此在沉淀重量法中，有机沉淀剂的应用日益广泛。

3.6.4 沉淀的形成与沉淀的条件

为获得纯净且易于分离和洗涤的沉淀，必须了解沉淀形成的过程和选择适当的沉淀条件。

1. 沉淀的形成

根据沉淀的物理性质，将沉淀分为晶形沉淀($BaSO_4$等)和非晶形沉淀($Fe_2O_3 \cdot xH_2O$等)。在沉淀的形成过程中，存在以下两种速度。

将沉淀剂加入试液中，当形成沉淀离子浓度的乘积超过该条件下沉淀的溶度积时，离子通过相互碰撞聚集成微小的晶核，溶液中的构晶离子向晶核表面扩散，并沉积在晶核上，晶核就逐渐长大成沉淀微粒。这种由离子形成晶核，再进一步聚集成沉淀微粒的速度称为聚集速度。在聚集的同时，构晶离子在一定晶格中定向排列的速度称为定向速度。如果聚集速度大，而定向速度小，即离子很快地聚集拢来生成沉淀微粒，却来不及进行晶格排列，则得到非晶形沉淀。反之，如果定向速度大，而聚集速度小，即离子较缓慢地聚集成沉淀，有足够时间进行晶格排列，则得到晶形沉淀。

定向速度主要取决于沉淀的性质，而聚集速度主要取决于沉淀时的反应条件。

聚集速度的经验公式如下：

$$u = k \cdot \frac{Q-S}{S}$$

式中，u 为形成沉淀的初始速度(聚集速度)；Q 为加入沉淀剂瞬间生成沉淀物质的浓度；S 为沉淀的溶解度；$Q-S$ 为沉淀物质的过饱和度；$(Q-S)/S$ 为相对过饱和度；k 为比例常数，它与沉淀的性质、温度、溶液中存在的其他物质等因素有关。

从上式可清楚看出，聚集速度与相对过饱和度成正比。例如，在稀溶液中沉淀 $BaSO_4$，通常都能获得细晶形沉淀；若在浓溶液(如 $0.75 \sim 3 \text{mol} \cdot \text{L}^{-1}$)中，则形成胶状沉淀。

定向速度主要取决于沉淀物质的本性。一般极性强的盐类，如 $MgNH_4PO_4$、$BaSO_4$、CaC_2O_4 等，具有较大的定向速度，易形成晶形沉淀。而氢氧化物只有较小的定向速度，因此其沉淀一般为非晶形的。金属离子的硫化物一般比其氢氧化物溶解度小，因此硫化物聚集速度很大，定向速度很小，即使二价金属离子的硫化物，大多数也是非晶形或胶状沉淀。

2. 沉淀的完全程度及其影响因素

在重量分析中，沉淀的溶解损失是误差的主要来源之一。关键是控制好沉淀条件，尽量使溶解损失不超过分析天平的称量误差(0.1mg)。为此必须了解沉淀的溶解度及其影响因素。

1) 溶度积与溶解度

1∶1 型难溶化合物 MA，在水中平衡关系为

$$\text{MA(固)} \rightleftharpoons \text{MA(水)} \rightleftharpoons M^+ + A^-$$

根据 MA(固)和 MA(水)之间的沉淀平衡可得

$$\frac{a_{MA(水)}}{a_{MA(固)}} = S^0$$

25℃时纯固体活度 $a_{MA(固)} = 1$，故 $a_{MA(水)} = S^0$。S^0 称为该物质的固有溶解度(或分子溶解度)，它表示一定温度下，在有固相存在时，溶液中以分子状态(或离子对)存在的活度为一常数。

根据沉淀 MA(水)在水溶液中的离解平衡可得

$$\frac{a_{M^+}a_{A^-}}{a_{MA(水)}} = K$$

$$a_{M^+}a_{A^-} = KS^0 = K_{ap} \tag{3.65}$$

式中，K_{ap} 为离子活度积。

稀溶液中：

$$a_{M^+}a_{A^-} = r_{M^+}[M^+]r_{A^-}[A^-] = K_{ap}$$

$$[M^+][A^-] = \frac{K_{ap}}{r_{M^+}r_{A^-}} = K_{sp} \tag{3.66}$$

式中，K_{sp} 为离子溶度积。

物质溶解度是指在平衡状态下所溶解的 MA(固)的总浓度，当溶液中不存在其他平衡关系时，溶解度关系式为

$$S = S^0 + [M^+] = S^0 + [A^-]$$

因为 S^0 较小，一般只占总溶解度的 0.1%～1%，且不易测得，故 S^0 可忽略不计，则 MA 的溶解度为

$$S = [M^+] = [A^-] = \sqrt{K_{sp}} \tag{3.67}$$

对 M_mA_n 型难溶盐则有

$$[M^{n+}][A^{m-}] = \frac{K_{ap}}{r_{M^{n+}}r_{A^{m-}}} = K_{sp} \tag{3.68}$$

难溶盐的溶解度小，在纯水中离子浓度也很小，此种情况下活度系数可视为1，所以活度积 K_{ap} 等于溶度积 K_{sp}。一般溶度积表中所列的 K 均为活度积，但应用时一般作为溶度积，不加区别。

在一定条件下的沉淀平衡过程中，除了被测离子与沉淀剂形成沉淀的主反应之外，往往还存在多种副反应，如酸效应、配位效应等，此时构晶离子在溶液中以多种型体存在，各种型体的总浓度分别为[M′]和[A′]。引入相应的副反应系数 α_M、α_A，则

$$K'_{sp} = [M'][A'] = [M^+]\alpha_M[A^-]\alpha_A = K_{sp}\alpha_M\alpha_A$$

$$K_{sp} = \frac{K'_{sp}}{\alpha_M\alpha_A} \tag{3.69}$$

式中，K'_{sp} 为条件溶度积。

由此可见，由于副反应的发生，K'_{sp} 大于 K_{sp}。此时沉淀的实际溶解度为

$$S = [M'] = [A'] = \sqrt{K'_{sp}}$$

对于 M_mA_n 型难溶盐则有

$$K'_{sp} = K_{sp}\alpha_M^m\alpha_A^n$$

沉淀的条件溶度积与配合物的条件稳定常数 K'_{MY} 及氧化还原电对的条件电极电位 $\varphi^{\ominus'}$ 类似，也随沉淀条件的变化而改变。K'_{sp} 能反映溶液中沉淀平衡的实际情况，更能反映沉淀反应的完全程度。

2) 影响沉淀溶解度的因素

共同离子效应、酸效应、盐效应和配位效应等都是影响沉淀溶解度的因素。此外，温度、介质、晶体结构和颗粒大小也对溶解度有影响。

(1) 共同离子效应。当沉淀反应达到平衡后，向溶液中加入含有某一构晶离子的试剂或溶液使沉淀溶解度降低的现象，称为共同离子效应。例如，用重量法测 SO_4^{2-}，当加入 $BaCl_2$ 的量与 SO_4^{2-} 的量符合化学计量关系时，在 200mL 溶液中溶解的 $BaSO_4$ 质量为

$$\begin{aligned}m &= S \times 200\text{mL} \times 233.4\text{g}\cdot\text{mol}^{-1} \\ &= \sqrt{K_{sp}} \times 200\text{mL} \times 233.4\text{g}\cdot\text{mol}^{-1} \\ &= \sqrt{1.1\times10^{-10}} \times 200\text{mL} \times 233.4\text{g}\cdot\text{mol}^{-1} = 0.5\text{mg}\end{aligned}$$

此时溶解度为 $S = [M^+] = [A^-] = \sqrt{K_{sp}} = 1.05 \times 10^{-5}\text{mol}\cdot\text{L}^{-1}$。

若加入过量的 $BaCl_2$，使沉淀反应达到平衡，此时在 200mL 溶液中溶解的 $BaSO_4$ 为

$$[Ba^{2+}] = 0.01\text{mol}\cdot\text{L}^{-1}$$

$$m = S \times 200\text{mL} \times 233.4\text{g}\cdot\text{mol}^{-1}$$

$$S = \frac{K_{sp}}{[Ba^{2+}]} = \frac{1.1\times10^{-10}}{0.01} = 1.1\times10^{-8}(\text{mol}\cdot\text{L}^{-1})$$

$$m = 1.1\times10^{-8} \times 200 \times 233.4 = 5.1\times10^{-4}(\text{mg})$$

此时溶解度为 $S = 1.1 \times 10^{-8}\text{mol}\cdot\text{L}^{-1}$。

因此，在重量分析中常加入过量沉淀剂，利用共同离子效应降低沉淀溶解度，以使沉淀完全。但沉淀剂不易太多，否则可能引起盐效应、酸效应和配位效应等副反应。一般情况下，沉淀剂过量 50%~100%，如果沉淀剂不易挥发，则以过量 20%~30% 为宜。

(2) 酸效应。溶液的酸度对沉淀溶解度的影响称为酸效应。溶液中 $[H^+]$ 大小对弱酸、多元酸或难溶酸离解平衡有影响，对强酸盐离解平衡无影响。根据溶度积和弱电解度电离平衡关系，调节溶液 pH 可使沉淀的溶解度降低。

【例 3.46】 计算 CaC_2O_4 沉淀在 pH=4.0 时的溶解度。

解

$$CaC_2O_4 \rightleftharpoons Ca^{2+} + C_2O_4^{2-}$$
$$\Updownarrow H^+$$
$$HC_2O_4^-$$
$$\Updownarrow H^+$$
$$H_2C_2O_4$$

已知 $K_{sp}(CaC_2O_4) = 2.0\times10^{-9}$，$H_2C_2O_4$ 的 $K_{a1} = 5.9 \times 10^{-2}$，$K_{a2} = 6.4\times10^{-5}$。

纯水中沉淀 CaC_2O_4 的溶解度为

$$S = \sqrt{K_{sp}} = \sqrt{2.0 \times 10^{-9}} = 4.4 \times 10^{-5} (\text{mol} \cdot \text{L}^{-1})$$

pH = 4.0 时，CaC_2O_4 沉淀的溶解度计算如下

$$K_{sp} = [Ca^{2+}][C_2O_4^{2-}] = SS\delta_{C_2O_4^{2-}}$$

$$\delta_{C_2O_4^{2-}} = \frac{K_{a1}K_{a2}}{[H^+]^2 + K_{a1}[H^+] + K_{a1}K_{a2}}$$

$$S = \sqrt{\frac{K_{sp}}{\delta_{C_2O_4^{2-}}}} = 7.2 \times 10^{-5} (\text{mol} \cdot \text{L}^{-1})$$

由此可见，随着体系 pH 降低，溶液酸度增大，CaC_2O_4 沉淀的溶解度增大。

(3) 盐效应。在难溶电解质的饱和溶液中加入其他强电解质，会使难溶电解质的溶解度比同温度时在纯水中的溶解度增大，这种现象称为盐效应。发生盐效应的原因是溶液的离子强度增大而使离子的活度系数减小。高价离子的活度系数受离子强度的影响较大，所以构晶离子的电荷越高，盐效应越严重。值得注意的是，与共同离子效应、酸效应及配位效应相比，盐效应对沉淀溶解度的影响要小得多，常可以忽略不计。

(4) 配位效应。若溶液中存在配位剂，能与生成沉淀的离子形成配合物，则沉淀的溶解度增大，甚至不产生沉淀，这种现象称为配位效应。

例如，用 Cl^- 沉淀 Ag^+ 时，若溶液中有 NH_3 存在，则发生如下反应

$$Ag^+ + Cl^- \rightleftharpoons AgCl \downarrow + Cl^- (过量) \rightleftharpoons AgCl_2^- + AgCl_3^{2-}$$

$$Ag^+ + NH_3 \rightleftharpoons Ag(NH_3)^+ + NH_3 (过量) \rightleftharpoons Ag(NH_3)_2^+$$

各组分浓度关系为（忽略 $AgCl_2^-$ 及 $AgCl_3^{2-}$）

$$[Ag^+] = \frac{K_{sp}}{[Cl^-]}$$

$$[Ag(NH_3)^+] = K_{Ag(NH_3)}[Ag^+][NH_3] = K_{sp}K_{Ag(NH_3)}\frac{[NH_3]}{[Cl^-]}$$

$$[Ag(NH_3)_2^+] = K_{sp}K_{Ag(NH_3)}K_{Ag(NH_3)_2}\frac{[NH_3]^2}{[Cl^-]}$$

AgCl 的溶解度为

$$S = \sqrt{[Cl^-]} = \sqrt{K_{sp}(1 + K_{Ag(NH_3)}[NH_3] + K_{Ag(NH_3)}K_{Ag(NH_3)_2}[NH_3]^2)}$$

以此计算，AgCl 在 $0.01 \text{mol} \cdot \text{L}^{-1}$ 氨水中溶解度比在纯水中大 40 倍左右。AgCl 在 $0.01 \text{mol} \cdot \text{L}^{-1}$ HCl 溶液中的溶解度比在纯水中小，这时共同离子效应起主要作用。若 $[Cl^-] = 0.5 \text{mol} \cdot \text{L}^{-1}$，则此时 AgCl 沉淀的溶解度超过纯水中的溶解度，这时配位效应起主要作用。

【例 3.47】 计算在 pH = 3.0，$c_Y = 0.01 \text{mol} \cdot \text{L}^{-1}$，$c_{HF} = 0.01 \text{mol} \cdot \text{L}^{-1}$ 溶液中 CaF_2 的溶解度。

解 已知 $K_{CaF_2}^{sp} = 2.7 \times 10^{-11}$，$K_{HF} = 6.6 \times 10^{-4}$，$\lg K_{CaY} = 10.69$，pH = 3.0 时，$\lg \alpha_{Y(H)} = 10.6$

$$CaF_2 \rightleftharpoons S \begin{Bmatrix} Ca^{2+} + 2F^- \\ | \quad | \\ CaY \quad HF \end{Bmatrix} 2S+0.01 \approx 0.01$$

$$K_{sp} = [Ca^{2+}][F^-]^2 = \frac{S}{\alpha_{Ca}}(0.01\delta_{F^-})^2$$

$$\alpha_{Ca(Y)} = 1 + K_{CaY}[Y] = 1 + K_{CaY}\frac{0.01}{\alpha_{Y(H)}} \approx 1$$

$$\delta_{F^-} = \frac{6.6 \times 10^{-4}}{10^{-3} + 6.6 \times 10^{-4}} = 0.398$$

$$S = 1.70 \times 10^{-6} \text{mol} \cdot \text{L}^{-1}$$

此外，温度、溶剂、晶体颗粒大小与结构也会影响沉淀的溶解度。绝大多数沉淀的溶解度随温度升高而增大；一般溶剂极性强，溶解度就大，改变溶剂极性可以改变沉淀的溶解度；同一种沉淀在相同质量时，颗粒越小，表面积越大，具有更多的棱和角，因此小颗粒沉淀比大颗粒沉淀溶解度大。

3. 影响沉淀纯度的因素

在重量分析中，要求获得纯净的沉淀。但当沉淀从溶液中析出时，会或多或少地夹杂溶液中的其他组分，使沉淀沾污。因此，必须了解影响沉淀纯度的各种因素，找出减少杂质的方法，以获得符合重量分析要求的沉淀。

1）共沉淀现象

当一种难溶物质从溶液中沉淀析出时，溶液中的某些可溶性杂质会被沉淀带下来而混杂于沉淀中，这种现象称为共沉淀。例如，用沉淀剂 $BaCl_2$ 沉淀 SO_4^{2-} 时，如试液中有 Fe^{3+}，则由于共沉淀，在得到的 $BaSO_4$ 沉淀中常含有 $Fe_2(SO_4)_3$，因而沉淀经过过滤、洗涤、干燥、灼烧后不呈 $BaSO_4$ 的纯白色，而略带灼烧后的 Fe_2O_3 的棕色。共沉淀使沉淀沾污，这是重量分析中最重要的误差来源之一。产生共沉淀的原因是表面吸附、形成混晶、吸留和包藏等，其中主要的是表面吸附。

(1) 表面吸附。在沉淀晶体表面的离子或分子与沉淀晶体内部的离子或分子所处的状况是有所不同的。例如，加过量 $BaCl_2$ 到 H_2SO_4 的溶液中，生成 $BaSO_4$ 晶体沉淀，在晶体内部，每个 Ba^{2+} 周围有六个 SO_4^{2-} 包围着，每个 SO_4^{2-} 周围也有六个 Ba^{2+}，它们的静电引力相互平衡而稳定。而在溶液中有 Ba^{2+}、H^+、Cl^- 存在，沉淀表面上的 SO_4^{2-} 因电场引力将强烈地吸引溶液中的 Ba^{2+}，形成第一吸附层，使晶体沉淀表面带正电荷。然后它又吸引溶液中带负电荷的离子，如 Cl^-，构成电中性的双电层，如图 3.26 所示。双电层能随颗粒一起下沉，因而将沉淀污染。

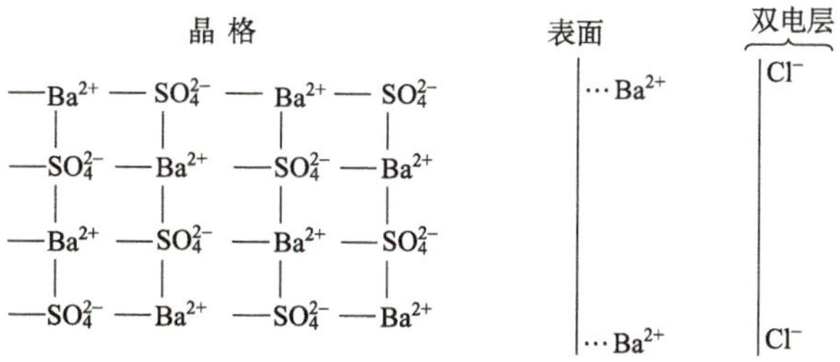

图 3.26　晶体表面吸附示意图

显然，沉淀的总表面积越大，吸附杂质就越多；溶液中杂质离子的浓度越高，价态越高，越易被吸附。由于吸附作用是一个放热过程，故增高溶液的温度可减少杂质的吸附。

(2) 混晶。如果试液中的杂质与沉淀具有相同的晶格，或杂质离子与构晶离子具有相同的电荷和相近的离子半径，杂质将进入晶格排列中形成混晶，而沾污沉淀。例如 $MgNH_4PO_4 \cdot 6H_2O$ 和 $MgNH_4AsO_4 \cdot 6H_2O$，$CaCO_3$ 和 $NaNO_3$，$BaSO_4$ 和 $PbSO_4$ 等。为减免混晶的生成，最好事先将这类杂质分离除去。

(3) 吸留和包藏。吸留是被吸附的杂质机械地嵌入沉淀中。包藏常指母液机械地包藏在沉淀中。这些现象的发生是由于沉淀剂加入太快，沉淀急速生长。沉淀表面吸附的杂质来不及离开就被随后生成的沉淀所覆盖，使杂质或母液被吸留或包藏在沉淀内部。这类共沉淀不能用洗涤的方法将杂质除去，可以借改变沉淀条件、陈化或重结晶的方法来减免。

从带入杂质方面来看，共沉淀现象对分析测定是不利的，但可利用这一现象富集分离溶液中某些微量成分。

2) 后沉淀现象

在沉淀过程结束后，当沉淀与母液一起放置时，溶液中某些杂质离子可能慢慢地沉积到原沉淀上，放置的时间越长，杂质析出的量越多，这种现象称为后沉淀。例如，在 Mg^{2+} 存在下沉淀 CaC_2O_4 时，镁由于形成稳定的草酸盐饱和溶液而不立即析出。如果把草酸钙沉淀过滤，则发现沉淀表面上吸附有少量镁。若把含有 Mg^{2+} 的母液与草酸钙沉淀一起放置一段时间，则草酸镁的后沉淀量将会增多。

后沉淀所引入的杂质量比共沉淀要多，且随着沉淀放置时间的延长而增多。因此为防止后沉淀现象的发生，某些沉淀的陈化时间不宜过久。

3) 获得纯净沉淀的措施

(1) 采用适当的分析程序和沉淀方法。如果溶液中同时存在含量相差很大的两种离子，需要沉淀分离，为了防止含量少的离子因共沉淀而损失，应该先沉淀含量少的离子。例如，分析烧结菱镁矿（含 MgO 90%以上，CaO 1%左右）时，应该先沉淀 Ca^{2+}。由于 Mg^{2+} 含量太大不能采用一般的草酸铵沉淀 Ca^{2+} 的方法，否则 MgC_2O_4 共沉淀严重。但可在大量乙醇介质中用稀硫酸将 Ca^{2+} 沉淀成 $CaSO_4$ 而分离。此外，对一些离子采用均相沉淀法或选用适当的有机沉淀剂，也可以减免共沉淀。

(2) 降低易被吸附离子的浓度。对于易被吸附的杂质离子，必要时应先分离除去或加以掩蔽。为了减小杂质浓度，一般是在稀溶液中进行沉淀。但对一些高价离子或含量较多的杂质，就必须加以分离或掩蔽。例如，将 SO_4^{2-} 沉淀成 $BaSO_4$ 时，溶液中若有较多的 Fe^{3+}、Al^{3+} 等离子，就必须加以分离或掩蔽。

(3) 针对不同类型的沉淀，选用适当的沉淀条件。

(4) 在沉淀分离后，用适当的洗涤剂洗涤。

(5) 必要时进行再沉淀（或称二次沉淀），即将沉淀过滤、洗涤、溶解后，再进行一次沉淀。再沉淀时由于杂质浓度大为降低，共沉淀现象可以减免。

4. 沉淀条件的选择

1) 晶形沉淀的沉淀条件

为了获得易于过滤、洗涤的大颗粒晶形沉淀（$BaSO_4$、CaC_2O_4、$MgNH_4PO_4$ 等），减少杂质的包藏必须掌握以下条件：

(1) 在适当稀的溶液中进行沉淀，以降低相对过饱和度。

(2) 在不断搅拌下缓慢地滴加稀的沉淀剂，以免局部相对过饱和度太大。

(3) 在热溶液中进行沉淀，使溶解度略有增加，相对过饱和度降低。同时，温度增高，可减少杂质的吸附。为防止因溶解度增大而造成溶解损失，沉淀须经冷却才可过滤。

(4) 陈化。陈化就是在沉淀定量完全后，让沉淀和母液一起放置一段时间。由于小颗粒结晶的溶解度比大颗粒结晶的溶解度大，同一溶液对小颗粒结晶是未饱和的，而对大颗粒结晶则是饱和的，因此陈化过程中小结晶将溶解，而大结晶长大。同时会释放出部分包藏在晶体中的杂质，减少杂质的吸附，使沉淀更为纯净。

2) 非晶形沉淀 (无定形沉淀) 的沉淀条件

(1) 沉淀作用应在比较浓的溶液中进行，加入沉淀剂的速度也可以适当加快。

(2) 沉淀作用应在热溶液中进行。这样可以防止生成胶体，并减少杂质的吸附作用，还可使生成的沉淀紧密些。

(3) 溶液中加入适当的电解质，以防止胶体溶液的生成。

(4) 不必陈化。以免沉淀一经放置失去水分而聚集得十分紧密，不易洗涤除去所吸附的杂质。

(5) 必要时进行再沉淀。

3) 均相沉淀法

沉淀剂不是直接加入溶液中，而是通过溶液中发生的化学反应，缓慢而均匀地在溶液中产生沉淀剂，从而使沉淀在整个溶液中均匀、缓慢地析出。这样可获得颗粒较粗、结构紧密、纯净而易过滤的沉淀。该法称为均相沉淀法。

例如，为了使溶液中的 Ca^{2+} 与 $C_2O_4^{2-}$ 形成较粗大的晶形沉淀，可在酸性溶液中加入草酸铵(此时其主要存在形式是 $HC_2O_4^-$ 和 $H_2C_2O_4$)，然后加入尿素，加热煮沸。尿素按下式进行水解：

$$NH_2-\underset{\underset{O}{\|}}{C}-NH_2 + H_2O \xrightarrow{90\sim100℃} CO_2 + 2NH_3$$

生成的 NH_3 中和溶液中的 H^+，溶液的酸度逐渐降低，$C_2O_4^{2-}$ 不断增加，最后均匀而缓慢地析出 CaC_2O_4 沉淀。在沉淀过程中，溶液的相对过饱和度始终比较小，所以可获得粗大颗粒的 CaC_2O_4 沉淀。

此外，还可利用酯类和其他有机化合物的水解、配合物的分解、氧化还原反应等来缓慢地产生所需的沉淀剂。

3.6.5 沉淀的过滤、洗涤、干燥或灼烧

如何使沉淀完全、纯净、易于分离，固然是重量分析中的首要问题，但沉淀以后的过滤、洗涤、干燥或灼烧操作完成得好坏同样影响分析结果的准确度。

1. 沉淀的过滤和洗涤

沉淀常用滤纸或玻璃砂芯滤器过滤。对于需要灼烧的沉淀，应根据沉淀的形状选用紧密程度不同的滤纸。一般非晶形沉淀，如 $Fe(OH)_3$、$Al(OH)_3$ 等，应用疏松的快速滤纸过滤；粗粒的晶形沉淀，如 $MgNH_4PO_4·6H_2O$ 等，可用较紧密的中速滤纸；较细粒的沉淀，如 $BaSO_4$、

偏锡酸等，应选用最紧密的慢速滤纸，以防沉淀穿过滤纸。为防止沉淀穿过滤纸，并增加过滤速度，可于沉淀中加适量纸浆（将无灰滤纸撕碎，在蒸馏水中打散成纸浆状）后进行过滤。尤其当沉淀颗粒细而不均匀，其中有非常细小易穿过滤纸的沉淀时，加纸浆可以防止穿滤。对不需干燥或灼烧的沉淀，如分离磷钼酸铵作酸碱滴定时，一般可用漏斗内铺脱脂棉，再加一层纸浆来进行过滤。

近年来逐渐用干燥法代替灼烧沉淀的方法，尤其是用有机沉淀剂时，干燥法应用得很多。一般用玻璃砂芯漏斗过滤需干燥的沉淀。

洗涤沉淀是为了洗去沉淀表面吸附的杂质和混杂在沉淀中的母液。洗涤时要尽量减少沉淀的溶解损失和避免形成胶体，因此需选择合适的洗液。选择洗液的原则是：对于溶解度很小而又不易形成胶体的沉淀，可用蒸馏水洗涤；对于溶解度较大的晶形沉淀，可用沉淀剂稀溶液洗涤，但沉淀剂必须在干燥或灼烧时易挥发或易分解除去，如用 $(NH_4)_2C_2O_4$ 稀溶液洗涤 CaC_2O_4 沉淀；对于溶解度较小而又可能分散成胶体的沉淀，应用易挥发的电解质稀溶液洗涤，如用 NH_4NO_3 稀溶液洗涤 $Al(OH)_3$ 沉淀。

用热洗涤液洗涤，则过滤较快，且能防止形成胶体，但溶解度随温度升高而增大较快的沉淀不能用热洗液洗涤。

洗涤沉淀时，既要将沉淀洗净，又不能增加沉淀的溶解损失。因此，采用少量多次的洗涤方法可以提高洗涤效果。

在沉淀的过滤和洗涤操作中，为缩短分析时间和提高洗涤效率，都应采用倾泻法（详见有关实验教材）。

2. 沉淀的干燥或灼烧

干燥是为了除去沉淀中的水分和可挥发物质，使沉淀形式转化为组成固定的称量形式。灼烧沉淀除有上述作用外，有时可以使沉淀形式在较高温度下分解成组成固定的称量形式。干燥或灼烧的温度和时间随沉淀不同而异。例如丁二酮肟镍，只需在 110~120℃以上烘 40~60min 即可冷却、称量；磷钼酸喹啉，则需在 130℃烘 45min。沉淀干燥时所用的玻璃砂芯滤器都需要烘到恒量，沉淀也应烘到恒量。

灼烧温度一般在 800℃以上，常用瓷坩埚盛放沉淀。若需用氢氟酸处理沉淀，则应用铂坩埚。灼烧用的瓷坩埚和盖应预先在灼烧沉淀的高温下灼烧、冷却、称量，直到恒量。然后用滤纸包好沉淀，放入已灼烧至恒量的坩埚中。再加热干燥、焦化、灼烧至恒量（具体操作步骤参见有关实验教材）。也可利用微波炉干燥沉淀。

沉淀经干燥或灼烧至恒量后，即可由其质量计算测定结果。

思考题 3.31　沉淀形式和称量形式有什么区别？

思考题 3.32　为了定量完全沉淀，必须加入过量的沉淀剂，为什么不能过量太多？

思考题 3.33　影响沉淀溶解度的因素有哪些？它们是怎么发生影响的？

思考题 3.34　共沉淀与后沉淀有何区别？它们是怎样发生的？对重量分析有何影响？共沉淀在分析化学中有何用处？

思考题 3.35　什么是均匀沉淀？与一般沉淀法相比有何优点？

3.6.6　重量分析法应用选例

重量分析方法准确度高，往往作为仲裁分析的标准之法。目前，沉淀重量法主要用于硅、硫、磷、钼等常量组分的测定。

1. 煤中总硫的测定

煤中的硫是酸雨的重要来源，煤中硫含量测定是煤成分分析的重要项目。中华人民共和国国家标准 GB/T 214—2007 中的艾士卡法即为 $BaSO_4$ 沉淀重量法测定煤中全硫含量。将煤样与质量比为 2∶1 的氧化镁和无水碳酸钠混合均匀后在 850℃ 灼烧，此时煤中的硫转化成硫酸钠和硫酸镁，以热水浸取、过滤，用 $BaCl_2$ 溶液沉淀滤液中的 SO_4^{2-}，生成 $BaSO_4$ 沉淀，经过滤、洗涤、灼烧后称量至恒量。计算煤样中全硫的含量。

2. 磷肥中磷含量的沉淀

磷是植物的三大营养元素之一。中华人民共和国国家标准 GB/T 10512—2008 即为硝酸磷肥中磷含量的测定方法。磷酸铵盐和磷酸钙盐是硝酸磷肥的主要成分，其中过磷酸钙、重过磷酸钙等水溶性磷直接用水提取，有效磷（包括水溶性磷和能被柠檬酸溶液溶解的磷）用 EDTA 温热溶液提取。提取液中 PO_4^{3-} 在酸性介质中与喹钼柠酮试剂（喹啉、钼酸钠、柠檬酸、丙酮按一定比例的混合液）生成黄色磷钼酸喹啉 $(C_9H_7N)_3 \cdot H_3PO_4 \cdot 12MoO_3 \cdot H_2O$ 沉淀，经过滤、洗涤、烘干后，以 $(C_9H_7N)_3 \cdot H_3PO_4 \cdot 12MoO_3$ 形式称量，以 P_2O_5 形式计算磷含量。

3.6.7 复杂试样分析实例

在生产实际中遇到的分析试样（如合金、矿石和各种自然资源等）都含有多种组分，即使纯的化学试剂也含有一定的杂质。因此，为了掌握资源的情况和产品质量，常常要进行样品的全分析。现以硅酸盐的全分析为例，对复杂试样的分析加以讨论。

硅酸盐是水泥、玻璃、陶瓷等许多工业生产的原料，天然的硅酸盐矿物有石英、云母、滑石、长石等多种，它们的主要成分是：SiO_2、Fe_2O_3、Al_2O_3、CaO、MgO、TiO_2 以及少量的 Na_2O 和 K_2O。硅酸盐的全分析包括试样的分解及各种氧化物的测定。

1. 试样的分解

根据试样中 SiO_2 含量多少的不同，分解试样可采用两种不同的方法。若 SiO_2 含量低，可采用酸溶法。常用 HCl 或 $HF-H_2SO_4$ 为溶剂。用 HF 分解时形成挥发性的 SiF_4，使 SiO_2 除去。试液用于测定硅以外的其他成分，测定 SiO_2 则另取试样分析。

若 SiO_2 含量高，可采用碱熔法。常用 Na_2CO_3 或 $Na_2CO_3+K_2CO_3$ 为熔剂。试样分解后，用热水浸取熔块，加盐酸酸化制备成一定体积的试液。

2. SiO_2 的测定

测定 SiO_2 的方法有重量法和氟硅酸钾容量法，前者准确度高但费时，后者准确度稍差但快速。

1）重量法

试样经碱熔法分解，SiO_2 转变成硅酸盐，加入盐酸酸化试液并蒸发至近干状态（称为湿盐状态),加入盐酸和动物胶使硅酸凝聚,经搅拌于60～70℃保温10min,加水溶解可溶性盐类,趁热快速过滤,滤液留作测定其他组分之用,沉淀在高温下灼烧至恒量,称得SiO_2质量,以计算SiO_2的质量分数。由于硅酸易吸附Fe^{3+}、Al^{3+}、Ti^{4+},因此SiO_2含量偏高。为了减少误差,提高分析的准确度,将称过质量的不纯的SiO_2沉淀用$HF-H_2SO_4$处理,SiO_2以SiF_4形式挥发逸去,残渣灼烧后再称量。两次称量差即得SiO_2质量。残渣用$K_2S_2O_7$熔融后水浸液与前滤液合并,供测其他组分之用。

2) 氟硅酸钾容量法

试样分解后使SiO_2转化为可溶性的硅酸盐,在HNO_3介质中,加入KCl和KF,则生成氟硅酸钾沉淀

$$SiO_3^{2-} + 6F^- + 2K^+ + 6H^+ =\!=\!= K_2SiF_6\downarrow + 3H_2O$$

因为沉淀的溶解度较大,应加入固体KCl至饱和;为了防止沉淀在过滤洗涤过程中的溶解损失,采用$KCl-C_2H_5OH$溶液作洗涤液。洗涤过的沉淀物连同滤纸一起放回原塑料烧杯中,再加入$KCl-C_2H_5OH$溶液及酚酞指示剂,用NaOH溶液中和游离酸至溶液变红色。加入沸水使沉淀水解

$$K_2SiF_6 + 3H_2O =\!=\!= 2KF + H_2SiO_3 + 4HF$$

用标准NaOH溶液滴定HF,根据试样质量、NaOH溶液的浓度和消耗的体积可计算SiO_2的质量分数。

3. Fe_2O_3、Al_2O_3、TiO_2的测定

将重量法测定SiO_2的滤液加热至沸,以甲基红为指示剂,加氨水中和至微碱性,此时Fe^{3+}、Al^{3+}、Ti^{4+}等生成氢氧化物沉淀,过滤、洗涤。以盐酸溶解沉淀,进行Fe^{3+}、Al^{3+}、Ti^{4+}的测定;滤液供测Ca^{2+}、Mg^{2+}用。

1) Fe_2O_3的测定

铁含量低时采用光度法,含量高时采用配位滴定法。

(1) 光度法。在pH = 8～11的氨性缓冲溶液中,Fe^{3+}与磺基水杨酸生成红色配合物,测定吸光度,计算Fe_2O_3的质量分数。

(2) 配位滴定法。调节溶液pH = 1.0～2.2,以磺基水杨酸作指示剂,用标准EDTA溶液滴定至亮黄色为终点,由EDTA消耗量计算Fe_2O_3的质量分数。

2) Al_2O_3、TiO_2的测定

(1) 配位滴定法。滴定Fe^{3+}后的溶液用氨水调节pH为4左右,加入过量的EDTA标准溶液,加热使Al^{3+}、Ti^{4+}反应完全。加入六次甲基四胺缓冲溶液调pH = 4～6,趁热用$CuSO_4$标准溶液返滴定剩余的EDTA,用PAN作指示剂,溶液呈紫红色即为终点,由消耗$CuSO_4$溶液的体积可测出Al^{3+}、Ti^{4+}的总量。滴定完Al^{3+}、Ti^{4+}总量的溶液中加入苦杏仁酸,并加热煮沸,使Ti-EDTA中的EDTA被置换出来,再用$CuSO_4$标准溶液滴定,由消耗$CuSO_4$标准溶液的体积计算出TiO_2的质量分数,由返滴定算出Al^{3+}、Ti^{4+}消耗EDTA标准溶液的总体积,减去置换滴定Ti^{4+}用去的EDTA标准溶液的体积,则得出Al^{3+}配位滴定用去EDTA溶液的体积,由此算出Al_2O_3的质量分数。

(2) 光度法。Ti^{4+}含量低时用光度法测定。在5%～10%的H_2SO_4介质中,Ti^{4+}与H_2O_2作用

生成黄色配合物

$$TiO^{2+} + H_2O_2 \rightleftharpoons [TiO(H_2O_2)]^{2+}$$

Fe^{3+} 有干扰，可加 H_3PO_4 掩蔽。

4. CaO、MgO 的测定

分离 Fe^{3+}、Al^{3+}、Ti^{4+} 后的滤液，用氨水调节 pH 为 10，以铬黑 T 为指示剂，用 EDTA 标准溶液滴定 Ca^{2+}、Mg^{2+} 总量。另取同样量试液，以 NaOH 溶液调 pH 为 12，用钙指示剂指示终点，用 EDTA 滴定，以此计算 CaO 的质量分数，二者之差可求得 MgO 的质量分数。

图 3.27 为硅酸盐分析方案示意。

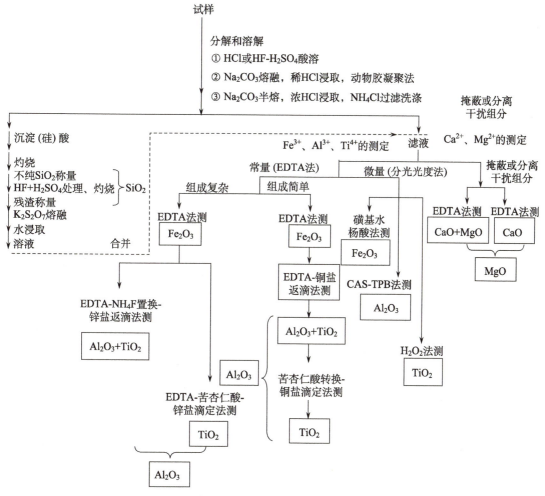

图 3.27 硅酸盐分析方案示意图

3.6.8 电重量法

电重量法又称电解分析法，是一种以称量沉积在电极上的电解产物的质量为基础的一类分析方法。在电解过程中，直流电压施加于电解池的两个电极上，改变电极电位，使电活性物质发生氧化还原反应，在电极上析出待测物质。

电解也是一种分离手段，可选择性从复杂样品中提取待测物。具体的电解原理和电解分析法可扫码查看。

小　结

习　题

3.1　在 0.10mol·L^{-1} Ag$^+$ 溶液中测得游离氨的浓度为 0.010mol·L^{-1}，计算 c_{NH_3}。溶液中的主要存在形式为哪种型体？如果溶液中的主要存在形式是 Ag$^+$，溶液的 pNH$_3$ 范围又是多少？已知 Ag$^+$-NH$_3$ 配合物的稳定常数 β_1、β_2 分别为 $10^{3.24}$、$10^{7.05}$。

3.2　写出下列物质溶液的质子条件式。
(1) NH$_4$Cl　　(2) Na$_2$CO$_3$　　(3) NH$_4$H$_2$PO$_4$
(4) NaAc　　(5) NH$_3$ + NH$_4$Cl　　(6) NH$_3$ + NaOH
(7) NH$_4$F　　(8) $c_1$mol·L^{-1} HCl + $c_2$mol·L^{-1} NaOH

3.3　用 NaOH 或 HCl 标准溶液滴定下列物质的溶液，求化学计量点（一个或两个）时溶液的 pH，并指出用何种指示剂。
(1) 0.10mol·L^{-1} H$_2$CO$_3$（pK_{a1} = 6.38，pK_{a2} = 10.25）
(2) 0.10mol·L^{-1} HNO$_2$（pK_a = 3.29）
(3) 0.10mol·L^{-1} 丙二酸（lgK_{af1}=6.10，lgK_{af2}=2.80）
(4) 0.10mol·L^{-1} Na$_3$PO$_4$（pK_{a1} = 2.12，pK_{a2} = 7.20，pK_{a3} = 12.36）

3.4　已知氨基酸乙酸的 K_{a1} = 4.5 × 10^{-3}，K_{a2} = 2.5 × 10^{-10}，计算 0.050mol·L^{-1} 氨基乙酸溶液的 pH。

3.5　设酸碱指示剂 HIn 的变色范围有 2.4 个 pH 单位，若观察到刚显酸式色或碱式色的比率是相等的，此时 HIn 或 In$^-$ 形式所占的质量分数是多少？

3.6　将 0.12mol·L^{-1} HCl 与 0.10mol·L^{-1} NaNO$_2$ 溶液等体积混合，溶液的 pH 是多少？若将 0.10mol·L^{-1} HCl 与 0.12mol·L^{-1} NaNO$_2$ 溶液等体积混合，溶液的 pH 又是多少？已知 HNO$_2$ 的 pK_a = 3.29。

3.7　用 HCl 中和 Na$_2$CO$_3$ 溶液分别至 pH = 10.50、pH = 6.00 和 pH < 4.0 时，溶液中主要成分各是什么？已知 H$_2$CO$_3$ 的 pK_{a1} = 6.38，pK_{a2} = 10.25。

3.8　用 0.1mol·L^{-1} NaOH 滴定 0.1mol·L^{-1} pK_a = 4.0 的弱酸，其 pH 突跃范围是 7.0~9.7，用同浓度的 NaOH 滴定 pK_a = 3.0 的弱酸时，其 pH 突跃范围是多少？

3.9　某试样含有 Na$_2$CO$_3$ 和 NaHCO$_3$，称取 0.3010g，用酚酞作指示剂，滴定用去 0.1060mol·L^{-1} 的 HCl 溶液 20.10mL，继续用甲基橙作为指示剂，共用去 47.70mL。分别计算试样中 Na$_2$CO$_3$ 和 NaHCO$_3$ 的质量分数。

3.10　在 pH = 10.0 的氨性溶液中，已知 $\alpha_{Zn(NH_3)}$ = 10$^{4.7}$，$\alpha_{Zn(OH)}$ = 10$^{2.4}$，$\alpha_{Y(H)}$ = 10$^{0.5}$，lgK_{ZnY}=16.5，计算此条件下的 lgK'_{ZnY}。

3.11　在 pH = 10.0 时，用 0.02000mol·L^{-1} EDTA 溶液滴定同浓度的 Pb^{2+} 溶液，滴定开始时，酒石酸的总浓度为 0.2mol·L^{-1}，计算计量点时的 lgK'_{PbY}、[Pb^{2+}]。已知酒石酸铅配合物的 lg$K$ = 3.8，lgK_{PbY} = 18.04，pH = 10.0 时，lg$\alpha_{Y(H)}$ = 0.45，lg$\alpha_{Pb(OH)}$ = 2.7。

3.12　在 pH = 5.0 时，以二甲酚橙为指示剂，用 0.02000mol·L^{-1} EDTA 溶液滴定同浓度 Zn^{2+}、Cd^{2+} 混合溶液中的 Zn^{2+}，设终点时游离 I$^-$ 的浓度为 1mol·L^{-1}，计算终点误差。已知 lgK_{ZnY} = 16.5，lgK_{CdY} = 16.45，pH = 5.0 时，lg$\alpha_{Y(H)}$ = 6.45，pZn$_{ep}$ = 4.8，Cd^{2+} 与 I$^-$ 的 lgβ_1~β_4 = 2.10、3.43、4.43、5.41。

3.13　分别在 pH = 5.0 和 5.5 时的六次甲基四胺介质中，以二甲酚橙（XO）为指示剂，以 0.02mol·L^{-1} EDTA 滴定 0.02mol·L^{-1} Zn^{2+} 和 0.10mol·L^{-1} Ca^{2+} 混合溶液中的 Zn^{2+}，计算这两种酸度下的终点误差，并分析引起误差增大的原因。已知 lgK_{ZnY} = 16.5，lgK_{CaY} = 10.7，pH = 5.0 时，lg$\alpha_{Y(H)}$ = 6.45，pZn$_{ep}$ = 4.8，pH=5.5 时，lg$\alpha_{Y(H)}$ = 5.5，pZn$_{ep}$ = 5.7，XO 与 Ca^{2+} 不显色。

3.14 在 pH 为 5.00 的缓冲液中，用 2×10^{-4} mol·L^{-1} EDTA 溶液滴定 2×10^{-4} mol·L^{-1} Pb^{2+} 溶液，以二甲酚橙为指示剂，用乙酸-乙酸钠缓冲溶液控制溶液酸度，[HOAc] = 0.2 mol·L^{-1}，[Ac$^-$] = 0.4 mol·L^{-1}。计算终点误差。已知 Pb^{2+}-Ac 配合物的 $\beta_1 = 10^{1.9}$，$\beta_2 = 10^{3.3}$；pH = 5.00 时，$\lg\alpha_{Y(H)} = 6.6$，$\lg K'_{Pb\text{-}In} = 7.0$；$\lg K_{PbY} = 18.0$。

3.15 在某一 pH 时，用等浓度的 EDTA 溶液滴定金属离子 M^{n+}，若要求终点误差为 0.1%，并设检测终点时 $\Delta pM = 0.2$，配合物的条件稳定常数为 10^8，被测金属离子的起始浓度最低应为多少？

3.16 以铬黑 T 为指示剂，在 pH = 10.00 的 NH$_3$-NH$_4$Cl 缓冲溶液中，以 0.02000 mol·L^{-1} EDTA 溶液滴定同浓度的 Mg^{2+}，当铬黑 T 发生颜色转变时，ΔpM 值为多少？已知 $\lg K_{MgY} = 8.7$，pH = 10.0 时，$\lg\alpha_{Y(H)} = 0.45$，$pMg_{ep} = 5.4$。

3.17 用 0.02000 mol·L^{-1} EDTA 滴定同浓度的 Bi^{3+}，若要求 TE < 0.2%，检测终点时，$\Delta pM = 0.35$，计算滴定 Bi^{3+} 的最高酸度。已知 $\lg K_{BiY} = 27.94$。

3.18 计算 pH = 3.0，游离 EDTA 为 0.1 mol·L^{-1} 的溶液中，Fe^{3+}/Fe^{2+} 电对的条件电极电位。忽略离子强度的影响，$\lg K_{Fe(III)Y} = 25.1$，$\lg K_{Fe(II)Y} = 14.3$，$\varphi^\ominus_{Fe^{3+}/Fe^{2+}} = 0.771$ V。

3.19 称取含硫试样 0.3010 g，处理为可溶性硫酸盐，溶于适量水中，加入 BaCl$_2$ 溶液 30.00 mL，形成 BaSO$_4$ 沉淀，然后用浓度为 0.02010 mol·L^{-1} 的 EDTA 标准溶液滴定过量的 Ba^{2+}，消耗 10.02 mL。在相同条件下，以 30.00 mL BaCl$_2$ 溶液做空白实验，消耗 25.00 mL EDTA 溶液。计算试样中硫含量的质量分数。

3.20 计算下列氧化还原反应的平衡常数和化学计量点电位。

(1) $BrO_3^- + 5Br^- + 6H^+ \rightleftharpoons 3Br_2 + 3H_2O$

(2) $2MnO_4^- + 5HNO_2 + 6H^+ \rightleftharpoons 2Mn^{2+} + 5HNO_3 + 3H_2O$ $(\varphi^\ominus_{NO_3^-/HNO_2} = 0.94$ V$)$

3.21 间接碘量法测定铜时，Fe^{3+} 和 AsO$_4^{3-}$ 都能氧化 I$^-$ 产生干扰，但加入 NH$_4$HF$_2$，调节溶液的 pH≈3.3 时，铁和砷的干扰都消除，为什么？

3.22 计算在 H$_2$SO$_4$ 介质中，H$^+$ 浓度分别为 1 mol·L^{-1} 和 0.1 mol·L^{-1} 时 VO$_2^+$/VO^{2+} 电对的条件电极电位。忽略离子强度的影响，已知该电对的标准电极电位 $\varphi^\ominus = 1.00$ V。

3.23 某试样除 Pb$_3$O$_4$ 外仅含惰性杂质，称取 0.1000 g 试样用盐酸溶解，加热下加入 0.02000 mol·L^{-1} K$_2$Cr$_2$O$_7$ 标准溶液 25.00 mL，析出 PbCrO$_4$ 沉淀。冷却后过滤，将沉淀用盐酸溶解后加入淀粉和 KI 溶液，用 0.1000 mol·L^{-1} Na$_2$S$_2$O$_3$ 标准溶液滴定，消耗 12.00 mL。试样中 Pb$_3$O$_4$ 的质量分数是多少？

3.24 在 H$_2$SO$_4$ 介质中，用 0.1000 mol·L^{-1} 的 Ce^{4+} 溶液滴定 0.1000 mol·L^{-1} 的 Fe^{2+} 时，选用变色点电位为 0.94 V 的指示剂指示滴定终点，试计算终点误差。已知 Fe^{3+}/Fe^{2+} 和 Ce^{4+}/Ce^{3+} 的条件电极电位分别为 0.68 V 和 1.44 V。

3.25 测定某钢样中的铬和锰，称样 0.8000 g，试样经处理后得到含 Fe^{3+}、Cr$_2$O$_7^{2-}$、Mn^{2+} 的溶液。在 F$^-$ 存在下，用 KMnO$_4$ 标准溶液滴定，使 Mn(II) 变为 Mn(III)，消耗 0.005000 mol·L^{-1} KMnO$_4$ 标准溶液 20.00 mL。再将该溶液用 0.04000 mol·L^{-1} Fe^{2+} 标准溶液滴定，用去 30.00 mL。此钢样中铬与锰的质量分数各为多少？

3.26 计算：

(1) pH = 5.0，草酸浓度为 0.05 mol·L^{-1} 时，CaC$_2$O$_4$ 的溶解度。

(2) pH = 3.0，含有 0.01 mol·L^{-1} EDTA、0.010 mol·L^{-1} HF 的溶液中，CaF$_2$ 的溶解度。

3.27 已知某金属氢氧化物 M(OH)$_2$ 的 $K_{sp} = 4 \times 10^{-5}$，向 0.10 mol·L^{-1} 的 M^{2+} 溶液中加入 NaOH，忽略体积变化和各种氢氧基配合物，计算下列不同情况生成沉淀时的 pH。

(1) M^{2+} 有 1% 的沉淀。

(2) M^{2+} 有 50% 的沉淀。

(3) M^{2+} 有 99% 的沉淀。

3.28 计算下列换算因数。

(1) 从 (NH$_4$)$_3$PO$_4$·12MoO$_3$ 的质量计算 P 和 P$_2$O$_5$ 的质量。

(2) 从 Cu(C$_2$H$_5$O$_2$)$_2$·3Cu(AsO$_2$)$_2$ 的质量计算 As$_2$O$_3$ 和 CuO 的质量。

3.29 取磷肥 2.500 g，萃取其中有效 P$_2$O$_5$ 制成 250 mL 试液，吸取 10.00 mL 试液加入稀 HNO$_3$，加 H$_2$O 稀释

至100mL，加喹钼柠酮试剂，将其中 H_3PO_4 沉淀为磷钼酸喹啉。沉淀分离后，洗涤至呈中性，然后加 25.00 mL 0.2500 mol·L^{-1} NaOH 溶液，使沉淀完全溶解。过量的 NaOH 以酚酞作指示剂。用 0.2500 mol·L^{-1} HCl 溶液回滴，用去 3.25mL。计算磷肥中有效 P_2O_5 的质量分数。提示：涉及的磷钼酸喹啉的反应为

$$(C_9H_7N)_3H_3[PO_4·12MoO_3]·H_2O + 26NaOH = Na_2HPO_4 + 12Na_2MoO_4 + 3C_9H_7N + 15H_2O$$

3.30 称取 $CaCO_3$ 试样 0.35g 并溶解，使其中 Ca^{2+} 形成 $CaC_2O_4·H_2O$ 沉淀，需量取浓度为 0.03 g·mL^{-1} 的 $(NH_4)_2C_2O_4$ 溶液多少毫升？为使 Ca^{2+} 在 300mL 溶液中的损失量不超过 0.1mg，沉淀剂应加入多少毫升？已知 $CaC_2O_4·H_2O$ 的 $K_{sp} = 2.5×10^{-9}$，$M_{(NH_4)_2C_2O_4} = 124.1$，$M_{Ca} = 40.08$，$M_{CaCO_3} = 100.1$。

3.31 称取 0.4817g 硅酸盐试样，将它作适当处理后获得 0.2630g 不纯的 SiO_2（主要含有 Fe_2O_3、Al_2O_3 等杂质）。将不纯的 SiO_2 用 H_2SO_4-HF 处理，使 SiO_2 转化成 SiF_4 而除去。残渣经灼烧后，其质量为 0.0013g。计算试样中纯 SiO_2 的质量分数。若不经 H_2SO_4-HF 处理，杂质造成的误差是多少？

名人故事——化学大师李比希

尤斯图斯·李比希
(Justus von Liebig)

第4章　原子光谱分析法

内容提要

本章阐述原子光谱的产生及其应用，重点掌握原子吸收光谱法、原子发射光谱法和原子荧光光谱法等的基本原理及其定量分析方法；熟悉原子吸收光谱中的干扰及抑制、原子荧光光谱的类型；了解原子质谱法的基本原理和定量分析方法。

光谱法是基于物质与电磁辐射之间的相互作用而建立起来的，电磁辐射在物质内部引起能级之间的跃迁，从而产生发射、吸收或散射等信号。利用光谱学的原理和实验方法确定物质的组成、结构和相对含量的方法称为光谱分析。按照产生光谱的基本粒子分类可以分为原子光谱和分子光谱。

原子光谱(atomic spectroscopy，AS)多以气态的原子或离子外层电子能级跃迁为基础。通常情况下，原子的外层电子处于基态，当受到热能或电能激发时，其外层的电子可以跃迁至高能级而处于激发态。处于激发态的原子很不稳定，约在 10^{-9} s 量级时间内跃迁至较低激发态或基态并释放出能量。如果能量以光的形式释放，将产生波长一定的线状光谱。

原子光谱包括原子吸收光谱、原子发射光谱和原子荧光光谱等，它们是原子的外层电子在原子内能级之间跃迁产生的线状光谱，反映了原子或其离子的性质，与原子或离子的来源无关。原子光谱法是分析化学中最重要的元素成分分析手段，用于确定物质的元素组成和含量，但不能给出与物质分子有关的信息。

由于原子光谱法所用的光源往往是一种离子源，因此不仅可用光学方法也可用电子学方法加以观测，从而发展了一些其他的元素成分分析方法，如电感耦合等离子体质谱法、微波诱导等离子体质谱法等。原子光谱分析法具有灵敏度高、选择性好、分析速度快、试样用量少、能同时进行多元素定量分析等优点，广泛应用于医学检测、食品分析、环境监测、冶金工业和地质勘查等领域。

4.1　原子吸收光谱分析法

原子吸收光谱法(atomic absorption spectrometry，AAS)又称原子吸收分光光度法，简称原子吸收。它是基于待测元素气态原子的外层电子对共振线的吸收程度对试样中该待测元素含量进行测定的分析方法。

1802 年，Wollaston 观察太阳光谱黑线时首次发现了原子吸收现象。1953 年，澳大利亚物理学家瓦尔西(Walsh)发表了著名的论文《原子吸收光谱法在分析化学中的应用》，并利用单色仪、高灵敏度的光电检测器及高温火焰等构建了测量原子吸收的新方法，使得原子吸收光谱技术真正应用于分析化学，并为其快速发展奠定了基础。20 世纪 60 年代初出现了以火焰作为原子化装置的仪器，1970 年制成了以石墨炉为原子化装置的商品仪器。黄本立院士 1960 年在我国建立了第一套原子吸收光谱装置并开展研究工作,他在科学生涯中取得的多项"第一"也在一定程度上反映了我国原子光谱分析的发展历程。原子吸收光谱法自20世纪50年代提出后,经数十年的发展,现在能够测定几乎所有的金属元素及部分半金属元素,具有灵敏度高、稳定性好、操作简便等优点,已广泛应用于化工、石油、医药、冶金、地质、食品、生化及环境监测等领域。

4.1.1 原子吸收光谱法的基本原理

1. 原子吸收光谱

原子吸收是指气态的基态原子对于同种原子发射出来的特征光谱辐射具有吸收能力的现象。当辐射照射到样品蒸气时,若辐射波长相应的能量等于样品待测元素的基态原子跃迁到激发态所需要的能量,则待测元素的基态原子会吸收该辐射,产生吸收光谱,通过测量气态原子对特征波长(或频率)的吸收,便可获得有关待测元素组成和含量的信息。原子吸收光谱通常出现在可见光区和紫外区。

2. 基态原子数与激发态原子数的关系

一个原子可具有多种能级状态,最低的能态称为基态。原子受到外界能量激发时,其外层电子从基态跃迁到最低激发态(第一激发态 E_1)所产生的吸收线称为共振吸收线;而当电子从最低激发态跃回基态时发射出同样频率的辐射,称为共振发射线。共振吸收线和共振发射线统称为共振线。由于不同元素的原子结构不同,共振线跃迁时吸收和发射的能量也就不同,因此产生的共振线谱能反映各种元素的特征。

激发态原子数 n' 和基态原子数 n_0 的比值符合玻尔兹曼方程式

$$\frac{n'}{n_0} = \frac{g'}{g_0} e^{-E/kT} \tag{4.1}$$

式中,k 为玻尔兹曼常量(1.38×10^{-23} J·K^{-1});T 为热力学温度;E 为激发能量(激发态和基态具有的能量之差),对共振线而言即为共振电位;g' 和 g_0 分别为激发态和基态的统计权重。式(4.1)表明,在一定温度下,激发态原子数与基态原子数具有一定的比例。随温度的升高,n'/n_0 值越大。表4.1给出了 n'/n_0 与温度之间的关系。由表4.1可见,热力学温度从2000K到3000K,n'/n_0 值都很小,也就是说,与处于基态的原子数相比,处于激发态的原子数可以忽略不计。因此,可以认为基态原子数近似等于待测元素的总原子数。

表 4.1 n'/n_0 比值与温度的关系

$\lambda_{共振线}$/nm	g'/g_0	激发能/eV	n'/n_0	
			$T = 2000$K	$T = 3000$K
Na 589.0	2	2.104	0.99×10^{-5}	5.83×10^{-4}
Sr 460.7	3	2.690	4.99×10^{-7}	9.07×10^{-9}
Ca 422.7	3	2.932	1.22×10^{-7}	3.55×10^{-5}
Fe 372.0		3.332	2.99×10^{-9}	1.31×10^{-6}
Ag 328.1	2	3.778	6.03×10^{-10}	8.99×10^{-7}
Cu 324.8	2	3.871	4.82×10^{-10}	6.65×10^{-7}
Mg 285.2	3	4.346	3.35×10^{-11}	1.50×10^{-7}
Pb 283.3	3	4.35	2.83×10^{-11}	1.34×10^{-7}
Zn 213.9	3	5.795	7.45×10^{-15}	5.50×10^{-10}

3. 原子吸收线的宽度

前面提到,原子吸收光谱法是基于基态原子对其共振线的吸收而建立的分析方法。理论上原子的吸收线是绝对单色的,但实际上原子吸收线并非是单色的几何线,而是有宽度的,大约 10^{-3} nm,具有一定轮廓。

当一束强度为 $I_{0\nu}$ 的光通过原子蒸气后,其透射光的强度 I_ν 服从朗伯-比尔定律

$$I_\nu = I_{0\nu} e^{-K_\nu l} \tag{4.2}$$

式中,K_ν 为原子蒸气对频率 ν 的电磁辐射的吸收系数,它是频率 ν 的函数;l 为原子蒸气层厚度。透射光强度 I_ν 与吸收系数 K_ν 随辐射频率 ν 而变。图 4.1 为透射光强度与吸收光频率之间的关系,由图 4.1 可以看出,在频率 ν_0 处透射光强度最小,即吸收最大。图 4.2 为原子吸收线轮廓图,原子吸收线轮廓可用吸收线的中心频率(或称中心波长)和半峰宽进行表征。中心频率(或中心波长)是指最大吸收系数所对应的频率(或波长)。而吸收线的半峰宽是指最大吸收系数一半($K_0/2$)处,谱线轮廓上两点之间频率($\Delta \nu$)或波长($\Delta \lambda$)的距离。

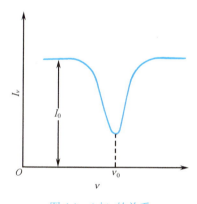

图 4.1　I_ν 与 ν 的关系

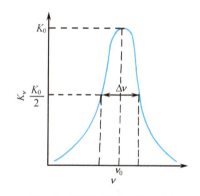

图 4.2　原子吸收光谱轮廓图

吸收线的半峰宽由原子性质所决定,即自然宽度。此外,吸收线的半峰宽还受外界因素影响,包括多普勒变宽(热变宽)、压力变宽等。下面讨论使吸收线变宽的主要因素。

1) 谱线的自然宽度

谱线的自然宽度与激发态原子的平均寿命有关,激发态原子平均寿命越长,吸收线的自然宽度越窄。对于大多数元素的共振线而言,其自然宽度约为 10^{-5} nm。在大多数情况下与其他因素引起的谱线宽度相比而言,谱线的自然宽度要小得多,可以忽略不计。

2) 多普勒变宽

多普勒(Doppler)效应也称为多普勒变宽,是自然界的一个普遍规律。由于波源和观察者之间有相对运动,观察者感到频率发生变化的现象:当二者相互接近,观察者接收到的频率增大;当二者远离,观察者接收到的频率减小。

气相中的原子往往处于无序运动中,因此辐射原子可以看成是运动着的波源。相对于观察者(检测器)的方向,每个原子有着不同的运动方向,从而产生多普勒效应,使谱带变宽。多普勒变宽是由热运动引起的,所以又称为热变宽。实验证明,多普勒变宽 $\Delta \nu_D$ 可表示为

$$\Delta \nu_D = 7.16 \times 10^{-7} \nu_0 (T/M_r)^{\frac{1}{2}} \tag{4.3}$$

式(4.3)中，ν_0 为谱线的中心频率；T 为热力学温度；M_r 为吸收原子的相对原子质量。

多普勒变宽的宽度一般为 0.001~0.005nm，是原子吸收谱线变宽的主要原因。由式(4.3)可知，相对原子质量小的元素多普勒变宽较明显；温度越高，变宽也越明显。

3) 压力变宽

原子蒸气中吸光原子与其他粒子(分子、原子、离子、电子等)相互碰撞而引起的能级的细微变化会使吸收光量子频率改变，进而导致谱线变宽，称为压力变宽。通常，压力变宽随原子区内气体压力增加而增大。

根据碰撞的粒子不同，压力变宽可分为两类：洛伦兹(Lorentz)变宽和赫尔兹马克(Holtsmark)变宽。前者是被测原子与其他离子碰撞引起的变宽；后者是指同种原子碰撞引起的变宽，也称为共振变宽。赫尔兹马克变宽往往出现在被测元素浓度较高时。通常，压力变宽以洛伦兹变宽为主，洛伦兹变宽的宽度一般在 10^{-3}nm，也是谱线变宽的主要因素。

4) 自吸变宽

光源发射的共振线被灯内同种基态原子吸收而产生自吸现象，可引起谱线变宽，称自吸变宽。灯电流越大，自吸现象越严重。

5) 场致变宽

外界电场或磁场作用引起原子能级分裂而使谱线变宽的现象称为场致变宽。但场致变宽很小，常可忽略不计。

4. 原子吸收的测量

为了测定吸收原子的浓度，可采用以下方法。

1) 积分吸收

积分吸收是吸收线轮廓所包括的整个面积，即 $\int K_\nu \mathrm{d}\nu$。理论证明，谱线的积分吸收与原子蒸气中的基态原子数成正比：

$$\int K_\nu \mathrm{d}\nu = \frac{\pi e^2}{mc} f n_0 \tag{4.4}$$

式中，e 为电子电荷；c 为光速；f 为振子强度，即能被入射辐射激发的每个原子的平均电子数，对于给定的元素，在一定条件下 f 可视为定值；n_0 为单位体积内的基态原子数，因激发态原子数目所占比例非常少，n_0 可近似看作原子总数 n。因此

$$\int K_\nu \mathrm{d}\nu = \frac{\pi e^2}{mc} f n \tag{4.5}$$

令 $\dfrac{\pi e^2}{mc} f = k$，则

$$\int K_\nu \mathrm{d}\nu = kn \tag{4.6}$$

即积分吸收与单位体积原子蒸气中能够吸收辐射的原子数成正比，这是原子吸收光谱分析的理论依据。

理论上讲，只要测出积分吸收，即可得到待测元素的浓度。但是原子吸收线的整个谱线的半宽度一般为 10^{-3}nm 数量级，要测量这么窄的谱线以求出它的积分吸收，需要分辨率非常高的色散仪器，这是一般原子吸收光谱仪所难以实现的。

2) 峰值吸收

1955年澳大利亚科学家 Walsh 证明峰值吸收系数 K_0 与被测元素的原子浓度成正比,即峰值吸收与待测物质的浓度成正比。如果采用半峰宽比吸收线半峰宽还要小的锐线光源,且发射线的中心与吸收线中心 ν_0 一致,如图4.3所示,则能测出峰值吸收系数。

在只考虑多普勒变宽的条件下,吸收系数可表示为

$$K_\nu = K_0 \mathrm{e}^{-\left[\frac{2(\nu-\nu_0)}{\Delta\nu_D}\sqrt{\ln 2}\right]^2} \tag{4.7}$$

式中,K_0 为峰值吸收系数。积分式(4.7)得

$$\int_0^\infty K_\nu \mathrm{d}\nu = \frac{1}{2}\sqrt{\frac{\pi}{\ln 2}} \cdot K_0 \Delta\nu_D \tag{4.8}$$

将式(4.5)代入,得

$$K_0 = \frac{2}{\Delta\nu_D}\sqrt{\frac{\ln 2}{\pi}} \cdot \frac{\pi e^2}{mc} \cdot n \cdot f \tag{4.9}$$

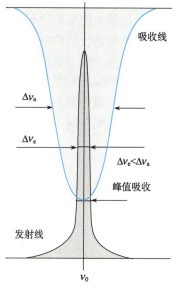

图4.3 发射线与吸收线

由式(4.9)可见,只要能测出峰值吸收系数 K_0,就能求得 n 值。

3) 实际测量方法

原子吸收服从朗伯-比尔定律。强度为 I_0、频率为 ν 的单色光通过原子蒸气时,根据吸收定律有

$$A = -\lg T = \lg \frac{I_{0\nu}}{I_\nu} = \lg \frac{1}{\exp(-K_\nu l)} \tag{4.10}$$

式中,$I_{0\nu}$ 和 I_ν 分别是频率为 ν 的入射光和透射光的强度;K_ν 为峰值吸收系数;l 为原子蒸气层的厚度。

在实际测量中,采用锐线光源,K_ν 以最大吸收系数 K_0(中心吸收系数)代替,吸光度可表示为

$$A = \lg \frac{I_{0\nu}}{I_\nu} = 0.4343 K_0 l \tag{4.11}$$

将式(4.9)代入式(4.11),可得

$$A = \lg \frac{I_{0\nu}}{I_\nu} = Knl \tag{4.12}$$

即吸光度 A 与 n 成正比。当实验条件一定,蒸气相中原子数 n 与待测元素的浓度 c 成正比。所以当实验条件一定时,对于特定元素的测定,得到

$$A = Kc \tag{4.13}$$

由式(4.13)可以看出吸光度与试样中被测元素的含量成正比,这是原子吸收光谱分析的定量基础。

4.1.2 仪器装置

原子吸收光谱仪(又称原子吸收分光光度计)主要由光源、原子化器、单色器及检测器组

成。图 4.4(a)为单光束型原子吸收光谱仪示意图,光源发出来的待测元素的共振线(锐线光束)被原子化器中的基态原子吸收,经单色器分光后由检测器接收并记录下来。早期的单光束型原子吸收光谱仪结构简单,但因光源不稳定而会引起基线漂移,现在通过提高光源稳定性、使用前预热光源等措施,可以保证仪器的稳定性。目前市场上销售的商品仪器主要是单光束型仪器。图 4.4(b)为双光束型原子吸收光谱仪示意图,光源发出的光经调制后被切光器分成两束光:一束为测量光,另一束为参比光(不经过原子化器)。两束光交替地进入单色器。由于两束光均来自同一光源,通过参比光束的作用,克服了因光源不稳定而造成漂移的影响。

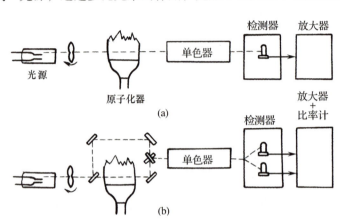

图 4.4 原子吸收光谱仪示意图

1. 光源

由于原子吸收线的半峰宽度很小,通常采用可发射比吸收线半峰宽度更窄的强度更大且更稳定的锐线光源。目前应用最多的是空心阴极灯(hollow cathode lamp,HCL)和无极放电灯(electrodeless discharge lamp,EDL),蒸汽放电灯也曾被用作锐线光源,但目前较少应用。

空心阴极灯为阴极呈空心圆柱形的气体放电管(图 4.5)。空心阴极灯的灯管由硬质玻璃制成,根据工作时的波长范围,选用石英玻璃或普通玻璃作为光学窗口。灯的圆筒形空心阴极内壁由待测元素或含待测元素的合金制作,阴极的内径约为 2mm。灯的阳极为钨棒,装有钛丝或钽片作为吸气剂。管内充有压力为几百帕的惰性气体,如氖或氩。

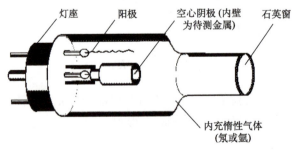

图 4.5 空心阴极灯

在阴阳极两端施加数百伏的直流电压,阴极发出的电子在电场的作用下向阳极运动,在运动过程中与惰性气体碰撞,使气体原子电离。电离的气体正离子向阴极运动,撞击阴极,使阴极表面的金属离子溅射出来。这种由于正离子撞击阴极而产生原子溅射的现象称为阴极溅射。大量聚集在空心阴极中的金属原子再与电子、惰性气体的原子、离子等碰撞而被激发,从而产生相应元素的特征共振线。

灯的发光强度与工作电流有关,在一定范围内提高电流可增强发光强度,但电流过大则产生自吸收而使发射线变宽。

2. 原子化器

原子化器的作用是使试样中待测元素转变为气态的基态原子。入射光在原子化器中被基态原子吸收,原子化器可视为吸收池。试样的原子化是原子吸收分析的关键。元素测定的灵敏度、准确性以及干扰,在很大程度上均取决于原子化的状况。因此,要求原子化器有尽可能高的原子化效率,且不受浓度的影响,稳定性和重现性好,背景和噪声小。原子化器主要有两大类:火焰原子化器和非火焰原子化器。

1) 火焰原子化器

火焰原子化器中常用的是预混合型原子化器,它由喷雾器(雾化器)、雾化室和燃烧器三大部分组成,如图 4.6 所示。

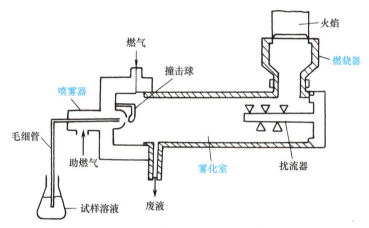

图 4.6　预混合型火焰原子化器

(1) 喷雾器。喷雾器的作用是将试液变成高度分散状态的雾状形式。雾粒越多、越细,越有利于基态自由原子的生成。一般要求喷雾器喷雾稳定,雾粒细而均匀,雾化效率高。喷雾器的性能好坏对测定精密度、灵敏度和化学干扰等都有较大影响。

(2) 雾化室。试液经雾化器雾化后,还含有一定数量的大雾滴。雾化室的主要作用是除去大雾滴,进一步雾化和均匀雾滴。此外,雾化室还充分混合燃气和助燃气,以便在燃烧时得到稳定的火焰。

(3) 燃烧器。试液的细雾进入燃烧器,经火焰干燥、熔化、蒸发和离解后,产生大量的基态自由原子及极少量的激发态原子、离子和分子。对燃烧器的要求是原子化程度高、火焰稳定、吸收光程长、噪音小等。目前,广泛应用的缝式燃烧器有单缝与三缝两种,目前多采用单缝燃烧器,对空气-乙炔火焰,其缝长为 10～12cm,缝宽为 0.5～0.7mm。三缝燃烧器由于缝宽较大,产生的原子蒸气能将光源发出的光束完全包围,外侧缝隙还可以起到屏蔽火焰作用,并避免来自大气的污染,稳定性好,但气体耗量大、装置复杂。

燃烧器火焰的作用是将待测物质分解为基态自由原子。根据燃气与助燃气比例不同,火焰可分为三类:中性火焰、富燃火焰和贫燃火焰。

中性火焰：火焰中燃气与助燃气的比例与它们之间的化学反应计量关系接近，因此也称为化学计量火焰。具有温度高、干扰小和稳定等优点，适用于多种元素测定。

富燃火焰：火焰中燃气与助燃气的比例大于化学计量值，因此燃烧不完全、温度低，火焰具有还原性，不如中性火焰稳定，适合于易形成难离解氧化物元素的测定。

贫燃火焰：火焰中燃气与助燃气比例小于化学计量值，因此火焰的氧化性较强，燃烧充分，火焰呈蓝色，温度较低，适用于易分解易电离的元素的测定，如碱金属的测定。

表 4.2 列出了常用火焰的燃烧特性。表中燃烧速度是指火焰由着火点向可燃混合气其他点传播的速度。它影响火焰的安全操作和燃烧的稳定性。通常，可燃混合气体供气速度应稍大于燃烧速度，这样可使火焰稳定。但供气速度不宜过大，否则会使火焰离开燃烧器，变得不稳定；反之，供气速度过小，将会引起回火。火焰温度过高使得激发态原子增加，电离度增大，基态原子减少，不利于原子吸收。因此，在确保待测元素能充分原子化的前提下，使用较低温度的火焰具有更高的灵敏度。但对某些元素，温度过低，盐类不能离解，会产生分子吸收，以至于干扰测定。

表 4.2 常用火焰的燃烧特性

燃气	助燃气	燃烧速度/(cm·s^{-1})	火焰温度/K
乙炔	空气	160	2300
乙炔	氧气	1130	3060
乙炔	氧化亚氮	180	2955
氢气	空气	320	2050
氢气	氧气	900	2700
氢气	氧化亚氮	390	2610
丙烷	空气	82	1935
丙烷	氧气		2850

乙炔-空气火焰是原子吸收光谱法中最常用的火焰之一，它的火焰温度较高、燃烧稳定、重现性好，且噪声低，可测定 30 多种元素。此外，乙炔-氧化亚氮也常用于原子吸收光谱分析，它的燃烧温度比乙炔-空气高，且其燃烧速度较慢，适用于难以原子化的元素的测定，可测定 70 多种元素。氢-空气火焰是氧化性火焰，燃烧速度较乙炔-空气火焰快，具有背景发射较弱、透射性能好等特点。

2) 非火焰原子化器

非火焰原子化器又称无火焰原子化器，它利用电热、阴极溅射、等离子体或激光等方法使试样中的待测元素形成基态自由原子。常用的非火焰原子化器是石墨炉原子化器，它的结构见图 4.7。它主要由电源、炉体和石墨管三部分组成。电源提供较低电压(10～25V)和大电流(500A)，电流通过石墨管时产生高温，最高温度可达到 3000K，从而使试样原子化。石墨管的内径约 8mm，长约 28mm，管中央有一个小孔，用于加入试样。石墨炉炉体具有水冷外套，用于保护炉体。

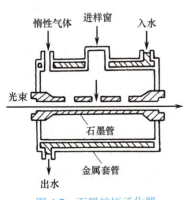

图 4.7 石墨炉原子化器

石墨炉工作时要经过干燥、灰化、原子化和净化四个步骤。干燥的目的是除去样品中的溶剂或水分。干燥温度一般稍高于溶剂的沸点，干燥时间视样品体积而定，通常为20~60s。灰化的目的是在原子化前除去易挥发的基体和有机物质，减少基体干扰。原子化的目的是使以各种形式存在的分析物挥发并离解为中性原子。原子化的温度由待测元素的性质而定，通常可绘制吸收-原子化温度曲线来确定。原子化时间也可通过吸收-原子化时间的关系曲线确定。净化是在样品测定完毕后，用比原子化阶段稍高的温度加热，除去石墨管中试样残渣，净化石墨炉，以减少和避免记忆效应。

石墨炉原子化法中，试样的原子化在惰性气体和强还原性介质中进行，有利于难熔氧化物的原子化。相比于火焰原子化法，石墨炉原子化法中自由原子在石墨炉吸收区内停留时间较长，大约为前者的1000倍，原子化效率高，测定的绝对检出限可达 10^{-12}~10^{-14}g，而且石墨炉法中液体和固体均可直接进样。但是，石墨炉原子化法的基体效应及化学干扰较大，测定的重现性也不如火焰原子化法。

此外，还有低温原子化法（又称化学原子化法）。常用的低温原子化法有氢化物原子化法和冷原子化法等。氢化物原子化法中原子化温度为700~900℃，可应用于As、Sb、Bi、Sn、Ge、Se、Pb、Ti等元素的测定。在酸性介质中，待测元素与强还原剂（如硼氢化钠）反应生成气态氢化物。这些氢化物经载气引入加热的石英吸收管内被分解成气态原子，然后测定其吸光度。该方法灵敏度高（对砷、硒的测定可达 10^{-9}g），基体干扰和化学干扰小。冷原子化法主要应用于Hg元素的测量，因此又称为汞低温原子化法。其原理为将试样中的汞离子用 $SnCl_2$ 或盐酸羟胺完全还原为金属汞后，由载气（Ar或 N_2）将汞蒸气送入吸收池内测定。该方法可常温测量，灵敏度高（对汞的测定可达 10^{-8}g），准确度较高。

3. 单色器

单色器的作用是将灯发射的被测元素共振线与其他发射线分开，常用的单色器为光栅。在原子吸收光谱测定中，既要将光谱线分开，也要有一定的出射光强度以便测定，即对单色器同时有分辨率和集光本领的要求。光谱通带 W 可用下式表示：

$$W = DS \tag{4.14}$$

式中，W 为光谱通带(nm)；D 为倒色散率(nm·mm^{-1})；S 为狭缝宽度(mm)。

光谱通带可理解为"仪器出射狭缝所能通过的谱线宽度"。光谱通带大，出射光强度大，但由于出射光的波长范围宽，单色器的分辨率下降，故原子吸收测定中需根据试样实际情况选择光谱通带。当两相邻的谱线距离小时，光谱通带要小，反之，则光谱通带增大。不同元素谱线的复杂程度不同，所选择的光谱通带也不相同。通常，碱金属及碱土金属的谱线较简单，背景干扰小，可选择较大的光谱通带，以减小灯电流和光电倍增管的高压来提高信噪比，增加稳定性；对存在干扰线、谱线复杂的元素，如铁、钴、镍等，需选用较小的狭缝，防止非吸收线进入检测器，由此提高灵敏度，改善标准曲线的线性关系。

4. 检测器

原子吸收光谱仪常用的检测器为光电倍增管。将光电倍增管的电信号放大后，即可用读数装置显示或用记录仪记录，也可由计算机自动处理系统输出结果。光电倍增管的工作电源应有较高的稳定性。工作电压过高、照射光过强或光照时间过长，都会引起疲劳效应。

4.1.3 原子吸收光谱中的干扰及抑制

原子吸收光谱法的干扰主要有光谱干扰、化学干扰、物理干扰和电离干扰等。

1. 光谱干扰

光谱干扰包括谱线干扰和背景吸收所产生的干扰。

1) 谱线干扰

当吸收线重叠、光谱通带内存在非吸收线或原子化器内直流发射干扰时，就会产生谱线干扰。消除干扰的办法是采用合适的狭缝宽度、降低灯电流或另选其他分析线等。

2) 背景干扰

背景干扰主要来自分子吸收和光的散射。分子吸收是指在原子化过程中生成的分子对辐射的吸收。分子吸收是带状光谱，会在一定的波长范围内形成干扰。例如，碱金属卤化物在紫外区有吸收；硫酸和磷酸在波长小于 250nm 时有很强的吸收带，而硝酸和盐酸的吸收较小。因此，原子吸收光谱分析碱金属卤化物时多用硝酸和盐酸配制溶液。光散射是指原子化过程中产生的微小固体颗粒使光发生散射，造成透射光减小，吸收值增加。通常采用仪器校正背景方法，有连续光源背景校正法和塞曼（Zeeman）效应校正法。连续光源背景校正法常采用氘灯背景校正装置。氘灯装在侧光路上，需要校正背景时，将它切换至测量光路，或者通过反射镜将氘灯光源引入测量光路。塞曼效应校正法是基于谱线在磁场中发生分裂和分裂组分偏振特性的背景校正方法，包括光源调制法和吸收线调制法两类。

2. 化学干扰

由于待测元素与共存元素发生化学反应而影响待测元素的原子化效率称为化学干扰。化学干扰是原子吸收光谱法中最主要的干扰来源。消除化学干扰的方法主要包括以下几种。

1) 选择合适的原子化方法

提高原子化温度，减小化学干扰。使用高温火焰或提高石墨炉原子化温度，可使难离解的化合物分解。例如，采用还原性强的火焰与石墨炉原子化法，可使难离解的氧化物还原、分解。

2) 加入释放剂

若待测元素和干扰元素在火焰中形成稳定化合物，可加入某种物质使之与干扰元素生成更稳定的化合物，从而将待测元素释放出来，这种物质称为释放剂。例如，磷酸根干扰钙的测定，可在试液中加入镧、锶盐，镧、锶与磷酸根会生成比钙更稳定的磷酸盐，从而可将钙释放出来。

3) 加入保护剂

保护剂可与待测元素生成易分解或更稳定的化合物，避免与干扰元素形成难离解的化合物。保护剂多为 EDTA、8-羟基喹啉等配合剂。例如，磷酸根干扰钙的测定，加入 EDTA 与钙生成稳定配合物，可以抑制磷酸根的干扰。

4) 加入缓冲剂

在试样和标准溶液中均加入大量的干扰物质，使干扰物质对待测元素的影响趋于稳定，此种干扰物质称为吸收缓冲剂。例如，用 N_2O-C_2H_2 火焰测定钛，可在试样和标样中均加入大量的铝盐，使铝对测定钛的干扰趋于稳定。缓冲剂的加入量必须大于吸收值不再变化的干扰元素最低限量。应用该方法往往使灵敏度降低。

采用标准加入法也能在一定程度上消除干扰。当以上方法均不能有效地消除干扰时，则可采用沉淀、溶剂萃取、离子交换等化学分离方法。

3. 物理干扰

试样与标样在黏度、表面张力、相对密度及温度等物理性质方面的差异而引起的干扰效应称为物理干扰。对火焰原子化法而言，物理干扰表现为影响试样的雾化、溶剂和固体微粒的蒸发等，进而影响原子化效率。物理干扰一般都是负干扰。

消除物理干扰的方法是尽量保持标样与试样的基体相同，或采用标准加入法测定。当被测元素在试液中浓度较高时，可以用稀释溶液的方法来降低或消除物理干扰。

4. 电离干扰

电离干扰是由于很多元素在高温火焰中产生电离，基态原子减少，灵敏度降低。电离干扰与火焰温度、待测元素的电离电位以及浓度密切相关。火焰温度越高，元素的电离电位越低，则电离度越大；电离度随金属元素总浓度的增加而减小。因此，提高火焰中离子的浓度、降低电离度是消除电离干扰的最基本途径，最常用的方法是加入消电离剂。消电离剂是比被测元素电离电位低的元素，相同条件下消电离剂首先电离，产生大量的电子，抑制被测元素的电离。例如，加入质量分数为 2% 的 KCl 可抑制钙的电离。

4.1.4 分析方法

1. 校正曲线法

校正曲线法是最常用的分析方法，适用于组成简单、干扰较少的试样。配制一系列不同浓度的待测元素的标准溶液，在与试样测定完全相同的条件下测定吸光度，绘制浓度与吸光度关系的校正曲线。由测定试样的吸光度值，从校正曲线求取试样中待测元素的含量。

在实际测定中，受非吸收光、共振变宽、发射线与吸收线的相对宽度及电离效应等影响，校正曲线可能发生弯曲。当共振线与吸收线同时进入检测器时，由于非吸收线不服从比尔定律，将引起校正曲线上部弯曲。若待测元素浓度太大，其原子蒸气的分压增加，将产生共振变宽，吸收强度下降，使得校正曲线下部弯曲。发射线的半宽度小于吸收线的半宽度，两者的比值一般应小于 1/5，否则将发生弯曲现象。当元素的电离电位小于 6eV 时，在火焰中易发生电离，从而使基态原子数目减少，引起标准曲线向浓度轴弯曲。

因此，采用校正曲线法应注意：选择合适的标准溶液浓度，使所测得的溶液吸光度与溶液浓度呈线性关系；标准溶液与待测溶液采用相同的配制方法；扣除空白值；控制操作条件，使其保持不变；测定前用标准溶液对吸光度进行校正。

2. 标准加入法

对于组成复杂的试样，标准溶液的配制比较困难，此时可采用标准加入法进行测定，此法也称直线外推法或增量法。取若干份相同体积的试样溶液，从第二份起，分别加入不同量的标准溶液 (c_0)，然后稀释至相同体积。设原试样中待测元素浓度为 c_x，加入标准溶液后的浓

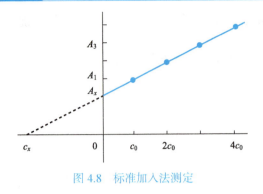

图 4.8 标准加入法测定

度分别为 c_x+c_0、c_x+2c_0、c_x+3c_0、$c_x+4c_0\cdots$，分别测定它们的吸光度 A_0、A_1、A_2、A_3、$A_4\cdots$，以加入的标准溶液浓度增量对吸光度作图(图 4.8)，将得到的校正直线外推至与浓度轴相交。交点至原点的距离 c_x 即为被测元素稀释后的浓度。

标准加入法是建立在待测元素的浓度与吸光度呈线性关系的基础上的，且待测元素的浓度也要在此线性范围内。标准加入法可在一定程度上消除化学干扰、物理干扰及电离干扰，但是不能消除分子吸收和背景干扰。

4.1.5 灵敏度与检出限

灵敏度和检出限是评价分析方法和分析仪器的重要指标。

1. 灵敏度

灵敏度 S 是指吸光度随浓度(或质量)的变化率，也即校正曲线的斜率

$$S=\frac{\Delta A}{\Delta c} \quad \text{或} \quad S=\frac{\Delta A}{\Delta m} \tag{4.15}$$

在原子吸收光谱方法中，常采用特征浓度表征灵敏度，即产生 1%吸收(吸光度为 0.0044)所对应的被测元素的浓度，用 $\mu g \cdot mL^{-1}$ 表示。特征浓度 c_0 可用下式计算

$$c_0=\frac{c_x \times 0.0044}{A} \tag{4.16}$$

式中，c_x 为待测元素浓度($\mu g \cdot mL^{-1}$)；A 为测定的吸光度值。

对于石墨炉原子化法，也采用特征质量 m_0 表示

$$m_0=\frac{m_x \times 0.0044}{AS} \tag{4.17}$$

式中，m_x 为待测元素质量(μg)；A 为峰面积积分吸光度；S 为校正曲线直线部分的斜率。

特征浓度(或特征质量)越小，灵敏度越高。

2. 检出限

对于某一特定的分析方法，在一定的置信水平下被检出的最低浓度或最小量即为检出限。1975 年，IUPAC(国际纯粹与应用化学联合会)定义：检出限为某元素水溶液的测量信号等于空白溶液信号标准偏差的 3 倍时所对应的浓度。原子吸收光谱分析法的检出限通常以测量信号为空白溶液信号的标准偏差的 3 倍时所对应的浓度表示。

4.1.6 测定条件的选择

1. 分析线

通常选择元素的共振线作分析线。当被测元素浓度较高时，可选用灵敏度较低的非共振

线作为分析线，否则易产生谱线的自吸收和干扰等。

2. 空心阴极灯电流

空心阴极灯的发射特性取决于工作电流。灯电流过小，放电不稳定，光输出的强度小；灯电流过大，发射谱线变宽，导致灵敏度下降，灯寿命缩短。选择灯电流时，应在保持稳定和有合适的光强输出的情况下，尽量选用较低的工作电流。通常选用允许使用的最大电流的 1/2~2/3 为工作电流。实际中通过测定吸收值随灯电流的变化而选定最适宜的工作电流。空心阴极灯使用前一般需预热 10~30min。

3. 火焰

火焰是影响原子化效率的重要因素之一。例如，在火焰中易生成难离解的化合物及难熔氧化物的元素，选用乙炔-氧化亚氮高温火焰；对于分析线在 220nm 以下的元素，可选用氢气-空气火焰。

选定火焰类型之后，调节燃气与助燃气比例以得到合适火焰。例如，易生成难离解氧化物的元素，用富燃火焰；对于氧化物不稳定的元素，采用化学计量火焰或贫燃火焰。

4. 燃烧器高度

调节燃烧器高度可控制光源光束通过的火焰区域。在火焰区内，由于自由原子浓度随火焰高度的分布是不均匀的，因此需调节燃烧器的高度，使测量光束从自由原子浓度大的区域内通过，以得到较高的灵敏度。

5. 狭缝宽度

狭缝宽度影响光谱通带与检测器接收辐射的能量。狭缝宽度的选择要能使吸收线与邻近干扰线分开。当有干扰线进入光谱通带内时，吸光度值将立即减小。不引起吸光度减小的最大狭缝宽度即为合适的狭缝宽度。同时需考虑被测元素谱线复杂程度，如碱金属、碱土金属谱线简单，可选择较大的狭缝宽度；过渡元素与稀土元素等谱线比较复杂，要选择较小的狭缝宽度。

思考题 4.1　简述原子吸收光谱的产生原理。
思考题 4.2　什么是共振吸收线和共振发射线？
思考题 4.3　什么是光谱通带？如何选择光谱通带？
思考题 4.4　什么是校正曲线法和标准加入法？

4.2　原子发射光谱分析法

原子发射光谱分析法(atomic emission spectrometry, AES)根据原子(或离子)外层电子从高能态向低能态跃迁所发射的特征电磁辐射测定物质的组成和含量。这种方法可对 70 多种元素(包括金属元素及磷、硅、砷、碳、硼等非金属元素)进行分析，可用于定性、半定量及定量分析。习惯上称以火焰、电弧和电火花等为激发能源的发射光谱分析法为经典发射光谱法，主要用于定性、半定量及近似定量分析，当用于 1%以下含量组分的测定时，检出限达 μg 量级，精密度为 ±10% 左右，线性范围约 2 个数量级。采用电感耦合等离子体(inductively coupled plasma, ICP)作光源，则可使某些元素的检出限降低至 10^{-3}~10^{-4}μg 量级，精密度达 ±1% 以下,线性范围可达 7 个数量级。也就是说,ICP-AES 可有效地测定高、中、低含量($10^{-1} \sim 10^{-4} \mu g$)的元素。目前,ICP-AES 已经成为一种常规的定量分析方法,也是同时测定多种无机元素的有效手段。

4.2.1 原子发射光谱法的基本原理

1. 原子光谱的产生

通常原子处于能量最低的基态,当基态原子受热、吸收辐射或与其他粒子碰撞而吸收足够的能量后,其外层电子就从低能级跃迁到较高能级上,此时原子的状态称为激发态。激发态原子是不稳定的,其平均寿命为 $10^{-10} \sim 10^{-8}$ s,即使没有外因的诱导,也会自发地跃回到低能态,并以光的形式放出多余的能量,从而产生原子发射光谱。通过光谱仪,采用摄影,便可将光谱记录在底板上,得到线状的发射光谱图。

设高能级的能量为 E_2,低能级的能量为 E_1,则释放出的能量 ΔE 与发射光谱的波长的关系为

$$\Delta E = E_2 - E_1 = hc/\lambda = h\nu \tag{4.18}$$

式中,h 为普朗克常量(6.626×10^{-34} J·s);c 为光速(2.997925×10^{10} cm·s^{-1})。

原子的外层电子由低能级激发到高能级所需的能量称为激发电位,以电子伏特(eV)表示。原子的光谱线各有其激发电位,这些激发电位可在原子谱线表中查到。具有最低激发电位的谱线称为共振线,通常是由基态与最低能量激发态之间的跃迁产生的。由于其激发电位最低,共振线往往是元素光谱中最强的谱线。最低激发电位往往称为共振电位。

原子的外层电子在获得足够能量后,有可能发生电离。使原子电离所需要的最低能量称为电离电位。原子失去一个电子称为一次电离,再失去一个电子称为二次电离,依次类推。元素的电离电位可从相关手册中查到。离子外层电子跃迁时发射的谱线称为离子线。每条离子线都有相应的激发电位。这些离子线激发电位的大小与电离电位的高低无关。

通常用罗马字 I 表示原子发射的谱线,II 表示一次电离离子发射的谱线,III 表示二次电离离子发射的谱线。例如,Na I 589.5923nm 表示原子线,Mg II 280.2700nm 表示一次电离离子线。原子或离子的外层电子数相同时,具有相似的光谱,如 Na I、Mg II、Al III 的光谱很相似。同理,周期表中同族元素通常也具有相似的光谱。

2. 谱线强度

如果 i 与 j 两能级间跃迁所产生的谱线的强度用 I_{ij} 表示,则

$$I_{ij} = n_i A_{ij} h \nu_{ij} \tag{4.19}$$

式中,n_i 为单位体积内处于高能级 i 的原子数;A_{ij} 为两能级间的跃迁概率;h 为普朗克常量;ν_{ij} 为发射谱线的频率。如果激发是处于热力学平衡状态下,分配在各激发态和基态的原子数目应遵守统计热力学中的麦克斯韦-玻尔兹曼分布定律

$$n_i = n_0 \frac{g_i}{g_0} e^{-\frac{E_i}{kT}} \tag{4.20}$$

式中,n_i 意义同式(4.19);n_0 为单位体积内处于基态的原子数;g_i、g_0 分别为激发态和基态的统计权重(相应能级的简并度);E_i 为激发电位;k 为玻尔兹曼常量(1.38×10^{-23} J·K^{-1});T 为激发温度(K)。

将式(4.20)代入式(4.19)得

$$I_{ij} = \frac{g_i}{g_0} A_{ij} h\nu_{ij} n_0 e^{-\frac{E_i}{kT}} \quad (4.21)$$

由此可以看出，谱线强度与下列因素有关。

1) 激发电位

谱线强度与激发电位的关系是负指数关系。激发电位越大，则处于该激发态的原子数越少，从而谱线强度越小。实践证明，绝大多数激发电位较低的谱线都是比较强的，激发电位最低的共振线往往是最强的。

2) 激发温度

激发温度升高，谱线强度增大。但温度升高也会导致体系中被电离的原子数目增多，而基态原子数相应减少，从而使原子发射线强度减弱。因此，激发温度的选择并不是越高越好。图 4.9 为一些谱线强度与温度的关系曲线。曲线说明，不同谱线各有其最合适的激发温度，在此激发温度下，谱线强度最大。

3) 跃迁概率

跃迁概率是指单位时间内每个原子由一个能级状态跃迁到另一个状态的概率(s^{-1})。对自发发射，跃迁概率用 A_{ij} 表示，其值近似为能级寿命的倒数。谱线强度与跃迁概率成正比。

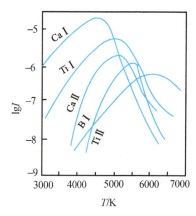

图 4.9 谱线强度和温度的关系

4) 统计权重

在磁场中，有时一条谱线可以分裂为几条谱线(称为原子光谱的精细结构)。这是由具有相同的 n、L、J 值，但具有不同原子总磁量子数 m_J 的几种状态引起的。m_J 是决定总角动量沿磁场分量的量子数，与 J 值有关，在数值上，$m_J = \pm J$、$\pm(J-1)\cdots$共 $2J+1$ 个不同值。在无外磁场作用时，可以认为具有相同的 n、L、J 值的 $2J+1$ 个不同状态合并为一个能级。$(2J+1)$这个数值称为能级的简并度或统计权重。谱线强度与统计权重成正比。

5) 基态原子数

谱线强度与基态原子数 n_0 成正比。而在一定条件下，n_0 与试样中元素浓度成正比，因此谱线强度与被测元素的浓度成正比，这是光谱定量分析的依据。

对于离子谱线，其谱线强度除了与以上各因素有关外，还与元素的电离电位有关。离子谱线的强度为

$$I = Kn(kT)^{5/2} e^{-V/kT} e^{-E/kT} \quad (4.22)$$

式中，$K = Ah\nu (g_1/g_0)$；n 为中性原子及离子的密度；V 为电离电位；E 为激发电位。在一定条件下，n 正比于被测元素浓度 c，所以离子谱线强度也可用于光谱定量分析。

上述讨论均限于自发发射谱线的绝对强度。但在实际工作中准确测定谱线的绝对强度是很困难的，所以在光谱定量分析中常采用谱线的相对强度。

3. 谱线的自吸和自蚀

实际上，所有发射谱线都不是严格的单色辐射。上述谱线强度方程中的 ν 或 λ 都包含着一

定的范围或宽度。图 4.10 所示是谱线发射强度随频率或波长的分布情况。因此,谱线强度应该是谱线轮廓所包含的频率或波长范围内的强度的积分。关于谱线变宽的原因见原子吸收光谱分析。

在发射光谱分析过程中,首先是试样物质在光源(如火焰、电弧、火花等)的作用下蒸发为气态,并使其原子化(或离子化)和激发,激发态原子跃回基态时辐射出谱线,谱线穿过弧层射出,记录得到光谱。在试样物质蒸发时,由于运动粒子的相互碰撞和激发,

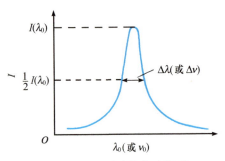

图 4.10 光谱线轮廓示意图

气体中产生大量的分子、原子、离子、电子等粒子。这种电离的气体在宏观上呈电中性,称为等离子体。在一般电源中,等离子体是在弧焰中产生的。弧焰具有一定的厚度(图 4.11),弧焰中心 a 处的温度最高,边缘 b 处的温度较低。由弧焰中心发射的辐射光必须通过整个弧层才能射出。由于弧层边缘的温度较低,因而这里处于基态的同类原子较多。这些低能态的同类原子能够吸收高能态原子发射的谱线而产生吸收光谱。也就是说,原子在高温时被激发,发射某一波长的谱线,而处于低温状态的同类原子吸收这一波长的辐射,这种现象称为自吸现象。

自吸现象符合朗伯-比尔定律(关于该定律详见第 5 章):

$$I = I_0 \mathrm{e}^{-ab} \tag{4.23}$$

式中,I 为射出弧层后的谱线强度;I_0 为弧焰中心发射的谱线强度;a 为吸收系数(与基态原子数有关);b 为弧层厚度。由此定律可知,弧层越厚,弧焰中被测元素的原子浓度越大,则自吸现象越严重。

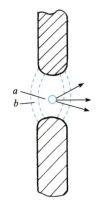

图 4.11 弧焰示意图

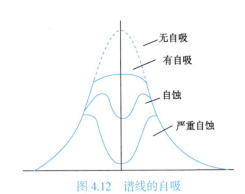

图 4.12 谱线的自吸

从图 4.12 可看出自吸现象对谱线形状的影响。当原子浓度低时,谱线不呈现自吸现象;原子浓度增大,谱线产生自吸现象,使谱线强度减小。由于发射谱线的宽度比吸收谱线的宽度大,谱线中心的吸收程度比边缘部分大,因而谱线出现"边强中弱"的现象。可以预料,当自吸现象非常严重时,谱线中心的辐射将被完全吸收,这种现象称为自蚀。

共振线是原子由能量最低激发态跃迁至基态而产生的。由于共振线对应的能量最低,因此基态原子对共振线的吸收最严重。当元素浓度很大时,共振线常呈现自蚀现象。自吸现象和自蚀现象既影响谱线强度又影响谱线宽度,这种变宽是由同类原子的互相碰撞引起的,称

为共振变宽。

4.2.2 原子发射光谱仪

原子发射光谱仪主要由光源、分光系统和检测系统构成。光源为试样蒸发、原子化、激发提供能源，光源的特性在很大程度上影响着光谱分析的精密度、准确度和检出限。本书着重介绍四种主要的光源类型。分光系统将激发试样的复合光分解成按波长排列的单色光，主要类型有棱镜和光栅。检测系统的检测方式分为目视法、摄谱法、光电直读法和全谱直读法，本书着重介绍后三种类型的光谱仪。

1. 光源

原子发射光谱分析光源种类很多，主要有直流电弧、交流电弧、高压火花及电感耦合等离子体等，其中电感耦合等离子体最为常用。

1) 直流电弧

直流电弧常用电压为 150~380V，电流为 5~30A。采用可变电阻稳定和调节电流的大小，采用电感减小电流的波动。直流电弧的弧焰温度与电极和试样的性质有关，一般可达 4000~7000K，可使 70 多种的元素激发，所产生的谱线主要是原子谱线。

直流电弧设备简单，由于持续放电，电极头温度高，蒸发能力强，试样进入放电间隙的量多，分析绝对灵敏度高，适用于定性、半定量分析，同时适用于难熔元素的定量分析。其缺点是电弧不稳定、易漂移、重现性差、弧层较厚且自吸现象较严重。

2) 交流电弧

交流电弧是介于直流电弧和高压火花（电火花）之间的一种光源。高压交流电弧工作电压达 2000~4000V，低压交流电弧工作电压一般为 110~220V。与直流电弧相比，交流电弧的电极头温度和蒸发温度较低，由于具有可控制放电装置，故电弧较稳定，分析的重现性与精密度较好，但灵敏度较差。通常用于金属、合金中低含量元素的定量分析。

3) 高压火花

高压火花指常压下在两电极间施加高电压，达到击穿电压时，在两极间尖端迅速放电，产生电火花。放电沿着狭窄的发光通道进行，并伴随有爆裂声。日常生活中雷电即是大规模的火花放电。

高压火花稳定性好，故分析结果重现性好，适于定量分析。其激发温度高，可激发电位高的元素。其电极头温度较低，适用于熔点较低、组成均匀的金属与合金分析。此外，高压火花还适用于高含量元素、难激发元素的测定。高压火花的缺点为光源灵敏度较差，噪声较大。

直流电弧、交流电弧与高压火花光源的使用已有数十年的历史，称为经典光源。目前已很少使用。

4) 电感耦合等离子体

原子发射光谱在 20 世纪 50 年代发展缓慢。1960 年，工程热物理学家 Reed 设计了环形放电感耦合等离子体炬，指出可用于原子发射光谱分析中的激发光源。光谱学家法塞尔和格伦菲尔德将其用于原子发射光谱分析，建立了电感耦合等离子体光谱仪（ICP-AES）。由于它的性能优异，目前在实际中广泛应用。

ICP 光源是高频感应电流产生的类似火焰的激发光源，主要由高频发生器、等离子炬管、雾化器三部分组成，见图4.13(a)。高频发生器的作用是产生高频磁场供给等离子体能量。等离子炬管是ICP的主体部分，由三层同轴的石英管组成。最外层通Ar作为冷却气，沿切线方向引入并螺旋上升，其作用是将等离子体吹离外层石英管的内壁，可保护石英管不被烧毁，同时参与放电过程。中层石英管通入辅助气体Ar，用来点燃等离子体。内层石英管以Ar为载气，把经过雾化器的试样溶液以气溶胶形式引入等离子体中。

当高频发生器接通电源后，高频电流I通过感应线圈产生交变磁场。开始时，管内为Ar，不导电，需要用高压电火花触发，使气体电离后，在高频交流电场的作用下，带电粒子高速运动、碰撞，形成"雪崩"式放电，产生等离子体气流。在垂直于磁场方向将产生感应电流（涡电流），其电阻很小，电流很大（数百安），产生高温。又将气体加热、电离，在管口形成稳定的等离子体焰炬(10000K)，如图4.13(b)所示。

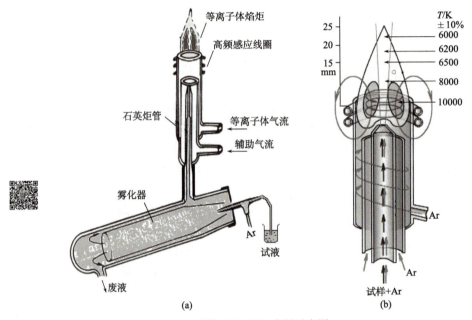

图4.13　ICP光源示意图

等离子体焰炬外观像火焰，但它不是化学燃烧火焰而是气体放电。它分为三个区域：

(1) 焰心区。呈白色，是高频电流形成的涡流区，温度最高达10000K，电子密度也很高。它发射很强的连续光谱，光谱分析应避开这个区域。试样气溶胶在此区域被预热、蒸发，又称预热区。

(2) 内焰区。位于焰心区上方，在感应圈上10～20mm处，为淡蓝色半透明的炬焰，温度为6000～8000K，是待测物原子化、激发、电离和辐射的主要区域，称为测光区。测光时在感应线圈上的高度称为观测高度。

(3) 尾焰区。位于内焰区上方，无色透明，温度低于6000K，只能激发低能级的谱线。

ICP具有以下特点：①工作温度高，且处于惰性气氛条件，原子化条件好，有利于难熔化合物的分解和元素激发，对于大多数元素而言有很高的灵敏度和稳定性；②由于涡电流在外表面处密度大，表面温度高，轴心温度低，中心通道进样对等离子的稳定性影响小，同时可有效消除自吸现象，线性范围宽(4～5个数量级)；③ICP中电子密度大，测定碱金属时电离干扰较小；④采用Ar为工作气体可使背景干扰小；⑤ICP为无电极放电，故无电极污染。

正是因为 ICP 具有这些优点，ICP-AES 具有灵敏度高、检出限低、精密度好、线性范围宽等特点。但是，ICP-AES 对非金属测定灵敏度低，仪器昂贵，维护费用较高。

2. 光谱仪

光谱仪的种类很多，按照光谱记录与测量方法的不同，可分为摄谱仪、光电直读光谱仪和全谱直读光谱仪。

1) 摄谱仪

根据分光元件的不同可分为棱镜摄谱仪与光栅摄谱仪。对棱镜摄谱仪而言，目前主要为石英棱镜摄谱仪。光栅摄谱仪比棱镜摄谱仪有更高的分辨率，且色散率基本与波长无关，更适用于一些含复杂谱线的元素(如稀土元素、铀、钍等试样)的分析。图 4.14 为国产 WSP-1 型平面光栅摄谱仪光路图。由光源发射的光经三透镜照明系统后到狭缝上，再经平面反射镜折向凹面反射镜下方的准直镜上，经反射以平行光束照射到光栅上，经光栅色散后，按波长顺序分开。不同波长的光由凹面反射镜上方的物镜聚焦于感光板上，得到按波长顺序展开的光谱。旋转光栅转台，可同时改变光栅的入射角和衍射角，便可获得所需的波长范围以及变更光谱级数。

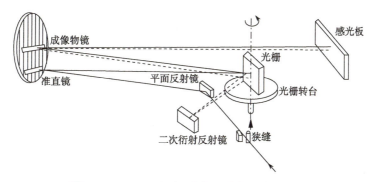

图 4.14　WSP-1 型平面光栅摄谱仪光路示意图

2) 光电直读光谱仪

光电直读光谱仪是利用光电测量方法直接测定光谱线强度的光谱仪。目前由于 ICP 光源的广泛使用，光电直读光谱仪被大规模应用。光电直读光谱仪有单道扫描式和多道固定狭缝式两种基本类型。

在摄谱仪色散系统中，只有入射狭缝而无出射狭缝。而在光电直读光谱仪中，一个出射狭缝和一个光电倍增管构成一个通道(光的通道)，可接收一条谱线。单道扫描式只有一个通道，通过转动光栅进行扫描，在不同时间检测不同谱线。多道固定狭缝式安装多个(可达 70 个)固定的出射狭缝和光电倍增管，可同时接受多种元素的谱线。多道型光电直读光谱仪多采用凹面光栅(图 4.15)，从光源发出的光经透镜聚焦后，在入射狭缝上成像并进入狭缝。进入狭缝的光投射到凹面光栅上，凹面光栅将光色散并聚焦在焦面上，在焦面上安装了一个个出射狭缝，每一狭缝可使一条固定波长的光通过，然后投射到狭缝后的光电倍增管上进行检测。一个样品分析仅用几分钟就可得到待测的几种甚至几十种元素的含量值。

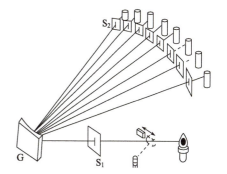

图 4.15　凹面光栅分光系统
S_1. 入射狭缝；G. 光栅；S_2. 出射狭缝

3) 全谱直读光谱仪

全谱直读光谱仪结构紧凑，兼具多道型和扫描型特点，是一种性能优越的光谱仪，通常采用电荷注入式检测器(charge injection detector，CID)，可同时检测 165～800nm 波长范围内出现的全部谱线。具有以下特点：测定每个元素可同时选用多条谱线；可在 1min 内完成 70 个元素的定量测定；可在 1min 内完成对未知样品中多达 70 多种元素的定性；可扣除基体光谱干扰；全自动操作。

4.2.3 光谱定性分析

1. 光谱定性分析的依据和特点

元素的原子结构不同，它们激发时所产生的光谱也各不相同，这是光谱定性分析的依据。然而，有些元素的光谱比较简单，有些则比较复杂。在分析一种元素时，并不要求这种元素的每条谱线都检测到时才认为该元素存在，实际上一般只要检测到灵敏线就认为该元素存在。灵敏线是指各种元素谱线中强度比较大的谱线，通常为元素谱线中最容易激发或激发电位较低的谱线。灵敏线往往是一些共振线。元素的谱线强度随试样中该元素含量的减少而降低，并且在元素含量降低时其中有一部分灵敏度较低、强度较弱的谱线渐次消失，即光谱线的数目减少，最后消失的谱线称为最后线。例如，含 10% Cd 的溶液的光谱中，可以出现 14 条 Cd 谱线；当 Cd 含量为 0.1% 时，出现 10 条；当 Cd 含量为 0.01% 时，出现 7 条；当 Cd 为 0.001% 时，仅出现 1 条(226.5nm)。这最后一条就是 Cd 的最后线。

光谱定性分析是根据灵敏线或最后线来检测元素的，因此这些谱线又被称为分析线。从理论上讲，最后线就是最灵敏线，但实际上最后线不一定是最灵敏线。当元素含量较高，自吸收现象严重时，最后线不是最灵敏线；当元素含量较低，无自吸收现象时，最后线就是最灵敏线。此外，在实际应用中，灵敏线还与光源、感光板、摄谱仪型号等条件有关。因此对分析线的选择还应考虑到具体实验条件。例如，在分析元素 Na 时，用黄色灵敏感光板摄谱时，以灵敏度高的 Na 589.0nm 为主要分析线；当使用石英中型摄谱仪及蓝色灵敏的感光板时，应该选择次灵敏线 Na 330.2nm 为宜。

光谱定性分析中要确定某一元素的存在，必须在该试样的光谱中辨认出其分析线。然而应当注意，在某试样的光谱中没有某种元素的谱线，并不表示在此试样中该元素绝不存在，而仅表示该元素的含量低于检测方法的灵敏度。光谱分析中的灵敏度除了取决于元素的性质外，还与所用的光源、摄谱仪、试样引入分析间隙的方法及其他实验条件等有关。

2. 光谱定性分析方法

1) 标准试样光谱比较法

将试样与已知含待鉴定元素的化合物在相同的条件下并列摄谱，然后将所得光谱进行比较，以确定某些元素是否存在。例如，欲检测某 TiO_2 试样中是否含有 Pb，只需将 TiO_2 试样和已知含有 Pb 的 TiO_2 标准试样并列摄谱于同一感光板上，比较并检查试样光谱中是否有 Pb 的谱线存在，便可确定试样是否含有 Pb。这种方法很简单，但只适用于试样中指定元素的定性鉴定。

2) 铁谱比较法

要测定复杂组分以及进行光谱定性全分析时，上述方法不适用，而需要铁的光谱来比较，将试样和纯铁并列摄谱。铁的光谱谱线较多，在常用的铁光谱范围(210.0～660.0nm)内，约 4600 条谱线，而且每条谱线的波长都已经过精确地测定，因此可用铁谱线作为波长标尺。一般将各个元素的分析线按波长位置标插在铁光谱的相应位置上，制成元素标准光谱图，如

图 4.16 所示。在进行定性分析时，把试样和纯铁并列摄谱所得的谱片和元素标准光谱图比较，使标准图上的铁谱线与所摄谱片上的铁谱线重合，如果试样中未知元素的谱线和标准图中已标明的谱线出现的位置相重合，则该元素就有可能存在。通常可在光谱图中选择 2～3 条待测元素的特征灵敏线或线组进行比较，由此可判断试样中存在的元素。

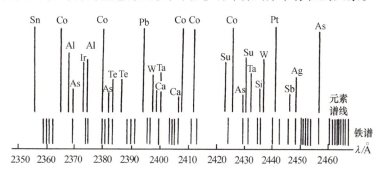

图 4.16　元素标准光谱图

4.2.4　光谱定量分析

1. 光谱定量分析的基本关系式

设 I 为某分析元素分析线的谱线强度，c 为该元素的浓度，实验证明，在大多数情况下 I 和 c 的关系为

$$I = ac^b \tag{4.24}$$

式(4.24)可以根据式(4.21)理解。在一定条件下，式(4.21)中除 n_0 外均为常数，而 n_0 正比于 c，所以 I 正比于 c；当考虑谱线自吸现象时，I 正比于 c^b，其中 b 为自吸系数，随浓度 c 增加而减小，当浓度很小而无法自吸时，$b = 1$。

对式(4.24)两边取对数可得

$$\lg I = b \lg c + \lg a \tag{4.25}$$

这就是光谱定量分析的数学表达式。在一定条件下，a、b 可看作常数，以 $\lg I$ 对 $\lg c$ 作图，所得曲线在一定浓度范围内为一直线，如图 4.17 所示。由于 a 值受试样组成、形态及放电条件等影响，在实验中很难保持不变，这将直接影响到 I，因此通常不采用谱线的绝对强度进行光谱定量分析，而是采用内标法，以消除工作条件的变化对测定的影响。

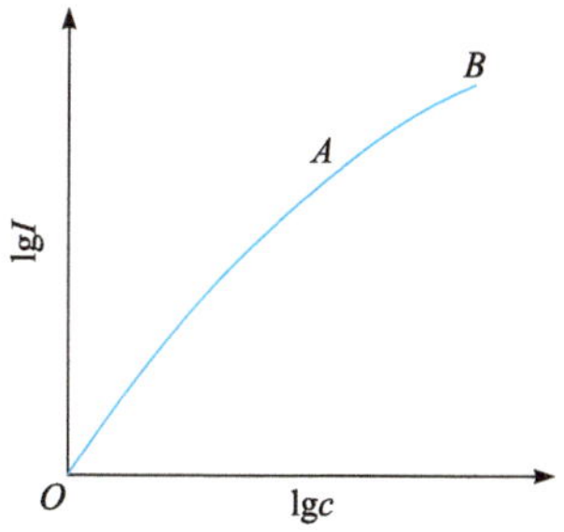

2. 内标法

内标法是通过测量谱线相对强度来进行定量分析的方法。在分析元素的谱线中选择一条谱线，称为分析线；再在基体元素或定量加入的其他元素(也称为内标元素)的谱线中选择一条谱线，作为内标线。这两条谱线组成分析线对。分析线与内标线的绝对强度的比值称为相对强度。根据分析线对的相对强度与被分析元素含量的关系进行定量分析。这种方法可在很大程度上消除光源放电不稳定等因素带来的影响，尽管光源变化对分析线的绝对强度有较大影响，但对分析线和内标线的影响基本一样，因此对其相对强度的影响不大。

图 4.17　谱线强度与含量的关系

设分析元素和内标元素含量分别 c_1 和 c_2，分析线和内标线强度分别为 I_1 和 I_2，它们的自吸系数分别为 b_1 和 b_2，则由式(4.24)可得

$$I_1 = a_1 c_1^{b_1}$$
$$I_2 = a_2 c_2^{b_2}$$

当内标元素的含量一定时，c_2 为常数；又当内标线无自吸时，$b_2=1$。此时，内标线强度 I_2 也为常数。若用 R 表示分析线对的强度比，则

$$\lg R = \lg \frac{I_1}{I_2} = b_1 \lg c_1 + \lg a$$

这就是内标法进行定量分析的基本关系式，若略去 b_1、c_1 的下标不写，则

$$\lg R = \lg \frac{I_1}{I_2} = b \lg c + \lg a \tag{4.26}$$

以 $\lg R$ 对 $\lg c$ 作图即可得到相应的工作曲线，只要测出谱线的相对强度 R，便可从相应的工作曲线中求得试样中欲测元素的含量。

采用内标法进行定量测定，其关键之一在于选择合适的内标元素和内标线。通常需注意以下几点：

(1) 内标元素可以选择基体元素，或另外加入，含量固定。
(2) 内标元素与待测元素具有相近的蒸发特性。
(3) 分析线对应匹配，同为原子线或离子线，且激发电位相近（谱线靠近）。
(4) 强度相差不大，无相邻谱线干扰，无自吸或自吸小。

3. 标准加入法

当测定低含量元素时，或者缺少合适的内标元素时，可采用标准加入法进行定量测定。取若干份体积相同的试液 (c_x)，依次按比例加入不同量的待测物的标准溶液 (c_0)，浓度依次为 c_x，$c_x + c_0$，$c_x + 2c_0$，$c_x + 3c_0$，$c_x + 4c_0$…，然后在同一实验条件下测量试样与不同加入量样品分析线对的强度比 R，得到 R_x、R_1、R_2、R_3、R_4…，再以 R 对浓度 c 作图得一直线，将直线外推，与横坐标相交截距的绝对值即为试样中待测元素含量 c_x。

思考题 4.5 简述原子发射光谱产生的原理。
思考题 4.6 什么是谱线的自吸和自蚀？
思考题 4.7 什么是灵敏线、最后线和分析线？
思考题 4.8 什么是内标法？内标法的优点有哪些？

4.3 原子荧光光谱分析法

原子荧光光谱法 (atomic fluorescence spectrometry，AFS) 是以原子在辐射能激发下所发射的荧光强度进行定量的分析方法。早在 1859 年，Kirchhoff 在研究太阳光谱时就开始了原子荧光理论的研究。1964 年，Winefordner 推导出有关原子荧光光谱分析的基本方程式，并发表了原子荧光法测定 Zn、Cd、Hg 的论文。从此，原子荧光光谱法迅速发展起来。原子荧光光谱法是在原子发射光谱法和原子吸收光谱法的基础上发展起来的。从理论上来说，原子荧光光谱法不仅具有原子发射光谱法和原子吸收光谱法的优点，同时克服了两者的不足。该方法具有灵敏度高、检出限低、谱线简单、选择性好、线性范围宽、可同时测定多种元素等特点，已在冶金、生物医学、环境保护等领域得到广泛的应用。

4.3.1 原子荧光光谱法的基本原理

1. 原子荧光光谱的产生

气态自由原子吸收外部光源一定频率的辐射能量后，原子的外层电子跃迁到激发态，在极短的时间(约 10^{-8}s)内即会自发释放能量返回基态，若以辐射形式释放能量，则所发射的特征光谱就是原子荧光光谱。由此可见，原子荧光的产生既有原子吸收过程，又有原子发射过程，是二者的综合结果，属光致发光(又称二次发光)。当激发光源停止照射后，发射过程立即停止。

2. 原子荧光光谱的类型

原子荧光光谱可分为四类：共振荧光、非共振荧光、敏化荧光和多光子荧光。

1) 共振荧光

共振荧光是指激发波长与发射波长相同的荧光。由于相应于原子的激发态和基态之间的共振跃迁的概率一般比其他跃迁的概率大，因此共振跃迁产生的谱线是对分析最有用的荧光谱线。若原子受激发处于亚稳态，吸收辐射后进一步被激发，然后发射相同波长的共振荧光，此种原子荧光称为热助共振荧光或激发态共振荧光。

2) 非共振荧光

激发波长与发射波长不相同的荧光称为非共振荧光，包括斯托克斯(Stokes)和反斯托克斯(anti-Stokes)荧光两类。对于斯托克斯荧光而言，其发射的荧光波长比激发波长长；对于反斯托克斯荧光而言，其发射的荧光波长比激发波长短。根据产生的机理不同，斯托克斯荧光又可分直跃线荧光和阶跃线荧光(图 4.18)。

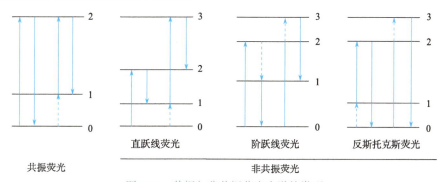

图 4.18　共振与非共振荧光光谱的类型

(1) 直跃线荧光。激发态原子跃迁回到高于基态的亚稳态时所发射的荧光称为直跃线荧光。由于荧光能级间隔小于激发线的能级间隔，因此荧光的波长大于激发线的波长。例如，铅原子吸收 283.13nm 的谱线后被激发，发射 407.78nm 的荧光线；铊原子吸收 337.6nm 的谱线后被激发，发射 337.6nm 的共振荧光线和 535.0nm 的直跃线荧光。一个原子的基态和直跃线荧光跃迁的低能级之间的能量差别越小，直跃线荧光中的共振荧光强度就越大。

(2) 阶跃线荧光。当激发谱线与发射谱线的高能级不同时所产生的荧光称为阶跃线荧光。通常包括正常阶跃线荧光和热助阶跃线荧光。前者是指被光照激发的原子以非辐射形式从激发返回到较低能级，再以辐射形式返回基态而发射的荧光。例如，钠原子吸收 330.30nm 谱线后被激发，然后发射出 589.00nm 的荧光谱线，即属于正常阶跃线荧光。后者是指被光致激发的原子跃迁至中间能级，又发生热激发至高能级，然后返回至低能级发射的荧光。只有在两个或两个以上的能级能量相差很小，足以由于吸收热能而产生由低能级向高能级跃迁时，才能发生热助阶跃线荧光。

(3) 反斯托克斯荧光。当原子从基态跃迁至激发态，其获得的能量一部分是由光源激发能提供，另一部分由热能提供，然后返回低能级所发射的荧光为反斯托克斯荧光。其荧光能大于激发能，故荧光波长小于激发线波长。例如，铟有一较低的亚稳能级，吸收热能后处在这一能级上的原子可吸收 451.13nm 的辐射而被进一步激发，再跃回基态后发射 410.18nm 的荧光。

3) 敏化荧光

敏化荧光是指受光激发的原子(给予体)通过碰撞将激发能传递给另一种原子(接受体)并使其激发，后者再以辐射形式去激发跃迁回基态或低能态而发射出的荧光。例如，铊和高浓度的汞蒸气相混合，用 253.65nm 汞线激发，可观察到铊原子 377.57nm 和 535.05nm 的敏化荧光。产生敏化荧光的条件是给予体的浓度很高，在某些非火焰原子化器中能观察到敏化荧光。而在火焰原子化器中由于通常原子浓度较低，故而难以观察到原子敏化荧光。

4) 多光子荧光

多光子荧光是指原子吸收两个(或两个以上)相同光子的能量跃迁到激发态，随后以辐射跃迁形式直接跃迁到基态所产生的荧光。因此，对双光子荧光来说，其荧光波长为激发波长的二分之一。

3. 原子荧光强度及影响因素

对共振荧光而言，当用一定频率的辐射照射原子蒸气时，其发射的荧光强度 I_f 正比于吸收强度 I_a，即

$$I_f = \Phi I_a \tag{4.27}$$

式中，Φ 为荧光量子效率，表示发射荧光光量子数(Φ_f)与吸收激发光量子数(Φ_a)之比，即

$$\Phi = \frac{\Phi_f}{\Phi_a} \tag{4.28}$$

理想情况下，如果激发光源是稳定的，入射光是平行均匀的光束，自吸效应可忽略，则

$$I_f = \Phi I_0 A K_\nu l N \tag{4.29}$$

式中，I_0 为原子化器内单位面积接受的光源强度；A 为受光源照射在检测器系统中观察到的有效面积；l 为吸收光程；K_ν 为峰值吸收系数；N 为单位体积内的基态原子数。

当仪器与操作条件一定时，除 N 外，其他为常数，而 N 与试样中被测元素浓度 c 成正比，因此

$$I_f = Kc \tag{4.30}$$

式(4.30)即为原子荧光光谱法定量分析的基础。

实际上，除 N 以外，影响荧光光谱强度的主要因素还包括：

(1) 激发光源强度 I_0。从式(4.29)可知原子荧光强度与激发光源强度成正比，提高激发光源的强度，即可增加原子荧光强度。但是，由于受到荧光饱和效应的限制而影响这一正比关系。荧光饱和效应是指当激发辐射强度增加到一定程度时，原子荧光强度不再随光源强度的增加而增加的效应。当光源强度增加到使处于激发态的原子数与基态原子数基本相当时，达到了跃迁的动态平衡。此时基态原子对光源辐射将达到饱和吸收状态。当进一步增加激发光源强度，原子荧光强度则基本保持不变。因此，不能通过无限制增加激发光源的强度来改善检出限。但是在荧光饱和情况下，由于荧光信号与光源强度无关，可以减少或消除光源不稳定对原子荧光信号的影响，并有利于次级荧光与分析物浓度间的线性的改进。

(2)荧光量子效率Φ与荧光猝灭。由式(4.28)可知,当荧光量子效率Φ为1时,原子荧光强度最大。实际上,由于受光激发的原子可能发射共振荧光,也可能发射非共振荧光,还可能无辐射跃迁至低能级,因此荧光量子效率一般小于1。并且,激发态原子还可与其他粒子碰撞,以热能或其他形式释放能量后,再以无辐射跃迁返回低能级,这种现象称为荧光猝灭。荧光猝灭会使荧光量子效率降低,荧光强度减弱。当荧光猝灭现象严重时,可导致荧光熄灭。

4.3.2 原子荧光光谱仪

原子荧光光谱仪分为非色散型和色散型两类。这两类仪器的结构基本相似,均包括激发光源、原子化器、光学系统和检测系统,主要区别在于单色器不同。色散型较非色散型多了一个单色仪,而非色散型仪器在检测器前加了一个光学滤光片。由于结构简单,非色散型原子荧光光谱仪使用较为广泛。

原子荧光光谱仪(图 4.19)与原子吸收光谱仪在很多组件上是相同的,如原子化器有火焰和石墨炉等,检测器为光电倍增管等。这里主要讨论原子荧光光谱仪与原子吸收光谱仪不同之处。

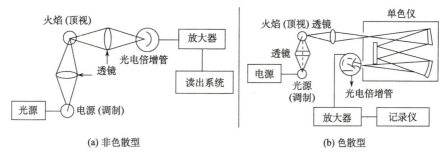

图 4.19 原子荧光光谱仪示意图

1. 激发光源

激发光源是原子荧光光谱仪的主要组成部分。一个理想的光源应当具备以下特征:发射强度高,无自吸;稳定性好,噪声小;发射的谱线窄且纯度高;适用于各种元素分析,即有各种元素的同类型的灯;价格合适且使用寿命长。常用的激发光源有高强度空心阴极灯、无极放电灯、等离子体光源和激光等。

(1)高强度空心阴极灯。高强度空心阴极灯的特点是在普通空心阴极灯中加上一对辅助电极。辅助电极的作用是产生第二次放电,从而明显提高金属元素的共振线强度(对其他谱线的强度增加不大)。

(2)无极放电灯。无极放电灯比高强度空心阴极灯的亮度高,自吸小,寿命长。特别适用于在短波区内有共振线的易挥发元素的测定。

(3)等离子体光源。电感耦合等离子体光源强度高、稳定、谱线宽度窄,几乎没有自吸,对很多待测元素选用灵敏的原子线和离子线有很大的灵活性。但是其检出限要比空心阴极灯作为光源的原子荧光光谱仪差。

(4)激光。激光作为原子荧光光谱仪的光源可实现饱和激发,并降低仪器的检出限,扩大仪器的动态测量范围,其校正曲线动态线性范围甚至可达5~7个量级。

2. 光路

在原子荧光中,为了检测荧光信号,避免待测元素本身发射的谱线,要求光源、原子化器和检测器三者处于直角状态。而原子吸收光度计中,这三者是处于一条直线上。原子荧光光谱仪一般还配置氢化物(冷原子)发生器。

4.3.3 原子荧光光谱定量分析

1. 定量分析方法

根据式(4.30)可知,当仪器和实验条件一定时,原子荧光光谱强度与浓度成正比,因此可以采用标准工作曲线法进行定量。配制一系列含不同浓度的待测元素的标准溶液,在与试样测定完全相同的条件下,测定原子荧光强度,绘制浓度与原子荧光强度关系的校正曲线。由测定试样的原子荧光强度值,从校正曲线求取试样中待测元素的含量。

2. 干扰及消除

原子荧光的主要干扰是猝灭效应,可以通过减少溶液中其他干扰离子的浓度来避免。

由于原子荧光光谱仪的光源强度比荧光强度高几个数量级,散射光会产生较大的正干扰。可以通过减少散射微粒降低散射干扰。通常可采用预混火焰、增高火焰观测高度和火焰温度,或使用高挥发性的溶剂等减少散射微粒,也可采用扣除散射光背景的方法消除散射干扰。

其他干扰因素如光谱干扰、化学干扰、物理干扰等与原子吸收光谱法相似。

思考题 4.9 原子荧光光谱是如何产生的?
思考题 4.10 原子荧光光谱的特点有哪些?
思考题 4.11 什么是荧光饱和效应?
思考题 4.12 什么是荧光猝灭?

小 结

习 题

4.1 在原子吸收光谱中,影响吸收线宽度的因素有哪些?
4.2 原子吸收光谱仪由哪些部分组成?
4.3 解释原子吸收光谱分析中使用锐线光源的原因。
4.4 简述空心阴极灯的工作原理。
4.5 原子化器的作用是什么?
4.6 简述火焰原子化器的组成以及各部分的作用。
4.7 石墨炉原子化器有哪些工作步骤?
4.8 为什么石墨炉原子化法的灵敏度通常高于火焰原子化法?
4.9 冷原子化法主要应用于什么元素的测量?其原理是什么?
4.10 如何减小或消除原子吸收光谱法的干扰?
4.11 什么是灵敏度和检出限?
4.12 为什么选择元素的共振线作为分析线?
4.13 什么是激发电位和电离电位?
4.14 在原子发射光谱分析中有哪些因素对谱线强度有影响?
4.15 简述原子发射光谱仪的组成及各部分的作用。
4.16 ICP 光源由哪几部分组成?
4.17 简述 ICP 的特点。

4.18 原子发射光谱仪有哪些种类?
4.19 原子发射光谱定性分析的依据是什么?
4.20 共振线、灵敏线、最后线、分析线之间有什么联系?
4.21 在原子发射光谱中,选择内标元素和内标线的原则是什么?
4.22 原子荧光光谱有哪些类型?
4.23 荧光光谱仪分为色散型和非色散型两类,这两者有什么区别?
4.24 激发光源是原子荧光光谱仪的主要组成部分。一个理想的光源应当具备哪些特征?
4.25 原子荧光的主要干扰是什么?如何避免?
4.26 原子荧光光谱中定量分析方法是什么?
4.27 简述原子荧光光谱、原子吸收光谱和原子发射光谱三者之间的区别。
4.28 原子光谱在生命分析领域的应用越来越广泛,在单细胞元素分析方面,相关研究工作主要关注元素在单细胞中的分布和形态变化;在元素标记策略分析领域,主要利用原子光谱或原子质谱对小分子、核酸、蛋白质等目标分析物的高灵敏检测是研究热点。查阅原子光谱在细胞元素分析中的应用方面的相关科学文献,并将结果写成报告。
4.29 在含有金属的药物分析领域,原子光谱或原子质谱为研究相关金属药物(如顺铂类抗癌药物)在动物体内的摄入、分布、代谢和排泄等过程提供了强有力的工具,也为进一步阐明药物作用机理以及金属药物的设计和改进提供了数据支持。查阅、参考相关科学文献,设计实验:使用原子光谱测试并计算顺铂类抗癌药物在小鼠体内的血液循环时间和代谢动力学。
4.30 在实际检测中所面对的实际样品(土壤样品、材料样品、生物组织等)大多比较复杂,单一原子光谱技术通常因基质干扰等问题而受到限制,将两个或多个技术联用有可能拓展原有技术的应用范围,并显著提高其准确性、选择性和灵敏度。查阅相关科学文献,了解其原理与应用,并与同学分享你的结果。
4.31 同步辐射光源是一种新型 X 射线荧光光谱的光源,它利用同步辐射加速器储存环中高速运转电子激发分析元素。同步辐射光源激发的 X 射线荧光是一种能量(波长)连续可调、相对灵敏度高、绝对检出限低的新型检测手段,可实现对痕量金属蛋白的检测。查阅相关科学文献,了解其原理及其在生物样品中的应用,并与同学分享你的结果。

著名化学家本生对分析化学的贡献

罗伯特·威廉·本生
(Robert Wilhelm Bunsen)

仿真动画——原子吸收光谱

原子吸收光谱　　原子吸收仪器结构　　雾化室结构与过程

雾化过程示意　　石墨炉原子化器　　空心阴极灯原理　　空心阴极灯结构

第 5 章 分子光谱分析法

内容提要

本章重点讲述吸光光度分析法、紫外光谱分析法、红外光谱分析法和分子发光分析法的基本原理及其在分析检测中的应用。

根据分析原理,光谱分析可分为发射光谱分析与吸收光谱分析;根据被分析物的形态,可分为原子光谱分析与分子光谱分析,即被测物是原子的称为原子光谱,被测物是分子的则称为分子光谱。原子光谱是原子的外层电子在原子内能级间跃迁产生的,谱线间隔较大,是线状光谱。分子光谱是分子中的价电子在分子轨道间跃迁产生的,分布与原子光谱不同,许多谱线形成一段一段的密集区域而成为连续带状,所以分子光谱的特征是带状光谱,波长分布范围很广,可出现在远红外区、近红外区、可见区和紫外区。

在分子中,除了电子相对于原子核的运动之外,还有原子核的相对运动、分子作为整体围绕其重心的转动、分子的平动,以及原子之间的相对振动和分子中基团间的内旋转运动。因此,在分子中的运动能包括电子运动能 E_e、原子的核能 E_n、分子转动能 E_r、分子平动能 E_t、原子间的相对振动能 E_v 和基团间的内旋转能 E_i 等。当不考虑各种运动之间的相互作用时,可近似地认为分子的总能量为

$$E = E_e + E_n + E_r + E_t + E_v + E_i$$

由于在一般化学实验条件下,E_n 不发生变化,E_t 和 E_i 比较小,因此一般只需考虑电子运动能量、振动能量和转动能量

$$E \approx E_e + E_v + E_r$$

而这三种能量又都是量子化的,对应有一定的能级。

图 5.1 是双原子分子的能级示意图。图中 A 和 B 表示不同能量的电子运动能级(简称电子能级),A 是电子能级的基态,B 是电子能级的最低激发态。在同一电子能级内,分子的能量还因振动能量的不同而分成若干支级,称为振动能级。当分子处于某一电子能级中某一振动能级时,分子的能量还会因转动能量的不同再分为若干分级,称为转动能级。显然,电子能级的能量差 ΔE_e、振动能级的能量差 ΔE_v 和转动能级的能量差 ΔE_r 间相对大小关系为

$$\Delta E_e > \Delta E_v > \Delta E_r$$

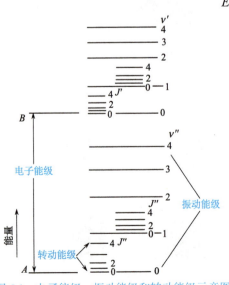

图 5.1 电子能级、振动能级和转动能级示意图

当分子状态一定时，分子的总能量就是分子所处的电子能级、振动能级和转动能级的能量之和。

当用频率为ν的电磁波照射分子，且该分子的较高能级与较低能级之差ΔE与电磁波的能量hν相等时，微观上表现为分子由较低的能级跃迁到较高的能级，宏观上则表现为透射光强度的变小。

若用一连续波长的电磁波照射分子，将照射前后光强度的变化转变为光信号进行记录，即可得到光强度随波长变化的曲线，此曲线亦称为分子吸收光谱。

分子的转动能级能量差一般在 0.005～0.05eV，产生此能级的跃迁需吸收波长为 250～25μm 的远红外光，这种吸收光谱称为转动光谱或远红外光谱。

分子的振动能级能量差一般为 0.05～1eV，需吸收波长为 25～1.25μm 的红外光才能产生跃迁。在分子振动时，同时伴随分子的转动运动。因此，分子振动产生的吸收光谱中必然包含了转动光谱，常称为振-转光谱。振-转光谱是一系列波长间隔很小的谱线，加上谱线变宽和仪器分辨率低的原因，观察到的是一个谱峰，或称吸收带。因此它是带状光谱，每一不同的吸收带对应于不同的振动跃迁。由于它所吸收的能量处于红外光区，因此常称为红外光谱。

分子的电子能级能量差为 1～20eV，比分子振动能级差要大几十倍，所吸收光的波长为 1.25～0.06μm，主要在真空紫外到可见光区，相应形成的吸收光谱称为电子光谱或紫外-可见光谱。通常分子是处在电子能级基态的振动能级上，当用紫外(10～400nm)、可见光(400～760nm)照射分子时，价电子可以从基态跃迁至激发态的任一振动(或不同的转动)能级上。因此，电子能级跃迁产生的吸收光谱包含了大量谱线，这些谱线相互重叠而成为吸收带。而且，分子光谱分析大多采用液体样品，存在溶剂化效应，加之跃迁的分辨率有限，记录的电子光谱存在谱带展宽，因此吸收光谱呈现宽的带状，如苯的紫外吸收光谱(图 5.2)。

紫外-可见光谱和红外光谱主要记录的是光与分子相互作用时分子对光的吸收过程。分子吸收能量后从基态跃迁到激发态，激发态的分子又是不稳定的，会通过辐射跃迁或无辐射跃迁的方式回到基态，辐射跃迁过程伴随着发光现象，称为分子发光。按照激发方式的不同，分子发光又可以分为光致发光(如荧光和磷光)、化学发光和生物发光。本章中依次对吸光光度分析法、紫外光谱分析法、红外光谱分析法和分子发光分析法进行介绍，其中吸光光度分析法侧重于定量分析，而紫外光谱法和红外光谱法则侧重于定性和结构分析。

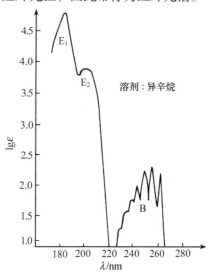

图 5.2 苯的紫外吸收光谱

5.1 吸光光度分析法

理论上讲，具有同一波长的光称为单色光，由不同波长组成的光称为复合光。波长在200～400nm 范围的光称为近紫外光。人眼能感觉到的光称为可见光，由红、橙、黄、绿、青、蓝、紫等各种色光按一定比例混合而成，其波长范围为 400～760nm。若两种单色光按一定比例混合可得到白光,则称它们为互补色光。物质的颜色是由于它们对不同波长的光具有选择性吸收而产生的。表 5.1 列出了物质颜色和吸收光波长的关系。

表 5.1 物质颜色和吸收光波长的关系

物质颜色	吸收光		物质颜色	吸收光	
	颜色	λ/nm		颜色	λ/nm
黄绿	紫	400~450	紫	黄绿	560~580
黄	蓝	450~480	蓝	黄	580~600
橙	绿蓝	480~490	绿蓝	橙	600~650
红	蓝绿	490~500	蓝绿	红	650~750
紫红	绿	500~560			

5.1.1 光吸收的基本定律

1. 朗伯-比尔定律

物质对光吸收的定量关系研究历史悠久。1729 年,布格(Bouguer)建立了吸光度与吸收介质厚度之间的关系。1760 年,朗伯(Lambert)用更准确的数学方法表达了这一关系。1852 年,比尔(Beer)确定了吸光度与溶液浓度及液层厚度之间的关系,建立了光吸收的基本定律,习惯上称这一定律为朗伯-比尔定律。

1) Lambert-Beer 定律的推导

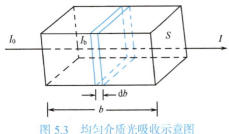

图 5.3 均匀介质光吸收示意图

设有一束强度为 I_0 的平行单色光束垂直通过厚度为 b 的均匀介质(图 5.3),一部分光被介质中的吸光分子吸收,另一部分光透过介质后强度降低为 I。若将介质分成厚度为 db、截面积为 S 的相等薄层,各薄层的体积 dV 为 Sdb。薄层内的吸光质点数为 dn,该薄层上入射光强度为 I_b,光通过薄层的强度减弱 dI,则 dI 与 dn 成正比,与 I_b 也是成正比的,所以

$$-dI = k'I_b dn \tag{5.1}$$

式中,负号表示光强度减小;k' 为比例系数。

若吸光物质浓度为 c,则图 5.3 的薄层中吸光质点数 dn 由下式计算

$$dn = k''cdV = k''cSdb \tag{5.2}$$

式中,k'' 为常数,与所取浓度、面积和长度的单位有关。对于一定的仪器,式中截面积 S 为定值。式(5.2)代入式(5.1),常数项合并即得

$$-dI = kI_b cdb \tag{5.3}$$

对式(5.3)积分

$$\int_{I_0}^{I} -dI = -\int_{0}^{b} kI_b cdb$$

$$\int_{I_0}^{I} \frac{dI}{I_b} = \int_{0}^{b} kcdb$$

$$\ln \frac{I_0}{I} = kbc$$

$$\lg \frac{I_0}{I} = \frac{k}{2.303} bc = kbc \tag{5.4}$$

按吸光度 A 的定义

$$A = \lg \frac{1}{T} = \lg \frac{I_0}{I}$$

式中，T 为吸光介质的透光率。因此

$$A = kbc \tag{5.5}$$

这个关系式就是光吸收定律(Lambert-Beer 定律)的数学表达式。A 的物理意义是物质吸收单色入射光的程度。如果物质不吸收单色入射光，则 $I = I_0$，$A = \lg(I_0/I) = 0$；如果物质把单色入射光全部吸收，则 $I = 0$，$A = \infty$。在一般情况下，$I < I_0$。

k 为吸收系数，表示物质分子对某波长单色光的吸收能力，与吸光物质的性质、入射光波长及温度等因素有关。k 值随 b 和 c 单位的不同而不同。

2) 摩尔吸收系数

当 c 的单位为 $mol \cdot L^{-1}$、b 的单位为 cm 时，式(5.5)中的吸收系数 k 用 ε 表示，称为摩尔吸收系数，其单位为 $L \cdot mol^{-1} \cdot cm^{-1}$。这样光吸收基本定律就是

$$A = \varepsilon bc \tag{5.6}$$

式中，ε 表示吸光物质的浓度为 $1 mol \cdot L^{-1}$，介质厚度为 1cm 时物质对指定频率光的吸收能力。ε 值越大，表示吸光物质对某波长光的吸收能力越强，则吸光光度法定量测定的灵敏度就高。因此，ε 是吸光物质特性的重要参数，也是衡量吸光光度法分析灵敏度的重要指标。

ε 值也与吸光光度计有关。但是对某一特定的物质，在某固定条件下测量时，ε 值主要与入射单色光的波长有关，它是入射光波长的函数，即 $\varepsilon = f(\lambda)$。

在吸光光度分析的实际工作中，不能直接取 $1 mol \cdot L^{-1}$ 这样高的浓度测定摩尔吸收系数 ε 值，而是在适宜的低浓度下测量吸光度 A，然后通过计算求出 ε 值。

【例 5.1】 已知含 Cd^{2+} 浓度为 $140 \mu g \cdot L^{-1}$ 的溶液，加入双硫腙试剂使其全部生成可吸收可见光的有色配合物。现液层厚度为 2cm，用 $\lambda = 520$nm 的单色光测得其吸光度值为 0.22。试计算摩尔吸收系数 ε 值。

解 Cd 的相对原子质量为 112.4，则

$$c = 140 \times 10^{-6}/112.4 = 1.25 \times 10^{-6} (mol \cdot L^{-1})$$

$$A = \varepsilon bc = 0.22$$

$$\varepsilon = A/(bc) = 0.22/(2 \times 1.25 \times 10^{-6}) = 8.8 \times 10^4 (L \cdot mol^{-1} \cdot cm^{-1})$$

应该指出，上述测定的摩尔吸收系数是把被测组分看作完全转变为有色配合物而计算的。实际上，溶液中配合物的浓度常因离解、缔合等化学平衡而有所改变，故在计算其摩尔吸收系数时，必须知道有色配合物的真实浓度。但在实际工作中通常不考虑这种情况，因此实际测得的是表观摩尔吸收系数。

由于摩尔吸收系数 ε 值与吸收波长有关，也与仪器的测量精度有关，在书写时应标明波长并注意有效数字。例如，上述 Cd-双硫腙有色配合物的 ε 值记为 $\varepsilon_{520} = 8.8 \times 10^4 L \cdot mol^{-1} \cdot cm^{-1}$。

就定量分析而言，通常认为 $\varepsilon > 10^4$ 是灵敏的，而 $\varepsilon < 10^3$ 则是不灵敏的，$\varepsilon > 10^5$ 为高灵敏度。

3)吸收曲线

若在不同波长下测定某有色物质溶液对光的吸收程度,以波长为横坐标、吸光度为纵坐标作图,得到的曲线称为吸收光谱(absorption spectrum)曲线或光吸收曲线,它能更直观地描述物质对光的选择性吸收情况,吸光度最大处对应的波长称为最大吸收波长,用λ_{max}表示。图 5.4 是高锰酸钾溶液的吸收光谱(从下到上浓度逐渐增大),其$\lambda_{max} = 525nm$。由图可知,浓度不同时,虽然吸光度大小不同,但光谱吸收曲线形状相同,λ_{max}不变。

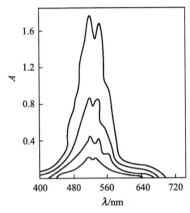

图 5.4　高锰酸钾溶液的吸收光谱

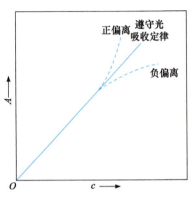

图 5.5　吸光光度分析中校正曲线

2. 偏离光吸收定律的因素

根据光吸收定律的基本关系式,当吸收介质厚度b和入射光波长保持不变时,随着吸光物质浓度的变化,吸光度值应作线性变化。以吸光度对浓度作图,应得到一条通过原点的直线。但在实际工作中,常遇到偏离线性关系的现象,即曲线向下或向上发生弯曲,产生负偏离或正偏离,如图 5.5 所示。

吸光度与浓度的关系曲线在实验中能否保持一条直线,主要取决于两个方面:①吸收定律赖以成立的基本条件在实验中能否得到满足;②影响吸光度测量的因素能否得到很好的控制。从性质上看,引起偏离光吸收定律的因素可分为物理因素和化学因素两大类。

1)物理因素

(1)单色光不纯引起偏离。前面已指出物质分子只能吸收特定频率的单色光,但在紫外-可见分光光度计中使用的是连续光源,用单色器分光,用狭缝控制辐射出的光谱带有一定的频率宽度,因而不可能分离出纯粹的单色光,而且为保证足够的光强,狭缝也不可能无限的小。所以实际测定所用的入射光不可能是绝对单色的,而是具有一定频率范围的谱带。这种非单色性使吸收光谱的分辨率下降,导致对光吸收定律的偏离。这一点可作如下证明。

假定总强度为I_0的入射光束包含有λ_1和λ_2两种波长的光,它们在光束总强度中所占比例分别为f_1和f_2,即$I_{01} = f_1 I_0$,$I_{02} = f_2 I_0$,透过光的强度为

$$I = I_1 + I_2$$

根据光吸收定律

$$I = I_{01} 10^{-k_1 bc} + I_{02} 10^{-k_2 bc} = I_0 (f_1 10^{-k_1 bc} + f_2 10^{-k_2 bc})$$

即

$$A = -\lg \frac{I}{I_0} = -\lg(f_1 10^{-k_1 bc} + f_2 10^{-k_2 bc})$$

将此式对 c 微分可得

$$\frac{dA}{dc} = \frac{f_1 k_1 b 10^{-k_1 bc} + f_2 k_2 b 10^{-k_2 bc}}{f_1 10^{-k_1 bc} + f_2 10^{-k_2 bc}} \tag{5.7}$$

若在此范围内吸收系数相等,$k_1 = k_2 = k$,则式(5.7)变为

$$\frac{dA}{dc} = kb$$

由于 kb 是常数,将上式积分可得

$$A = kbc$$

说明仍然遵守光吸收定律。如果 $k_1 \neq k_2$,吸光度对浓度的变化率不是一个常数,就出现对光吸收定律的偏离。将式(5.7)对 c 再微分一次,得

$$\frac{d^2 A}{dc^2} = -\frac{2.303 f_1 f_2 b^2 (k_1 - k_2)^2 10^{-(k_1+k_2)bc}}{(f_1 10^{-k_1 bc} + f_2 10^{-k_2 bc})^2}$$

此式右端恒小于零,故在浓度增大时 A-c 曲线弯向浓度轴,导致负偏离,而且 k_1 与 k_2 相差越大,弯曲越严重。选用的波长范围越窄,即单色光越纯,k_1 与 k_2 相差越小,曲线的弯曲程度也越小或趋于零。

(2)非平行光或入射光被散射引起的偏离。入射光不是垂直于吸收池(盛放吸收介质的器皿)的光学平面,即入射光束与光轴不平行时,入射光束在吸收池内实际通过的有效光程大于吸收池的几何长度,这种非平行光的影响在入射光束与光轴的夹角为 5°时,引起吸光度的最大偏差约为 0.2%。

散射对吸光度测量也有影响,特别是在短波区。散射光是沿各个方向传播的,其后果是检测器接受的光强减小,导致吸光度偏大。

2)化学因素

在建立光吸收定律时利用了 $c = n/V$ 这一关系,其意义是将宏观浓度 c 与微观吸光粒子数 n 看成是等效的,这意味着被测物质都是以对特定频率辐射吸收有效的形态存在。事实上,由于吸光物质的离解、缔合、与溶剂反应、互变异构、光化分解等化学作用,被测物质并不都是以对特定频率辐射吸收有效的形态存在。例如,重铬酸钾的水溶液中存在下列平衡

$$Cr_2O_7^{2-} + H_2O \rightleftharpoons 2HCrO_4^- \rightleftharpoons 2H^+ + 2CrO_4^{2-}$$
橙色   黄色

$Cr_2O_7^{2-}$ 与 CrO_4^{2-} 两种离子具有不同的吸收光谱,前者的峰值吸收出现在 $\lambda = 350$nm 和 450nm 处,后者的峰值吸收出现在 $\lambda = 375$nm 处。随着溶液酸度的变化,$Cr_2O_7^{2-}$ 与 CrO_4^{2-} 的浓度比不同,溶液对特定频率辐射的吸收值将发生变化,从而引起偏离光吸收定律。溶剂的性质也影响吸光物质存在的形式,如碘在四氯化碳中呈紫色,而在乙醇中呈棕色。

5.1.2 无机化合物的吸收光谱

在紫外-可见光区范围内,有机化合物的吸收谱带主要是由分子中价电子的能级跃迁和电荷迁移跃迁产生;无机化合物的吸收谱带主要是由电荷迁移跃迁和配位体场中的 d-d 或 f-f 跃迁产生。对有机化合物的研究注重结构分析(见 5.2),对无机配合物的研究则注重定量分析,

因此本小节着重介绍与无机化合物吸收光谱产生紧密相关的电荷跃迁类型。

1. 电荷迁移跃迁

电荷迁移跃迁是指用光照射化合物时，电子从给予体向与接受体相关的轨道上跃迁，如图 5.6 所示。因此，电荷迁移跃迁实质上是一个内氧化还原的过程，而相应的吸收光谱称为电荷迁移吸收光谱。

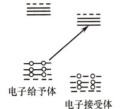

图 5.6　电荷迁移跃迁示意图

若用 M 和 L 分别表示无机配合物的中心离子和配位体，当一个电子由配体的轨道跃迁到与中心离子相关的轨道上时，可用下式表示电荷迁移跃迁的过程

$$M^{n+}-L^{b-} + h\nu \longrightarrow M^{(n-1)+}-L^{(b-1)-}$$

在此，中心离子为电子接受体，配体为电子给予体。一般来说，在配合物的电荷迁移跃迁中，金属是电子的接受体，配体是电子的给予体。不少过渡金属离子与含生色团的试剂反应所生成的配合物以及许多水合无机离子，均可产生电荷迁移跃迁。例如

$$Cl^-(H_2O)_n + h\nu \longrightarrow Cl(H_2O)_n^-$$

$$Fe^{3+}OH^- + h\nu \longrightarrow Fe^{2+}OH$$

$$[Fe^{3+}CNS^-]^{2+} + h\nu \longrightarrow [Fe^{2+}CNS]^{2+}$$

式中，Cl^-、OH^-、CNS^- 为电子给予体；H_2O、Fe^{3+} 为电子接受体。此外，一些具有 d^{10} 电子结构的过渡元素形成的卤化物及硫化物，如 $AgBr$、PbI_2、HgS 等，也是由于这类跃迁而产生颜色。

电荷迁移吸收光谱出现的波长位置，取决于电子给予体和电子接受体相应电子轨道的能量差。若中心离子的氧化能力强或配体的还原能力强（相反，若中心离子还原能力强或配体的氧化能力强），则发生电荷迁移跃迁时所需能量就小，吸收光谱波长红移。

电荷迁移吸收光谱谱带最大的特点是摩尔吸收系数较大，一般 $\varepsilon_{max} > 10^4$。因此，应用这类谱带进行定量分析，可以提高检测的灵敏度。在无机分析中，常通过配位反应使金属离子形成可产生电荷迁移跃迁的配合物，然后根据光吸收定律定量测定金属离子的浓度，这就是无机物分光光度分析法。又由于无机化合物的电荷迁移吸收光谱大多位于可见光区，又称为可见分光光度法或吸光光度法。

2. 配位场跃迁

配位场跃迁包括 d-d 跃迁和 f-f 跃迁。元素周期表中第四、五周期的过渡金属元素分别含有 3d 和 4d 轨道，镧系和锕系元素分别含有 4f 和 5f 轨道。在配合物中，由于配体的影响，过渡元素五个能量相等的 d 轨道及镧系和锕系元素七个能量相等的 f 轨道分别分裂成几组能量不等的 d 轨道及 f 轨道。当它们的离子吸收光能后，低能态的 d 电子或 f 电子可以分别跃迁至高能态的 d 轨道或 f 轨道上去。这两类跃迁分别称为 d-d 跃迁和 f-f 跃迁。由于这两类跃迁必须在配体的配位场作用下才有可能产生，因此又称为配位场跃迁。

与电荷迁移跃迁比较，由于选择规则的限制，配位场跃迁吸收谱带的摩尔吸收系数小，一般 $\varepsilon_{max} < 10^2$。这类光谱一般位于可见光区。虽然配位场跃迁并不像电荷迁移跃迁在定量分

析上那样重要，但它可用来研究配合物的结构，并为现代无机配合物键合理论的建立提供了有用的信息。

1) d-d 跃迁

一些 d 电子层尚未充满的第一、第二列过渡元素的吸收光谱主要是由 d-d 跃迁产生的。但是，其吸收带往往较宽(图 5.7)，且易受环境因素的影响。例如，水合铜离子(Ⅱ)是浅蓝色的，而其氨配离子却是深蓝色的。

当受到一定波长光照射时，d 电子就会从能量低的 d 轨道向空的能量高的 d 轨道跃迁。对于八面体配合物，d 轨道的能量差用 Δ 表示。Δ 值是配位场强度的量度。Δ 值的大小与中心离子和配体的种类有关。在同族元素的同价离子中，随着原子序数的增大，Δ 值增加。同时，Δ 值还受配体的种类及配位数的影响。对于同种中心离子，一些配体将使 Δ 值按以下次序递减：$CO > CN^- > NO_2^- >$ 邻二氮菲 $> 2,2'$-联吡啶$> NH_3 > CH_3CN > NCS^- > H_2O > C_2O_4^{2-} > OH^- > F^- > NO_3^- > Cl^- > S^{2-} > Br^- > I^-$。除少数例外，可用此配位场强度顺序预测某一过渡金属离子的各种配合物吸收峰的相对位置。一般规律是：Δ 值随场强增加而增加，吸收峰波长则发生蓝移。

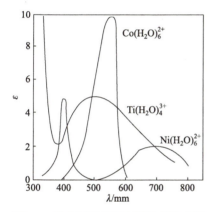

图 5.7 某些过渡金属离子的吸收光谱

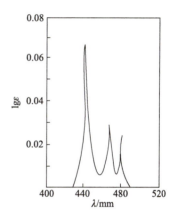

图 5.8 氯化锆溶液的吸收光谱

2) f-f 跃迁

大多数镧系和锕系元素的离子都在紫外-可见光区有吸收。与大多数无机和有机吸收体系的特性相反，它们的光谱都由一些很窄的吸收峰组成。图 5.8 所示为一个典型光谱的一部分。在镧系元素中，引起吸收的跃迁一般只涉及 4f 电子的各能级，而锕系则是 5f 电子。由于 f 轨道被已充满的具有较高量子数的外层轨道所屏蔽而不受外界影响，因此其谱带较窄，并且不易受外层电子有关的键合性质的影响。

5.1.3 显色反应及光度测量条件的选择

1. 显色反应和显色剂

无机离子大多是无色或浅色的。为了用吸光光度法进行测定，常利用化学反应把它们转变成有色化合物。这样的化学反应称为显色反应，与被测组分反应生成有色化合物的试剂称为显色剂。例如，Fe^{3+} 在水溶液中颜色很浅，不适于吸光光度法测定，加入 KSCN 后生成红色配合物离子，就可用吸光光度法测定。显色反应为

$$Fe^{3+} + 6SCN^- \rightleftharpoons Fe(SCN)_6^{3-}$$

KSCN 就是显色剂。

显色反应可分为两大类,即配位反应和氧化还原反应,其中配位反应是最主要的显色反应。同一被测组分通常可与几种显色剂反应,生成多种有色化合物,其原理和灵敏度也有差别。要测定某种被测组分,显色剂和显色反应的选择尤为重要。

1) 选择显色反应的一般标准

(1) 选择性好。一种显色剂最好只与一种被测组分呈显色反应,或者干扰离子容易被消除,或者显色剂与被测组分和干扰离子生成的有色化合物的吸收峰相距较远。

(2) 灵敏度高。灵敏度高的显色反应有利于微量组分的测定。灵敏度的高低可从摩尔吸收系数值的大小判断。但应注意,灵敏度高的反应并不一定选择性就好;对于高含量的组分,不一定要选用灵敏度高的显色反应。

(3) 有色化合物的组成恒定,化学性质稳定。有色化合物的组成若不符合一定的化学式,测定的重现性就较差。有色化合物若易受空气氧化、光照射而分解,就会引入测量误差。

(4) 若显色剂有颜色,则要求显色产物与显色剂之间颜色差别大,这样试剂空白一般较小。一般要求显色产物与显色剂的最大吸收波长之差在 60nm 以上。

(5) 显色反应的条件容易控制。如果反应条件要求过于严格,则难以控制,测定结果的重现性就差。

2) 无机显色剂

许多无机试剂能与金属离子起显色反应,但多数无机显色剂的灵敏度和选择性不高。其中性能较好且目前还有实用价值的无机显色剂列于表 5.2 中。

表 5.2 常用的无机显色剂

显色剂	反应类型	测定元素	酸度	有色化合物组成	颜色	测定波长/nm
硫氰酸盐	配位	Fe(III)	$0.1\sim0.8\ mol\cdot L^{-1}\ HNO_3$	$Fe(SCN)_6^{3-}$	红	480
		Mo(VI)	$1.5\sim2\ mol\cdot L^{-1}\ H_2SO_4$	$MoO(SCN)_5^-$	橙	460
		W(V)	$1.5\sim2\ mol\cdot L^{-1}\ H_2SO_4$	$WO(SCN)_4^-$	黄	405
		Nb(V)	$3\sim4\ mol\cdot L^{-1}\ HCl$	$NbO(SCN)_4^-$	黄	420
钼酸铵	杂多酸	Si	$0.15\sim0.3\ mol\cdot L^{-1}\ H_2SO_4$	$H_4SiO_4\cdot 10MoO_3\cdot Mo_2O_3$	蓝	670~820
		P	$0.5\ mol\cdot L^{-1}\ H_2SO_4$	$H_3PO_4\cdot 10MoO_3\cdot Mo_2O_3$	蓝	670~830
		V(V)	$1\ mol\cdot L^{-1}\ HNO_3$	$P_2O_5\cdot V_2O_5\cdot 22MoO_3\cdot nH_2O$	黄	420
		W	$4\sim6\ mol\cdot L^{-1}\ HCl$	$H_3PO_4\cdot 10WO_3\cdot W_2O_5$	蓝	660
氨水	配位	Cu(II)	浓氨水	$Cu(NH_3)_4^{2+}$	蓝	620
		Cu(III)	浓氨水	$Co(NH_3)_6^{3+}$	红	500
		Ni	浓氨水	$Ni(NH_3)_6^{2+}$	紫	582
过氧化氢	配位	Ti(IV)	$1\sim2\ mol\cdot L^{-1}\ H_2SO_4$	$TiO(H_2O_2)^{2+}$	黄	420
		V(V)	$0.5\sim3\ mol\cdot L^{-1}\ H_2SO_4$	$VO(H_2O_2)^{3+}$	红橙	400~450
		Nb	$18\ mol\cdot L^{-1}\ H_2SO_4$	$Nb_2O_3(SO_4)_2\cdot(H_2O_2)_2$	黄	365

3) 有机显色剂

许多有机试剂在一定条件下能与金属离子生成有色的金属螯合物。其优点是：①大部分金属螯合物呈现鲜明的颜色，摩尔吸收系数大于 10^4，因而测定的灵敏度很高；②金属螯合物都很稳定，一般离解常数很小，而且能抗辐射；③专属性强，绝大多数有机螯合剂在一定条件下只与少数或某一种金属离子配位，而且同一种有机螯合剂与不同金属离子配位时，生成各有特征颜色的螯合物；④虽然大部分金属螯合物难溶于水，但可被萃取到有机溶剂中，从而发展了萃取光度法；⑤在有色螯合物中，金属所占的比率很低，提高了测定的灵敏度。因此，有机显色剂是吸光光度分析中应用最广的显色剂。寻求高选择性、高灵敏度的有机显色剂，是吸光光度分析发展和研究的重要方向。

有机显色剂种类很多，现仅作简单介绍。

(1) 邻二氮菲。属于 NN 型螯合显色剂，是目前广泛用来测定 Fe^{2+} 的较好显色剂。可直接测定 Fe^{2+}，反应是特效的，灵敏度也较高，$\varepsilon = 1.1 \times 10^4 (\lambda_{max} = 508\text{nm})$。邻二氮菲的结构式如下

邻二氮菲　　　　　　　双硫腙

(2) 双硫腙。属于含硫的显色剂，是吸光光度分析中最重要的显色剂之一，其结构式如上。双硫腙能测定许多金属离子，如铅、锌、镉、汞、银、铜、铋、钯等。它与金属离子的反应非常灵敏，在一次蒸馏水中也可发现重金属杂质。它本身不溶于水，但易溶于碱性介质中，所生成的金属化合物易溶于三氯甲烷或四氯化碳。双硫腙本身在三氯甲烷或四氯化碳中是绿色的，而与金属离子形成的化合物呈黄色至红色。这一特性为光度法测定金属离子提供了有利条件。应用双硫腙测定金属离子的示例列于表 5.3。

表 5.3　用双硫腙测定金属离子

被测离子	溶剂	波长/nm	摩尔吸光系数 $\varepsilon/(\text{L}\cdot\text{mol}^{-1}\cdot\text{cm}^{-1})$
Ag^+	CCl_4	426	3.05×10^4
Au^+	$CHCl_3$	450	2.40×10^4
Bi^{3+}	CCl_4	493	8.00×10^4
Cd^{2+}	CCl_4	520	8.80×10^4
Co^{2+}	CCl_4	542	5.92×10^4
Cu^{2+}	CCl_4	550	4.52×10^4
Hg^{2+}	CCl_4	485，515	7.12×10^4，2.36×10^4
In^{3+}	CCl_4	510	8.70×10^4
Ni^{2+}	CCl_4	665	1.92×10^4
Pt^{2+}	苯	490，720	2.60×10^4，2.70×10^4
Se^{4+}	CCl_4	410~420	7.00×10^4
Tl^+	$CHCl_3$	505	3.36×10^4
Zn^{2+}	$CHCl_3$	530	8.80×10^4

(3) 偶氮胂Ⅲ。也称铀试剂Ⅲ，是变色酸的双偶氮衍生物。该试剂在一定条件下可与许多金属离子形成绿色、蓝色或紫色的螯合物。但只要调整显色溶液的酸度，就可提高试剂的选择性。例如，铀、钍、锆等元素可在高酸度下显色，而钙、铅、钡等元素只能在微酸性或中性溶液中显色。此试剂特别适于铀、钍、锆等元素的光度测定，其灵敏度和特效性都超过已知的其他铀试剂和其他偶氮染料。在实际工作中，普遍用作测定稀土元素总量的显色剂。该试剂的结构式如下。

偶氮胂Ⅲ

铬天青S

(4) 铬天青S。属于三苯甲烷类显色剂，其结构式见上。

铬天青能与许多金属离子形成蓝色至紫色配合物，可用于 Be、Al、Y、Ti、Zr、Hf、Th、Cr、Fe、Pt、Cu、Ca 和 In 等金属元素的光度测定。利用该试剂与 Th(Ⅳ) 形成的有色配合物能被氟分解的性质，采用褪色法可间接测定氟。上述元素的摩尔吸收系数一般在 $10^3 \sim 10^4$ 数量级之间，对于 Cu(Ⅱ) 的测定，$\varepsilon = 1.19 \times 10^5 (\lambda_{max} = 592 nm)$。

2. 显色反应的影响因素

显色反应能否完全满足光度法的要求，除了主要取决于显色剂之外，选择合适的反应条件也十分重要。如果显色条件不合适，将会影响分析结果的准确度。

1) 显色剂的用量

显色反应一般可用下式表示

$$M(被测组分) + R(显色剂) \rightleftharpoons MR(有色化合物)$$

反应在一定程度上是可逆的。为使被测组分反应完全，显色剂应过量，但也不能过量太多，否则会引起副反应，对测定反而不利。在实际工作中，显色剂的适宜用量是通过实验求得的。具体方法是：固定被测组分的浓度和其他条件，分别加入不同量的显色剂，测量吸光度值，作吸光度-显色剂用量曲线。当显色剂浓度达到某一数值时，吸光度不再增大，表明显色剂浓度已足够。

2) 溶液的酸度

溶液酸度直接影响金属离子和显色剂的存在形态以及有色配合物的组成和稳定性。

(1) 酸度对金属离子存在形态的影响。大部分高价金属离子都易水解，当溶液的酸度降低时，会产生一系列羟基配离子或多核配离子。随着水解的进行，同时还发生各种类型的聚合反应。聚合度随着时间增大，而最终将导致沉淀的生成。显然，金属离子的水解对于显色反应的进行是不利的，故溶液的酸度不能太低。

(2) 酸度对显色剂浓度的影响。显色剂大多是有机弱酸。显色反应进行时，首先是有机弱酸发生离解，其次才是配体阴离子与金属离子配位

$$M^+ + HR \rightleftharpoons MR + H^+ \tag{5.8}$$

从反应式可以看出，溶液的酸度影响显色剂的离解，并影响显色反应的完全程度。其影响大小与显色剂的稳定常数有关，稳定常数小，允许的酸度可大些；反之，就小些。

(3) 酸度对显色剂颜色的影响。许多显色剂本身就是酸碱指示剂，当溶液酸度改变时，显色剂本身就有颜色变化。如果显色剂在某一酸度时，配位反应和指示剂反应同时发生，两种颜色同时存在，就无法进行测定。例如，二甲酚橙在溶液 pH > 6.3 时呈红紫色，在 pH < 6.3 时呈柠檬黄色，在 pH = 6.3 时呈中间色，而二甲酚橙与金属离子的配合物常呈现红色。因此，二甲酚橙在 pH < 6 的酸性溶液中作为金属离子的显色剂。若在 pH > 6 的酸度下进行吸光光度测定，由于试剂与配合物的颜色对比度很小，就会降低测定的灵敏度和引入较大误差。

(4) 酸度对配合物组成的影响。对于某些逐级形成配合物的显色反应，在不同的酸度时，将生成不同配位比的配合物。例如，Fe^{3+} 与水杨酸形成的配离子，在 pH < 4 时是 $[Fe^{3+}(C_7H_4O_3)^{2-}]^+$（紫色），在 pH = 4~9 时是 $[Fe^{3+}(C_7H_4O_3)_2^{2-}]^-$（红色），在 pH > 9 时是 $[Fe^{3+}(C_7H_4O_3)_3^{2-}]^{3-}$（黄色）。因此，必须控制合适的酸度才可获得好的分析结果。

(5) 酸度对配合物稳定性的影响。从式(5.8)可以看出，当溶液的酸度增大时，平衡向左移动，配合物分解。一般情况下，显色剂用量越大，显色剂稳定常数越小，配合物越稳定，则溶液允许的酸度就越大。

综上所述，酸度对显色反应的影响较大，而且表现在多个方面。因此，某一显色反应最适宜的酸度必须通过实验确定。方法是通过实验作 A-pH 曲线，确定应该控制的酸度范围。

3) 显色时间的影响

显色反应的速度有快有慢，而且有些有色化合物放置一段时间后，由于空气的氧化、试剂的分解或挥发、光的照射等原因，颜色减退。适宜的显色时间和有色溶液稳定程度必须通过实验来确定。实验方法是：配制一份显色溶液，从加入显色剂计算时间，每隔几分钟测定一次吸光度，绘制 A-t 曲线，根据曲线确定适宜的显色时间。

4) 温度的影响

不同的显色反应需要不同的温度。一般显色反应可在室温下完成。但是有些显色反应需要加热至一定的温度才能完成，也有的有色配合物在较高温度下容易分解。因此，应根据不同情况选择适当的温度进行显色。另一方面，温度也影响有色化合物对光的吸收，故标样和试样的显色温度应保持一致。合适的显色温度也必须通过实验作 A-T 曲线确定。

5) 溶剂的影响

(1) 溶剂影响配合物的离解度。许多有色化合物在水中的离解度大，而在有机试剂中的离解度小，如在 $Fe(SCN)_3$ 溶液中加入可与水混溶的有机试剂(如丙酮)，由于降低了 $Fe(SCN)_3$ 的离解度而颜色加深，提高了测定的灵敏度。

(2) 溶剂影响配合物的颜色。有些有色化合物在不同的溶剂中颜色差别很大。例如，Fe^{3+}-磺基水杨酸在水中为浅蓝色，而在乙醇中为紫色。溶剂改变配合物颜色的原因可能是各种溶剂分子的极性不同、介电常数不同，从而影响到配合物的稳定性，改变了配合物分子内部的状态或形成不同的溶剂化物。

(3) 溶剂影响显色反应的速率。例如，当用氯代磺酚 S 测定 Nb 时，在水溶液中显色需几个小时，如果加入丙酮，则仅需 30min。

6) 干扰离子的影响和消除方法

干扰离子是指试样中干扰被测组分测定的共存离子。干扰离子对显色反应的影响有几种

类型:

(1) 与试剂生成有色化合物。例如,用硅钼蓝光度法测定钢中硅时,磷也能与钼酸铵生成杂多酸,同时被还原为磷钼蓝,使结果偏高。

(2) 干扰离子本身有颜色,如 Co^{2+}(红色)、Cr^{3+}(绿色)、Cu^{2+}(蓝色)。

(3) 与试剂结合成无色化合物,消耗大量试剂而使被测离子配位不完全。例如,用水杨酸测 Fe^{3+} 时,Al^{3+}、Cu^{2+} 等有影响。

(4) 与被测离子结合成离解度小的另一化合物。例如由于 F^- 的存在,F^- 与 Fe^{3+} 以 FeF_6^{3-} 形式存在,$Fe(SCN)_3$ 根本不能生成,因而无法进行测定。

消除干扰的方法主要有下述几种:

(1) 控制溶液酸度。许多显色剂对金属离子和质子存在竞争反应。溶液酸度小时,有些金属离子因水解作用生成羟基配离子而不能参与显色反应;当溶液酸度大时,某些有色化合物会被酸分解。因此,若干扰离子也能生成有色配合物,控制溶液酸度是消除干扰的一种简便方法。

(2) 利用掩蔽反应。加入掩蔽剂是提高光度分析选择性的常用方法。通常选择合适的掩蔽剂使干扰离子生成稳定的无色化合物。适当地把掩蔽和控制酸度相结合,可获得高的选择性。例如在 $pH \approx 9$ 时,用 EDTA 及 H_2O_2 作掩蔽剂,用 8-羟基喹啉测定铝,是特效的显色反应。

(3) 采用萃取光度法。用适当的有机溶剂萃取有色组分,如用丁二酮肟测定钯时,钯与丁二酮肟所形成的内配盐可被氯仿从酸性溶液中选择性地萃取。许多干扰离子则不被萃取。

(4) 在不同波长下测量被测离子和干扰离子两种有色配合物的吸光度,对它们进行同时测定。

(5) 分离干扰离子。利用萃取法、沉淀法、蒸馏法、离子交换法等预先除去干扰离子,再测定。

3. 光度测量条件的选择

吸光光度法误差来源除各种化学因素外,还有仪器精度不够、测量不准确等引入的误差。

1) 仪器误差

吸光光度法中使用的仪器为分光光度计,因此,仪器误差主要是指光源的发光强度不稳定,电位计的非线性,杂散光的影响,单色器的质量差(谱带过宽),各吸收池的透光率不一致,透光率与吸光度的标尺不准等因素。透光率或吸光度读数的准确度是仪器精度的主要指标之一,也是衡量测定结果准确度的重要因素。

根据光吸收定律,吸光度是吸光物质浓度的线性函数,$A=kc$。但分光光度计测量的是透光率,对给定的光度计而言,透光率读数误差 ΔT 是一个常数,为 0.01~0.002,因此需要从透光率与吸光物质浓度的关系考虑 ΔT 所引起的浓度相对误差 $\Delta c/c$。透光率的负对数是吸光物质浓度的函数,$-\lg T=kc$,可以得出 $T=10^{-kc}$,绘制出图 5.9 所示的透光率与浓度的关系曲线。从图上低、中和高三种浓度 c_1、c_2 和 c_3 所对应的 T_1、T_2 和 T_3 来看:在低浓度范围内,随 c 增加,T 快速降低,曲线变化速度 $\Delta T > \Delta c$,虽然 Δc 很小,但 c 也很小,所以相对误差 $\Delta c/c$ 较大;在高浓度范围内,$\Delta T < \Delta c$,虽然 c 较大,但 Δc 也较大,所以 $\Delta c/c$ 仍较大;在中间浓度范围内,$\Delta T \approx \Delta c$,$c$ 和 Δc 都比较小,所以 $\Delta c/c$ 值较小。因此,只有在一定浓度范围内,即在一定透光率范围内,仪器测量误差所引起的测定结果的相对误差才是比较小的。在透光率接近 0 和 1.0 时,其相对误差都趋于无限大。

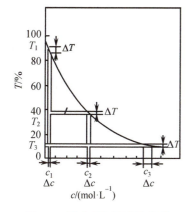

图 5.9 透光率与浓度的关系

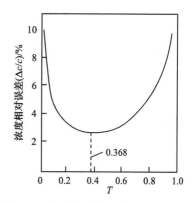

图 5.10 浓度相对误差与透光率的关系

既然如此，透光率（或吸光度）在什么范围内具有较小的浓度测量误差呢？固定 $\Delta T=0.01$，则可绘出溶液浓度相对误差 $\Delta c/c$ 与其透光率 T 的关系曲线图，如图 5.10 所示。根据光吸收定律

$$\lg T = -\varepsilon bc \tag{5.9}$$

$$d(\lg T) = -0.4343 \frac{dT}{T} = -\varepsilon b dc \tag{5.10}$$

则

$$\frac{\Delta c}{c} = \frac{0.4343 \Delta T}{T \lg T} \tag{5.11}$$

要使测定浓度的相对误差最小，应满足条件

$$\frac{d\left[\dfrac{0.4343\Delta T}{T \lg T}\right]}{dT} = -0.4343 \frac{\Delta T(0.4343 + \lg T)}{(T \lg T)^2} = 0$$

即透光率 $T = 0.368$ 或吸光度 $A = 0.4343$ 时，浓度或吸光度测量的相对误差才最小。对于精密度高的仪器而言，当吸光度 A 在 0.2～0.7（透光率 0.65～0.2）范围内，测量的相对误差约为 1%。

2）测量条件的选择

选择适当的测量条件是获得准确测定结果的重要途径。

(1) 分析波长的选择。选择的依据是化合物的吸收曲线。为使测定结果有较高的灵敏度和准确度，通常选择最大吸收波长作为分析波长，即选择入射光的波长等于 λ_{max}。在 λ_{max} 附近，吸光度随波长变化较小，波长的稍许偏移引起的吸光度变化较小，可得到较好的测定精度。但在测定高浓度组分时，为保证足够的校正曲线的线性范围，宁可选用灵敏度低的吸收峰波长作为分析波长。当然，在 λ_{max} 受到干扰物质的谱峰干扰时，只能选用其他吸收峰进行测定。

(2) 控制准确的读数范围。吸光度在 0.2～0.7 时，测量的准确度较高。因此，应设法把吸光度大小控制在这个范围。常用办法：①计算而且控制试样的称取量，含量高时少取样或稀释试液，而含量低时可多取样或萃取富集；②若溶液已显色，则可通过改变吸收池的厚度调节吸光度大小；③选择合适的参比溶液。

3）参比溶液的选择

参比溶液用于调节仪器工作零点。测定时，先放入参比溶液，让光通过，调节零点，使

$A=0$，$T=100\%$，然后测试待测溶液。通过选择适当的参比溶液，可以消除某些干扰因素。选择参比溶液的基本原则是使所测 A 值能真正反映待测物的浓度。具体选择方法是：

(1) 当试液、显色剂和条件试剂（如 pH 缓冲溶液、掩蔽剂等）均无色时，用蒸馏水作参比溶液。

(2) 若显色剂、条件试剂无色，而试液中其他共存离子有色，则用不加显色剂和条件试剂的试液作参比溶液，可消除共存离子的颜色干扰。

(3) 若显色剂、条件试剂均有色，可取一份试液加入掩蔽剂，将被测组分掩蔽起来，再加入显色剂、条件试剂，以此混合液作参比溶液，可消除条件试剂、过量显色剂的颜色干扰。

吸光光度分析中常用不加入被测组分的试剂空白溶液作参比溶液。

此外，为得到准确的测定结果，对吸收池厚度、透光率、仪器波长、读数刻度等也应进行校正。

5.1.4 吸光光度测定方法

吸光光度法中的量测仪器是紫外-可见分光光度计，它由光源、分光系统、样品池和记录处理系统四部分构成。紫外光区常使用氢灯或氘灯作光源，它一般发射出 160～375nm 的紫外连续光谱，样品池为石英比色皿。可见光区的光源常用钨灯，它一般发射出 320～2500nm 的连续光谱，样品池为玻璃比色皿，常用比色皿厚度为 1cm，也可用 0.5cm、2cm、3cm、5cm。一般采用棱镜或光栅进行分光。在记录处理系统中用光电管或光电倍增管检测器将光信号转变为电信号。随着电子技术和计算机技术的迅猛发展，紫外-可见分光光度计的记录处理系统多种多样，这里不作介绍。

1. 单组分的定量测定

吸光光度法定量测定的依据是光吸收定律，即物质在一定波长处的吸光度与其浓度呈线性关系。因此，通过测定溶液对一定波长入射光的吸光度，就可求出溶液中物质的浓度和含量。

单组分定量测定常用校正曲线法。用已知的标准样品配制成一系列不同浓度的溶液，在同一实验条件和波长下分别测量它们的吸光度值，然后以吸光度相对物质的浓度作图，得吸光度与浓度的校正曲线图（也称标准曲线）。理想的校正曲线应为通过原点的直线。最后，在同样条件和波长下测量试液的吸光度值，根据该吸光度值即可从校正曲线上求出试液的浓度。

制作校正曲线时，实验点浓度所跨范围要尽可能宽些，曲线两端的实验点应比其他实验点重复测定次数多一些，并使未知试样的浓度位于校正曲线的中央部分，实验点最好采用最小二乘法线性回归，以使所制作的校正曲线具有良好的精度。

2. 多组分同时测定

含两种以上吸光组分的混合物，根据其吸收峰的互相干扰情况分为三种，如图 5.11 所示。对前两种情况，可通过选择适当的入射光波长，按单一组分的方法测定。测定波长一般尽量靠近吸收峰，这样可提高灵敏度。对于最后一种情况，由于组分相互重叠严重，采用单纯的单波长吸光光度法已不可能，故只能根据吸光度加和性原则，通过数学处理进行测定，这就是多组分同时测定。吸光度加和性是指在波长一定时，试液的总吸光度值等于试液中各种吸光物质所产生的吸光度值之和。

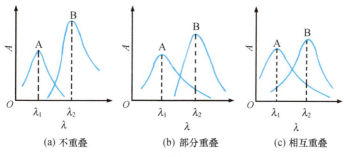

(a) 不重叠　　　　(b) 部分重叠　　　　(c) 相互重叠

图 5.11　混合物的吸收光谱

设试样中有 M、N 两种组分都要测定。首先，用纯 M、N 分别测它们的吸收光谱，确定它们的最大吸收波长 λ_1 和 λ_2；然后，分别测定这两种组分在 λ_1 和 λ_2 处的摩尔吸收系数 ε_1^M、ε_2^M、ε_1^N、ε_2^N；再分别用波长为 λ_1 和 λ_2 的单色光测定试样的吸光度值，设为 A_1 和 A_2，则

$$A_1 = \varepsilon_1^M b c_M + \varepsilon_1^N b c_N$$
$$A_2 = \varepsilon_2^M b c_M + \varepsilon_2^N b c_N$$

解此二元一次方程组，即可求得各组分浓度。如果有 n 个组分相互重叠，就必须在 n 个波长处测定其吸光度的加和值，组成 n 元一次方程组，通过化学计量学方法或解方程组，求得各组分含量。应该指出，随着测量组分的增多，实验结果的误差也将增大。

3. 示差吸光光度法

吸光光度法主要用于测定试样中的微量组分。当试液中待测组分含量过高或过低时，会产生很大的误差。利用示差吸光光度法可以克服这一缺点。示差吸光光度法又称透射比法，是用已知合适浓度的标准溶液作参比溶液，调节零点（透光率 100%），测量试样溶液对已知标准参比溶液的透射比，从而求得试液浓度。示差吸光光度法的原理如图 5.12 所示。由图可见，该法的实质是标度放大。

1) 高吸收法

当测定高浓度溶液时，采用比试液浓度 c 稍低的浓度为 c_2 的标准溶液调节 100% 透光率，然后测定试液的吸光度值。根据光吸收定律，$A_2 = \varepsilon b c_2$，$A = \varepsilon b c$，则

$$\Delta A = A - A_2 = \varepsilon b(c - c_2) = \varepsilon b \Delta c$$

因此，用 c_2 作参比调零，测得 c 的吸光度实质是试液与参比的吸光度差值（相对吸光度）。由于两溶液吸光度之差与两溶液浓度之差成正比，用 ΔA 对 Δc 作图，同样可得校正曲线，进行定量测定。

2) 低吸收法

当测定低浓度溶液时，先用空白溶液（蒸馏水、纯试剂或试剂空白）作参比调节 100% 透光率，然后用比试液浓度 c 稍高的浓度为 c_1 的标准溶液作参比

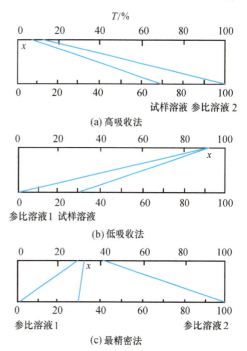

图 5.12　示差吸光光度法原理示意图

调节零透光率，最后测定试液的吸光度值。这种示差方法称为低吸收法。

3）最精密法

若同时用浓度为 c_2 与 c_1 的标准溶液作参比，分别调节 100% 和零透光率，然后再测定，这样的示差法称为最精密法。

示差法能够提高测定的准确度，可使分析误差小于 0.5%，相当于把读数标度扩大了若干倍，使用示差法可使吸光光度法定量测定扩展至痕量分析范围。

4. 胶束增敏吸光光度法

胶束增敏吸光光度法是利用表面活性剂胶束溶液的增溶、增敏、增稳、褪色、析相等作用，以提高显色反应的灵敏度、对比度或选择性，改善显色反应条件，并在水相中直接进行光度测量的光度分析方法。

表面活性剂在水相或有机相中有生成胶体的倾向，随其浓度增大，体系由真溶液转变为胶体溶液，形成极细小的胶束，体系某些性质发生明显的变化。体系由真溶液转变为胶体溶液时的表面活性剂的浓度称为临界胶束浓度（CMC）。由于形成胶束而显色物增溶的现象称为胶束增溶效应。

各种类型表面活性剂的增敏作用机理是不同的。一般认为，阳离子表面活性剂的亲水性部分的端电荷与金属-显色剂配体阴离子借助库仑引力彼此缔合，对显色剂的 π 电子轨道发生偶极相互作用，使激发态 π^* 和基态 π 的能级降低，因 π^* 极性大于 π，π^* 能量比 π 能量降低更多，导致 $\pi \rightarrow \pi^*$ 跃迁能量显著变小，从而引起 λ_{max} 红移，显色反应的对比度增大。此外，表面活性剂的端电荷还促使生成高次配合物，增大显色分子的有效吸光截面积，使摩尔吸收系数增大，提高显色反应的灵敏度。不仅阳离子表面活性剂胶束有增敏作用，单个阳离子表面活性剂也能起到增敏作用。

阴离子表面活性剂的增溶、增敏作用，主要是由于分子非极性部分彼此之间的憎水相互作用，显色配合物以均相萃取进入胶束内心，使显色配合物溶解状态得到改善，从而提高测定灵敏度。阴-阳离子型混合表面活性剂的增敏作用，主要是阳离子表面活性剂亲水部分端电荷效应，而阴离子表面活性剂的加入有助于降低 CMC 值和形成胶束，提高表面活性。

非离子表面活性剂的增溶和增敏作用，是由于显色配合物和表面活性剂之间形成氢键，或是离子缔合物均相萃取进入均匀分散在水相中的非离子型表面活性剂胶束内。

胶束增敏吸光光度法比普通吸光光度法的灵敏度有显著提高，摩尔吸收系数达到 $10^6 \text{L} \cdot \text{mol}^{-1} \cdot \text{cm}^{-1}$。近年来，胶束增敏吸光光度法得到了相当广泛的应用。

5.1.5 吸光光度法的应用

吸光光度法不仅可以用于定量分析，还可以测定某些化合物的物理化学数据，如相对分子质量、配合物的组成比、稳定常数和离解常数等。

1. 定量分析

根据光吸收定律建立起来的各种吸光光度测定方法广泛用于痕量组分、超痕量组分、常量组分的测定以及混合物中多组分的同时测定。随着有机试剂的开发，只要经过适当的化学处理，绝大多数元素可以用吸光光度法进行定量测定。

2. 配合物研究

吸光光度法是研究溶液中配合物组成、配位平衡和测定配合物稳定常数的有效方法之一。

1) 摩尔比率法

设配合物的配位反应为

$$mM + nR \rightleftharpoons M_mR_n$$

固定金属离子 M 的浓度为 c_M，改变配位剂 R 的浓度 c_R，在选定条件和波长下，逐一测量体系的吸光度 A，以 A 对 c_R 作图，得到如图 5.13 所示的曲线。曲线的转折点对应的摩尔浓度比 $c_M : c_R = m : n$，即为该配合物的组成比。当配合物稳定性差，配合物离解使吸光度下降，曲线的转折点不敏锐时，可如图作延长线，由两延长线的交点向横轴作垂线，即可求出组成比。根据这一特性还可测定配合物的不稳定常数。

令配合物不离解时在转折点处的浓度为 $c(c = c_M/m)$，配合物的浓度为 α，平衡时各组分的浓度为

$$[M_mR_n] = (1-\alpha)c, \quad [M] = m\alpha c, \quad [R] = n\alpha c$$

则配合物的不稳定常数为

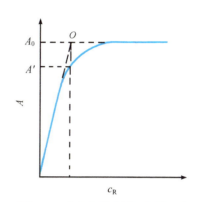

图 5.13　摩尔比率法测配合物组成和稳定常数

$$K = \frac{[M]^m[R]^n}{[M_mR_n]} = \frac{(m\alpha c)^m(n\alpha c)^n}{(1-\alpha)c} = \frac{m^m n^n \alpha^{m+n} c^{m+n-1}}{1-\alpha} \tag{5.12}$$

因为

$$\alpha = \frac{A_0 - A'}{A_0} \tag{5.13}$$

式中，A' 为实验测得的吸光度；A_0 为用外推法求得的吸光度。将由式(5.13)得到的 α 代入式(5.12)便可计算出 K。这一方法仅适用于体系中只有配合物有吸收的情况，而且对离解度小的配合物可以得到满意的结果，尤其适宜于组成比高的配合物。

2) 等物质的量系列法

等物质的量系列法又称为连续改变法。保持金属离子 M 和配位剂 R 的总物质的量不变，而连续改变两组分的比例，在选定条件和波长下，逐一测定体系的吸光度 A，以 A 对它们的摩尔分数 f_M 或 f_R 作图，得到如图 5.14 所示的曲线。曲线的转折点所对应的物质的量比即为配合物的组成比。

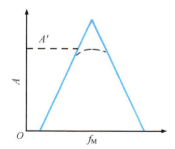

图 5.14　等物质的量系列法测定配合物的组成和稳定常数

令 c_M^0 和 c_R^0 分别为 M 和 R 的原始浓度，保持 $c = c_M^0 + c_R^0 =$ 常数，f 为 R 的摩尔分数，则 $c_R^0 = fc$，$c_M^0 = (1-f)c$。当平衡时，$[R] = c_R^0 - n[M_mR_n] = fc - n[M_mR_n]$，$[M] = c_M^0 - m[M_mR_n] = (1-f)c - m[M_mR_n]$，则配合物的不稳定常数为

$$K = \frac{[M]^m[R]^n}{[M_mR_n]} = \frac{\{(1-f)c - m[M_mR_n]\}^m \{fc - n[M_mR_n]\}^n}{[M_mR_n]} \tag{5.14}$$

式中，f、m、n 由上述曲线转折点所对应的物质的量比确定；$[M_mR_n]$ 值由转折点处所对应的实测吸光度值 A' 确定。这种方法同样只适用于体系中仅配合物有吸收而且配合物稳定性较好的情况。

3) 斜率比法

首先配制一系列溶液，其中配位剂浓度 c_R^0 保持过量且固定，加入少量不同浓度的金属离子，形成配合物 M_mR_n，其平衡浓度为 $[M_mR_n]$，则 $[M_mR_n] = c_M^0/m$，$A = \varepsilon b[M_mR_n] = \varepsilon b\, c_M^0/m$。以吸光度 A 对 c_M^0 作图，得到斜率为 $s_M = \varepsilon b/m$ 的直线。按照类似的方法，再配制一系列溶液，其中金属离子的浓度 c_M^0 保持过量且固定，加入少量不同浓度的配位剂，形成配合物 M_mR_n，可以得到斜率为 $s_R = \varepsilon b/n$ 的 A-c_R 直线。两直线的斜率比为 $s_M : s_R = n : m$，从而求得配合物的组成比。

4) 平衡移动法

设配合物的配位反应为 $M + nR \longrightarrow MR_n$，则 $K = [M][R]^n/[MR_n]$，即

$$\lg\frac{[MR_n]}{[M]} = n\lg[R] - \lg K \tag{5.15}$$

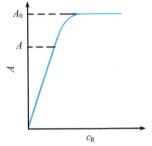

图 5.15 平衡移动法测配合物组成和不稳定常数

若固定金属离子 M 的浓度，逐渐改变配位剂 R 的浓度，溶液吸光度的变化如图 5.15 所示，在 M 未完全转变为 MR_n 时，配合物 MR_n 与 M 的平衡浓度之比等于吸光度 A 与 $(A_0 - A)$ 之比，即 $[MR_n]/[M] = A/(A_0 - A)$。如果配合物不稳定，形成配合物消耗配位剂的量相对于加入的量可以不计，则可用加入配合物的浓度代替其平衡浓度，根据式 (5.15)，有

$$\lg\frac{A}{A_0 - A} = n\lg[R] - \lg K \tag{5.16}$$

用此式左端对 $\lg[R]$ 作图，得到一条直线，斜率为 n，由此求得配合物组成比，由截距求得不稳定常数 K。平衡移动法主要用于求不稳定配合物的组成比与稳定常数。

3. 酸碱离解常数的测定

如果一种有机化合物的酸性官能团或碱性官能团是生色团的一部分，则物质的吸收光谱随溶液的 pH 而改变，且可从不同 pH 时获得的吸光度测定该物质的离解常数。例如，酸 HB 在水溶液中的离解平衡可表示为

$$HB + H_2O \rightleftharpoons H_3O^+ + B^-$$

则

$$K_a = [H_3O^+][B^-]/[HB]$$

当 $[HB] = [B^-]$ 时，$K_a = [H_3O^+]$，$pK_a = \lg[H_3O^+] = pH$。因此，只要找出 $[HB] = [B^-]$ 时溶液的 pH，该 pH 就是该酸的 pK_a 值。

测定方法：配制一系列 pH 标准溶液(用 pH 计精确测定其 pH)，每种 pH 溶液中准确加入一定量的待测酸 HB。然后以水作参比溶液，测量不同溶液的吸光度，以吸光度为纵坐标、pH 为横坐标，绘制一条曲线，如图 5.16 所示。曲线 A 点以前，加入的 HB 在溶液中全以酸 HB 型体存在；B 点之后，全以其共轭碱 B^- 型体存在；曲线 AB 间，以 HB 和 B^- 两种型体共存，C 点为 $[HB]=[B^-]$ 时的吸光度，C 点所对应的 pH 即为 pK_a 值。

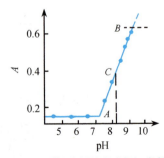

图 5.16 作图法测酸碱离解常数

4. 相对分子质量的测定

根据光吸收定律,可得化合物相对分子质量 M_r 与其摩尔吸收系数 ε、吸光度 A 及质量 m、容积 V 之间的关系为

$$M_r = \varepsilon m b / (VA) \tag{5.17}$$

式(5.17)表明,当测得一定质量的化合物的吸光度后,只要知道其摩尔吸收系数,即可求得其相对分子质量。在紫外-可见吸收光谱法中,只要化合物具有相同生色骨架,其吸收峰的 λ_{max} 和 ε_{max} 几乎相同。因此,只要求出与待测物有相同生色骨架的已知化合物的 ε 值,根据式(5.17)即可求出待测化合物的相对分子质量。

思考题 5.1 金属离子的显色反应有哪几种类型? 各类型列举一个实例。
思考题 5.2 显色反应的影响因素主要有哪些?
思考题 5.3 从选择性、灵敏度、稳定性和波长要求等方面考虑,一个好的显色反应应该有哪些要求?
思考题 5.4 选择参比溶液时应遵循什么原则?
思考题 5.5 仪器测量时,溶液吸光度的最佳读数范围是多少?

5.2 紫外光谱分析法

在紫外光照射下,有机化合物分子中的价电子从低能级跃迁到高能级,此时电子吸收了相应波长的光,这样产生的吸收光谱称为紫外光谱。

紫外吸收光谱的波长范围是 10~400nm,其中 10~200nm 为远紫外区(真空紫外区),此区间因为测量条件的苛刻,所能提供的光谱信息有限,远紫外区的光谱研究和应用都较少。200~400nm 为近紫外区,一般紫外光谱是指近紫外区光谱。图 5.2 为苯的紫外吸收光谱。

5.2.1 有机化合物的电子能级跃迁类型

紫外-可见吸收光谱法研究有机化合物分子中价电子在不同的分子轨道之间跃迁的能量关系。基态有机化合物的价电子包括成键 σ 电子、成键 π 电子和非键 n 电子(未成键的孤对电子)。分子的空轨道包括反键 σ* 轨道和反键 π* 轨道。因此价电子吸收电磁辐射的能量后可发生的电子能级跃迁有 σ→σ*、π→π*、n→σ* 和 n→π*,如图 5.17 所示。此外,还有一类电子跃迁称为电荷迁移跃迁,也在此一并讨论。

(1) σ→σ* 跃迁。这类跃迁需要的能量较大,通常发生在真空紫外光区。饱和烃中的 C—C 单键电子跃迁属于这种类型,如乙烷的最大吸收波长 λ_{max} 为 135nm。

(2) n→σ* 跃迁。含氮、氧、硫和卤素等杂原子的饱和烃化合物(含有 n 电子)可产生 n→σ* 跃迁。这类跃迁所需要的能量略小于 σ→σ* 跃迁所需能量,一般发生在远紫外光区和近紫外光区。例如,CH_3OH 和 CH_3NH_2 的 n→σ* 跃迁光谱的 λ_{max} 分别为 183nm 和 213nm。

(3) π→π* 跃迁。含有 π 电子的有机化合物可产生 π→π* 跃迁,其所需能量小于 σ→σ* 跃

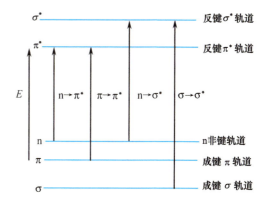

图 5.17 有机分子中电子跃迁类型

迁，吸收峰一般处于近紫外光区，在 200nm 左右。这类跃迁的特征是最大吸收波长处摩尔吸光系数大（$\varepsilon_{max} \geq 10^4$），为强吸收谱带。例如，乙烯（蒸气）的 λ_{max} 为 162nm，ε_{max} 为 10000。当化合物中含有两个或两个以上 π 键共轭时，其吸收峰向长波长方向移动，ε_{max} 增大。

(4) n→π* 跃迁。含杂原子双键基团的有机化合物可产生 n→π* 跃迁，其吸收峰一般处于近紫外光区和可见光区。例如，羰基、硝基等简单的生色团（见下文）中的孤对电子向反键轨道跃迁而产生 n→π* 跃迁，其特点是谱带强度弱，ε_{max} 小（$\varepsilon_{max} < 100$），属于禁阻跃迁。

(5) 电荷迁移跃迁。在吸收电磁辐射后，电子从有机化合物中给体部分转移至受体部分，即发生电荷迁移跃迁，产生电荷迁移吸收光谱。例如，某些取代芳烃可产生以下所示分子内电荷迁移跃迁吸收谱带。

电子接受体　电子给予体

电子给予体　电子接受体

电荷迁移吸收带的特点是：谱带较宽，吸收强度大，ε_{max} 可大于 10^4。

5.2.2　常用术语

(1) 生色团。生色团的本意是指能使化合物呈现颜色（吸收可见光）的基团。在紫外光谱中，这一术语的含义被扩充，泛指能使化合物在紫外光区产生吸收的基团，不论是否呈现出颜色。紫外吸收光谱最有用的吸收带是由 π→π* 和 n→π* 跃迁产生的，这两种跃迁均要求有机物分子中含有不饱和基团，通俗地讲生色团就是指含有 π 键的不饱和基团，如双键或叁键体系、羰基、亚硝基、偶氮基（—N≡N—）等。表 5.4 列出了某些常见生色团的吸收特性。

表 5.4　某些常见生色团的吸收特性

生色团	实例	溶剂	λ_{max}/nm	ε_{max}/(L·mol^{-1}·cm^{-1})	跃迁类型
烯	$C_6H_{13}CH=CH_2$	正庚烷	177	13000	π→π*
炔	$C_5H_{11}C≡C—CH_3$	正庚烷	178	10000	π→π*
羧基	CH_3COH (O=)	乙醇	204	41	n→π*
酰胺基	CH_3CNH_2 (O=)	水	214	60	n→π*
羰基	CH_3CCH_3 (O=)	正己烷	186	1000	n→σ*
			280	16	n→π*
	CH_3CH (O=)	正己烷	180	10000	n→σ*
			293	12	n→π*

续表

生色团	实例	溶剂	λ_{max}/nm	ε_{max}/(L·mol^{-1}·cm^{-1})	跃迁类型
偶氮基	$CH_3N{=}NCH_3$	乙醇	339	5	$n\to\pi^*$
硝基	CH_3NO_2	异辛烷	278	20	$n\to\pi^*$
亚硝基	C_4H_9NO	乙醚	300	100	$n\to\pi^*$
硝酸酯	$C_2H_5ONO_2$	二氧杂环己烷	270	12	$n\to\pi^*$

(2) 助色团。助色团是指本身不能生色，但与生色团相连时可改变生色团吸收特性的基团。助色团通常是含有非键电子对的基团，如—OH、—OR、—NHR、—SH、—Cl、—Br、—I 等。助色团会使生色团的吸收谱带向长波方向移动，吸收强度增加。

(3) 红移和蓝移。在有机化合物中，常因取代基的变更或溶剂的改变，使其吸收谱带的最大吸收波长 λ_{max} 发生移动。向长波方向移动称为红移，向短波方向移动称为蓝移(或紫移)。

(4) 增色效应与减色效应。由于结构改变或其他原因(如取代基或溶剂改变等)，吸收强度增加称为增色效应，吸收强度减弱称为减色效应。

5.2.3 紫外光谱吸收带的分类

紫外吸收光谱图中常见的吸收带主要有 R 吸收带、K 吸收带、B 吸收带和 E 吸收带。

R 吸收带(德文 radikalartig，基团型的，简称 R 带)是由 $n\to\pi^*$ 跃迁所产生的吸收带。如—C=O、—NO$_2$、—CHO 等化合物可产生 R 带吸收，其特点是吸收强度弱($\varepsilon_{max} < 100$)，吸收峰波长一般在 270nm 以上。

K 吸收带(德文 konjuierte，共轭的，简称 K 带)是由 $\pi\to\pi^*$ 跃迁所引起的吸收带，如共轭双键。K 带的特点是吸收峰强度很强($\varepsilon_{max} > 10^4$)。当共轭双键延长时，K 带的 λ_{max} 红移，ε_{max} 也会随之增加。

B 吸收带(德文 benzenoid，苯的，简称 B 带)为苯的 $\pi\to\pi^*$ 跃迁所引起的吸收带，为一宽峰，并存在若干小峰(或称精细结构)。B 带吸收波长在 230~270nm，中心约为 254nm，ε 约为 204，该吸收带对于识别分子中是否含有苯环很有用。

E 吸收带(简称 E 带)是把苯环看成乙烯键和共轭乙烯键的 $\pi\to\pi^*$ 跃迁所引起的吸收带。苯环化合物一般有两个 E 吸收带，分别称 E_1 带和 E_2 带，其吸收波长较低，位于 200nm 左右，强度很强($\varepsilon_{max} > 10^4$)，为芳香族化合物的特征吸收。苯在甲醇中 E_1 带的 λ_{max} 在 185nm(ε_{max} = 47000L·mol^{-1}·cm^{-1})，E_2 带的 λ_{max} 在 204nm(ε_{max} = 7900L·mol^{-1}·cm^{-1})，同时还有吸收较弱的 B 带。当苯环上引入助色团后，如—OH、—Cl 等，助色团中 n 电子与苯环形成 n-π 共轭体系，E_2 带发生红移，但一般在 210nm 左右；若发生生色团取代则与苯环形成 $\pi\to\pi^*$ 共轭体系，E_2 带与 K 带合并且发生红移，这时候的 E_2 带也相当于 K 带。

5.2.4 常见有机化合物的紫外吸收光谱

1. 饱和烃及其取代衍生物

饱和烃类分子中只含有 σ 键，因此只能产生 $\sigma\to\sigma^*$ 跃迁。饱和烃的最大吸收波长一般小于 150nm，已超出紫外-可见分光光度计的测量范围。

饱和烃的取代衍生物如卤代烃，其卤素原子上存在 n 电子，可产生 $n\to\sigma^*$ 跃迁。例如，

CH_3Cl、CH_3Br 和 CH_3I 的 $n \to \sigma^*$ 跃迁产生的吸收峰分别出现在 173nm、204nm 和 258nm 处。这说明卤素原子引入甲烷后产生了低能量的 $n \to \sigma^*$ 跃迁，吸收波长发生了红移，显示了助色团的作用，同时随着卤素原子半径的增加，$n \to \sigma^*$ 跃迁移向近紫外光区。

直接用烷烃和卤代烃的紫外吸收光谱来分析这些化合物的实用价值不大，但它们可用作紫外和可见吸收光谱测定的良好溶剂。

2. 不饱和烃及共轭烯烃

不饱和烃类分子含有 σ 键和 π 键，可产生 $\sigma \to \sigma^*$ 和 $\pi \to \pi^*$ 两种跃迁。$\pi \to \pi^*$ 跃迁所需能量小于 $\sigma \to \sigma^*$ 跃迁。在近紫外光谱图上，一般只能观测到 $\pi \to \pi^*$ 跃迁产生的吸收带。

当不饱和烃分子含两个或更多个双键共轭时，随着共轭系统的延长，$\pi \to \pi^*$ 跃迁产生的吸收带发生显著红移，吸收强度也随之增强（表 5.5）。从表 5.5 可见，当有五个以上 π 键共轭时，吸收带的 λ_{max} 已落在可见光区。在共轭体系中，$\pi \to \pi^*$ 跃迁产生的 K 带吸收均为强吸收（$\varepsilon_{max} > 10^4$）。K 带的 λ_{max} 和 ε_{max} 与共轭体系中 C=C 双键的数目、取代基种类和位置等因素有关。因此，可以根据紫外光谱分析共轭体系的结构。

表 5.5 某些共轭多烯的吸收光谱数据

化合物	溶剂	λ_{max}/nm	$\varepsilon_{max}/(L \cdot mol^{-1} \cdot cm^{-1})$
1,3-丁二烯	己烷	217	21000
1,3,5-己三烯	异辛烷	268	43000
1,3,5,7-辛四烯	环己烷	304	64000
1,3,5,7,9-癸五烯	异辛烷	334	121000
1,3,5,7,9,11-十二烷基六烯	异辛烷	364	138000

3. 羰基化合物

羰基化合物含有 C=O 基团，可产生 $n \to \sigma^*$、$n \to \pi^*$ 和 $\pi \to \pi^*$ 三种跃迁吸收带。其中，$n \to \pi^*$ 吸收带为 R 带，落于近紫外或紫外光区。醛、酮、羧酸及羧酸衍生物（如酯、酰胺、酰卤等）都含有羰基。由于醛和酮这两类物质与羧酸及其衍生物在结构上的差异，它们的 $n \to \pi^*$ 吸收带所处的光区稍有不同。醛、酮的 $n \to \pi^*$ 吸收带出现在 270~300nm 附近，吸收强度低（ε_{max} 为 10~20），且谱带略宽。当醛、酮的羰基与双键共轭时，形成了 α,β-不饱和醛酮类化合物。由于羰基与乙烯基共轭，即产生 π-π 共轭作用，使 $\pi \to \pi^*$ 和 $n \to \pi^*$ 吸收带分别移至 220~260nm 和 310~330nm。表 5.6 列出了某些 α,β-不饱和醛酮的吸收光谱数据。从此表可以看出，前一吸收带强度高（$\varepsilon_{max} \sim 10^4$），后一吸收带强度低（$\varepsilon_{max} < 10^2$）。这一特征可以用来识别 α,β-不饱和醛酮。

表 5.6 某些 α,β-不饱和醛酮的吸收光谱特征

化合物	取代基	$\pi \to \pi^*$ 带（K 带）		$n \to \pi^*$ 带（R 带）	
		λ_{max}/nm	$\varepsilon_{max}/(L \cdot mol^{-1} \cdot cm^{-1})$	λ_{max}/nm	$\varepsilon_{max}/(L \cdot mol^{-1} \cdot cm^{-1})$
甲基乙烯基甲酮	无	219	3600	324	24
2-乙基-1-己烯-3-酮	单基	221	6450	320	26
甲基异丙烯基酮	单基	218	8300	319	27

续表

化合物	取代基	$\pi \to \pi^*$带 (K 带)		$n \to \pi^*$带 (R 带)	
		λ_{max}/nm	$\varepsilon_{max}/(L \cdot mol^{-1} \cdot cm^{-1})$	λ_{max}/nm	$\varepsilon_{max}/(L \cdot mol^{-1} \cdot cm^{-1})$
亚乙基丙酮	单基	224	9750	314	38
丙炔醛	无	<210	—	328	13
巴豆醛	单基	217	15650	321	19
柠檬醛	双基	238	13500	324	65
β-环柠檬醛	三基	245	8300	328	43

羧酸及其衍生物虽然也有 $n \to \pi^*$ 吸收带，但羧酸及其衍生物的羰基上的碳原子直接连接含有未共用电子对的助色团，如—OH、—Cl、—OR、—NH$_2$ 等。这些助色团上的 n 电子与羰基双键的 π 电子产生 n-π 共轭，导致 π^* 轨道的能级有所提高，但这种共轭作用并不能改变 n 轨道的能级，因此实现 $n \to \pi^*$ 跃迁所需能量变大，使 $n \to \pi^*$ 吸收带紫移至 210nm 左右。

4. 苯及其衍生物

苯是封闭的 π-π 共轭体系，在紫外光区有三个吸收带，均由 $\pi \to \pi^*$ 跃迁产生，如图 5.2 所示。E$_1$ 带（或称'B 带或 β 带）出现在 180nm 处，ε_{max} = 60000；E$_2$ 带（或称'L$_a$ 带或 ρ 带）出现在 204nm 处，ε_{max} = 8000；B 带（或称'L$_b$ 带或 α 带）出现在 255nm 处，ε_{max} = 200。在气态或非极性溶剂中，苯及其衍生物的 B 带显示出精细结构，这是由于振动跃迁在基态电子跃迁上的叠加；在极性溶剂中，这些精细结构消失。

当苯环上有取代基时，苯的三个特征谱带都发生显著变化，其中影响最大的是 E$_2$ 带和 B 带。表 5.7 列出了部分取代基对苯环谱带的影响。从该表可知，当苯环上引入—NH$_2$、—OH、—CHO、—NO$_2$ 等基团时，苯的 B 带发生显著红移，且吸收强度增大。此外，由于这些基团上有 n 电子，故可能产生 $n \to \pi^*$ 跃迁吸收带。例如，硝基苯、苯甲醛的 $n \to \pi^*$ 吸收带的 λ_{max} 分别为 330nm 和 328nm。

表 5.7 苯及其某些衍生物的吸收光谱

化合物	溶剂	E$_1$ 带		E$_2$ 带		B 带		R 带	
		λ_{max}/nm	ε_{max}	λ_{max}/nm	ε_{max}	λ_{max}/nm	ε_{max}	λ_{max}/nm	ε_{max}
苯	己烷	184	68000	204	8800	254	250	—	—
甲苯	己烷	189	55000	208	7900	262	260	—	—
苯酚	水	—	—	211	6200	270	1450	—	—
苯胺	水	—	—	230	8600	280	1400	—	—
苯甲酸	水	—	—	230	10000	270	800	—	—
硝基苯	己烷	—	—	252	10000	280[1]	1000	330[1]	140
苯甲醛	己烷	—	—	242	14000	280	1400	328	55
苯乙烯	己烷	—	—	248	15000	282	740	—	—

[1] 肩峰。

5. 稠环芳烃及杂环化合物

稠环芳烃如萘、蒽、菲、芘等均显示 E_1 带、E_2 带和 B 带吸收。与苯的吸收相比，这三个吸收带均发生红移，且强度增加。随着苯环数目增多，吸收波长红移越多，吸收强度也相应增加。表 5.8 列出了某些稠环芳烃的吸收光谱数据。从表中可以看出，像菲、䓛这样的角型稠环芳烃，在 210～245nm 范围还出现另一个吸收带。

表 5.8 某些稠环芳烃的吸收光谱

化合物	溶剂	$C_b(\beta)$ 带		$B(\beta)$ 带		$L_a(\rho)$ 带		$L_b(\alpha)$ 带	
		λ/nm	ε/(L·mol^{-1}·cm^{-1})	λ/nm	ε/(L·mol^{-1}·cm^{-1})	λ/nm	ε/(L·mol^{-1}·cm^{-1})	λ/nm	ε/(L·mol^{-1}·cm^{-1})
苯	庚烷	—	—	184	60000	204	8000	255	200
萘	异辛烷	—	—	221	110000	275	5600	311	250
蒽	异辛烷	—	—	251	200000	36	5000	遮盖	—
丁省	庚烷	—	—	272	180000	473	12500	遮盖	—
菲	甲醇	219	18000	251	90000	292	20000	330	350
䓛	95%乙醇	220	3000	267	160000	306	15500	360	1000

当芳环上的—CH═基团被氮原子取代后，则相应的氮杂环化合物（如吡啶、喹啉、吖啶）的吸收光谱与相应的碳环化合物极为相似，如吡啶与苯相似，喹啉与萘相似。此外，由于引入含有 n 电子的 N 原子，这类杂环化合物还可能产生 n→π* 吸收带，如吡啶在非极性溶剂的相应吸收带出现在 270nm 处（ε_{max} 为 450）。图 5.18 给出了各种常见跃迁的紫外-可见吸收光谱的位置和强度（以 $\lg\varepsilon_{max}$ 表示）。

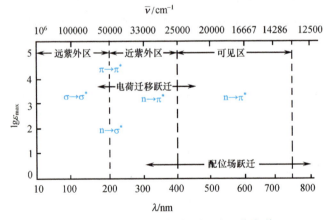

图 5.18 几种常见的紫外-可见光吸收光谱

5.2.5 溶剂对紫外吸收光谱的影响

各种因素对吸收谱带的影响主要表现为谱带位移（红移或蓝移）、谱带强度的变化（增强或减弱）、谱带精细结构的出现或消失等。其中，溶剂对电子光谱的影响比较复杂，因此一般紫外-可见吸收光谱图上都注明所用溶剂。

1. 溶剂对光谱精细结构的影响

物质为气态时，没有溶剂，吸收光谱是由孤立的分子给出的，可表现出振动甚至转动跃迁等精细结构；物质溶于溶剂后，由于溶剂化作用，被测组分分子不是孤立的，带有很多溶剂分子，因而转动困难，所以对液体样多表现出振动光谱；当溶剂极性很大时，溶剂与溶质分子间发生强相互作用，分子中的振动也受到限制，因而振动跃迁也表现不出来，如图 5.19 所示。

2. 溶剂对谱带位置和强度的影响

溶剂极性发生改变，有机分子各吸收带的最大吸收波长和吸收强度也随之发生变化。一般来说，当溶剂极性增大时，n→π* 跃迁吸收带发生蓝移，吸收强度下降；π→π* 跃迁吸收带发生红移，吸收强度增大。在 π→π* 跃迁中，激发态极性大于基态，当使用极性大的溶剂时，由于溶剂与溶质相互作用，激发态 π* 比基态 π 的能量下降更多，因而激发态与基态之间的能量差减小，导致吸收谱带的 λ_{max} 红移。而在 n→π* 跃迁中，基态 n 电子可与极性溶剂形成氢键，使基态能量降低更多，如图 5.20 所示，反而使激发态与基态之间（π* 轨道与 n 之间）的能量差变大，导致吸收谱带的 λ_{max} 发生蓝移。

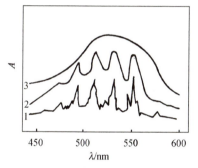

图 5.19 对称四嗪的吸收光谱
1. 蒸气态；2. 环己烷中；3. 水中

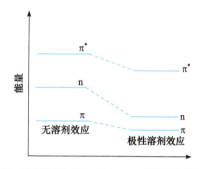

图 5.20 溶剂极性对 π→π* 与 n→π* 跃迁能量的影响

表 5.9 列出了溶剂对异丙叉丙酮 $[CH_3—CO—CH=C(CH_3)_2]$ 分子中 π→π* 和 n→π* 跃迁吸收带的影响。

表 5.9 异丙叉丙酮的 π→π* 和 n→π* 跃迁的溶剂效应

溶剂	跃迁类型		溶剂	跃迁类型	
	π→π*	n→π*		π→π*	n→π*
正己烷	230	329	CH_3OH	237	309
$CHCl_3$	238	315	H_2O	243	305

3. 溶剂选择原则

由于溶剂对电子光谱影响较大，故在选择测定电子光谱曲线的溶剂时应当慎重。溶剂选择的一般原则为：①尽量选用非极性或低极性溶剂；②溶剂应能很好地溶解被测物，且形成的溶液具有良好的化学和光化学稳定性；③溶剂在样品的吸收光区内应无明显吸收。表 5.10

列出了紫外吸收光谱测定中常用的溶剂。

表 5.10 各种常用溶剂的使用最低波长极限

溶剂	最低波长极限/nm	溶剂	最低波长极限/nm
200～250		异丙醇	215
乙腈	210	水	210
正丁醇	210	250～300	
氯仿	245	苯	280
环己烷	210	四氯化碳	265
十氢化萘	200	N,N-二甲基甲酰胺	270
1,1-二氯乙烷	235	甲酸甲酯	260
二氯甲烷	235	四氯乙烯	290
1,4-二氧六环	225	二甲苯	295
十二烷	200	300～350	
乙醇	210	丙酮	300
乙醚	210	苯甲腈	300
庚烷	210	溴仿	335
己烷	210	吡啶	305
甲醇	215	350～400	
甲基环己烷	210	硝基甲烷	380
异辛烷	210		

5.2.6 紫外吸收光谱的应用

1. 有机化合物的定性鉴定

由于紫外-可见光区的吸收光谱比较简单，特征性不强，并且大多数简单基团在近紫外光区只有微弱吸收或无吸收，因此紫外吸收光谱法在定性鉴定和结构分析中的应用有一定局限性。但是它可以用于鉴定共轭生色团，以此推断未知物的结构骨架，配合红外光谱、核磁共振波谱等进行定性鉴定和结构分析。

利用紫外吸收光谱法确定未知不饱和化合物的结构骨架时，一般有两种方法：①比较吸收光谱曲线；②用经验规则计算最大吸收波长，然后与实测值比较。

吸收光谱曲线的形状、吸收峰的数目以及最大吸收波长的位置和相应的摩尔吸收系数是进行定性鉴定的依据。其中，λ_{max} 及相应的 ε_{max} 是定性鉴定的主要参数。比较法是在相同的测定条件下，比较未知物与已知标准物的吸收光谱曲线，如果它们的吸收光谱曲线完全等同，则可以认为待测样品与已知化合物有相同的生色团。进行这种比较时也可以借助于前人汇编的以实验结果为基础的各种有机化合物的紫外与可见光谱标准谱图，或有关电子光谱数据表。常用的标准图谱及电子光谱数据表有：

（1）Sadtler Standard Spectra(Ultraviolet)，Heyden，London，1978。萨特勒标准图谱，共收集了 46000 种化合物的紫外光谱。

（2）R. A. Friedel，M. Orchin. Ultraviolet Spectra of Aromatic Compounds，Wiley，New York，

1951。该书收集了 579 种芳香化合物的紫外光谱。

(3) Kenzo Hirayama. Handbook of Ultraviolet and Visible Absorption Spectra of Organic Compounds, Plenum, New York, 1967。

(4) Organic Electronic Spectral Data。这是一套由许多作者共同编写的大型手册性丛书。所搜集的文献资料自 1946 年开始，目前还在继续编写。例如，M. J. Kamlet. Organic Electronic Spectral Data, Vol.I, 1946：52, Interscience, 1960。

当采用其他物理和化学方法已判断某化合物有几种可能结构时，可用经验规则计算紫外光谱上的最大吸收波长，并与实测值比较，然后确认物质的结构。常用的经验规则有两种：伍德沃德-费歇尔(Woodward-Fieser)规则和斯科特(Scott)规则。Woodward-Fieser 规则是用于计算共轭二烯、多烯烃及共轭烯酮类化合物 $\pi \rightarrow \pi^*$ 跃迁最大吸收波长的经验规则；Scott 规则是用于计算芳香族羰基的衍生物，如苯甲醛、苯甲酸、苯甲酸酯等在乙醇中的 λ_{max}。计算时，首先从母体得到一个最大吸收波长的基数，然后对连接在母体 π 电子体系上的不同取代基以及其他结构因素加以修正。下面主要对 Woodward-Fieser 经验规则和 Scott 经验规则进行讨论。

(1) Woodward-Fieser 经验规则。共轭多烯和共轭烯酮类化合物 $\pi \rightarrow \pi^*$ 跃迁的最大吸收波长都可以采用 Woodward-Fieser 经验规则计算。计算时首先选择母体，确定基本值，然后对连接在母体上的取代基等因素进行修正。具体见表 5.11 和表 5.12。

表 5.11　计算共轭烯烃 $\pi \rightarrow \pi^*$ 跃迁 λ_{max} 的 Woodward-Fieser 经验规则

共轭烯烃母体	基本值λ/nm	共轭烯烃母体	基本值λ/nm
共轭二烯 >C=C—C=C<	217	异环二烯	214
半环二烯	214	同环双烯	253(214+39)
取代基团	增加值λ/nm	取代基团	增加值λ/nm
增加一个共轭双键	+30	—OR	+6
增加一个环外双键	+5	—NR$_2$	+60
—R(烷基或环)	+5	—SR	+30
—X(—Cl，—Br)	+5	—OAc；溶剂校正	0

表 5.12　计算不饱和羰基化合物 $\pi \rightarrow \pi^*$ 跃迁 λ_{max} 的 Woodward-Fieser 经验规则

母体 $-\overset{\delta}{C}=\overset{\gamma}{C}-\overset{\beta}{C}=\overset{\alpha}{C}-\overset{R}{\underset{\|}{C}}=O$	λ/nm
酮(R=C)基本值	215
醛(R=H)	209
酸或酯(R=OH 或 OR)	193
α,β-不饱和五元环酮	202
取代基团	增加值λ/nm
同环共轭双键	+39
增加一个共轭双键	+30
增加一个环外双键	+5

续表

共轭体系上的取代	α	β	γ	δ
R（烷基或环）	+10	+12	+18	+18
—OH	+35	+30	+50	+50
—OR	+35	+30	+17	+31
—OCOR	+6	+6	+6	+6
—Cl	+15	+12		
—Br	+25	+30		
—SR		+85		
—NR₂		+95		

【例 5.2】 同环二烯母体　　　　　253nm
三个环外双键　3×5　　　　　　15nm
共轭双键延长　2×30　　　　　　60nm
五个烷基取代　5×5　　　　　　25nm
酰氧基取代　　1×0　　　　　　0nm
计算值(λ_{max})　　　　　　　353nm（实测值 355nm）

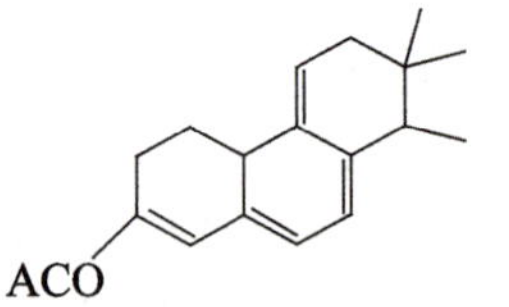

【例 5.3】 同环二烯母体　　　　　253nm
一个环外双键　1×5　　　　　　5nm
共轭双键延长　1×30　　　　　　30nm
四个烷基取代　4×5　　　　　　20nm
计算值(λ_{max})　　　　　　　308nm

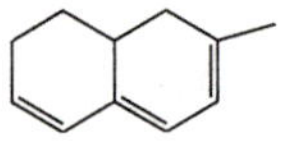

【例 5.4】 同环二烯母体　　　　　253nm
三个环外双键　3×5　　　　　　15nm
共轭双键延长　1×30　　　　　　30nm
五个烷基取代　5×5　　　　　　25nm
计算值(λ_{max})　　　　　　　323nm

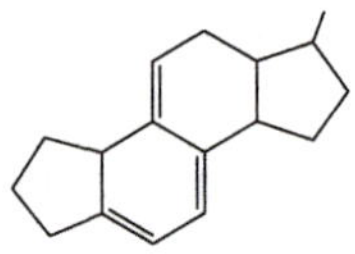

【例 5.5】 α,β 不饱和酮母体　　　215nm
共轭双键延长　　1×30　　　　30nm
γ 位一个烷基取代　18　　　　　18nm
δ 位两个烷基取代　2×18　　　　36nm
计算值(λ_{max})　　　　　　　299nm

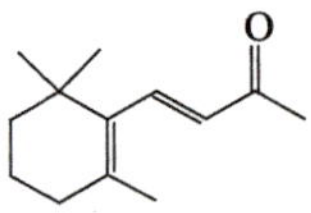

【例 5.6】 α,β 不饱和五元环酮母体　202nm
共轭双键延长　　1×30　　　　30nm
一个环外双键　　1×5　　　　　5nm
β 位一个烷基取代　12　　　　　12nm
γ 位一个烷基取代　18　　　　　18nm
δ 位一个烷基取代　18　　　　　18nm
δ 位一个 Cl 取代　0　　　　　　0nm
计算值(λ_{max})　　　　　　　285nm

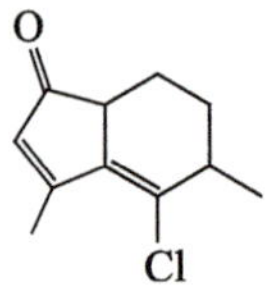

(2) Scott 经验规则。苯甲酰基衍生物的最大吸收波长可以根据 Scott 经验规则计算（表 5.13）。

表 5.13 苯甲酰基衍生物最大吸收波长计算的 Scott 经验规则

Y—PhCO—X 母体		λ/nm	
X=烷基或环残基(酮)		246	
X=H(醛)		250	
X=OH 或 OR(酸或酯)		230	
苯环上取代导致的 λ_{max} 增加	邻位	间位	对位
Y=R(烷基或环)	+3	+3	+10
Y=—OH，—OR	+7	+7	+25
Y=O$^-$	+11	+20	+78
Y=Cl	0	0	+10
Y=Br	+2	+2	+15
Y=NH$_2$	+13	+13	+58
Y=NHCOCH$_3$	+20	+20	+45
Y=NHCH$_3$			+73
Y=N(CH$_3$)$_2$	+20	+20	+85

【例 5.7】 苯甲酰基母体　　　246nm
邻位—OH　　　　　　　　7nm
间位—OH　　　　　　　　7nm
对位—OH　　　　　　　　25nm
计算值(λ_{max})　　　　　285nm

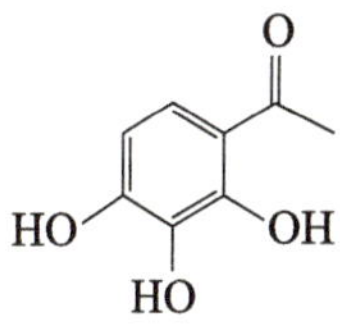

【例 5.8】 苯甲酰基母体　　　246nm
邻位—OH　　　　　　　　7nm
邻位 R　　　　　　　　　3nm
对位—Cl　　　　　　　　10nm
计算值(λ_{max})　　　　　266nm

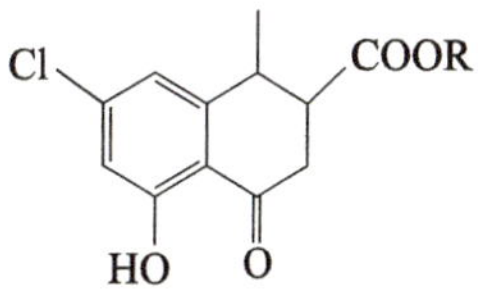

2. 有机化合物的纯度检验

如果某化合物在紫外区没有吸收峰，而杂质有较强吸收，就可方便地检出该化合物中的痕量杂质。例如，要鉴定甲醇或乙醇中的杂质苯，可利用紫外吸收光谱测定苯在 256nm 处的 B 带吸收，甲醇或乙醇在此波长处几乎没有吸收。又如，四氯化碳中有无二硫化碳杂质，只要观察紫外光谱图中 318nm 处有无二硫化碳的吸收峰即可。

如果化合物在紫外区有较强的吸收带，有时可用摩尔吸收系数来检查其纯度。例如，菲的氯仿溶液在 296nm 处有强吸收($lg\varepsilon=4.10$)。用某法精制的菲，熔点 100℃，沸点 340℃，似乎已很纯，但用紫外吸收光谱仪测得其在氯仿溶剂中的 $lg\varepsilon=3.70$，比标准菲约低 10%，表明其实际含量只有 90%，其余可能是蒽等杂质。

3. 生物分析中的应用

核酸中含有嘌呤、嘧啶结构，蛋白质中含有酪氨酸和色氨酸残基，它们都会在紫外光区产生吸收，核酸和蛋白质溶液的最大吸收波长分别为 260nm 和 280nm。在一定浓度范围内，其最大吸收波长处的吸光度与浓度成正比,遵循朗伯-比尔定律,可以用作核酸和蛋白质的定量分析。

通过280nm和260nm处吸光度的比值还能估计核酸的纯度。例如,纯净DNA比值为1.8,RNA为2.0。若比值大于1.8,可能DNA样品中还存在RNA未除尽;如果比值小于1.8,可能存在酚和蛋白质的干扰;如果270nm存在较强吸收,可能是酚的干扰。

4. 有机化合物官能团推断

根据化合物的紫外吸收光谱可以推测其所含的官能团。例如,某化合物在220～400nm范围内无吸收峰,它可能是脂肪族碳氢化合物、胺、腈、醇、羧酸、氯代烃和氟代烃,不含双键或环状共轭体系,没有醛、酮或溴、碘等基团。若在210～250nm有强吸收带,可能含有两个双键的共轭单位;在260～350nm有强吸收带,表示有3～5个共轭单位。

如果化合物在270～350nm范围内出现的吸收峰很弱($\varepsilon = 10 \sim 100$)而无其他强吸收峰,则说明只含非共轭的、具有n电子的生色团,如表5.14所示。

表5.14 非共轭n电子化合物的紫外吸收和跃迁形式

化合物	λ_{max}/nm	ε_{max}/(L·mol^{-1}·cm^{-1})	跃迁形式
$(CH_3)_2C=O$	279	16	$n \to \pi^*$
CH_3NO_2	278	20	$n \to \pi^*$
CH_3I	259	382	$n \to \sigma^*$
$CH_3-N=N-CH_3$	345	5	$n \to \pi^*$
$(CH_3)_2CH-N=O$	300	100	$n \to \pi^*$
$(CH_3)_2C=S$	400	20	$n \to \pi^*$

如果在250～300nm有中等强度吸收带,且有一定的精细结构,则表示有苯环的特征吸收。

5. 有机化合物构型与构象推测

紫外吸收光谱可以用于顺反异构体、同分异构体、互变异构体和构象的判别。

与顺式异构体相比,反式异构体分子通常共平面性比较好,空间位阻小,共轭效应强,因此其λ_{max}更大,吸收强度也更大。例如,顺式肉桂酸的$\lambda_{max} = 280$nm($\varepsilon_{max} = 13500$),而反式肉桂酸的$\lambda_{max} = 295$nm($\varepsilon_{max} = 27000$),采用紫外光谱很容易进行区分。

具有共轭骨架差异的同分异构体也可以用紫外吸收光谱判别。例如,紫罗兰酮具有α和β两种异构体,β-紫罗兰酮的λ_{max}比α-紫罗兰酮红移近70nm,采用紫外光谱很容易判别。

α-紫罗兰酮 $\lambda_{max}=228$nm ($\varepsilon_{max}=14000$)

β-紫罗兰酮 $\lambda_{max}=296$nm ($\varepsilon_{max}=11000$)

乙酰乙酸乙酯有酮式和烯醇式的互变异构现象。在极性溶剂中其λ_{max}在272nm左右,为弱吸收,而在非极性溶剂中λ_{max}在243nm左右,为强吸收,具有明显区别。酮式异构体是孤立的羰基,由$n \to \pi^*$跃迁产生272nm的弱吸收,在极性溶剂(如水、乙醇)中容易形成分子间氢键使羰基稳定；烯醇式异构体羰基与双键共轭，由 π→π* 跃迁产生 243nm 的强吸收，在非极性溶剂(如己烷)中，烯醇式容易形成分子内氢键。因此，乙酰乙酸乙酯在极性溶剂中以酮式结构为主，随着溶剂极性的减弱，烯醇式异构体比例会逐渐增多。

(分子间氢键)   酮式   烯醇式   (分子内氢键)

λ_{max}=272nm, ε_{max}=16 λ_{max}=243nm, ε_{max}=16000

分子的构象差异在紫外光谱上也有区别，如 α-卤代环己酮，C—X 键处于直立键时 σ 电子与羰基的 π 电子重叠更多，因此 C—X 键处于直立键的 λ_{max} 比平伏键要大一些，用紫外光谱可以判别。

6. 氢键强度的测定

n→π* 吸收带在极性溶剂中比在非极性溶剂中的波长短一些。在极性溶剂中，分子间形成了氢键，实现 n→π* 跃迁时，氢键也随之断裂；此时，物质吸收的光能一部分用以实现 n→π* 跃迁，另一部分用以破坏氢键。而在非极性溶剂中，不可能形成分子间氢键，吸收的光能仅为了实现 n→π* 跃迁，故所吸收的光波的能量较低，波长较长。由此可见，只要测定同一化合物在不同极性溶剂中的 n→π* 跃迁吸收带，就能计算其在极性溶剂中氢键的强度。

例如，在极性溶剂水中，丙酮的 n→π* 吸收带为 264.5nm，其相应能量等于 452.96kJ·mol^{-1}；在非极性溶剂己烷中，该吸收带为 279nm，其相应能量为 429.40kJ·mol^{-1}。因此，丙酮在水中形成的氢键强度为 452.96 − 429.40 = 23.56(kJ·mol^{-1})。

思考题 5.6 生色团和助色团的区别是什么？
思考题 5.7 什么叫摩尔吸光系数？它的单位是什么？有什么意义？
思考题 5.8 采用什么方法可以区别 n→π* 和 π→π* 跃迁类型？
思考题 5.9 $(CH_3)_3N$ 能产生 n→σ* 跃迁，其 λ_{max} 为 227nm(ε = 900)。若在酸性溶液中测定，该峰会怎样变化？
思考题 5.10 一氯甲烷、丙酮、1,3-丁二烯、甲醇四种化合物中，同时有 n→π*、π→π*、σ→σ* 跃迁的化合物是哪种？

5.3 红外光谱分析法

当采用频率连续变化的光源照射样品分子时，分子会吸收特定波长的红外光，引起振-转能级的跃迁，产生红外吸收光谱。这里所说的红外光波长范围从 0.76μm 到 1000μm，通常可分为三个区域：即近红外光区，波长在 0.76~2.5μm，又称泛频区；中红外光区，波长在 2.5~25μm，也称基频区；远红外光区，波长在 25~1000μm。有机化合物的红外光谱基本上都在中红外光区。

20 世纪前半叶，美国的 William Weber Coblentz 首次证明不同的原子或分子基团在红外光区会产生不同特征波长的吸收。1947 年第一台商业化的红外光谱仪问世，开始用于工业定性分析，如合成橡胶。20世纪50年代，傅里叶变换红外光谱仪问世，灵敏度和工作效率大大提高。红外光谱分析法是利用物质分子对红外光的吸收特性进行分析鉴定的一类方法。它是现代分析化学和结构化学不可缺少的工具，具有试样用量少、分析速度快、不破坏试样等特点，广泛用于无机化合物及有机化合物的结构鉴定。近年来，红外光谱分析法应用于生命科学的各个研究领域，如蛋白质、DNA等结构的解析和测序，发挥着越来越重要的作用。

在红外光谱中，常用波长和频率表示谱带的位置。波长用$\lambda(\mu m)$表示，波数用$\tilde{\nu}(cm^{-1})$表示，它们之间的关系是

$$\tilde{\nu} = \frac{10^4}{\lambda} \tag{5.18}$$

波数的物理意义是每厘米长度内波长的数目。标准红外光谱图中的横坐标可以用波长和波数两种刻度来表示(图5.21)，两种表示方式各有优缺点，最常用的是波数。根据式(5.18)，波长与波数互为倒数，因此二者可以进行互换。谱图的纵坐标常用透过率($T/\%$)表示。

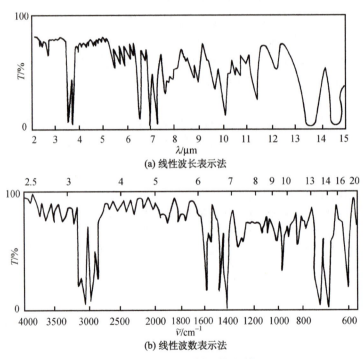

图 5.21 聚苯乙烯红外光谱

5.3.1 基本原理

任何物质的分子都是由原子通过化学键连接而组成的，而分子中的原子与化学键都处于不断的运动中，它们的运动除了前节中所讨论的价电子跃迁之外，还有分子中原子的振动和分子本身的转动。振动能级跃迁所需要的能量远比电子能级跃迁所需要的能量小，其波长在红外光区。而转动能级跃迁所需要的能量比振动能级跃迁所需的能量要小，其波长在远红外区。能级的跃迁只有在两能级的偶极矩变化不为零时才能发生。因此，能级间的跃迁要服从一定的规律，这个规律称为红外选律。

转动能级的跃迁：对极性分子来说，ΔJ（选律）= ±1，它表示转动能级跃迁只能在相邻的两个能级之间发生，例如，从 $J' = 0$ 跃迁到 $J'' = 1$，或从 $J' = 1$ 跃迁到 $J'' = 2$；而非极性分子转动时，偶极矩不发生改变，因此没有纯转动光谱产生。

振动能级的跃迁：按谐振子模型，其选律 Δv 对极性分子而言为 ±1；按非谐振子模型，其选律对极性分子来说 $\Delta v = ±1、±2、±3\cdots$。振动能级跃迁所需的能量大于转动能级跃迁所需的能量，因此振动能级的跃迁常伴随着转动能级的跃迁，所产生的光谱又称为振转光谱。对于非极性的同核双原子分子，振动时偶极矩不改变，即 $\Delta v = 0$，因此不产生振动光谱。

振动光谱位于中红外光区，故也称为中红外光谱，简称红外光谱。现以 HCl 分子为例进行讨论。

若 HCl 分子中氢原子和氯原子以较小的振幅在平衡位置附近做伸缩振动，可近似地把它看成一个谐振子（图 5.22）。设氢的原子质量为 m_A，氯的原子质量为 m_B，它们处于平衡时，核间距为 r，两原子到质量中心 O 的距离分别为 r_A 和 r_B，而分子质量中心 O 位置不变。连接两原子的化学键的质量可忽略不计。当两原子在一瞬间沿键轴方向做振动时，力和位移的关系符合虎克定律，按照经典力学，简谐振动的振动频率 v 用下式表示：

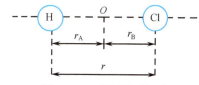

图 5.22 双原子分子振动

$$v = \frac{1}{2\pi}\sqrt{\frac{K}{\mu}} \tag{5.19}$$

式中，K 为键力常数，单位为 $N \cdot cm^{-1}$；μ 为折合质量，有

$$\mu = \frac{m_A m_B}{m_A + m_B}$$

波数与频率的关系可用下式表示：

$$\tilde{v} = \frac{v}{c} \tag{5.20}$$

式中，c 为光速，其值为 $3 \times 10^{10} cm \cdot s^{-1}$。式(5.20)代入式(5.19)得

$$\tilde{v} = \frac{1}{2\pi c}\sqrt{\frac{K}{\mu}} \tag{5.21}$$

小球的质量与相对原子质量之间存在阿伏伽德罗常量的换算关系

$$\tilde{v} = \frac{N_A^{1/2}}{2\pi c}\sqrt{\frac{K}{\mu}} = 1302\sqrt{\frac{K}{\mu}} \tag{5.22}$$

式中，N_A 为阿伏伽德罗常量 $(6.022 \times 10^{23} mol^{-1})$，另外 K 的单位通常为 $N \cdot cm^{-1}$，需转换为 $10^5 dyn \cdot cm^{-1}$ 计算，常数项可合并为 1302。

这样，用式(5.22)便可近似地计算出双原子分子中键的振动频率。

例如，甲烷中 C—H 的 $K = 4.79 N \cdot cm^{-1}$，计算 C—H 的 $\tilde{v}_{C-H}$ 为 $2960 cm^{-1}$，实测值为 $2915 cm^{-1}$，理论计算值与实测值接近，且实测值比理论计算值略低。

同样可计算出 $\tilde{v}_{C-C}$ 为 $1195 cm^{-1}$，$\tilde{v}_{C=C}$ 为 $1685 cm^{-1}$，$\tilde{v}_{C\equiv C}$ 为 $2170 cm^{-1}$，而实测值分别为 $1150 cm^{-1}$、$1640 cm^{-1}$、$2160 cm^{-1}$。实测值较理论值低，是由于把双原子分子当作一个谐振子来处理。实际上分子不可能是一个谐振子，而是非谐振子。量子力学证明，非谐振子的

选律是 $\Delta v = \pm 1、\pm 2、\pm 3\cdots$。由 $v=0$ 跃迁到 $v=1$ 时所发生的吸收称为基频吸收，其频率称为基频频率，用 $\tilde{v}_0$ 表示

$$\tilde{v}_0 = \tilde{v} - 2\tilde{v}x \tag{5.23}$$

式中，x 称为非谐性常数，其值很小。

由式(5.23)可知，非谐振子的振动频率小于谐振子的振动频率，即 $\tilde{v}_0$ 比 $\tilde{v}$ 小 $2\tilde{v}_x$。由式(5.23)计算出甲烷中的 $\tilde{v}_0 = 2921 cm^{-1}$，与实测值比较接近。

多原子分子的振动情况要复杂些，但可以把它分成若干个简单的基频振动来处理，这种基频振动也称为简正振动，简正振动的频率称为简正频率或基频频率。一个由 n 个原子所组成的分子，其中每个原子的运动状态都可由三个自由度来描述。对 n 个原子就有 $3n$ 个自由度。非线性分子有 $(3n-6)$ 个振动自由度。线性分子有 $(3n-5)$ 个振动自由度。例如水分子是非线性分子，其自由度为3，即水分子有3个基频振动(图5.23)。

图 5.23 H_2O 的基频振动

多原子分子中，每个振动按理都应产生一个吸收谱带，但实测与计算不一致。这是因为分子中的某些振动形式无偶极矩的变化，故不能产生可观察的红外吸收谱带。在红外光谱中把这种不产生偶极矩变化的振动称为红外非活性振动。例如，CO_2 分子，按计算应有四个基频振动，但实际观察到的只有 $2350 cm^{-1}$ 与 $666 cm^{-1}$ 两处有吸收峰出现。这是因为 $1340 cm^{-1}$ 处的振动不引起偶极矩的变化，为红外非活性振动，故无吸收峰出现(图5.24)。

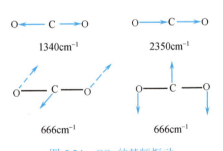

图 5.24 CO_2 的基频振动

在 $666 cm^{-1}$ 处的两种振动形式虽然不同，但振动频率一样，发生简并。因此，在 $666 cm^{-1}$ 处只出现一个吸收峰。一般来说，分子对称性越高，发生简并的情况越多，产生吸收峰的数目就越少。

此外，在多原子分子中，除了产生基频振动吸收外，还会产生倍频、组合频、热带等振动吸收。基频振动吸收对应于基态($v=0$)到第一激发态($v=1$)的跃迁，发生的概率最大，是主要研究对象。而倍频吸收对应于基态到第二激发态($v=2$)的跃迁，发生的概率较小。量子力学证明，倍频吸收峰并不正好是基频吸收位置的二倍处，而是比二倍基频频率低 $6\tilde{v}x$。这是由振动的非谐性造成的，故振动能级的间隔随振动量子数的增加不等距离地增加。例如，羰基的基频是 $1730 cm^{-1}$，但有时也在 $3430 cm^{-1}$ 处出现倍频。在发生基频振动吸收与倍频振动吸收的同时，也可发生组合频吸收与热带等，不过这种吸收的概率很小，其产生的吸收峰强度也很弱。这些现象都可能使理论计算值与实测值产生偏差。

5.3.2 红外光谱仪器与制样

色散型红外光谱仪由光源、分光系统、样品室和检测处理系统组成。分光系统和检测处理系统与紫外-可见分光光度计类似，红外光谱仪中的样品室可以放置气体、液体或固体样品池，光谱仪中的光源要采用红外辐射光源。常用的光源有能斯特灯(Nernst glower)和硅碳棒(globar)两种，它们都能够发射高强度连续波长的光。能斯特灯由粉状的氧化锆(ZrO_2)、氧化钇(Y_2O_3)和氧化钍(ThO_2)的混合物压制成型，经高温烧结而成棒状，操作温度为1500℃左右。硅碳棒是由一定筛目的硅碳砂加压成型，经高温烧结制成，操作温度为1300℃左右。

20世纪60年代末发展起来的傅里叶变换红外光谱仪不再是采用棱镜或光栅分光，而是采用迈克尔逊(Michelson)干涉仪得到干涉图，再通过傅里叶变换将以时间为变量的干涉图变换为以频率为变量的光谱图。目前常用的红外光谱仪基本上都是傅里叶变换型。

气、液及固态样品都可测定其红外光谱，但以固态样品最方便。

对样品的主要要求：①样品的纯度需大于98%；②样品应不含水分，若含水(结晶水、游离水)则对羟基峰有干扰，样品更不能是水溶液。若制成溶液，需用符合所测光谱波段要求的溶剂配制。

固体样品常用压片法。以直径为13mm的样品片为例。取200目光谱纯、干燥的KBr粉末100～200mg，样品12mg，在玛瑙研钵中研匀(在红外灯下操作)，装入压片模具，边抽气边加压，至压强约为1.8MPa时，维持压力10min，卸掉压力，得厚约1mm的透明KBr样品片。优级纯或分析纯KBr宜重结晶后使用。

液体样品常用液体池法与液膜法。将液态样品装入液体池中，测定样品的吸收光谱。所用的溶剂需要选择在测定波段区间无强吸收的溶剂，否则即便用空白抵偿也不能完全抵消。常用的溶剂有CCl_4(4000～1350cm^{-1})及CS_2(1350～600cm^{-1})，但CCl_4在1580cm^{-1}处稍有干扰。液体样品也可直接涂膜到KBr晶片上测定。

5.3.3 红外光谱与分子结构的关系

1. 分子振动类型

一个分子内原子和化学键的振动频率取决于原子的质量和大小以及化学键的长度和强度，同时与分子周围的环境有关。一般来说，分子的振动分为伸缩振动与变形振动两大类。

1) 伸缩振动

分子中原子沿键轴方向的振动称为伸缩振动，其频率用符号$\tilde{\nu}$表示。伸缩振动时，键长发生改变，而键角不改变。

如果振动的各化学键同时伸长或缩短，这种振动称为对称伸缩振动，用符号$\tilde{\nu}_s$表示。如有的键伸长而另外的键缩短，这种振动称为反对称伸缩振动，用符号$\tilde{\nu}_{as}$表示(图5.25)。

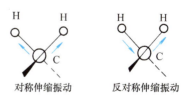

图5.25 亚甲基的伸缩振动

2) 变形振动

变形振动(或弯曲振动)是指原子垂直于键轴方向、键角发生周期变化而键长不变的振动。可分为面内变形振动和面外变形振动。面内变形振动又分为剪式振动(δ)和面内摇摆振动(ρ)，面外变形振动可分为面外摇摆振动(ω)和扭曲振动(τ)。

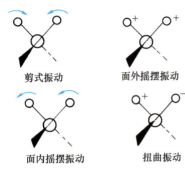

图 5.26 亚甲基的变形振动

以亚甲基为例，取图示(图 5.26)所在的纸平面为参考平面，其剪式振动时碳原子处于相对静止位置，两个氢原子在平面内呈剪刀状做往复振动。发生面内摇摆振动时，整个亚甲基作为一个整体在平面内摇摆，做类似钟摆的运动。面外摇摆和扭曲振动时，碳原子处于相对静止的位置，而两个氢原子都脱离了亚甲基所在的平面，振动方向与参考平面垂直。其中面外摇摆振动键角不发生变化，两个氢原子同时向平面上和下摆动。而扭曲振动时键角发生了变化，一个氢原子向平面上振动时，另一个氢原子则向平面下振动，在垂直于参考平面的方向做相反的往复振动。

除了上述几种振动以外，在红外光谱中常因振动的相互影响出现倍频峰和组合频峰。此外，也常有振动的偶合或费米共振发生。

振动偶合是指两个相同的基团在分子中靠得很近时，因发生相互作用而使吸收峰发生分裂，形成两个峰的现象。费米共振是指倍频峰或组合频峰位于某强的基频峰附近时，倍频峰或组合频峰与基频峰发生偶合，使倍频峰或组合频峰的强度加强的现象。

2. 特征频率

比较含相同基团的各种化合物的红外光谱会发现，一定频率的吸收峰与分子中的某些特征官能团相关。也就是说，红外光谱中某些吸收峰的存在可以指示某一特征官能团的存在。通常把这种能代表某种官能团存在并有较高强度的吸收峰称为特征吸收峰，特征吸收峰对应的频率称为特征频率。在不同化合物中，同种基团的特征频率大致相同。例如，羰基($-\overset{O}{\underset{\|}{C}}-$)的伸缩振动吸收在各种化合物中总是出现在 $1800\sim1650cm^{-1}$，一般在 $1710cm^{-1}$ 处。当化合物中有 $C\equiv C$ 键时，其吸收峰总是出现在 $2500\sim2000cm^{-1}$。

有机化合物官能团的特征频率位于 $4000\sim1300cm^{-1}$ 区域，这个区域称为特征频率区。在此区域内振动频率较高，受分子其余部分影响小，这是对官能团进行定性分析的主要依据。

一般而言，$1350\sim650cm^{-1}$ 的区域称为指纹区。在此区域内，各种官能团的吸收峰受分子结构的影响较大，分子结构的微小变化都会引起指纹区光谱的明显改变，它好像化合物的"指纹"一样，可用来识别异构体。

3. 影响红外吸收峰的因素

有机化合物分子结构对官能团的特征频率有影响。从式(5.22)可知 $\tilde{\nu}$ 的大小取决于分子的折合质量和化学键力常数的大小。例如，$X-H(X=C、O、N$ 等)键的振动在高频区，即 $C-H$、$O-H$、$N-H$ 键的伸缩振动吸收发生在 $3700\sim2800cm^{-1}$，而 $C-O$、$C-N$ 的伸缩振动吸收在 $1300\sim1000cm^{-1}$。可见分子内部的结构及分子间的相互作用会使特征频率发生大小不等的位移，依据这些位移的规律，可进行化合物分子结构鉴定。

1)诱导效应

分子中引入不同电负性的原子或官能团，通过静电诱导作用，可使分子中电子云密度发生变化，即键的极性发生变化，这种效应称为诱导效应。诱导效应使键力常数改变，从而引起化学键或官能团的特征频率发生变化。吸电子基团或原子引起的诱导效应使特征频率升高。例如，羰基上连有不同基团时，其 $\tilde{\nu}_{C=O}$ 发生较大的变化。

$$R-\underset{\substack{\|\\O}}{C}-R' \qquad R-\underset{\substack{\|\\O}}{C}-OR' \qquad R-\underset{\substack{\|\\O}}{C}-Cl$$

$\tilde{\nu}_{C=O}=1715\text{cm}^{-1} \qquad \tilde{\nu}_{C=O}=1735\text{cm}^{-1} \qquad \tilde{\nu}_{C=O}=1780\text{cm}^{-1}$

$$Cl-\underset{\substack{\|\\O}}{C}-F \qquad F-\underset{\substack{\|\\O}}{C}-F$$

$\tilde{\nu}_{C=O}=1876\text{cm}^{-1} \qquad \tilde{\nu}_{C=O}=1942\text{cm}^{-1}$

2) 共轭效应

分子中形成大 π 键所引起的效应称为共轭效应。由于共轭体系的形成，双键性减弱，$\tilde{\nu}$ 降低。例如

$$R-\underset{\substack{\|\\O}}{C}-R' \qquad R-\underset{\substack{\|\\O}}{C}-C_6H_5$$

$\tilde{\nu}_{C=O}=1715\text{cm}^{-1} \qquad \tilde{\nu}_{C=O}=1695\text{cm}^{-1}$

这是由于 C=O 与苯环共轭，键长平均化，C=O 的键力常数减小，则 $\tilde{\nu}_{C=O}$ 降低。在化合物中诱导效应与共轭效应往往同时发生，峰的位置通常会向更优势效应的方向偏移。

3) 空间位阻效应

苯乙酮分子中，C=O 与苯环共平面，产生共轭效应，使 C=O 的特征频率降低，其 $\tilde{\nu}_{C=O}=1663\text{cm}^{-1}$。但如果在苯环的邻位上加上两个取代基（如 —$CH_3$），就破坏了 C=O 与苯环的共面性，使羰基的特征频率升高。

$\tilde{\nu}_{C=O}=1663\text{cm}^{-1} \qquad \tilde{\nu}_{C=O}=1700\text{cm}^{-1}$

如果只有一个甲基连于邻位，空间位阻效应减小，则 $\tilde{\nu}_{C=O}$ 又会降低。

$\tilde{\nu}_{C=O}=1686\text{cm}^{-1}$

4) 氢键的影响

氢键的形成使官能团的特征频率降低。这是因为质子给出基 X—H 与质子接受基 Y 形成了氢键 X—H⋯Y，其中 X、Y 通常是 N、O、F 等，它们能引起氢原子周围力场的变化，因而引起 X—H 键的振动频率和强度的改变。当 X—H 键未形成氢键时，其特征频率位于高波数处，谱带尖锐；形成氢键后，特征频率向低波数方向移动，峰宽而强。例如

氢键分为分子内氢键与分子间氢键两种。分子内氢键不随溶液浓度的改变而改变，因此其特征频率也基本保持不变；分子间氢键随溶液浓度而改变，因此其特征频率也发生相应改变。

5) 溶剂的影响

同一种化合物在不同的溶剂中，受溶剂各种影响，化合物的特征频率会发生变化。一般来说，溶剂的极性强，特征频率降低。例如，甲醇在不同的溶剂中，羟基的特征频率会发生较大的变化。

$$在CCl_4中 \quad \tilde{\nu}_{OH} = 3644 cm^{-1}$$

$$在CH_3CH_2OCH_2CH_3中 \quad \tilde{\nu}_{OH} = 3508 cm^{-1}$$

$$在N(CH_2CH_3)_3中 \quad \tilde{\nu}_{OH} = 3243 cm^{-1}$$

在红外光谱分析中最好使用非极性溶剂。常用的溶剂有 CCl_4、CS_2、氯仿、二氯甲烷、乙腈、丙酮等，所配制的溶液使其透光率在 20%~60%。

6) 样品状态的影响

同一种化合物，在固态、液态、气态时红外光谱各不相同。在气态时，分子间的相互作用很小，在低压下能得到孤立分子的吸收峰。在液态时，由于分子间出现缔合或分子内氢键，其红外光谱与气态和固态情况不同，其峰的位置与强度都会发生变化。在固态时，由于晶体力场的作用，发生了分子振动与晶格振动的耦合，将出现某些新的吸收峰，其吸收峰比液态和气态时尖锐且数目增加。

4. 有机化合物的特征频率

1) 饱和烷烃

饱和烷烃(链烷和环烷烃)的红外光谱主要由 C—H 键的振动和 C—C 骨架振动所引起，而其中以 C—H 键的伸缩振动吸收最有用。烷烃的振动吸收有以下三种：

(1) C—H 伸缩振动。甲基(—CH_3)、亚甲基(—CH_2)的 C—H 伸缩振动吸收在 $3000 cm^{-1}$ 以下，其中甲基在 $2962 cm^{-1}$、$2872 cm^{-1}$，亚甲基在 $2927 cm^{-1}$ 和 $2857 cm^{-1}$，特征性很强。而次甲基(—CH)的 C—H 伸缩振动吸收特征性不明显，强度较弱，因此用处不大。

环丙烷中的 C—H 伸缩振动吸收出现在 $3060~3040 cm^{-1}$。五元环以上的环烷烃与开链烃的伸缩振动吸收相同。当甲基、亚甲基与其他元素和官能团相连时，这些吸收峰的位置会发生改变。CH_3O—的吸收峰在 $2832 cm^{-1}$，CH_3N—在 $2790 cm^{-1}$。此外，物质的状态不同，C—H 伸缩振动吸收略有变化，由蒸气变为溶液时，吸收峰的位置要降低 $7 cm^{-1}$ 左右。

(2) C—H 变形振动。C—H 键的变形振动吸收峰出现在 $1450 cm^{-1}$ 和 $1380 cm^{-1}$ 附近。当甲基与饱和碳相连时(CH_3—C)，$1380 cm^{-1}$ 处的吸收峰位置不变。当有两个或三个甲基连在同一碳原子上时，该峰会发生分裂，这个现象称为异丙基分裂。在 $1385~1380 cm^{-1}$ 和 $1370~1365 cm^{-1}$ 处出现两个强吸收峰，两峰强度与碳原子上连接的甲基数有关，异丙基两峰强度相等，叔丁基低波数的峰更强。当甲基与一些电负性元素相连时，C—H 的对称变形振动吸收峰的位置会有所变化。例如

CH_3—F   1475 cm^{-1}

CH_3—Cl   1355 cm^{-1}

CH_3—Br   1305 cm^{-1}

(3) C—C 骨架振动。一般在 1250~800 cm^{-1}，但强度都不大。较为有用的是异丙基和叔丁基的 C—C 骨架振动吸收峰，常出现在 1170 cm^{-1} 和邻近的 1155 cm^{-1} 处的肩峰，可用来鉴别异丙基的存在。各种饱和烷烃的特征频率列于表 5.15。

表 5.15 饱和烷烃的特征频率

基团振动		波数/cm^{-1}	波长/μm
C—H 伸缩振动			
CH_3	$\tilde{\nu}_{as}$	2975~2950	3.36~3.39(强)
	$\tilde{\nu}_s$	2885~2860	3.47~3.50(强)
	$\tilde{\nu}_{as}$	2940~2915	3.40~3.43(强)
	$\tilde{\nu}_s$	2870~2845	3.48~3.52(强)
CH		2900~2880	3.45~3.47(弱)
CH_2(环丙烷)		3080~3040	3.25~3.29(强)
CH_3CO—		3000~2900	3.33~3.45(强)
—CH_2CO—		2925~2850	3.42~3.51(弱)
CH_3O—		2850~2815	3.51~3.55(中)
O—CH_2—O		2820~2710	3.55~3.69(强)
CH_3N—		2820~2760	3.55~3.62(中)
$CH_3F \rightarrow CH_3I$		3005→3058	3.33→3.27(强)
C—H 变形振动			
—C—CH_3		1470~1435	6.80~6.97(中)
		1385~1370	7.22~7.30(强)
R—CH(CH_3)$_2$		1385~1380	7.22~7.25(强)
		1370~1365	7.30~7.33(强)
R—C(CH_3)$_3$		1395~1385	7.17~7.22(中)
		1374~1366	7.28~7.32(强)
—CH_2		1480~1440	6.76~6.94(中)
—CH		~1340	~7.46(弱)
CH_3CO		1360~1355	7.35~7.38(弱)
—CH_2CO		1435~1405	6.97~7.12(中)
CH_3COO—		1375~1340	7.27~7.46(强)
CH_3—O—		1455~1430	6.87~6.99(中)
O—CH_2—O		1485~1350	6.73~7.41(中)

续表

基团振动		波数/cm^{-1}	波长/μm
CH$_3$N〈		1460～1430	6.85～6.99(中)
CH$_3$F→CH$_3$I		1475→1252	6.88→7.99(强)
C—C 骨架			
—C〈CH$_3$ / CH$_3$		1175～1165	8.51～8.58(强)
		1170～1140	8.55～8.77(强)
		840～790	11.90～12.66(中)
C〈CH / CH$_3$ — CH		1255～1245	7.97～8.03(强)
		1250～1200	8.00～8.33(强)
—CH$_2$(环丙烷)		1020～1000	9.80～10.00(中)
C—(CH$_2$)$_n$—C	$n=1$	810	12.4(强)
	$n=2$	754	13.3(强)
	$n=3$	740	13.5(强)
	$n=4$	725	13.8(强)
	$n=x$	722	13.9(强)

2) 烯烃

烯烃中的特征吸收峰由=C—H 键和 C=C 键的伸缩振动以及=C—H 键的变形振动所引起，它与饱和烷烃的吸收峰有明显区别。

(1) C=C 伸缩振动。吸收峰的位置在 1670～1620cm^{-1}。随着取代基的不同，C=C 伸缩振动吸收峰的位置有所不同，强度也发生变化。一般来说，α-烯烃的 C=C 伸缩振动吸收峰强度较大，但分子越对称，吸收峰的强度越弱。顺式烯烃的 C=C 伸缩振动吸收强于反式烯烃。四取代的 C=C 伸缩振动吸收峰一般不出现，但有杂原子取代时，吸收峰强度又会增大。

单烯的 C=C 伸缩振动吸收峰处于较高波数，强度较弱。但有共轭时，其强度增加，并向低波数移动。共轭双烯有两个 $\tilde{\nu}_{C=C}$，一个在 1650cm^{-1}，另一个在 1600cm^{-1}，这是共轭的两个 C=C 键发生相互偶合的结果。

若分子中有三个 C=C 键共轭，情况要复杂一些，但 1650cm^{-1} 和 1600cm^{-1} 处仍会出现两个吸收峰，其中 1600cm^{-1} 较强，而 1650cm^{-1} 较弱。三个以上 C=C 键的吸收比较复杂，应用也较少。

(2) C—H 伸缩振动。烯烃中的=C—H 键伸缩振动与饱和烷烃有显著的区别，后者小于 3000cm^{-1}，前者比饱和烷烃的要高。对称伸缩振动吸收出现在 2975cm^{-1}，反对称伸缩振动吸收出现在 3080cm^{-1}，这是烯烃中 C—H 键存在的重要特征。

(3) C—H 变形振动。烯烃的 C—H 变形振动中以面外摇摆振动吸收峰特征性最明显，强度也较大，易于识别。例如

$\quad$ RHC=CH$_2$ $\quad$ 995～985cm^{-1}(强)

$\quad\quad\quad\quad\quad\quad\quad$ 910～905cm^{-1}(强)

$\quad$ R$_1$R$_2$C=CHR$_3$ $\quad$ 850～790cm^{-1}

反式： $R_1HC=CHR_2$ 980～965cm^{-1}(强)

顺式： $R_1HC=CHR_2$ 730～665cm^{-1}(中)

其中，995～985cm^{-1} 是由 RCH= 的 C—H 面外摇摆振动引起，而 910～905cm^{-1} 的吸收峰是 =CH$_2$ 的面外摇摆振动吸收峰。此外，980～965cm^{-1} 的反式 C—H 面外摇摆振动具有明显的特征，在结构分析中十分有用。

(4) 环状烯烃。环状烯烃可分为两种情况。一种是 C=C 键在环内，另一种是 C=C 键在环外。当 C=C 键在环内时，随环的张力加大，C=C 键伸缩振动吸收峰向低波数方向移动。例如

1639cm^{-1} 1623cm^{-1} 1566cm^{-1}

当 C=C 键在环外时，其伸缩振动吸收的位置与开链烯烃的情况类似。但 C=C 键的伸缩振动吸收峰的位置比环内 C=C 键稍高一些。例如

1651cm^{-1} 1678cm^{-1} 1730cm^{-1}

各种烯烃的特征频率列于表 5.16。

表 5.16 烯烃的特征频率

基团振动	波数/cm^{-1}	波长/μm
C=C 伸缩振动		
RCH=CH$_2$	1645～1640	6.08～6.10
R$_1$R$_2$C=CH$_2$	1660～1650	6.02～6.06
R$_1$CH=CHR$_2$(顺式)	1665～1660	6.00～6.02
R$_1$CH=CHR$_2$(反式)	1675～1665	5.97～6.00
C=C—C=C(二烯)	1660～1600	6.02～6.25(强)
⁻(C=C)$_n$⁻	1650～1580	6.06～6.33
Ar—C=C	～1630	～6.14
C=C—X(卤素)	1650(F)→1593(I)	6.06～6.28
C—H 伸缩振动		
RCH=CH$_2$	3040～3010	3.29～3.32($\bar{\nu}_{CH}$,中)
R$_1$R$_2$C=CH$_2$	3095～3075	3.23～3.25($\bar{\nu}_{=C-H}$,中)
R$_1$CH=CHR$_2$(顺式)	3040～3010	3.29～3.32($\bar{\nu}_{=C-H}$,中)
R$_1$CH=CHR$_2$(反式)	3040～3010	3.29～3.32($\bar{\nu}_{=C-H}$,中)
C—H 变形振动		
RCH=CH$_2$	1420～1410	7.04～7.09($\delta_{=CH_2}$,强)
	1300～1290	7.69～7.75($\delta_{=CH}$)
	～990	～10.1($\omega_{=CH}$)
	～910	～11.0($\omega_{=CH_2}$)

续表

基团振动	波数/cm^{-1}	波长/μm
$R_1R_2C=CH_2$	~890	~11.2($\omega_{=CH_2}$,强)
$R_1CH=CHR_2$(顺式)	730~665	13.7~15.05($\omega_{=CH}$,强)
$R_1CH=CHR_2$(反式)	980~960	10.20~10.42($\omega_{=CH}$,强)

3) 炔烃

在红外光谱中,炔烃基团很容易识别,它分为单取代和二取代炔两种类型。C—H 伸缩振动吸收非常特征,吸收峰位置在 3310~3300cm^{-1},中等强度,在这个区域产生吸收峰的基团还有 NH、OH,但这些基团由于易形成氢键,常出现宽谱带,因而易与 ≡C—H 的吸收峰相区别。

一般 C≡C 键的伸缩振动吸收都较弱。当炔烃发生一元取代时(RC≡CH),$\tilde{v}_{C≡C}$ 出现在 2140~2100cm^{-1} 处。二元取代时($R_1C≡CR_2$),$\tilde{v}_{C≡C}$ 出现在 2260~2190cm^{-1} 区域。当两个取代基的性质相差较大时,炔化物极性增强,吸收峰的强度增大。当 C≡C 处于分子的对称中心时,$\tilde{v}_{C≡C}$ 为红外非活性。

炔烃中 C—H 变形振动吸收常发生在 680~610cm^{-1}。炔烃的特征频率见表 5.17。

表 5.17 炔烃的特征频率

基团振动	波数/cm^{-1}	波长/μm
C—H 伸缩振动		
RC≡CH	3310~3300	3.02~3.03(中、尖)
C≡C 伸缩振动		
RC≡CH	2140~2100	4.67~4.57(弱)
RC≡CR	2260~2190	4.43~4.57(弱)
C—H 变形振动		
RC≡CH	680~610	14.7~16.4(中、尖)

4) 芳烃

芳烃的红外吸收主要为苯环上的 C—H 键及环骨架中的 C=C 键振动所引起。由于苯环上的取代不同而出现芳环的倍频吸收。图 5.27 是乙苯的红外吸收光谱图。下面分别讨论芳烃中各种振动吸收。

(1) C—H 伸缩振动。吸收峰位置出现在 3100~3000cm^{-1} 区域,当有 CH_3 或 CH_2 存在时,吸收峰呈一吸收带。用氯化钠棱镜色散时,这个峰出现在 3030cm^{-1} 附近,或者只作为一个肩峰附于饱和取代基的 C—H 伸缩振动吸收峰旁。用高分辨红外光谱仪测定时,可以看到单取代芳烃的这个峰是由三个峰组成,但对于多取代芳烃来说,这个峰的分裂就不明显了。

(2) C—H 变形振动。芳烃的 C—H 变形振动吸收出现在两处。1275~960cm^{-1} 为面内变形振动,由于吸收较弱,易受干扰,用处较小。另一处是 900~650cm^{-1} 的面外变形振动,吸收较强,对确定苯环取代情况十分有用。芳环 C—H 面外变形振动吸收与取代位置的关系见表 5.18。

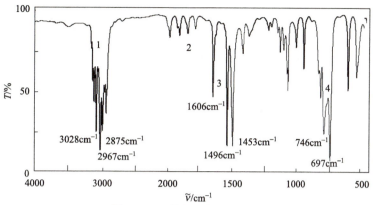

图 5.27　乙苯的红外吸收光谱

1. 芳环中=C—H 的伸缩振动；2. 倍频和组合频区；3. 芳环中 C=C 伸缩振动；4. 芳环中 C—H 面外变形振动

表 5.18　芳烃的特征频率

基团振动		波数/cm^{-1}	波长/μm
C—H 伸缩振动			
=C—H		3100~3000	3.23~3.33(弱—中)
C=C 伸缩振动			
(骨架)		~1600	~6.25(尖)
		~1580	~6.33(尖)
		~1500	~6.67(尖)
		~1450	~6.90(尖)
C—H 变形振动			
(面内)		1275~960	8.00~10.5(弱)
(面外)	苯	670	14.93(6H 相连)
	单取代	770~730，710~690	12.99~13.70，14.08~14.49(5H 相连)
	1,2-取代	770~735	12.99(4H 相连)
	1,3-取代	810~750，710~690	12.35~13.33，14.08~14.49(1、3H 相连)
	1,4-取代	833~810	12.00~12.35(2H 相连)
	1,2,3-取代	780~760，745~705	12.82~13.16，13.42~14.18(3H 相连)
	1,2,4-取代	825~805，885~870	12.12~12.42，11.30~11.49(2H 相连)
	1,3,5-取代	865~810，730~675	11.56~12.35，13.70~14.81(孤立 H)

(3)芳烃 C=C 骨架振动。单核芳烃的 C=C 伸缩振动吸收出现在 1500~1450cm^{-1} 和 1600~1580cm^{-1}，这是鉴定有无芳环的重要标志之一。一般 1600cm^{-1} 峰较弱，而 1500cm^{-1} 峰较强。芳烃 C=C 的伸缩振动吸收峰是比较稳定的，但苯环上的取代情况也多少会使这两个峰发生位移。例如，不对称三取代或对位二取代将使它们移向高波数方向，而连三取代(1,2,3-取代)则使它们向低波数方向移动。芳环与不饱和基团或具有孤对电子的基团(如 C=C、C=O、NO$_2$ 等)共轭时，往往在 1580cm^{-1} 处还会出现第三个吸收峰，同时使 1500cm^{-1} 和 1600cm^{-1} 峰增强。

2000～1668cm⁻¹ 区是芳环取代 C—H 弯曲振动的倍频，其峰强度较弱，但非常特征，对鉴定苯环取代情况很有用。为提高峰的强度，可以采用增大样品量等措施，这样可以在谱图上清楚地看到它们。一般来说，此峰区干扰较少，但当存在羰基等基团时，也要注意其干扰。

5) 醇和酚

醇和酚类化合物都含有羟基，其特征吸收有如下几种：

(1) O—H 伸缩振动。自由羟基吸收峰出现在 3640～3610cm⁻¹，峰形尖锐，无干扰，极易于识别。由于 OH 基团易形成氢键，因此，经常观察到的是位于 3550～3200cm⁻¹ 区域的缔合带，其峰强度大且宽。当样品浓度增加时，O—H 伸缩振动吸收峰向低波数方向移动，在稀溶液(非极性溶液)中或气态时，O—H 伸缩振动吸收峰呈现尖锐的峰。

在 O—H 伸缩振动吸收区域，经常会受到其他基团的伸缩振动吸收(如 N—H 在 3500～3200cm⁻¹)的干扰。羰基的倍频为 3500～3400cm⁻¹，但由于强度弱而易与 O—H 的吸收峰相区别。

(2) C—O 伸缩振动。各种醇与酚的 C—O 伸缩振动吸收分别位于 1200～1000cm⁻¹ 和 1300～1200cm⁻¹ 区域，当其他基团确实无干扰时，C—O 对判断醇的碳链取代情况很有用。例如，伯醇、仲醇、叔醇的取代分别出现在以下区域：

$$伯醇\ \tilde{\nu}_{C-O}\ 1065\sim1015\text{cm}^{-1}$$

$$仲醇\ \tilde{\nu}_{C-O}\ 1100\sim1010\text{cm}^{-1}$$

$$叔醇\ \tilde{\nu}_{C-O}\ 1150\sim1100\text{cm}^{-1}$$

(3) O—H 变形振动。当脂肪族醇形成氢键时，O—H 面外变形振动吸收位于 750～650cm⁻¹，而 O—H 面内变形振动吸收在 1500～1300cm⁻¹ 区域。在稀溶液中，吸收峰强度和位置有所变化。醇和酚类的特征频率列于表 5.19。

表 5.19 醇和酚的特征频率

基团振动		波数/cm⁻¹	波长/μm
O—H 伸缩振动			
游离	伯醇	~3640	~2.75(尖、弱)
	仲醇	~3630	~2.76(宽、强)
	叔醇	~3620	~2.76(尖、弱)
	酚	~3610	~2.77(尖、弱)
分子间缔合	二聚体	3550～3450	2.82～2.90(尖、弱)
	多聚体	3400～3200	2.94～3.13(宽、强)
	结晶水	3600～3100	2.78～3.23(弱)
分子内氢键	单桥	3550～3450	2.82～2.90(尖)
	共轭螯合物	3200～2500	3.13～4.00(宽、弱)
O—H 变形振动			
面内变形振动		1500～1300	6.67～7.69(宽)
面外变形振动		750～650	13.3～15.4(宽)

续表

基团振动	波数/cm^{-1}	波长/μm
C—O 伸缩振动		
伯醇	1065～1015	9.39～9.85(强)
仲醇	1100～1010	9.09～9.90(强)
叔醇	1150～1100	8.70～9.09(宽、强)
酚	1220～1130	8.20～8.85(强)

6) 醚和其他化合物

除了其他基团外，醚的特征基团是 C—O—C，其伸缩振动吸收出现在 1150～1060cm^{-1}，强度大。C—C 骨架振动吸收虽也出现在此区域，但强度弱，C—O—C 的振动吸收可与之相区别。醇、酸、酯等化合物中的 C—O 伸缩振动吸收，因在此区域强度大，故有严重干扰。环氧化物中的环上 C—O 伸缩振动吸收出现在 1250～1150cm^{-1}。过氧化物的 C—O—O—C 伸缩振动吸收位于 1250cm^{-1}，四氢呋喃在 1098～1075cm^{-1} 处。因此，醚的红外光谱鉴定存在一定的困难。

7) 酮和醛

酮和醛中最特征的基团是羰基($-\overset{\overset{\text{O}}{\|}}{\text{C}}-$)。其伸缩振动吸收位于 1900～1600cm^{-1} 区域，峰的强度大，受干扰少，在结构分析中非常有用。但是物质的状态、溶剂效应、诱导效应、共轭效应、氢键效应以及振动偶合等因素对羰基的伸缩振动吸收会产生影响，吸收峰的位置会发生移动。

单从羰基的伸缩振动吸收不易区别酮和醛，因为醛的羰基伸缩振动吸收只比酮高 10～15cm^{-1}。但醛类化合物由于 C—H 的伸缩振动与 C—H 弯曲振动的倍频之间发生费米共振，在～2820cm^{-1} 和～2720cm^{-1} 会出现两个吸收峰，特别是 2720cm^{-1} 左右的峰，可以用来区别醛类和酮类。醛和酮的特征频率见表 5.20。

表 5.20 醛和酮的特征频率

基团振动		波数/cm^{-1}	波长/μm
醛			
C—H 伸缩振动		～2820	～3.55(强)
		～2720	～3.68(尖)
C=O 伸缩振动	$\overset{\overset{\text{O}}{\|}}{\text{R}-\text{C}-\text{H}}$	1740～1720	5.75～5.81(强)
	$\overset{\overset{\text{O}}{\|}}{\text{Ph}-\text{C}-\text{H}}$	1715～1695	5.83～5.90(强)
$\overset{\overset{\text{O}}{\|}}{\text{C}-\text{C}-\text{H}}$ 骨架		1400～1000	7.14～10.0(强)
C—H 变形振动		975～780	10.3～12.8(强)

续表

基团振动		波数/cm^{-1}	波长/μm
酮			
C=O 伸缩振动	R—C(=O)—R	1725～1705	5.80～5.87(强)
	Ph—C(=O)—R	1700～1680	5.88～5.95(强)
	Ph—C(=O)—Ph	1670～1660	5.99～6.02(强)
C—C(=O)—C 骨架	烷基	1325～1215	7.55～8.23(强)
	芳基	1225～1075	8.17～9.30(强)

8) 羧酸和羧酸盐

羧酸和羧酸盐的红外吸收峰很特征。游离的 O—H 伸缩振动吸收在 3550cm^{-1}，O—H 面内变形振动吸收出现在 1430cm^{-1} 和 1250cm^{-1}。

羧酸由于分子间形成氢键，通常以二聚体的形式存在，导致 O—H 的伸缩振动吸收降至 3300～2500cm^{-1}，峰形宽而散。

羧基的 C=O 伸缩振动吸收出现在 1720～1650cm^{-1}，芳香羧酸因共轭而使 C=O 伸缩振动吸收出现在 1695～1680cm^{-1}。

C—O 伸缩振动吸收位于 1430cm^{-1} 和 1250cm^{-1}，与 O—H 面内变形重合。羧酸盐以离子的形式存在，有对称伸缩振动与反对称伸缩振动两种。

对称伸缩振动吸收位于 1430～1300cm^{-1}，而反对称伸缩振动吸收在 1610～1550cm^{-1}。羧酸及其盐的特征频率如表 5.21。

表 5.21 羧酸及其盐的特征频率

基团振动	波数/cm^{-1}	波长/μm
O—H 伸缩振动		
游离 OH	3560～3500	2.81～2.86(中)
二聚体中 OH	3300～2500	3.03～4.00(弱)
C=O 伸缩振动		
R—C(=O)—OH	1720～1700	5.81～5.88(强)
Ph—C(=O)—OH	1700～1680	5.88～5.95(强)
C—O 伸缩振动		
O—H 变形振动(偶合)	1430～1395	6.99～7.17(强)
	1320～1250	7.58～8.00(强)

基团振动	波数/cm^{-1}	波长/μm
O—H 变形振动（面外）	950～900	10.5～11.1（宽）
COO$^-$ 伸缩振动		
COO$^-$ 伸缩振动	1430～1300	6.99～7.67（中）
	1610～1550	6.21～6.45（强）

9) 酯和内酯

酯类化合物的特征基团有 C=O 和 C—O。除了甲酸酯类的 C=O 伸缩振动吸收在 1725～1720cm^{-1} 之外，大多数饱和酯的这个峰都位于 1740cm^{-1} 处，较酮的相应吸收频率要高。α,β-不饱和脂肪酯中的羰基因易与芳基、烯基等共轭，故它们的伸缩振动吸收位置移至 1720cm^{-1}。但若酯的 C—O 和双键"共轭"，则羰基伸缩振动吸收移至高波数。例如

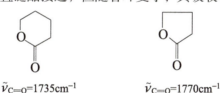

$$\tilde{\nu}_{C=O}=1740\text{cm}^{-1} \qquad \tilde{\nu}_{C=O}=1770\text{cm}^{-1}$$

酯的 C—O—C 伸缩振动吸收位于 1300～1100cm^{-1}，随着 C—O 上所连接的基团不同而发生变化。其中甲酸酯在 1200～1180cm^{-1}，而乙酸酯的 C—O 伸缩振动在 1250～1230cm^{-1}，丙酸酯或更高级的酯的 $\tilde{\nu}_{C-O}$ 位于 1200～1150cm^{-1}。

内酯的羰基振动吸收与直链酯接近，但随着环变小，其吸收峰的位置移向高波数。例如

$$\tilde{\nu}_{C=O}=1735\text{cm}^{-1} \qquad \tilde{\nu}_{C=O}=1770\text{cm}^{-1}$$

酯和内酯的特征频率如表 5.22。

表 5.22 酯和内酯的特征频率

基团振动	波数/cm^{-1}	波长/μm
C=O 伸缩振动		
饱和脂肪羧酸酯	1750～1735	5.71～5.76（强）
R—C(=O)—OR′ (R=烯基或芳基)	1730～1715	5.78～5.83（强）
R—C(=O)—OR′ (R′=烯基或芳基)	1800～1770	5.56～5.65（强）
Ph—C(=O)—OPh	1735	5.76（强）
γ-内酯（饱和）	1780～1760	5.62～5.68（强）
δ-内酯（饱和）	1750～1735	5.71～5.76（强）
C—O 伸缩振动		

续表

基团振动	波数/cm^{-1}	波长/μm
HCOOR	1200～1180	8.33～8.48(强)
CH$_3$COOR	1250～1230	8.00～8.13(强)
C$_2$H$_5$COOR 或更高级酯	1200～1150	8.33～8.70(强)
$R-\overset{O}{\underset{\|}{C}}-OC=C$	1300～1200	7.69～8.33(强)
	1180～1130	8.48～8.85(强)
$R-\overset{O}{\underset{\|}{C}}-OPh$	1300～1250	7.69～8.00(强)
	1150～1100	8.70～9.09(强)

10) 酰胺

酰胺的特征吸收有三种：N—H 伸缩振动吸收、C=O 伸缩振动吸收以及 N—H 变形振动吸收，下面分别予以讨论。

(1) N—H 伸缩振动。游离态的伯酰胺的 $\tilde{\nu}_{N-H}$ 位于～3520cm^{-1} 和～3400cm^{-1}，而氢键缔合的 NH$_2$，其 $\tilde{\nu}_{N-H}$ 在～3350cm^{-1} 和～3180cm^{-1} 均呈双峰。仲酰胺其游离 N—H 伸缩振动吸收位于～3440cm^{-1}，氢键缔合的 $\tilde{\nu}_{N-H}$ 位于～3100cm^{-1}，均呈单峰。由于叔酰胺无 N—H 键，故无此峰。

(2) C=O 伸缩振动。伯酰胺的 $\tilde{\nu}_{C=O}$ 位于低波数 1690～1650cm^{-1}，称为酰胺 I 带。游离状态时位于 1690cm^{-1}，氢键缔合时在 1650cm^{-1} 区。仲酰胺的 $\tilde{\nu}_{C=O}$ 位置与伯酰胺差不多，位于 1680～1655cm^{-1} 区。叔酰胺的 $\tilde{\nu}_{C=O}$ 在 1670～1630cm^{-1}，与样品浓度无关。

(3) N—H 变形振动。伯酰胺的 NH$_2$ 剪式振动吸收位于 1640～1600cm^{-1}，称为酰胺 II 带，它与酰胺 I 带一起是伯酰胺的两个特征吸收峰。仲酰胺的 II 带位于 1550～1530cm^{-1} 处，强度大，非常特征。叔酰胺无此峰。

而 C—N 伸缩振动吸收，对伯酰胺和仲酰胺分别位于 1420～1400cm^{-1} 和 1300～1260cm^{-1} 处，称为酰胺 III 带。对仲酰胺来说，它实际上是 C—N 伸缩振动吸收与 N—H 变形振动吸收的混合峰。对叔酰胺来说，也无酰胺 III 带。酰胺的特征频率如表 5.23。

表 5.23 酰胺的特征频率

基团振动		波数/cm^{-1}	波长/μm
N—H 伸缩振动			
$R-\overset{O}{\underset{\|}{C}}-NH_2$	(游离)	～3520	～2.84(强)
		～3400	～2.94(强)
	(缔合)	～3350	～2.99(中)
		～3180	～3.15(中)
$R-\overset{O}{\underset{\|}{C}}-NHR$	(游离)	～3440	～2.91(强)
	(缔合)	～3100	～3.23(中)
C=O 伸缩振动			
$R-\overset{O}{\underset{\|}{C}}-NH_2$(酰胺 I 带)		1690～1650	5.92～6.06(强)
$R-\overset{O}{\underset{\|}{C}}-NHR$(酰胺 I 带)		1680～1655	5.95～6.04(强)

基团振动	波数/cm^{-1}	波长/μm
$\underset{R-C-NRR'}{\overset{O}{\parallel}}$	1670～1630	5.99～6.14(强)
N—H 变形振动		
$\underset{R-C-NH_2(酰胺Ⅱ带)}{\overset{O}{\parallel}}$	1640～1600	6.10～6.25(强)
$\underset{R-C-NHR(酰胺Ⅱ带)}{\overset{O}{\parallel}}$	1550～1530	6.45～6.54(强)

11) 酰卤

酰卤的特征基团有 C=O 和 C—X。由于卤原子的电负性很强，C=O 的双键性增强，C=O 的伸缩振动吸收出现在较高波数，在 1800cm^{-1} 左右。当有乙烯基或芳基等与 C=O 共轭时，会使 C=O 伸缩振动吸收向低波数方向移动，一般在 1780～1740cm^{-1} 区。

12) 胺和铵盐

胺和铵盐的特征吸收由 N—H 的伸缩振动、C—N 的伸缩振动以及 N—H 的变形振动引起。

伯胺的 N—H 伸缩振动在 3500～3300cm^{-1} 和 3450～3250cm^{-1} 有两个吸收峰，强度较弱；N—H 剪式振动在 1650～1580cm^{-1}，强度中等；N—H 扭曲振动出现在 900～770cm^{-1}。C—N 伸缩振动位于 1250～1020cm^{-1} 区。

仲胺的 N—H 伸缩振动(在稀溶液中)呈现单峰，强度较弱，位于 3335cm^{-1}，N—H 变形振动在 ~1500cm^{-1}。C—N 伸缩振动在 1350～1280cm^{-1}。

叔胺无 N—H 键，故无 N—H 伸缩振动和变形振动吸收，其 C—N 变形振动出现在 1360～1310cm^{-1} 区。胺和铵盐的特征频率如表 5.24。

表 5.24 胺和铵盐的特征频率

基团振动		波数/cm^{-1}	波长/μm
胺			
N—H 伸缩振动	伯胺(游离 NH$_2$)	3500～3300	2.86～3.03
		3450～3250	2.90～3.08
	仲胺(游离 NH)	~3335	~3.00
	亚胺	~3310	~3.02
	伯胺(缔合 NH$_2$)	3400～3250	2.94～3.08
N—H 变形振动	伯胺(剪式振动)	1650～1580	6.06～6.33
	仲胺	~1500	~6.67
C—N 伸缩振动	R—CH$_2$—NH$_2$	1250～1020	8.00～9.80
	Ph—NH$_2$	1340～1250	7.46～8.00
	Ph—NH—R	1350～1280	7.41～7.81
	Ph—N—(R)$_2$	1360～1310	7.35～7.63
铵盐			
NH$_4^+$ ($\tilde{\nu}_{N-H}$)		3300～3030	3.03～3.30

基团振动	波数/cm^{-1}	波长/μm
R—NH$_4^+$ ($\tilde{\nu}_{N-H}$)	~3000	~3.33
(R)$_2$—NH$_2^+$ ($\tilde{\nu}_{N-H}$)	~2700	~3.70
(R)$_3$—NH$^+$ ($\tilde{\nu}_{N-H}$)	2700~2250	3.70~4.44
C=NH$^+$ ($\tilde{\nu}_{N-H}$)	2500~2325	4.00~4.30

13）硝基和亚硝基化合物

硝基化合物的特征基团是 NO$_2$，有两个吸收峰，分别由对称与反对称伸缩振动引起。当 NO$_2$ 与不同基团相连时，吸收峰位置随之发生变化。

脂肪族硝基化合物的反对称与对称伸缩振动吸收分别位于~1560cm^{-1} 和~1370cm^{-1}，强度较大。芳香族硝基化合物的反对称与对称伸缩振动吸收位于 1530~1500cm^{-1} 和 1370~1330cm^{-1}。

亚硝基化合物只在稀溶液中才以单体形式存在。固体状态时有顺、反两种构型的二聚体。

硝基和亚硝基化合物的特征频率如表 5.25。

表 5.25 硝基和亚硝基化合物的特征频率

基团振动		波数/cm^{-1}	波长/μm
硝基化合物			
—NO$_2$ 伸缩振动	R—NO$_2$	1565~1545	6.39~6.47(强)
		1385~1360	7.22~7.35(强)
	Ph—NO$_2$	1530~1500	6.54~6.67(强)
		1370~1330	7.30~7.52(强)
C—N 伸缩振动	R—C—N	920~830	10.87~12.05(强)
	Ph—C—N	860~840	11.63~11.90(强)
亚硝基化合物			
N=O 伸缩振动	稀溶液	1600~1500	6.25~6.67(强)
	固态	反式 1300~1170	7.70~8.55(强)
		顺式 1420~1390	7.04~7.19(强)
C—N 伸缩振动		~1100	~9.09(强)

14）不饱和含氮化合物

不饱和含氮化合物的特征吸收位置变动较大。

(1) 腈类（R—C≡N）。脂肪族腈类在 2250cm^{-1} 有中等强度的吸收，而芳香族腈类由于共轭效应，吸收峰移至 2240~2220cm^{-1}。

(2) 异腈类(R—N≡C)。脂肪族异腈在 2185~2105cm^{-1} 呈现出强吸收，而芳香族异腈位于 2127~2105cm^{-1} 处。

(3) 硫氰酸酯(R—S—C≡N)。有机硫氰酸酯的 C≡N 伸缩振动位于 2174~2135cm^{-1}，强度较大。

(4) 重氮和偶氮化合物。重氮化合物(—N=N=N)在 2170~2080cm^{-1} 有强吸收，是由 N=N=N 的伸缩振动引起。而偶氮基团(—N=N—)无红外吸收，但在拉曼光谱中的 1576cm^{-1} 处可以看到—N=N—基团的伸缩振动吸收峰。

15) 有机硫化物

各种有机硫化物中通常含有硫氢键(S—H)、硫碳键(S—C)、硫氧键(S—O)以及硫硫键(S—S)等，它们的吸收峰只有 S—O 键引起的吸收易于识别，其他难以辨别。

硫醇(R—SH)、硫酚(Ph—SH)在液态时，可在 2590~2550cm^{-1} 处出现 S—H 伸缩振动吸收，强度很弱。

硫醚(R—S—R)在 700~600cm^{-1} 出现 S—C 伸缩振动吸收，强度弱，且变化大，用处不大。

硫氧化合物如烷基亚砜和芳基亚砜的 S=O 键分别在 1070cm^{-1} 和 1030cm^{-1} 出现强吸收峰。

磺酰氯(R—SO$_2$—Cl)在 1380cm^{-1} 和 1175cm^{-1} 有强吸收。磺酰胺(R—SO$_2$—NH$_2$)在 1370~1335cm^{-1} 和 1170cm^{-1} 有强吸收，这是由 SO$_2$ 基引起的伸缩振动，前者为反对称伸缩振动，后者为对称伸缩振动。

16) 有机磷化合物

有机磷化合物中含有 P—H 键和 P=O 键。

P—H 伸缩振动吸收位于 2440~2275cm^{-1}，峰形尖锐且强度中等。烷基磷和芳香磷中 P—H 伸缩振动吸收出现在 2326~2275cm^{-1}，而 (R)$_2$—$\overset{\overset{O}{\|}}{P}$—H 及 (R)$_2$—$\overset{\overset{S}{\|}}{P}$—H 中 P—H 伸缩振动吸收在 2430~2300cm^{-1}。

P=O 伸缩振动吸收出现在 1300~1140cm^{-1}，强度较大。当 P 原子上连有不同基团时，P=O 伸缩振动发生改变。例如

$$R_3P=O \quad \tilde{\nu}_{P=O}=1150 \text{cm}^{-1}$$

$$(RO)_3P=O \quad \tilde{\nu}_{P=O}=1300\sim1260 \text{cm}^{-1}$$

$$(Ph)_3P=O \quad \tilde{\nu}_{P=O}=1260 \text{cm}^{-1}$$

17) 有机硅化物

Si—H 伸缩振动吸收在 2260~2100cm^{-1}(中)。Si—H 变形振动吸收在 940~925cm^{-1} 和 960~900cm^{-1}，而 Si—O—Si 伸缩振动吸收出现在 1110~1000cm^{-1}。芳香族 Si—O—R 在 970~920cm^{-1}，脂肪族 Si—O—R 伸缩振动吸收位于 1110~1000cm^{-1} 区。

Si—OH 中的 Si—O 伸缩振动吸收在 910~830cm^{-1} 区，吸收峰中等。缔合时 O—H 伸缩振动处于高波数，在 3400~3200cm^{-1} 可观察到吸收峰。

18) 有机卤化物

有机卤化物的特征吸收由 C—X 键引起，它的伸缩振动的吸收范围较宽。例如

$$R\text{—}C\text{—}Cl \qquad \tilde{\nu}_{C-Cl} = 860\sim550\,cm^{-1}$$
$$CCl_4 \qquad \tilde{\nu}_{C-Cl} = 800\,cm^{-1}$$
$$R\text{—}C\text{—}F \qquad \tilde{\nu}_{C-F} = 1400\sim730\,cm^{-1}$$
$$Ph\text{—}Cl \qquad \tilde{\nu}_{C-Cl} = 1250\sim1100\,cm^{-1}$$

Br、I原子因质量较大，C—Br和C—I的吸收峰位于低波数，一般在700~450cm^{-1}区域。

5.3.4 红外光谱的应用

红外光谱法广泛用于无机化合物和有机化合物的结构解析。近年来，随着生命科学的迅速发展，红外光谱在蛋白质、DNA的测序和结构鉴定方面发挥了重要的作用。红外光谱与色谱技术联用，可获取丰富的分子结构信息。

1. 定性分析

要顺利进行定性分析，首先必须得到便于解析的红外光谱图，为此要做好准备工作。

1) 定性分析的准备工作

(1) 样品的纯化。在进行定性分析前，必须尽可能多地了解样品的来源及性质。如果是纯品，可直接进行红外光谱测定。如果是混合物，应先分离成单组分后再测定。

(2) 样品的状态。样品的状态不同，选用不同的测定方法。气体样品用气体池法进行测定。固体样品多用KBr压片法测定。液体样品则用液体池法或液膜法测定。

(3) 样品的物性。对未知样品要先进行元素分析，以得到其化学组成及分子式。也可测定熔点、相对密度、折射率、沸点等物理常数以作为解析未知物的参考。

(4) 样品应充分除去溶剂和水分。经过各种分离提纯后的样品要充分除去溶剂，以免溶剂本身的干扰或溶剂与样品之间发生化学反应。例如，用CS_2溶剂溶解胺类化合物时，就会发生化学反应。样品如果含水，应充分除去，以防水吸收峰的干扰和损坏吸收池。

(5) 调好仪器，并经常对仪器的性能进行校验。在进行测定时，应将标准样品与待测样品在相同的条件下记录红外光谱图。

对样品了解得多，准备工作做得好，才能得到较理想的红外光谱图。

2) 谱图解析方法

(1) 直接法。将未知物的红外光谱图与已知化合物的谱图(查标准红外光谱图集)直接进行比较。这就要求样品与标准物在相同条件下记录光谱，并根据样品情况初步估计，然后找有关样品方面的谱图进行检验，以得到准确的结果。

(2) 否定法。根据红外光谱与分子结构的关系，谱图中某些波数的吸收峰就反映了某种基团的存在。当谱图中不出现某吸收峰时，就可否定某种基团的存在。例如，在2975~2845cm^{-1}不出现强吸收峰，就表示不存在CH_3和CH_2。

(3) 肯定法。借助于红外光谱图中的特征吸收峰，以确定某种特征基团存在。例如，谱图中1740cm^{-1}处有吸收峰，且在1260~1050cm^{-1}区内出现两强吸收峰，波数高的表现为第一吸收，则可判定化合物属于饱和脂类化合物。

在实际工作中，往往是三种方法联合使用，以便得出正确的结论。新型红外光谱仪可自动检索，提供结构信息。

3)谱图解析的步骤

谱图解析并无严格的顺序和规则,一般可根据样品情况参照以下步骤进行解析。

首先根据化合物的元素分析结果、相对分子质量、熔点、沸点以及折光率等物理常数,初步估计该化合物的种类。根据元素分析的结果,求出化合物的实验式,结合相对分子质量求出化学式(分子式),由化学式求分子中的不饱和度 Ω,其经验公式如下:

$$\Omega = 1 + n_4 + \frac{n_3 - n_1}{2}$$

式中,n_4 为四价原子(C)的个数;n_3 为三价原子(N)的个数;n_1 为一价原子(H、X)的个数。计算的 Ω 等于 0 时,说明分子结构为链状饱和化合物;为 1 时,分子结构中可能含有一个双键或一个脂肪环;为 2 时,分子结构中可能含有一个叁键或两个双键;Ω 大于 4 时,推测分子结构中可能含有芳环(苯环的不饱和度为 4)。不饱和度的计算可大大缩小可能结构的推测范围,再根据红外光谱图的特征频率,又可排除一部分不可能的结构,这样就可简化为某几个可能的结构。综合考查样品的情况,提出最可能的结构式。从标准谱图找出这个化合物的谱图和样品谱图相对照,以核对提出的结构是否正确。如果样品是个新化合物,标准谱图及其他资料中没有谱图可核对,则需做其他分析(如紫外、质谱、核磁共振等),将所得数据进行比较,最后确定所提出的结构是否正确。

常用的红外标准谱图库有:

(1) 萨特勒(Sadtler)标准红外吸收光谱图(商品名 HaveItAll IR)。由美国萨特勒研究实验室从 1947 年开始出版,大型萨特勒标准谱库是迄今为止最全面、最权威的纯化合物的红外标准谱库。它包括标准谱图库和商业谱图库两部分。标准谱图库是纯度在 98%以上的化合物的标准谱图。商业谱图库是一些工业产品的红外吸收光谱图,分成了 20 多个类别。此外还包括一些蒸气相光谱、聚合物裂解物、甾体、生物化学光谱、ATR 光谱等。为了方便查找,该谱图库编制了分子式索引、化学分类索引、谱图顺序号索引和化合物名称索引,根据需要对红外吸收光谱数据库进行联机检索,利用软件进行计算机辅助谱图解析,已经成为化学工作者的常规性操作。

网址:http://www.jetting.com.cn/Bio-Rad/Sadtler/SadtlerDB_Index.html(Sadtler 红外谱图数据库检索,部分免费)。

(2) Aldrich 红外谱图库。

网址:https://sciencesolutions.wiley.com/solutions/technique/ir/knowitall-ir-collection/。

(3) Sigma Fourier 红外吸收光谱图库。由 R. J. Keller 编制,Sigma Chemical Co.于 1986 年出版,已汇集了 10400 张各类有机化合物的 FTIR 谱图,并附有索引。

(4) SDBS 有机化合物谱图(日本)。

网址:https://sdbs.db.aist.go.jp/sdbs/cgi-bin/cre_index.cgi(National Institute of Advanced Industrial Science and Technology)。免费网站,支持化合物名称、分子式、相对分子质量范围等查询。

在解析谱图时,一般将红外光谱图分为两个波段来分析。一个是 4000~1300cm^{-1} 的特征频率区,另一个是 1300~400cm^{-1} 的指纹区。这是因为基团的特征吸收大多集中在特征频率区,而指纹区又最能显示分子的结构特征。所以解析谱图时可先从特征频率区入手,发现某种基团存在后,再结合指纹区或低频区来证实。

解析谱图时要特别注意强峰,也要注意弱峰。要测量谱峰的位置,也要注意峰的形态和各种变化。

2. 有机化合物结构分析

红外光谱是确定有机化合物结构的强有力的手段，与其他方法(如化学法、紫外光谱法、质谱分析法、核磁共振波谱法等)配合使用，可确定有机化合物的结构。

【例 5.9】 未知物分子式为 C_8H_7N，在室温下为固体，熔点 29℃，色谱分离表明为一纯物质，红外光谱图如图 5.28。试解析其结构。

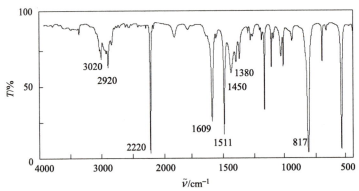

图 5.28 C_8H_7N 红外光谱图

解 根据分子式求出化合物的不饱和度为 $\Omega = 1 + 8 + \frac{1}{2}(1-7) = 6$，表明分子中有一个苯环。3020cm^{-1} 的吸收峰是 $\tilde{\nu}_{=C-H}$ 引起的。1605cm^{-1}、1511cm^{-1} 吸收峰是苯环的 $\tilde{\nu}_{C=C}$ 引起的。817cm^{-1} 说明苯环上发生了对位取代(1,4-取代)。因此，可初步推测是一个对位取代的芳香族化合物。2220cm^{-1} 吸收峰位于叁键和积累双键区域，但强度很大，不可能是 $\tilde{\nu}_{C≡C}$ 或 $\tilde{\nu}_{C=C=C}$，与腈基—C≡N($\tilde{\nu}_{-C≡N}$ = 2240~2220cm^{-1})的伸缩振动吸收接近。

2920cm^{-1}、1450cm^{-1}、1380cm^{-1} 处的吸收峰说明分子中有—CH$_3$ 存在。而 785~720cm^{-1} 无小峰，说明分子中无—CH$_2$。

综上所述，该化合物可能为对甲基苯甲腈

$$CH_3-\text{〔苯环〕}-C≡N$$

经查该化合物熔点为 29℃，查对标准红外光谱图集，标准谱图与样品谱图相同，证明样品为上述化合物。

【例 5.10】 某化合物为液体，只含 C、H、O 三种元素，相对分子质量为 58，其红外光谱如图 5.29。解析化合物的结构。

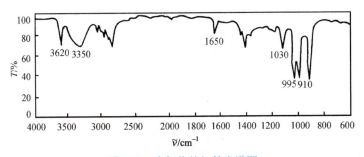

图 5.29 未知物的红外光谱图

解 由图可知，3620cm^{-1} 吸收峰表示有一游离的 $\tilde{\nu}_{O-H}$ 存在。3350cm^{-1} 处的宽吸收带是缔合态的 $\tilde{\nu}_{O-H}$。1030cm^{-1} 吸收峰是醇类化合物的 $\tilde{\nu}_{C-O}$。根据 C—O 伸缩振动的出峰位置推测可能是伯醇，存在—CH$_2$—OH 结构。3000~2880cm^{-1} 吸收峰也表明 $\tilde{\nu}_{C-H}$ 存在。

3100～3010cm^{-1} 吸收带是烯基上的 $\tilde{\nu}_{=C-H}$ 引起的。

1650cm^{-1} 吸收峰强度弱,但很尖锐,这是双键的伸缩振动吸收的特征。995cm^{-1} 和 910cm^{-1} 两吸收峰是末端烯烃的 C—H 面外摇摆振动产生的吸收。依据以上数据可以推知,分子中有 $\begin{matrix}H\\H\end{matrix}C=C\begin{matrix}H\\ \end{matrix}$ 存在。

综上,化合物结构为

$$CH_2=CH-CH_2-OH$$

【例 5.11】 化合物分子式为 $C_{14}H_{12}$ 红外吸收光谱如图 5.30。解析化合物的结构。

解 依据化合物分子式,计算不饱和度为 9,叁键区和双键区除了 1620cm^{-1} 的小峰,几乎没有其他明显的吸收峰,说明不含叁键或羰基基团,推测可能分子中有两个苯环和一个双键。

3050cm^{-1} 处有一组吸收谱带,表示分子中有不饱和 =C—H 键,其伸缩振动吸收在此区域。

1590cm^{-1}、1500cm^{-1}、1460cm^{-1} 吸收峰是苯环中 C=C 骨架的伸缩振动吸收。

1620cm^{-1}、990cm^{-1} 分别为烯烃的特征吸收峰,前者为 $\tilde{\nu}_{C=C}$,后者为 C=C 上反式 C—H 的面内摇摆振动吸收。

720cm^{-1}、690cm^{-1} 是苯环单取代的特征吸收峰。

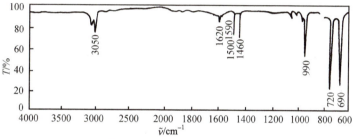

图 5.30 $C_{14}H_{12}$ 的红外光谱图

上述数据表明分子中有以下结构:

由于是两个苯环,故化合物是下列结构:

【例 5.12】 化合物分子式为 $C_3H_6O_2$,红外光谱如图 5.31。解析化合物结构。

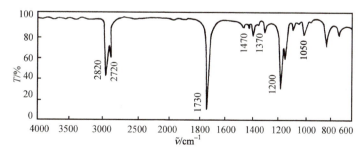

图 5.31 $C_3H_6O_2$ 红外光谱图

解 按分子式计算不饱和度为 1,说明分子中有一个双键。2820cm^{-1}、2720cm^{-1} 的费米共振峰表明分子

中有醛基 C—H 的伸缩振动。1730cm^{-1} 进一步证实了分子中有—$\overset{\overset{O}{\|}}{C}$—H。

1470cm^{-1} 与 1370cm^{-1} 吸收峰是 CH$_2$ 和 CH$_3$ 的 C—H 变形振动吸收。1200cm^{-1} 和 1050cm^{-1} 是—$\overset{\overset{O}{\|}}{C}$—O 的 $\tilde{\nu}_{C-O}$，1200cm^{-1} 吸收峰强度大，对应酯类 C—O 的反对称伸缩振动。故化合物具有下列结构

$$H-\overset{\overset{O}{\|}}{C}-OCH_2CH_3$$

【例 5.13】 化合物分子式为 C$_8$H$_8$O，红外光谱如图 5.32。试解析其结构。

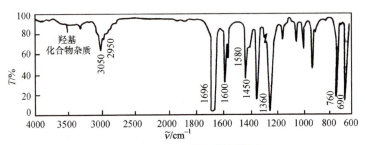

图 5.32 C$_8$H$_8$O 的红外光谱图

解 计算分子的不饱和度为 5，说明分子中可能有苯环与一个双键。

3050cm^{-1} 表明分子中有 $\tilde{\nu}_{=C-H}$，2950cm^{-1} 是 CH$_3$ 的 C—H 伸缩振动吸收，1696cm^{-1} 是 Ph—$\overset{\overset{O}{\|}}{C}$—R 的 $\tilde{\nu}_{C=O}$，表明分子是一个酮类化合物。1600cm^{-1}、1580cm^{-1}、1450cm^{-1} 是苯环的 C=C 骨架伸缩振动，而 760cm^{-1}、690cm^{-1} 是苯环单取代后的 C—H 面外变形振动，1360cm^{-1} 是 CH$_3$ 的变形振动。

综合上述解析的结果，该化合物的结构为

$$C_6H_5-\overset{\overset{O}{\|}}{C}-CH_3$$

3. 定量分析

红外光谱定量分析的基础是朗伯-比尔定律，详细内容见 5.1.1。吸光度 A 的测定有三种方法。

1) 一点法

这种方法是忽略了背景吸收，直接从红外光谱图上的纵坐标读出分析波数处的透过率 T 后换算成吸光度 A。在测定时将补偿槽插入参比光路中，以补偿溶剂的吸收和槽窗的反射损失。

2) 基线法

由于一点法中采用的补偿并不是十分满意的，因此误差较大。为了使分析波数处的吸光度更接近真实值，常采用基线法。基线法是用基线表示分析峰不存在时的背景吸收线，并用它来代替记录纸上的 100%（透过）坐标。画基线有以下几种方法：

当分析峰不受其他峰的干扰且峰形对称时，可按图 5.33(1) 的方法处理。图中 AB 为基线，即过峰的两肩作切线 AB，过峰顶 C 作基线的垂线 CE，与基线相交于 E，则峰顶 C 处的吸光度计算式为 $A=\lg\dfrac{T_0}{T}$。

如果分析峰受邻近峰的干扰，则可以作单点水平切线为基线，如图 5.33(2) 中的 2 线。

如果干扰峰与分析峰紧靠在一起，但当浓度变化时，干扰峰的峰肩位置变化不是太厉害，则可采用图 5.33(3)中 3 线作为基线。

如果测量的是肩峰，根据吸收峰应是对称的原理，可采用图 5.33(4)的方法作基线。图中 4 线即为肩峰的合适基线。

也可采用 5 线和 6 线作基线，但切点不应随浓度变化而有较大的变化。一般采用水平基线，可保证分析的准确度。

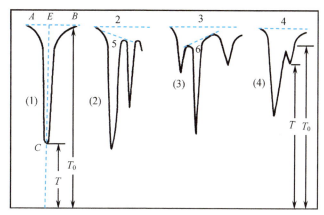

图 5.33　基线画法示意图

3) 定量分析方法

定量分析方法的选择与样品性质有关：当样品中组分简单时，多采用对照法（或称补偿法）或校正曲线法；对于较复杂的样品，可采用差示法或比例法。

补偿法是通过比较样品光束和参比光束的强度，以抵消与所测物质无关的辐射损失，来测定样品中某物质含量的方法。其抵消步骤是：先配制一个与试样溶液尽量接近的标准溶液，然后在相同条件下分别测定标准溶液与样品的吸光度。校正曲线法和差示法参见5.1.4。

思考题 5.11　红外光谱与紫外光谱有什么区别？（从产生、应用范围、特征性和用途等方面比较）
思考题 5.12　红外光谱选律是什么？列举红外活性和非活性的化合物。CO_2 是红外活性还是非活性分子？
思考题 5.13　以 CCl_4 为例说明分子有哪些基本振动类型。
思考题 5.14　在红外光谱中，醛、酮、酸、酯、酰胺、酰卤有什么共同的特征？如何区别它们？
思考题 5.15　苯甲醇在红外光谱上会产生哪些特征吸收？指出相关峰出现的位置和强度特点。

5.4　分子发光分析法

物质分子吸收一定的能量后，其电子从基态跃迁到激发态，如果电子在返回基态的过程中伴随有光辐射，这种现象则称为分子发光 (molecular luminescence)，由此建立起来的分析方法称为分子发光分析法。分子发光包括分子荧光、分子磷光、化学发光和散射发光等。目前，分子发光分析法在工农业、医药、卫生、生物、环境等领域得到了广泛应用。本节主要讨论前三种分子发光分析方法。

5.4.1 分子荧光及磷光分析法

1. 基本原理

1) 荧光和磷光的产生

处于基态的分子吸收能量(电能、热能、光能、化学能)后,其电子由基态跃迁到激发态。激发态电子是不稳定的,将很快回到基态,同时把吸收的能量释放出来。释放能量的形式有两种,一种是放热,另一种是发光。根据激发方式的不同,发光的形式可分为光致发光和化学发光。光致发光是指分子吸收光能被激发至较高能态,在返回基态时,发射出与吸收光波长相等或不等的光辐射的现象。化学发光是指化学反应中产物分子吸收了反应过程中释放的化学能而被激发,在返回基态时发出光辐射。最常见的两种分子发光现象是荧光(fluorescence)和磷光(phosphorescence),属于光致发光。为了了解荧光和磷光现象的特征,下文将根据分子结构理论阐述它们的产生机理。

每个分子都具有一系列严格分立的电子能级,每一个电子能级中又包含了一系列的振动能级和转动能级(图 5.34)。图中基态用 S_0 表示,第一电子激发单重态和第二电子激发单重态分别用 S_1 和 S_2 表示,第一电子激发三重态和第二电子激发三重态分别用 T_1、T_2 表示,基态和激发态的振动能级用 $v = 0$、1、2、3…表示。

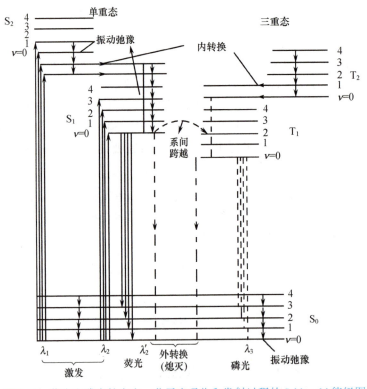

图 5.34　荧光和磷光的产生:分子光吸收和发射过程的 Jablonski 能级图

单重态与三重态的区别在于电子自旋方向不同。电子激发态的多重度可用 $M = 2S + 1$ 表示,其中 S 为电子自旋量子数的代数和,其数值为 0 或 1。图 5.35 表示单重态与三重态激发示意图。由图可见,当所有电子都配对时,$S = 0$,$M = 1$,分子中电子处于单重态,用符号 S 表示,如果电子在跃迁过程中不发生自旋方向的变化,此时分子处于激发的单重态。而在三重激发态中，两个电子是平行自旋的，$S=1$，多重度 $M=3$。三重态用 T 表示。根据洪德规则，处于分立轨道上的非成对电子，平行自旋要比成对自旋更稳定，所以三重态的能级要比相应的单重态能级略低（见图 5.34 中的 S_1 和 T_1，S_2 和 T_2）。通常，单重态的分子具有抗磁性，其激发态的平均寿命约为 10^{-8}s；三重态分子具有顺磁性，其寿命为 $10^{-4}\sim 1$s。

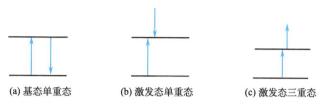

(a) 基态单重态　　(b) 激发态单重态　　(c) 激发态三重态

图 5.35　单重态与三重态激发示意图

处于激发态的分子是不稳定的，通常要以辐射跃迁或非辐射跃迁等方式返回基态，这个过程称为分子的去激发(活化)过程。分子的去激发过程主要有以下几种途径。

(1) 振动弛豫(vibrational relaxation)。在同一电子能级中，电子由高振动能级转移至低相邻振动能级，同时将多余的能量以热的形式释放。这个过程很迅速，约为 10^{-12}s。图 5.34 中各振动能级间的小箭头表示振动弛豫的情况。

(2) 荧光发射(fluorescence emission)。激发态分子通过振动弛豫到达最低振动能级后，有可能通过发射光子的方式回到基态，这个过程称为荧光发射。持续时间为 $10^{-9}\sim 10^{-7}$s。

(3) 内转换(internal conversion)。分子不发射光辐射而回到低能电子状态的分子内过程。见图 5.34，当 S_2 或 T_2 的较低能级与 S_1 或 T_1 的较高能级的能量相当或重叠时，分子从 S_2 或 T_2 的振动能级以热能形式过渡到 S_1 或 T_1 的能量相等的振动能级上，发生内转换。内转换过程在 $10^{-13}\sim 10^{-11}$s 内发生，通常比在高激发态直接发射光子的速度快得多。这个过程在受激分子的去激发过程中占优势，所以大多数化合物没有荧光。由图 5.34，无论分子最初处于哪一个激发态，都可以通过振动弛豫和内转换过程回到最低激发单(或三)重态的最低振动能级。

(4) 外转换(external conversion)。激发态分子与溶剂或其他溶质分子之间发生相互作用及能量转换使荧光或磷光减弱或消失的过程称为外转换，这一现象称为熄灭或猝灭。

(5) 系间跨越(intersystem crossing)。不同多重态能级间的一种无辐射跃迁过程，涉及受激电子自旋状态的改变。例如，$S_1\rightarrow T_1$ 就是一种系间跨越。发生系间跨越时，通常电子由 S_1 的较低振动能级转移至 T_1 的较高振动能级。这种跃迁是禁阻跃迁，如果单重态和三重态两种能态的振动能级重叠，跃迁的概率会增大。

(6) 磷光发射(phosphorescence emission)。激发单重态电子经过系间跨越到达激发三重态，接着发生快速的振动弛豫到达激发三重态的最低振动能级，然后由此激发态跃迁回基态时，发射磷光。由于从 $T_1\rightarrow S_0$ 的跃迁属于禁阻跃迁，故磷光的寿命比较长，约为 10^{-4}s 至数秒。因此，在将激发光移走后，这种跃迁所发射的光还可持续观察到。

由以上讨论可知，荧光是由激发单重态最低振动能级跃迁至基态各振动能级时产生的，而磷光则是由激发三重态的最低能级至基态各振动能级之间产生的。

2) 荧光量子产率

荧光量子产率也称为荧光效率，用 Φ 表示，是指物质吸收光能后发射的荧光光子数与吸收的激发光光子数之比

$$\Phi = \frac{发射的光子数}{吸收的光子数}$$

从荧光的去激发过程可以看出，在激发态分子释放能量回到基态的过程中，除了荧光发射外，还包含许多辐射和非辐射跃迁过程，如内转换、系间跨越、外转换等。因此，荧光量子产率与荧光发射过程的速率和非辐射过程的速率相关，即

$$\Phi = \frac{k_f}{k_f + \sum k_i}$$

式中，k_f 为荧光发射过程的速率常数；$\sum k_i$ 为非辐射跃迁过程的速率常数的总和。由上式可知，凡是能够使 k_f 值增加而使其他 k 降低的因素都可以增强荧光。通常 k_f 主要取决于分子的化学结构，而 $\sum k_i$ 主要取决于化学环境，同时与化学结构有关。

3) 激发光谱和发射光谱

荧光和磷光都属于光致发光。由于不同分子的能级不同，分子对不同波长的光有选择性吸收。不同波长的激发光具有不同的激发效率。如果固定测量波长为荧光(磷光)的最大发射波长，改变激发光的波长，测量荧光(磷光)强度与激发波长的关系，以激发光波长为横坐标，荧光(磷光)强度为纵坐标作图，即得到激发光谱曲线。如果固定激发光的波长，测定不同波长处的荧光(磷光)强度，即可得到荧光(磷光)的发射光谱。图 5.36 为萘的激发光谱(A)、荧光发射光谱(F)和磷光发射光谱(P)。

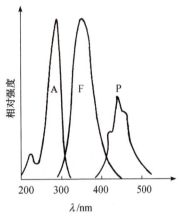

图 5.36　萘的激发光谱、荧光光谱和磷光光谱

通常情况下荧光(磷光)发射光谱的发射波长大于激发波长，这一现象称为斯托克斯(Stokes)位移。这种位移表明了激发光和发射光之间由于振动弛豫/内转换产生的能量损失。

一般情况下，分子的荧光发射光谱与其吸收光谱之间存在镜像关系。这是由于吸收光谱的形状表明了分子的第一激发态的振动能级结构，而荧光光谱表明了分子基态的振动能级结构，分子的基态和第一激发单重态的振动能级结构类似，故二者呈镜像对称关系。

用不同波长的激发光激发荧光分子，可以观察到形状相同的荧光发射光谱，这是因为无论荧光分子被激发到哪一个激发态，都要经过非辐射过程到达第一激发态的最低振动能级，发射时，总是从第一激发态的最低振动能级回到基态各振动能级，故荧光发射光谱的形状与激发光波长无关。

4) 荧光与分子结构的关系

荧光是分子吸收光能后产生的，分子必须具有一定的化学结构才能吸收光能，因此荧光与物质的化学结构密切相关。以下从四个方面讨论分子结构与荧光的关系。

(1) 跃迁类型。分子中的电子是按照能量由低到高的次序排列在分子轨道上。分子轨道包含成键轨道以及能量较高、通常情况下没有电子占据的反键轨道(参考紫外-可见光谱内容)。荧光很难由小于 250nm 的紫外光激发产生，因为这种辐射能量太大，会使激发态分子发生离解，导致大多数分子的某些键发生断裂。所以，$\sigma \to \sigma^*$ 跃迁很难产生荧光。对于大多数荧光物质来说，都是先经历 $\pi \to \pi^*$ 或者 $n \to \pi^*$ 激发，经过去激发过程，再发生 $\pi^* \to \pi$ 或者 $\pi^* \to n$ 跃迁而发

射荧光。在这两种跃迁类型中，π→π* 跃迁的量子产率较高。这是由于 π→π* 跃迁的摩尔吸收系数是 n→π* 跃迁的 100～1000 倍，是允许跃迁，而 n→π* 是禁阻跃迁。π→π* 跃迁的寿命（10^{-7}～10^{-9}s）比 n→π* 跃迁（10^{-5}～10^{-7}s）短，在各种去激发竞争过程中有利。此外，π→π* 跃迁中，S_1 和 T_1 之间能级差较大，通过系间跨跃到三重态的速率常数也较小，有利于荧光发射。

(2) 共轭效应。由于 π*→π 跃迁有利于荧光发射，共轭效应能增加荧光物质的摩尔吸收系数，有利于产生更多激发态分子，从而有利于荧光的发生。实验证明，易于实现 π→π* 跃迁的芳香族化合物容易发出荧光，而脂肪族化合物（除少数高度共轭体系化合物外）极少能产生荧光。体系的共轭度越大，则 π 电子的离域性越大，荧光越容易产生，灵敏度和荧光效率也越大。任何能够提高 π 电子共轭度的结构，都能够提高荧光效率。例如，在多烯结构中，Ph(CH=CH)$_2$Ph 和 Ph(CH=CH)$_3$Ph 在苯中的荧光效率分别为 0.28 和 0.68。

(3) 刚性结构和共平面效应。一般而言，具有刚性平面结构的有机分子具有较强的荧光。这是由于它们与溶剂或其他溶质分子的相互作用较小，通过碰撞去活化的可能性较小，从而有利于荧光的发射。例如，酚酞和荧光素结构相似，前者不易保持平面构型，因此没有荧光；而后者分子中氧桥使其具有刚性平面结构，因而具有很强的荧光（荧光效率 0.92）。再如芴，分子中存在成桥的亚甲基，刚性大，量子效率接近于 1，而联苯在相同条件下量子效率只有 0.2。

(4) 取代基效应。芳香族化合物分子上的取代基不同，则其荧光光谱和荧光强度不同。通常，给电子基团（如 OH、—NR$_2$、—OR、—NH$_2$ 等）使荧光增强，这是由于其与芳环之间有 p-π 共轭作用，增强了体系的π电子共轭程度，导致荧光增强。吸电子基团（如—C=O、NHCOCH$_3$、—NO$_2$、—CN、—COOH、卤素等）将减弱甚至会猝灭荧光。例如，苯酚和苯胺的荧光较强，而硝基苯为非荧光物质。对于卤素取代基而言，由于原子序数高的原子中，电子自旋和轨道运动之间的相互作用大，系间跨跃至三重态的速率增大，荧光随原子序数增大而减弱，磷光则随原子序数增大而增强。例如，氟苯、氯苯和溴苯的荧光效率分别为 0.16、0.05 和 0.01，而碘苯没有荧光。另外立体异构现象对荧光强度有显著影响，例如，1,2-二苯乙烯的反式异构体为强荧光物质，而其顺式异构体不发荧光。取代基的空间位阻效应将对有机分子的平面性产生影响，从而对荧光产生影响。例如，在下面化合物的萘环上的第 8 位引入磺酸基，增大空间位阻，会使—NH$_2$ 或—N(CH$_3$)$_2$ 与萘环之间的键发生扭转而失去平面构型，影响 p-π 共轭作用，降低了 π 电子共轭程度，导致荧光减弱。

$$\text{结构1: } -O_3S\text{-萘-}N(CH_3)_2 \quad \varphi=0.75$$
$$\text{结构2: } -O_3S, N(CH_3)_2\text{-萘} \quad \varphi=0.03$$

总之，取代基对于荧光的影响在于对体系共轭度的影响。若能增加分子的共轭度，则荧光增强；反之，则荧光减弱。

5) 荧光强度的环境影响因素

分子所处的环境对其荧光发射有直接的影响，因此，对实验条件的合理选择有利于提高荧光分析的灵敏度和选择性。环境的影响主要有以下几个方面。

(1) 溶剂效应。溶剂的折射率和介电常数、溶剂分子与荧光分子之间的化学作用都将影响荧光强度。一般而言，增加溶剂的极性，将使 $n \rightarrow \pi^*$ 跃迁的能量增大，$\pi \rightarrow \pi^*$ 跃迁的能量降低，从而使荧光强度增大，荧光波长红移。含重原子的溶剂(如碘乙烷、四溴化碳)，轨道的自旋相互作用使三重态形成速率增加，导致荧光减弱，磷光增强。如果溶剂分子与荧光物质形成化合物，或者溶剂使荧光物质的电离状态发生改变，将使荧光的强度和峰位置发生较大变化。

(2) 温度和黏度的影响。温度降低，将使激发态分子的振动弛豫和内转换作用过程减弱，同时降低碰撞频率，使荧光量子效率增高，并发生波长蓝移。例如，荧光素的乙醇溶液，在0℃以下每降低10℃，荧光效率增加3%，当降到-80℃时，荧光效率为100%。因此，选择低温下检测荧光有利于提高分析灵敏度。介质黏度的提高与温度降低的作用类似，有利于提高荧光量子效率。

(3) pH 的影响。含有酸性或碱性基团的芳香族化合物，由于存在酸性基团的离解以及碱性基团的质子化作用，可能改变非辐射跃迁过程的性质和速率，因此 pH 的改变对于物质的荧光有很大影响。例如，苯胺在 pH = 5~12 的溶液中以分子形式存在，产生蓝色荧光；当 pH < 5 时以苯胺阳离子形式存在，而 pH > 12 时则以阴离子形式存在，二者均无荧光。

(4) 荧光猝灭。荧光分子与溶剂分子或其他溶质分子的相互作用引起荧光强度降低的现象称为荧光猝灭。这些能引起荧光强度降低的物质称为猝灭剂。引起荧光猝灭的原因很多，机理也很复杂。荧光猝灭的主要类型有动态猝灭、静态猝灭、能量转移、内滤作用和自猝灭。

(i) 动态猝灭。猝灭过程发生于猝灭剂与发光物质激发态分子间的动态相互作用。被激发的荧光分子与猝灭剂发生碰撞，荧光分子以非辐射跃迁形式回到基态使荧光猝灭，并导致荧光寿命降低。动态猝灭与扩散有关，一般而言，温度升高猝灭作用增加，黏度增大猝灭作用减小。溶液中的氧是最常见的猝灭剂，这可能是由于顺磁性的氧分子与处于单重激发态的荧光物质相互作用，促使形成顺磁性的三重态荧光分子，加速荧光物质激发态分子系间跨越跃迁，导致荧光猝灭。在较严格的荧光实验中，一般需要进行除氧。

(ii) 静态猝灭。猝灭过程发生于猝灭剂与发光物质基态分子间的相互作用。荧光分子与猝灭剂形成稳定的、不发荧光的基态配合物使荧光猝灭，静态猝灭只是减少荧光分子数目，不改变荧光寿命。温度升高可能引起配合物稳定常数降低，从而减小静态猝灭的程度。

(iii) 共振能量转移。共振能量转移通常也称为荧光共振能量转移(fluorescence resonance energy transfer，FRET)，是指当一个荧光分子(又称为供体分子)的发射光谱与另一个分子(又称为受体分子)的吸收光谱相重叠时，供体分子发出的光能被受体吸收，并诱发受体分子发出荧光，同时供体荧光分子自身的荧光强度衰减的现象。受体分子本身并不需要具有荧光。能量转移的程度由受体分子与供体分子之间的距离及两者光谱的重叠程度决定。一般而言，两个分子距离为 1~10nm 时能够发生能量转移，随着距离的增加，共振能量转移呈显著减弱。由于共振能量转移的有效距离与生物大分子(如蛋白质、核酸分子等)的尺寸相似，共振能量转移可以作为研究生物大分子之间相互作用的有效工具。

(iv) 内滤作用。当溶液中存在能吸收荧光物质的激发光或发射光的物质时，会使体系的荧光减弱，这就是内滤作用。如果荧光物质的荧光发射光谱和吸收光谱有重叠，浓度较大时，部分基态分子将吸收体系发射的荧光，使荧光降低，这种现象称为自吸，也是一种内滤作用。

(v) 自猝灭。当荧光物质浓度较大时，激发态荧光分子与基态荧光分子碰撞使荧光猝灭。所以荧光测量中，荧光物质浓度不能太高。

6) 荧光强度的定量关系

荧光强度 I_f 正比于该体系吸收的激发光的光强

$$I_f = K'(I_0 - I) \tag{5.24}$$

式中，I_0 为入射光强度；I 为射光通过厚度为 b 的介质后的光强；常数 K' 取决于荧光效率。根据朗伯-比尔定律

$$A = -\lg T = -\lg \frac{I}{I_0} = \varepsilon bc \Rightarrow \frac{I}{I_0} = 10^{-\varepsilon bc} \tag{5.25}$$

式中，ε 为荧光分子的摩尔吸收系数；b 为介质厚度；c 为荧光物质的浓度。结合式(5.24)和式(5.25)可得到

$$I_f = K'I_0(1 - 10^{-\varepsilon bc}) = K'I_0(1 - e^{-2.303\varepsilon bc}) \tag{5.26}$$

展开式(5.26)可得

$$I_f = K'I_0 \left[2.303\varepsilon bc - \frac{(-2.303\varepsilon bc)^2}{2!} + \frac{(-2.303\varepsilon bc)^3}{3!} - \frac{(-2.303\varepsilon bc)^4}{4!} + \cdots \right] \tag{5.27}$$

当 $\varepsilon bc \leqslant 0.05$ 时，式(5.27)可近似写为

$$I_f = 2.303 K' I_0 \varepsilon bc \tag{5.28}$$

当入射光强度 I_0 一定时，有

$$I_f = Kc \tag{5.29}$$

即荧光强度与荧光物质的浓度成正比。不过，这种线性关系只在稀溶液中才成立。对于较高浓度的溶液，由于自吸收和猝灭等原因，荧光强度与浓度之间的关系偏离线性关系。

2. 荧光分析法及其应用

1) 荧光分析仪器

常用的荧光测定仪器有荧光分光光度计，一般由光源、单色器、样品池、检测器及数据记录系统组成。仪器的基本构造如图 5.37 所示。

由光源发出的光经过单色器后得到所需要的激发光波长，入射到样品池上激发荧光物质产生荧光，为消除入射光及散射光的影响，荧光的测量方向通常与激发光成 90°。荧

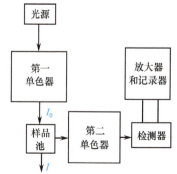

图 5.37　荧光分光光度计结构框图

光通过第二个单色器分光后进入检测器被检测。第二个单色器的作用是消除溶液中可能存在的其他波长光的干扰。

(1) 光源。高压氙灯是目前荧光分光光度计中应用最为广泛的一种光源,它是一种连续光源,能在 400~800nm 波长范围内提供连续的光输出。此外,发光二极管或者激光二极管也可作为光源,这类光源轻便、所需能量较少,产生的热量很少。发光二极管属于连续光源,但限于小范围光谱区的输出,而激光二极管则属于单色光源。激光是一种能量集中、具有良好单色性的光源,使用激光光源能够极大提高荧光检测的灵敏度。利用激光作为光源的激光诱导荧光检测技术已经实现了单分子检测的目标,从而使荧光分析具有更为广阔的应用。

(2) 单色器。单色器的作用是对波长进行选择,包括激发波长和发射波长。常用的单色器有光栅和滤光片。

(3) 样品池。荧光检测的样品池通常采用四面透光的方形石英池。

(4) 检测器。现代荧光光谱仪普遍采用光电倍增管(PMT)或电荷耦合器件(charge-coupled device,CCD)作为检测器。其中 CCD 是一种多通道检测器,具有连续采集多维图谱的功能,已在荧光显微镜上得到广泛应用。

(5) 数据记录系统。目前商品化的荧光光度计都有计算机控制,并配有相应的软件。

2) 荧光分析方法的特点和应用

荧光分析是光化学分析中最为灵敏的分析方法之一,它比紫外-可见吸光光度法的灵敏度要高 2~4 个数量级,检测下限为 $0.1~0.001\mu g \cdot mL^{-1}$。其主要原因在于,在紫外-可见吸光光度法中,被测定的信号为 $A = -\lg \frac{I}{I_0}$,当试样浓度很低时,检测器难以区分两个较大信号(I_0 和 I)之间的微小差别,而荧光分析检测的是叠加在很小背景上的发射荧光强度,所以能够检测到更低浓度的物质。

由荧光强度的定量关系可知,对于在一定浓度范围,发射的荧光强度与物质的浓度成正比,由此可利用荧光分析法进行定量检测。对于单组分的测量,同吸光光度法一样,常采用校正曲线法。对于较少的样品,有时也采用比较法。

荧光分析法已广泛地应用于无机和有机化合物及生物分子的分析中,在生物化学、药物学、临床化学等领域有着广泛的应用。若待测物质本身具有荧光,则可通过直接测量其荧光强度来测定该物质的浓度。芳香族化合物具有大的共轭结构,大多能产生荧光,可以直接进行荧光测定。大多数无机物和有机物本身没有荧光,或发出的荧光很弱,不能直接测定,这时可采用间接法进行测定。间接测定有荧光猝灭法和荧光衍生法可供选择。荧光猝灭法是指分子本身没有荧光,但可使某荧光物质的荧光产生猝灭,通过测量该荧光物质荧光强度的降低可间接测定该分析物。例如在硫酸介质中,亚硝酸根可还原吡咯红 Y,使其荧光猝灭,以此可以测定电厂废水、自来水、井水中亚硝酸根含量。荧光衍生法是指将本身没有荧光的分析物通过不同的衍生手段(化学反应、电化学反应、光化学反应)转变为有荧光的物质,再通过测量该物质的荧光强度间接测定分析物的方法。无机化合物自身产生荧光并用于测定的种类不多,利用与有机试剂形成配合物后进行荧光分析的元素已达 60 余种。脂肪族有机化合物分子结构比较简单,本身极少能产生荧光,只有与其他化合物作用后才能产生荧光。一些有机化合物的荧光测定法见表 5.26。

表 5.26　某些有机化合物的荧光测定法

待测物	试剂	激发波长/nm	荧光波长/nm	测定范围 $c/(\mu g \cdot mL^{-1})$
丙三醇	苯胺	紫外	蓝色	0.1~2
糠醛	蒽酮	465	505	1.5~15
蒽		365	400	0~5
苯基水杨酸酯	N,N-二甲基甲酰胺(KOH)	366	410	3×10^{-8}~5×10^{-6} mol·L^{-1}
1-萘酚	0.1mol·L^{-1}NaOH	紫外	500	
四氧嘧啶(阿脲)	苯二胺	紫外(365)	485	10^{-10}
维生素 A	无水乙醇	345	490	0~20
氨基酸	氧化酶等	315	425	0.01~50
蛋白质	曙红 Y	紫外	540	0.06~6
肾上腺素	乙二胺	420	525	0.001~0.02
胍基丁胺	邻苯二醛	365	470	0.05~5
玻璃酸酶	3-乙酰氧基吲哚	395	470	0.001~0.033
青霉素	α-甲氧基-6-氯-9-(β氨乙基)-氨基氮杂蒽	420	500	0.0625~0.625

荧光分析法的应用还体现在对遗传物质脱氧核糖核酸(DNA)的分析。DNA 自身的荧光效率很低,一般条件下几乎检测不到。因此,人们常选用某些荧光分子作为探针,通过探针的荧光变化来研究 DNA 与小分子及药物的作用机理,从而探讨致病原因及筛选和设计新的高效低毒药物。目前,典型的荧光探针分子为溴化乙锭(EB),此外也包括 Tb^{3+}、吖啶类染料、钌的配合物等。在基因检测方面,已逐步使用荧光染料作为标记物来代替同位素标记,从而克服了同位素标记物产生污染、价格昂贵及难保存等不足。

此外,利用荧光分析的超高灵敏度,可实现对单分子行为的研究。激光诱导产生的超高灵敏度可实时检测溶液中的单分子行为,这一研究工作已受到了广泛的关注。目前,溶液中罗丹明 6G 分子、荧光素分子等荧光标记的 DNA 分子的单分子行为已被广泛研究。单分子荧光检测在 DNA 测序、纳米材料分析、医学诊断、分子动力学机理等方面都具有独特的应用价值,在生命科学中具有广阔的应用前景,能为生命科学提供新的研究手段。

3. 磷光分析法及其应用

1) 磷光分析仪器

磷光与荧光一样都是光致发光,因此在检测仪器上有较为相似的地方。磷光分析仪由光源、样品池、单色器和检测器组成。如果试样只发磷光,可在荧光分光光度计上直接测定。如果试样发磷光的同时也存在荧光干扰,通常需要在荧光分光光度计上配上磷光检测附件将荧光隔开。该附件是一种机械装置,称为磷光镜,通过荧光与磷光寿命的不同实现区分。磷光镜的形式多样,但其作用原理是一样的,通过机械传动切断激发光,由于荧光寿命短、消失快,而磷光寿命长,能够被检测到。常见的有转筒式和转盘式磷光镜(图 5.38)。

磷光的测量有低温和室温两种方式。两者的样品池具有不同的结构。低温磷光测定一般是通过液氮实现的,样品池为内径为 1~3mm 的石英细管,插入盛有液氮的杜瓦瓶。固体室温磷光的检测有特别试样室,通过载体将试样固定,再将载体吸附到玻璃载片上,放入试样室进行测定。

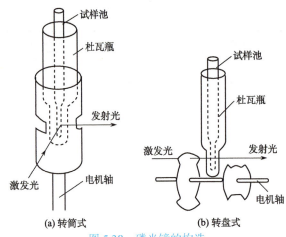

图 5.38　磷光镜的构造

2) 磷光的测定方法及其应用

磷光的产生涉及激发单重态(S_1)经系间跨越跃迁到激发三重态(T_1),然后由激发三重态回到基态(S_0)。由此可见,磷光是由自旋禁阻跃迁 $T_1 \to S_0$ 产生的,容易受到其他辐射或者无辐射跃迁的干扰,使得磷光减弱,甚至得不到磷光。为了得到较强磷光,需减小其他辐射以及无辐射跃迁,具体措施有低温磷光及某些室温磷光方法。

(1) 低温磷光。在低温下测量磷光能减少磷光产生过程中其他辐射或者无辐射跃迁的干扰,以及由于激发态分子与周围溶剂分子之间发生碰撞和能量转移引起的磷光减弱。在低温磷光测定分析中,多采用液氮作为冷却剂。因此,要求测定过程中使用的溶剂不仅对所分析的试样具有良好的溶解特性,而且要求在液氮温度(77K)具有足够的黏度并能形成透明的刚性玻璃体。增加试样的刚性可以减小质点间的碰撞概率,从而减小无辐射跃迁。例如,将被测试样溶于乙醚或异戊醇中,在液氮条件下(77K),冷冻至玻璃状再进行磷光测定。也有的采用二乙醚、异戊烷和乙醇按 5:5:2 体积比的混合溶液作为溶剂,此溶剂简称为 EPA 混合溶剂。

(2) 室温磷光。低温磷光测定需要低温实验装置,对溶剂的选择也有一定的限制。室温磷光法在一定程度上能解决这些问题。

(i) 固体室温磷光法。通过载体将分析物固定在固体基体上,可在室温下进行测定。理想的载体应该既能将分析物牢固地束缚在固体基体中以增强磷光,本身又不产生磷光背景。常用的载体有有机载体和无机载体,如乙酸钠、聚合物、纤维素膜、滤纸、硅胶、玻璃纤维等。

(ii) 形成胶束的溶液室温磷光法。利用表面活性剂与被分析物质形成胶束缔合物。胶束可改变磷光团的微环境并增加其刚性,减小因碰撞引起的能量损失,增加三重态的稳定性,从而实现室温下的磷光测定。此外使用含有重原子的溶剂,有利于 $S_1 \to T_1$ 的系间跨跃,可增加磷光效率。因此,利用胶束来增强被分析物三重态的稳定性,并结合重原子效应,必要时对溶液进行除氧,可以得到强烈的室温磷光。例如,在表面活性剂十二烷基硫酸盐和重原子离子 Tl^+ 或 Pb^{2+} 存在下,用光化学方法除氧,能得到水溶液中萘、芘以及联苯强烈的室温磷光,可测定的浓度范围达到 $10^{-6} \sim 10^{-7}$ mol·L^{-1}。此外,环糊精由于其特定体积的疏水空腔结构,合适大小的分子能取代空腔中的水而形成稳定的包含缔合物,可用于室温胶束磷光的测定。

(iii) 敏化溶液室温磷光。敏化溶液室温磷光是指在没有表面活性剂存在下获得溶液的磷光。这种磷光产生的机理依赖于能量由分析物向受体的转移。如图 5.39 所示,分析物被激发后并不发射磷光,而是经过系间跨越转变至第一激发三重态。当有某种合适的能量受体存在时，分析物的激发三重态将能量转移到受体的激发三重态，然后受体从激发三重态跃迁回基态时，便产生磷光。在此方法中，分析物质本身并不发磷光，而是受体发磷光。

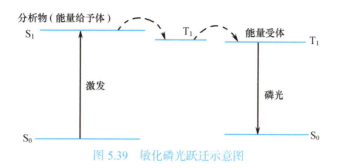

图 5.39　敏化磷光跃迁示意图

与荧光分析法一样，磷光分析法可以用于直接测定物质的磷光，也可利用间接法如磷光猝灭效应测定物质的磷光。

5.4.2　化学发光与生物发光分析法

化学发光(chemiluminescence)是指物质分子吸收化学反应产生的能量后跃迁至激发态，并由激发态跃迁回基态产生的光辐射。生物发光是指产生于生物体系的化学发光，如萤火虫和某些细菌、真菌、原生动物等发射的光。

化学发光或生物发光分析法是基于这类发光现象的分析方法。这种方法具有以下优点：①仪器设备简单，不需要光源、复杂的分光和光强测定装置，一般只需要滤光片和光电倍增管；②由于没有激发光源、散射光及杂散光的信号干扰，具有很高的灵敏度，如荧光素酶和磷酸三腺苷(ATP)的化学发光分析可测定 2×10^{-17} mol·L^{-1} 的 ATP，即一个细菌中的 ATP 含量；③分析速度快，1min 内可完成一次分析，适宜于自动连续测定；④定量线性范围宽，发光强度与反应物浓度在几个数量级范围内呈线性关系。然而化学发光与生物发光分析法也具有一定的局限性，如目前开发出的可供应用的发光体系有限，发光机理没有完全发展成熟。

1. 化学发光分析的基本原理

化学发光是基于吸收化学反应过程中产生的化学能使分子激发发光。激发和发光过程可以用以下反应式表示：

$$A + B \longrightarrow C^* + D$$

$$C^* \longrightarrow C + h\nu$$

化学反应有很多，而化学发光反应却很少。这是因为任何一个化学发光反应的发生必须满足以下几个条件：①化学反应必须提供足够的能量，以引起电子激发。能够在可见光范围内发生化学发光的物质大多为有机化合物。有机发色基团能量 ΔE 通常是 150~400kJ·mol^{-1}，许多氧化还原反应提供的能量与此相当，所以大多数化学发光反应为氧化还原反应。②化学反应产生的能量能够不断地产生激发态分子。对于有机分子的液相化学发光来说，容易生成激发态产物的通常是芳香族化合物或羰基化合物。③激发态分子跃迁回基态时，是通过辐射跃迁活化，而不是以热的形式消耗能量。

与荧光量子产率类似，化学发光效率可用 Φ_{CL} 表示，它取决于生成激发态产物分子的化学效率 Φ_{CE} 和激发态分子的发光效率 Φ_{EM} 两个因素，Φ_{CL} 可用下式表示

$$\Phi_{CL} = \frac{\text{发射光子的分子数}}{\text{参加反应分子数}} = \Phi_{CE}\Phi_{EM}$$

其中，化学效率 Φ_{CE} 和发光效率 Φ_{EM} 可分别表示为

$$\Phi_{CE} = \frac{\text{激发态分子数}}{\text{参加反应分子数}}$$

$$\Phi_{EM} = \frac{\text{发射光子的分子数}}{\text{激发态分子数}}$$

化学发光的效率、光辐射的能量大小及光谱范围由反应物的性质决定。化学发光光谱与荧光光谱十分相似，只是激发能不同。每个化学发光反应都有其特征的化学发光光谱和不同的化学发光效率。

化学发光的发光强度 $I_{CL}(t)$ 以单位时间内发射的光子数表示，等于单位时间内被测物 A 的浓度变化与化学发光效率 Φ_{CL} 的乘积，即

$$I_{CL}(t) = \Phi_{CL}\frac{dc}{dt} \tag{5.30}$$

在发光分析中，被分析物质的浓度比发光试剂小很多，所以发光试剂浓度可认为是一常数，故此发光反应可视为准一级反应。此时，反应速率 $dc_A/dt = kc_A$，式中 k 为反应速率常数。化学发光强度随时间的变化如图 5.40 所示。

化学发光反应持续时间与化学反应的类型密切相关。对于持续时间短（小于几秒）的化学发光反应，常用峰高表示发光强度，在一定条件下，峰高与被测定物质的浓度呈线性关系。通过测定峰高就可以定量测定物质的含量。此外，对于发光时间较长的反应，也可根据总发光强度与分析物质浓度之间的关系进行定量测定。对式(5.30)进行积分，并设定 $t_1 = 0$，t_2 为反应结束所需要的时间，可得到

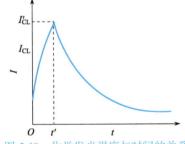

图 5.40 化学发光强度与时间的关系

$$A = \int_{t_1}^{t_2} I_{CL}(t)dt = \Phi_{CL}\int_{t_1}^{t_2}\frac{dc_A}{dt}dt = \Phi_{CL}c_A \tag{5.31}$$

式中，A 为积分面积。可见发光总强度与待测物浓度在一定条件下呈线性关系。

2. 化学发光的测定方法

化学发光的测定方法有直接测定和间接测定两种。直接化学发光是被测物质作为反应物直接参加化学发光反应，生成激发态产物分子，跃迁回基态发光。间接化学发光是被测物 A 或 B 通过化学反应后生成初始激发态 C*，C*并不直接发光，而是将能量转移给 F，使 F 处于激发态，当 F 跃迁回基态时产生发光。这一过程可用下式表示

$$A + B \longrightarrow C^* + D$$

$$C^* + F \longrightarrow F^* + G$$

$$F^* \longrightarrow F + h\nu$$

式中，C*为能量供体；F 为能量受体。空气中臭氧与罗丹明 B-没食子酸的乙醇溶液产生的化学发光反应就属于此类型。没食子酸被臭氧氧化并吸收反应能生成一受激中间体 A*，A*迅速将能量转给罗丹明 B 使其激发，处于激发态的罗丹明 B 跃迁回基态时，发射出光子。该光辐射的最大发射波长为 584nm。发光过程可表示如下，其中 A*为受激中间体，B 为没食子酸最

终氧化产物。

$$没食子酸 + O_3 \longrightarrow A^* + O_2$$

$$A^* + 罗丹明\ B \longrightarrow 罗丹明\ B^* + B$$

$$罗丹明\ B^* \longrightarrow 罗丹明\ B + h\nu$$

3. 化学发光的类型

用于分析化学的化学发光反应有气相、液相、火焰三种类型，其中液相化学发光体系最多，应用也最广，气相和火焰化学发光反应体系较少，一般应用于环境污染监测。

1) 气相化学发光

化学发光反应在气相中进行时称为气相化学发光。主要有 O_3、NO、S 等参与的化学发光反应，可用于检测空气中的 O_3、NO、NO_2、H_2S、SO_2 及 CO 等。

测定臭氧的一个例子是利用臭氧氧化乙烯生成羰基化合物的同时，生成激发态甲醛发光。

$$CH_2=CH_2 + O_3 \longrightarrow \left[\begin{array}{c}O-O\\O\\H_2C-CH_2\end{array}\right] \longrightarrow \left[\begin{array}{c}O-O\\H_2C\quad CH_2\\O\end{array}\right] \longrightarrow HCOOH + CH_2O^*$$

$$CH_2O^* \longrightarrow CH_2O + h\nu$$

这个气相发光的最大发射波长为 435nm，测定臭氧的线性响应范围为 $1ng \cdot mL^{-1} \sim 1\mu g \cdot mL^{-1}$。

一氧化氮与臭氧的气相化学发光反应有较高的化学发光效率，测定的灵敏度可达到 $1ng \cdot mL^{-1}$，反应机理如下：

$$NO + O_3 \longrightarrow NO_2^* + O_2$$

$$NO_2^* \longrightarrow NO_2 + h\nu$$

若测定空气中二氧化氮的含量，则可先将 NO_2 还原为 NO，测得 NO 的总量后，从总量中减去原试样中 NO 的含量，即得到 NO_2 的含量。

气相中的 SO_2、NO、CO 等都能与氧原子进行化学发光反应，从而实现检测。其反应分别为

$$SO_2 + O + O \longrightarrow SO_2^* + O_2$$

$$SO_2^* \longrightarrow SO_2 + h\nu$$

此反应的 λ_{max} 为 200nm，测定灵敏度为 $1ng \cdot mL^{-1}$

$$NO + O \longrightarrow NO_2^*$$

$$NO_2^* \longrightarrow NO_2 + h\nu$$

发射光谱范围为 400~1400nm，测定灵敏度为 $1ng \cdot mL^{-1}$

$$CO + O \longrightarrow CO_2^*$$

$$CO_2^* \longrightarrow CO_2 + h\nu$$

发射光谱范围为 300~500nm，测定灵敏度为 $1ng \cdot mL^{-1}$。

这些发光反应中所需的氧原子源可由 O_3 在 1000℃ 的石英管中分解为 O_2 和 O 来获得。

火焰化学发光也属于气相化学发光范畴，在 300~400℃ 的火焰中热辐射很小，某些物质可以从火焰的化学反应中吸收化学能而被激发，从而产生化学发光。多用于硫、磷、氮和卤素的测定。

2) 液相化学发光

常用的液相发光试剂有鲁米诺(3-氨基苯二甲酰肼)、光泽精(N,N-二甲基二吖啶硝酸盐)、洛粉碱(2,4,5-三苯基咪唑)、没食子酸、芳香族游离基离子、硅氧烯、过氧草酸盐、1,2-二氧杂环丁烷衍生物等。以下以鲁米诺和1,2-二氧杂环丁烷衍生物化学发光反应为例，说明液相化学发光反应过程。

3-氨基苯二甲酰肼(鲁米诺)　　1,2-二氧杂环丁烷衍生物

鲁米诺为一环状二酰肼，是一种应用最早、最多、最有效的化学发光试剂。它产生化学发光反应的量子效率Φ_{CL}为0.01~0.05。鲁米诺在碱性溶液中形成叠氮醌，在氧化剂如双氧水的作用下形成激发态的氨基邻苯二甲酸根离子，当其价电子从第一电子激发态的最低振动能级跃迁回基态时，产生最大发射波长为425nm的光辐射。H_2O_2是用得最多的氧化剂，利用上述发光反应，可测定10^{-9} mol·L^{-1}的H_2O_2。其他如ClO^-、I_2、MnO_4^-、Cu^{2+}、Fe^{3+}等氧化剂都能使鲁米诺发光。

鲁米诺化学发光体系广泛应用于生物化学分析领域。该体系可用于检测犯罪现场留下的肉眼无法观察到的血液。由于血液中血红蛋白含有铁离子，能催化过氧化氢的分解，使过氧化氢变成水和单氧，单氧再氧化鲁米诺让它发光。此外，许多分析物可通过酶的转化生成化学发光反应物，而后再进行化学发光反应，根据化学发光强度间接测定分析物。例如，葡萄糖在葡萄糖氧化酶的催化下进行氧化反应，反应产物H_2O_2可通过鲁米诺化学发光反应进行测定，从而间接测定葡萄糖。

1,2-二氧杂环丁烷衍生物含有一个可以调控化学发光过程的酚羟基官能团。当酚羟基以质子化状态存在时，分子不发射化学发光。当酚羟基去质子化成为酚盐时，氧桥键断裂，并以光辐射的形式将能量释放出来。与鲁米诺化学发光相比，1,2-二氧杂环丁烷衍生物可以用来对包含活性氧以外的其他活性物质进行成像检测，大大拓阔了化学发光的应用范围，已被用于生物体系来对多种生物分子进行成像检测。例如，将分子中的酚羟基用乙酰基保护，构成一种待激活的化学发光探针。往探针中加入酯酶后，分子中的乙酰基结构被切除，变成一种高能化合物，进一步分解释放化学能并激发分子发光，能够用于评估生物体系中酯酶催化水平的变化。

4. 化学发光的仪器装置

由于气相化学发光分析主要用于大气中某些气体的监测，目前有各种专门的仪器，本书不再做相应介绍。下面主要讨论对于液相化学发光分析所采用的仪器。化学发光反应过程较为迅速，信号消失较快，因此需要在试剂混合后马上进行测定。试剂与待测样品混合方式的重复性以及对测定时间的控制，成为影响分析结果的主要因素。目前发光反应主要采用静态或流动注射的方式进行。

静态方式是指用注射器分别将试剂加入反应器中混合，测得最大光强度或总发光量。该方法试样用量小，但是加样重复性难以控制。这种方式的化学发光仪主要由样品池、检测器、信号放大及记录系统组成，具有结构简单、价格低廉等优点，由于是手工加样，不利于自动化分析。

流动注射方式是利用蠕动泵分别将试剂连续送入混合器,定时通过测量室,连续发光,测定光强度。该方法所需试样量大,但是重复性好,可实现自动化分析,适用于分析大批量样品。

5. 生物发光分析法

生物发光是化学发光中的一类,特指在生物体内通过化学反应产生的发光现象,主要由酶催化产生,多种细菌、昆虫、鱼类等均能发光。生物发光分析可用于环境质量监测。在生物发光分析中,通常同时涉及酶促反应和发光反应。生物发光分析法不仅灵敏度高,而且选择性好,有许多成功的实例,如三磷酸腺苷的测定就是一例。在 pH 为 7～8 的介质中以及荧光素酶(E)和 Mg(Ⅱ)离子的存在下,荧光素(LH_2)与 ATP 反应,生成磷酸腺苷(AMP)荧光素和荧光素酸的复合物及镁的焦磷酸盐(Mgppi)。其反应如下:

$$ATP + LH_2 + E + Mg^{2+} \rightleftharpoons AMP \cdot LH_2 \cdot E + Mgppi + 2H^+$$

然后复合物与氧反应,发生化学发光反应:

$$AMP \cdot LH_2 \cdot E + O_2 \longrightarrow [氧化荧光素]^* + AMP + CO_2 + H_2O$$

$$[氧化荧光素]^* \longrightarrow 氧化荧光素 + h\nu(\lambda_{max} = 562nm)$$

总反应分子式:

此法可测定 10μL 试样中 10^{-14}g 的 ATP,测定的线性范围可达 6 个数量级。

6. 化学发光及生物发光的分析应用

化学发光分析法以其仪器设备简单、分析速度快及灵敏度高等显著特点受到人们关注,是一种有效的痕量分析方法,特别是在工业环境方面得到广泛应用。国内对工业废水中各种有害物质含量的分析中,已越来越多地采用化学发光分析法,并在灵敏度和检测手段上进行了改进。例如,在碱性介质中 Cr(Ⅲ)通过 Cr(Ⅲ)-H_2O_2-鲁米诺化学发光体系进行测定。Cr(Ⅵ)在酸性条件下可被 H_2O_2 还原为 Cr(Ⅲ),因此可对 Cr(Ⅲ)和 Cr(Ⅵ)分别进行测定。此外,化学发光在医学、生物学和免疫学研究中也是一种重要的手段。例如,利用鲁米诺化学发光可以检测炎症生物模型中活性氧的含量变化,为相关研究提供有效的可视化工具。

生物发光是生物酶催化的化学发光,其在生物医学领域也有着广泛应用。例如,通过活体中注射生物发光重组肿瘤细胞,并进行生物发光成像,可以对肿瘤的生长和转移特性进行详细研究。

作为一种高灵敏的检测手段,化学发光与高效液相色谱(HPLC)结合,通过液相色谱分离混合物中的各组分,利用化学发光检测系统对各组分进行测定,可成为一种理想的分离分析方法——液相色谱化学发光检测法(LC-CL 法)。化学发光分析法与毛细管电泳技术(CE)相结合,即可直接应用于复杂样品中微量组分的分离和测定。用这种 CE-CL 联用技术,测定丹酰化的牛血清白蛋白和鸡蛋白蛋白，灵敏度和分离效果良好。

思考题 5.16 如何扫描荧光物质的激发光谱和发射光谱？
思考题 5.17 荧光光谱仪与紫外-可见分光光度计有哪些主要区别？
思考题 5.18 为什么荧光分析法的灵敏度高于紫外-可见分光光度法？
思考题 5.19 试从原理和仪器两方面比较荧光分析法和磷光分析法的异同。
思考题 5.20 欲采用鲁米诺化学发光测定氨基酸的含量，实验该如何设计？

小　结

习　题

5.1　Fe^{2+}用邻二氮菲显色，当$c_{Fe^{2+}} = 20\mu g \cdot mL^{-1}$，于$\lambda = 510nm$、吸收池厚度$b = 2cm$时测量的$T = 53.5\%$，摩尔吸收系数$\varepsilon$为多少？

5.2　某钢样0.500g，溶解后将其中的锰氧化为MnO_4^-，准确配成100mL溶液，于$\lambda = 520nm$、$b = 2.0cm$时测得的吸光度$A = 0.62$，已知$\varepsilon_{520} = 2.2 \times 10^3 L \cdot mol^{-1} \cdot cm^{-1}$。计算钢中锰的百分含量。

5.3　用硅钼蓝吸光光度法测定钢中硅含量。根据下列数据绘制校正曲线。

标准溶液含硅量/$(mg \cdot mL^{-1})$	0.05	0.10	0.15	0.20	0.25
吸光度A值	0.210	0.421	0.630	0.839	1.01

试样分析时称取钢样0.500g，溶解后转入50mL容量瓶中，在与校正曲线相同条件下测得吸光度$A=0.522$。求试样中硅的百分含量。

5.4　$1.0 \times 10^{-3} mol \cdot L^{-1}$ $K_2Cr_2O_7$溶液在波长450nm和530nm处的吸光度A分别为0.200和0.050；$1.0 \times 10^{-4} mol \cdot L^{-1}$ $KMnO_4$溶液在450nm处无吸收，在530nm处吸光度为0.420。今测得某$K_2Cr_2O_7$和$KMnO_4$的混合液在450nm和530nm处吸光度分别为0.380和0.710。试计算该混合液中$K_2Cr_2O_7$和$KMnO_4$的浓度。假设池厚1cm。

5.5　某吸光物质X的标准溶液浓度为$1.0 \times 10^{-3} mol \cdot L^{-1}$，其吸光度$A = 0.699$；某含X的试液在同一条件下测量的吸光度为$A = 1.000$。如果以标准溶液为参比($A=0.000$)，(1)试液的吸光度为多少？(2)用两种方法所测试液的$T/\%$各是多少？

5.6　在$Zn^{2+} + 2R^{2-} \longrightarrow ZnR_2^{2-}$显色反应中，当螯合剂浓度超过阳离子浓度40倍时，可以认为Zn^{2+}全部生成ZnR_2^{2-}。当溶液中c_{Zn}、c_R分别为8.00×10^{-4}、$4.00 \times 10^{-2} mol \cdot L^{-1}$时，在选定波长下，用1cm吸收池测量的吸光度为0.364；当溶液中c_{Zn}、c_R分别为8.00×10^{-4}、$2.10 \times 10^{-3} mol \cdot L^{-1}$时，在同样条件下测得吸光度0.273。求该配合物的稳定常数。为了获得较强的荧光，可采取什么措施？

5.7　某化合物有两种异构体：$CH_3—C(CH_3)=CH—CO—CH_3$（Ⅰ），$CH_2=C(CH_3)—CH_2—CO—CH_3$（Ⅱ），一个在235nm处有最大吸收，$\varepsilon_{max}$为12000，另一个在220nm以上无高强吸收。试鉴别各属于哪一种异构体。

5.8　在苯胺中加入盐酸，其紫外光谱的吸收带将发生什么变化？为什么？苯酚中加入氢氧化钠呢？

5.9　某化合物的红外光谱和紫外光谱数据：IR 3090, 2920, 1622, 1460, 1405, 1369, 705cm^{-1}；UV/Vis $\lambda_{max} = 235nm$($\varepsilon_{max} = 9500$)。推测是下列哪种化合物。

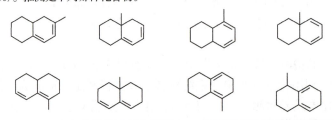

5.10　已知$(CH_3)_2C=CHCOCH_3$在各种极性溶剂中实现$n \to \pi$跃迁引起的紫外光谱特征如下：

溶剂	环己烷	乙醇	甲醇	水
λ_{max}/nm	335	320	312	300
ε_{max}	25	63	63	112

假定这些光谱的移动全部是由溶剂分子生成氢键所产生。试计算在各种极性溶剂中氢键的强度 $(kJ \cdot mol^{-1})$。

5.11 紫罗兰酮有两种异构体，其结构为

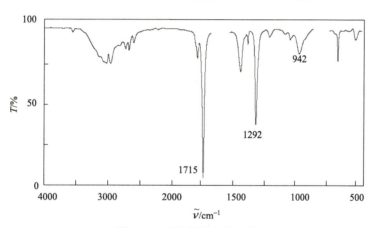

已知 α 异构体的吸收峰在 228nm ($\varepsilon = 14000$)，而 β 异构体在 296nm 处有一吸收带 ($\varepsilon = 11000$)。试问 (Ⅰ)、(Ⅱ) 两种异构体中哪种是 α 体，哪种是 β 体？

5.12 喹啉的氰基化反应如下图所示，试根据比较反应物和产物的紫外吸收特征峰与红外特征吸收鉴别反应是否发生。

5.13 红外光谱图 5.41 对应的是下列哪种化合物？为什么？
A. 苯乙酮 B. 苯乙醛 C. 乙酰胺 D. 乙酸

图 5.41　未知物的红外光谱

5.14 如何用红外吸收光谱法区别下列化合物？它们的红外吸收有何异同？
A. $H_3C-\underset{\underset{CH_3}{|}}{C}H-\underset{H_2}{C}-OH$ B. $H_3C-\underset{H_2}{C}-\underset{H_2}{C}-NH_2$ C. $H_3C-\underset{\underset{CH_3}{|}}{C}H-\underset{H_2}{C}-COOH$

5.15 如何用红外吸收光谱法区别下列化合物？它们的红外吸收有何异同。

5.16 红外光谱图 5.42 对应的是下列哪种化合物？为什么？
A. 乙烯 B. 邻二甲苯 C. 对二甲苯 D. 苯甲酸

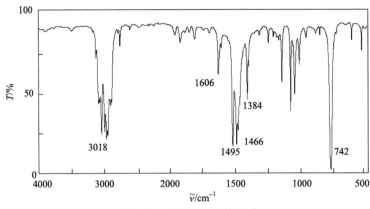

图 5.42 未知物的红外光谱

5.17 试根据红外谱图分析其可能对应的物质为下列哪种。红外光谱图如图 5.43 所示,并说明推测依据。

A. 苯甲醇 (PhCH$_2$OH) B. 苯甲醛 (PhCHO) C. 邻甲基苯酚 D. 苯甲醚 (PhOCH$_3$)

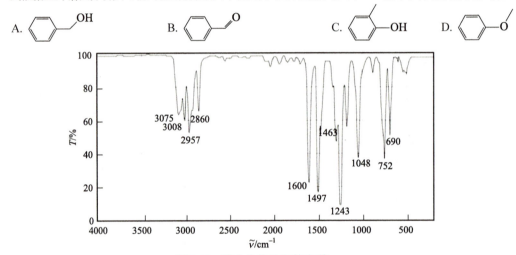

图 5.43 某化合物的红外光谱

5.18 指出图 5.44 中红外光谱 A、B、C、D 分别对应的是下列哪种化合物。为什么?

(1) 环己酮 (2) 苯甲醛 (3) 邻苯二甲酸酐 (4) 邻甲基苯酚

(5) H$_2$C=CH–C(O)–OCH$_3$ (6) H$_2$C=CH–CH$_2$–COOH (7) H$_2$C=CH–C(O)–NH$_2$

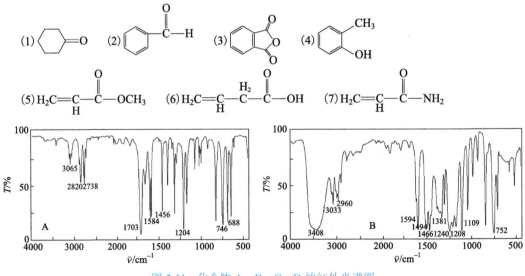

图 5.44 化合物 A、B、C、D 的红外光谱图

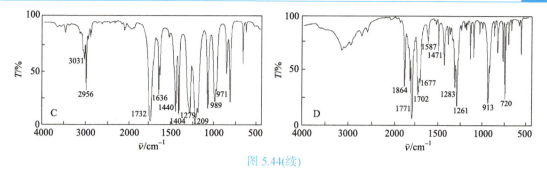

图 5.44(续)

5.19 1852年,斯托克斯在剑桥大学首次通过如下实验观察到荧光比激发光具有更长的波长或更低的能量的现象。如图5.45所示,太阳光穿过教堂的蓝色玻璃窗照射到奎宁溶液上,奎宁可以发出波长450nm的荧光。人眼透过黄色的葡萄酒溶液可以观察到奎宁发出的蓝色荧光。在该实验中,蓝色玻璃窗、黄色葡萄酒分别起什么作用?解释该荧光斯托克斯位移检测的实验原理。

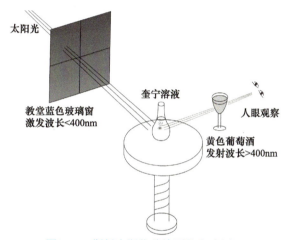

图 5.45 斯托克斯位移检测的实验原理

5.20 下列化合物中预期哪一种的量子产率高?为什么?

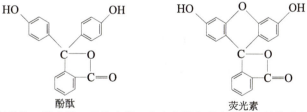

5.21 区别图5.46中某组分的三种光谱:吸收光谱、荧光光谱和磷光光谱,并简述判断的依据或原则。

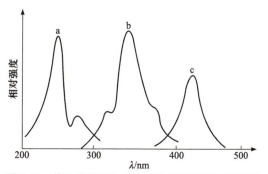

图 5.46 某组分的吸收光谱、荧光光谱和磷光光谱

5.22 下述化合物中哪种物质的磷光最强?

(1) 2-碘蒽   (2) 2-溴蒽   (3) 2-氯蒽

5.23 什么是荧光猝灭?动态猝灭和静态猝灭有何异同?

5.24 什么是化学发光效率?它包含哪两个部分?为什么化学发光效率远小于荧光量子产率?

5.25 一般无机化合物不发荧光,可以通过哪两种途径用荧光分析法测定无机物?

5.26 NADH 的还原型是一种重要的强荧光性物质,其最大激发波长为 340nm,最大发射波长为 465nm。在一定条件下测得 NADH 标准溶液的相对荧光强度如表 5.27 所示。根据所测数据绘制标准曲线,并求出相对荧光强度为 42.3 的未知液中 NADH 的浓度。

表 5.27 NADH 标准溶液的相对荧光强度

$c_{NADH}/(10^{-5} mol \cdot L^{-1})$	相对荧光强度	$c_{NADH}/(10^{-5} mol \cdot L^{-1})$	相对荧光强度
1.00	13.0	5.00	59.7
2.00	24.6	6.00	71.2
3.00	37.9	7.00	83.5
4.00	49.0	8.00	95.0

光化学传感器与荧光探针

仿真动画——紫外光谱

紫外光谱分析原理 | 双光束分光光度计原理 | 双波长分光光度计原理 | 单光束分光光度计原理

仿真动画——红外光谱

红外吸收光谱法 | 二氧化碳的四种振动方式 | 烯烃化合物红外光谱 | 烷烃化合物红外光谱

水分子的红外吸收与振动类型 | 迈克尔干涉仪原理 | 甲烷的四种振动方式 | 炔类化合物 | 傅里叶变换红外光谱仪工作原理 | 分子振动方程式 | 分子产生红外吸收光谱的条件

仿真动画——分子荧光光谱

荧光光谱仪基本部件与结构流程 | 荧光产生过程 | 快速扫描荧光光度计结构组成

第6章 核磁共振波谱分析法

内容提要

本章叙述核磁共振波谱分析的基本原理；详细讨论化学位移、自旋偶合及自旋裂分与分子结构的关系；列举有机化合物核磁共振波谱的解析实例；简略介绍 ^{13}C 核磁共振波谱及其应用。

在外磁场作用下，磁矩不为零的原子核发生自旋能级的分裂（塞曼分裂），当用波长 0.1~100m 的无线电波（射频辐射）照射磁场中的原子核时，自旋核会吸收特定频率的电磁辐射（与自旋能级分裂产生的能量差相等的辐射），从较低的能级跃迁到较高能级，产生核磁共振，并在某些特定的磁场强度处产生强弱不同的吸收信号。吸收信号的强度对共振频率（或磁场强度）作图，即为核磁共振波谱，建立在此原理基础上的一类分析方法称为核磁共振波谱法（nuclear magnetic resonance spectroscopy，NMR）。核磁共振波谱法主要研究 ^1H、^{13}C、^{19}F、^{31}P 等原子核自旋，本章中主要介绍 ^1H 和 ^{13}C 核磁共振波谱，简称氢谱和碳谱。

自核磁共振现象发现至今，该领域的相关研究已获得六次诺贝尔奖。Otto Stern 因发展了分子束方法并测出质子磁矩，获得 1943 年诺贝尔物理学奖。Isidor I. Rabi 发明了研究气态原子核磁性的共振方法，获得 1944 年诺贝尔物理学奖。1946 年 Felix Bloch 和 Edward M. Purcell 分别用感应法和吸收法独立发现了宏观核磁共振现象，荣获 1952 年诺贝尔物理学奖。Richard R. Ernst 因在傅里叶变换和二维 NMR 技术上的杰出贡献而获得 1991 年诺贝尔化学奖。Kurt Wüthrich 利用多维 NMR 技术测定了溶液中蛋白质的三维结构，其开创性研究获得 2002 年诺贝尔化学奖。Paul C. Lauterbur 和 Peter Mansfield 因在核磁共振成像领域的突出贡献获得 2003 年诺贝尔生理学或医学奖。前三次诺贝尔奖属于物理学领域的新方法和新发现，后三次逐步拓展到化学和生物医学领域的新技术和新应用。

核磁共振波谱法与紫外光谱法、红外光谱法和质谱法合称"四大谱"，是化合物结构解析的强有力工具。以核磁共振氢谱为例，它不仅能提供氢原子的种类、数目、所处化学环境信息，还能提供官能团的连接顺序信息。核磁共振波谱法也是研究和测试的重要工具，它既能给出原子核在分子中的精确位置和化学环境变化等微观信息，又能研究人体断层成像水平的宏观信息，既能对成分和结构进行定性分析，又能进行定量和动态过程研究，因此在物理、化学、生物、医药、地球科学等领域有着广泛的应用。

6.1 核磁共振基本原理

6.1.1 原子核的自旋及分类

原子核具有质量并带有电荷，同时具有自旋现象，其自旋用自旋量子数 I 表示。原子核自旋量子数 I 主要取决于原子核未成对的质子数和中子数，原子核的质量数、电荷数与自旋量子数三者之间存在以下经验规律：

(1) 质量数、电荷数都为偶数的原子核，其自旋量子数为零($I = 0$)。例如，$^{12}C_6$、$^{16}O_8$、$^{32}S_{16}$ 等。

(2) 质量数为偶数、电荷数为奇数的原子核有自旋，其自旋量子数为正整数($I = 1, 2, 3, \cdots$)。例如，$^2H_1$、$^{14}N_7$、$^{10}B_5$ 等。

(3) 质量数为奇数、电荷数为奇数或偶数的原子核也有自旋，其自旋量子数为半整数 $\left(I = \dfrac{1}{2}, \dfrac{3}{2}, \dfrac{5}{2}, \cdots\right)$。例如，$^1H_1$、$^{13}C_6$、$^{19}F_9$、$^{31}P_{15}$ 等为 1/2，$^{17}O_8$ 为 5/2。

自旋量子数为零的核无自旋，不发生核磁共振。自旋量子数为 1/2 的核具有均匀的核电荷分布，如 $^1H_1$、$^{13}C_6$，是主要研究对象。自旋量子数大于 1/2 的核其核电荷分布不均匀，研究较少。自旋量子数不为零的核均存在自旋，产生自旋角动量，用 P 表示。又因原子核带正电，自旋时会产生磁偶极矩，简称磁矩，用 μ 表示。磁矩和角动量之间有如下关系

$$\mu = \gamma P \tag{6.1}$$

γ 为磁旋比，是原子核的特征常数。同一类原子核(指 I 值相同的核，如 $^1H_1$、$^{13}C_6$、$^{31}P_{15}$ 等)角动量相同，但磁矩不同，因而 γ 不同。例如，^1H 原子：$\gamma = 26.752 \times 10^7 \text{rad} \cdot \text{T}^{-1} \cdot \text{S}^{-1}$，$^{13}C$：$\gamma = 6.728 \times 10^7 \text{rad} \cdot \text{T}^{-1} \cdot \text{S}^{-1}$。

各种有机化合物中含量最丰富的是 $^1H_1$ 和 $^{12}C_6$，$^1H_1$ 核的天然丰度高达 99.985%，它对磁场的敏感度最大，因此氢谱研究得最多。$^{12}C_6$ 自旋量子数为零，没有核磁共振信号，而其同位素 $^{13}C_6$ 核自旋量子数为 1/2，有核磁共振信号，通常所说的碳谱就是 $^{13}C_6$ 核磁共振谱。然而 $^{13}C_6$ 的天然丰度只有 1.11%，它对磁场的敏感度远小于 $^1H_1$，检测存在一定难度，需要结合去偶技术、脉冲傅里叶变换等增加灵敏度才能用于常规分析。部分核的丰度和相对敏感度列入表 6.1。

表 6.1 部分核的丰度等常数

原子核	天然丰度/%	自旋量子数 I	磁矩 μ/(核磁子单位)	1T[1]磁场中核磁共振频率/MHz	相对敏感度(同一磁场)
$^1H_1$	99.985	1/2	2.7927	42.577	1.000
$^2H_1$	0.015	1	0.8574	6.536	0.00964
$^{10}B_5$	20.0	3	1.8006	4.575	0.0199
$^{11}B_5$	80.0	3/2	2.6880	13.660	0.615
$^{13}C_6$	1.11	1/2	0.7022	10.705	0.0159
$^{14}N_7$	99.63	1	0.4036	3.076	0.00101
$^{17}O_8$	0.04	5/2	−1.8930	5.772	0.0291
$^{19}F_9$	100	1/2	2.6273	40.055	0.834
$^{29}Si_{14}$	4.67	1/2	−0.5547	8.460	0.0785
$^{31}P_{15}$	100	1/2	1.1305	17.235	0.064
$^{38}S_{16}$	0.75	3/2	0.6427	3.266	0.00226

1) 1T(特斯拉)=10000Gs(高斯)。

6.1.2 原子核的回旋

1. 经典力学模型

有自旋的原子核都会产生磁矩，磁矩的方向与旋转轴重合。在外加磁场(H_0)中，磁矩与

磁场的相互作用力与二者的相对方向有关，当磁矩与磁场方向不平行时，就会受到一个力矩的作用，使其趋向转动到与外磁场平行的方向。在该力矩的作用下，核磁矩以一定的角速度产生回旋进动，类似陀螺的旋转轴与重力场方向有偏差时受重力场作用产生的进动，如图6.1所示，称为Larmor进动。其进动角速度ω与外加磁场强度成正比

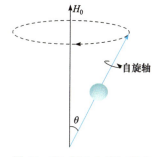

$$\omega = \gamma H_0 \tag{6.2}$$

而 $\omega = 2\pi\nu$，则

图6.1 $^1H_1$核的自旋与进动

$$\nu = \frac{\gamma}{2\pi} H_0 \tag{6.3}$$

式中，ν为$^1H_1$核的进动频率，单位为MHz。当外磁场强度H_0增加时，核的进动角速度增大，其进动频率也增大。当磁场强度H_0为1.4092T时，$^1H_1$所产生的进动频率ν为60MHz。H_0为2.348T时，所产生的进动频率ν为100MHz。

2. 量子力学模型

从量子力学的角度，核磁矩在外加磁场中的空间取向是量子化的，自旋量子数为I的核有$m = 2I + 1$个自旋取向，m为磁量子数，用$I, I-1, I-2, \cdots, -I+2, -I+1, -I$表示。$2I + 1$就代表某原子核在外磁场中的$2I+1$个能量状态或$2I+1$个能级。

自旋角动量在磁场方向的投影P_z只能取如下的数值

$$P_z = m\frac{h}{2\pi} \tag{6.4}$$

式中，h为普朗克常量。自旋核磁矩在磁场方向的投影也只能取以下数值

$$\mu_z = \gamma P_z = \gamma m \frac{h}{2\pi} \tag{6.5}$$

磁矩与外加磁场的相互作用能可以表示为

$$E = -\mu H_0 = -\mu_z H_0 = -\gamma m \frac{h}{2\pi} H_0 \tag{6.6}$$

磁场强度越大，原子核的磁旋比γ越大，相互作用能越大。$I = \frac{1}{2}$的核，如$^1H_1$核，在外磁场中有两种取向（顺磁方向和抗磁方向，即$m = \pm\frac{1}{2}$），代表两种不同的能级，见图6.2(a)。根据式(6.4)，可计算出其对应的能量。量子力学的选择定则只允许$\Delta m = \pm 1$的跃迁，则相邻能级之间发生跃迁对应的能级差为

$$\Delta E = \frac{h\gamma}{2\pi} H_0 \tag{6.7}$$

$I = \frac{1}{2}$的核在外加磁场作用下自旋能级发生塞曼分裂，磁矩顺应磁场方向为低能级，逆磁场方向为较高能级，如图6.2(b)所示。对于I大于1/2的核情况更为复杂，I为1的核有三种取向($m = -1, 0, 1$)，I为2的核则有五种取向($m = -2, -1, 0, 1, 2$)。

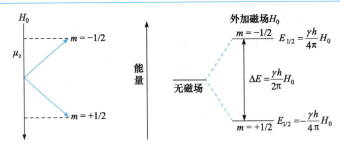

图 6.2　I 为 1/2 的自旋核在外磁场中的取向和能级图

6.1.3　核磁共振

无磁场作用时，磁性原子核处于随机取向，不发生能级分裂。将磁性核置于外加磁场 H_0 中，从量子力学的角度，核磁矩存在空间取向，产生能级分裂。能级差与 H_0 的强度和核磁矩(或磁旋比 γ)大小成正比。如果在垂直于磁场 H_0 的方向施加一个射频辐射，调节该射频辐射的频率使得 $h\nu$ 刚好与相邻两能级的能量差 ΔE 相等，此时 $\nu = \dfrac{\gamma}{2\pi} H_0$，就会发生核磁共振。核磁共振可以定义为：磁矩不为零的原子核在外加磁场中发生能级分裂，吸收特定波长的射频辐射，发生核自旋能级跃迁，产生核磁共振现象。由该定义也可以看出，要产生核磁共振，磁性核(或核自旋体系)、外加磁场和射频辐射三要素缺一不可。

以 $I = \dfrac{1}{2}$ 的核为例，处于较低能级的自旋核吸收能量，跃迁到较高能级，同时发生自旋取向的反转。发生核磁共振所需辐射的波长通常为 0.1~100m 的无线电波，也称射频。同一磁场中，不同类型的原子核发生核磁共振的频率不相等。例如，在场强为 4.69T 的外加磁场中，$^1H_1$ 和 $^{13}C_6$ 由于磁旋比 γ 不同，$^1H_1$ 产生的能级差是 $^{13}C_6$ 的 4 倍，发生核磁共振的频率分别为 200MHz 和 50MHz 左右。而同一类核，场强改变，发生核磁共振的频率也不相同。例如，将外磁场强度降低为 2.35T，$^1H_1$ 核发生核磁共振的频率变为 100MHz 左右。

上述为量子力学模型对核磁共振现象的解释，从经典力学的角度考虑，核磁矩在外加磁场中进动，具有一定的角速度 ω 和进动频率 ν，如果施加的射频辐射刚好与核磁矩的进动频率相等，此时就会发生核磁共振。由此可见，从经典力学和量子力学的角度均可得到相同的共振频率推导式：$\nu = \dfrac{\gamma}{2\pi} H_0$。

6.1.4　核磁弛豫

$I = \dfrac{1}{2}$ 的原子核在磁场中分裂为两种能级状态，处于这两种状态的自旋核数目是不同的，在热平衡状态下遵从玻尔兹曼(Boltzman)分布

$$\frac{N_H}{N_L} = e^{-\frac{\Delta E}{kT}} \approx 1 - \frac{\Delta E}{kT} \tag{6.8}$$

式中，N_H、N_L 分别为高能级和低能级的自旋核数目；k 为玻尔兹曼常量；T 为热力学温度(单位为 K)。通常情况下，$\Delta E \ll kT$，因此式(6.8)近似等于 1。将式(6.3)代入式(6.8)，可计算出某条件下两能级的自旋核数目比。例如，温度为 300K、射频 60MHz、外磁场强度为 1.4092T 时，两能级的 $^1H_1$ 核数目之比为

$$\frac{N_H}{N_L} = 1 - \frac{\gamma h H_0}{2\pi kT} \approx 1 - 9.7 \times 10^{-6} \quad \text{或} \quad N_L/N_H \approx 1.0000097$$

表明该条件下处于低能级的 $^1H_1$ 核数目比高能级的仅多百万分之十左右，对每个 $^1H_1$ 核来说，高低能态跃迁的概率相等，但由于低能级的核数目稍多，净效应是可以产生吸收。但如果高能态的核不能通过有效途径释放能量回到低能态，低能态核总数就会越来越少，一定时间后，高低能态的核数相等，不再有射频吸收，共振信号完全消失，这种现象称为饱和。该现象是否会发生呢？实际上处于高能态的核能够通过非辐射途径释放能量回到低能态，该过程称为核磁弛豫。弛豫的存在使得处于低能态的核总比高能态多，从而保持吸收信号的稳定。核磁弛豫所需的时间称为弛豫时间，核磁弛豫分以下两种。

1. 自旋-晶格弛豫

晶格是指含有自旋核所处的整个分子体系。在该体系中，各种原子和分子处于热运动状态，可以产生各种脉动磁场，其中之一的频率与某一核磁矩的进动频率刚好相等时，就有可能发生能量转移而产生弛豫。此时，高能态的核磁矩将能量转移至周围环境（晶格），从高能态回到低能态称为纵向弛豫，也称自旋-晶格弛豫。纵向弛豫使得核磁矩体系的整体能量降低，而纵向弛豫达到热平衡状态需要一定的时间，其半衰期以 T_1 表示。T_1 越小，则表示纵向弛豫的效率越高。固体分子排列紧密，热运动受限，故纵向弛豫效率低，T_1 很大，可达几小时。液体、气体易产生纵向弛豫，T_1 值很小，仅为 1s 左右。

2. 自旋-自旋弛豫

自旋-自旋弛豫是自旋体系内部核与核直接交换能量的过程。高能态的自旋核 A 除了受外磁场作用外，还会受到邻近低能态自旋核 B 所产生的局部磁场的影响。当自旋核 A 与自旋核 B 的进动频率相同而方向相反时，可通过偶极-偶极相互作用进行能量交换，同时发生核自旋的方向改变。这种自旋核之间发生的能量交换弛豫也称横向弛豫，其半衰期以 T_2 表示。在横向弛豫中，各能级核的数目和核自旋体系的总能量不改变，不能有效消除磁饱和，但可以使高能态寿命降低。固体样品中各类核的相对位置固定，容易发生自旋核之间的能量交换，所以 T_2 较小。

对于每个自旋核来说，它在某高能态停留的平均时间只取决于 T_1 和 T_2 中较小的一个，而核磁共振信号峰的自然宽度与其寿命直接相关，其原因来自海森堡（Heisenberg）测不准原理

$$\Delta E \Delta t \geq \frac{h}{4\pi} \tag{6.9}$$

$$\Delta E \Delta t \approx h$$

因 $\Delta E = h\Delta \nu$，所以 $h\Delta \nu \Delta t \approx h$

$$\Delta \nu \approx \frac{1}{\Delta t} \tag{6.10}$$

式中，$\Delta \nu$ 表示谱线的宽度，它与弛豫时间成反比。固体样品 T_1 较大，T_2 较小，总的弛豫时间由 T_2 决定，故谱线较宽。液体和气体样品的 T_1、T_2 在 1s 左右，能给出尖锐的谱峰。因此在测定核磁共振波谱时，常将固体样品配制成溶液检测。

值得注意的是，核磁共振实验时样品中的氧需要排除，因为氧是顺磁性物质，其波动磁场会使 T_1 减小，使 $\Delta \nu$ 加宽。

思考题 6.1 何谓核磁共振波谱？为什么 $^1H_1$、$^{13}C_6$、$^{19}F_9$、$^{31}P_{15}$ 能产生核磁共振？

思考题 6.2 $^1H_1$ 在何种情况下能产生回旋？$^2H_1$ 能否产生回旋？

思考题 6.3 $^1H_1$ 产生核磁共振的条件是什么？

思考题 6.4 何谓核磁弛豫？它有哪几种类型？

思考题 6.5 为什么通常需将固体样品配制成液体进行 NMR 测量？

6.2 核磁共振波谱仪

1953 年世界上第一台商品化核磁共振波谱仪（共振频率 30MHz，磁场强度 0.7T，美国 Varian 公司研制）诞生，之后核磁共振波谱技术逐步由基础科学研究走向应用和技术创新。最初的 NMR 谱仪是灵敏度较低的连续波（CW）谱仪，而后经历了两次重大的技术革新，一次是磁场超导化，另一次是脉冲傅里叶变换技术（PFT）的应用，从根本上提高了 NMR 的灵敏度，谱仪结构也发生了很大改变。1964 年第一台采用超导磁场的 NMR 谱仪问世（200MHz，场强 4.74T，美国 Varian 公司）。1974 年，第一台脉冲傅里叶变换 NMR 谱仪开始生产（100MHz，场强 2.35T，日本 JEOL 公司）。我国第一台 NMR 谱仪（60MHz，场强 1.4T，北京分析仪器厂）在 1974 年研制成功，第一台傅里叶变换 NMR 谱仪（100MHz，中国科学院长春应用化学研究所）和超导 NMR 谱仪（360MHz，中国科学院武汉物理研究所）分别于 1983 年和 1987 年研制成功。与发达国家相比，国产 NMR 谱仪仍有很大差距，作为科研基础的高端科学仪器目前进口依赖度很高，提升自主研发创新能力，解决"高精尖"仪器的"卡脖子"问题，是实现科技强国的必由之路。

NMR 谱仪的种类和型号众多，目前在售的 NMR 谱仪主要是 300MHz(7.05T)~1200MHz(28.2T)，每个整百 MHz 均有相应产品，以前曾销售过的型号也包括 200MHz、250MHz、650MHz、750MHz、850MHz 和 950MHz 等，300MHz 以下的仪器基本已停产。

NMR 谱仪分类方式较多，按照磁体的性质可分为永磁体、电磁体和超导磁体谱仪；按照激发和信号接收方式可分为连续波和脉冲傅里叶变换谱仪；按照功能可分为高分辨液体、高分辨固体、固体宽谱、微成像波谱仪等。下面主要以连续波和脉冲傅里叶变换核磁共振谱仪为例对仪器结构进行介绍。

1. 连续波核磁共振波谱仪

连续波核磁共振（CW-NMR）谱仪主要部件包括磁体、射频发生器、射频接收器、探头、扫描器和记录处理系统，如图 6.3 所示。

(1) 磁体。在磁场作用下样品中的核自旋体系才能发生能级分裂。能够提供强磁场的磁体有三类：永久磁铁、电磁铁和超导磁体。永久磁铁和电磁铁能够提供的场强有限，100MHz 以上的仪器一般采用超导磁体，利用低温下具有超导性质的铌合金组成的超导线圈浸泡在液氦中，为减少其消耗，外围用液氮保护，结构如图 6.4 所示。液氮和液氦均存储在高真空的罐体中，减少其蒸发。通电后电流不发生衰减，从而提供稳定均匀的强磁场。通常 NMR 谱仪还要结合匀场线圈补偿来消除磁场的不均匀性，磁场的稳定性可以通过锁场（lock）实现，即通过不间断测量参照信号（如氘），与标准频率比较并反馈校正，防止漂移导致的谱线变宽。锁场和匀场都可以实现数字化和智能化。

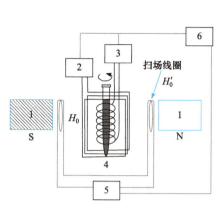
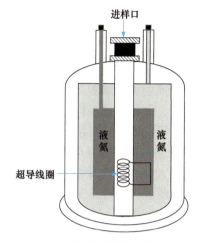

图 6.3　连续波核磁共振波谱仪示意图　　　　图 6.4　超导磁体结构示意图
1. 磁体；2. 射频发生器；3. 射频接收器；4. 探头；
5. 扫描器；6. 记录处理系统

(2) 射频发生器。射频发生器提供激发核磁矩能级跃迁所需的射频辐射，CW-NMR 谱仪一般采用扫频或扫场方式采集不同化学环境中的核磁共振信号。固定 H_0 而改变射频频率称为扫频法，固定射频频率而改变磁场强度 H_0 的方式称为扫场法。

(3) 射频接收器。由接收线圈感应出共振信号后，接收器接收所产生的微弱信号并加以放大、检波，变成直流核磁共振信号，相当于检测器。

(4) 探头。探头是放置样品管的地方，是核磁共振波谱仪的关键部件。射频发射和接收功能可以通过两个线圈实现，也可以由一个线圈完成。按其工作原理可分为单线法和双线法，前者适用于 CW-NMR 谱仪，后者适用于 PFT-NMR 谱仪。样品装在玻璃样品管中，置于探头的线圈中。射频发射线圈、射频接收线圈和扫描线圈三者呈互相垂直状态，类似坐标轴中 x、y、z 轴的关系。样品管高速旋转以消除磁场的不均匀性影响。

(5) 扫描器。扫描器是 CW-NMR 谱仪特有的部件，用于控制扫描速度和范围等参数。大部分 CW-NMR 谱仪采用扫场方式，其扫场线圈(Helmholtz 线圈)安装在磁极上，即在强磁场 H_0 方向叠加一个小的扫描磁场 H_0'，连续微小改变该场强实现扫场。

(6) 记录处理系统。通过示波器直接观察核磁共振信号，或用记录器扫描谱图。配以积分仪，可扫描出各谱峰的峰面积之比，即积分高度曲线。记录处理系统主要用于信号接收、谱仪控制和数据处理等。

CW-NMR 谱仪价廉、稳定、易操作，但扫描时间长，灵敏度低，需要样品量大(10～50mg)，谱线分辨率较差，已逐步被淘汰。

2. 脉冲傅里叶变换核磁共振波谱仪

PFT-NMR 谱仪与 CW-NMR 谱仪结构类似，也包括磁体、射频发生器、射频接收器、探头等，不同之处在于 PFT-NMR 谱仪不采用扫频或扫场方式采集信号，而是在外磁场不变的情况下施加一个短(10～100μs)而强(约为 CW-NMR 的 1 万倍)的射频脉冲照射样品，使不同化学环境的同类核同时发生核磁共振，一次脉冲记录全谱信号，得到自由感应衰减(FID)信号(时域函数)，通过傅里叶变换可以转换成普通 NMR 谱图(频率域函数)。PFT-NMR

谱仪需要增设脉冲程序控制和数据采集处理系统。这里的射频脉冲相当于多通道射频发生器，傅里叶变换相当于多通道射频接收器。脉冲作用时间极短，重复发射就可以进行信号累加，提高信噪比。

探头部分除了样品支撑结构，还包括射频发射、接收线圈，调谐回路以及其他附件如变温装置、双照射去偶装置等。PFT-NMR 谱仪的射频发射和接收功能一般由一个线圈完成。探头的型号、规格多种多样，根据样品的状态和谱图信息可分为高分辨液体探头、固体探头和成像探头等，根据谐调频率分固定频率探头和宽带探头，根据优化 H 核或杂核(X)观测的不同目的分正向探头和反向探头。记录处理系统中采用计算机系统，不仅可以对射频发生器、前置放大器、接收器等部件进行自动控制，还可以提供傅里叶变换计算、谱图处理、故障诊断、谱图解析等所需要的软硬件支持。

PFT-NMR 谱仪检测速度快，易于实现信号累加，使信噪比增加，检测灵敏度提高，不仅能提升天然丰度高的 $^1H_1$ 核的 NMR 谱图质量，还让天然丰度小、绝对灵敏度低的 $^{13}C_6$、$^{19}F_9$、$^{31}P_{15}$、$^{15}N_7$ 等核的检测成为可能。PFT-NMR 谱仪不仅适用于化合物的结构解析，还能对核的动态过程、瞬变过程、反应动力学等开展研究。

采用 NMR 谱仪获得的典型谱图如图 6.5 所示 1,1-二氯乙烷的核磁共振波谱图。图中的横坐标为化学位移，用 δ 表示。纵坐标为吸收强度，积分高度 $H:3H$ 表示各组峰面积之比，也表示各基团中 $^1H_1$ 核总数之比。J 为偶合常数，单位为 Hz，表示核之间相互作用后使谱峰发生裂分的大小。上述表征谱图特征的三个重要参数将在后面分别进行讨论。

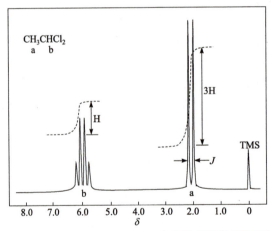

图 6.5　1,1-二氯乙烷(CH_3CHCl_2)的核磁共振谱示意图

3. NMR 谱仪研究进展简介

增强 NMR 谱仪的磁场强度可以有效提高谱图分辨率(辨别相邻共振峰的能力)和灵敏度(检测弱信号的能力，一般信噪比高，灵敏度高)，因此超高场 NMR 磁体技术研究受到广泛关注。高分辨核磁多年来受限于 23.5T 的场强(1.0GHz)，源于金属低温超导体(LTS)的物理性质。而高温超导体(HTS)的发现使低温下达到更高场强成为可能，但在磁体技术上要实现超高场仍然存在很大挑战。目前市售 NMR 谱仪的最高场强可达 28.2T，对应的质子共振频率为 1.2GHz。在磁体的设计上采用混合式设计，内部采用高温超导体，外部采用低温超导体。

探头是样品和 NMR 谱仪之间的接口，针对不同的分析对象和目的，开发与之相适应的探头也是 NMR 谱仪发展的方向之一。例如，可调谐的多核探头，内线圈用于 $^1H_1$ 的观测，

外线圈可在 $^{31}P_{15}$ 和 $^{15}N_7$ 范围内协调;宽带频率通道设计的全自动原子核切换探头,可实现对 $^1H_1$ 和多种其他核的全自动和高灵敏分析;配置内置流动池的流动探头,可与色谱系统或液体处理器对接,将样品直接转移至探头,可用于高通量样本处理。

普通 NMR 谱仪所测样品多为液体,固态样品的很多性质在液态时是无法观测的,如极性分子的偶极相互作用液态时会被平均化为零。但固体中核自旋存在强的各向异性相互作用使固态核磁的谱峰变宽,所能提供的结构特征信息减少。开发适合固体高分辨核磁研究的探头也是引起广泛关注的一个领域。如何消除样品中的偶极相互作用,减小谱峰宽度?利用魔角旋转技术可以解决该问题。魔角旋转指样品的旋转轴与磁场方向的夹角刚好等于 54°44′ 时,即 $3\cos^2\theta - 1 = 0$,此时两核间的相互作用消失。基于魔角旋转技术的低温探头可应用于复杂生物分子和材料的固态核磁研究。

常用的 NMR 谱是一维核磁共振谱,即观测体系对一个变量(频率)的响应。二维核磁共振(2D NMR)最早是 1971 年 Jeener 提出的,主要分为 J-分辨谱、化学位移相关光谱和多量子谱,可以提供 H-H、C-H、C-C 之间的偶合作用和空间相互作用信息,能够帮助确定连接顺序和空间构型。常用的如 H-H COSY、C-H COSY、TOCSY、NOESY 等二维谱,可用于复杂天然产物和生物分子的结构鉴定。但当大分子结构较复杂时,如蛋白质的氨基酸残基超过 80 个后,采用 2D NMR 研究也存在谱峰重叠的困难,因此 3D NMR、4D NMR 等多维谱学技术应运而生,这些技术对计算机容量有较高要求。

将某核磁共振波谱参数的空间分布用图像形式表示即得到核磁共振成像(MRI)。核磁共振成像仪是继 CT 之后医学影像学的又一重大进步。20 世纪 70 年代核磁共振成像技术发展起来,80 年代开始有商业化大型人体核磁共振成像仪应用于医学诊断,90 年代后开始应用于大脑功能成像研究。人体组织含有大量的水和碳氢化合物,因此氢核是人体成像的首选原子核。人体不同组织之间、正常组织与病变组织之间氢核密度、弛豫时间都有差异,这是 MRI 成像仪用于临床诊断最主要的物理基础。核磁共振成像仪无辐射损伤,可任意方位断层扫描,具有质子密度、弛豫、加权成像和多参数等优势,再结合造影剂提高成像的对比度和准确性,成为临床医学上最有力的诊断仪器之一。

6.3 化 学 位 移

6.3.1 化学位移的产生

如果有机化合物的所有质子共振频率都相同,则核磁共振波谱图上只有一个峰,它对有机化合物结构鉴定将毫无用途。实验表明,由于 $^1H_1$ 核所处的周围环境的不同,有机化合物中的各氢原子发生核磁共振时所吸收的射频约有百万分之几的差异。这是因为当氢核自旋时,周围的负电荷也随之转动,在外加磁场的影响下,核外电子在其原子轨道上形成环流,产生一个对抗磁场($H_1 = \sigma H$),其方向与外加磁场方向相反。这种对抗磁场使核实际受到外加磁场的作用减小,则 $H_\text{实} = H_0 - H_1$。而由于各 $^1H_1$ 核所处的化学环境不同(化学结构不同),因此磁场强度减小的程度不一样。

核外电子对抗磁场的作用称为屏蔽效应(图 6.6)。屏蔽效应

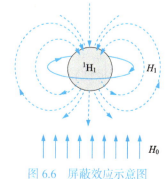

图 6.6 屏蔽效应示意图

的大小与核外电子云密度有关，电子云密度越大，屏蔽效应就越强，则磁场强度要相应地增加，才能产生核磁共振。此外，屏蔽效应还与外加磁场强度成正比，因此核真正感受到的磁场强度 $H_{实}$ 为

$$H_{实} = H_0 - H_1 = H_0 - \sigma H_0 = H_0(1-\sigma) \tag{6.11}$$

式中，σ 为比例常数，称为屏蔽常数。式(6.3)可改写为

$$\nu = \frac{\gamma}{2\pi} H_0(1-\sigma) \tag{6.12}$$

不同结构中的 $^1H_1$ 核，其核外电子云密度不同，屏蔽效应(屏蔽常数)不同。由式(6.12)可知，在同一射频场中，同一化合物中各种不同环境的 $^1H_1$ 核或不同化合物中的 $^1H_1$ 核的共振频率并不在同一位置，而是随核所处的化学环境不同，在不同的位置出现吸收峰，这种由于氢核的化学环境不同而产生的谱线位移称为化学位移。分子中不同官能团 $^1H_1$ 核的化学位移与其结构有关，因而利用这种关系可研究分子的结构。

6.3.2 化学位移的测量

化学位移的数值很小，要精确测量其绝对值较困难，而且不同兆赫的仪器测出的数值存在差别，故采用相对化学位移(统称为化学位移)表示。由于化学位移与磁场强度成正比，当以某物质(一般采用四甲基硅烷，TMS)的吸收峰为标准时，谱图中各吸收峰与标准物吸收峰之间的相对距离用下式表示

$$\delta = \frac{H_{标} - H_{样}}{H_0} \times 10^6 \tag{6.13}$$

或

$$\delta = \frac{\nu_{样} - \nu_{标}}{\nu_0} \times 10^6 \tag{6.14}$$

式中，δ 为化学位移；$\nu_{样}$ 为试样的共振频率；$\nu_{标}$ 为标准物的共振频率；ν_0 为仪器的频率。由于 $\frac{\nu_{样} - \nu_{标}}{\nu_0}$ 值很小，仅为百万分之几，故乘 10^6 以方便使用。规定标准物 TMS 的 $\delta = 0$，在它左边为正，右边为负。各种有机化合物的 δ 值大多数在 10 以下，因此，大多数核磁共振波谱仪的扫描范围都在 10 之内。

测量化学位移选用 TMS 作标准最为理想，因为它具有一系列的优点：①具有化学惰性；②易与其他有机化合物混溶；③分子中各个 $^1H_1$ 核所处的化学环境完全相同，因此在谱图上出现一个单的尖峰；④分子中四个甲基的屏蔽效应很大，使 $^1H_1$ 核的共振磁场高于大多数有机化合物，规定 TMS 的 $\delta = 0$，使用较方便，不需再进行校正；⑤沸点低(27℃)，易挥发，便于样品回收。TMS 常配制成 10%～15%的 CCl_4 或 $CDCl_3$ 溶液，直接加入试样中 2～3 滴作内标准。

对于极性较大的有机化合物样品，常采用 4,4-二甲基-4-硅戊烷-1-磺酸钠(DSS)作内标准，其用量少，仅能给出一个尖锐的甲基峰，而亚甲基峰几乎看不到。当用 D_2O 或 H_2O 作溶剂时，也可将 TMS 密封于毛细管中，再放入试样溶液中作外标准。

测量化学位移时需要注意，样品纯度较高时才能获得好的谱图，固体样品的谱峰很宽，需选择适当的溶剂配制成 2%～10%的溶液测量，PFT-NMR 法通常需要 1～5mg 纯样品，TMS 的质量分数在 0.2%左右。对于黏性较大的液体最好配成稀溶液后测定，以提高分辨率。

此外，所用溶剂要求不含 $^1H_1$ 核，以免产生干扰。常用的溶剂有 CCl_4、CS_2、$Cl_2C=CCl_2$、$CDCl_3$ 等，有时也用 C_6H_6、CH_3COCH_3、CH_3CN、CH_3OH 等，但需要进行氘（D）交换，使 H 原子交换成 D，避免溶剂峰干扰。但氘代交换很难达到 100%，而且残留的微量 $^1H_1$ 也会产生吸收，因此谱图上会观察到溶剂中残留 $^1H_1$ 的共振吸收峰。此外，溶剂的溶解性要好，与样品不缔合，沸点低，样品容易回收。具体选择何种溶剂可根据仪器的灵敏度及样品的性质确定。

如果配制的样品中存在极少的铁磁性杂质、灰尘等物质，都会使谱峰展宽。实验前可将溶液过滤、离心或用小磁棒浸入样品溶液，以去除杂质。当样品中存在少量氧时，由于其波动磁场，自旋-晶格弛豫时间 T_1 减小，谱峰加宽，故可通入 N_2、He 或抽成真空，以消除氧的影响。

6.3.3 影响化学位移的因素

1. 局部屏蔽效应

影响所研究 $^1H_1$ 核的核外成键电子的电子云密度而产生的屏蔽效应称为局部屏蔽效应，也称电性效应。从电性效应的角度主要区分为诱导效应和共轭效应。

(1) 诱导效应。当 $^1H_1$ 核附近有一个或几个吸电子的原子或基团存在时，$^1H_1$ 核周围电子云密度降低，屏蔽效应减小，所需的共振磁场强度降低，化学位移左移（增大）。当 $^1H_1$ 核附近有一个或几个供电子原子或基团存在时，则 $^1H_1$ 核外电子云密度增加，屏蔽效应增大，化学位移右移（减小），如表 6.2。

表 6.2 乙烷及卤代甲烷的化学位移值

物质	δ	物质	δ	物质	δ
CH_3-CH_3	0.90	CH_3-F	4.26	CH_3-Cl	3.05
CH_3-Br	2.68	CH_3-I	2.16	CH_2Cl_2	5.33

由表 6.2 可知，—CH_3 为供电子基，化学位移最小，随着甲基上取代基的电负性增加，化学位移值也增大。

(2) 共轭效应。带有孤对电子的杂原子如果与双键直接连接，如乙烯醚，杂原子上的孤对电子离域到双键 π 轨道，通过 p-π 共轭使双键上的氢电子云密度升高，化学位移值减小。如果带有孤对电子的杂原子以不饱和键的形式与双键直接相连，如 α, β 不饱和酮类，发生 π-π 共轭，双键上的电子云移向电负性高的杂原子，使得双键上直接连接的氢周围电子云密度降低，因此化学位移值增大。受共轭效应影响的三种含双键化合物的化学位移如下：

$$
\begin{array}{ccc}
3.57 & & 5.87 \\
\text{H} \diagdown \text{C=C} \diagup \text{OCH}_3 & \text{H} \diagdown \text{C=C} \diagup \text{H} & \text{H} \diagdown \text{C=C} \diagup \text{O} \\
\text{H} \diagup \quad \diagdown \text{H} & \text{H} \diagup \quad \diagdown \text{H} & \text{H} \diagup \quad \diagdown \text{CH}_3 \\
3.99 & 5.28 \quad 5.28 & 5.50
\end{array}
$$

苯环上的氢也会受共轭效应影响，有胺基、甲氧基取代时，由于 p-π 共轭，苯环电子云密度增大，苯环上质子的 δ 值向高场移动；苯环上有硝基、羰基等取代时，由于 π-π 共轭，并且双键上的电子云向电负性强的 N、O 上移动，苯环电子云密度降低，δ 值向低场移动。其中共轭效应对邻、对位氢的影响要比间位大。

```
            7.11 6.81              7.45 8.21
        6.86    NH₂           7.66    NO₂
                OCH₃                  COR
         <7.27          7.27    >7.27
```

2. 磁各向异性效应

分子中 $^1H_1$ 核受邻近原子或某基团核外电子云所产生的屏蔽效应的影响统称为磁各向异性效应，也称远程屏蔽效应。磁各向异性效应具有方向性，其大小与它们之间的距离有关。

苯环的磁各向异性效应很典型，其屏蔽效应如图 6.7。环的上、下方为屏蔽区，用"+"表示。其他方向为去屏蔽区，用"-"表示。两者交界处为零。为什么苯环的上、下方为"+"？这是因为苯环的环电流产生感应磁场，当感应磁场的方向与外磁场(H_0)方向相反时，对外磁场起抗磁作用(屏蔽区)；反之，当感应磁场的方向与 H_0 方向相同时，就加强了外磁场(去屏蔽区)。前者相当于一种屏蔽效应，后者相当于一种去屏蔽效应。因此，屏蔽区正好位于苯环的上、下方，而苯环所在平面(环外)是去屏蔽区。位于屏蔽区的 $^1H_1$ 核 δ 值减小，位于去屏蔽区的 $^1H_1$ 核的 δ 值增大。因此，苯环上的 $^1H_1$ 核的化学位移值较大，$\delta = 7.27$。对二甲苯中苯环 $^1H_1$ 核的 $\delta = 7.06$。某些环烯化合物能形成大的环流效应，环内、环外也能产生屏蔽区和去屏蔽区，使 $^1H_1$ 核具有不同的 δ 值。例如 18-环烯分子，如图 6.8，环内 $^1H_1$ 核处于屏蔽区，$\delta = -2.99$；环外 $^1H_1$ 核处于去屏蔽区，$\delta = 9.28$。反式-15,16-二甲基二氢芘的甲基上的 $^1H_1$ 核处于高磁场(屏蔽区)，$\delta = -4.2$。

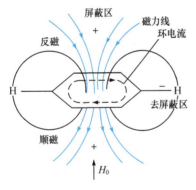

图 6.7 苯环的屏蔽效应

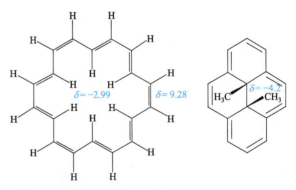

图 6.8 18-环烯和反式-15,16-二甲基二氢芘结构示意图

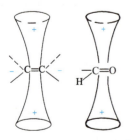

图 6.9 C=C 和 C=O 双键的屏蔽效应

双键化合物的 π 电子分布于成键平面的上下方，屏蔽效应与苯环类似，如图 6.9，双键所在平面的上、下各有一个锥形的屏蔽区，双键所在的平面为去屏蔽区。例如，乙烯分子的四个氢均处于去屏蔽区，化学位移在 5.28 左右。烯烃 π 电子产生的感应磁场不仅对直接相连的氢产生较强的去屏蔽作用，还会对 α-碳上的氢产生一定程度的影响，如环戊烯中的亚甲基化学位移值(1.92, 2.30)就比环戊烷的亚甲基(1.51)大。羰基的屏蔽效应与烯烃相似，羰基上的 $^1H_1$ 核处于 C=O 双键的去屏蔽区，其 δ 值较大，所以醛类的氢化学位移通常在 9~10。

叁键中互相垂直的两个 π 轨道电子绕三键产生筒状的环电

流，在外加磁场作用下产生与叁键平行但方向与磁场相反的感应磁场，其磁力线和屏蔽效应示意图如图 6.10(a)、(b)所示。叁键与双键的屏蔽效应不同，沿键轴方向为屏蔽区，其他方向为去屏蔽区。因此末端乙炔的质子处于叁键的屏蔽区，δ 值在 2.0～3.0。例如

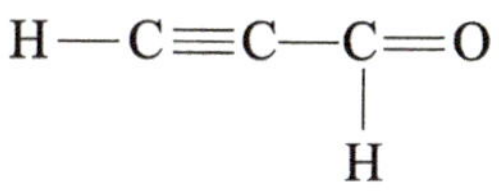

$$H-C\equiv C-C=O \qquad H-C\equiv C-\text{C}_6\text{H}_5$$
$$\quad\quad\quad\quad\ \ |$$
$$\quad\quad\quad\quad H$$
$$\delta=2.4 \qquad\qquad\qquad\qquad \delta=2.13$$

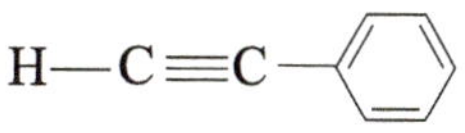

而 C—C 单键中的 σ 电子产生的磁各向异性效应较小，沿 C—C 单键键轴方向的锥形区域为去屏蔽区，其他为屏蔽区，其屏蔽效应如图 6.11。随着 C 上 $^1H_1$ 被取代，其屏蔽效应减小，δ 值增大，则有

$$\delta_{\text{CH}} > \delta_{\text{CH}_2} > \delta_{\text{CH}_3}$$

一般脂肪族化合物的 δ 值较小，随溶剂的不同，其化学位移值有一定的变化。单键通常可以自由旋转，其磁各向异性的影响会平均化，只有当单键旋转受阻的情况下，这一效应才较为明显。例如，环己烷的直立键和平伏键氢通常无法区分，当温度降低至−89°左右，就会出现两个尖锐的吸收峰，分别对应这两种键的氢。

(a) 叁键的磁力线 (b) 屏蔽效应

图 6.10 羰基的屏蔽效应

图 6.11 单键的屏蔽效应

3. 氢键效应

化学位移受氢键影响较大。当分子中形成氢键后，由于静电作用，氢键中 $^1H_1$ 核周围的电子云密度降低，$^1H_1$ 核处于较低磁场下，其 δ 值增大。例如，乙酸在非极性溶剂中呈二聚体，是因为形成了较强的氢键，其化学位移值相应增大，一般在 10～13.2。

化学位移也随氢键的强度变化而变化，氢键越强，化学位移值越大。但在不同溶剂中相差较大，并随其浓度、温度的不同而有显著的变化。

分子内形成氢键也影响化学位移，一般使 δ 值增大。例如下面的化合物，因形成分子内氢键，(a)的 δ 值为 6.8，(b)的 δ 值为 16.61。

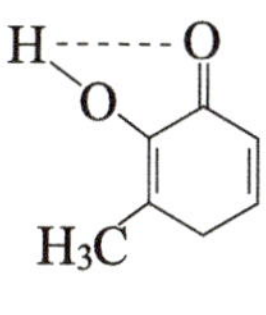

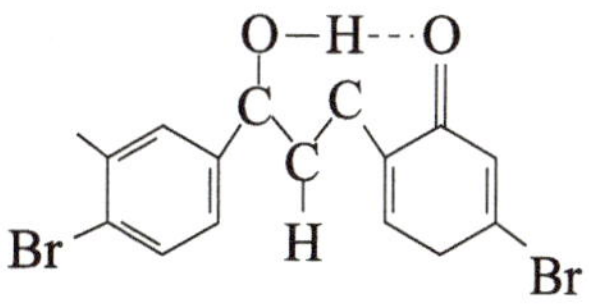

4. 溶剂效应

除上述影响因素外，溶剂的影响也是一种不可忽视的因素。$^1H_1$ 核在不同溶剂中，因受溶剂的影响而化学位移发生变化，这种效应称为溶剂效应。溶剂的这种影响是通过溶剂的磁化率、极性、氢键以及屏蔽效应而发生作用的。所用溶剂磁化率不同，可使样品分子所受磁场强度不同，从而对化学位移值产生影响；不同溶剂分子的接近会使溶质分子的电子云形状改变，屏蔽作用也会有所改变；溶剂分子的磁各向异性可导致对溶质分子不同部位的屏蔽或去屏蔽效应；溶剂分子与溶质分子间形成氢键，也会影响氢核的化学位移。例如，当溶液浓度为 0.05～0.5mol·L^{-1} 时，碳原子上的 $^1H_1$ 核在 CCl_4 或 $CDCl_3$ 中的 δ 值变化不大，在 60MHz 下只改变 ±6Hz。但在苯或吡啶等溶剂中，其 δ 值可改变 0.5，这是因为苯和吡啶是磁各向异性效应较大的溶剂，苯环或吡啶环形成的屏蔽区和去屏蔽区对邻近分子中的 $^1H_1$ 核的 δ 值影响较大。

6.3.4 化学位移与结构的关系

1. 甲基的化学位移

在核磁共振波谱图中，甲基(—CH$_3$)峰的形状比较特征。由于其中的 $^1H_1$ 核具有很强的屏蔽效应，因此 δ 值较小。饱和烷烃中的 CH$_3$—C— 结构，其 δ 值为 0.7～2.0。但随着甲基上取代基的不同，其 δ 值有所变化，表 6.3 中列出了各种化合物中的甲基的 δ 值。

表 6.3 各种化合物中甲基的化学位移值 δ

取代基 X	CH$_3$—X	取代基 X	CH$_3$—X
—C—	0.9	—CO—C$_6$H$_5$ 	2.62
—C=C—	1.7	—Br	2.65
—C=C—R	1.9	—NHCOR	2.9
—C=C—C=C—	2.0	—Cl	3.05
—C≡C—R	1.8	—OR	3.3
—COOR	2.0	—N$^+$R$_3$	3.33
—CN	2.0	—OH	3.38
—COOH	2.07	—OSO$_2$OR	3.58
—CONR	2.02	—OCOR	3.58
—COR	2.10	—O—C$_6$H$_5$ 	3.73
—SR	2.10	—F	4.26
—NH$_2$ 或 —NR$_2$	2.15	—NO$_2$	4.33
—I	2.16	—C—NR$_2$	1.0
—CHO	2.17	—C—SR	1.35
 —C$_6$H$_5$	2.34	—C—Br	1.70

2. 亚甲基和次甲基的化学位移

在有机化合物中，亚甲基和次甲基峰一般不如甲基的特征性强，常呈现出比较复杂的峰形，甚至与其他峰重叠。常见化合物中亚甲基和次甲基的化学位移值如表6.4。

表 6.4　亚甲基和次甲基的化学位移值 δ

取代基 X	R'CH$_2$—X	R'RR″CH—X	取代基 X	R'CH$_2$—X	R'RR″CH—X
—C—	1.25	1.5	—SR	2.40	3.1
—C=C	1.95	2.6	—NH$_2$ 或 —NR$_2$	2.50	2.87
—C≡C—R	1.8	2.8	—I	3.15	4.2
—COOR	2.1	2.5	—CHO	2.2	2.4
—CN	2.48	2.7	—Ph	2.62	2.87
—CONR$_2$	2.05	2.4	—Br	3.34	4.1
—COOH	2.34	2.57	—NHCOR	3.3	3.5
—COR	2.40	2.5	—Cl	3.44	4.02
—OR	3.36	3.8	—OPh	3.90	4.0
—N$^+$R$_3^-$	3.40	3.5	—OCOPh	4.23	5.12
—OH	3.56	3.85	—F	4.35	4.8
—OS$_2$OR	—	—	—NO$_2$	4.40	4.60
—OCOR	4.15	5.01	—COPh	2.62	—

3. 烯氢的化学位移

烯氢的化学位移随着取代基的不同而发生很大的变化，它们的化学位移值可用下列公式进行计算

$$\delta_{-C=CH} = 5.28 + \sum_{1}^{i} Z_i \tag{6.15}$$

式中，Z_i 为乙烯氢的取代基屏蔽常数之和；5.28 为乙烯的 δ 值。各种乙烯的取代物 δ 值如表 6.5 所示。

表 6.5　各种乙烯取代物的化学位移值 δ

取代物	δ	取代物	δ
CR$_2$=C(H)(H)	4.65	C=C(H)(H)	6.6
RO—C=C—H	5.0	R—C=C—C=O (H)	6.0

续表

取代物	δ	取代物	δ
Ph-C(Ha)=C(Hb)-	Ha 5.05 Hb 5.35	-C=C-C=C- 　　　H	6.2
-C(H)=C(R)- (with H)	5.3	Ph-C(H)=C-C=O	6.6
-C=C-C=C-H	4.9	Ph-C(H)=C-	7.0

乙烯氢的各种取代基的屏蔽常数(Z)列于表 6.6。

$$\begin{array}{c} R_{同} \quad\quad R_{反} \\ C=C \\ H \quad\quad R_{顺} \end{array}$$

表 6.6　乙烯氢的各种取代基屏蔽常数 Z

取代基	$Z_{同}$	$Z_{顺}$	$Z_{反}$	取代基	$Z_{同}$	$Z_{顺}$	$Z_{反}$
—H	0.00	0.00	0.00	—C≡N	0.23	0.78	0.58
—R	0.44	−0.26	−0.29	—C=C	0.98	−0.04	−0.21
—R(环)	0.71	−0.33	−0.30	—C=C—(共轭)	1.26	0.08	−0.01
—CH₂I —CH₂O	0.67	−0.02	−0.07	—C=O	1.10	1.13	0.81
				—C=O(共轭)	1.06	1.01	0.95
—CH₂S	0.53	−0.15	−0.15	—COOH	1.00	1.35	0.74
—CH₂Cl —CH₂Br	0.72	0.12	0.07	—COOH(共轭)	0.69	0.97	0.39
				—COOR	0.84	1.15	0.56
—CH₂N	0.66	−0.05	−0.23	—CHO	1.03	0.97	1.21
				—Ph	1.35	0.37	−0.10
—C≡C—	0.50	0.35	0.10				

4. 炔基氢的化学位移

炔基氢的化学位移由于受—C≡C—屏蔽作用，出现在较高磁场，在 1.5~3.5。又因与其他基团的 δ 值重叠较多，不够典型。一些炔基氢的化学位移值如表 6.7。

表 6.7　炔基氢的化学位移值 δ

化合物	δ	化合物	δ
H—C≡C—H	1.80	H—C≡C—C=O	2.40
C=C—C≡C—H	1.75～2.42	PhSO$_2$CH$_2$—C≡CH	2.55
Ph—C≡C—H	2.13	C=C—C≡C—H	2.80

5. 苯环芳氢的化学位移

苯环芳氢的化学位移受苯环上各种取代基的影响而发生变化，且邻位、间位、对位取代基的影响也不一样，其化学位移值可用下面的公式进行计算

$$\delta = 7.27 + \sum S \tag{6.16}$$

式中，7.27 为苯环上未被取代的 $^1H_1$ 核的 δ 值；$\sum S$ 为各种取代基对苯环芳氢的影响之和。利用式(6.16)可对各种取代基的苯环芳氢的化学位移值进行计算。表 6.8 列出了各种取代基对苯环芳氢的影响。

表 6.8　各种取代基对苯环芳氢的影响

取代基	$S_{邻}$	$S_{间}$	$S_{对}$	取代基	$S_{邻}$	$S_{间}$	$S_{对}$
—CH$_3$	−0.15	−0.1	−0.17	—CHO	0.7	0.2	0.4
—C≡C—	0.2	0.2	0.2	—Br	0.2	−0.12	−0.05
—COOH	0.8	0.15	0.25	—NHCOR	0.4	−0.2	−0.3
—COOR	0.8	0.15	0.25	—Cl	0.01	−0.06	−0.08
—CN	0.3	0.3	0.3	—NH$_3^+$	0.4	0.2	0.2
—CONH$_2$	0.5	−0.2	−0.2	—OR	−0.5	−0.1	−0.4
—COR	0.6	0.3	0.3	—OH	−0.5	−0.13	−0.2
—SR	0.1	−0.1	−0.2	—OCOR	−0.2	0.1	−0.2
—NH$_2$	−0.8	−0.15	−0.4	—NO$_2$	1.0	0.18	0.2
—N(CH$_3$)$_2$	−0.5	−0.2	−0.5	—CH$_2$OH	0.1	0.1	0.1
—I	0.3	−0.2	−0.1				

例如，对甲氧基苯碘的邻位和间位氢核的 δ 值计算

$\delta_{H_a} = 7.27 − 0.5 − 0.2 = 6.57$(实验值6.67)
$\delta_{H_b} = 7.27 + 0.3 − 0.1 = 7.47$(实验值7.53)

除上述基团中 $^1H_1$ 核的化学位移之外，其他各类化合物中各 $^1H_1$ 核的化学位移可查有关专著和手册。表 6.9 列出了各类化合物中 $^1H_1$ 核的 δ 值范围。

表 6.9 化学位移的一般范围

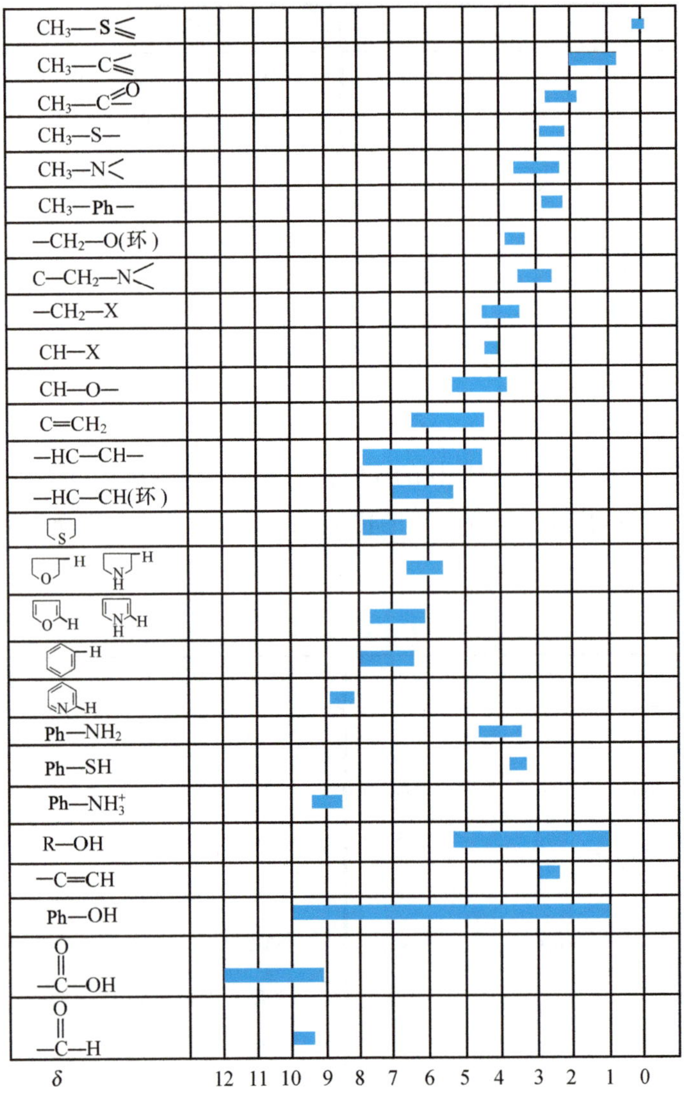

基团	化学位移范围
$CH_3-S\!\!<$	~0
$CH_3-C\!\!<$	1-2
$CH_3-C(=O)$	2
CH_3-S-	2
$CH_3-N\!\!<$	2-3
CH_3-Ph-	2-3
$-CH_2-O(环)$	3-4
$C-CH_2-N\!\!<$	3-4
$-CH_2-X$	3-4
$CH-X$	4
$CH-O-$	4-5
$C=CH_2$	5-6
$-HC=CH-$	5-7
$-HC=CH(环)$	5-6
噻吩 (S)	7
呋喃/吡咯 -H	6-7
呋喃/吡咯 -H	7
苯 -H	7-8
吡啶 -H	8-9
$Ph-NH_2$	3-5
$Ph-SH$	3-4
$Ph-NH_3^+$	7-8
$R-OH$	1-5
$-C≡CH$	2-3
$Ph-OH$	4-10
$-C(=O)-OH$	10-12
$-C(=O)-H$	9-10

δ: 12 11 10 9 8 7 6 5 4 3 2 1 0

思考题 6.6 什么叫化学位移？它是如何产生的？应如何表示？

思考题 6.7 影响化学位移的因素主要有哪些？

思考题 6.8 苯环的上、下区与苯环平面为什么有不同的屏蔽作用？在核磁共振波谱的测定中有何作用？

思考题 6.9 两种化合物CH_3-H、$CH_3-\overset{O}{\overset{\|}{C}}-H$中$CH_3-$化学位移有何差别？为什么会有差别？

思考题 6.10 用 400MHz 核磁共振波谱仪记录得到一质子的共振吸收频率低于 TMS 质子吸收频率 2460Hz，计算该质子的化学位移值。若使用 100MHz 核磁共振波谱仪，其共振吸收频率为多少？

6.4 自旋偶合与自旋裂分

在有机化合物的核磁共振波谱中，如图 6.5 所示的$-CH_3$、$-CH$ 的吸收峰都不是单峰，而是复峰。前者是二重峰，后者是四重峰。这种现象的出现是由于$-CH_3$、$-CH$ 上的氢原子核之间相互干扰。这种邻近的氢原子核之间的相互干扰称为自旋偶合。由自旋偶合而引起的谱线增多的现象称为自旋裂分，并以偶合常数 J 表示其干扰强度的大小，单位以 Hz 表示。

6.4.1 自旋裂分的产生和规律

有机化合物分子中有相邻的两个 $^1H_1$ 核，它们的磁矩之间可产生偶极-偶极作用。这种作用可以用碘代乙烷为例说明。如果以↑和↓分别表示氢原子核的自旋在磁场中的两种取向，对于碘代乙烷中的—CH_2，在磁场中这两个 $^1H_1$ 核可以有三种排列方式，如图 6.12(a)，其中②的两种排列方式相同。这三种排列方式产生三种不同的局部磁场，去干扰相邻的—CH_3 峰并使之分裂为三重峰，高度比为 1∶2∶1。对于—CH_3，有四种排列方式，如图 6.12(b)，其中②与③中的三种排列方式分别相同。因此产生四种不同的局部磁场，去干扰邻近的—CH_2 峰并使之分裂为四重峰，高度比为 1∶3∶3∶1。

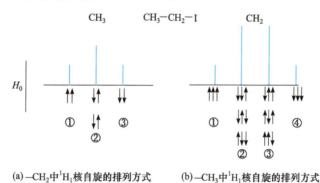

(a) —CH_2 中 $^1H_1$ 核自旋的排列方式　　(b) —CH_3 中 $^1H_1$ 核自旋的排列方式

图 6.12　CH_3CH_2I 中 $^1H_1$ 核峰裂分图

由此可见，分子中甲基与亚甲基峰的分裂是由分子本身的结构所决定的，与外加磁场强度 H_0 无关。它们之间的偶合实际上是两基团中不同位置的 $^1H_1$ 核的自旋之间的偶合，所以称为自旋-自旋偶合，简称自旋偶合。偶合常数 J 的大小可以通过测定谱图上裂分的偶合峰之间的距离获得。

实验证明，$^1H_1$ 核之间的自旋偶合是通过成键电子传递的。例如 CH_3—CH_2—I，甲基中的氢与亚甲基中的氢相隔三个单键产生偶合。有些化合物中两个 $^1H_1$ 核之间相距三个以上的单键，仍有偶合存在，这种偶合称为远程偶合。远程偶合作用较弱，在 0～3Hz 范围，详细讨论见 6.4.5 小节。

偶合的结果使两种 $^1H_1$ 核产生的谱线数目增多，如 CH_3—CH_2—I 中—CH_3 产生三重峰，—CH_2 产生四重峰，这种现象称为自旋-自旋裂分，简称自旋裂分。图 6.13 是 CH_3—CH_2—I 的核磁共振波谱图。

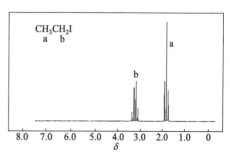

图 6.13　CH_3CH_2I 的核磁共振波谱图
90MHz，溶剂 $CDCl_3$

分析了更多类似于 CH_3CH_2I 的核磁共振波谱图后，可知自旋裂分是有一定规律的。例如甲基与亚甲基相邻时，甲基裂分成三重峰，即 2+1，表示甲基有 2 个相邻 $^1H_1$。而亚甲基裂分成四重峰，即 3+1，表示亚甲基有三个相邻 $^1H_1$。如此类推，某基团中的氢与 n 个化学环境完全相同的氢核相邻时，则裂分成

$n+1$ 个峰。当有两组不同类型的氢相邻时(如一组是 n 个，另一组是 n' 个)，则裂分成 $(n+1)(n'+1)$ 个峰，这个规律称为 $n+1$ 规律。按 $n+1$ 规律裂分的谱图称为一级谱图。一级谱图的各峰强度比也有一定的规律，如单峰为 1，双重峰为 1∶1，三重峰为 1∶2∶1，四重峰为 1∶3∶3∶1，五重峰为 1∶4∶6∶4∶1，依此类推。实际上各峰的强度比就是二项式 $(a+b)^n$ 展开后的各项系数之比。

因此，从谱图中裂分峰形和强度比可进一步推测有多少个相邻的氢核数。但实际测定的谱图中，如图 6.13 三重峰强度比不是刚好等于 1∶2∶1，而是左边的峰偏高。四重峰强度比也不刚好是 1∶3∶3∶1，而是右边的峰偏高，形成两组峰都是内侧峰高、外侧峰低的峰形，这种现象也称向心规律，利用向心规律可以找出 NMR 谱中相互偶合的两组峰。在分析某基团中 $^1H_1$ 核的分裂时，通常把它作为一个孤立体系考虑，而只有当其 $J \ll \Delta\nu$（J 与 $\Delta\nu$ 分别为相邻二基团上氢之间的偶合常数与化学位移差，均为绝对值，以 Hz 计算)时，$n+1$ 规律才适用。当 $J \approx \Delta\nu$ 或 $J \geqslant \Delta\nu$ 时，不能再把基团中的 $^1H_1$ 核当作孤立体系分析，而要将相邻 $^1H_1$ 统一考虑，用二级裂分进行处理。此时峰的裂分不再满足 $n+1$ 规律，无法从峰型和强度比直接推测相邻的氢核数目。

6.4.2 核的等价性与不等价性

在讨论二级裂分之前，先介绍核的等价性与不等价性，并将自旋裂分进行分类。

1. 化学等价

若分子中某一组核处于相同的化学环境时，其化学位移彼此相同，则这组核称为化学等价的核。例如，$CH_2=CF_2$ 中，—CH_2 上的两个 $^1H_1$ 核的化学位移相等，则这两个 $^1H_1$ 为化学等价。一般采用对称操作或快速机制(如构象转换、快速旋转)可以互换的质子是化学等价的。例如，乙烯、二氯甲烷的质子是化学等价的，但氯溴甲烷的两个质子化学不等价，下列取代烯烃的质子立体不等价，所以化学也不等价。

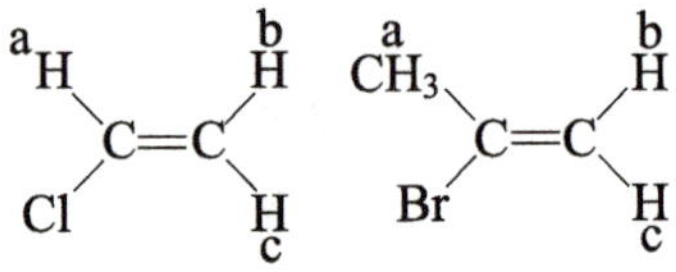

对于 $CH_3—CH_2—R$ 类型的分子，由于连接 CH_3 与 CH_2 的是单键，分子可绕单键旋转，所有的不对称构象能同时变化，使 $^1H_1$ 核处在一个平均的环境中，因此甲基上的 $^1H_1$ 核与亚甲基上的 $^1H_1$ 核都是化学等价的。

但对于 $Z—CH_2—CH—R_2$ 类型的分子，有下列三种构象：

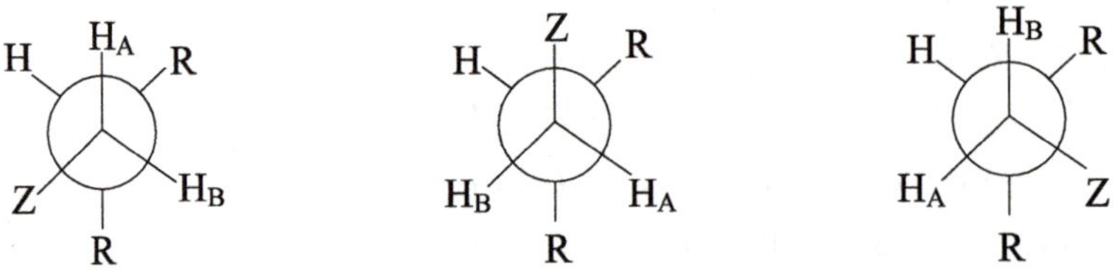

(1)   (2)   (3)

此分子中—CH_2 上的 H_A 与 H_B 是不等价的。较高温度下，分子绕单键 C—C 旋转形成构象(3)，此时 H_A 与 H_B 为等价核。但是低温时只得到(1)与(2)两种构象的谱图，H_A 与 H_B 变成不等价核。

当亚甲基处于 Z—CH$_2$—CHR′R″ 类型中时，分子有下面三种构象：

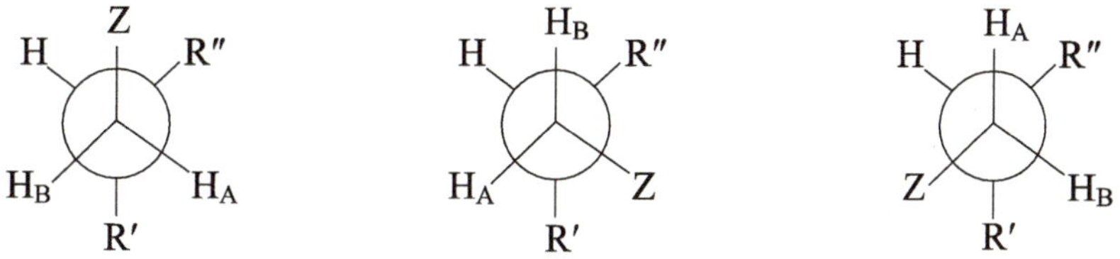

$$
\begin{array}{ccc}
(1) & (2) & (3)
\end{array}
$$

在 Z—CH$_2$—CR′R″—CH$_2$—Z 类型的分子中，整个分子不对称，—CH$_2$ 中的两个 ^{1}H$_1$ 核处在不同的环境中，因而也是不等价的，甚至在快速旋转时会有完全不同的化学位移值。

采用一些特殊的手段也可以将化学等价的质子变成不等价的。例如环己烷，通常 12 个质子是化学等价的，表现出一个 NMR 峰，如果冷却到-100℃，谱图上会观察到两个明显的尖峰，分别对应直立键和平伏键的质子。

2. 磁等价

若分子中有一组核，它们的化学位移相同，并对组外任何一个原子核都以相同的大小偶合，其偶合常数彼此相同，这组核称为磁等价的核。例如，ClCH$_2$—CHCl$_2$ 分子中，CH$_2$ 上的两个 ^{1}H$_1$ 核是化学等价的，也是磁等价的。再如，间三甲苯的三个质子既是化学等价的，也是磁等价的。对氯硝基苯分子中 H$_a$ 与 H$_{a'}$ 是彼此化学等价的，同样 H$_b$ 和 H$_{b'}$ 也是彼此化学等价的，但 H$_a$ 与 H$_{a'}$ 是磁不等价的，H$_b$ 与 H$_{b'}$ 也是磁不等价的核，因为它们的偶合常数 $J_{ab} \neq J_{a'b}$，同样 $J_{a'b} \neq J_{a'b'}$。

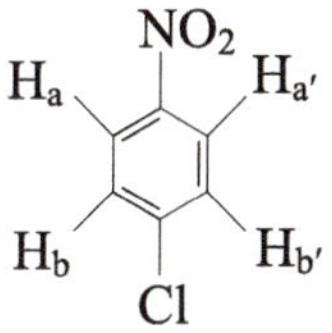

二者之间的关系为：磁等价的核必须是化学等价的，化学等价的核不一定是磁等价的，而化学不等价的核一定是磁不等价的。磁等价的质子之间虽然有偶合，但不产生峰的裂分，化学等价而磁不等价的核之间发生偶合，则会产生峰的分裂。

6.4.3 自旋系统分类的几项规定

在核磁共振波谱中，各类化合物可按自旋系统进行分类。可以把几个互相偶合的核按偶合作用的强弱分成不同的自旋系统。系统内部的核互相偶合，但不和系统外的任何一个核相互作用，系统与系统之间是隔离的。化学位移相同的核构成一组，以一个大写英文字母来标注。用字母距离表示两组核化学位移差值的大小。当分子中两组相互干扰的核，其化学位移之差 $\Delta \nu \leqslant J$ 时，这些化学位移值近似的核分别以 A、B、C 等英文字母表示。例如，CH$_3$CH$_2$CH$_2$OH 分子中的 CH$_3$CH$_2$CH$_2$ 为 A$_3$B$_2$C$_2$ 系统，其中 3、2、2 数字为磁全同核数。

若分子中两组相互干扰的核，其化学位移之差远大于其偶合常数，即 $\Delta \nu \gg J$ 时（一

般 $\Delta \nu / J > 6$），则其中一组用 A、B、C 等字母表示，另一组用 X、Y、Z 等字母表示。例如

$$\text{CH}_3\text{OH} \qquad A_3X$$

$$\text{CH}_3\text{CH}_2-\overset{\overset{\displaystyle O}{\|}}{C}-\text{CH}_3 \qquad A_3X_2(-\overset{\overset{\displaystyle O}{\|}}{C}-\text{CH}_3 \text{ 中的 }{}^1H_1\text{ 核暂不考虑})$$

$$\text{Cl}_2\text{CH}-\text{CH}_2\text{Cl} \qquad AX_2$$

若分子中有三组相互干扰的核，它们的化学位移相差较大，而每组核的各 ${}^1H_1$ 核化学位移接近，则用 A、B、C⋯，K、L、M⋯，X、Y、Z⋯表示。例如

$$\text{CH}_3\text{CH}_2\text{CH}_2\text{Cl} \qquad A_3M_2X_2$$

$$\text{BrCH}_2-\text{CHBr}-\overset{\overset{\displaystyle O}{\|}}{C}-\text{OH} \qquad AMX(-\overset{\overset{\displaystyle O}{\|}}{C}-\text{OH} \text{ 中的 }{}^1H_1\text{ 核暂不考虑})$$

当发生偶合的两 ${}^1H_1$ 核为化学等价而磁不等价时，用相同的字母表示，并在其中一个字母上用 "′" 表示。例如

邻二氯苯 AA′BB′

萘 (二环间 J=0) AA′BB′

6.4.4 一些常见的自旋偶合系统

核磁共振吸收峰数目可按 $n+1$ 规律解析的核磁共振波谱称为一级谱，其余属于二级谱。对于一级谱，要求相互偶合的 ${}^1H_1$ 核其 $\Delta \nu / J > 6$，且同一组核中各 ${}^1H_1$ 核要化学等价和磁等价。属于一级谱的有 AX、AX_2、AMX 等系统，其化学位移和偶合常数可从核磁共振波谱图中直接读出，各组峰的中心处为该组质子的化学位移，裂分后的强度比值近似符合 $(a+b)^n$ 展开式的系数比，且组内各峰之间的裂距相等，为偶合常数 J。二级谱图比较复杂，${}^1H_1$ 核偶合后裂分出的峰数不符合 $n+1$ 规律，峰的强度比也不是二项式展开后的各项系数，其偶合常数 J 与化学位移需进行计算才能求出。属于二级谱的有 AB、AB_2、A_2B_2、ABC、ABX、AA′BB′ 等系统。下面分别进行讨论。

1. AX 系统

A 和 X 各出现两条线，共四条线，且高度相等，如图 6.14。二线之间的距离即为偶合常数 J_{AX}，二线间的中点即为化学位移 ν_A 和 ν_X。例如，$\text{Cl}_2\text{CH}-\overset{\overset{\displaystyle O}{\|}}{C}-\text{H}$ 中两个 ${}^1H_1$ 核就属于 AX 系统。

2. AX_2 系统

按 $n+1$ 规律，AX_2 系统可出现五条线，A 有三条线，X 有两条线，其高度比分别为 1：2：1 和 1：1，如图 6.15。由图可见，三重峰处于低场，二重峰处于高场。三重峰的偶合常数与二重峰的相等，均为 J_{AX}。化学位移 ν_A 和 ν_X 分别在三重峰与二重峰的中心。

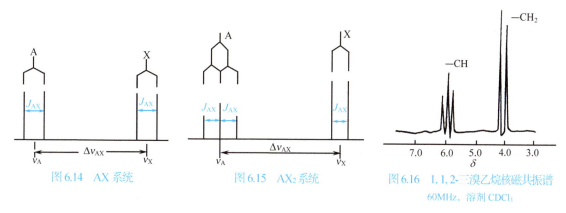

图6.14　AX 系统　　　图6.15　AX$_2$ 系统　　　图6.16　1,1,2-三溴乙烷核磁共振谱
60MHz，溶剂 CDCl$_3$

例如，1,1,2-三溴乙烷的核磁共振波谱如图 6.16。分子中的—CH 与—CH$_2$ 属于 AX$_2$ 系统。—CH 处于低磁场，为三重峰，谱峰强度比为 1∶2∶1，—CH$_2$ 处于高磁场，裂分为二重峰，谱峰强度比约为 1∶1，—CH$_2$ 的化学位移在二重峰中心，为 4.10。—CH 的化学位移在三重峰的中心，为 5.85。

与此相类似的有 AX$_3$ 系统。例如，1,1-二溴乙烷的核磁共振波谱就属于 AX$_3$ 系统，其中的—CH 裂分为四重峰，谱峰强度比为 1∶3∶3∶1，化学位移在四个谱峰的中心。—CH$_3$ 裂分为二重峰，谱峰强度比为 1∶1，化学位移在二峰的中心。它们的偶合常数均为各裂分峰间距 J_{AX}。

3. AMX 系统

AMX 系统中的三个 $^1H_1$ 核都以相同的大小偶合，得到三组峰群，共 12 条谱线，每组有四条。它们中任何两个峰之间的 $\Delta v / J > 6$，符合 $n+1$ 规律。其图形如图 6.17。

其偶合常数 $J_{AM} \neq J_{AX} \neq J_{MX}$。每组中的四条谱线强度都相等，化学位移分别在四条谱线的中心。例如，乙酸乙烯酯的核磁共振波谱中有 AMX 系统存在，如图 6.18。

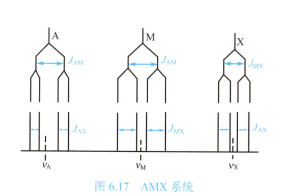

图6.17　AMX 系统

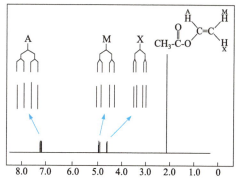

图6.18　乙酸乙烯酯的核磁共振波谱图
300MHz，溶剂 CDCl$_3$；放大图为示意图

4. AB 系统

AB 系统与 AX 系统不同，当 AX 系统中的 Δv_{AX} 值逐渐变小时，就变成 AB 系统了。如图 6.19 所示，当 $\Delta v/J \approx 5$ 时，两个二重峰的强度比不再是 1∶1 了，表现为内高外低的四重

峰；$\Delta\nu/J \approx 2$ 时，外侧峰消失，表现为两个单峰；直到 $\Delta\nu/J$ 值减小到 0 时，A 和 B 重叠成单峰，即为 A_2 系统。

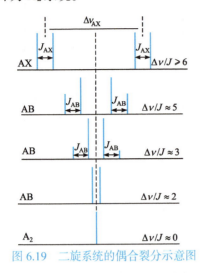

图 6.19 二旋系统的偶合裂分示意图

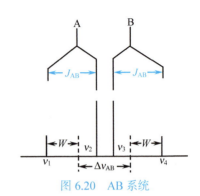

图 6.20 AB 系统

偶合常数可从图 6.20 中直接读出，即

$$J_{AB} = [\nu_1 - \nu_2] = [\nu_3 - \nu_4]$$

A 与 B 的化学位移 ν_A 和 ν_B 不在所属谱线的中心，需通过计算得到。四条谱线的高度不同，内侧两条高，外侧两条矮，呈对称状，强度比为

$$\frac{I_1}{I_2} = \frac{I_4}{I_3} = \frac{\nu_2 - \nu_3}{\nu_1 - \nu_4}$$

A 和 B 的化学位移分别为 ν_A 和 ν_B，其差值 $\Delta\nu_{AB}$ 为

$$\Delta\nu_{AB} = \sqrt{(\nu_1 - \nu_4)(\nu_2 - \nu_3)}$$

而

$$W = \frac{1}{2}[(\nu_1 - \nu_4) - \Delta\nu_{AB}]$$

$$\nu_A = \nu_1 - W, \quad \nu_B = \nu_4 - W$$

例如，下列化合物或基团中可能存在 AB 系统：

图 6.21 是 Ph—CH=CH—OC$_2$H$_5$ 的核磁共振波谱图，其中—CH=CH—为 AB 系统。

5. A_2B_2 系统

A_2B_2 系统中的 A_2 与 B_2 分别是磁等价的，因此它们的偶合常数 J_{AB} 都相等。A_2B_2 系统的核磁共振波谱理论上有 14 条谱线，其中 A 和 B 各有 7 条，且左右对称，呈镜像关系，各谱线的强度大致是中间强度大，两侧强度小，如图 6.22。

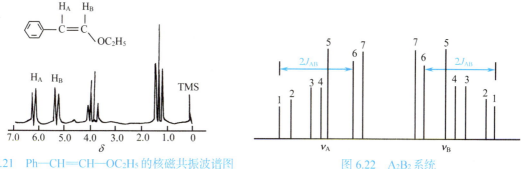

图 6.21 Ph—CH=CH—OC$_2$H$_5$ 的核磁共振波谱图

图 6.22 A$_2$B$_2$ 系统

A、B 的化学位移 ν_A、ν_B 分别在第 5 条线，因 $[\nu_1-\nu_3]=[\nu_4-\nu_6]$，$2J_{AB}=[\nu_1-\nu_6]$，故 $J_{AB}=\dfrac{1}{2}[\nu_1-\nu_6]$。

A$_2$B$_2$ 系统谱图的外形会随 $J_{AB}/\Delta\nu_{AB}$ 的增大而变化，但保持左右对称的峰形。属于 A$_2$B$_2$ 系统的化合物如氯丙酸，其核磁共振波谱如图 6.23。图中 4、5 二线重合，6、7 二线也重合，其强度均较大。

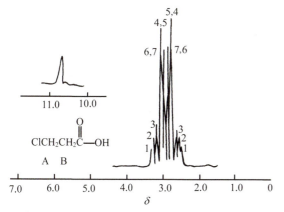

图 6.23 Cl—CH$_2$CH$_2$—COOH 的核磁共振波谱图

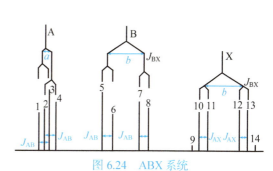

图 6.24 ABX 系统

6. ABX 系统

ABX 系统最多有 14 条谱线，其中 AB 有 8 条而又分两组，类似有两个 AB 系统，即每组 4 条。属于 X 的有 6 条谱线，其中有 2 条因强度弱不易观察到，只出现 4 条强度几乎相等的谱峰。ABX 系统中的 AB 部分，其偶合常数都相等，为 J_{AB}，与 X 偶合后还有两种裂距 a 及 b，约等于偶合常数 J_{AX} 与 J_{BX}，如图 6.24。

很多化合物中存在 ABX 系统，特别是一些芳香族化合物。例如除上述系统外，属于二级谱图的还有 ABC、AA′BB′、AA′XX′ 系统等，它们的谱图都很复杂，详细内容可参考有关专著。采用增加磁场强度的方法可以将二级谱转换为一级谱，如以丙烯腈采用 60MHz 的仪器获得的谱图复杂，属于 ABC 系统，当采用 100MHz 的仪器时，谱图简化成 ABX 系统，当采用 220MHz 以上的仪器测量时，谱图简化为 AMX 系统。

6.4.5 偶合常数与分子结构的关系

偶合常数 J 也是解析核磁共振波谱的重要数据。对简单的自旋系统，可直接从谱图上测出。对复杂的自旋系统，可进行数学处理求得。一般，通过双数键的偶合常数为负值，用 ^2J、^4J⋯表示；通过单数键的偶合常数为正值，用 ^1J、^3J⋯表示。由于偶合常数的大小与外加磁场强度无关，主要与连接 $^1H_1$ 核之间的键的数目有关，也与影响成键电子云的密度的因素（如单键、双键、取代基的电负性以及分子的立体结构等）有关。因此，可根据偶合常数的大小及其变化的规律推断分子的结构。

偶合常数可分为同碳偶合常数、邻位偶合常数、远程偶合常数、芳香族及杂原子化合物的偶合常数等。

1. 同碳偶合常数

同一个碳原子上的两个氢之间的偶合常数称为同碳偶合常数，用 $J_\text{同}$ 或 ^2J 表示。$J_\text{同}$ 一般为负值，其变范围较大，与结构密切相关。同碳氢之间的偶合作用始终存在，但由它引起的裂分只有在两氢核化学位移不相等时，如旋转受阻、构象固定等特殊情况下，才能在谱图上体现出来，通常情况下观测不到 $J_\text{同}$。

同碳偶合主要受取代基效应、键角、环系、邻位 π 键、溶剂极性等因素影响。一般来说，电负性取代基连接在—CH_2 基团上使 $J_\text{同}$ 增大（绝对值减小），例如

	CH_4	CH_3Cl	CH_3F	CH_2Cl_2
$J_\text{同}$ / Hz	−12.4	−10.9	−9.2	−7.5

其他影响因素可扫码查看。

常见化合物的 $J_\text{同}$ 值见表 6.10。

表 6.10 常见化合物的 $J_\text{同}$ 值

化合物	$J_\text{同}$ / Hz	化合物	$J_\text{同}$ / Hz
CH_4	−12.4	环戊酮	−19.5~−19.0
CH_3X	−15.9~−9.2	环己烷	−15.0~−11.6
$CH_2(CN)_2$	−20.4	烯烃 C=C	−2~+2
环氧乙烷	−9.9~−0.5	降冰片烷	−5.4
环硫乙烷	−14.0~0	降冰片烯	−12.0~−8.0

续表

化合物	$J_{同}$ / Hz	化合物	$J_{同}$ / Hz
N⟨H,H⟩	0~+1.5	O=C−O−CH₂(环)	−18.9~−17.0
△⟨H,H⟩	−9.9~−0.5		
▱⟨H,H⟩	−15.0~−12.0	O=C−O−CH (环)	−10.5~−8.8

2. 邻位偶合常数

分子中相邻碳原子上的两个氢之间的偶合称为邻位偶合，其偶合常数用 $J_{邻}$ 或 ^3J 表示。邻位偶合常数可分两种类型。

1) 饱和型（H—C—C—H）

这种类型的邻位偶合常数受两个 C—H 键之间夹角的影响。$J_{邻}$ 与夹角 φ 之间的关系可用卡普鲁斯（Karplus）公式表示

$$J_{邻} = J^0 \cos^2\varphi - C \qquad 0° < \varphi < 90° \tag{6.17}$$

$$J_{邻} = J^{180} \cos^2\varphi - C \qquad 90° < \varphi < 180° \tag{6.18}$$

式中，J^0 为夹角 0° 时的偶合常数；J^{180} 为夹角 180° 时的偶合常数；C 为常数。通常 J^0 为 8~9Hz，J^{180} 为 11~12Hz，$C = 0.28$。J^{180} 一般比 J^0 大，邻位偶合常数与夹角之间的关系如图 6.25。随着 H—C—C—H 上取代基电负性的增加，$J_{邻}$ 值减小。

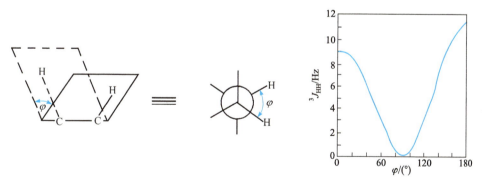

图 6.25 $J_{邻}$ 与夹角之间的关系

在环己烷的构象中，相邻直立键与平伏键之间、相邻平伏键之间的夹角都接近 60°，$J_{邻}$ 值在 2~6Hz。而相邻直立键之间的二面角接近 180°，$J_{邻}$ 值在 8~12Hz。利用偶合常数的大小可以判断某质子所处位置是在直立键还是平伏键上。可扫码查看示例。

2) 乙烯型（H—C=C—H）

乙烯型邻位偶合常数也与分子的结构有关。这种类型的分子中，$J_{反}$ 值总是大于 $J_{顺}$。对于无环的烯烃，$J_{反}$ 在 12.0~19.0Hz，而 $J_{顺}$ 在 6.0~14.0Hz。依据偶合常数的大小

可以推测二取代烯烃的立体结构。例如，由双键碳上相邻质子的偶合常数为18Hz，可推测其为反式烯烃。

$J_{反}$ 与 $J_{顺}$ 也与 H—C=C—H 上取代基的电负性有关。一般来说，取代基电负性增加，$J_{反}$ 值与 $J_{顺}$ 值减小，这种关系近似于线性关系。因此，可利用这种关系研究分子的结构。

乙烯型邻位偶合常数也与环体系中夹角的大小有关。各种化合物的邻位偶合常数如表 6.11。

表 6.11 邻位偶合常数值

化合物	$J_{邻}$/Hz	化合物	$J_{邻}$/Hz
CH_3CH_2X	7.0~9.0	(双环)	3.0~4.0
(环丁酮)	$J_{顺}$=10.0 $J_{反}$=6.3	(双环)	0.0~2.0
(环丙烷)	0.5~1.5	(环己烯)	8.8~11.0
(环丁烯)	2.0~4.0	C=C-H	4.0~10.0
C=C (顺)	12.0~19.0	(环庚烯)	5.0~7.0
C=C	6.0~12.0		

3. 远程偶合常数

大于三个化学键的偶合称为远程偶合。由于 π 电子传递偶合比较有效，故远程偶合常存在于芳环体系、双键和叁键体系以及环状化合物中。远程偶合常数的大小除了和相隔化学键的数目有关，还和键的多重性、取代基的电负性、分子的空间结构等相关。远程偶合常数一般较小，在谱图上不易观察到。较常见的远程偶合类型除了苯环上的间位(J_m)、对位(J_p)之间的偶合作用之外，还有丙烯型、高丙烯型、炔基类、碳饱和体系等。

4. 芳环和杂芳环上氢的偶合常数

芳环和杂芳环上氢的偶合常数在结构测定中有很重要的作用，常发生邻位偶合、间位偶合和对位偶合，其偶合常数分别用 J_o、J_m 和 J_p 表示。对于苯来说，J_o = 7.56Hz，J_m = 1.38Hz，J_p = 0.69Hz。对苯的取代物也有类似趋势，一般 J_o 较大(6~9Hz)，J_m 次之(1~3Hz)，J_p 较小(0~1Hz)，且都为正值。

当苯环上有取代基时，取代基的电负性对偶合常数有影响。邻位偶合常数随取代基的电负性增加而增大。间位偶合常数和对位偶合常数随取代基的电负性增大而减小。在 NMR 谱图上邻、间、对位偶合作用都可能产生复杂的多重峰。

在杂环化合物中，取代基对偶合常数也产生影响，并与苯环的取代有类似的规律。对于邻位偶合，由于环的大小不同而键角发生改变，六元环的邻位偶合常数要大于五元环的邻位偶合常数。各种芳环和杂芳环化合物上氢的偶合常数如表6.12。

表 6.12　芳环与杂芳环上氢的偶合常数

化合物	J/Hz	化合物	J/Hz
苯	$J_{12}=6.0\sim9.5$ $J_{13}=1.2\sim3.3$ $J_{14}=0.0\sim1.5$	吡唑	$J_{12}=1.9$ $J_{23}=2.0$
萘	$J_{12}=8.3\sim9.1$ $J_{23}=6.1\sim6.9$ $J_{13}=1.2\sim1.6$ $J_{14}=0.0\sim1.0$	哒嗪	$J_{12}=5.1$ $J_{23}=8.0\sim9.6$ $J_{13}=1.8$ $J_{14}=3.5$
菲	$J_{12}=8.0\sim9.0$ $J_{23}=6.9\sim7.3$ $J_{34}=8.0\sim9.5$ $J_{13}=0.9\sim1.6$ $J_{24}=1.2\sim1.8$ $J_{14}=0.3\sim0.7$	嘧啶	$J_{23}=4.0\sim6.0$ $J_{12}=0.0\sim1.0$ $J_{24}=2.5$ $J_{13}=1.0\sim2.0$
吡啶	$J_{12}=4.0\sim6.0$ $J_{23}=6.9\sim9.1$ $J_{13}=0.0\sim2.7$ $J_{24}=0.5\sim1.8$ $J_{15}=0.0\sim0.6$ $J_{14}=0.0\sim2.3$	吡嗪	$J_{12}=1.8\sim3.0$ $J_{14}=0.0\sim0.5$ $J_{13}=1.3\sim1.8$
噻吩	$J_{12}=4.9\sim6.2$ $J_{23}=3.4\sim5.0$ $J_{13}=1.2\sim1.7$ $J_{14}=3.2\sim3.7$	呋喃	$J_{12}=1.3\sim2.0$ $J_{23}=3.1\sim3.8$ $J_{13}=0.4\sim1.0$ $J_{14}=1.0\sim2.0$
吡咯	$J_{12}=2.4\sim3.1$ $J_{23}=3.4\sim3.8$ $J_{13}=1.3\sim1.5$ $J_{14}=1.9\sim2.2$	咪唑	$J_{23}=1.6$ $J_{12}=0.8\sim1.5$
		噻唑	$J_{23}=3.2$ $J_{12}<0.5$ $J_{13}=1.9$

5. 氢和其他核的偶合常数

根据核磁共振的原理，任何两个磁性核之间都可能产生偶合。当有机化合物中除了 $^1H_1$ 核之外，还存在有其他的磁性核时，$^1H_1$ 核与其他磁性核之间就可产生偶合。有机化合物中常见的具有磁性的原子核有 ^2D、^{13}C、^{14}N、^{19}F、^{31}P 等，其中 ^2D 与 $^1H_1$ 核的偶合很小。$^1H_1$ 核与其他核的偶合常数一般大于 $^1H_1$ 与 $^1H_1$ 核之间的偶合常数。$^1H_1$—^{19}F 偶合常数一般随核之间的键数增加而减小。$^1H_1$—^{31}P 偶合常数的大小有如下规律：

$$^1J > {}^2J > {}^3J$$

这种类型的偶合常数值见表6.13。

表 6.13　氢和其他核的偶合常数

化合物	J/Hz	化合物	J/Hz
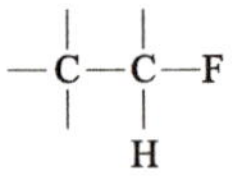 —C(H)—C—F	$J=47.5$ Hz	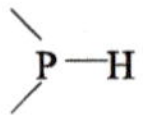 P—H	$J=180\sim225$ Hz
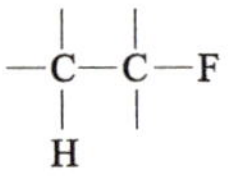 —C(H)—C—F	$J=25.7$ Hz	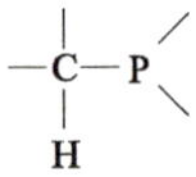 —C(H)—P	$J=13.7$ Hz
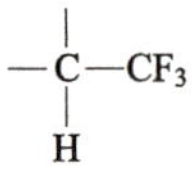 —C(H)—CF$_3$	$J=2.0\sim13.0$ Hz	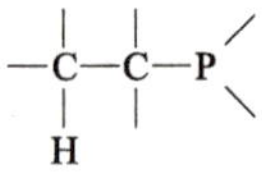 —C(H)—C—P	$J=0\sim3.0$ Hz
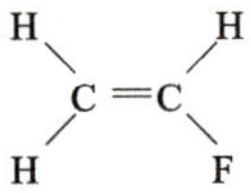 H₂C=CHF	$J_{同}=84.7$ Hz $J_{顺}=20.1$ Hz $J_{反}=52.4$ Hz	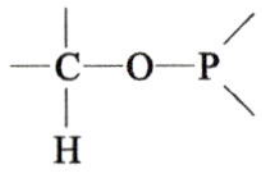 —C—O—P	$J=0.5\sim12$ Hz
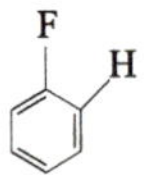 邻氟苯-H	$J=6.2\sim10.1$ Hz	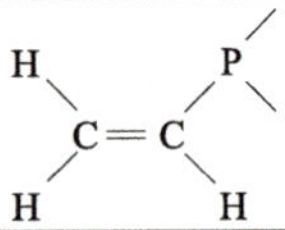 HC=CH—P	$J_{同}=11.7$ Hz $J_{反}=30.2$ Hz $J_{顺}=13.6$ Hz

思考题 6.11　指出下列化合物各属于何自旋系统。

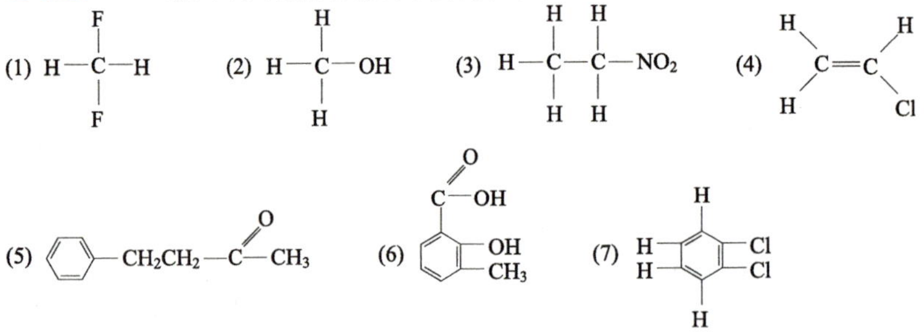

(1) H—C(F)(F)—H　(2) H—C(H)—OH　(3) H—C(H)—C(H)—NO$_2$　(4) H₂C=CHCl

(5) 苯—CH$_2$CH$_2$—C(=O)—CH$_3$　(6) 水杨酸-CH$_3$　(7) 邻二氯苯

思考题 6.12　化合物 $(Cl_2CH)_3CH$ 的 ^1H 核磁共振波谱属于几级谱图？试画出其 ^1H 核磁共振波谱的示意图，并标出各组峰在谱图上的相对位置。

思考题 6.13　下列化合物中哪些 ^1H 核之间有自旋-偶合发生？当发生裂分时能出现几重峰？

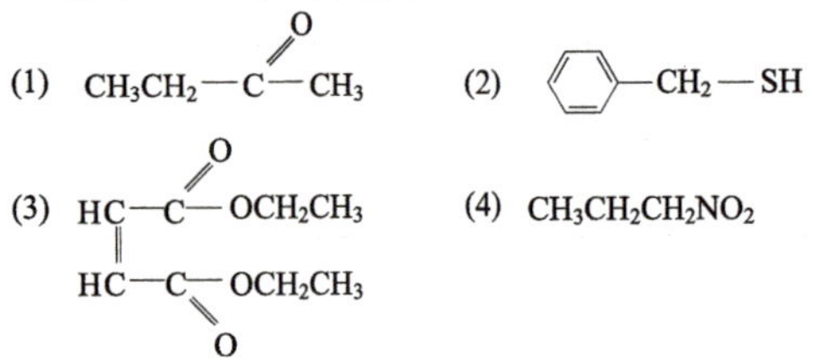

(1) CH$_3$CH$_2$—C(=O)—CH$_3$　(2) 苯—CH$_2$—SH

(3) HC(=O)—OCH$_2$CH$_3$ / HC(=O)—OCH$_2$CH$_3$　(4) CH$_3$CH$_2$CH$_2$NO$_2$

6.5　核磁共振波谱图解析

核磁共振波谱的解析是综合应用核磁共振波谱图中的各种信息，对所测定的物质作出正确判断的一种技术。由于谱图的复杂性，往往给解析工作带来一定的困难。在解析核磁共振波谱前，应尽量对样品的来源、性质、分析的要求以及已有的实验数据和结果作详细了解，这对于快速、准确地解析谱图十分有用。在核磁共振分析中常出现一些复杂的谱图，可采用适当的方法进行处理。

6.5.1 谱图解析的步骤

(1) 观察图谱是否符合要求。标准物 TMS 的吸收峰应在零点，基线平直，峰形尖锐对称，仪器噪声小。另外，如溶液中混入颗粒物，溶液未经过滤则易导致局部磁场不均匀性，使共振谱线加宽；若溶液中混有铁质，则结果更为严重，甚至会使谱线丧失所有细节，达到不能辨认的程度。如果存在问题，解析时应考虑图谱不规范的影响，最好重新测试图谱。

(2) 区分杂质峰、溶剂峰、旋转边带以及 ^{13}C 卫星峰等非样品信号峰。

(i) 杂质峰一般由样品不纯所致，但杂质含量相对样品比例小，杂质峰的峰面积很小，而且杂质峰与样品峰之间没有简单的整数比关系。

(ii) 溶剂峰来源于氘代试剂中的残留质子，大部分氘代试剂的氘代率为 99%～99.8%，同位素纯度不可能达到 100%，谱图中呈现相应的溶剂峰，如 D_2O 溶剂峰的 δ 值约为 4.7，$CDCl_3$ 溶剂峰在 7.26 左右。可根据所用溶剂和氘代溶剂残余氢出峰位置的比较识别。

(iii) 旋转边带一般在仪器调节未达到良好工作状态时出现，以强谱线为中心，呈现出一对对称的弱峰，即为旋转边带。旋转边带可通过改变样品管旋转速度的方法予以确认，样品管旋转速度改变，旋转边带的位置亦会改变。

(iv) ^{13}C 卫星峰是由具有核磁矩的 ^{13}C 与 ^1H 偶合产生裂分所致，但由于 ^{13}C 的天然丰度仅为 1.1%，^{13}C 卫星峰一般不会对氢的谱图解析产生干扰，只在强峰处才能观察到。

(3) 根据化合物分子式计算其不饱和度，不知道分子式时可结合质谱、元素分析以及化合物来源等信息推导化合物分子组成和分子式。

(4) 根据积分曲线中各组信号的相对峰面积，得到各组氢原子的数目比（各种峰积分曲线高度之比等于所含质子数之比），再根据化合物分子式中的氢原子数目，确定各组峰代表的氢原子数目。也可利用可靠的甲基信号或孤立的次甲基信号为标准计算各组信号峰代表的质子数目。

(5) 根据各组峰的化学位移、偶合常数和峰形，推出可能的结构单元。可根据各组峰的化学位移先解析谱图中特征性较强的质子信号，如孤立的高场甲基质子，低场的羧基、醛基、分子内氢键等信号，芳香核上的质子信号等，然后根据峰的偶合和峰形解析相互偶合的质子信号，确定各组信号峰的归属。

(6) 识别一级裂分谱。一级裂分谱符合 $n+1$ 规律，根据峰形判断与该组质子直接相连的基团结构，验证各基团的连接顺序；计算 J 值，验证偶合裂分关系。根据已确定的结构单元，结合分子式和不饱和度，检查是否有剩余结构或元素，重点考虑没有质子信号的结构单元和元素，如—C≡O、—NO_2、—SO_2、—CN 及氧、卤素等。根据推导的结构单元搭建出可能的分子结构，结合谱图排除不符合的，最后推导出正确的分子结构。如果分子结构较复杂，可结合其他谱图手段进行综合分析。

(7) 二级图谱解析比较困难，必要时可通过使用高磁场仪器、加入位移试剂、应用自旋去偶技术等方法简化谱图。

6.5.2 简化谱图的方法

1. 改变磁场强度

如前所述，偶合常数 J 与磁场强度无关，而绝对化学位移 $\Delta \nu$ 与磁场强度有关。因此当改变磁场强度时，$J/\Delta\nu$ 值会发生变化。H_0 增加时，谱峰之间的距离增大，$J/\Delta\nu$ 值减小。当 $J/\Delta\nu$ 小于 0.1 时，谱图由完全分离的多重峰组成。在强磁场中所得到的是一种近似于"一级谱图"的核磁共振波谱，如图 6.26。

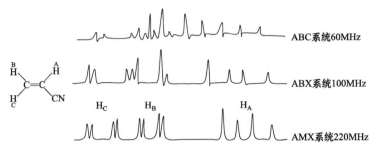

图 6.26　丙烯腈在不同磁场强度下的核磁共振氢谱示意图

一张复杂的谱图变成"一级谱图"后，谱图解析就变得容易多了。

2. 溶剂效应

在 6.3 中叙述了溶剂效应对样品的化学位移产生的影响，这种影响表现为化学位移值增大或减小。图 6.27 是 γ-丁内酯在不同溶剂中的核磁共振波谱图。

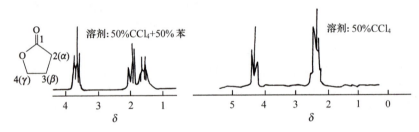

图 6.27　γ-丁内酯在不同溶剂中的核磁共振波谱

由图可知，γ-丁内酯的三个亚甲基在 CCl_4 中谱峰重叠严重。当 γ-丁内酯溶于 50% 的 CCl_4 和 50% 的苯的混合溶剂时，其重叠严重的部分就变得可以分辨了。这是因为苯具有很高的磁各向异性效应，γ-丁内酯中不同的 ^1H 核会受到屏蔽和去屏蔽作用，这种作用与苯环的定向有关。γ-丁内酯中处于苯环屏蔽区的 ^1H 核发生共振所需的磁场强度增大，化学位移减小，重叠的亚甲基信号就分辨开了。

除苯之外，吡啶也具有较高的磁各向异性效应，二甲亚砜、三氟醋酸、N,N-二甲基甲酰胺等也是常用的具有溶剂效应的试剂。另外，在验证分子中是否有活泼氢存在时，可滴加重水交换，观察前后共振吸收峰是否减弱或消失进行验证。

3. 位移试剂

位移试剂是一种使样品的化学位移发生较大变化的试剂。这种试剂是某些顺磁性金属的配合物，如镧系金属铕 Eu、镨 Pr 或镧 Ln 与 β-二酮的配合物，由于这类金属具有不成对电子[如铕 ($6s^24f^7$)]，各种 ^1H 核共振谱峰产生顺磁性位移或抗磁性位移。常用的试剂有三 (2,2,6,6-四甲基庚二酮-3,5) 铕[简称 $Eu(DPM)_3$]及三 (1,1,1,2,2,3,3-七氟-7,7-二甲基辛二酮-4,6) 铕[简称 $Eu(FOD)_3$]等。

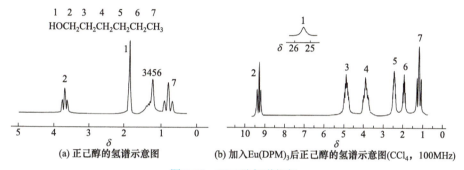

样品中加入这种位移试剂后,能使谱峰的距离拉远,谱图变得清晰,对谱图解析十分有利。例如,正己醇在 CCl_4 溶剂中的核磁共振氢谱示意图如图 6.28(a),图中多个—CH_2 的谱峰重叠严重。当加入 $Eu(DPM)_3$ 后,得到如图 6.28(b)的氢谱图,图中四个亚甲基的谱峰全部拉开,使解析变得比较简单。

图 6.28 正己醇氢谱解析

与 $Eu(DPM)_3$、$Eu(FOD)_3$ 相似的位移试剂 $Pr(DPM)_3$ 和 $Pr(FOD)_3$ 也得到广泛的应用,它们也能使样品产生很大的化学位移的变化。例如,环氧乙烷基苯的核磁共振波谱如图 6.29(a),图中苯环上的 $^1H_1$ 核共振峰重叠在一起,环氧乙烷上的 $^1H_1$ 核峰也没有完全分开。当溶液中加入 0.25mol 的位移试剂 $Pr(DPM)_3$ 时,化学位移产生很大的变化,其值向高磁场方向移动,如图 6.29(b)。

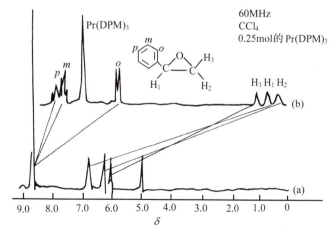

图 6.29 环氧乙烷基苯的核磁共振波谱

4. 自旋去偶

分子中两核之间或核群之间相互偶合使谱峰发生分裂，但相互偶合的核在某一自旋状态的时间需满足下述条件，即 $t \geqslant \frac{1}{J}$。如果用某种方法改变这一条件，则核之间的偶合可以去掉，称为自旋去偶。自旋去偶可使谱图简化，有利于谱图解析。

采用双共振法可以达到自旋去偶的目的。双共振法就是用频率 ν_1 对某 ^1H_a 核扫描测定时，同时用第二种频率 ν_2 强照射相互偶合的另一 ^1H_b 核，使 ^1H_b 核在某一自旋状态的时间很短，破坏其共振条件，因而对 ^1H_a 不再产生偶合，^1H_a 由双峰变成单峰。双共振法采用了两种照射频率，因此也称为双照射法。

双共振法一般分为同核双共振和异核双共振，而同核双共振应用较多。在氢谱中，普遍应用的是同核双共振法。双共振法根据扫描的方式不同，可分为扫场法和扫频法，而以扫频法应用较多。

扫频法的原理是将 ν_2 固定对准某一核，改变 ν_1 进行扫描时，ν_2 所对准的核不再对其他核产生偶合，则其他核都产生去偶。

图 6.30 的示例可说明自旋去偶在解析谱图中的作用。谱图中的 (a) 是未去偶的核磁共振图谱。当 ν_2 对准 H_5 进行强照射时，则 $H_6{(1)}$ 和 $H_6{(2)}$ 发生去偶，均由原来的四重峰变成二重峰。H_4 也产生去偶，由多重宽峰变成二重峰。H_3 也有少许的变化，得到去偶的谱图 (b)。

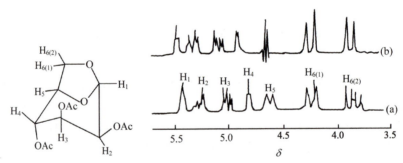

图 6.30　扫频自旋去偶谱图
(a) 未去偶；(b) 去偶 (溶剂 $CDCl_3$, 100MHz)

5. 核的欧沃豪斯效应

在核磁共振中，利用双共振技术使某一自旋核达到饱和，与其相邻近的另一核的共振信号强度也得到加强，这种现象称为核欧沃豪斯效应 (nuclear Overhauser effect, NOE)。因为 NOE 在一定的情况下发生在分子内部的邻近 $^1H_1$ 核上，故利用 NOE 可以研究互不偶合的两个核之间的关系，可以研究分子的立体化学结构。例如，β,β-二甲基丙烯酸中有两个甲基峰，分别位于 1.97 和 1.45 处

$$\delta = 1.97 \quad \overset{H_3C}{\underset{H_3C}{\diagdown}}C=C\overset{H_c \; \delta = 5.66}{\underset{COOH}{\diagup}}$$

$$\delta = 1.45$$

可用 NOE 确定它们的位置。当照射 $\delta = 1.97$ 处的甲基时，$\delta = 5.66$ 处的 H_c 核的相对强度增加 17%。当照射 $\delta = 1.45$ 处的甲基时，$\delta = 5.66$ 处的 H_c 核的相对强度反而下降了 4%。由此可以

确定 $\delta = 1.97$ 处的甲基与 H_c 处于顺式。

6.5.3 谱图解析举例

解析核磁共振波谱主要从谱图入手。如前所述，从谱图上可得到三种主要的信息：①化学位移，可以判断各 $^1H_1$ 核所处的化学环境有何不同；②自旋-自旋裂分系统及偶合常数，由此可鉴别谱图中相邻近的 $^1H_1$ 核；③峰面积或积分强度，它与各共振谱峰中的 $^1H_1$ 核数成比例。依据这些信息可对分子结构作出初步判断。但核磁共振波谱像红外光谱一样，有时仅依据它本身的信息来准确地鉴别一个有机化合物的结构是不够的。因此，要与紫外光谱、红外光谱、质谱和元素分析等其他方法相结合，才能得出准确的结果。

下面列举各种示例进行谱图解析。

【例 6.1】 化合物分子式为 $C_5H_{10}O_2$，其核磁共振波谱如图 6.31。试解析其结构。

解 首先计算不饱和度，其计算式如下：

$$\Omega = 1 + n_4 + \frac{1}{2}(n_3 - n_1) = 1 + 5 + \frac{1}{2}(0 - 10) = 1$$

从图中的积分曲线（由左到右）可推知相对峰面积为 6.1、4.2、4.2、6.2。这些数值说明 10 个 $^1H_1$ 核在各基团中的分配数为 3∶2∶2∶3。$\delta = 3.65$ 处的单峰可能是由存在一个孤立的甲基引起的。甲基的化学位移能够达到 3.65，说明与电负性强的元素直接相连，由表 6.10 和表 6.3 可知，分子中可能存在官能团 $CH_3OC\overset{O}{\underset{\|}{-}}$，对应 1 个不饱和度。按化合物的分子式，余下的 $^1H_1$ 核的分配数为 2∶2∶3，可能存在 1 个正丙基。

结合谱图 6.31 进一步验证：$\delta = 0.9$ 处的三重峰是与亚甲基邻近的典型的甲基峰；与羰基靠近的亚甲基上的两个 $^1H_1$ 核呈现出三重峰，其 $\delta = 2.0$；剩余的亚甲基在 $\delta = 1.7$ 处可观察到一组多重峰，这与它左右连接亚甲基与甲基的结构相符。因此，该化合物的结构为

$$CH_3-O-\overset{O}{\underset{\|}{C}}-CH_2-CH_2-CH_3$$

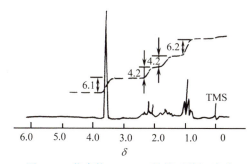
图 6.31　化合物 $C_5H_{10}O_2$ 的核磁共振波谱
　　　　溶剂 CCl_4；仪器 60MHz

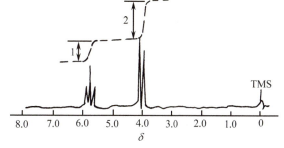
图 6.32　$C_2H_3Cl_3$ 的核磁共振波谱
　　　　溶剂 CCl_4；仪器 60MHz

【例 6.2】 化合物 $C_2H_3Cl_3$ 的核磁共振波谱如图 6.32。试解析其结构。

解 首先求出不饱和度，其计算式如下：

$$\Omega = 1 + n_4 + \frac{1}{2}(n_3 - n_1) = 1 + 2 + \frac{1}{2}(0 - 6) = 0$$

说明该化合物为饱和卤化物。从图中积分曲线高度来看为 1∶2，可知两基团中的 $^1H_1$ 核数分别为 1 与 2。

相邻两基团偶合使峰分裂为三重峰与二重峰，高度比为 1∶2∶1 和 1∶1。按 $n+1$ 规律，属典型的 AX_2 系统。因此化合物中有—CH—和—CH$_2$—两个带 $^1H_1$ 核的基团，它们分别被 2 个和 1 个 Cl 取代，因此化学位移移向低场，分别为 5.75 和 3.95。化合物具有下列结构：

$$\text{Cl}-\underset{\underset{\text{Cl}}{|}}{\overset{\overset{\text{H}}{|}}{\text{C}}}-\underset{\underset{\text{H}}{|}}{\overset{\overset{\text{H}}{|}}{\text{C}}}-\text{Cl}$$

【例 6.3】 某化合物为 C_4H_8O，其核磁共振波谱如图 6.33。解析此化合物结构。

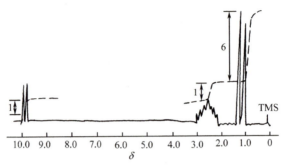

图 6.33 C_4H_8O 的核磁共振波谱
溶剂 CDCl$_3$，仪器 60MHz

解 根据化合物分子式计算不饱和度为 1，说明分子中有一个双键。从积分曲线高度 1、1、6，说明有三个基团，其 $^1H_1$ 核数之比为 1∶1∶6。由于分子中只有 8 个氢，故积分曲线高度为 6 的二重峰必为两个相重叠的甲基峰。余下的两个氢可根据化学位移值进一步确定其归属。

因 $\delta=9.7$，查表后可确定有—$\overset{\overset{\text{O}}{\|}}{\text{C}}$—H 存在。$\delta=1.0$ 对应 6 个质子，出现双峰，而 $\delta=2.4$ 对应 1 个质子，出现七重峰，说明化合物中含有一个异丙基。2 个甲基上的 6 个质子化学等价，被旁边的次甲基裂分成双峰，次甲基则被 6 个等价的质子裂分成七重峰。因此，该化合物的结构应为

$$\underset{\underset{\text{CH}_3}{|}}{\overset{\overset{\text{CH}_3}{|}}{\text{C}}}\text{H}-\overset{\overset{\text{O}}{\|}}{\text{C}}-\text{H}$$

【例 6.4】 分子式为 $C_{10}H_{10}O$ 的化合物，溶于溶剂 CDCl$_3$ 中，得如图 6.34 的核磁共振波谱图。试解析其结构。

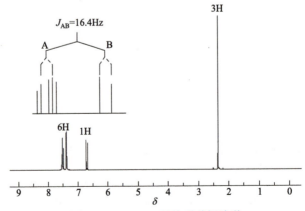

图 6.34 $C_{10}H_{10}O$ 的核磁共振波谱
溶剂 CDCl$_3$，仪器 400MHz

解 根据分子式计算不饱和度为 6，说明分子中可能有一个苯环。

在化学位移 7～8 处峰的裂分比较复杂，6.7ppm 左右的双峰为 1 个 H，对应 C═C—H 的共振吸收峰，由于出现的是双峰，它肯定与附近的 H 核发生了偶合作用，而且 6.7ppm 处左边的峰强度大，说明与它偶合的 H 核处于更低场处。由偶合关系图也可确定，化学位移 7～8 的多重峰中有一个质子与该质子形成典型的 AB 系统，出现对称且内高外低的四重峰，对应—HC═CH—结构，两个氢之间的偶合常数为 16.4Hz。只有反式烯烃的偶合常数才能达到 16.4Hz，因此推测结构中存在

$$\begin{matrix}&H\\&|\\&C=C\\&|\\&H\end{matrix}$$

结构单元。

7～8 的多重峰剩下的 5 质子都是苯环氢，对应苯环单取代的结构单元。还剩下一个 2.25 左右的单峰，对应一个甲基—CH$_3$，处于末端，不与其他质子偶合。

由分子式扣除已经推导出的结构单元，还剩下 1 个不饱和度、1 个碳和 1 个氧，则对应的是 1 个—C═O 结构单元，该基团正好将—CH$_3$ 与反式烯烃的结构隔离开来。化合物结构为

$$\text{Ph—C═C—C(═O)—CH}_3$$

【例 6.5】 化合物 C$_9$H$_{12}$ 的核磁共振波谱如图 6.35。试解析该化合物的结构。

解 求出化合物的不饱和度为 4，分子中可能有一个苯环。$\delta = 7.2$ 处的单峰，其积分曲线高度为 5，说明为一个单取代的苯环。在 $\delta = 2.9$ 处有一个多重峰，其积分曲线高度为 1，表明是一个 $^1H_1$ 核。而 $\delta = 1.2$ 处的二重峰是 6 个 $^1H_1$ 核的基团。因此，可知分子中有异丙基结构—CH(CH$_3$)$_2$。

因此，该化合物的结构如下所示

Ph—CH(CH$_3$)$_2$

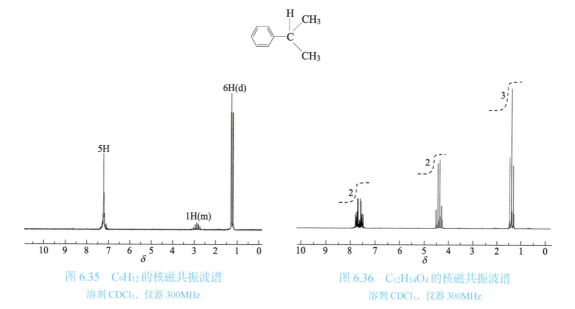

图 6.35 C$_9$H$_{12}$ 的核磁共振波谱
溶剂 CDCl$_3$，仪器 300MHz

图 6.36 C$_{12}$H$_{14}$O$_4$ 的核磁共振波谱
溶剂 CDCl$_3$，仪器 300MHz

【例 6.6】 某化合物分子式 C$_{12}$H$_{14}$O$_4$，图 6.36 为其核磁共振波谱。解析其结构。

解 根据分子式计算不饱和度为 6，因此分子中可能含有一个苯环。积分曲线高度之比为 2∶2∶3，由于分子中 $^1H_1$ 核总数为 14，正好为积分高度之和的两倍，可推知分子中有两个对称的结构。

分子中除苯环外，依据谱图中三重峰和四重峰可推知有两个 A$_2$X$_3$ 系统。$\delta = 7$～8 的多重峰，其积分曲线高度为 2，表明苯环上有四个氢，可能属 AA′BB′系统。谱图中三组峰相距较远，说明 AA′BB′系统与 A$_2$X$_3$ 系统离得较远。剩余结构（C$_2$O$_4$）对应 2 个不饱和度，可能是酯键。因此，可能为下列两种结构之一

但苯环上的邻位取代与对位取代的核磁共振波谱图有明显的不同,如图 6.37。显然分子中苯环上有邻位取代的 AA′BB′ 系统,故化合物具有下面的结构。

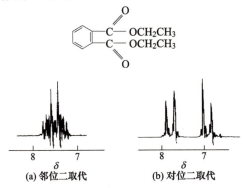

(a) 邻位二取代　　(b) 对位二取代

图 6.37　苯环上不同取代的核磁共振波谱

6.6　^{13}C 核磁共振波谱

有机化合物中碳是最重要的元素,碳原子有两个同位素,其中 ^{13}C 具有磁性,自旋量子数 $I=\dfrac{1}{2}$,在强磁场中能产生核磁共振信号。因此,通过 ^{13}C 谱可获得有机化合物分子中碳骨架的直接信息,对鉴定有机物的结构比 ^{1}H 谱更具有重要意义。而且 ^{13}C 的化学位移是 ^{1}H 的约 20 倍,在这样宽范围内不同化学环境中碳原子的化学位移各不相同,且谱线清晰,为谱图解析提供了更加丰富的信息。然而 ^{13}C 同位素的天然丰度太低,只有 1.11%,核磁矩 $\mu(0.7021)$ 只有 ^{1}H 的 1/4,信噪比只有 ^{1}H 信噪比的 1/5700。因此,用一般的连续波法难以观察到 ^{13}C 核磁共振信号。自从将宽带去偶、脉冲傅里叶变换技术引入核磁共振波谱仪后,^{13}C 谱的检测灵敏度得到显著提高,使 ^{13}C 核磁共振波谱能用于常规分析。^{13}C 谱在实际应用中与 ^{1}H 谱相辅相成,成为有机化合物结构分析中重要的工具之一。

6.6.1　提高 ^{13}C 谱检测灵敏度的方法

为了提高 ^{13}C 谱检测灵敏度,在核磁共振波谱仪中引入脉冲傅里叶变换技术是最有效的方法。脉冲傅里叶变换是把强度大、时间短($10\sim50\mu s$)的射频脉冲加到样品上以观察原子核产生的核磁共振现象。在外加磁场 H_0 作用下,当吸收强而短的射频脉冲时,样品分子体系中所有 ^{13}C 核被同时激发。由于脉冲强度大,处于平衡状态的大量核的宏观磁化强度矢量 M(M 定义为单位体积内所有原子核的磁矩 μ_i 的矢量和,用公式 $M=\sum\limits_{i=1}^{n}\mu_i$ 表示)都向旋转坐标系的 y' 轴转动一个角度,如图 6.38(a)。这时产生一个可检测的射频电压信号,通过调节射频脉冲使产生的信号达到最强。当脉冲停止时,M 仍在绕 H_0 方向进动,但由于横向弛豫,^{13}C 核磁共振信号随时间以指数方式衰减,因此称为自由感应衰减信号,用缩写

FID(free induction decay)表示，如图 6.38(b)。

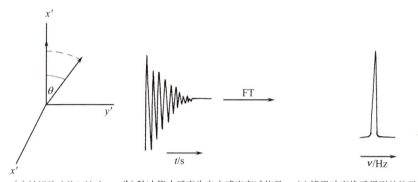

(a) 射频脉冲使 M 转动　　(b) 脉冲停止后产生自由感应衰减信号　　(c) 傅里叶变换后得到的核磁共振信号

图 6.38　射频作用下进行傅里叶变换

FID 的变量为时间 t，是时间域函数 $f(t)$，而核磁共振波谱图的变量为频率 ν，是共振吸收幅度与共振频率 ν 的函数 $F(\nu)$，两者之间有如下关系：

$$F(\nu) = \int_{-\infty}^{\infty} f(t) e^{-2\pi i \nu t} dt \tag{6.19}$$

反之也可写成

$$f(t) = \int_{-\infty}^{\infty} F(\nu) e^{2\pi i \nu t} d\nu \tag{6.20}$$

数学上两个函数可以互相变换，称为傅里叶变换。用计算机完成上述变换后产生核磁共振波谱，如图 6.38(c)。由于 ^{13}C 的含量少，得到的 FID 信号很小，谱峰很弱。这时仪器发出多个脉冲，产生多个 FID 信号，存入计算机累加起来，再进行傅里叶变换，使灵敏度显著提高，得到累加的 ^{13}C 核磁共振波谱。

6.6.2　简化谱图的方法

由于 ^{13}C 核含量少，检测灵敏度低，而且 ^{13}C 核与邻近甚至较远的 ^{1}H 核产生偶合，使 ^{13}C 谱峰分裂，产生交叉重叠的多重峰，降低了 ^{13}C 峰的强度，给谱图解析带来困难。为此，需对谱图进行简化，方法有多种。

1. 宽带去偶

宽带去偶也称质子噪音去偶。在观察碳谱时，同时发射一个频带相当宽的射频(其频带宽度大于样品中所有质子的共振频率)，以消除全部 ^{1}H 核对 ^{13}C 核的偶合，每个碳原子只出现一个谱峰，同时产生欧沃豪斯效应，使 ^{13}C 谱峰的强度大大增强，如图 6.39。

2. 偏共振去偶

宽带去偶使谱图简化，得到各个不同 ^{13}C 核的谱峰，但无法获得 ^{13}C-^{1}H 偶合时各种偶合常数的数据，因而不能确定不同 ^{13}C 核上质子数目的信息。采用偏共振去偶即可克服这一缺点。该法采用双照射的方法，将质子去偶频率 ν_2 放在稍偏离 ^{1}H 核共振区约 100Hz 处，产生不完全的 ^{1}H 核去偶。这时 ^{13}C 与 ^{1}H 的偶合常数变小，由 J 变成 J'，而多重分裂峰又不消失。J' 与 J 有如下关系：

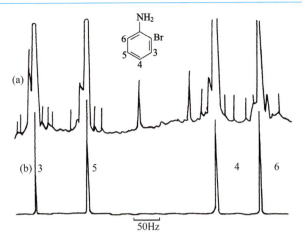

图 6.39　2-溴苯胺的 ^{13}C 核磁共振波谱（25.2MHz）
(a)未去偶；(b)宽带去偶

$$J' = J \cdot \frac{\Delta \nu}{\gamma B_2 / 2\pi} \tag{6.21}$$

式中，$\Delta \nu$ 为去偶频率与共振频率之差；γ 为氢核的磁旋比；B_2 为去偶频率的强度(T)。

在仪器中 $\Delta \nu$ 与 $\frac{\gamma B_2}{2\pi}$ 的比例可以调整，一般 $J' = J/10$。由于与 ^{13}C 核直接相连的 ^1H 核偶合最强，隔得越远的 ^1H 核偶合越弱。上述偏共振去偶可消除弱的 ^1H 核偶合，只保留与 ^{13}C 直接相连的 ^1H 核的偶合。此时，^{13}C 谱峰的数目与所连接的 ^1H 核的数目有关，且符合 $n+1$ 规律。据此，可依据谱峰数目判断出 —C—、—C—H、—C—H、—C—H 是否存在，如图 6.40。

由图 6.40 可知，除了两个处于高共振区的亚甲基 5、6 之外，其余所有 ^{13}C 核均属一级谱，很容易解析。

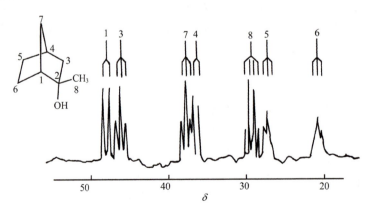

图 6.40　2-甲基-二环[2,2,1]庚烷-2-醇偏共振去偶 ^{13}C 核磁共振波谱
25.2MHz，去偶频率中心距 TMS 的 $\delta = 2$，$\gamma B_2 / 2\pi = 2.1$kHz

3. 选择性去偶

选择性去偶即异核双照射去偶，需先知道某一 ^1H 核的化学位移，选定一频率照射使该

¹H 核产生共振，与之相连接的 ¹³C 核被去偶而与共振峰合成一强单峰，具体实例如图 6.41。

当照射 3-H 时，得到图(a)中 C_3 强单峰。当照射 4-H 时，得到图(b)中的 C_4 强单峰，这样，就很容易判断 C_3 峰和 C_4 峰的位置了。

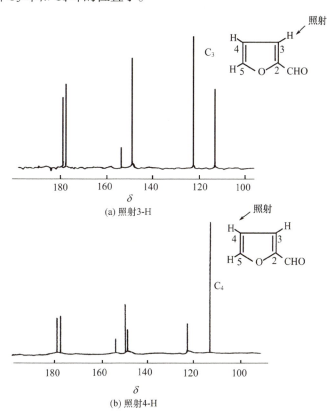

图 6.41 糠醛的选择性去偶 ¹³C 核磁共振波谱

6.6.3 化学位移与结构的关系

¹³C 核磁共振波谱中的化学位移 δ_C 是一个重要的参数，它能充分反映有机化合物结构的特征。为了准确测定 ¹³C 核的化学位移，需选定参考标准，目前常用 TMS 作标准，此时 $\delta_C = 0$。也有用某些溶剂作标准的，它们的 δ_C 值见表 6.14。大多数有机化合物中 ¹³C 的 δ_C 值为 0~240。表 6.15 列出了一些有机化合物中 ¹³C 的化学位移值，其中各类结构中 ¹³C 的 δ_C 值范围大致如下：烷烃 0~60；醚类 50~80；烯烃、芳烃 100~150；羰基类 150~220；有机金属化合物 220~240。

表 6.14 常用溶剂中 ¹³C 的化学位移值

溶剂	δ_C	溶剂	δ_C
TMS	0	三氯甲烷	77.5
环己烷	27.5	四氯化碳	96.0
丙酮(CH_3)	29.8	苯	128.5
二氯甲烷	54.0	乙酸(COOH)	178.4
二噁烷	67.4	二硫化碳	192.8

表 6.15 常见基团中 ^{13}C 的化学位移值（TMS 为标准）

基团	δ_C	基团	δ_C
CH₃—X	−36(I)～35(Cl)	\C=C/（烯烃）	130～150
CH₃—P<	−5～20	⬡—H（芳环）	110～135
CH₃—S—	10～30	⬡—C（取代芳环）	130～150
CH₃—C(=O)—	20～30	\C=C/（杂芳环）	115～145
CH₃—N	30～47	—O—C≡N（氰酸酯）	110～120
CH₃—O—	40～60	—N=C=O（异氰酸酯）	115～135
—CH₂—X	−9(I)～52(Cl)	—S—C≡N（硫氰酸）	110～120
—CH₂—P<	20～30	—N=C=S（异硫氰酸酯）	120～140
—CH₂—C(=O)—	25～50	—C≡N（腈）	115～125
—CH₂—N⁺	40～60	—N⁺=C̄—（异腈）	150～160
—CH₂—O	40～70	\C=N—（脒）	140～165
\CH—X	12(I)～60(Cl)	(RO)₂C=O（碳酸酯）	150～160
\CH—S	35～55	\C=N—OH（肟）	155～167
\CH—N	48～65	—COOR（酯）	165～177
\CH—O	50～80	—CONHR（酰胺）	155～180
—C—X	32(I)～80(Cl)	—C(=O)—X（酰卤）	155(I)～185(Cl)
—C—S—	55～70	—C(=O)—OH（羧酸）	160～185
—C—N	50～70	α-卤代醛	170～190
\CH—O—	67～75	α,β 不饱和醛	175～195
—C—	35～70	H—C=O（醛）	175～205
—C—C—	5～76	α-卤代酮	158～200
—C≡C—	70～100	α,β 不饱和酮	180～225

^{13}C 的化学位移受各种因素的影响，会发生一些改变。人们通过实验积累了大量的数据和资料，经过总结研究提出了一些经验计算式，以估算各类有机物中 ^{13}C 的化学位移，简介如下。

1. 饱和烷烃

饱和烷烃的碳属 sp³ 杂化，屏蔽效应较大，以 TMS 为标准，饱和烷烃的 δ_C 值范围在 0～60。

烷烃的结构单元：

$$—\overset{k}{CH_n}—\overset{\alpha}{CH_m}—\overset{\beta}{C}—\overset{\gamma}{C}—\overset{\delta}{C}$$

其中 k 碳原子的化学位移 δ_{Ck} 可按下式计算

$$\delta_{Ck} = A_n + \sum_{m=0}^{2} N_m^\alpha \alpha_{nm} + N^\gamma \gamma_n + N^\delta \delta_n \tag{6.22}$$

式中，n 为连接在 k 碳原子上的氢原子数；m 为连接在 α 碳原子上的氢原子数；N_m^α 为 α 位置上 CH_m 基的个数（$m = 0$、1、2，α 位上的 CH_3 不计算），N^γ、N^δ 分别表示 γ、δ 碳原子的个数；A_n、α_{nm}、γ_n、δ_n 均为与 n、m 有关的常数，如表 6.16。

表 6.16　式 (6.22) 中与 n、m 有关的参数

n	A_n	m	α_{nm}	γ_n	δ_n
3	6.80	2	9.56	−2.99	0.49
		1	17.83		
		0	25.48		
2	15.34	2	9.75	−2.69	0.25
		1	16.70		
		0	21.43		
1	23.46	2	6.60	−2.07	~0
		1	11.14		
		0	14.70		
0	27.77	2	2.26	+0.86	~0
		1	3.96		
		0	7.35		

【例 6.7】　计算 3-甲基庚烷中 C_4 的化学位移值。

$$\underset{1}{CH_3}—\underset{2}{CH_2}—\underset{3}{\overset{\overset{\displaystyle CH_3}{|}}{CH}}—\underset{4}{CH_2}—\underset{5}{CH_2}—\underset{6}{CH_2}—\underset{7}{CH_3}$$

解　对 C_4，$n = 2$，$m = 2$，$N_m^\alpha = N_2^\alpha = 1$，$N^\gamma = 2$，$N_m^\alpha = N_1^\alpha = 1$，则

$$\delta_{C4} = A_2 + 1 \times \alpha_{2,2} + 1 \times \alpha_{2,1} + 2\gamma_2$$
$$= 15.34 + 1 \times 9.75 + 16.70 - 5.38 = 36.4 \text{（实测值 36.5）}$$

上例说明计算值与实测值很接近。

2. 烯烃

烯烃的碳属 sp^2 杂化，以 TMS 为标准，δ_C 值范围为 100~150。烯烃的结构单元

$$—\underset{\gamma'}{C}—\underset{\beta'}{C}—\underset{\alpha'}{C}—\underset{k}{C}=\underset{\alpha}{C}—\underset{\beta}{C}—\underset{\gamma}{C}$$

其中 C_k 的 δ_{Ck} 经验计算公式为

$$\delta_{Ck} = 123.3 + \sum A_i + \sum A_i' + S \tag{6.23}$$

式中，123.3 为乙烯 ^{13}C 的 δ_C 值；A 为 i 位取代基对 k 位碳原子 δ_C 的影响；A_i' 为 k 位碳原子的另一边取代基对 k 位碳原子 δ_C 的影响；S 为校正项。取代烯烃碳化学位移经验参数如表 6.17。

表 6.17 取代烯烃碳化学位移参数 (A_i')

取代基	γ'	β'	α'	α	β	γ
C	1.5	–1.8	–7.9	10.6	7.2	–1.5
OH		–1		6		
OR		–1	–3.9	29	2	
OAc			–27	18		
C_6H_5			–11	12		
Cl		2	–6	3	–1	
Br		2	–1	–8	0	
I			7	–38		
$COCH_3$			6	15		
CHO			13	13		
COOH			9	4		
COOR			7	6		
CN			15	–16		
$C(CH_3)_2$			–14	25		

注：$-\underset{\gamma'}{C}-\underset{\beta'}{C}-\underset{\alpha'}{C}-\underset{k}{C}=\underset{\alpha}{C}-\underset{\beta}{C}-\underset{\gamma}{C}-$。

式(6.23)中的校正项 S 见表 6.18。

表 6.18 取代烯烃碳化学位移校正项 (S)

取代烯烃	$\alpha\alpha$	$\alpha\alpha'$(顺式)	$\alpha\alpha'$(反式)	$\beta\beta$	$\alpha'\alpha'$	其余
S	–4.8	–1.1	0	2.3	2.5	~0

例如，计算以下顺式结构中 C_3 的 δ_C 值。

$$\delta_{C3} = 123.3 + 10.6 - 7.9 - 1.1 = 124.9 \text{ (实测值124.3)}$$

3. 芳烃

苯的 δ_C 值为 128.5，对取代苯 4⟨⟩1—R 的情况可用下列经验公式计算：

$$\delta_{Ck} = 128.5 + \sum_i A_{iR} \tag{6.24}$$

式中，A_{iR} 表示取代基 R 在苯环的 i 位置（C_1、邻、间、对）对苯中 ^{13}C 化学位移的影响。各种取代基 R 的 A_i 值见表 6.19。

表 6.19　各种取代基的 A_i 值

R	A_i				R	A_i			
	C_1	C_o	C_m	C_p		C_1	C_o	C_m	C_p
H	0	0	0	0	CN	−16.0	3.6	0.7	4.3
CH_3	9.3	0.6	0	−3.1	NH_2	19.2	−12.4	1.3	−9.5
OH	29.6	−12.7	1.4	7.3	F	34.8	−12.9	1.4	−4.5
CHO	7.5	0.7	−0.5	5.4	Cl	6.4	0.2	1.0	−2.0
COOH	2.4	1.6	−0.1	4.8	Br	−5.4	3.4	2.2	−1.0
$COCH_3$	9.1	0.1	0	4.2	I	−32.3	9.9	2.6	−0.4
$COOCH_3$	2.1	1.2	0	4.4	OCH_3	31.4	−15.0	0.9	−8.1
COCl	4.6	3	0.6	7	$CH=CH_2$	10.2	−1.2	1.0	−0.3
SH	2.2	0.7	0.4	−3.1	$CH_3—CH_2$	15.6	−0.6	−0.1	−2.8
NO_2	19.6	−5.3	0.8	6.0					

6.6.4　^{13}C 谱图解析举例

【例 6.8】　某化合物分子式为 C_8H_{18}，在 100MHz 下得到宽带去偶和偏共振去偶 ^{13}C 核磁共振波谱，见图 6.42，已知宽带去偶谱上 1~5 号峰化学位移分别为 53.14、31.06、30.11、25.48 和 24.64，试预测该化合物的结构，并计算出各 ^{13}C 的化学位移值。

解　已知分子式 C_8H_{18}，计算不饱和度 Ω

$$\Omega = 1 + n_4 + \frac{1}{2}(n_3 - n_1) = 1 + 8 + \frac{1}{2}(-18) = 0$$

表明该化合物为饱和碳氢化合物，分子中没有双键。从宽带去偶谱图可知，8 个碳原子只有 5 个谱峰，而且 3 峰与 4 峰特别高，说明分子中有几个碳原子的 δ_C 值相同，分子具有一定的对称性。在偏共振去偶谱图中，与宽带去偶谱图相对应的 1 峰为三重峰(示有—CH_2—)，2 峰为单峰(示有—C̲—)，3 峰为四重峰(强度较强，示有多个—CH_3)，4 峰是四重峰(示有—CH_3)，而 5 峰是二重峰(示有—CH—)。从 1~5 峰强度分析以及峰的裂分数目，已经可判断该化合物中有 1 个—CH_2—，1 个—C̲—，多个—CH_3，1 个—CH，而亚甲基碳的 1 号峰在最左边，推测它处于—C̲—和—CH 之间，具有多重 α 取代才有可能化学位移最大。

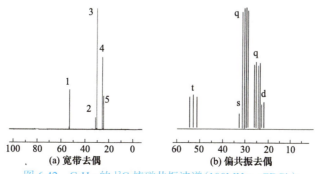

图 6.42　C_8H_{18} 的 ^{13}C 核磁共振波谱(100MHz，$CDCl_3$)

根据分子式和已知的碳骨架，推测有叔丁基和异丙基结构，因此，可以推导出下列结构单位：

$$CH_3-\underset{\underset{CH_3}{|}}{\overset{\overset{CH_3}{|}}{C}}- \qquad -CH_2- \qquad -\underset{\underset{CH_3}{|}}{\overset{\overset{CH_3}{|}}{CH}}-$$

由这三种结构单元只能连接成一种结构式，该化合物为 2,2,4-三甲基戊烷。

$$\underset{1}{CH_3}-\underset{2}{\underset{\underset{CH_3}{|}}{\overset{\overset{CH_3}{|}}{C}}}-\underset{3}{CH_2}-\underset{4}{\overset{\overset{CH_3}{|}}{CH}}-\underset{5}{CH_3}$$

按式(6.22)可计算各碳原子的化学位移，若选 C_3 时，$n = 2$，$m = 1$，$m = 0$，$N_1^\alpha = 1$，$N_0^\alpha = 0$，$N^\gamma = N^\delta = 0$，$A_2 = 15.34$，$\alpha_{21} = 16.70$，$\alpha_{20} = 21.43$，则

$$\delta_C = A_2 + \alpha_{21} + \alpha_{20} = 15.34 + 16.70 + 21.43 = 53.47$$

同样，可计算出各碳原子的化学位移值，见表 6.20。计算值与实验值基本符合。

表 6.20　2,2,4-三甲基戊烷中各碳的化学位移值 δ_C

碳	δ_C(计算值)	δ_C(实验值)	碳	δ_C(计算值)	δ_C(实验值)
1	30.27	30.11	4	23.85	24.64
2	31.75	31.06	5	23.11	25.48
3	53.47	53.14			

思考题 6.14　^{13}C 核磁共振谱的检测灵敏度为何低于 ^1H 谱？如何提高 ^{13}C 谱的检测灵敏度？

思考题 6.15　^{13}C 核磁共振谱的化学位移与 ^1H 谱有何差别？在解析谱图时有何优越性？

思考题 6.16　^{13}C 谱图有哪些常见的简化法？

小　结

习　题

6.1　某化合物 $C_4H_8O_2$ 的 ^1H-NMR 谱如图 6.43 所示，出现三组谱峰，化学位移值分别为 1.3(3H，三重峰)、2.0(3H，单峰)和 4.1(2H，四重峰)，试推测其结构。

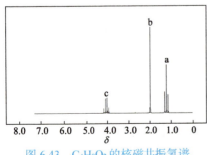

图 6.43　$C_4H_8O_2$ 的核磁共振氢谱

6.2　在某有机酸的钠盐中加入 D_2O，得到的 ^1H 核磁共振波谱中有两个强度相等的峰。试判断下列两种结构哪种正确。

(1) $HOOC-\underset{\underset{CH_3}{|}}{C}-CH-COOH$

(2) $HOOC-CH-\underset{\underset{CH_2}{|}}{C}-CH-COOH$

6.3　下列各化合物的 ^1H 核磁共振波谱如图 6.44(a)～(h)。溶剂均为 CCl_4，仪器 60MHz，标准 TMS。推测各化合物结构。

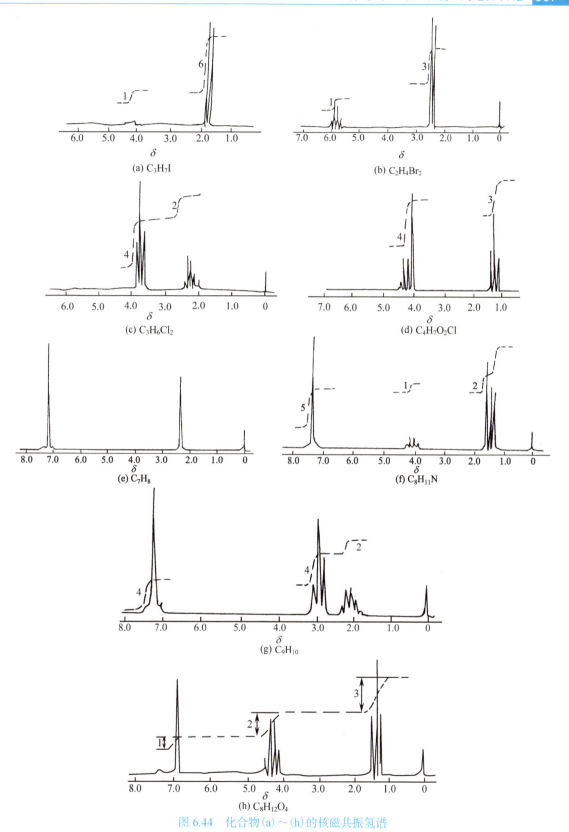

图6.44 化合物(a)～(h)的核磁共振氢谱

6.4 某化合物的分子式为 C_3H_6O，其 $^1H_1$ 核磁共振波谱的三重峰中心处 $\delta = 4.73$，多重峰中心处 $\delta = 2.72$，积分面积比为 4:2。试解析该化合物的结构。

6.5 绘出下列各化合物的 $^1H_1$ 核磁共振波谱图，并表示出每组峰的相对强度。

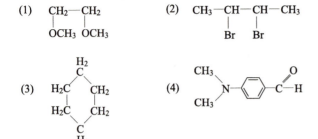

6.6 化合物分子式为 $C_8H_{10}O_2$，根据 ^1H 核磁共振谱图 6.45 写出其结构式。

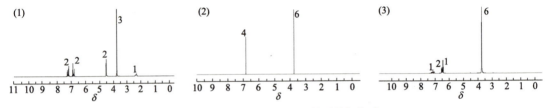

图 6.45 化合物(1)~(3)的核磁共振氢谱

6.7 某化合物分子式为 $C_4H_8O_2$，在 25.2MHz 磁场中得宽带去偶 ^{13}C 核磁共振波谱图，如图 6.46，图中只有 1 个峰，$\delta_C = 67.12$。试推断该化合物的结构。

6.8 试计算 $CH_3—CH_2—CH_2—CH_2—CH_3$ 中 C_1、C_2、C_3 的 δ_C 值。

6.9 某化合物分子式为 $C_4H_6O_2$，在 25.2MHz 磁场中得宽带去偶和偏共振去偶 ^{13}C 核磁共振波谱图，如图 6.47。试推断该化合物结构。

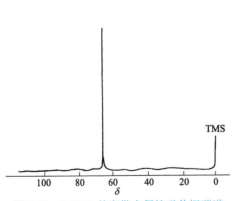

图 6.46 $C_4H_8O_2$ 的宽带去偶核磁共振碳谱
(25.2MHz，$CDCl_3$)

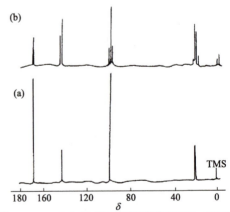

图 6.47 $C_4H_6O_2$ 的核磁共振碳谱（TMS，$CDCl_3$）
(a)宽带去偶；(b)偏共振去偶

6.10 ^{13}C 核磁共振波谱有何特点？在 1.4092T 磁场中和 2.3487T 磁场中 ^{13}C 核的吸收频率为多少？

6.11 某酯类化合物分子式为 $C_{14}H_{18}O_4$，其 ^1H-NMR 和 ^{13}C-NMR 谱如图 6.48 和图 6.49 所示，试推测该化合物的结构。

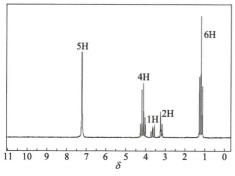
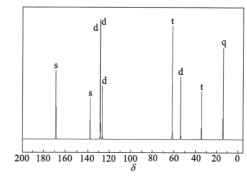

图 6.48　$C_{14}H_{18}O_4$ 的核磁共振氢谱（TMS，$CDCl_3$）

图 6.49　$C_{14}H_{18}O_4$ 的核磁共振碳谱（TMS，$CDCl_3$）

 生物分子的革命性分析方法

 仿真动画——核磁共振波谱

核磁共振波谱法

第 7 章 质谱分析法

内容提要

本章叙述质谱分析法的基本原理,详细讨论有机化合物离子的性质及其质谱峰的形成规律,介绍质谱分析法在有机结构鉴定中的应用。

质谱分析法(mass spectroscopy,MS)是通过对被测样品离子的质荷比及其强度的测量进行成分和结构分析的一种仪器分析方法。测量过程中,被测样品首先离子化,利用不同离子在电场或磁场中运动行为的不同,把离子按质量-电荷比(质荷比,m/z)大小依次分开并收集和记录,得到质谱。通过质谱分析,可以获得被分析样品的相对原子或分子质量、分子式、分子中同位素构成和分子结构等多方面的信息。质谱法按照分析对象的化学状态可分为原子质谱法和分子质谱法,按照分析对象的属性又可分为无机质谱法和有机质谱法。

质谱技术对于化学和物理的发展起着重要的作用。质谱技术出现的初期仅用于测定同位素,20 世纪 50 年代后开始应用于有机化合物结构的研究。自应用高分辨质谱仪器后,质谱分析向更精确的方向发展,特别是计算机的引入使质谱的解析工作大大加速,能迅速、准确地推算出谱图中每个峰的元素组成。70 年代以后,又与气相色谱或高效液相色谱联用,发展迅速,成为复杂有机物分离与分析的强有力工具。

20 世纪 80 年代后,基质辅助激光解吸电离(matrix-assisted laser desorption/ionization,MALDI)和电喷雾电离(electrospray ionization,ESI)等技术的发展,带来了质谱真正意义上的变革,使得在 fmol(10^{-15})乃至 amol(10^{-18})水平检测相对分子质量高达几十万的生物大分子成为可能,由此开拓了质谱学一个崭新的研究领域——生物质谱。

7.1 原子质谱法

原子质谱法(或无机质谱法)是将单质离子根据质荷比的不同进行分离和检测的方法。原子质谱采用的电感耦合等离子体电离源运用到了原子光谱中的 ICP 光源,并且原子质谱法的研究对象主要是元素,所以有些教材中将原子质谱法放在原子光谱分析部分,本教材从分析对象的属性角度,将其作为质谱分析的内容。近年来,随着电感耦合等离子体质谱(ICP-MS)、微波诱导等离子体质谱(MIP-MS)等方法的发展,原子质谱已广泛用于物质试样中元素的识别和定量分析。

7.1.1 基本原理

原子质谱分析包括下面几个步骤:①样品中待测元素原子化;②将原子化的原子大部分转化为离子流,一般为单电荷正离子;③离子按质荷比分离;④测量并计算各种离子的数目或测定由试样形成的离子轰击传感器时产生的离子电流。其中步骤①和②是与原子光谱法中的原子化过程相关,步骤③和④是与质谱法相关。

质谱分析中所关注的主要是某元素特定同位素的实际相对原子质量或含有某组特定同位素的实际质量。用高分辨率质谱仪测量质量通常可达到小数点后第三或第四位。通常根据下式可计算元素的相对原子质量(A_r)

$$A_r = A_1 p_1 + A_2 p_2 + \cdots + A_n p_n = \sum_{i=1}^{n} A_i p_i \tag{7.1}$$

式中,$A_1, A_2, \cdots, A_n$ 为元素的 n 个同位素以原子质量常量 $m_u [m_u = (m/12)(^{12}C) = 1u]$ 为单位的原子质量;$p_1, p_2, \cdots, p_n$ 为自然界中这些同位素的丰度,即某一同位素在该元素各同位素总原子数中的百分含量。相对分子质量即为化学分子式中各原子的相对原子质量之和。

质谱分析中所讨论的离子通常为正离子,其质荷比为离子的原子质量 m 与其所带电荷数 z 之比。例如,$^{12}C^1H_4^+$ 的 $m/z = 16.035/1 = 16.035$。质谱法中多数离子为单电荷。

7.1.2 电感耦合等离子体质谱法

质谱仪能使物质粒子(原子、分子)电离成离子并通过适当的方法实现按质荷比分离,检测其强度后进行物质分析。质谱仪一般由电学系统、真空系统和分析系统组成。其中分析系统是质谱仪的核心,包括离子源、质量分析器和质量检测器。

原子质谱的离子源主要有高频火化电离源、电感耦合等离子体电离源、辉光放电离子源、激光离子源等,其中电感耦合等离子体被认为是较理想的离子源,故近些年来电感耦合等离子体质谱法发展较快。

ICP-MS 的优点主要有:①待测样品在常压下引入;②气体的温度很高,可使待测样品完全蒸发和离解;③待测样品原子电离的百分比很高,主要产生一价离子;④离子能量分散小;⑤采用的离子源为外部离子源,即离子并不处在真空中,并且离子源处于低电位,可配用简便的质量分析器。

电感耦合等离子体质谱仪的基本结构如图 7.1 所示。其关键部分是将 ICP 火焰中离子引出至质谱计的接口部分。因为 ICP 炬周围为大气压力,而质谱计要求压力小于 10^{-2}Pa,压力相差几个数量级。首先让 ICP 炬的尾焰喷射到称为采样锥的金属镍锥形挡板上,挡板用水冷却,炽热的等离子体气体通过采样锥的小孔进入一个真空区域,此区的压力经机械泵的作用可降至约 10^2Pa。然后,气体因快速膨胀而冷却,部分气体通过截取锥的小孔,进入一个压力与质量分析器相同的空腔。在空腔内,正离子在一负电压的作用下与电子和中性分子分离并被加速,然后被磁离子透镜聚焦到质谱仪的入口微孔。最后利用质量分析器和检测器进行测定。

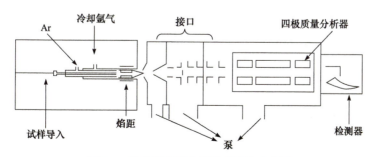

图 7.1 电感耦合等离子体质谱仪示意图

7.1.3 原子质谱的干扰效应

1. 质谱干扰

质谱干扰是由具有相同质荷比的干扰物而引起的干扰，主要包括同质量类型离子干扰、多原子或加合离子干扰、双电离离子干扰、难熔氧化物离子干扰。

1）同质量类型离子干扰

同质量类型离子干扰是指两种不同元素有几乎相同质量的同位素。对使用四级质谱计的原子质谱仪而言，是指质量相差小于一个原子质量单位的同位素。使用高分辨率仪器时质量差可以更小些。同质量种类干扰通常出现在最大丰度峰上，此干扰的校正可以用适当的计算机软件进行。目前大多仪器可以自动进行这种校正。

2）多原子离子干扰

这是 ICP-MS 中干扰的主要来源。多原子离子主要是在离子的引出过程中，由等离子体中的组分与基体或大气中的组分相互作用而形成。氢和氧占等离子体中原子和离子总数的 30% 左右，其他的大部分是由 ICP 炬的氩气产生的。ICP-MS 的背景峰主要是由这些多原子离子引起的。这些干扰可以用空白进行校正，或者采用不同的分析同位素来减小。

3）氧化物和氢氧化物离子干扰

ICP-MS 中另一个重要的干扰因素是由分析物、基体组分、溶剂和等离子体等形成的氧化物和氢氧化物，其中分析物和基体组分的这种干扰更为明显。它们可形成 MO^+ 和 MOH^+，其中 M 表示分析物或基体组分元素，然后产生与某些分析物离子峰相重叠的峰。氧化物的形成与实验条件相关，如进样流速、采样锥与分离锥的距离、取样孔尺寸、等离子体成分、氧和溶剂的去除效率等。调节这些条件可以解决某些特定的氧化物和氢氧化物重叠问题。

2. 非质谱干扰

非质谱干扰与原子光谱方法中遇到的基体效应相似，可以采用稀释、基体匹配、标准加入或者同位素稀释法降低至最小。

7.1.4 原子质谱的应用

1. 定性和半定量分析

ICP-MS 适用于多元素分析，如不同类型的天然和人造材料的快速鉴定和半定量分析，其检测下限优于电感耦合等离子体原子发射法。原子质谱图比发射光谱图简单，易于解释，特别是分析试样中含有稀土元素和其他重金属元素时，如含有能产生复杂发射光谱的铁。

半定量分析混合物中的一个或更多组分时，可以选择已知某待测元素浓度的溶液，测定其峰离子电流或强度，然后假设离子电流正比于浓度，即可计算出试样中分析物的浓度。

2. 定量分析

ICP-MS 应用最广的定量分析方法是工作曲线法。如果待测溶液中的溶解固体总含量小于 $2000\mu g \cdot mL^{-1}$，可以直接用简单的水基体标准溶液。若基体元素浓度高，可以采用标准加入法，即将试样稀释，使它们与标样中的基体元素浓度相近。为了克服仪器的漂移、不稳定性和基体效应，也常采用内标法。要求在试样中不存在内标元素且相对原子质量和电离能与分析物相近，通常选用质量在中间范围(115、113 和 103)并很少自然存在于试样中的铟和铑。

更为精确的 ICP-MS 分析可以采用同位素稀释质谱法。它是往试样中加入已知量的添加同位素(同位素稀释剂)的标准溶液。添加同位素一般为分析元素所有同位素中天然丰度较低的某种稳定同位素或寿命长的放射性同位素，经富集后加入试样。通过测定该同位素与另一同位素(参比同位素)的信号强度比进行精密的定量分析，参比同位素一般选用分析元素的最高丰度同位素，除非该同位素受到其他元素同质量类干扰。该方法类似于内标元素方法。由于分析元素的同位素是能够采用的最佳内标，许多由化学和物理性质差异所引起的干扰得以克服，分析精度在各种定量分析方法中是最高的。但是，该方法的主要缺点在于不能用于单同位素的测定，费时且使用示踪同位素花费高。

思考题 7.1　什么是原子质谱法？
思考题 7.2　原子质谱分析包括哪几个步骤？
思考题 7.3　质谱干扰是什么？包括哪些？

7.2　分子质谱法的基本原理

本章后文所述质谱法均指分子质谱法(或有机质谱法)。质谱法与紫外-可见吸收光谱、红外吸收光谱和核磁共振波谱不同，它不属于分子吸收光谱的范围，但在有机化合物结构鉴定中质谱灵敏度很高，鉴定的最小量可达 10^{-10}g，检出限可达 10^{-14}g。质谱法也是至今唯一可以确定分子质量的方法，在高分辨率质谱仪中能够准确测定质量，而且可以确定化合物的化学式，这对于结构解析非常重要。

气体分子或固体、液体的蒸气分子受到高能电子流的轰击，首先失去一个(或多个)外层价电子，生成带正电荷的阳离子，同时正离子的化学键也有可能断裂，产生带有不同电荷和质量的碎片离子。碎片离子的种类及其含量与原来化合物的结构有关。如果测定了这些离子的种类及其相对含量，就有可能确定未知物的化学组成及结构。

图 7.2 是单聚焦质谱仪结构示意图。有机化合物分子于离子化室中被一束电子流(能量一般为 70eV)轰击时，便失去一个外层价电子，生成带正电荷的阳离子。只要这种离子的寿命在 $10^{-5} \sim 10^{-6}$s，经加速器加速后，正离子便获得动能，其动能与正离子的势能相等

$$\frac{1}{2}mv^2 = zE \tag{7.2}$$

式中，m 为正离子质量；v 为速度；z 为正离子电荷；E 为外加电场电压。被加速的离子进入质谱分析器的磁场中。此磁场方向与离子流前进的方向相垂直，强度为 $0.05 \sim 1$T。在磁场中离子所受的向心力应等于离心力

$$Hzv = \frac{mv^2}{R} \tag{7.3}$$

式中，H 为磁场强度；R 为离子圆形轨道半径。由式(7.2)和式(7.3)得

$$\frac{m}{z} = \frac{H^2 R^2}{2E}$$

$$R = \sqrt{\frac{2E}{H^2} \cdot \frac{m}{z}} \tag{7.4}$$

由式(7.4)可知,离子圆形轨道半径要受外加电场电压 E、磁场强度 H 和离子的质荷比 m/z 三种因素的影响。当 R 保持不变时,改变磁场强度或加速电压,可只允许一种质荷比的离子通过出口狭缝,被离子捕集器收集,经电子放大器放大,由记录器记录,得到以 m/z 为横坐标、以各峰强度为纵坐标的质谱图(图7.3)。图中各峰表示各种 m/z 的离子,峰越高表示形成的离子越多,因此谱峰的强度与离子的多少成正比。峰的强度以相对丰度表示,它是以谱图中的最强峰的峰高为100%,分别计算出其他各峰的强度。该最强峰也称为基峰。

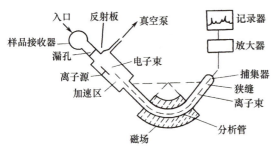

图7.2　单聚焦质谱仪结构示意图　　　　图7.3　质谱图[$CH_3(CH_2)_6CH_3$]

在质谱中,轰击有机物分子的电子束电压一般为70eV,而使分子失去一个价电子仅需15～20eV 的能量。剩余的能量足以断裂正离子中的较不稳定键,生成质量较小的碎片离子。正离子和碎片离子在各 m/z 处均能出峰。但中性碎片不出峰,阴离子因向相反的方向高速运动而不易检测出来,故质谱一般是指正离子的质谱。

7.3　质　谱　仪

质谱仪的种类很多,按照分析对象或应用不同通常分为:有机质谱仪、无机质谱仪、同位素质谱仪、生物质谱仪和气体分析质谱仪。数量最多、应用最为广泛的是有机质谱仪。按照质量分析器工作原理的不同,又将质谱仪分为:单聚焦和双聚焦质谱仪、四极杆质谱仪、飞行时间质谱仪、离子阱质谱仪、傅里叶变换质谱仪等。单聚焦和双聚焦质谱仪采用稳定的电磁场,按空间位置将 m/z 比不同的离子分开,也称静态仪器。其他类型的质谱仪如飞行时间和四极杆质谱仪等,采用变化的电磁场,按时间或轨迹的不同来区分不同 m/z 的离子,称动态仪器。有时质谱仪根据所配置离子源和质量分析器的不同,也会出现一些新的称呼,如电喷雾质谱仪、快原子轰击质谱仪、基质辅助激光解吸飞行时间质谱仪等。

质谱仪的好坏有几个衡量指标:①质量范围,即质谱仪所能测定的离子质荷比的范围或相对分子量范围,质量范围的大小主要取决于质量分析器的类型;②质量稳定性,即一定时间内质量漂移情况;③质量精度,即质量测定的精确程度,常用相对百分比表示,对高分辨质谱仪是一项重要指标,但对低分辨质谱仪没有太大意义;④灵敏度,可以用绝对灵敏度(仪器可检测的最小试样量)、相对灵敏度(仪器可同时检测的大、小组分的含量比)、分析灵敏度(输入试样量与输出信号比)表示;⑤质谱仪的分辨率,即对质量非常接近的两种离子的分辨能力,定义为两个相等强度的相邻质量峰,如果两峰间的峰谷小于其峰高的10%,则认为两峰已经分开(图7.4),分辨率定

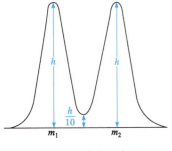

图7.4　分辨率示意图

义为

$$R = \frac{m_1}{m_2 - m_1} = \frac{m_1}{\Delta m} \tag{7.5}$$

实际工作中一般很难找到两个相邻且强度相等的峰,同时峰谷又为峰高的 10%。可任选一个单峰,测量峰高 5% 处的峰宽 $W_{0.05}$,代替 Δm,此时分辨率定义为

$$R = \frac{m_1}{W_{0.05}} \tag{7.6}$$

R 在 10000 以下的称为低分辨质谱,10000 以上的称为中或高分辨质谱。

7.3.1 单聚焦质谱仪

单聚焦质谱仪示意图见图 7.2,其主要结构包括高真空系统、进样系统、离子化室、质量分析器和检测记录系统。

1. 高真空系统

在质谱分析中,为减少离子与离子间或离子与其余分子间的碰撞,仪器必须保持高真空状态。一般离子化室真空度在 $10^{-3} \sim 10^{-5}$ Pa,质量分析器要求达到 10^{-6} Pa,并且要求稳定。

2. 进样系统

对气体样和易挥发液体样,可通过样品接收器后面漏孔扩散进入仪器。对难挥发样品,可在真空泵抽气减压下加热,使其迅速气化进样。对于一些热不稳定性化合物,可将它们转化为较稳定的化合物,如酯类、硅醚类等。在色质联用分析中,样品可以采用气相或液相色谱分离后通过接口进入质谱分析,进行多组分复杂混合物的分离分析。

3. 离子化室

离子化室是使被分析物质进行电离的部件,它对仪器的灵敏度和分辨率影响很大。最常用的离子源是电子轰击型离子源,当离子化室中的钨丝通以电流时,即产生热电子流,样品进入离子化室后受到热电子流的轰击而进行电离,生成带正电荷的阳离子而形成离子流。多余的热电子被钨丝对面的电子收集极(电子接受屏)捕集,如图 7.5。谱图库中搜集的质谱图主要是电子轰击型离子源产生的。

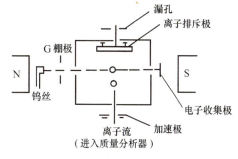

图 7.5 电子轰击型离子源示意图

电子轰击型离子源是一种硬电离方式,工作稳定,电离效率高,可以得到大量的碎片离子信息,便于物质的结构分析。该电离源可以较好地电离挥发性化合物、气体和金属蒸气,但不适合难挥发和热不稳定的样品。当样品分子稳定性不高时,分子离子峰的强度低,甚至不存在分子离子峰。

1966 年发明的化学电离源是一种软电离方式,它利用样品气与反应气进行离子-分子反应发生电离。反应气为甲烷,与样品气按 1000∶1 混合,在相同能量的电子轰击下,甲烷首先

电离,并产生一系列反应

$$CH_4 + e^- \longrightarrow CH_4^+ + CH_3^+ + CH_2^+ + CH^+ + C^+ + H_2^+ + H^+$$

$$CH_4^+ + CH_4 \longrightarrow CH_5^+ + CH_3$$

$$CH_3^+ + CH_4 \longrightarrow C_2H_5^+ + H_2$$

生成的 CH_5^+、$C_2H_5^+$ 与样品分子 HX 作用:

$$CH_5^+ + HX \longrightarrow H_2X^+ + CH_4$$

$$C_2H_5^+ + HX \longrightarrow \begin{array}{l} H_2X^+ + C_2H_4 \\ X^+ + C_2H_6 \end{array}$$

产生的 H_2X^+、X^+ 等离子(称为准分子离子),即可进行质谱分析。

化学电离源电离能小,可以得到较稳定的分子离子(或者准分子离子),便于测定物质的相对分子质量和确定分子式。

此外,采用强电场也可以诱发样品电离,当样品分子经过两个间距很小的针状电极形成的强电场时,价电子被轰击发生电离,产生的阳离子被阳极排斥出离子源加速进入质量分析器,称场电离源。这些电离方式都需要将样品首先气化,再电离。场解析离子源的原理与场电离源类似,但样品不需要气化,是沉积在电极上直接电离得到准分子离子的,适合热不稳定的样品。20 世纪 80 年代后,一些新的软电离技术开始出现,如快原子轰击、基质辅助激光解吸、大气压化学电离、电喷雾电离等电离技术,使质谱能够分析的相对分子质量范围拓展到几十万,开始用于生物大分子的分析。

4. 质量分析器

由非磁性材料制成的质量分析器,管内抽成真空达 10^{-6}Pa。当被加速的离子流进入质量分析器后,在磁场作用下,各种阳离子发生偏转。质量小的偏转大,质量大的偏转小,因而互相分开。当连续改变磁场强度或加速电压,各种阳离子将按 m/z 大小顺序依次到达收集极,产生的电流经放大后,由记录装置记录成质谱图。

5. 检测记录系统

质谱仪的检测器主要有电子倍增管或渠道式电子倍增器阵列、离子计数器、感应电荷检测器、法拉第收集器等。其中电子倍增管是最广泛使用的检测器,单个电子倍增管没有空间分辨能力,常将电子倍增管微型化,集成为微型多通道检测器,应用更为广泛。

7.3.2 双聚焦质谱仪

上述单聚焦质谱仪属于低分辨质谱仪,为了提高质谱仪的分辨能力,一般采用双聚焦的方法(图 7.6)。在双聚焦质谱仪中离子束首先通过静电分析器,进行一次分离聚焦,然后通过狭缝,进入磁分析器进行偏转分离,使所有 m/z 离子能实现一个平面上的双聚焦而记录下来。这样既实现了能量聚焦,又实现了方向聚焦。因此,仪器的分辨能力得到很大提高。

7.3.3 四极杆质谱仪

四极杆质谱仪的结构如图 7.7 所示,其中,四极电极由互相平行并按对称位置布置的四个

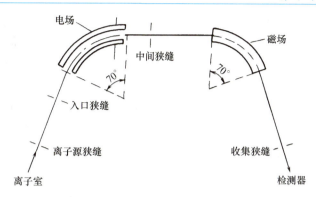

图 7.6 双聚焦质谱仪结构示意图

圆柱杆构成，相对的两柱杆上外加与直流电压重叠的交流电压。由离子源进入这个四极电场的离子在 RF 和 DC 电压作用下，边进行复杂的振荡，边向前运动。四极杆质量分离的原理是基于不同质荷比离子在四极场中运行轨迹稳定与否来实现的。在一定的 RF 和 DC 电压作用下，只有某些特定 m/z 的离子才能沿轴向做有限振幅的稳定的振荡运动，通过四极场中心的通道到达检测器，其他离子的运行轨迹超过了四极场的半径，撞击到四极杆上，与电极碰撞放电中和，失去电荷，而后被真空泵抽出。当 RF 和 DC 电压由低到高逐渐扫描时，碎片离子按照质量从小到大的顺序依次通过四极杆质量分析器到达检测器，实现质量分析。

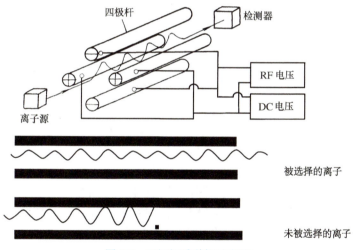

图 7.7 四极杆质谱仪示意图

四极杆质谱仪去掉了笨重的电磁铁，因此体积小、重量轻、安装简单，是目前应用最广泛的小型质谱，能对毫秒(10^{-3}s)内产生的质谱信号进行快速扫描，可以分析的质量范围在 1000～4000。常见的串联质谱如三级四极杆(Q-Q-Q)就是由三组四极杆串联组成的。

7.3.4 离子阱质谱仪

离子阱与四极质量分析器的原理很相似，如果将四极杆质量分析器的两端也施加电场，就会形成一个三维的四极场，离子在来自 x, y, z 三个方向电场力共同作用下能够较长时间待在稳定区域，就像一个电场势阱，称为离子阱或四极离子阱。离子阱质谱仪也是利用离子在四极电场中的特定运动特性，四极杆质量分析器是选择性地使某一 m/z 的离子通过，离子阱则

是选择性地将某一 m/z 的离子激发出四极场,到达检测器。离子阱质量分析器的结构包括中间的环形电极和上下两个端盖电极。电极之间以绝缘隔开,其中两个端盖电极是等电位的,端盖电极上有小孔,以进入和排出样品离子。离子阱既能直接用于不同质荷比离子的检测,又能用于时间上的串联质谱。

离子在离子阱中的运动有稳定和不稳定两种情况。处于稳定区的离子运动幅度不大,能长期储存在离子阱中;处于稳定区之外的离子运动幅度过大,会与环电极或端盖电极相碰撞,因而消亡。通过设定实验参数,可以使稳定区的离子按照质荷比从小到大的顺序逐次由端盖电极上的小孔排出而被记录,由此得到质谱数据。

离子阱质量分析器具有许多独特的优点,如体积较小,价格相对低廉,能耐受高压,广泛用于色谱-质谱联用和串联质谱。离子阱质谱仪可检测的质量范围可达到 6000。

7.3.5 飞行时间质谱仪

飞行时间质谱是一种工作原理较简单的动态型质谱。物质的气体分子在电离室受到一束高速电子流撞击而发生电离,通过电离室内、外两个栅极上所加的负脉冲与直流负高压的作用,电离后的离子获得动能,并以一定的速度在较长的无电场空间漂移而到达接收器。在漂移过程中,相同电荷与动能的离子,质量轻者先到达接收器,质量重者后到达接收器,从而实现质量分离。离子漂移时间 t 可用下式表示

$$t = L\sqrt{\frac{m}{2zV}} \tag{7.7}$$

式中,L 为飞行路程;m 为离子的相对质量;z 为离子电荷;V 为加速电压。由式(7.7)可知,当 L、z、V 不变时,离子飞行到接收器所需时间与 m 的平方根成正比,该式是飞行时间质谱的基本方程,它为设计仪器提供依据。

飞行时间质谱具有如下特点:

(1) 离子飞行速度快。根据式(7.7),若离子飞行路程 L 为 1m,加速电压 V 为 2000V,则相对原子质量为 400 的离子,其飞行时间仅为 41.52μs。氢离子的飞行时间仅为 1.7μs。

(2) 分辨率与初始离子的空间分布有关。因为初始离子的热速度不为零,初始离子的分布也存在微小截面,加速脉冲的前沿陡度等因素都会影响其分辨率。

(3) 仪器的机械结构较简单,电子部分较复杂。因为飞行时间质谱的质量分析器系统既不需要磁场,又不需要电场,只需要一定长度的离子直线漂移空间。但由于离子在漂移空间飞行速度快,离子流的强度又特别小,这就要采用高灵敏、低噪音的宽带电子倍增器进行放大与检测,其电子部分就较为复杂。

(4) 质谱图与磁偏转静态质谱图没有很大的差别。飞行时间质谱与磁偏转静态质谱所得到的同一化合物质谱虽然有一点差别,但差别不大,因为质谱只与离子源温度有关,与分析器类型无关。当两种仪器在相同的离子源温度下工作时,其质谱基本相同。

飞行时间质谱由于具有快速的特点,一般的飞行时间为 1~30μs,而且离子束到达接收器的间隔很小,仅有 $10^{-7} \sim 10^{-8}$s,这就要求仪器的检测器具有快速响应的技术特性。同时,仪器的质量分析系统要求处于脉冲状态,这样可以准确地测定离子漂移一定距离所需的时间以及不同离子的质量。

思考题 7.4 质谱的主要仪器部件有哪些?每部分的作用分别是什么?

思考题 7.5 在单聚焦质谱中，离子在质量分析器中做半圆形轨道运行时，影响轨道半径的因素有哪些？

思考题 7.6 双聚焦指什么？双聚焦和单聚焦质量分析器有什么区别？

思考题 7.7 软电离方式有哪些？软电离和硬电离得到的质谱图各有何特点？

思考题 7.8 四极杆质谱和飞行时间质谱各有何优点？

7.4 离子的主要类型

有机化合物在质谱中形成的离子有分子离子、碎片离子、亚稳离子、同位素离子及重排离子等，它们的丰度与分子结构及电压有关。

7.4.1 分子离子

分子受电子流轰击后失去一个价电子，生成的离子称为分子离子或称母离子，一般用符号 $M^{+\cdot}$ 表示。其中"+"代表正离子，".."代表不成对电子。例如

$$M + e^- \longrightarrow M^{+\cdot} + 2e^-$$

当正电荷的位置不十分明确时，可用 $[M]^{+\cdot}$ 表示。

分子也有可能与轰击电子结合起来形成负的分子离子：

$$M + e^- \longrightarrow M^-$$

但在一般的质谱仪器上难以测出，大部分只是测量正离子的质谱。

在质谱中，由分子离子所形成的峰称为分子离子峰。当失去一个电子时，分子离子的质荷比 $m/z = m$，这正好是样品分子的相对分子质量。如果分子失去 2 个或 3 个电子，分子离子相应的质荷比为 $m/2z$、$m/3z$，在质谱图中的 $m/2z$、$m/3z$ 处出现分子离子峰。芳香环、杂环或多 π 电子组成的化合物质谱中，经常出现这种现象。

一般来说，形成的分子离子越稳定，其分子离子峰的强度越大。例如，芳香环类化合物能形成稳定的分子离子，因此显示出强的分子离子峰。而氨基、羟基、巯基等化合物，由于氮、氧、硫原子上存在着未共享电子，易形成稳定性更强的碎片离子，因此分子离子峰的强度减弱。例如

$$[H{-}CH_2{-}OH]^{+\cdot} \longrightarrow H\cdot + [CH_2{-}OH]^+$$

增长分子中的碳链或增多侧链都有利于分子离子的裂解，使分子离子峰变弱。而胺类、硝酸酯、亚硝酸酯、脂肪醇、腈类等，它们的分子离子峰都很弱，甚至不能鉴别。

在质谱中，由于很多化合物的分子离子极易裂解，分子离子峰的强度变得很弱甚至消失，这给分子离子峰的鉴别带来了困难。通常可从以下几方面进行判断。

(1) 在质谱图中，质量数最高的峰并不都是分子离子峰，而可能是分子的同位素峰。例如，氯甲烷的分子离子峰和它的同位素峰如图 7.8。分子中 ^{35}Cl 与 ^{37}Cl 的含量比约为 3∶1，M 为分子离子峰（M = $^{12}C^{35}Cl$），M + 1、M + 2、M + 3 均为同位素峰，其质量是 $^{13}C^{35}Cl$、$^{12}C^{37}Cl$、$^{13}C^{37}Cl$。同位素峰的出现有利于分子离子峰的鉴别。

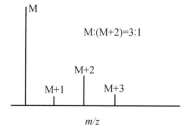

图 7.8 氯甲烷的分子离子峰和其同位素峰

(2) 分子离子一般不可能裂解出 2 个以上 H 原子或小于一个甲基(M = 15)的质量单位,故质谱中分子离子峰的左边不可能出现比分子离子峰质量小 3～14 个质量单位的峰。如果有峰出现,表明样品中可能有杂质存在或者是把碎片离子峰错判为分子离子峰。

(3) 在识别分子离子峰并从分子离子峰的质荷比选定最可能的分子式时,可利用 N 规律进行解析。N 规律是指:含有偶数或不含有 N 原子的有机化合物,其相对分子质量数为偶数;含有奇数个 N 原子的有机化合物,其相对分子质量数为奇数。例如

$$\text{C}_6\text{H}_5-\text{N}=\text{N}-\text{C}_6\text{H}_5 \qquad \text{CH}_3-\underset{\underset{\text{O}}{\|}}{\text{C}}-\text{NH}_2$$

$$M=182 \qquad\qquad M=59$$

这个规律适用于含 C、H、O、N、S、X 的化合物和其他许多共价化合物。根据这个规律可推知,含有 C、H、O 化合物,其分子离子峰的 m/z 值一定是偶数。例如 $[\text{CH}_3\text{CH}_2\text{OH}]^{+\cdot}$,其 $m/z = 46$。偶数质量数的分子离子在单键处裂解后,生成奇数质量数的碎片离子。例如

$$(\text{CH}_3)_2\text{C}=\overset{+\cdot}{\text{O}} \longrightarrow \text{CH}_3-\text{C}\equiv\overset{+}{\text{O}} + \text{CH}_3\cdot$$

$$m/z = 58 \qquad\qquad m/z = 43$$

奇数质量数的分子离子裂解后形成的碎片离子为偶数质量数。

(4) 有些化合物形成的分子离子较不稳定,如醚、酯、胺等。

(5) 分子离子容易失去或获得 1 个 H 原子,形成 M − 1 或 M + 1 的离子,在分子离子峰的两边出现小峰。

分子离子很容易失去中性分子、自由基或其他离子,表 7.1 列出了部分常易失去的基团,可供解析谱图参考。

表 7.1 分子离子常易失去的结构

m/z	常易失去的基团	m/z	常易失去的基团
1	H	34	H_2S
2	H_2	35	Cl
15	CH_3	39	C_3H_3
16	O, NH_2	40	$CH_2C\equiv N$
17	OH, NH_3	41	C_3H_5
18	H_2O, NH_4	42	C_3H_6
19	F	43	C_3H_7, CH_3CO
20	HF	44	CO_2, C_3H_8
26	C_2H_2, $C\equiv N$	45	COOH, CH_2OCH_3, CH_2CH_2OH
27	C_2H_3, HCN	46	OC_2H_5, NO_2, C_2H_5OH
28	C_2H_4, CO	47	CH_2SH, CH_3S
29	C_2H_5, CHO	48	SO
30	CH_2O, CH_2NH_2, NO	57	C_4H_9, C_2H_5CO
31	CH_2OH, OCH_3	60	CH_3COOH, CH_2ONO
32	CH_3OH, S	68	$(CH_3)_3C\equiv N$
33	SH, $H_2O + CH_3$	70	C_5H_{10}

7.4.2 碎片离子

当电子流轰击分子产生分子离子后，如果能量过剩，会使分子离子或较大碎片离子的化学键断裂，形成带正、负电荷的碎片离子或中性分子。例如

$$CH_3-\underset{CH_3}{\overset{CH_3}{C}}=\overset{+\cdot}{O} \xrightarrow{-CH_3\cdot} CH_3-C\equiv\overset{+}{O} \xrightarrow{-CO} CH_3^+$$

$$M^+=58 \qquad\qquad\qquad m/z=43 \qquad m/z=15$$

反应式中，$CH_3-C\equiv O^+$ 称为碎片离子，这种初级碎片离子还有可能进一步裂解，产生新的碎片离子 CH_3^+，同时失去中性分子 CO。

碎片离子可以是奇电子离子，也可以是偶电子离子的形式。前面提到分子离子峰 M^+ 是带有一个未成对电子的正离子，是奇电子离子。除分子离子外，有未成对电子的离子都称为奇电子离子。奇电子离子具有高的反应活性，容易引发反应。相反，不具有未成对电子的离子称为偶电子离子。任何离子发生裂解产生某种离子，前者称为母离子，后者称为子离子。分子离子是母离子。

碎片离子的形成与分子结构有着密切的关系，一般可根据反应中形成的几种主要的碎片离子推测原来化合物的大致结构，但这种推测是粗略的。

7.4.3 亚稳离子

在化合物的质谱图中，分子离子峰和碎片离子峰都是很尖锐的，但也时常出现一种凹形、凸形或平顶峰，这种峰称为亚稳离子峰。

假如质量为 m_1 的分子离子，从形成到收集的短时间内，一部分经电场加速进入磁分析器，记录成 $m/z = m_1$ 的谱线。而另一部分可在离子化室中裂解，形成 m_2 碎片离子，并丢失中性碎片：

$$m_1^+ \longrightarrow m_2^+ + 中性碎片$$

与此同时，有一部分 m_1 离子，在电场加速后并在磁场分离前，由于离子相互碰撞而产生裂解，产生质量为 m_2 的离子，这种离子与 m_2^+ 不同，其能量比 m_2^+ 小，峰的强度只有强峰的 0.01%～1%。$m/z < m_2^+$，且为非整数。这种离子很不稳定，在质谱中称为亚稳离子，常用 m^* 表示，它与 m_1^+、m_2^+ 的关系为

$$m^* = \frac{(m_2)^2}{m_1} \tag{7.8}$$

亚稳离子是一种特殊的离子。它不仅表现出丰度很低，有时还跨越几个质荷比的区域。存在时间约为 10^{-6} s，它可以帮助确定 m_1 和 m_2 两离子间的裂解关系，对解析质谱十分有用。例如，苯乙酮经 α-裂解产生了碎片离子，在 $m/z=77$、$m/z=105$（基峰）、$m/z=120$ 观察到离子峰，但同时在 56.47 处有亚稳离子，反应如下：

$$\left(C_6H_5-\overset{\overset{O}{\|}}{C}-CH_3\right)^{+\cdot} \begin{cases} \longrightarrow C_6H_5^+ + CH_3-C\equiv\dot{O} & (\text{I}) \\ m/z=77 \\ \xrightarrow{-CH_3} C_6H_5-C\equiv O^+ \longrightarrow C_6H_5^+ + CO & (\text{II}) \end{cases}$$

$$m/z=120 \qquad\qquad m/z=105\,(基峰) \qquad m/z=77$$

按式(7.8)得

$$m^* = \frac{(77)^2}{105} = 56.47$$

说明 m^* 是在（Ⅱ）反应过程中产生的，而（Ⅰ）反应不产生亚稳离子。

亚稳离子在有机质谱的裂解机理研究中有重要作用，但常规质谱图中亚稳离子峰太弱，不容易检测到。在有些情况下，通过亚稳扫描技术获得的亚稳离子峰可以用于辅助确定分子量和分子结构解析，区分在常规质谱中十分相似的同分异构体等。

7.4.4 同位素离子

天然的碳 ^{12}C 含有约 1.11% 的 ^{13}C 同位素，天然氢含有约 0.015% 的氘（^2H）。表 7.2 列出了常见元素的同位素及天然丰度。各种有机物中元素应是同位素的混合物，这些有机物的分子离子在裂解过程中就会产生各种同位素离子，其中有轻同位素离子，也有重同位素离子。例如，在裂解过程中，若产生 CH_2^+，则同时会产生质量数大于 14 的同位素离子：$^{13}CH_2^+$、$^{12}CHD^+$、$^{12}CH_2^+$、^{13}CHD 和 $^{13}CH_2^+$ 等，在高分辨的质谱中将不是一个单独的 $m/z=14$ 峰，而是出现质量分别为 14.01566、15.01901、15.02193、16.0282、16.02528、17.03155 的六个峰，除 14.01566 处 $^{12}CH_2^+$ 峰外，其余均为同位素峰。

一般来说，含 C、H、O 的有机化合物，由于它们的重同位素丰度很小（见表 7.2），其相应的同位素峰强度很弱。而氯、溴的重同位素天然丰度大，其相应的同位素峰强度也较大。同位素峰在质谱解析中很有用。

表 7.2 常见的稳定同位素的相对原子质量及丰度

元素	同位素	相对原子质量	天然丰度/%	元素	同位素	相对原子质量	天然丰度/%
氢	^1H	1.00783	99.985	硅	^{29}Si	28.97649	4.67
	^2H	2.01410	0.015		^{30}Si	29.97376	3.10
碳	^{12}C	12.0000	98.89	硫	^{32}S	31.97207	95.02
	^{13}C	13.00335	1.11		^{33}S	32.97146	0.75
氮	^{14}N	14.00307	99.63		^{34}S	33.96786	4.21
	^{15}N	15.00011	0.37		^{36}S	35.96709	0.02
氧	^{16}O	15.99491	99.76	氯	^{35}Cl	34.96885	75.77
	^{17}O	16.99914	0.04		^{37}Cl	36.96590	24.23
	^{18}O	17.99916	0.20	溴	^{79}Br	78.9183	50.69
硅	^{28}Si	27.97693	92.23		^{81}Br	80.9163	49.31

7.4.5 重排离子

在分子离子裂解过程中，因重排而产生的离子称为重排离子。有些重排离子是由复杂的无规则的重排而产生的，这种无规则的重排称为任意重排。例如，由新己烷[$(CH_3)_3CCH_2CH_3$]所得到的 $C_3H_7^+$（$m/z = 43$）离子，是经过了 H 原子的迁移和两个 C—C 键断裂而产生的。这种任意重排往往难以解释，在结构测定中用处不大。另一类重排常发生在含一个杂原子 π 键或芳环的分子离子中，这种重排包括氢原子的迁移、键的断裂，以形成更加稳定的重排离子。这类重排有一定的规律性，称为特殊重排，在结构分析中很有用，如 McLafferty 重排就是其中一例。重排离子可按下述方法识别：当不发生重排时，偶数质量数的分子离子裂解可得到奇数质量数的碎片离子，奇数质量数的分子离子裂解可得到偶数质量数的碎片离子。但在反应中发现，偶数质量数的分子离子裂解后得到的是偶数质量数的碎片离子，其质量数与未发生重排时的质量相差 1 个质量单位，这是因为两次裂解过程中发生了重排。

除了上述离子外，某些具有 π 电子的芳香杂环化合物或高度共轭不饱和化合物，在电子流轰击下可失去两个或两个以上的电子，而形成多电荷离子，其质荷比为 m/nz，n 表示失去的电子数。在质谱中也还有配合离子产生。

思考题 7.9　分子离子是如何产生的？形成的规律如何？
思考题 7.10　亚稳离子有何特点？在质谱解析中有何作用？
思考题 7.11　C_6H_5Cl 和 C_6H_5Br 的同位素峰簇各有何特点？

7.5　有机化合物的裂解方式

McLafferty 提出离子中存在电荷和(或)游离基中心，即电荷和游离基定域理论，离子是在电荷或游离基中心的诱导下发生进一步的碎裂反应。分子优先失去电离能最低的电子而形成离子，电离能的大小按照 σ 电子、π 电子、n 电子依次降低，而 N 上 n 电子的电离能又比 O 低，如氨基乙酸电离后电荷中心保留在 N 原子上。分子离子裂解形成碎片离子主要有单纯裂解、重排裂解、复杂裂解和双重重排四种方式，最主要的是前面两种。

7.5.1　单纯裂解

只有一个化学键发生断裂称为单纯裂解，其断裂的方式有均裂、异裂和半异裂三种，电子转移符号可以如下表示。

分子中共价键裂解时，用符号"↷"表示一对电子的同向转移，称为键的异裂

$$X—Y \longrightarrow X^+ + Y: \quad 或 \quad X—Y \longrightarrow X: + Y^+$$

异裂后两个电子同时保留在任何一个碎片离子上。

键的均裂用符号"↶"表示一个电子的转移

$$X—Y \longrightarrow X\cdot + Y\cdot$$

均裂后每个碎片离子上各保留一个电子。有时也可表示为

$$X—Y \longrightarrow X\cdot + Y\cdot$$

键的半异裂可用下式表示

$$X—Y \xrightarrow{-e} X + \cdot Y \longrightarrow X^+ + Y\cdot$$

即键在电子流轰击下，先被离子化，再发生键的断裂。

1. α-裂解（游离基中心诱导）

含有 C—Y 或 C=Y 键（Y=O、N、S 等）的化合物容易发生 C—Y 或 C=Y 键与 α-碳原子之间的均裂，简称 α-裂解。α-裂解反应的动力来源于游离基强烈的电子配对倾向，可用下列通式表示。

$$R'\frown CR_2 \frown \overset{\cdot+}{Y}R'' \xrightarrow{\alpha} R'\cdot + R_2C=\overset{+}{Y}R''$$

游离基中心通常定域于杂原子上,在游离基中心的诱导下,与其相邻原子的外侧键断裂,属于该原子的一个电子转移,并与游离基中心未成对电子形成新键,生成较稳定的偶电子碎片离子或稳定的中性分子。α-裂解反应与后面的 i-裂解不同之处在于,α-裂解并不引起电荷的转移。含杂原子的有机化合物如醇、酚、醚、胺、醛、酮、酸、酯等都容易发生 α-裂解。例如

$$R_1\frown CH_2 \frown \overset{\cdot+}{N}H-R_2 \xrightarrow{\alpha} R_1\cdot + \underset{m/z=44}{H_2C=\overset{+}{N}H-R_2}$$

$$CH_3 \frown \overset{\overset{\cdot+}{O}}{\underset{\|}{C}}-CH_3 \xrightarrow{\alpha} CH_3\cdot + \underset{m/z=43\,(100\%)}{\overset{\overset{+}{O}}{\underset{\|}{C}}-CH_3}$$

$$CH_3-CH_2-\overset{\overset{+\cdot}{O}}{\underset{\|}{C}}-OCH_3 \xrightarrow{\alpha} CH_3-CH_2-\underset{m/z=84\,(84\%)}{\overset{\overset{+}{O}}{\underset{\|}{C}}} + \cdot OCH_3$$

如果 C—Y 键的 α 位存在多个可断裂的烷基,如 2-戊醇,则失去的烷基游离基越大,反应越有利,因此丢失丙基游离基,生成 m/z 为 45 的碎片离子峰为基峰。

2. 烯丙基裂解

烯丙基中 π 键的电离能较低,电离后形成游离基中心,诱导 3-位碳外侧键断裂,生成的偶电子烯丙基离子具有共振稳定特性。可以用下列通式表示。

$$R-CH_2-CH=CH_2$$
$$\downarrow -e$$
$$R\frown CH_2\frown CH\overset{\cdot+}{-}CH_2 \xrightarrow{\alpha} \underset{m/z=41}{\overset{+}{C}H_2-CH=CH_2} + R\cdot$$

3. 苄基裂解

苯环有侧链取代时,如烷基苯,通常会发生与苄基相连的键的断裂,生成比烯丙基正离子更稳定的苄基正离子,进一步环化成七元环的䓬鎓离子。

$$\left[\text{Ph}-\overset{H_2}{C}-\overset{H_2}{C}-R\right]^{+\cdot} \longrightarrow \underset{m/z=91}{\bigcirc^+} + R-CH_2\cdot$$

4. i-裂解(电荷中心诱导)

含杂原子的有机化合物能够发生异裂,异裂反应的动力源于电荷中心的诱导作用。正电荷具有吸引或极化相邻成键电子的能力,与正电荷中心相连键的一对电子全被正电荷吸引,造成单键的断裂和电荷的转移,产生所谓的 i-裂解,同时发生正电荷的移位。如果是奇电子离子,既有电荷中心又有游离基中心,还存在 i-裂解与 α-裂解以及游离基中心诱导的氢重排反应的竞争。

$$RY\overset{+}{\frown}Y-R' \xrightarrow{i} R^+ + \cdot YR$$

$$\begin{matrix}R\\R'\end{matrix}\overset{+}{C}=\overset{+}{Y} \longleftrightarrow \begin{matrix}R\\R'\end{matrix}\overset{+}{\frown}{C}=\dot{Y} \xrightarrow{i} R'-\dot{C}=Y + R^+$$

例如

$$\text{（正丁基）}\overset{+\cdot}{O}\frown CH_2CH_2CH_3 \xrightarrow{i} \text{（丁氧基）}O\cdot + {}^+CH_2CH_2CH_3$$
$$m/z=43(100\%)$$

$$\text{（戊酰基）}\overset{+\cdot}{C}=O \frown CH_2CH_2CH_3 \xrightarrow{i} \text{（戊酰基）}C\cdot=O + {}^+CH_2CH_2CH_3$$
$$m/z=43(100\%)$$

发生 i-裂解反应的趋势和 Y 元素的诱导效应有关，一般：卤素 > O、S ≫ N、C。

5. σ-裂解

σ-裂解需要的能量大，当化合物中没有 π 电子和 n 电子时，σ-裂解才可能成为主要的裂解方式。对于饱和烷烃，取代度越高的碳，其 σ 键越容易被电离，且取代度越高的碳正离子越稳定。

$$\begin{array}{ccccc} m/z=57 & m/z=71 & m/z=85 \\ (100\%) & (1.6\%) & (0.2\%) \end{array}$$

$$CH_3-\underset{\underset{CH_3}{|}}{\overset{\overset{CH_3}{|}}{C}}\vdots CH_2 \vdots CH_2 \vdots CH_2-CH_3$$

6. 环的裂解

饱和环裂解时，环上一个 σ 键被电离，失去一个电子，断裂开环，接着发生 α-裂解或 i-裂解生成碎片离子。

环己烷 $\xrightarrow{-e}$ [环己烷正离子自由基]
- $\xrightarrow{\alpha}$ 产物 m/z 56 (100%)
- $\xrightarrow{i}$ 产物

不饱和环上 π 键的电离能比 σ 键的电离能低，优先失去 π 电子而形成游离基和电荷中心。在游离基中心的诱导下，发生 α-裂解开环，接着发生 α-裂解或 i-裂解生成碎片离子。

C_6H_5—环己烯 $\xrightarrow{-e}$ C_6H_5—[环己烯正离子自由基]
- $\xrightarrow{\alpha}$ $C_6H_5\cdot$ + 产物 $\xrightarrow{\alpha}$ 产物 $m/z=54(0.8\%)$ + C_6H_5
- $\xrightarrow{\alpha}$ C_6H_5—产物 $\xrightarrow{i}$ $C_6H_5\cdot$ + 产物 $m/z=104(100\%)$

7.5.2 重排裂解

离子中相连原子的连接顺序发生变化即为重排裂解反应，在重排裂解中，既有化学键的断裂，也有化学键的生成，可以表示为

$$ABCD^{+\cdot} \longrightarrow AD^{+\cdot} + BC$$

1. 麦式重排反应（γ-H 的六元环重排）

当化合物中含有不饱和基团 C=X 或 C≡X（X=O、N、S、C）时，并且该基团相连的键上有 γ 位的 H 时，就能发生麦氏（McLafferty）重排。

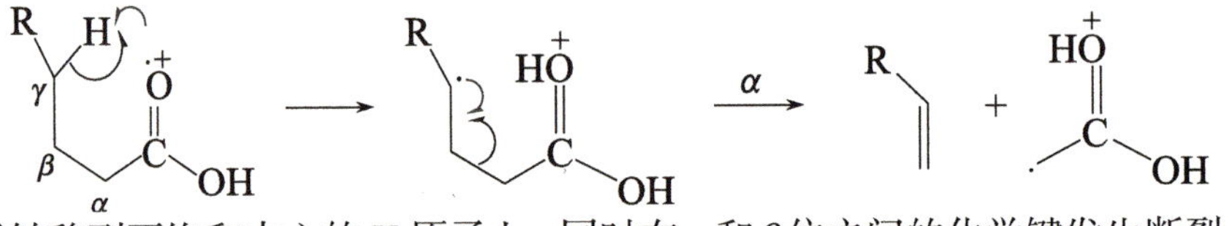

氢原子转移到不饱和中心的 X 原子上，同时在 α 和 β 位之间的化学键发生断裂，脱掉一个中性分子。

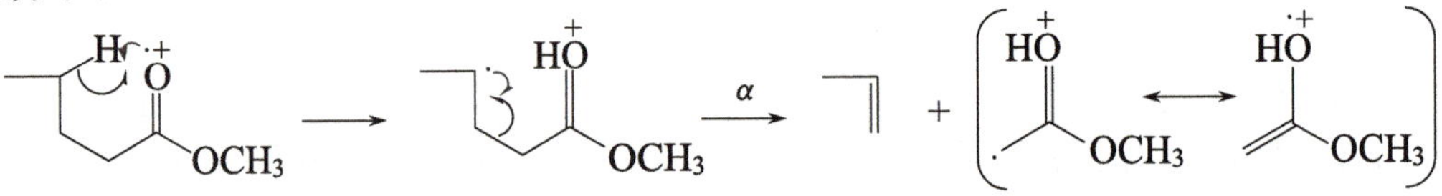

m/z=74 (100%)

2. 含饱和杂原子的氢重排（H-rearrangement，r-H；不必通过六元环）

含卤素、氧、硫等杂原子的化合物可以通过非六元环的过渡态，失去 HX、H_2O 或乙烯来实现重排。

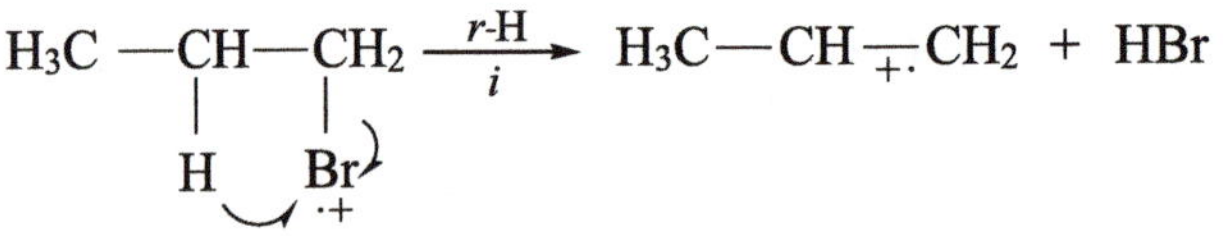

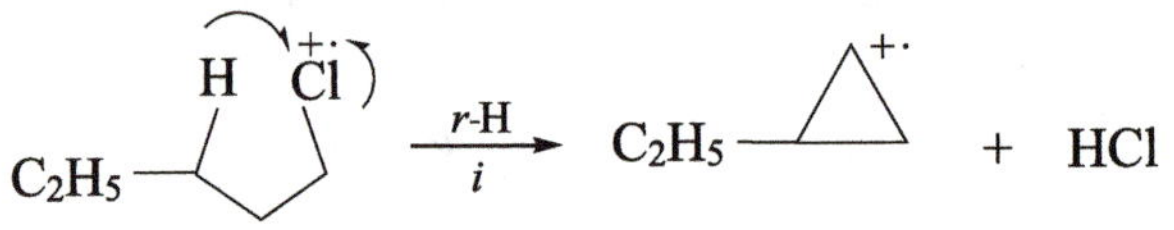

3. 反 Diels-Alder 重排

当分子是含有一个 π 键的六元环时，会发生反第尔斯-阿尔德（Diels-Alder）重排。

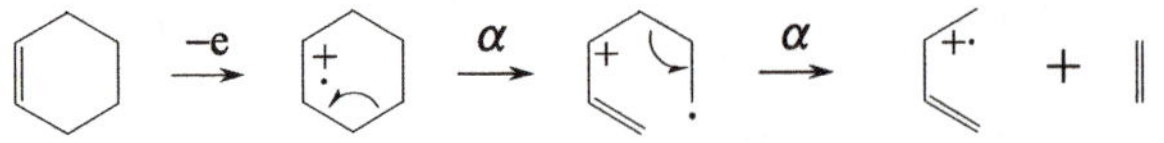

m/z=54

该重排正好是 Diels-Alder 反应的逆反应，环己烯双键打开，同时引发两个键断开，形成两个新的双键。含原双键的部分带正电荷的可能性大些，当环上有取代基时，正电荷也有可能在烯的碎片上。

4. 取代重排（displacement rearrangement，rd）

取代重排是一个游离基引发的环化反应，键角及取代基的空间位置对取代重排反应影响较大。含氯或溴的正构直链烷烃容易发生 rd 反应，通常经过五元环环化的趋势更大。

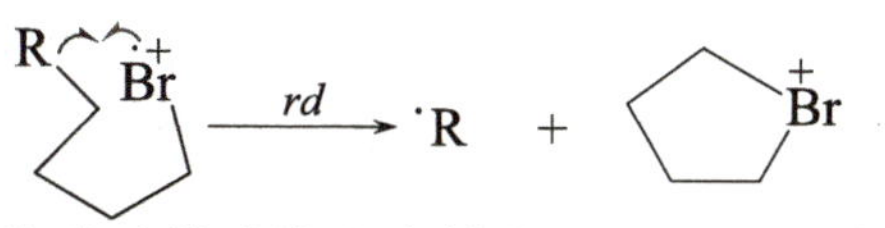

含氧的正构长链饱和脂肪酸及其酯类也容易发生 rd 反应，产生 m/z = 87、101、115、129 等相隔 14 的碎片离子(n = 1、2、3、4⋯)；其中，m/z = 87、143 的丰度最大(对应四元环和八元环)。

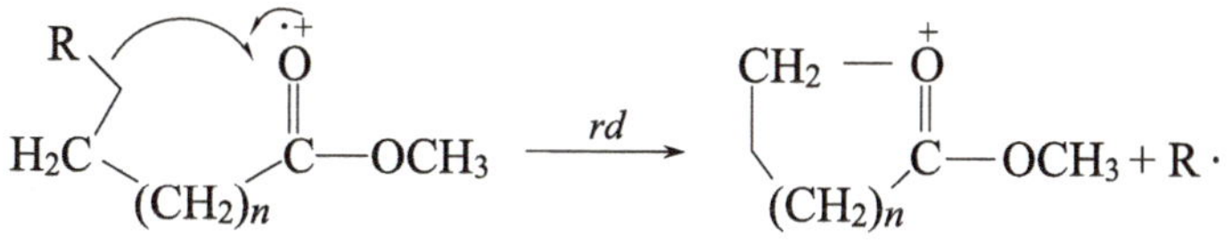

5. 消去重排(elimination rearrangement, re)

消去重排反应有两个键断裂和两个键生成，可视为官能团的重排反应，失去的是稳定的中性小分子，如 CO、CO_2、HCN 等，新生成的离子比前体离子更稳定。

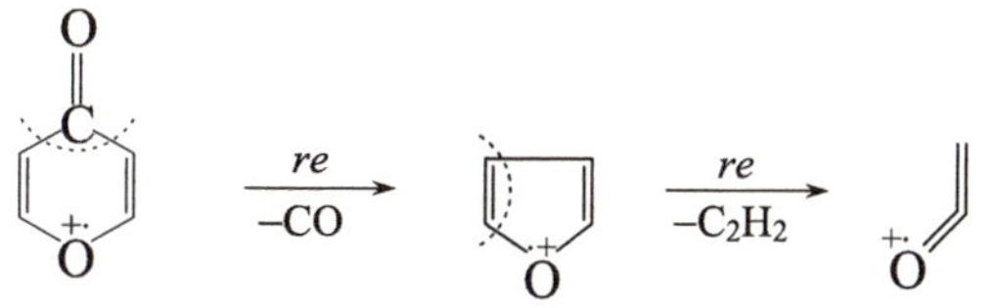

有机化合物的裂解还遵循一些基本规律：①偶电子规律，即偶电子离子裂解一般只能生成偶电子离子，而奇电子离子裂解既能生成奇电子离子，又能生成偶电子离子；②碎片离子的稳定性规律，即优先失去大的基团，优先生成稳定的碳正离子，如苄基、烯丙基正离子；③Stevenson 规则，即奇电子离子裂解过程中，自由基留在电离电位较高的碎片上，而正电荷留在电离电位较低的碎片上；④丢失最大烷基规律，如 2-己酮发生 α-裂解时丢失正丁基的趋势比丢失甲基大得多。

思考题 7.12　α-裂解与 i-裂解有什么区别？
思考题 7.13　有机化合物裂解时遵循哪些基本规律？
思考题 7.14　发生麦氏重排需要哪些条件？

7.6　有机化合物的质谱

7.6.1　饱和脂肪族化合物

饱和直链烷烃主要发生 σ 裂解，产生一系列 m/z 相差 14 的 C_nH_{2n+1} 碎片离子峰，基峰通常出现在 m/z 57($C_4H_9^+$) 或 43($C_3H_7^+$) 处。支链烷烃的裂解常发生在高取代的碳原子上，优先失去较大的烷基基团，正电荷保留在取代基较多的碎片离子上，形成稳定的碳正离子。图 7.9 是 C_6H_{14} 的直链与支链化合物的质谱图。

直链和支链烷烃的分子离子峰都比较弱，如果是环烷烃则分子离子的稳定性大大增强。带有侧链的环状烷烃如甲基环己烷，容易失去侧链形成 m/z 为 83 的基峰。

7.6.2　烯类化合物

烯烃与烷烃的质谱图类似，产生系列 m/z 为 C_nH_{2n-1} 的碎片离子峰，分子离子峰的强度一般较相应的烷烃强。烯烃化合物容易发生烯丙基裂解，生成带正电荷的丙烯基离子，其 m/z 为 41 的离子峰相对丰度较高。如图 7.10 为 1-己烯的质谱图，既能观察到 C_nH_{2n-1}（m/z = 27、41、55、69 等）的碎片峰，还能观察到 C_nH_{2n}（m/z = 42、56）系列较强的碎片峰。烯烃的碎片离子中双键容易迁移发生异构化，所以通过质谱一般不能判断双键的位置，顺反异构体的质谱图很相似。

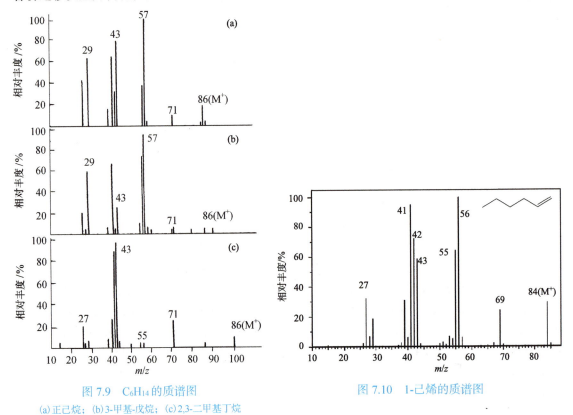

图 7.9 C_6H_{14} 的质谱图
(a) 正己烷；(b) 3-甲基-戊烷；(c) 2,3-二甲基丁烷

图 7.10 1-己烯的质谱图

7.6.3 炔烃类化合物

炔烃类化合物也能发生类似烯烃的 α-裂解，产生 m/z 为 39 的（$CH_2=C=CH^+$）碎片离子峰。当碳原子数大于等于 5 时，能观察到 M-1 峰比 M 峰更强，还能观察到系列 39 + 14n 的碎片离子，且 m/z 为 67 或 81 的碎片峰通常是最强峰，可能是通过取代重排（rd）生成了环状离子。图 7.11 为 1-壬炔的质谱图。

7.6.4 芳烃化合物

芳烃化合物的苯核可裂解生成 C_3H_3（m/z = 39）、C_4H_3（m/z = 51）、C_5H_5（m/z = 65）、C_6H_5（m/z = 77）的碎片离子。烷基取代苯容易发生苄基裂解，产生 m/z 为 91 的䓬鎓离子，并进一步失去乙炔分子，形成 m/z = 65 和 39 的碎片离子。带有正丙基或正丙基以上烃基的芳烃化合物在进行苄基裂解时，还可以借助重排产生 m/z 为 92 的离子。图 7.12 为正丁基苯的质谱图，其裂解过程如下所示。

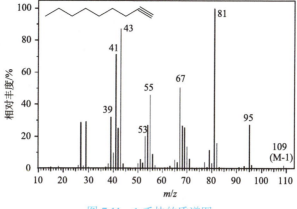

图 7.11 1-壬炔的质谱图

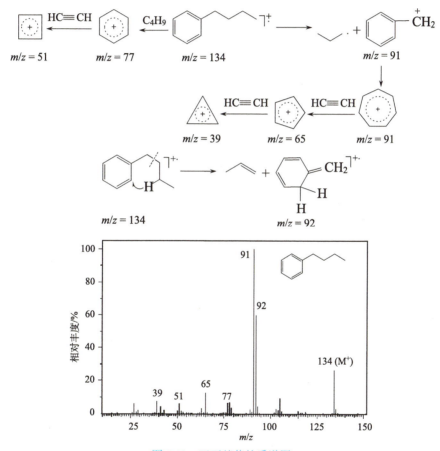

图 7.12 正丁基苯的质谱图

7.6.5 醇类化合物

脂肪醇类化合物的分子离子峰很弱，较高级的醇类甚至会观察不到分子离子峰。伯醇容易发生 α-裂解，形成 $m/z=31$ 的正离子，如果是仲醇或叔醇，则产生 $m/z=31+14n$ 的正离子。例如 2-丁醇，α-裂解丢失最大烷基，产生 $m/z=45$ 的基峰，如图 7.13 所示。还能在其他 α 位发生断裂，生成 M–1 和 M–15 的碎片离子峰。

$$R-CH_2-OH\overset{\cdot+}{\rceil} \xrightarrow{\alpha} H_2C=\overset{+}{O}H + R\cdot$$
$$m/z = 31$$

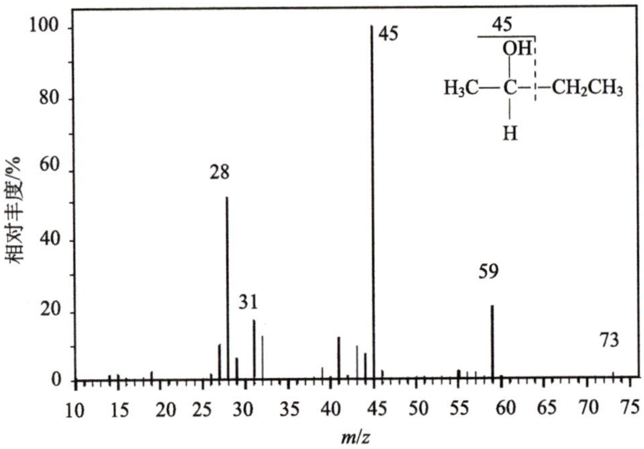

图 7.13　2-丁醇的质谱图

所有的伯醇(甲醇除外)以及相对分子质量较高的仲醇和叔醇都容易通过四元环或六元环的过渡态发生脱水反应，产生 M−18 的碎片离子峰。例如

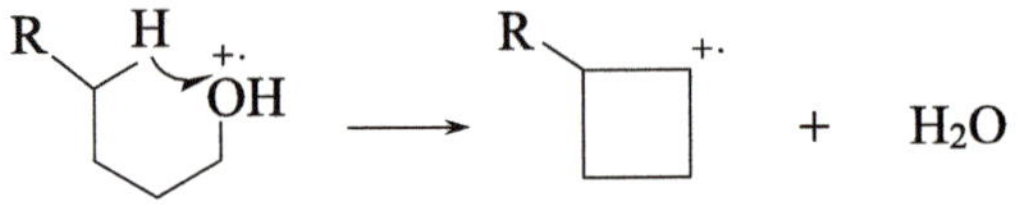

7.6.6　酚类及苄醇

在酚类和苄醇中，最重要的裂解过程是失去 CO 和 CHO，分别得到 M−28 和 M−29 的碎片峰。酚的分子离子峰强度很高，通常也是基峰，如图 7.14 所示。其裂解方式如下所示。

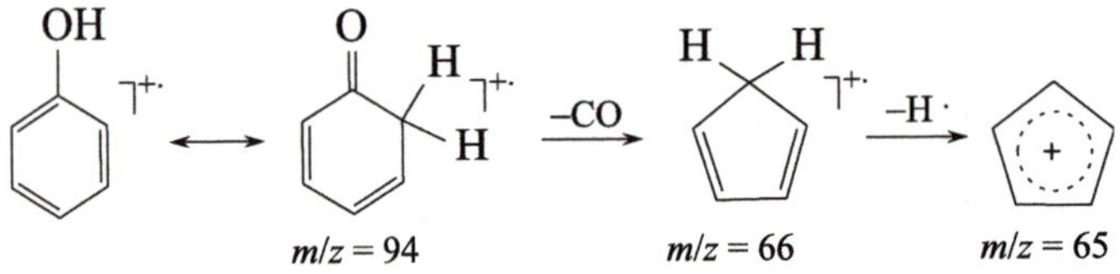

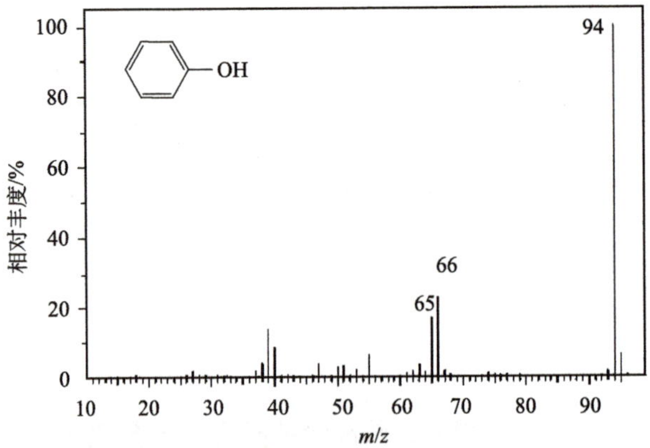

图 7.14　苯酚的质谱图

苄醇与苯酚的裂解过程有些类似，苄醇的分子离子峰和 M−1 离子峰强度大，如图 7.15 所示，有两种途径形成 m/z 为 79 的离子。

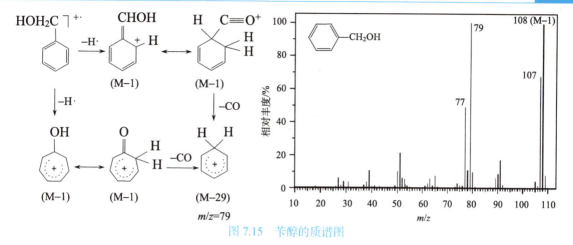

图 7.15　苯醇的质谱图

7.6.7 醚类化合物

脂肪族醚类化合物的分子离子容易发生 α-裂解，优先失去较大的基团，生成 m/z 为 $31+14n$ 的离子峰；也能发生 i-裂解，即烷氧键的断裂，正电荷移位到烷基上，生成 m/z 为 29、43、57 等的碎片离子峰。

例如乙基异丁基醚，发生 α-裂解的位置有三种选择，其中丢失最大基团乙基的概率最大，生成 m/z 为 73 的偶电子离子峰，该碎片进一步发生 H 重排，丢失中性的乙烯分子，生成 m/z 为 45 的基峰。乙基异丁基醚也能够发生 i-裂解，正电荷移位到乙基上，生成 m/z 为 29 的离子峰，裂解过程如下：

苯基烃基醚的裂解主要发生烷氧键的断裂和苯环的裂解，如苯甲醚的裂解。

$$\text{C}_6\text{H}_5\text{OCH}_2\text{H}^{+\cdot} \xrightarrow[rH]{-\text{OCH}_2} [\text{C}_6\text{H}_6]^{+\cdot} \xrightarrow{-\text{H}\cdot} [\text{C}_6\text{H}_5]^+ \xrightarrow{\text{HC}\equiv\text{CH}} [\text{C}_4\text{H}_3]^+$$
$$m/z=78 \qquad m/z=77 \qquad m/z=51$$

$$\text{C}_6\text{H}_5\text{OCH}_3^{+\cdot} \xrightarrow[rH]{-\text{CH}_3\cdot} [\text{C}_6\text{H}_5\text{O}]^+ \xrightarrow{-\text{CO}} [\text{C}_5\text{H}_5]^+ \xrightarrow{\text{HC}\equiv\text{CH}} [\text{C}_3\text{H}_3]^+$$
$$m/z=93 \qquad m/z=65 \qquad m/z=39$$

7.6.8　醛、酮类化合物

醛、酮类化合物含有羰基，游离基和正电荷定域在电离电位较低的氧原子上，分子离子峰都比较强，容易发生 α-裂解，在羰基的邻位发生断裂。醛类既可以产生特征的 M−1 峰，又能够发生另一种 α-裂解产生 m/z 为 29 的碎片离子峰。酮类的裂解与醛相似，发生在羰基的两侧，产生 $C_nH_{2n+1}C\equiv O^+$ (m/z = 43、57、71、85 等)的系列碎片离子峰，一般来说，较大烷基容易失去。

$$R-C\equiv \overset{+}{O} \xleftarrow[\alpha]{-H\cdot} R-\overset{+\cdot}{\underset{H}{C}}=O \xrightarrow[\alpha]{-R\cdot} CHO^+$$
$$M-1 \qquad\qquad\qquad\qquad m/z=29$$

$$R-C\equiv \overset{+}{O} \xleftarrow[\alpha]{-R'\cdot} R-\overset{+\cdot}{\underset{R'}{C}}=O \xrightarrow[\alpha]{-R'\cdot} R-C\equiv \overset{+}{O}$$

$$\downarrow i \quad R-C\equiv O\cdot$$
$$\quad\quad R'^+$$

当分子中有 γ-H 存在时，醛和酮均能发生麦氏重排，产生 m/z 符合 $44+14n$ 的碎片离子峰。

R=H　m/z=44
R=CH$_3$　m/z=58

直链醛、酮类经常失去的中性碎片有 H_2O、$CH_2=CH_2$、$CH_2=CHO$、$CH_2=CH-OH$ 等。长链的脂肪酮类如 4-辛酮，含有两个 γ-H，除了 α-裂解外，还能发生双重麦氏重排。

$$CH_3CH_2CH_2-\overset{O^{+\cdot}}{\underset{\|}{C}}-CH_2CH_2CH_2CH_3$$

$$\longrightarrow CH_3CH_2CH_2-C\equiv\overset{+}{O} + \cdot CH_2CH_2CH_2CH_3$$
$$\longrightarrow CH_2CH_2CH_2\cdot + \overset{+}{O}\equiv CCH_2CH_2CH_2CH_3$$
$$\qquad\qquad\qquad\qquad\qquad m/z=85$$

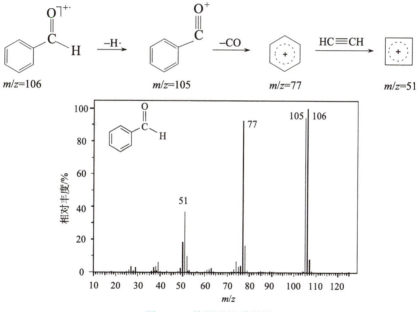

芳香醛、酮的分子离子很稳定，分子离子峰强度较大，失去一个 H，得到的 M-1 峰强度也很强。容易发生裂解，如苯甲醛的裂解，如图 7.16 所示。

图 7.16 苯甲醛的质谱图

7.6.9 酸和酯类化合物

脂肪族一元羧酸和酯类的分子离子峰较弱，强度随相对分子质量的增加而降低，与羰基共轭的双键越多，分子离子峰越强，芳香羧酸和酯类的分子离子峰很强。酸和酯类化合物的裂解主要发生在羰基的两侧，α-裂解和 i-裂解同时存在，但 α-裂解占有优势，产生明显的 R—C≡O$^+$ 离子峰，显示出 m/z 为 43、57、71、85 等的离子峰。

$$\overset{+}{R} + \overset{O}{\underset{OR'}{\parallel}}C \xleftarrow{i} RC \overset{\overset{+}{O}}{\underset{OR'}{\parallel}} C \xrightarrow{i} RC \equiv \overset{\cdot}{O} + {}^+OR'$$

当有 γ-H 存在时，容易发生麦氏重排，丢失中性碎片，产生奇电子正离子，酸和酯分别得到 m/z 为 60 和 74 的强峰。

$$\underset{\underset{CH_2}{H_2C}}{\overset{R'}{\underset{\|}{CH}}}\overset{H}{\underset{\|}{\cdots}}\overset{\overset{+\cdot}{O}}{\underset{R}{C}} \longrightarrow \overset{R'}{\underset{CH_2}{CH}} + \overset{\overset{+\cdot}{OH}}{\underset{R}{C}} \quad \begin{array}{ll} 羧酸\ R=OH & m/z=44 \\ 酯类\ R=OCH_3 & m/z=58 \end{array}$$

例如丁酸和丁酸甲酯，其质谱图分别如图 7.17 和图 7.18 所示。丁酸麦氏重排峰为基峰，丁酸甲酯为次强峰。

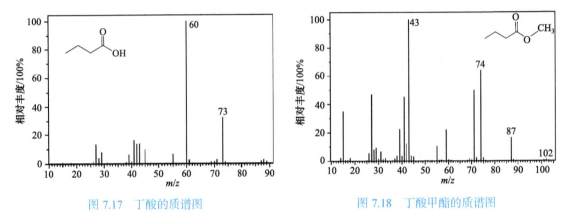

图 7.17　丁酸的质谱图　　　　　　　图 7.18　丁酸甲酯的质谱图

脂肪族的一元羧酸和酯类随着烷基链长的增加，除了重排峰外还能发生类似烃类的裂解，生成一系列 m/z 为 15、29、43、57、71 等的烷基碎片，同时出现 m/z 为 45、59、73、87、101 等的碎片离子[如 $COOH^+$、CH_2COOH^+、$(CH_2)_2COOH^+$ 等]峰。

芳香族羧酸易失去 H_2O，生成 (M-18) 的峰，如邻甲基苯甲酸的裂解：

$$\underset{m/z=136}{\underset{CH_2-H}{\underset{}{\bigcirc}}\!\!\!-\!\!\overset{\overset{O^+}{\parallel}}{C}\!-\!OH} \xrightarrow{-H_2O} \underset{m/z=118}{\underset{CH_2}{\underset{}{\bigcirc}}\!\!\!-\!\!C\equiv O} \longleftrightarrow \underset{CH_2}{\underset{}{\bigcirc}}\!\!\!=\!C=O^+$$

芳香族羧酸酯的裂解与其酸相类似，并伴随有重排发生。

7.6.10　胺类化合物

胺类化合物中脂肪胺，其分子离子在氮原子上失去一个电子，以发生 α-裂解为主：

$$\underset{R_1}{\overset{R_3}{\underset{\|}{R_2-C-\overset{+\cdot}{N}}}}\!\!\overset{R_4}{\underset{R_5}{}} \longrightarrow \underset{R_1}{\overset{R_3}{C}}\!=\!\overset{+}{N}\overset{R_4}{\underset{R_5}{}} + \cdot R_2$$

其中 R 基裂解是碳原子最多者易于裂解失去。最简单的脂肪胺失去 H· 自由基，生成(M-1)峰。

$$H_3C-\overset{+}{N}H_2 \longrightarrow H_2C=\overset{+}{N}H_2 + H\cdot$$
$$\text{(M-1)}$$

芳香族胺主要从胺基上失去氢原子，而生成(M-1)峰的碎片离子。例如

$$C_6H_5\overset{+\cdot}{N}H_2 \longrightarrow C_6H_5\overset{+}{N}H + H\cdot$$
$$M^+ \qquad \text{(M-1)}$$

苯胺容易发生脱 HCN 的裂解，环状胺则发生脱去中性乙烯分子的 α-裂解。

$$C_6H_5\overset{+\cdot}{N}H_2 \xrightarrow{-HCN} [C_5H_6]^{+\cdot} \xrightarrow{-H\cdot} C_5H_5^+$$
$$m/z=66 \qquad m/z=65$$

环状N-甲基吡咯烷 $\xrightarrow{-CH_2=CH_2}$ 中间体 $\xrightarrow{-CH_3}$ $H_2C=\overset{+\cdot}{N}=CH_2$
$$m/z=42$$

7.6.11 酰胺类化合物

酰胺化合物的裂解比较复杂，它与羰基链的长短、氮原子上所连接的烷基的数目以及烷基的大小有关。

脂肪族伯酰胺中，最主要的是发生 α-裂解，这和胺类的裂解相似。伯酰胺裂解后，最后可得到 $m/z = 44$ 的碎片离子。

$$R-\overset{+\cdot}{\underset{NH_2}{\overset{O}{C}}} \xrightarrow{\alpha} \overset{O^+}{\underset{NH_2}{C}} \longleftrightarrow \overset{O}{\underset{\overset{+}{NH_2}}{C}}$$
$$m/z = 44$$

当酰胺化合物具有 γ-H 时，能够发生类似羧酸和酯类的麦氏重排，生成 m/z 为 59 的碎片离子，在大多数伯酰胺中为基峰。

$$\xrightarrow{} \overset{O^+H}{\underset{NH_2}{C-CH_2}} + CH_2=CH_2$$
$$m/z = 59$$

酰胺类化合物除了具有上述羰基裂解的特点，还有胺类裂解的特点。

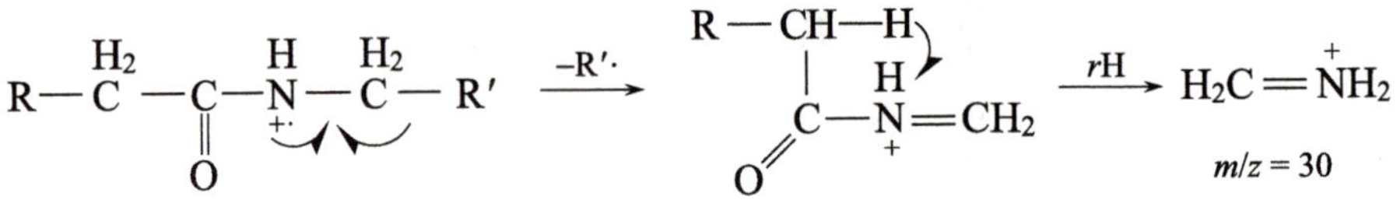

$$R-CH_2-C(=O)-\overset{+}{N}H-CH_2-R' \xrightarrow{-R'\cdot} R-CH=\underset{O}{\underset{\|}{C}}-\overset{+}{N}H-CH_2 \xrightarrow{rH} H_2C=\overset{+}{N}H_2 \quad m/z=30$$

7.6.12 腈类化合物

高级脂肪族腈的分子离子峰很弱，有时能观察到 M−1 峰，在脂肪族腈类的鉴定中有用。

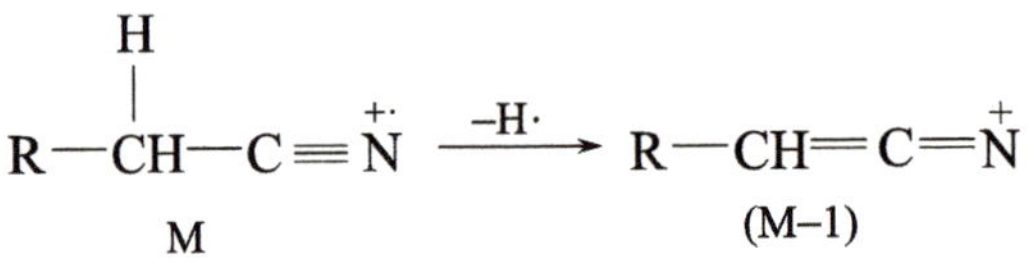

$$R-CH_2-C\equiv\overset{+\cdot}{N} \xrightarrow{-H\cdot} R-CH=C\equiv\overset{+}{N} \quad (M-1)$$

也有可能出现 M+1 峰：

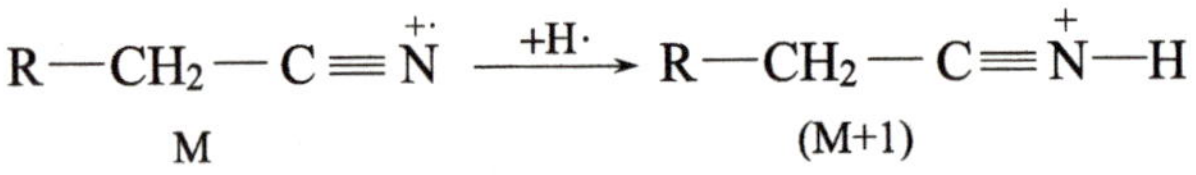

$$R-CH_2-C\equiv\overset{+\cdot}{N} \xrightarrow{+H\cdot} R-CH_2-C\equiv\overset{+}{N}-H \quad (M+1)$$

含有 $C_4 \sim C_{10}$ 的直链脂肪族腈类，裂解后生成 $CH_2=C=N-H$ ($m/z=41$) 离子，这是因为发生了麦氏重排。

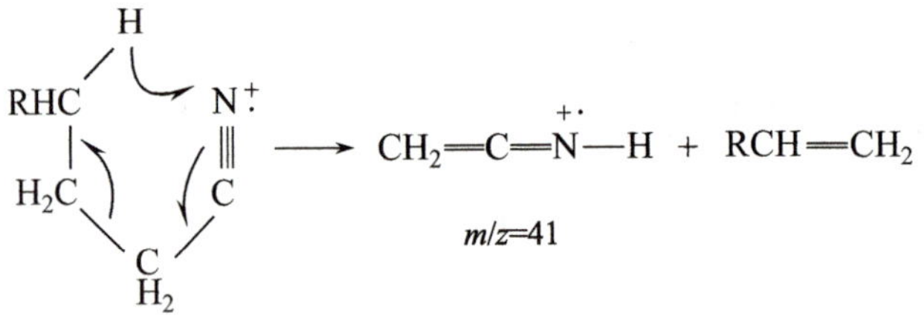

$$\text{(麦氏重排示意)} \longrightarrow CH_2=C=\overset{+\cdot}{N}-H + RCH=CH_2 \quad m/z=41$$

7.6.13 硝基化合物

脂肪族硝基化合物的分子生成的分子离子峰一般不强，产生烷基和链烯的离子峰较强。存在 γ-H 时能够发生麦氏重排。例如，硝基丙烷可产生如下裂解：

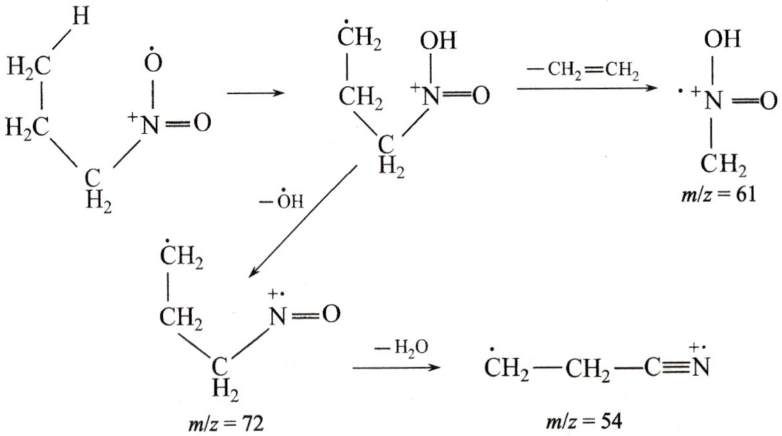

（裂解示意图）$m/z = 61$，$m/z = 72$，$m/z = 54$

芳香硝基化合物显示出强的分子离子峰。例如，硝基苯的裂解如下：

$$[\text{C}_6\text{H}_5\text{NO}_2]^+ \xrightarrow{-\dot{\text{N}}\text{O}_2} \underset{m/z=77}{\text{C}_6\text{H}_5^+} \xrightarrow{-\text{CH}\equiv\text{CH}} [\text{C}_4\text{H}_3]^+ \quad m/z=51$$

$$\xrightarrow{-\text{NO}} \underset{m/z=93}{\text{C}_6\text{H}_5\text{O}^+} \longleftrightarrow \text{(quinoid)} \xrightarrow{-\text{CO}} \underset{m/z=65}{\text{C}_5\text{H}_5^+}$$

7.6.14 卤化物

卤化物分子离子峰一般信号较强，既能发生 α-裂解，又能发生 i-裂解。

$$\underset{m/z=93}{\text{H}_2\text{C}=\overset{+}{\text{Br}}} \xleftarrow[\alpha]{\text{CH}_3\text{CH}_2\cdot} \underset{m/z=122}{\text{CH}_3\text{CH}_2\text{CH}_2\overset{+\cdot}{\text{Br}}} \xrightarrow[i]{\text{Br}\cdot} \underset{m/z=43\,(100\%)}{\text{CH}_3\text{CH}_2\text{CH}_2^+}$$

当卤代烃是氯或氟取代时，C—X 键较强，离电荷中心较远的键有较易极化的电子，则易发生转移，发生另一种形式的 i-裂解，例如

$$\text{CH}_3\text{CH}_2\text{CH}_2\text{CH}_2\overset{+\cdot}{\text{F}} \xrightarrow{i} \underset{m/z=57\,(2\%)}{\text{CH}_3\text{CH}_2\text{CH}_2\text{CH}_2^+} + \text{F}\cdot$$

$$\xrightarrow{i} \underset{m/z=43\,(100\%)}{\text{CH}_3\text{CH}_2\text{CH}_2^+} + \text{CH}_2\text{F}\cdot$$

另外，卤代烃还能发生氢重排脱 HX 反应和取代重排环化反应。

$$\text{H}_2\overset{\text{H}}{\text{C}}-(\text{CH}_2)_n-\overset{\text{X}^{+\cdot}}{\text{CH}_2} \xrightarrow{\text{HX}} \text{H}_2\text{C}-(\text{CH}_2)_n-\text{CH}_2^{+\cdot}$$

$$\text{H}_3\text{C}-\overset{\text{X}^{+\cdot}}{\text{(ring)}} \xrightarrow{rd} \text{CH}_3\cdot + \overset{+}{\text{X}}\text{(ring)}$$

芳香卤代物有如下裂解方式，一般 $m/z=77$ 的峰较强。

$$\text{C}_6\text{H}_5\text{X}^{+\cdot} \xrightarrow{-\text{X}\cdot} \underset{m/z=77}{\text{C}_6\text{H}_5^+} \xrightarrow{-\text{CH}\equiv\text{CH}} \underset{m/z=51}{[\text{C}_4\text{H}_3]^+}$$

卤化物常呈现出明显的同位素峰，可根据同位素峰的数目及丰度来鉴别卤原子的种类和数目。

7.6.15 杂环化合物

芳香杂环化合物的分子离子峰一般是基峰，其裂解较复杂，如吡啶、噻吩和呋喃的裂解。

$$\text{(pyridine)}^{+\cdot} \longrightarrow \text{HCN} + [C_4H_4]^{+\cdot} \quad m/z = 52$$

$$\text{(thiophene)}^{+\cdot} \longrightarrow \text{HC}\equiv\text{CH} + [C_2H_2S]^{+\cdot} \quad m/z = 58$$

$$\text{(furan)}^{+\cdot} \longrightarrow \text{CHO} + [C_3H_3]^{+} \quad m/z = 39$$

思考题 7.15 写出正丙苯的裂解反应式,并予以说明。

思考题 7.16 写出丁酸乙酯的裂解反应式,并予以说明。

思考题 7.17 写出对氯乙苯的裂解反应式,并予以说明。

7.7 生物质谱

1. 电喷雾电离质谱技术

电喷雾电离质谱技术(electrospray ionizsation mass spectrometry,ESI-MS)常用于液相色谱-质谱联用仪(LC-MS),既可以作为仪器之间的接口,又可以作为电离装置。如图 7.19 所示,液相色谱与质谱的接口是一个多层套管组成的喷咀,流出液经内层的毛细管流出,外层走喷射气(一般采用氮气),使流出液变成喷雾。在毛细管出口处施加一个高电压,强的电场使喷射出来的喷雾带电。喷咀前方还有一个补助气喷咀(也采用氮气),在喷咀前方形成一个"气帘"。这个"气帘"起到三方面的作用:使小液滴进一步雾化;加速小液滴中溶剂的蒸发;阻止中性溶剂分子进入进样孔。随着溶剂的迅速蒸发,这些小液滴直径变小,而表面的电荷密度迅速增大,当达到瑞利(Rayleigh)极限时,液滴就会发生裂变,生成更小的液滴,再次达到 Rayleigh 极限时,再一次发生裂变,这样溶剂从小液滴中几乎全部蒸发,就形成了分子离子或准分子离子,进入进样孔,如图 7.20。一般来说,喷咀和进样孔不是正好在一条直线上,而是错开一定角度,以防堵塞。这样形成的离子不是碎片离子,而是带一个或多个电荷的离子。

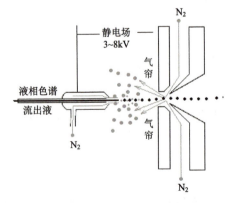

图 7.19 电喷雾电离装置示意图

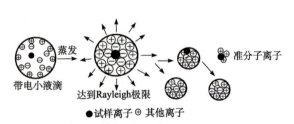

图 7.20 液滴裂分形成准分子离子

电喷雾电离属于大气压电离中的一种技术，是软电离，适合极性强、稳定性差、相对分子质量大的化合物分析，如蛋白质、糖类、多肽等。采用电喷雾电离源的质谱也称电喷雾质谱，电喷雾质谱很容易形成多电荷的离子，这样就可以使被分析物的 m/z 降低到多数质量分析仪器都可以检测的范围，大大拓展了相对分子质量的测量范围，特别是和液相色谱相结合，完全可以达到检测这些生物大分子的目的，相对分子质量由 m/z 和电荷数可以计算出来。

2. 大气压化学电离质谱技术

大气压化学电离质谱技术(atmospheric pressure chemical ionization，APCI)的仪器结构如图 7.21 所示，与电喷雾电离类似，产生热的喷雾，不同之处在于 APCI 喷嘴和进样孔之间的下端放置了一个针状的放电电极，通过放电电极的高压放电，使空气中某些中性分子电离，产生 H_3O^+、N_2^+、O_2^+ 和 O^+ 等离子，这个过程中溶剂分子也会被电离。这些离子与分析物分子发生离子-分子反应，使分析物分子离子化。

ESI 不能使中等极性的样品产生足够多的离子，而大气压化学电离源则适用于热稳定的中等极性化合物分析，与 ESI 也存在一个互补。APCI 也常用于液相色谱-质谱联用。

3. 基质辅助激光解吸附质谱技术

基质辅助激光解吸附质谱技术(matrix-assisted laser desorption ionization mass spectrometry，MALDI-MS)是采用小分子有机物作为辅助的基质，将分析物均匀分散在基质分子中，并干燥形成晶体或半晶体进入离子源。采用一定波长的脉冲激光照射时，基质分子能够有效地吸收辐射能量，导致能量蓄积并迅速产热，使基质晶体升华，瞬间由固态

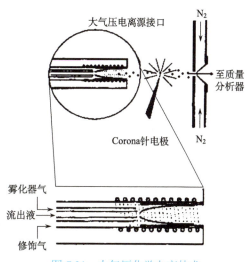

图 7.21 大气压化学电离技术

转变为气态，基质离子与样品相互碰撞使样品分子发生离子化。常用的基质分子有 2,5-二羟基苯甲酸、芥子酸、烟酸、2-氰基-4-羟基肉桂酸等。MALDI 所产生的质谱图多为单电荷离子，因而质谱图中的离子与多肽和蛋白质的质量有一一对应的关系。

MALDI 是一种软电离技术，得到的质谱特点是准分子离子峰很强、碎片离子峰很少，能直接测定难于电离的样品。MALDI 与飞行时间检测器相结合的 MALDI-TOF-MS 具有极高的灵敏度和精确度，常用来检测生物大分子，如蛋白质、多肽、核酸和多糖等。

4. 快原子轰击质谱技术

快原子轰击是 20 世纪 80 年代以来应用非常广泛的一种软电离技术。它是将样品置于涂有底物基质(如甘油、硫代甘油、3-硝基苄醇等)的靶上，靶材为铜，然后用中性快速氩原子流打在样品上使其电离，进入真空，并在电场作用下进入质量分析器，如图 7.22 所示。

中性快速氩原子的获得是首先将氩气在电离室电离，再加速成为高能氩离子，然后在原子枪内进行电荷交换反应，转变成高能氩原子的。快原子轰击的电离过程中不必加热气化，因此适合于分析相对分子质量大、难气化、热稳定性差、极性强的样品，如氨基酸、多肽、

糖类等。快原子轰击质谱技术(fast atom bombardment mass spectrometry, FAB-MS)与质谱串联(FABMS-MS)技术能够提供样品更为详细的分子结构信息。

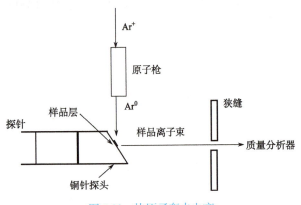
图 7.22　快原子轰击电离

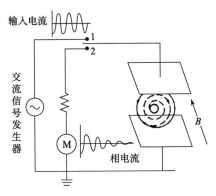
图 7.23　离子回旋共振分析器原理

5. 傅里叶变换-离子回旋共振质谱技术

离子回旋共振质量分析器的原理(图 7.23)与核磁共振有些类似，离子在均匀磁场中(一般由超导磁体产生)做回旋运动，其运动频率、半径、速度和能量是离子质荷比及磁场强度的函数。如果在与磁场垂直的方向施加一个射频场，而且其频率刚好等于离子的回旋频率，离子就会吸收这部分能量，产生共振，被同相位加速到一个较大的半径回旋，产生感应电流。不同的射频频率可以激发不同质荷比的离子发生共振。如果施加一定宽度的射频场，就能使所有质荷比的离子同时激发发生共振，再通过傅里叶变换，就能得到常见的质谱图。傅里叶变换离子回旋共振质谱(Fourier transform-ion cyclotron resonance mass spectroscopy, FT-ICR-MS)具有分辨率高、扫描速度快、灵敏度高的优点，可检测的质量范围可以达到 5 万，可以用于生物大分子质谱分析。便于实现串极质谱分析，便于与色谱仪器联用。

6. 生物质谱技术的发展和应用

随着生物质谱技术的发展，它们在蛋白质分析、核酸研究、临床医学检测、基因工程等领域都展示出可观的应用前景。生物质谱不仅可以用于各种亲水性、疏水性物质及糖蛋白等的相对分子质量的测定，以及蛋白质混合物的相对分子质量测定，还可以用于经酶降解后的混合物的相对分子质量测定，以确定多肽的氨基酸序列。所以，对一个基因组、一个细胞或组织所表达的全部蛋白质作成分分析也是可行的，即蛋白质组的研究，这需要用到串联质谱技术。在多肽和蛋白质的研究中获得有效进展后，人们尝试将生物质谱技术用于核酸的研究。将寡核苷酸样品用外切酶进行降解，在不同时间取样进行质谱分析，通过相邻降解产物的分子离子峰分析，可以计算被切割的核苷酸单体分子质量，最终读出碱基序列。因此，在核酸研究中生物质谱对常规色谱或电泳技术(只能对其浓度和纯度进行分析)来说是很好的补充。

质谱成像(mass spectrometry imaging, MSI)作为生物质谱领域的前沿技术，近几年受到国内外学者的高度关注并得到迅速发展。它是一种结合质谱分析和影像可视化的新型分子成像技术，其主要原理是通过离子束或激光照射使生物组织样本切片的表面分子解吸并离子化，随后经质谱分析器分离不同质荷比的离子化分子，再由成像软件将质谱检测器获得的质谱信号转化成相应像素点，并重构出目标分子在组织表面的空间分布图像。根据离子源技术的不同，目前常用的 MSI 技术主要分为三大类型：MALDI-MSI、二次离子质谱(secondary ion mass spectrometry，SIMS)成像、以解吸电喷雾电离(desorptionelectrospray ionization，DESI)为代表的常压敞开式离子化 MSI 技术。与传统成像技术相比，MSI 技术具有以下优点：①无需荧光或放射性同位素标记，且检测前无需了解被检测成分的信息；②样本前处理过程较简单，可直接对生物组织表面的多种分子同时进行快速分析；③不仅可获得样本切片表面的分子结构信息，而且可以提供目标分子的空间分布信息；④具有较宽的质量范围以及较高的灵敏度和空间分辨率，可以对生物体内参与生理和病理过程的功能分子进行可视化定性或定量检测。因此，MSI 技术在分子生物学、药学及临床医学等领域具有重要应用价值。

思考题 7.18　电喷雾电离与大气压化学电离的区别是什么？
思考题 7.19　基质辅助激光解吸附中基质物质起什么作用？哪些物质可以作为基质？
思考题 7.20　快原子轰击适用于哪些生物分子的分析？

7.8　质谱图解析

已知化合物的质谱解析一般比较容易，而未知物的质谱解析要困难一些。解析并无固定不变的步骤，应根据每张质谱图的情况进行分析和处理。下面是解析质谱的一般程序。

7.8.1　解析质谱的一般程序

(1) 注意获得谱图的条件。如果与正常情况有所不同，应考虑对谱图的影响。

(2) 注意样品的来源。在解析时应尽量参考样品的各种物理常数(如沸点、熔点、折光率等)、制备方法、化学反应等。

(3) 确定分子离子峰。方法可见 7.4.1 节中内容。

(4) 测定样品的分子式。可分别采用以下几种方法：

(ⅰ) 同位素丰度法。有机化合物中含有 C、H、O、N、P 等各种元素，各种元素都含有它们的同位素，因此，在化合物的质谱中经常出现各种同位素离子峰，其质量可用 M+1、M+2 等表示。同位素峰的强度与分子中存在该元素的原子数目及同位素的天然丰度有关。例如，^{13}C 与 ^{12}C 的丰度百分比为 $\frac{1.11}{98.89} \times 100\% = 1.12\%$，所以在碘代甲烷的质谱中，$m/z = 143$ 峰(M+1 峰)的强度与 $m/z = 142$ 峰(M 峰)的强度之比为 1.12%(其中忽略了 ^2H 的比值，因仅含 0.015%)。在苯的质谱中，因苯含 6 个碳原子，所以 $m/z = 79$ 峰(M+1 峰)与 $m/z = 78$ 峰(M 峰)的强度之比为 6.72%。因此，由其丰度比可反推之，碘代甲烷不可能含有 1 个以上的碳原子，苯不可能含 6 个以上的碳原子。当知道了质谱中 M+1 和 M+2 峰的强度比，就可推出这些分子的碳原子数。由于每种化合物的分子中某一元素的 (M+1)/M、(M+2)/M 丰度比是一定的，对于相同分子式的化合物，其 (M+1)/M、(M+2)/M 的丰度比也是一定的，所以根据丰度比就可推出化合物的分子式。

拜隆(Beynon)按照这样的方法，计算出相对分子质量在 500 之内的含 H、C、O、N 的分子的 M、M+1、M+2 峰的丰度比，并用(M+1)/M、(M+2)/M 的百分比来表示，编成表，称为 Beynon 质谱数据表。当在质谱图上测得了 M+1、M+2 峰的强度百分比之后，再查 Beynon 表，即可求得分子式。Beynon 表见 J. H. Beynon，Mass Spectrometry and Its Application to Organic Chemistry，Elsevier Amsterdam，1960。

【例 7.1】 某化合物的质谱数据如下，试确定该化合物的分子式。

m/z	相对丰度/%
M(104)	100
M+1(105)	6.45
M+2(106)	4.57

解 化合物 M+2 的百分比为 4.57，接近于 4.44，可知分子中含有 S。因 S 的重同位素 ^{33}S、^{34}S 与最轻同位素 ^{32}S 天然丰度比分别为 0.8 和 4.44。M 的质量数 104 减去 ^{32}S 的质量数 32 后为 72。

又从 M+1 的百分比减去 ^{33}S 的百分比：

$$6.45 - 0.8 = 5.65$$

M+2 的百分比减去 ^{34}S 的百分比为

$$4.57 - 4.44 = 0.13$$

查 Beynon 表，相对分子质量为 72 的分子有 11 个，其中 (M+1)/M 值在 5.65 附近的只有 3 个：

72	M+1	M+2
C_4H_8O	4.49	0.28
$C_4H_{10}N$	4.86	0.09
C_5H_{12}	5.60	0.13

其中 $C_4H_{10}N$ 含 1 个 N，根据 N 规律应予排除，而 C_5H_{12} 的 M+1 为 5.60、M+2 为 0.13，与实际接近，则该化合物的分子式应为 $C_5H_{12}S$。

(ii) 高分辨质谱分析法。使用高分辨质谱仪测定时，能给出精确到小数点以后几位的相对分子质量值，而低分辨质谱仪则不可能。利用前者测定的 ^{12}C 为 12.000000 个质量单位，而许多原子的相对原子质量就是非整数，其中 ^{1}H=1.007825，^{14}N=14.003074，^{16}O=15.994915。Beynon 等将由 C、H、O、N 元素组合而成的分子的精密相对质量列成表，当测得了某种物质的精密质量后，查表核对就可以推测出物质的分子式。

(5) 根据分子式求出不饱和度，以确定分子中含有双键、叁键或环数。

(6) 注意分子离子峰的强度，并以此将化合物进行初步分类。

(7) 找出谱图中所有重要的碎片离子，标出偶数和奇数电子离子，找出偶数电子离子系列。

(8) 注意奇数电子离子的 m/z 值。一般来说，这相当于有重排离子或消去离子，它们在结构解析中十分重要。

(9) 注意分子离子与碎片离子之间或碎片离子间 m/z 值的差值，以检查是否失去中性碎片，并进一步用亚稳离子峰来确证。

(10) 提出各碎片离子的结构和可能的分子结构，并再次核对所有的数据。

(11) 常借助于紫外光谱、红外光谱、核磁共振波谱、化学分析等提供的资料进行核对，并用标样进行对照，必要时还可进行衍生物制备加以确证。

7.8.2 质谱解析举例

【例 7.2】 某化合物分子式为 C_3H_8O，其质谱如图 7.24 所示，其中 29.4 有一亚稳离子峰。红外光谱数据表明在 3640cm^{-1} 和 $1065\sim1015\text{cm}^{-1}$ 有尖而强的吸收峰。试解析其结构。

解 根据化合物分子式求出其不饱和度为零，说明化合物中都是单键。3640cm^{-1} 及 $1065\sim1015\text{cm}^{-1}$ 表明化合物属醇类，分子式为 C_3H_7OH。

由质谱图知，分子离子峰为 $m/z=60$ 的峰。$m/z=59$ 的峰出现表明发生了下述裂解：

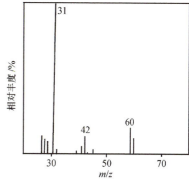

图 7.24 C_3H_8O 的质谱图

$$\underset{H}{\overset{|}{-\underset{|}{C}-OH}} \longrightarrow \text{>C}=\overset{+}{O}H + H\cdot$$
$$m/z=59$$

$m/z=42$ 峰的生成是 M^+ 失去了中性碎片 H_2O，因此可推知发生了消去反应：

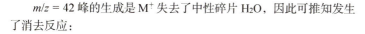

反应中有亚稳离子产生，$m/z=42^2/60=29.4$，与谱图中的亚稳离子峰的位置相符。

基峰 $m/z=31$ 表示发生了下述裂解：

$$[CH_3-CH_2 \dashv CH_2-OH]^+ \longrightarrow CH_3CH_2\cdot + CH_2=\overset{+}{O}H$$
$$m/z=31$$

因此，该化合物应为正丙醇 $CH_3CH_2CH_2OH$。

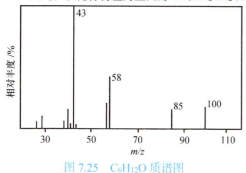

图 7.25 $C_6H_{12}O$ 质谱图

【例 7.3】 某化合物的质谱图中，分子离子峰的 $m/z=100$，高分辨质谱仪给出的精密相对分子质量为 100.0889，分子式为 $C_6H_{12}O$，其质谱图如图 7.25。解析其结构。

解 根据分子式计算出不饱和度为 1，即分子中有一双键存在。$m/z=85$ 峰表明分子失去了甲基，化合物可能是醛或者是酮，但醛经常失去一个 H，出现 $m/z=99$ 的峰，而谱图中没有出现此峰，说明化合物可能是酮，即 $R-\overset{\overset{O}{\|}}{C}-R'$。

当失去甲基时，其裂解过程为

$$\left[CH_3-\overset{\overset{O}{\|}}{C}-R'\right]^+ \begin{array}{l} \longrightarrow CH_3\cdot + R'\overset{+}{C}O \quad m/z=85 \\ \longrightarrow R'\cdot + CH_3\overset{+}{C}O \quad m/z=43(\text{基峰}) \end{array}$$

$m/z = 58$ 峰是 M^+ 失去 $CH_3-CH=CH_2$ 后生成的 $\begin{bmatrix} OH \\ | \\ H_3C-C-CH_2 \end{bmatrix}^+$，由此说明分子离子中发生了麦氏重排：

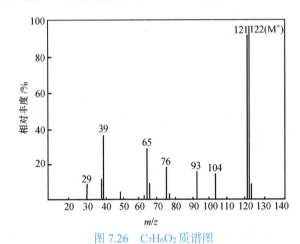

因此，可确定分子的结构为

$$CH_3-CH_2-CH_2-CH_2-\overset{O}{\underset{\|}{C}}-CH_3$$

【例 7.4】 化合物分子式为 $C_7H_6O_2$，质谱图如图 7.26。试解析其结构。

图 7.26 $C_7H_6O_2$ 质谱图

解 根据分子式求出其不饱和度为 5，表明分子中可能有一苯环和双键。从分子式和 $m/z = 122$ 峰，说明 $m/z = 122$ 峰是分子离子峰。在分子离子峰的邻近有一强度与之接近的峰，其 $m/z = 121$，这是含有醛基的明显特征。$m/z = 104$ 峰是 M^+ 失去 $H \cdot$ 的碎片离子再失去 OH 后形成的。因此可写出下述裂解过程：

$$HO-C_6H_4-\overset{+}{\underset{}{C}}HO \xrightarrow{-H \cdot} HO-C_6H_4-C\equiv O^+ \xrightarrow{-HO \cdot} C_6H_5-C\equiv O^+$$
$$m/z=122 \qquad m/z=121 \qquad m/z=104$$

$m/z = 93$ 峰是因为发生了如下裂解：

$$HO-C_6H_4-C\equiv O^+ \xrightarrow{-CO} HO-C_6H_4^+$$
$$m/z=121 \qquad m/z=93$$

$m/z = 29$ 峰表明生成了 CHO^+，而 m/z 为 76、66、65、39、38 峰是苯环及其裂解后的产物。因此该化合物具有如下结构：

从单一质谱上尚不能确定 HO 的位置，实际上化合物应为水杨醛(邻羟基苯甲醛)。

【例 7.5】 某化合物分子式为 C_9H_{12}，其质谱图如图 7.27 所示。试解析其结构。

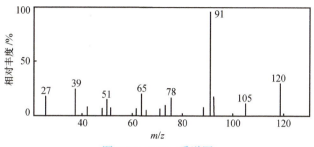

图 7.27　C_9H_{12} 质谱图

解　由分子式求出其不饱和度为 4，说明分子中有一苯环。由于无其他杂原子，故化合物应为烷基取代苯。

分子离子为偶数质量数，裂解后的离子中有奇数质量数的碎片离子($m/z = 91.65$)，表明苯环外的 β 键发生了断裂，失去 C_2H_5 后产生了苄基离子，因此可推知发生了下述裂解

分子离子为偶数质量数，裂解后产生了偶数质量数的碎片离子，这离子的 $m/z = 92$，只比 $m/z = 91$ 峰的质量数大 1，这是发生麦氏重排的特征，即

由上述解析可推出，分子中还可能发生了下述裂解过程：

所以化合物为正丙苯

7.9 UV、IR、NMR 和 MS 四谱综合解析

在前面章节中分别介绍了紫外光谱法、红外光谱法、核磁共振波谱法和质谱分析法，用这些方法得到的谱图，从不同的产生原理和条件下，反映了化合物的结构特征。因此，利用四谱鉴定有机化合物结构时，要熟练掌握四种谱图产生的原理，了解样品及仪器等外部因素的影响，同时要具有丰富的经验，在确定较简单的化合物结构时，往往利用一两种谱图即可获得满意的结果。当未知物比较复杂，要准确、可靠地解析出它的结构时，就要将四种谱图进行综合解析。

7.9.1 四种谱图综合解析的一般程序

四种谱图的综合解析没有严格的程序，而是要参照样品的其他物理参数和数据，将四种谱图分别加以分析，使它们互为补充、相互印证，仔细分析，得到准确、可靠的结果。解析过程大致可按以下程序进行。

(1) 了解样品的来源及纯度。对四谱进行综合解析之前，需要对样品的来源、状态进行了解，依样品的不同状态和性质选择不同的测试方法，同时，对解析工作也有参考作用。样品的纯度十分重要，因为记录四种谱图必须用纯品物质，如果不是纯品，要采用柱色谱分析法、蒸馏法、结晶法、萃取法等分离后再进行测定。通过测定沸点、熔点、折射率、相对密度等，便可判断样品的纯度。

(2) 确定分子式。常用元素分析法、质谱分析法等确定分子式。元素分析法可确定样品中是否含有碳、氢、氧、氮、硫、磷、硅、卤素等元素。根据所含元素及其含量，可推出分子中各元素的原子比及实验式，结合相对分子质量，便可确定分子式。质谱分析法确定分子式快速、准确，详见例 7.1。

(3) 确定相对分子质量。确定相对分子质量的最好方法是质谱分析法(参见 7.4.1)。高分辨率质谱能给出精确到小数点后 6 位的相对分子质量。此外，还有紫外光谱法、冰点下降法等。

(4) 计算不饱和度。不饱和度是表示分子中碳原子的不饱和程度，在四谱解析中非常重要。计算出不饱和度便可确定该有机物所属类别，使解析结构范围大为缩小。不饱和度的计算详见 5.2.4 节。

(5) 确定分子的结构式。可采用多种方法和途径来确定分子的结构式，根据自己的习惯选择。

(i) 以 NMR 的积分曲线高度确定各组峰的峰面积之比，推出各组峰所对应的氢核数，并依据质谱分析法确定的相对分子质量对分子式进行验证。从 NMR 图中找出各自旋系统，由此确定各组峰相应的氢核类型，即确定官能团或结构单元中的氢。

(ii) 从 IR 图上的特征频率推断分子中所含有官能团与结构单元，NMR 和 IR 相互核实印证。

(iii) 依据 UV 光谱图进一步确定分子中是否含有共轭体系以及属何种共轭体系。

(iv) 从 MS 图中的碎片离子峰找出各官能团或结构单元之间的裂解反应和连接方式。

(v) 综合上述解析结果，提出可能的分子结构式。

(vi) 将解析的结构式与 MS、NMR 等所得信息反复考察核对，最后确定所提出的结构式是否正确。

7.9.2 综合解析举例

【例 7.6】 化合物分子式为 $C_5H_{10}O$,它的紫外光谱、红外光谱、质谱、核磁共振氢谱如图 7.28~图 7.31 所示。解析其结构。

解 首先由给出的分子式计算不饱和度

$$\Omega = 1 + 5 + (0 - 10)/2 = 1$$

不饱和度为 1,表明分子中有一个双键或一个环。质谱图中 $m/z = 86$ 的峰是分子离子峰,与分子式的相对分子质量相吻合。

由 UV 光谱图可知,$A = 0.77$,$\varepsilon_{max} = 21.4$,ε_{max} 值较小,表明无共轭体系存在。而 $\lambda_{max} = 285$nm 是 n→π* 跃迁吸收峰(270~300nm),说明分子中有 $-\overset{\overset{O}{\|}}{C}-$。

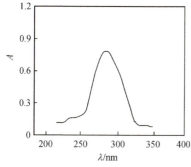

图 7.28 $C_5H_{10}O$ 紫外光谱

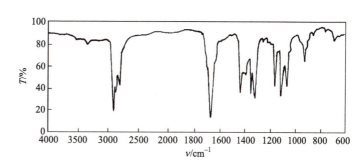

图 7.29 $C_5H_{10}O$ 红外光谱

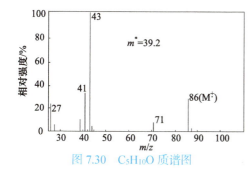

图 7.30 $C_5H_{10}O$ 质谱图

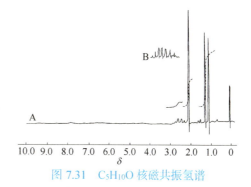

图 7.31 $C_5H_{10}O$ 核磁共振氢谱

红外光谱图中在 3100~3000cm⁻¹、1600cm⁻¹ 附近和 900cm⁻¹ 以下均无吸收,而 2960~2850cm⁻¹ 有强吸收,表明该化合物为脂肪族化合物,且含有多个 $-CH_3$。在 1385~1365cm⁻¹ 有两个强度近乎相等的峰,表明分子中存在异丙基 $-CH(CH_3)_2$ 结构。1717cm⁻¹ 是羰基的特征峰,且在 3435cm⁻¹ 有一弱峰,是羰基的倍频峰。NMR 图中没有 $-CHO$ 和 $-COOH$ 的峰,因而未知化合物只能是脂肪酮,其结构可能如下:

$$CH_3-\underset{\underset{CH_3}{|}}{CH}-\overset{\overset{O}{\|}}{C}-CH_3$$

在 NMR 图上 $\delta = 2.4$ 处有一组 7 重峰,强度弱,它是由 1 个 $-CH$ 与两个 $-CH_3$ 偶合所产生。在 $\delta = 1.01$ 和 $\delta = 1.12$ 处出现强度大的二重峰,且左峰高于右峰,这是两个 $-CH_3$ 与 $-CH$ 偶合而产生的 $-CH_3$ 峰,说明分子中确实有 $(CH_3)_2-CH-$ 结构存在。$\delta = 2.05$ 单峰是 $-COCH_3$ 中的 $-CH_3$ 峰。积分高度之比为 1:3:6,说明三组峰所为 2.05 单峰和 $\delta=2.40$ 的 7 重峰靠近，是由于与羰基相连的—CH_3 及—CH 受到羰基吸电子影响，δ 值增大，而异丙基中的两个—CH_3 远离羰基，受影响小，δ 值较小。证实所确定的结构是正确的，而且 MS 图进一步得到证实。该化合物发生下列断裂，形成 MS 图中的 m/z 为 43、41 和 71 峰。

小 结

习 题

7.1 简述质谱仪的组成。

7.2 简述光谱仪与质谱仪的区别。

7.3 ICPMS 有哪些优点？

7.4 质谱干扰是什么？包括哪些？

7.5 什么是同位素稀释法？一般情况下添加的同位素是什么？

7.6 某化合物的分子离子质量为 142，其附近有一个 (M+1) 峰，强度为分子离子峰的 1.12%。此化合物为何物？

7.7 在 180°磁场单聚焦质谱仪中，从质量为 18 到 200 进行扫描时，假如磁场强度为 0.24T，分析管曲率半径为 12.7cm。求所需电压。

7.8 某化合物只含 C、H、O 三元素，熔点 40℃，在质谱图中分子离子峰的 m/z 为 184，其强度为 10%。基峰 m/z 为 91，小的碎片离子峰 m/z 为 77 和 65，亚稳离子峰 m/z 在 45.0 和 46.5 之间出现。试推导其结构。

7.9 某化合物的质谱图中分子离子峰的 m/z 为 122(35%)，碎片离子 m/z 分别为 92(65%)、91(100%) 和 65(15%)，亚稳离子的 m/z 在 46.5 和 69.4 之间出现。试推导其结构。

7.10 化合物分子式为 $C_4H_8O_2$，其质谱如图 7.32。化合物为液体，沸点 163℃。试推导其结构。

7.11 化合物分子式为 $C_4H_{11}N$，液体，沸点为 77℃，其质谱如图 7.33。试解析其结构。

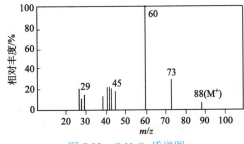

图 7.32　$C_4H_8O_2$ 质谱图

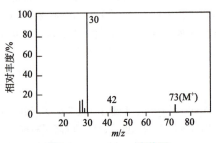

图 7.33　$C_4H_{11}N$ 质谱图

7.12 未知化合物分子式为 $C_7H_{14}O$，沸点为 144℃，其紫外光谱最大吸收波长 λ_{max} = 275nm，ε_{max} = 12L·mol^{-1}·cm^{-1}，其红外光谱、核磁共振氢谱、碳谱和质谱见图 7.34～图 7.37。试解析该化合物结构。

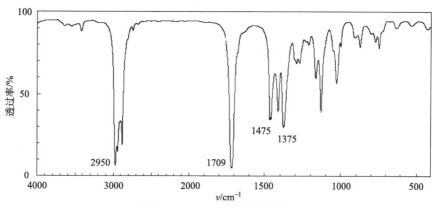

图 7.34　$C_7H_{14}O$ 的红外光谱图

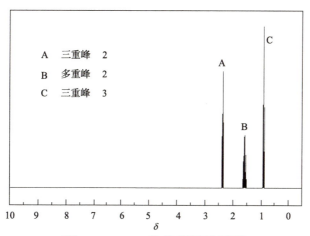

图 7.35　$C_7H_{14}O$ 的核磁共振氢谱图

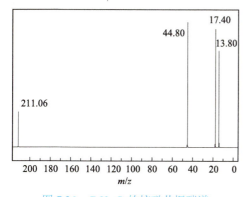

图 7.36　$C_7H_{14}O$ 的核磁共振碳谱

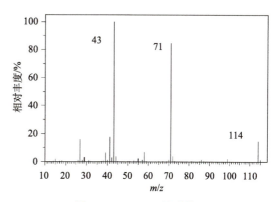

图 7.37　$C_7H_{14}O$ 的质谱图

7.13 某化合物为无色澄清液体，有芳香气味，分子式为 $C_9H_{10}O_2$，沸点为 212.6℃。根据红外光谱、核磁共振氢谱、碳谱和质谱(图 7.38～图 7.41)解析该化合物的结构。

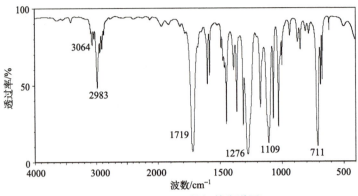

图 7.38 C₉H₁₀O₂ 的红外光谱图

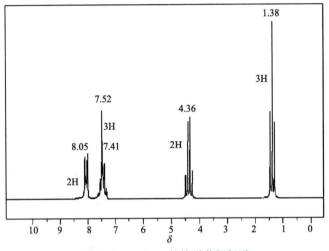

图 7.39 C₉H₁₀O₂ 的核磁共振氢谱

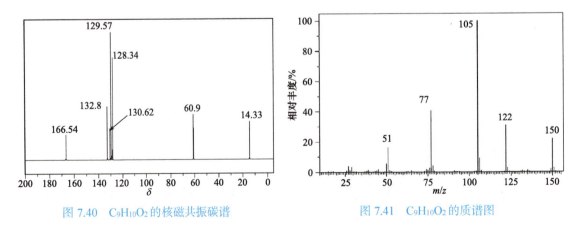

图 7.40 C₉H₁₀O₂ 的核磁共振碳谱　　　　图 7.41 C₉H₁₀O₂ 的质谱图

7.14 化合物分子式为 $C_8H_8O_2$，其紫外光谱、红外光谱、质谱和核磁共振氢谱图如图 7.42～图 7.45。试解析其结构。

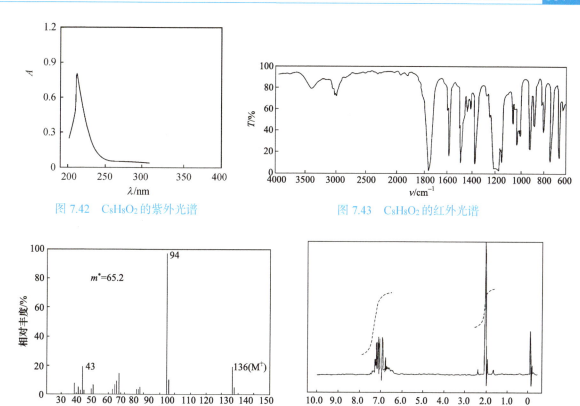

图 7.42　$C_8H_8O_2$ 的紫外光谱

图 7.43　$C_8H_8O_2$ 的红外光谱

图 7.44　$C_8H_8O_2$ 的质谱图

图 7.45　$C_8H_8O_2$ 的核磁共振氢谱

7.15　某化合物分子式为 C_8H_9NO，其红外光谱、核磁共振氢谱、碳谱和质谱如图 7.46～图 7.49 所示。试解析该化合物的结构。

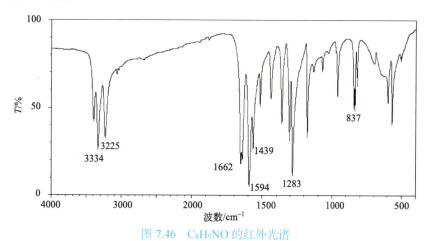

图 7.46　C_8H_9NO 的红外光谱

7.16　某化合物的紫外光谱（乙醇中）$\lambda_{max} = 262$ nm（$\varepsilon = 15$）；红外光谱：3330～2500 cm^{-1} 处有强宽吸收，1715 cm^{-1} 处有强宽吸收；核磁共振氢谱：$\delta 11.0$ 处为单质子单峰，$\delta 2.6$ 处为四质子宽单峰，$\delta 2.12$ 处为三质子单峰；质谱如图 7.50 所示。参照同位素峰强比及元素分析结果，分子式为 $C_5H_8O_3$，试推测其结构，写出具体解析过程，并画出质谱主要碎片峰的裂解过程。

7.17　某化合物分子式为 $C_9H_{10}O_2$，其红外光谱、核磁共振氢谱和质谱如图 7.51～图 7.53 所示，其紫外-可见吸收光谱在 230～270 nm 出现 7 个精细结构的峰。试解析该化合物的结构。

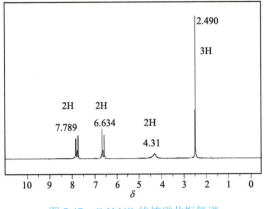

图 7.47　C_8H_9NO 的核磁共振氢谱　　　　图 7.48　C_8H_9NO 的核磁共振碳谱

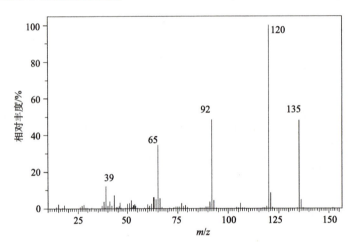

图 7.49　C_8H_9NO 的质谱

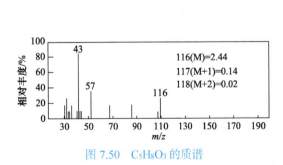

图 7.50　$C_5H_8O_3$ 的质谱

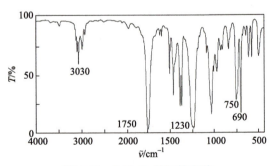

图 7.51　$C_9H_{10}O_2$ 的红外光谱

7.18　正丁酸甲酯产生质荷比为 43、71 和 74 的主要碎片离子峰的过程分别属于单纯裂解还是重排？如果是单纯裂解，属于 α-裂解、i-裂解还是 σ 断裂？如果是重排，属于哪种重排？

7.19　试结合所学波谱分析知识制作一个综合解析应用相关的 PPT 汇报文件，含 10min 的视频或音频讲解。作品涉及质谱、紫外吸收光谱、红外吸收光谱、核磁共振氢谱、碳谱中至少 3 种谱图分析，重点在于谱峰数据归属、解析过程说明，谱图特征分析比较，而非谱图数据罗列。

7.20　中国科学家屠呦呦因发现新型抗疟药青蒿素获得 2015 年诺贝尔生理学或医学奖。近几年来，国内外科学家利用质谱技术探究了青蒿素在生物体内的作用靶点，为进一步研究其抗疟机制奠定了坚实的基础。请查阅生物质谱在青蒿素药物机理研究中的相关文献，写一篇 3000 字左右的文献综述。

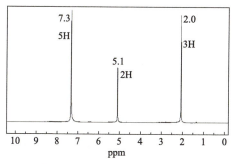

图 7.52　$C_9H_{10}O_2$ 的核磁共振波谱

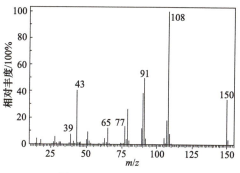

图 7.53　$C_9H_{10}O_2$ 的质谱

周同惠院士：我国兴奋剂检测的奠基人

周同惠院士

仿真动画——质谱

基质辅助激光解　　飞行时间　　质谱分析法
吸离子源的原理　　质谱仪

仿真动画——电感耦合高频等离子体

电感耦合高频
等离子体

第8章 电化学分析法

内容提要

本章阐述电位分析法、极谱伏安分析法和库仑分析法的基本原理，介绍提高极谱伏安法灵敏度的仪器技术和化学方法，并对电化学分析新近发展作简介。

电化学分析(electrochemical analysis)是基于测量电活性物质在溶液中的电化学性质及其变化规律对物质进行分析的一类方法。将待测溶液与适当的电极构建成一个化学电池(原电池或电解池)，通过测量该电池的某些物理量，如电导、电位、电流、电量等，求得待测物质的含量或测定它的某些电化学参数。

根据测量的电化学参数的不同，可分为：①测量电池电动势或电极电位的方法，称为电位分析法；②测量电解过程中消耗的电量的方法，称为库仑分析法；③测量电解过程中电流的方法，称为电流分析法，如测量电流随电位变化的曲线则为伏安法，其中使用滴汞电极的伏安法又称为极谱分析法；④测量溶液电导的方法，称为电导分析法；⑤测量电极上析出的被测物重量的方法，称为电解分析法或者电重量分析法。本章讨论前三种方法。

电化学分析具有如下特点：

(1) 灵敏度高，适合痕量或超痕量组分的分析测定。例如，溶出伏安法、脉冲极谱法、极谱催化波等方法的检测限一般可达 $10^{-8} \sim 10^{-10}$ mol·L^{-1}，最低可达 10^{-12} mol·L^{-1}。

(2) 选择性好。电化学分析方法一般选择性比较好，有的电化学分析方法可多组分同时测定。

(3) 分析速度快。电化学分析方法的样品预处理步骤一般简单，因而分析速度快。

(4) 所需试样量少，适用于微量分析。

(5) 便于现场检测和活体分析。微电极的研制成功为生物活体内的生化信息实时监测提供了工具和手段，可用于研究单个细胞的组成及生命过程。

(6) 易于自动化。电化学分析方法的测量信号是电学量，因而便于自动控制。

电化学分析广泛用于成分分析、结构分析、价态或形态分析，以及电极过程动力学、催化过程、吸附现象等研究。在地质学中，电化学分析是石油、地矿等勘探的重要手段。

8.1 基本术语和概念

8.1.1 化学电池

简单的化学电池由两组金属-溶液体系组成，这种金属-溶液体系称为电极或半电池。两电极的金属部分与外电路连接，它们的溶液相互连通。例如，将铜片和锌片插入 1.0mol·L^{-1} CuSO$_4$ 和 1.0mol·L^{-1} ZnSO$_4$ 溶液中，若用导线将铜片和锌片连接或者外加电源(图8.1)，便会发生导线中电子定向移动产生电流,同时在溶液中有离子的定向移动,也有电流流动;在铜片和锌片表面,即电极表面发生氧化还原反应:$Cu^{2+} + 2e^- \rightleftharpoons Cu$,$Zn \rightleftharpoons Zn^{2+} + 2e^-$。这些反应又称为半反应。

化学电池是化学能与电能相互转换的装置。其中能自发地将化学能转变成电能的装置称为原电池(图 8.1)。如果需要由外电源提供电能,使电流通过电极,在电极上发生电极反应的装置称为电解池(图 8.2)。

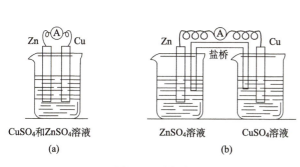 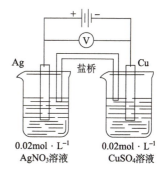

图 8.1 原电池 　　　　　　　　　　图 8.2 电解池

电池工作时,电流必须在电池内部和外部流过,构成回路。无论是原电池还是电解池,通常将发生氧化反应的电极称为阳极,发生还原反应的电极称为阴极。

8.1.2 电池的图解表达式

根据 IUPAC 规定,半反应写成还原过程,即为

$$\text{Ox} + ne^- \rightleftharpoons \text{Red}$$

电极电位符号相当于该电极与标准氢电极组成电池时,该电极所带的静电荷的符号。前面提到的铜锌电池的图解表达式为

$$\text{Zn} | \text{ZnSO}_4(1.0\,\text{mol} \cdot \text{L}^{-1}) \| \text{CuSO}_4(1.0\,\text{mol} \cdot \text{L}^{-1}) | \text{Cu}$$

电池图解表达式规定如下:

(1) 左边电极进行氧化反应,右边电极进行还原反应。

(2) 两相界面,包括不混溶的液液界面,用单竖线"|"表示;溶液用盐桥连接,且降低了液接电位,用双虚线"$\|$"表示。

(3) 电解质位于电极之间。

(4) 气体或均相的电极反应中,反应物本身不能作为电极,要采用惰性材料(如铂、金或碳等)作电极。

(5) 电池中溶液要标明浓(活)度,气体要标明压力、温度。若不特别注明,表示 25℃ 及标准压力。例如

$$\text{Zn} | \text{Zn}^{2+}(0.1\,\text{mol} \cdot \text{L}^{-1}) \| \text{H}^+(1\,\text{mol} \cdot \text{L}^{-1}) | \text{H}_2(101325\,\text{Pa}), \text{Pt}$$

其中电池电动势为右边电极的电位减去左边电极的电位,即

$$E_{\text{电池}} = \varphi_{\text{右}} - \varphi_{\text{左}}$$

8.1.3 电极电位与测量

由上可知,电池的电动势可以根据电极的电极电位计算得到,但是电极电位的绝对值不能单独测定或从理论上计算。目前统一以标准氢电极(SHE)作为负极与待测电极相连构成原电池,采用补偿法或在电流等于零的条件下测量该电池的电动势,即为该待测电极的电极电位。这说明目前通用的标准电极电位值是相对标准氢电极的电位而言的,不是绝对值。比标准氢电极的电极电位高的为正,反之为负。例如,测得以下电池的电位差为 0.799V,即表示银电极的标准电极电位为 0.799V。

$$Pt|H_2(101325Pa),H^+(1mol\cdot L^{-1}) \| Ag^+(1mol\cdot L^{-1})|Ag$$

标准氢电极是指将一片涂有铂黑的铂片插入氢离子活度为 $1mol\cdot L^{-1}$ 的溶液中,并同时通入压力为 101325Pa 的氢气,让铂电极表面不断有氢气泡通过。电极反应为 $2H^+ + 2e^- \Longleftrightarrow H_2(g)$。人为规定在任何温度下标准氢电极电位为零。

各种电极的标准电极电位理论上均可以采用上述方法测定,但许多电极的标准电极电位实际上不方便用该方法测定,可以根据化学热力学的原理,从有关反应自由能的变化中进行计算求得。附录中附表 4 列出一些电极反应的标准电极电位。

电极电位与反应物质活度之间的关系可以用 Nernst 方程表示

$$\varphi = \varphi^{\ominus} + \frac{RT}{nF}\ln\frac{a_{Ox}}{a_{Red}} \tag{8.1}$$

若氧化态与还原态的活度等于 1,此时的电极电位即为标准电极电位 $\varphi^{\ominus}$。25℃时,式(8.1)可写成

$$\varphi = \varphi^{\ominus} + \frac{0.0591}{n}\lg\frac{a_{Ox}}{a_{Red}} \tag{8.2}$$

鉴于活度是活度系数与浓度的乘积,代入式(8.1)可得

$$\varphi = \varphi^{\ominus} + \frac{RT}{nF}\ln\frac{r_{Ox}}{r_{Red}} + \frac{RT}{nF}\ln\frac{[O]}{[R]} = \varphi^{\ominus\prime} + \frac{RT}{nF}\ln\frac{[O]}{[R]} \tag{8.3}$$

式中,$\varphi^{\ominus\prime}$ 表示氧化态和还原态浓度为 1 时的电极电位,称为条件电位。条件电位受离子强度、配位效应、水解效应和 pH 等因素的影响。它与溶液中各电解质成分有关,因此使用条件电位常比标准电极电位更具有实用价值。附录中附表 5 列出了一些氧化还原电对的条件电位。

8.1.4 电极的分类

在电化学分析中常采用两电极(指示电极和参比电极)系统或三电极(工作电极、参比电极和辅助电极)系统进行测量。

(1) 参比电极。在电化学测量过程中,其电极电位基本上不发生变化,称这种电极为参比电极(reference electrode)。实际工作中常用的有银-氯化银电极和饱和甘汞电极。

(2) 指示电极。指示电极(indicator electrode)是一种处于平衡体系中或在测量期间主体溶液浓度不发生可觉察变化的电极体系,它能快速而灵敏地对溶液中参与电极反应的离子的活度产生 Nernst 响应,亦称电位型电化学传感器。

(3) 工作电极。在电化学测量中,电极表面有净电流通过的电极称为工作电极,如极谱分

析中的滴汞电极等。

(4) 辅助电极。它们与工作电极配对，组成电池，形成电流回路，在电极上发生的反应不是实验中所需研究或测试的。这种电极仅提供传导电子的场所。当通过的电流很大时，参比电极难于承受，此时必须采用辅助电极构成三电极系统来控制工作电极上的电位。

电极按照其组成体系和作用机理的不同，又可以分为以下五类：

(1) 第一类电极。由金属与该金属离子溶液组成的电极体系，其电极电位取决于金属离子的活度。该类金属有银、铜、锌、镉、汞和铅等。

(2) 第二类电极。由金属及其难溶盐(或络离子)所组成的电极体系，间接反映与该金属生成难溶盐(或络离子)的阴离子的活度。该类电极有两个相界面，常用作参比电极。例如，Ag/AgCl 电极、饱和甘汞电极。

(3) 第三类电极。由金属与两种具有共同阴离子的难溶盐(或络离子)所组成的电极体系，涉及三个相界面。例如，金属汞(或汞齐丝)浸入含有少量 Hg^{2+}-EDTA 配合物及被测金属离子(M^{n+})的溶液中。根据溶液中同时存在的 Hg^{2+}-EDTA 和 M^{n+}-EDTA 间的配位平衡计算电极电位。

(4) 零类电极。零类电极采用惰性导电材料(如铂、金、碳等)作为电极，电极不参与反应，但其晶格间的自由电子可与溶液进行交换。因此，惰性金属电极可作为溶液中氧化态和还原态获得电子或释放电子的场所。氢电极是一种零类电极。

(5) 膜电极。具有敏感膜且能产生膜电位的电极，用于指示溶液中某种离子的活度。例如，玻璃膜电极、晶体膜电极等。

8.2 电位分析法

8.2.1 电位分析法基本原理

电位分析法是一种在零电流条件下测量电极电位的方法，它将指示电极和参比电极浸入试液中组成化学电池(原电池)，电池的电动势为

$$E = \varphi_{指} - \varphi_{参} + \varphi_{接} \tag{8.4}$$

式中，$\varphi_{指}$、$\varphi_{参}$ 和 $\varphi_{接}$ 分别为指示电极的电极电位、参比电极的电极电位和液接电位。在某确定的电化学体系中，参比电极的电极电位和液接电位为常数，用 K 表示，则

$$E = K + \varphi_{指} \tag{8.5}$$

指示电极的电极电位值与电活性物质活度的关系服从 Nernst 方程

$$\varphi_{指} = \varphi^{\ominus} + \frac{RT}{nF} \ln \frac{a_{Ox}}{a_{Red}} \tag{8.6}$$

在 25℃ 时

$$\varphi_{指} = \varphi^{\ominus} + \frac{0.0591}{n} \lg \frac{a_{Ox}}{a_{Red}} \tag{8.7}$$

式(8.7)代入式(8.5)，$\varphi^{\ominus}$ 合并于常数 K，用 K' 表示

$$E = K' + \frac{0.0591}{n} \lg \frac{a_{Ox}}{a_{Red}} \tag{8.8}$$

式(8.8)表明，电池的电动势是电活性物质活度的函数，电动势的值反映了试液中电活性

物质活度的大小，所以式(8.8)是电位分析法的基本公式。

8.2.2 电位型电化学传感器与膜电位

电位型化学传感器又称离子选择性电极，敏感膜是它的关键组成部分。敏感膜一方面能分开两种电解质溶液，另一方面对某种电活性物质产生选择性响应，形成膜电位。

1. 膜电位

膜电位包括两部分：膜内的扩散电位和膜与电解质溶液形成的内外界面的唐南(Donnan)电位。

1) 扩散电位

扩散电位又称液接电位，是在两种不同离子或离子相同而活度不同的两种溶液界面上因离子的扩散速度不同而产生的液接电位。这种电位不仅存在于液液界面，也存在于固体膜内。在电位型传感器敏感膜内可产生这种电位。

这类扩散是自由扩散，正、负两种离子都可以扩散通过界面，没有强制性和选择性，会影响电池电动势的测量结果，实际工作中必须设法消除或降低。通常可采用盐桥降低液接电位。常用的盐桥制备方法为：在饱和 KCl 溶液中加入 3% 琼脂，加热使琼脂溶解，注入 U 形玻璃管中，冷却成凝胶即可。由于 K^+、Cl^- 的扩散速度接近，且饱和 KCl 溶液的离子浓度较高，可减小并稳定盐桥与溶液接触处产生的液接电位，一般为 1~2mV。

2) Donnan 电位

选择性渗透膜能阻止一种或多种离子从一种液相向另一种液相扩散。当用这种膜将两种溶液隔开时，就会造成两相界面上电荷分布不均匀，形成双电层结构，产生电位差。这种电位称为 Donnan 电位。如图 8.3，如果渗透膜仅容许 K^+ 通过，Cl^- 不能通过，且溶液 2 中 KCl 的浓度大于溶液 1，则有 K^+ 透过膜从溶液 2 向溶液 1 扩散，结果使溶液 1 与膜的界面上有正电荷积累，同时溶液 2 与膜的界面上有负电荷积累，构成了双电层，便产生了 Donnan 电位。

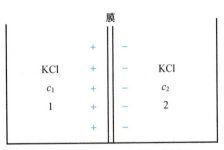

图 8.3 Donnan 电位示意图

另有一种带负电荷载体的膜，它是一种阳离子交换物质，能交换阳离子。当它与溶液接触时，膜相中可活动的阳离子的浓度比溶液中高，在两相界面上也形成 Donnan 电位。

Donnan 电位与扩散电位不同，具有强制性和选择性。在离子选择性电极中，膜与溶液两相界面上电位具有 Donnan 电位的性质。

2. 玻璃膜电极

最早使用的膜电极是 pH 玻璃电极，应用也最广泛。在溶液的 pH 测量中，它用作指示电极。除 pH 玻璃电极外，还有能对钠、锂、钾和银等一价阳离子具有选择性响应的玻璃电极。这类电极的构造和制备方法类似，其选择性由玻璃敏感膜的组成决定。

1) 玻璃电极的构造

玻璃电极的构造如图 8.4。它的下端部是由特定组成的玻璃吹制成的球状薄膜，膜的厚度为 0.1mm 左右，也有根据需要将玻璃膜制成平板或锥形的。玻璃球内盛有内参比溶液，并装有内参比电极。例如，pH 玻璃电极的内参比溶液为 0.1mol·L^{-1} HCl 溶液，内参比电极为银-氯化银电极。

敏感的玻璃膜是电极对 H$^+$、K$^+$、Na$^+$等离子产生选择性响应的关键部分。它的组成对电极的性质有很大影响。

2) 玻璃电极的响应机理

以 pH 玻璃电极为例，其响应机理可以用离子交换理论解释。康宁(Corning)015 玻璃常用于 pH 玻璃电极的制作，其组成为 21.4%Na$_2$O、6.4%CaO 和 72.2%SiO$_2$(摩尔分数)，它的载体是由固定的带负电荷的硅和氧组成的骨架。在骨架的网络上有体积较小而活动能力较强的阳离子，主要是钠离子。在玻璃体内阳离子起导电作用(图 8.5)。当玻璃与溶液接触时，溶液中氢离子能进入网络，取代钠离子。溶液中的阴离子受带负电荷的硅氧载体排斥，不能进入网络；而高价的阳离子因体积或电荷与网络点位不相配，也不能进入网络。

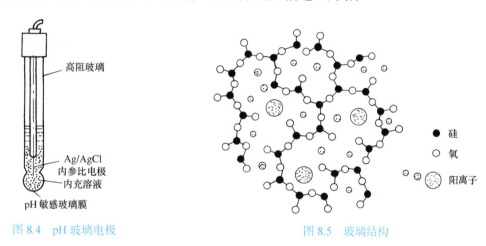

图 8.4　pH 玻璃电极　　　　　图 8.5　玻璃结构

当玻璃电极浸泡在水中时，氢离子与硅氧结构的亲和力远大于钠离子与硅氧结构的亲和力(约为 10^{14} 倍)，因此，溶液中的 H$^+$ 与玻璃表面上的 Na$^+$发生交换反应，反应的平衡常数很大，有利于反应向右进行，形成水化硅胶层(图 8.6)。由图 8.6 可知，在水中浸泡后的玻璃膜由三部分组成：两个水化层和一个干玻璃层。

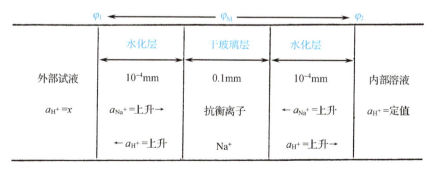

图 8.6　玻璃膜分层模型

$$H^+ + Na^+Gl^- \rightleftharpoons Na^+ + H^+Gl^-$$
(溶液)　　(玻璃)　　(溶液)　　(玻璃)

在酸性或中性溶液中，由于氢离子对硅氧结构的亲和力远远大于钠离子的亲和力，水化层表面钠离子的位点基本上被氢离子占据，表面浓度大，H$^+$ 便会向水化层内部扩散，且速度较快，电阻较小。由水化层表面至干玻璃界面，H^+ 浓度逐渐减少，钠离子浓度逐渐增加，在干玻璃层内的电荷传导仍然靠钠离子。在水化层与干玻璃层之间有一过渡层，此层内 H^+ 的扩散速度小，电阻较大（甚至是干玻璃层的 1000 倍），造成玻璃电极的阻抗很高。

pH 玻璃电极的膜电位是由玻璃电极体系中氢离子的交换与扩散产生的。在水化层表面，$\equiv SiO^-H^+$ 存在如下离解平衡：

$$\equiv SiO^-H^+ + H_2O \rightleftharpoons \equiv SiO^- + H_3O^+$$

水化层中的 H^+ 与溶液中的 H^+ 能够进行交换，便在内外水化层与溶液的交界面上形成双电层结构，产生两个相界电位 φ_1 和 φ_2。当水化层得到或失去 H^+ 时，水化层与溶液的交界面上的电位将发生变化。而在内外两个水化层与干玻璃层界面上，由于氢离子的扩散而形成两个扩散电位。如果玻璃是均匀的，则玻璃内外两个水化层的性质是完全相同的，那么，两个扩散电位的大小相等、符号相反，结果互相抵消。这样，玻璃膜的膜电位（φ_M）便由内外两个水化层与溶液的相界电位决定

$$\varphi_M = \varphi_2 - \varphi_1 \tag{8.9}$$

而内参比溶液的浓度和组成是固定的，φ_2 为常数。因此，在 25℃时，pH 玻璃电极的膜电位与溶液中氢离子活度的关系可用下式表示

$$\varphi_M = 常数 + 0.0591\lg a_{H^+} = 常数 - 0.0591pH \tag{8.10}$$

当内参比溶液与外部试液完全相同时，φ_M 应为零。但实际上存在一个很小的电位，称为不对称电位。对于给定的 pH 玻璃电极，其不对称电位随着时间而缓慢变化。

引起不对称电位的因素包括玻璃膜内外表面含钠量、表面张力以及机械和化学损伤的细微差异等。

用康宁 015 玻璃制成的 pH 玻璃电极仅适用于 pH = 1～10 的溶液，若试液的 pH 大于 10，测得的结果要比实际的低，这种现象称为碱差。这是由于其他阳离子也可能在玻璃膜上进行交换，其中钠离子的干扰较显著，又称为钠差。如果在制玻璃时用 Li_2O 代替 Na_2O，锂玻璃硅氧网络的空间较钠玻璃小，而钠离子的半径较大，不能进入网络与氢离子交换，可以减少钠离子的干扰，使电极可在 pH = 1～13.5 使用。若 pH 小于 1，测得的结果会偏高，这种现象称为酸差。

玻璃电极除了对氢离子产生响应外，也可以对钠、钾、锂、银等离子产生响应。常见阳离子玻璃电极列于表 8.1。

表 8.1 阳离子玻璃电极

主要响应离子	玻璃膜组成（摩尔分数×10^{-2}）			选择性系数
	Na_2O	Al_2O_3	SiO_2	
Na^+	11	18	71	K^+ 0.0033 (pH7)，0.00036 (pH11)，Ag^+ 500
K^+	27	5	68	Na^+ 0.05
Ag^+	11	18	71	Na^+ 0.001
	28.8	19.1	52.1	H^+ 1×10^{-5}
Li^+	15	25	60	Na^+ 0.3，K^+ 0.001

使用玻璃电极时应注意以下事项:
(1)不用时,pH电极应浸入缓冲溶液或水中,长期保存前应清洗并小心吸干。
(2)每次测定后,用去离子水或更高级别的水清洗并小心吸干。进行测定前,用待测溶液洗涤电极。
(3)测定时要剧烈搅拌缓冲性较差的溶液,否则玻璃-溶液界面间会形成一层静止层。
(4)虽然玻璃电极不易受溶液中氧化剂、还原剂、颜色及沉淀的影响,但是在测定含纳米材料的溶液时,要事先评估纳米材料对电极的影响。
(5)不要在含氟溶液中使用玻璃电极,因为玻璃膜会受到 F^- 的化学腐蚀。

3. 晶体膜电极

晶体膜电极的敏感膜系用难溶盐的晶体制成,只有室温下有良好导电性能的晶体(如氟化镧、硫化银、卤化银等)才能用来制作电极,膜厚为1~2mm。氟化镧单晶膜对氟离子有选择性响应,硫化银晶体对硫离子和银离子有选择性响应,卤化银晶体膜与相应的卤离子及银离子有选择性响应。

1)晶体膜电极的响应机理

用于制备晶体膜电极的晶体膜分为单晶(均相)膜和多晶(非均相)膜,这些晶体具有离子导电功能,其中最典型的是氟离子选择性电极(图8.7)。它的敏感膜采用氟化镧单晶片制成,离子在晶体中的导电过程是借助于晶体中晶格的缺陷进行的。为了改善晶体膜的导电性能,在氟化镧晶体中掺杂0.1%~0.5%的 EuF_2 和1%~5%的 CaF_2。二价离子的引入导致氟化镧晶体中晶格缺陷增多,从而有利于增强导电性,这种敏感膜的电阻一般小于2MΩ。

当氟离子电极浸泡于待测离子溶液中时,氟离子可以吸附在晶体膜表面,进入空穴中,使空穴发生移动

$$LaF_2^+ + F^- \rightleftharpoons LaF_3 + 空穴$$
(空穴)

进入电极表面空穴中的氟离子能够向晶体内部空穴扩散,溶液中的氟离子可以进入表面空穴,从而在溶液与晶体膜交界面上形成双电层结构,产生相界电位。在25℃时

$$\varphi_M = 常数 - 0.0591 \lg a_{F^-} \tag{8.11}$$

由于晶格空穴的大小、形状和电荷分布,晶格空穴只能容纳特定的离子,其他离子不能进入空穴。因此,晶体膜电极选择性好。例如,氟离子电极对 F^- 具有良好的选择性,除 OH^- 外,一般阴离子均不干扰电极对氟离子的响应。

2)氟离子电极

氟离子电极的构造参见图8.7。敏感膜是掺杂有 EuF_2 和 CaF_2 的 LaF_3 单晶片,内参比电极为银-氯化银电极,内参比溶液为含 $0.001\text{mol}\cdot L^{-1}$ NaF 和 $0.1\text{mol}\cdot L^{-1}$ NaCl 的溶液。它对氟离子响应的线性范围为 $5\times10^{-7}\sim1\times10^{-1}\text{mol}\cdot L^{-1}$。电极的选择性很高,仅有 OH^- 干扰。当溶液中 OH^- 浓度较大时,在晶体膜表面将发生下列化学反应:

$$LaF_3 + 3OH^- \rightleftharpoons La(OH)_3 + 3F^-$$

反应产生的氟离子进入溶液,使氟离子浓度增大。如果溶液中氢离子浓度较大,溶液中的氟离子与氢离子结合,生成 HF 或 HF_2^-,使氟离子活度降低,造成测定结果偏低(图8.8)。氟离子电极测定氟的合适 pH 范围为5~7。

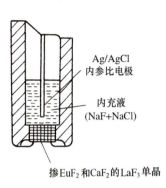

图 8.7 氟离子电极构造

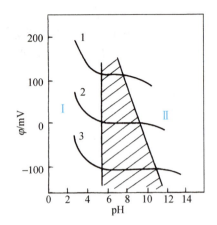

图 8.8 pH 对氟离子电极响应的影响

Ⅰ. $H^+ + F^- \rightleftharpoons HF$；Ⅱ. $LaF_3 + 3OH^- \rightleftharpoons La(OH)_3 + 3F^-$；$F^-$ 浓度 $(mol \cdot L^{-1})$：(1) 10^{-5}，(2) 10^{-3}，(3) 10^{-1}

Be^{2+}、Al^{3+}、Fe^{3+}、Th^{4+}、Zr^{4+} 等阳离子能与溶液中 F^- 生成稳定的配合物，从而降低游离的 F^- 的浓度，使测得结果偏低。因此，需要先加入一些试剂如 EDTA、钛铁试剂、柠檬酸钠、磺基水杨酸等与阳离子配合将 F^- 释放出来，再进行测定。

实际测定中常需要保持各试样溶液和标准溶液的活度系数一致，此时必须稳定溶液的离子强度，因此需配制总离子强度调节缓冲液 (total ionic strength adjustment buffer，TISAB)。该溶液一般由三部分组成：采用高浓度惰性电解质 NaCl、KNO_3 等作为离子强度调节剂，使溶液保持较大且相对稳定的离子强度；采用 NaOAc-HOAc 作为 pH 缓冲剂，维持溶液在适宜的 pH 范围内；采用柠檬酸钠等作为掩蔽剂，减小 Fe^{3+}、Al^{3+} 等离子的干扰。测定时取适量的含氟溶液用 TISAB 稀释即可。

3) 硫离子及卤离子(X^-)电极

硫离子和卤离子电极属多晶膜电极，它是用 Ag_2S 及 AgX 的难溶盐沉淀粉末在高压下压成薄片而制成的。

硫离子电极的敏感膜是硫化银晶体薄片，其中传导电荷的是银离子，因此它又是银电极。因硫化银的稳定常数很大，硫离子电极对银离子的选择性和灵敏度很高，其膜电位(25℃)为

$$\varphi_M = 常数 + 0.0591 \lg a_{Ag^+} \tag{8.12}$$

当用于测定硫离子时，膜电位(25℃)为

$$\varphi_M = 常数 - \frac{0.0591}{2} \lg a_{S^{2-}} \tag{8.13}$$

氯化银、溴化银和碘化银可分别作为氯离子、溴离子和碘离子电极的敏感膜，膜中由银离子传导电荷。膜电位符合 Nernst 方程

$$\varphi_M = 常数 - 0.0591 \lg a_{X^-} \tag{8.14}$$

为了增加卤离子电极的机械强度和导电性，减少对光的敏感性，常在卤化银中掺入硫化银。也可以用硫化银作基体，加入适量的金属硫化物(如 CuS、PbS 等)制得阳离子电极。表 8.2 列出了部分晶体膜电极的品种和性能。

表 8.2　晶体膜电极的品种和性能

电极	膜材料	线性范围/(mol·L^{-1})	适用 pH 范围	主要干扰离子
F^-	$LaF_3 + Eu^{2+}$	$5 \times 10^{-7} \sim 1 \times 10^{-1}$	5~7	OH^-
Cl^-	$AgCl + Ag_2S$	$5 \times 10^{-5} \sim 1 \times 10^{-1}$	2~12	Br^-，$S_2O_3^{2-}$，I^-，CN^-，S^{2-}
Br^-	$AgBr + Ag_2S$	$5 \times 10^{-6} \sim 1 \times 10^{-1}$	2~12	$S_2O_3^{2-}$，I^-，CN^-，S^{2-}
I^-	$AgI + Ag_2S$	$5 \times 10^{-7} \sim 1 \times 10^{-1}$	2~12	S^{2-}
CN^-	AgI	$5 \times 10^{-6} \sim 1 \times 10^{-2}$	>10	I^-
Ag^+，S^{2-}	Ag_2S	$5 \times 10^{-7} \sim 1 \times 10^{-1}$	2~12	Hg^{2+}
Cu^{2+}	$CuS + Ag_2S$	$5 \times 10^{-7} \sim 1 \times 10^{-1}$	2~10	Ag^+，Hg^{2+}，Fe^{3+}，Cl^-
Pb^{2+}	$PbS + Ag_2S$	$5 \times 10^{-7} \sim 1 \times 10^{-1}$	3~6	Cd^{2+}，Ag^+，Hg^{2+}，Cu^{2+}，Fe^{3+}，Cl^-
Cd^{2+}	$CdS + Ag_2S$	$5 \times 10^{-7} \sim 1 \times 10^{-1}$	3~10	Pb^{2+}，Ag^+，Hg^{2+}，Cu^{2+}，Fe^{3+}

与玻璃电极不同的是，晶体膜电极在使用前不需要浸泡活化，这是因为晶体表面不存在类似于玻璃电极的离子交换平衡。晶体膜电极的干扰主要来自于晶体表面的化学反应，即共存离子与晶格离子形成难溶盐或者配合物，从而改变了膜表面的性质。因此，晶体膜电极的检测下限主要取决于膜物质的溶解度。

4. 流动载体电极

流动载体电极(又称液膜电极)与玻璃电极不同，玻璃电极的骨架(载体)是固定的，而流动载体电极的载体是在膜内流动的，待测离子可自由穿过敏感膜。如果载体带有电荷，称为带电荷流动载体电极；若载体不带电荷，则称为中性载体电极。

1) 电极的构造与分类

这类电极的传感部件的构造如图 8.9。它的敏感膜由载体(有机液体离子交换剂，即电活性物质)、溶剂和基体(惰性微孔支持体)构成，并经疏水处理。敏感膜将试液与内参比溶液分开，膜中的液体离子交换剂与待测离子结合，并在膜中迁移。

中间圆柱形体腔装有内参比液(水相)，下端环形体腔贮有活性物质溶液(有机相)，水相和有机相均与惰性微孔支持体相接触。惰性微孔支持体用素烧陶瓷、垂熔玻璃或聚四氟乙烯等高分子材料制成。微孔的直径小于 1μm，孔与孔彼此互相连通。用银-氯化银电极作内参比电极，若响应离子为阳离子，则用它的氯化物溶液为内参比溶液；如果响应离子为阴离子，则用它的碱金属盐和氯化钾溶液为内参比溶液。

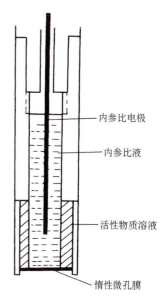

图 8.9　液膜电极

流动载体膜也可制成固化膜，制作方法如下：将活性物质溶于有机溶剂中，再与聚氯乙烯(PVC)的四氢呋喃溶液相混合，然后倾注于玻璃板上，待四氢呋喃挥发完，即得到以 PVC 为支持体的敏感膜，切成圆片，固定于电极管上，内装参比电极和内参比溶液即可。与一般载体膜相比，这种膜的稳定性和寿命均有较大提高。流动载体膜中常用的活性物质的溶剂有二羧酸二元酯、磷酸酯、硝基芳香族化合物等。一些带电荷流动载体膜电极列于表 8.3，部分中性载体膜电极列于表 8.4。

表 8.3　载电荷流动载体膜电极

离子电极	活性物质	线性范围/(mol·L^{-1})	主要干扰离子
Ca^{2+}	二(正辛基苯基)磷酸钙溶于苯基磷酸二辛酯	$1\times10^{-5}\sim1\times10^{-1}$	Zn^{2+}, Mn^{2+}, Cu^{2+}
水硬度	二癸基磷酸钙溶于癸醇	$1\times10^{-5}\sim1\times10^{-1}$	Na$^+$, K$^+$, Ba^{2+}, Sr^{2+}, Cu^{2+}, Ni^{2+}, Zn^{2+}
NO$_3^-$	四(十二烷基)硝酸铵	$1\times10^{-6}\sim1\times10^{-1}$	NO$_2^-$, Br$^-$, I$^-$, ClO$_4^-$
ClO$_4^-$	邻二氮杂菲铁(Ⅱ)配合物	$1\times10^{-5}\sim1\times10^{-1}$	OH$^-$
BF$_4^-$	三庚基十二烷基氟硼酸铵	$1\times10^{-6}\sim1\times10^{-1}$	I$^-$, SCN$^-$, ClO$_4^-$

表 8.4　中性载体膜电极

离子电极	中性载体	线性范围/(mol·L^{-1})	主要干扰离子
K$^+$	缬氨霉素	$1\times10^{-5}\sim1\times10^{-1}$	Rb$^+$, NH$_4^+$, Cs$^+$
K$^+$	二甲基二苯基 30-冠醚-10	$1\times10^{-5}\sim1\times10^{-1}$	Rb$^+$, NH$_4^+$, Cs$^+$
Na$^+$	三甘酰双苄苯胺	$1\times10^{-4}\sim1\times10^{-1}$	K$^+$, NH$_4^+$, Li$^+$
Na$^+$	四甲氧苯基 24-冠醚-8	$1\times10^{-5}\sim1\times10^{-1}$	K$^+$, Cs$^+$
Li$^+$	开链酰胺	$1\times10^{-5}\sim1\times10^{-1}$	K$^+$, Cs$^+$
NH$_4^+$	类放线菌素+甲基类放线菌素	$1\times10^{-5}\sim1\times10^{-1}$	K$^+$, Rb$^+$
Ba^{2+}	四甘酰双二苯胺	$5\times10^{-6}\sim1\times10^{-1}$	K$^+$, Sr^{2+}

2) 电极的响应机理

在流动载体膜中，有机液体离子交换剂能与待测离子结合并在膜内移动，而在溶液中与待测离子电荷相反的离子不能进入膜内，导致溶液与膜之间的交界面两边正、负电荷分离，形成双电层结构，产生膜电位。膜电位与待测离子的活度关系符合 Nernst 方程。下面举几个实例。

(1) 钙离子电极。用带负电荷的载体(如二癸基磷酸钙)作电活性物质，用苯基磷酸二正辛酯作为溶剂，再用微孔膜作为基体制成电极。其电极电位为

$$\varphi = 常数 + \frac{0.0591}{2}\lg a_{Ca^{2+}} \tag{8.15}$$

(2) 硝酸根离子电极。用季铵类硝酸盐等正电荷载体作活性物质，将它溶于邻硝基苯十二烷基醚中，然后按 1∶5 的比例与 5% 的 PVC 四氢呋喃溶液混合，接着在平板玻璃上制成薄膜，然后装备成电极。其电极电位为

$$\varphi = 常数 - 0.0591\lg a_{NO_3^-} \tag{8.16}$$

(3) 钾离子电极。K$^+$ 能与二甲基二苯基-30-冠醚-10 等冠醚类大环化合物形成配合物(图 8.10)。用冠醚作中性载体，与钾离子形成沉淀，将它们溶解在邻苯二甲酸二戊酯中，再与 PVC 的环己酮溶液相混合，铺于平板玻璃上，制成薄膜，装备成中性载体膜电极。其电极电位为

$$\varphi = 常数 + 0.0591\lg a_{K^+} \tag{8.17}$$

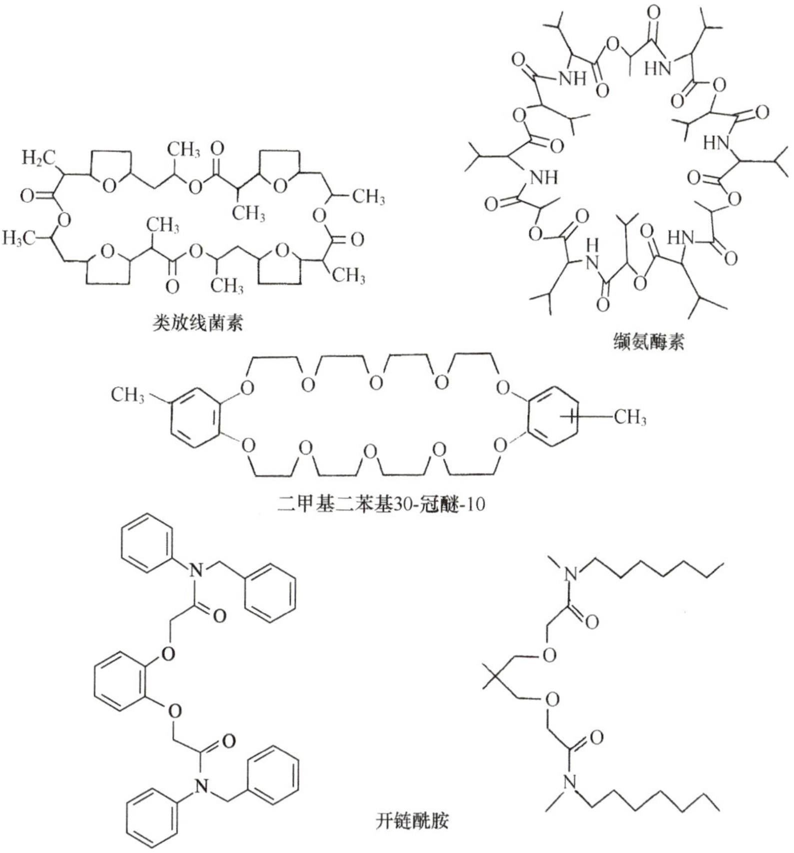
类放线菌素
缬氨霉素
二甲基二苯基30-冠醚-10
开链酰胺

图 8.10　一些中性载体的结构式

5. 敏化电极

敏化电极是指气敏电极、酶电极、细菌电极及生物电极等。

1)气敏电极

气敏电极是一种气体传感器，可用于溶液中气体含量的测定。其工作原理是，待测气体影响某一化学反应平衡，使平衡中某一离子的活度发生变化，其变化量可用该离子的离子选择性电极反映出来，从而测定试液中气体的含量。

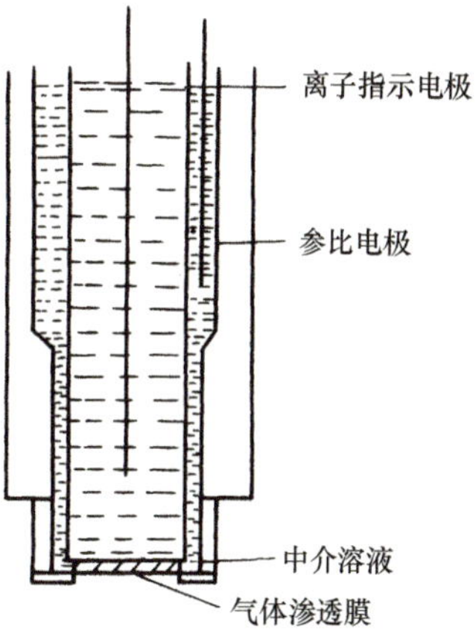
离子指示电极
参比电极
中介溶液
气体渗透膜

图 8.11　气敏电极

如图 8.11 所示，气敏电极的端部装有透气膜，一般用乙酸纤维、聚四氟乙烯或聚偏氟乙烯等材料制成，具有憎水性。溶液中的气体可透过该膜进入管内，使管内溶液中的化学平衡发生改变。例如，用 CO_2 电极测定溶液中的二氧化碳时，二氧化碳穿过气透膜，与管内溶液($0.01mol \cdot L^{-1}$ $NaHCO_3$ 溶液)相接触，发生下列反应：

$$CO_2 + H_2O \rightleftharpoons H_2CO_3$$

此反应的平衡常数 $K_1 = \dfrac{a_{H_2CO_3}}{p_{CO_2}}$，则

$$a_{H_2CO_3} = K_1 p_{CO_2} \tag{8.18}$$

H_2CO_3 与 HCO_3^- 之间的平衡为 $H_2CO_3 \rightleftharpoons HCO_3^- + H^+$，其平衡常数 K_2 为

$$a_{H^+} = K_2 \frac{a_{H_2CO_3}}{a_{HCO_3^-}} \tag{8.19}$$

将式(8.18)代入式(8.19)得

$$a_{H^+} = \frac{K_1 K_2 p_{CO_2}}{a_{HCO_3^-}} \tag{8.20}$$

由于 HCO_3^- 浓度高，可视为常数，并与 $K_1 K_2$ 合并，用 K 表示，则

$$a_{H^+} = K p_{CO_2} \tag{8.21}$$

式(8.21)表明，管内溶液中氢离子的活度与试液中二氧化碳的分压成正比，可用 pH 电极来指示氢离子活度，其电位为

$$\varphi = k_1 + 0.0591 \lg a_{H^+} = k_2 + 0.0591 \lg p_{CO_2} \tag{8.22}$$

与其他电极不同的是，气敏电极实际上构成了一个原电池。除二氧化碳电极外，还有 NH_3、NO_2、H_2S、SO_2 等气敏电极。

2) 酶电极

将生物酶涂渍在电极的敏感膜上，通过界面上的酶催化化学反应，使待测物质产生可在该电极上响应的离子或其他物质，来间接测定该物质。例如，脲经脲酶催化分解为氨和二氧化碳，可以用氨气敏电极检测氨或者二氧化碳气敏电极检测二氧化碳，进而测得脲的含量。又如，葡萄糖经葡萄糖氧化酶作用后生成葡萄糖酸和 H_2O_2，这一过程涉及氧气的消耗，因此可以利用氧电极检测氧含量的变化，间接测定葡萄糖的含量。可被现有离子选择性电极检测的常见的酶催化产物有 CO_2、NH_3、NH_4^+、CN^-、F^-、S^{2-}、I^-、NO_2^- 等。

酶电极属于生物膜电极，此外还有免疫电极和组织电极等。这些电极能快速测定出较为复杂的有机物，工作条件温和，且具有较好的选择性。

6. 离子敏感场效应晶体管

离子敏感场效应晶体管(ISFET)是一种微电子化学敏感元件，是离子选择性电极制造工艺与半导体微电子技术相结合的产物，既具有离子选择性电极对敏感离子响应的特性，又保留了场效应晶体管的性能。

图 8.12 所示的是金属-氧化物-半导体场效应晶体管(MOSFET)的结构。在半导体硅基底上，用扩散技术形成两个高掺杂的 n 区，分别作为源极 s 和漏极 d。在两个 n 区之间的硅表面上生长一层很薄的二氧化硅栅绝缘层，并在其上覆盖一层铝金属电极作为栅极 g，构成金属-氧化物-半导体(MOS)组合层。如果 U_{gs} 为零，并使 U_{ds} 为正电压，则漏极 d 和基底之间的 p-n 结为反向偏置，漏极 d 与源极 s 之间无导电沟道，漏极没有电流通过，即 i_d 等于零。若栅极 g 与源极 s 之间加上正电压 U_{gs}，这一电压使得栅极和基底构成一个电容器(介质是二氧化硅薄层)，便产生垂直向下的电场。p 型硅表面空穴将受电场排斥，移向基底体内，源极与漏极之间的电压 U_{ds} 加大，电场将 p 型中少数载流子(电子)吸引至表面，构成漏极与源极之间导电沟道。U_{ds} 的大小将控制漏极电流 i_d 的大小。

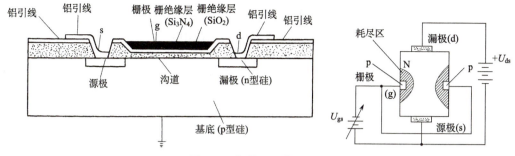

图 8.12 场效应晶体管结构

若将 MOSFET 中的金属栅极 g 以离子选择性电极的敏感膜代替,当它与试液接触,并与参比电极构成电池体系时,电池的电动势加在源极与栅极之间,即膜电位叠加在栅压上,i_d 与响应离子活度之间具有类似 Nernst 方程的关系。

许多离子选择性电极敏感膜(如晶体膜、PVC 膜和酶膜等)都可以用来制作 ISFET 膜。例如,青霉素酶水解青霉素,pH 将改变。在 pH 敏感膜上涂上相互交联的青霉素酶-白蛋白复合物,制得对青霉素敏感的电极。青霉素酶将青霉素水解为青霉素酸,该酸为强酸,使电极表面 pH 降低,即可间接测定青霉素含量。

8.2.3 电位型电化学传感器的性能参数

按照 IUPAC 规定,电位型传感器的质量由响应时间、选择性系数、检测下限、线性范围和 Nernst 响应等参数来表征。

1. Nernst 响应、线性范围及检测下限

以电位型传感器的电位(φ)对响应离子活度的负对数($-\lg a_i$)作图(图 8.13),得到校正曲线。若 φ 与 $-\lg a_i$ 的关系服从 Nernst 方程式,称为 Nernst 响应。该曲线的直线部分所对应的电活性物质活度的范围称为线性范围。直线的斜率称为级差。在曲线的下端,活性物质的活度较低,曲线弯曲,CD 与 FG 延长线的交点所对应的活度称为检测下限。

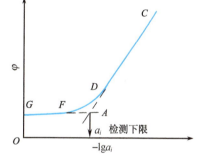

图 8.13 电位与响应离子活度负对数关系

2. 选择性系数

电位型传感器除对特定的电活性物质有响应外,溶液中某些共存离子也可能在电极上产生响应。当有共存离子 j 存在时,膜电位与响应离子 i 的活度的关系服从 Nicolsky 方程

$$\varphi = 常数 + \frac{0.0591}{n_i}\lg(a_i + \sum K_{ij}^{pot} a_j^{n_i/n_j}) \tag{8.23}$$

式中,n_i 为响应离子的电荷数;n_j 为共存离子的电荷数;K_{ij}^{pot} 为电位选择性系数。选择性系数越小,该电极对待测物质的响应越好。

利用选择性系数可以估计在某浓度下干扰离子对待测物所引起的误差。

$$误差 = K_{ij}^{pot} \times \frac{a_j^{n_i/n_j}}{a_i} \times 100\% \tag{8.24}$$

例如,硝酸根离子选择性电极对硫酸根的选择性系数为 4.1×10^{-5},当在有 $1.0\mathrm{mol\cdot L^{-1}}\ SO_4^{2-}$ 存在的溶液中测定 $8.2\times10^{-4}\mathrm{mol\cdot L^{-1}}\ NO_3^-$ 时,由硫酸根所引起的误差为

$$误差 = \frac{4.1\times10^{-5}\times(1)^{1/2}}{8.2\times10^{-4}}\times100\% = 5\%$$

选择性系数受溶液中电活性物质的活度和测定方法的影响,并非是一个严格的常数。一般商品电极均提供选择性系数的值。

测定选择性系数的常用方法有分别溶液法和混合溶液法。

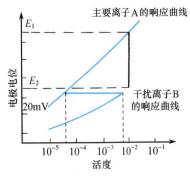

图 8.14 分别溶液法

1) 分别溶液法

分别配制一系列响应离子 i 和干扰离子 j 的标准溶液,然后用 i 离子选择性电极测量电位值 φ_i 和 φ_j,以 φ_i 对 $\lg a_i$ 作图,φ_j 对 $\lg a_j$ 作图(图 8.14),可用等活度法或等电位法求得选择性系数值。

(1) 等活度法。如果 i 离子和 j 离子电荷相等,则

$$\varphi_i = K + S\lg a_i \tag{8.25}$$

$$\varphi_j = K + S\lg(K_{ij}^{\mathrm{pot}} a_j) \tag{8.26}$$

式(8.25)减去式(8.26),得

$$\varphi_i - \varphi_j = S\lg K_{ij}^{\mathrm{pot}} + S(\lg a_i - \lg a_j) \tag{8.27}$$

由于 $a_i = a_j$,则

$$\lg K_{ij}^{\mathrm{pot}} = \frac{\varphi_i - \varphi_j}{S} \tag{8.28}$$

若 i 离子与 j 离子的电荷不相等,则

$$\lg K_{ij}^{\mathrm{pot}} = \frac{\varphi_i - \varphi_j}{S} + \lg \frac{a_i}{a_j^{n_i/n_j}} \tag{8.29}$$

(2) 等电位法。于图中取 $\varphi_i = \varphi_j$,由式(8.25)和式(8.26)得

$$K_{ij}^{\mathrm{pot}} = \frac{a_i}{a_j} \tag{8.30}$$

2) 混合溶液法

混合溶液法是在待测离子与干扰离子共存时求算选择性系数的方法,包括固定干扰法和固定响应离子法,本书仅讨论固定干扰法。

用固定干扰法测定选择性系数时,首先配制一系列含有相同活度干扰离子的响应离子标准溶液,再用 i 离子电极测定相应溶液的电位值 φ,以 φ 对 $\mathrm{p}a_i$ 作图(图 8.15),图中 CD 段是 i 离子的 Nernst 响应

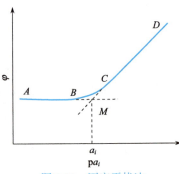

图 8.15 固定干扰法

$$\varphi_i = 常数 + S\lg a_i \tag{8.31}$$

AB 段是 j 离子的响应

$$\varphi_j = 常数 + S\lg(K_{ij}^{pot} a_j) \tag{8.32}$$

在 M 点 $\varphi_i = \varphi_j$，所以

$$K_{ij}^{pot} = \frac{a_i}{a_j} \tag{8.33}$$

如果 i 离子与 j 离子的电荷不相等，则

$$K_{ij}^{pot} = \frac{a_i}{a_j^{n_i/n_j}} \tag{8.34}$$

3. 响应时间

按照 IUPAC 推荐，从指示电极和参比电极一起接触试液开始，到电极电位值稳定（数值变化在 1mV 以内）所经过的时间，称为电位型传感器的响应时间。它与膜电位建立的快慢、参比电极的稳定性、液接电位的稳定性和溶液的搅拌速度等有关。搅拌速度越快，响应时间越短。

4. 膜电阻

电位型传感器的内阻包括膜内阻、内参比溶液的内阻和内参比电极的内阻三部分，主要是膜电阻。各种类型的电极有不同的内阻值，晶体膜电极内阻较低，玻璃膜电极内阻高。电极内阻的大小直接影响对测量仪表输入阻抗的要求。例如，玻璃电极内阻为 $10^{11}\Omega$，如果读数为 1V，要求误差为 0.1%，则可估计对测量仪表输入阻抗的要求

$$\frac{R_内}{R_内 + R_入} = 0.1\%$$

而 $R_内 + R_入 \approx R_入$，则

$$R_入 = \frac{R_内}{10^{-3}} = 10^{14}\Omega$$

即测量仪表的输入阻抗应大于 $10^{14}\Omega$。

一般说来，应保持测量仪表的输入阻抗大于电极内阻 1000 倍。

电极的内阻可采用较为简单的方法测量（图 8.16）。通常将指示电极和参比电极组成电池，使待测物的浓度为 10^{-3} 或 10^{-2} mol·L^{-1}，测得电动势 E_1。然后并联一只标准电阻 R_s，测得电动势 E_2，则可按下式计算电极的内阻：

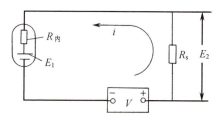

图 8.16　电极内阻测定示意图

$$R_内 = \frac{R_s}{E_2}(E_1 - E_2) \tag{8.35}$$

8.2.4　直接电位法

由于液接电位和不对称电位的影响，一般不能从电池电动势直接按照 Nernst 方程计算待测物的浓度，待测物的含量还需通过以下几种方法来测定。

1. 常用定量分析方法

1）校正曲线法

此法适合于大批量样品的分析测定。配制一系列不同浓度的待测物的标准溶液，用离子

强度调节液控制溶液组成,使之与样品溶液接近或一致。例如,用氟离子电极测定氟,采用的离子强度调节液既可保持样品溶液与标准溶液的离子强度和活度系数相同,又可控制溶液的 pH,还含有配体,可掩蔽干扰离子。用选定的指示电极和参比电极插入所配制的溶液中,测得相应的电动势 E。以 E 对 $\lg c$ 作图,其图形在一定浓度范围内是一条直线,称为校正曲线。根据样品溶液的电动势,从图上查出其浓度。

2) 标准加入法

当样品溶液比较复杂,难以使标准溶液与它保持一致时,可采用标准加入法进行测定。标准加入法适合样品份数少的试样分析。

通常采用一次标准加入法进行测定。先测定浓度为 c_x、体积为 V_x 的样品溶液的电动势 E_x,再在上述溶液中加入浓度为 c_s、体积为 V_s 的标准溶液,搅拌均匀,测定电动势 E_{xs}。设电池电动势的 Nernst 方程的斜率为 S,则

$$E_x = 常数 + S \lg c_x \tag{8.36}$$

$$E_{xs} = 常数 + S \lg(c_x + \Delta c) \tag{8.37}$$

式中

$$\Delta c = \frac{c_s V_s}{V_x + V_s} \tag{8.38}$$

式(8.37)减去式(8.36),得

$$E_{xs} - E_x = S \lg \frac{c_x + \Delta c}{c_x} \tag{8.39}$$

令 $\Delta E = E_{xs} - E_x$,则

$$\frac{c_x + \Delta c}{c_x} = 10^{\Delta E/S} \tag{8.40}$$

$$c_x = \frac{\Delta c}{10^{\Delta E/S} - 1} \tag{8.41}$$

3) 直接比较法

直接比较法主要用于以活度的负对数表示结果的测定,如溶液 pH 的测定。此法也适用于试样组分稳定的溶液。

用 pH 计较精确地测量试液 pH 时,常用玻璃电极作指示电极,饱和甘汞电极(SCE)作参比电极,组成化学电池:

$$\text{pH 玻璃电极} \mid 溶液 \parallel \text{SCE}$$

电池的电动势为

$$E = 常数 + S\,\text{pH} \tag{8.42}$$

实际测量时,将试液与 pH 标准缓冲溶液相比较。试液的电动势用 E_x 表示。pH 用 pH_x 表示,则有

$$E_x = 常数 + S\,\text{pH}_x \tag{8.43}$$

pH 标准缓冲溶液的电动势为 E_s,pH 为 pH_s,则

$$E_s = 常数 + S\,\text{pH}_s \tag{8.44}$$

式(8.43)减式(8.44)，得 pH 的实用定义为

$$\mathrm{pH_x = pH_s} + \frac{E_\mathrm{x} - E_\mathrm{s}}{S} \tag{8.45}$$

测量过程中有一个"定位"步骤，用标准缓冲溶液校准校正曲线的截距，调节 pH 计上的温度旋钮，校准校正曲线的斜率，便可测定试液的 pH。

pH 的测定在环境保护、食品安全、医药、健康和化工等多个领域均有需求。我国于 1965 年建立了水溶液(pH)酸度国家计量基准，是我国已建立的 6 项国家化学计量基准之一。pH 基准由 pH 基准测量装置、测量方法和基准缓冲溶液组成。基准装置由银/氯化银电极和标准氢电极组成的无液接界电池、电动势测量装置、高精度和高稳定性恒温水槽及辅助设备组成。目前，基准装置的测量范围为 pH 0~14、温度 0~95℃，扩展不确定度为 $U=0.005(k=3)$，以邻苯二甲酸氢钾等 12 种 pH 基准物质传递量值，已使我国的 pH 标度与国际接轨。

2. 电位分析法的准确度

用直接电位法测定物质含量的相对误差主要由电池电动势的测量误差决定。根据 Nernst 方程

$$E = 常数 + \frac{RT}{nF}\ln a = 常数 + \frac{RT}{nF}\ln \gamma + \frac{RT}{nF}\ln c \tag{8.46}$$

$$\mathrm{d}E = \frac{RT}{nF}\frac{\mathrm{d}c}{c} \quad 或 \quad \Delta E = \frac{RT}{nF}\frac{\Delta c}{c} \tag{8.47}$$

即测定的相对误差

$$\frac{\Delta c}{c}\Big/\% = \frac{F}{RT}n\Delta E = 3900 n\Delta E(25℃) \tag{8.48}$$

一般离子计读数的绝对误差 $\Delta E = \pm 1\mathrm{mV}$，对于一价离子，浓度的相对误差可达 3.9%；对于二价离子，相对误差达 7.8%。

8.2.5 电位滴定法

在滴定分析中当存在有色或者混浊溶液时，较难找到合适的指示剂。电位滴定就是在滴定溶液中插入指示电极和参比电极，根据滴定过程中电极电位的突跃指示终点。其装置见图 8.17。

电位滴定法的基本原理与普通滴定分析相同，其区别在于确定终点的方法不同，具有以下特点：①准确度相对于直接电位法高，其测定的相对误差可低至 0.2%；②适用于非水溶液的滴定；③适用于难以用指示剂判断终点的浑浊或有色溶液测定；④适用于连续滴定和自动滴定。

电位滴定方法滴定终点的确定有以下几种方法。以电池电动势 E(或者指示电极的电位 E)对滴定剂体

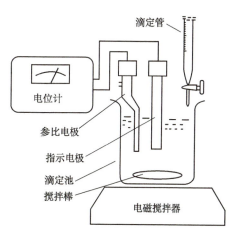

图 8.17 电位滴定基本仪器装置

积 V 作图，得图 8.18(a) 滴定曲线，则曲线突跃的中点（转折点）作为滴定终点。如果滴定曲线的突跃不明显，则可绘制如图 8.18(b) 所示的 $\Delta E/\Delta V$ 对 V 的一级微商滴定曲线，其极大值则可看作为滴定终点。也可以绘制如图 8.18(c) 所示的 $\Delta^2 E/\Delta V^2$ 对 V 的二级微商滴定曲线，当 $\Delta^2 E/\Delta V^2$ 为零时可看作滴定终点。

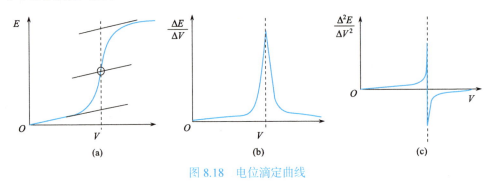

图 8.18 电位滴定曲线

电位滴定的反应类型与普通滴定分析相同，包括酸碱反应、氧化还原反应、沉淀反应和配位反应。

由于离子选择性电极的发展，电位滴定法具有更为广泛的应用。自动滴定仪的生产和应用明显提高了分析速度和精度。

思考题 8.1 电位分析法的原理是什么？电极电位包括哪些部分？对分析结果有什么影响？

思考题 8.2 金属基电极的基本特点是什么？

思考题 8.3 电位分析法采用几电极体系？分别是什么电极？各电极有何特点？

思考题 8.4 简述玻璃电极和晶体膜电极的响应机理。

思考题 8.5 简述离子选择性电极的选择性系数表达的化学意义。

思考题 8.6 为什么测定 pH 时不需要维持离子强度稳定，而测定其他离子（如 F^-）需要维持离子强度稳定？

思考题 8.7 什么是总离子强度调节缓冲剂？它的作用是什么？

思考题 8.8 什么是离子选择性电极的不对称电位？在使用 pH 玻璃电极时，如何减少不对称电位对 pH 测量的影响？

8.3 极谱分析法和伏安分析法

极谱分析法和伏安分析法是一种特殊形式的电解分析方法，它们都是利用浓差极化现象，根据电解过程中的电流-电位曲线进行分析。极谱法和伏安法使用的工作电极又称为极化电极，由它和参比电极组成电解池，这种电解池称为双电极系统。为了更好地控制电极电位，目前常用由工作电极、参比电极和辅助电极组成的三电极系统。极谱法采用液体电极作工作电极，如滴汞电极；伏安法采用固定电极作工作电极，如悬汞电极、汞膜电极、玻璃电极、石墨电极、碳糊电极以及惰性金属电极等。

极谱法由 J. Heyrovsky 于 1922 年创建，至今除经典的普通极谱法外，已形成了一系列的近代极谱方法和技术，成为常用的仪器分析方法和电化学研究手段，广泛应用于痕量无机物质的测定和有机物质的分析。在理论研究方面，极谱法和伏安法常用于电化学反应机理研究、电极过程动力学研究、生命过程研究以及配合物组成和化学平衡常数测定。

8.3.1 普通极谱法基本原理

1. 滴汞电极与三电极系统

极谱法采用滴汞电极(DME，图 8.19)作工作电极，上部为贮汞瓶，下接一塑料管，塑料管的另一端接一内径为 0.05mm 的毛细管，汞自毛细管中有规律地滴下，这时汞滴称为滴汞电极。这种电极的面积很小，电解时电流密度很大，易于产生浓差极化，是一种典型的极化电极。调节汞瓶高度，使滴汞周期为 3~6s。参比电极一般用饱和甘汞电极或银-氯化银电极。参比电极由于其面积很大，电解时电流密度很小，不易出现浓差极化，电极电位是恒定的，可视作去极化电极。使用时参比电极接电源正极，滴汞电极接负极。极谱图用极谱仪记录，极谱仪简图示于图 8.20。图中 B 为直流电源，可变电阻 R 和滑线电阻 DE 用来控制加在电解池(又称极化池)上两端的电压，并由伏特表指示。外加电压引起电解池内电流变化，可由电流计 G 读出，因而该装置可记录电流-电位曲线。

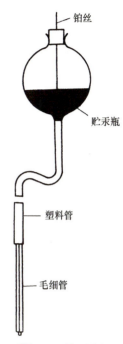

图 8.19 滴汞电极

目前的极谱仪一般采用三电极系统(图 8.21)。除工作电极 W 和参比电极 R 外，另有一支辅助电极 C，常采用 Pt 丝电极作辅助电极。三电极的作用如下：当回路的电阻很大或者电流很大时，极化池的 iR 降便相当大，此时工作电极的电位就不能简单地用外加电压表示。引入辅助电极，在极化池系统中，外加电压 $V_{外}$ 介于工作电极 W 和辅助电极 C 之间。

$$V_{外} = \varphi_c - \varphi_w + iR$$

此处电流 i 与电位 φ_w 的关系曲线称为极谱波。i 很容易在 WC 电路中测得，而 φ_w 受 iR 降的影响难以准确测定。在电解池中插入第三个电极，即参比电极，它与工作电极组成测量电位的回路，由于此回路阻抗很高，通过此回路的电流趋近于零，该回路中的电压降可以忽略。在记录极谱波时用此回路随时监测电解过程中工作电极的电位 φ_w。

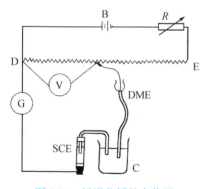

图 8.20 极谱分析基本装置

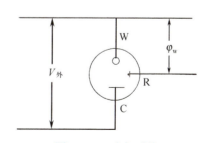

图 8.21 三电极系统

在极谱仪中，采用运算放大器组成三电极系统电路(图 8.22)。A_2 是电流跟随器，输出的信号接至记录仪的电流(i)测量。A_3 是电压跟随器，可以进行阻抗转换，输出的信号接至记录仪的电位(φ)测量。A_1 的输出信号接辅助电极 C，如果工作电极与参比电极之间的电位与需加的电位有差异，A_1 就输出，调节二者电位一致，它起着校正作用。

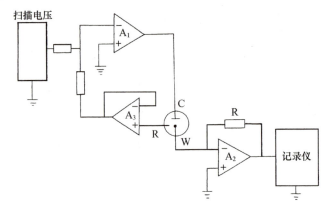

图 8.22　恒电位三电极线性扫描示意图

A_1. 扫描放大器；A_2. 电流放大器；A_3. 反馈放大器

2. 极谱波

图 8.23 是 Cd^{2+} 的极谱波。当电位从 0V 开始逐渐增加，在未达到 Cd^{2+} 的分解电位以前，仅有微小的电流通过，这种电流称为残余电流。当电位增加至 Cd^{2+} 的分解电位（$-0.5 \sim -0.6$V）时，滴汞电极表面上的 Cd^{2+} 开始还原为金属镉，并形成镉汞齐

$$Cd^{2+} + 2e^- + Hg \Longrightarrow Cd(Hg)$$

在阳极上，饱和甘汞电极中的汞发生氧化反应

$$2Hg - 2e^- + 2Cl^- \Longrightarrow Hg_2Cl_2$$

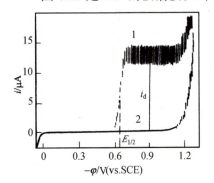

图 8.23　Cd^{2+} 极谱波

1. 5.0×10^{-4} mol·L^{-1} Cd^{2+}，1mol·L^{-1}HCl；
2. 1mol·L^{-1} HCl

此时，电位稍稍负增加，电流将有很大增加，汞滴表面上的 Cd^{2+} 便迅速减少。电流的大小取决于 Cd^{2+} 向电极表面扩散的速度，故称为扩散电流。扩散速度与浓度梯度（溶液中 Cd^{2+} 浓度与电极表面 Cd^{2+} 浓度的差值）成正比，而扩散电流与扩散速度也是正比关系，因此

$$i = K(c - c^s) \tag{8.49}$$

式中，c 为电活性物质的分析浓度；c^s 为电活性物质的电极表面浓度。当负电位增加到一定数值，Cd^{2+} 一到达电极表面便立即被还原，即电极表面上的 Cd^{2+} 浓度 c^s 趋近于零，因而电流的大小与溶液中 Cd^{2+} 浓度正比，此时电流达到最大值；电位继续负移，电流不再增加，图中呈现电流平台，此电流称为极限电流，用 i_1 表示。极限电流与残余电流之差称为极限扩散电流，用 i_d 表示

$$i_d = Kc \tag{8.50}$$

可见，根据极限扩散电流的大小可以求得溶液中待测物质的浓度，这就是极谱定量分析的基础。

在图 8.23 中，当扩散电流等于极限扩散电流一半时所对应的电位称为半波电位，用 $E_{1/2}$ 表示。在一定条件下，半波电位与电活性物质的浓度无关，只取决于待测物质的本性，可以作为极谱定性分析的依据。

8.3.2 极谱电流

极谱分析中,为了使溶液保持静止状态,一般不能搅拌溶液,因而电活性物质向电极表面移动的速度取决于两种力:一种是扩散力,其大小与电活性物质在扩散层内的浓度梯度成正比;另一种力是电场力,其大小与电极附近的电势梯度成正比。因此,极谱图上的极限电流主要包括三部分:①扩散电流,由电活性物质的扩散作用所决定;②迁移电流,由极化池中两电极之间的电场强度所决定;③残余电流,由底液中微量杂质的还原和对溶液与滴汞电极之间的双电层充电而产生。

1. 扩散电流

1)尤科维奇(Ilkovic)方程式

极谱分析是在静止的溶液中进行的,在消除迁移电流以后,如果电极反应不存在除扩散以外的其他控制步骤,则极谱电流就完全由电活性物质的扩散速度控制,产生扩散电流。扩散电流方程的推导先从简单的、面积固定的平面电极开始,然后再引至面积不断增大的球形滴汞电极。

扩散速度与物质浓度梯度的大小成正比,也与物质的性质和介质的性质有关。最简单的扩散是一个方向的扩散,称为线性扩散(图 8.24)。在平面电极上,对于线性扩散,根据菲克(Fick)第一定律,单位时间内因扩散作用而到达电极表面的电活性物质的量 dn 为

$$\mathrm{d}n = DA\frac{\partial c}{\partial x}\mathrm{d}t \tag{8.51}$$

式中,n 为物质的量;c 为物质的浓度;D 为扩散系数;A 为电极面积。

在电极附近,电活性物质浓度 c 的分布既与离电极表面的距离 x 有关,又与电解的时间 t 有关。按照 Fick 第二定律

$$\frac{\partial c}{\partial t} = D\frac{\partial^2 c}{\partial x^2} \tag{8.52}$$

设定起始条件和边界条件,求解上述方程,可得扩散物质的浓度 c 是扩散时间 t 和离电极表面的距离 x 的函数(图 8.25)

$$c_{x,t} = \varphi(x,t) \tag{8.53}$$

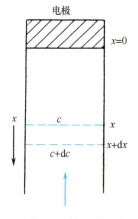

图 8.24 平面电极体系中的线性扩散

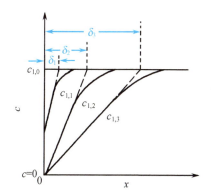

图 8.25 线性扩散浓度与时间的关系

$t_3 > t_2 > t_1$;t_0. 电解开始;δ. 扩散层厚度

将 $\varphi(x,t)$ 对 x 微分，便得到电极表面附近电活性物质的浓度梯度

$$\left(\frac{\partial c}{\partial x}\right)_{x=0} = \left(\frac{\partial \varphi(x,t)}{\partial x}\right)_{x=0} = \frac{c-c^s}{(\pi Dt)^{1/2}} \tag{8.54}$$

式中，$(\pi Dt)^{1/2}$ 称为扩散层有效厚度，用 δ 表示。时间越长，扩散层厚度越大。

按照法拉第（Faraday）定律，电解电流与电活性物质的流量成正比

$$i = nF\frac{dn}{dt} \tag{8.55}$$

结合式(8.55)、式(8.51)和式(8.54)，可得

$$i = nFAD\frac{c-c^s}{(\pi Dt)^{1/2}} \tag{8.56}$$

当表面浓度趋近于零时

$$i = \frac{nFADc}{(\pi Dt)^{1/2}} \tag{8.57}$$

式(8.57)称为平面电极的科特雷尔（Cottrell）方程。

在极谱分析过程中，汞滴不断增长，使得电极附近的溶液发生相对运动，从而扩散层厚度减少

$$\delta = \left(\frac{3}{7}\pi Dt\right)^{1/2} \tag{8.58}$$

极限扩散电流即为

$$i = \frac{nFADc}{\left(\frac{3}{7}\pi Dt\right)^{1/2}} \tag{8.59}$$

滴汞电极上的汞滴接近球形，属于球形扩散。在时间 t 时的体积为

$$V_t = \frac{4}{3}\pi r_t^3 \tag{8.60}$$

式中，r_t 为汞滴半径。此时汞滴质量 m 为

$$m = \frac{4}{3}\rho\pi r_t^3 \tag{8.61}$$

式中，ρ 为汞的密度。设汞的流速为 v，在时间 t 时汞滴质量为

$$m = vt \tag{8.62}$$

由式(8.61)和式(8.62)可求得半径 r_t。汞滴的面积 A_t 为

$$A_t = 4\pi r_t^2 = 4\pi[3vt(4\pi\rho)^{-1}]^{2/3} = 0.85v^{2/3}t^{2/3} \tag{8.63}$$

合并式(8.63)和式(8.59)，得

$$i_d = 708nD^{1/2}v^{2/3}t^{1/6}c \tag{8.64}$$

式中，i_d 为极限扩散电流（μA）；D 为扩散系数（$cm^2 \cdot s^{-1}$）；v 为汞流速（$mg \cdot s^{-1}$）；t 为记录极谱图时汞滴落时间（s）；c 为电活性物质的浓度（$mmol \cdot L^{-1}$）；n 为发生电化学反应时转移的电子数。

式(8.64)是汞滴上的瞬时极限电流,即每滴汞寿命的最后时刻的极限电流,而实际测量仪表记录得到的是一滴汞自开始至滴落时的振荡电流曲线(图 8.26 曲线 3),分析测定时使用的是平均扩散电流,用 $i_{d,m}$ 表示

$$i_{d,m} = \frac{1}{t}\int_0^t i_d \, dt = 607nD^{1/2}v^{2/3}t^{1/6}c \tag{8.65}$$

式(8.64)和式(8.65)称为尤科维奇(Ilkovic)方程式,它是极谱分析的基本公式。

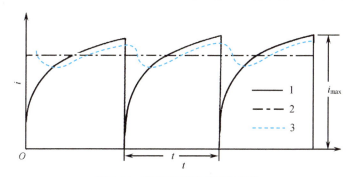

图 8.26 扩散电流随时间的变化
1. 瞬时电流-时间曲线; 2. 平均扩散电流; 3. 记录仪上得到振荡曲线

2) 影响扩散电流的因素

从 Ilkovic 电流方程式可知,影响扩散电流的因素有:

(1) 电活性物质的浓度。在相同的汞柱高度下,用同一根毛细管,且温度不变,扩散电流与电活性物质的浓度成正比

$$i_{d,m} = Kc \tag{8.66}$$

式中,K 为常数, $K = 607nD^{1/2}v^{2/3}t^{1/6}$。

扩散电流与浓度之间的直线关系在滴汞太快时不能成立,这是因为溶液受快速滴汞搅动,干扰了扩散层,所以产生较大的电流。但是滴汞太慢,如检流计周期与滴落时间之比小于 2,则检流计的振荡太大,因此滴汞落下时间以 3~6s 为宜。

(2) 毛细管特性 $v^{2/3}t^{1/6}$。汞滴流量 m 和汞滴滴下的时间 t 由毛细管的性质决定。m 与汞柱高度 h 成正比,而 t 与汞柱高度成反比,当其他条件不变时,由 Ilkovic 方程式可得

$$i_{d,m} = kh^{1/2} \tag{8.67}$$

式(8.67)常用作实验验证电活性物质在汞电极上的反应是否由扩散控制,即极谱波是否为扩散波。

(3) 温度。在 Ilkovic 方程式中,除电化学反应转移电子数 n 不受温度影响外,其他各项均受温度影响,其中温度对扩散系数的影响较大。在室温下,扩散电流的温度系数在 1.3%·℃$^{-1}$ 左右。因此在实际测量中要控制温度,使测定结果在误差范围内。如要使测定扩散电流的误差不超过 1%,温度必须控制在 ±0.5℃。另外,可根据温度系数偏离 1.3%·℃$^{-1}$ 的大小,判断电极过程是否存在有除扩散以外的其他控制步骤。

(4) 扩散系数 D。当温度一定,转移电子数 n 已知,v 和 t 通过实验可以测出,即可由极限扩散电流 i_d 求出扩散系数 D。扩散系数受溶液组成的影响。溶液黏度大,扩散系数就小,扩散电流也越小。扩散系数还与被测离子是否形成配合物有关。若形成配合物,离子半径比水合离

子大，导致扩散系数变小，扩散电流也变小。因此，为了保证扩散系数不发生明显变化，在极谱分析中应保持用于制作校正曲线的标准溶液与试样溶液的组成和测定条件基本一致。

(5) 电化学反应中转移电子数 n。根据式(8.65)，极限扩散电流的斜率可由极谱图上测得，如果扩散系数 D 已知，则可计算转移电子数。

2. 迁移电流与支持电解质

迁移电流来源于极化池的正极和负极对于待测离子的静电吸引力或排斥力。滴汞电极接电源的负极，它对试液中的正离子有静电吸引作用，导致更多的(相对于扩散作用)正离子移向工作电极发生电化学反应。滴汞电极对负离子有静电排斥作用，导致到达滴汞电极表面的负离子较纯扩散作用时少，使得极限电流较只有扩散电流时低。这种由于滴汞电极与电活性物质之间的静电作用产生的极谱电流称为迁移电流。迁移电流与待测物质的浓度没有定量关系，必须加以消除。

在试液中加入支持电解质可以消除迁移电流。常用的支持电解质有 KCl、NH_4Cl、KNO_3、$NaCl$、盐酸等。它们在水中是强电解质，且在待测物质还原的电位范围内不发生电极反应，其浓度至少是电活性物质的 50 倍或 100 倍，这时电场力不仅推动电活性物质向滴汞电极运动，也推动 K^+ 等向滴汞电极移动。由于支持电解质的浓度很大，电极附近电荷的平衡主要由 K^+ 等承担，电场力对待测物质的影响可以忽略不计，因而迁移电流得以消除。

3. 残余电流

在外加电压还没有达到待测物质的分解电压时，待测物质没有发生电化学反应，极化池应没有电流通过，但在记录的极谱图上仍有微小的电流，这种电流称为残余电流。残余电流来源于两个方面：一方面是由溶液中微量的杂质(如金属离子)在汞电极上还原产生的，它可以通过试剂提纯来减少或消除；另一方面是由对溶液与电极界面上的双电层充电产生的，称为充电电流，又称电容电流，它是残余电流的主要组成部分。

在极化池中，在溶液与滴汞电极表面之间形成的扩散层是双电层，它相当于一个电容器，电容器所充电荷 q 为

$$q = CV \tag{8.68}$$

式中，V 为加在电容器两端的电压，即滴汞电极与溶液之间的电位，在很短时间内可视为恒定不变；C 为电容，它与滴汞面积成正比，即 q 随滴汞生长而变化。在滴汞滴落的瞬间 $C=0$，汞滴开始生成便开始充电，于是有充电电流通过电解池。汞滴生长，继续充电。汞滴不断生成和滴落，这样便形成了连续不断的充电电流。

汞滴荷电的情况可以从滴汞的电毛细管曲线(图 8.27)反映出来。电毛细管曲线是汞滴与溶液之间界面的表面张力对滴汞电极电位的曲线。表面张力的大小可以用汞滴滴落的时间间隔来表示，表面张力大，汞滴落周期长。当汞滴荷电时，电荷的斥力将减少表面张力，所以在电毛细管曲线的最高点，汞表面不带电荷，所对应的电位称为零电荷电位。零电荷电位与溶液的组成有关。在除尽氧的 $0.1 mol \cdot L^{-1}$ KCl 溶液中，零电荷电位为 $-0.56V$(对摩尔甘汞电极)。

由图 8.27 可知，当滴汞电极电位正于零电荷电位时，汞滴荷正电荷，须向汞滴充以正电荷，因而电流从甘汞电极经外电路流向滴汞电极(负电流)；当滴汞电极电位负于零电荷电位时，汞滴荷负电荷，电流从滴汞电极经外电路流向甘汞电极(正电流)。这便是充电电流，见图 8.28。

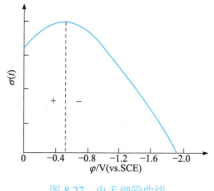

图 8.27　电毛细管曲线

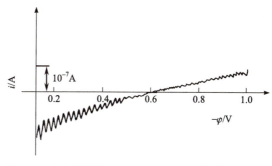

图 8.28　在除尽氧的 $0.1\text{mol}\cdot\text{L}^{-1}$ KCl 溶液中的充电电流

充电电流的大小在 10^{-7}A 数量级，它相当于浓度为 $10^{-5}\text{mol}\cdot\text{L}^{-1}$ 电活性物质所产生的扩散电流，这就限制了普通极谱法的灵敏度。新的极谱技术如方波极谱、脉冲极谱等可以解决充电电流问题。

在极谱波测量中，残余电流可用作图的方法加以扣除。一般仪器上有用以消除残余电流的补偿装置。

4. 极谱极大

在极谱分析中常有一种特殊的现象：当外加电压达到电活性物质的分解电压后，极谱电流随外加电压增大而迅速上升，达到极大值后，又下降到扩散电流的正常值。极谱波上这种比扩散电流大很多的不正常电流峰称为极谱极大。

极谱极大现象是由汞滴在生长过程中表面产生切向运动所致。汞从毛细管流出，汞滴挂于毛细管末端，毛细管末端对汞滴颈部有屏蔽作用，使待测物质不易接近滴汞颈部。而在汞滴下部，待测物质可以无阻碍地接近表面，当待测物质还原时，汞滴下部的电流密度大，使得汞滴表面电荷分布不均匀，致使汞滴表面张力不均匀，表面张力小的部分要向表面张力大的部分运动。这种切向运动便会搅动溶液，使待测物质急速到达电极表面，发生电极反应，从而造成极谱电流急剧增加，形成极谱极大。

在试液中加入表面活性剂可消除极谱极大，最常用的表面活性剂是动物胶，此外还有聚乙烯醇、某些有机染料、Triton X-100、OP 以及吐温系列等非离子表面活性剂。这些表面活性物质可吸附于电极表面。汞滴表面张力大的部分吸附的表面活性剂较多，表面张力小的部分吸附得少，这样整个汞滴表面张力趋于均匀，避免了切向运动，从而消除了极大。

5. 氧波

室温下氧在溶液中含量约为 $8\text{mg}\cdot\text{L}^{-1}$ ($10^{-4}\text{mol}\cdot\text{L}^{-1}$)。极谱分析时，溶解在试液中的氧能在滴汞电极上还原，产生氧波。氧有两个波（图 8.29），第一个波由氧还原为 H_2O_2。在酸性溶液中

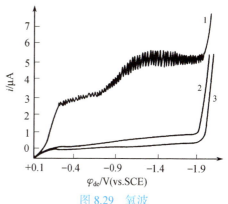

图 8.29　氧波
1. $0.1\text{mol}\cdot\text{L}^{-1}$ KCl-饱和空气溶液；
2. 部分除氧；3. 完全除氧

$$O_2 + 2H^+ + 2e^- = H_2O_2$$

在中性或碱性溶液中

$$O_2 + 2H_2O + 2e^- = H_2O_2 + 2OH^-$$

半波电位为 $-0.05V(vs.SCE)$。

第二个波由 H_2O_2 还原为 H_2O。在酸性溶液中

$$H_2O_2 + 2H^+ + 2e^- = 2H_2O$$

在碱性溶液中

$$H_2O_2 + 2e^- = 2OH^-$$

半波电位在 $-0.9V(vs.SCE)$。

可见，氧波覆盖的电位范围较宽，而且处于极谱分析最常用的电位区域内，与待测物质的极谱波重叠，严重影响分析测定，必须设法消除。可根据实验情况选用下述方法除氧：向溶液中通入氢气、氮气或其他惰性气体驱赶氧，如果是酸性溶液还可用 CO_2 除氧。在碱性或中性溶液中，可加入亚硫酸钠还原氧。在强酸性溶液中可用 Na_2CO_3 除氧。某些极谱测量须在氮气氛中进行，以防止试液重新吸收空气中的氧。

8.3.3 直流极谱波类型及方程

1. 极谱波类型

从电极反应的可逆性出发，极谱波可分为可逆波和不可逆波（图 8.30）。其区别在于电极反应是否有明显的过电位，即是否有电化学极化。如图 8.30 中曲线 2 就是当表现出有过电位时，相对应于曲线 1 的不可逆波。不可逆波实际上是由电极反应速率过慢所致，因此可以采用更负的电位以克服过电位。

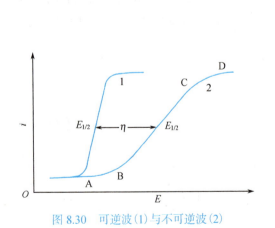

图 8.30　可逆波(1)与不可逆波(2)

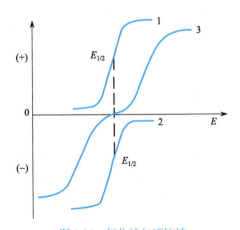

图 8.31　氧化波与还原波
1. 可逆还原波；2. 可逆氧化波；3. 不可逆波

从电极反应的氧化还原性出发，极谱波分为氧化波和还原波（图 8.31）。还原波表示溶液中的氧化态物质在电极上还原时所得到的极化曲线（图 8.31 中曲线 1），氧化波表示溶液中的还原态物质在电极上氧化时所得到的极化曲线（图 8.31 中曲线 2）。对可逆波而言，同一物质

在相同的底液条件下，其还原波和氧化波的半波电位相同。而对不可逆波而言，氧化过程的过电位为正值，还原过程的过电位为负值，故还原波和氧化波的半波电位不同(图 8.31 中曲线 3)。

从电极过程的控制步骤分类，还可分为扩散波、动力波、吸附波等。

2. 电极过程控制步骤

极谱波是由在电极与溶液界面上进行的氧化还原反应产生的，这种反应是非均相反应，它包括一系列连续的步骤。

(1) 传质过程。电活性物质由溶液中向电极表面传递，以补充电极反应耗去的物质。

(2) 前转化过程。电活性物质在两相界面上的双电层中吸附，并转化为适合进行电子交换的形式，如水合金属离子脱水形成纯金属离子。

(3) 电化学反应。电活性物质与电极之间进行电子交换，完成电子转移。

(4) 后转化过程。电化学反应产物在界面上发生化学转化。例如，电化学反应生成的金属与汞形成汞齐；如果产物在汞电极上不被吸附，它将从电极上脱附。

(5) 产物在电极表面形成新相或离开表面。例如，产物可在电极表面上生成沉淀；气体产物可在电极表面形成气泡；汞齐要向汞滴内部转移；非吸附的产物要转至溶液中等。

上述诸多步骤中进行速度最慢的步骤决定整个电极反应的速度，该步骤称为电极过程控制步骤，它决定极谱电流的性质。如果扩散是控制步骤，所产生的电流称为扩散电流；若化学反应为控制步骤，则称为动力电流；如果吸附是控制步骤，所产生的电流称为吸附电流。

3. 极谱波方程

极谱波是描述极谱电流与滴汞电极电位之间关系的曲线，也可用极谱波方程表示其关系。各种极谱波有各自的极谱波方程。下面阐述简单金属离子的可逆极谱波方程、金属离子配合物的可逆极谱波方程和有机化合物的可逆极谱波方程。

1) 简单金属离子的可逆极谱波方程

设简单金属离子 M^{n+} 在滴汞电极上发生还原反应，生成金属 M，并形成汞齐

$$M^{n+} + ne^- + Hg \Longrightarrow M(Hg)$$

在极谱分析中，离子的浓度常常很稀，其活度系数接近于 1。汞齐在汞滴中的浓度也很稀，活度系数也接近于 1。电极反应是可逆的，滴汞电极上的电极电位服从 Nernst 方程

$$\varphi_{de} = \varphi^\ominus + \frac{0.0591}{n} \lg \frac{[M^{n+}]_s}{[M(Hg)]_s} \tag{8.69}$$

式中，下标 s 表示电极表面浓度。根据扩散电流方程式

$$i = K(c_0 - [M^{n+}]_s) \tag{8.70}$$

$$i_d = Kc_0 \tag{8.71}$$

式中，c_0 为溶液本体金属离子浓度。因此

$$[M^{n+}]_s = \frac{i_d - i}{K} \tag{8.72}$$

式中，K 为 Ilkovic 常数。

依照 Faraday 定律，汞滴表面汞齐的浓度与电解电流成正比

$$i = K'[\text{M(Hg)}]_s \qquad (8.73)$$

设汞齐在汞滴中的扩散系数为 D'，上式中

$$K' = 607nD'^{1/2}v^{2/3}t^{1/6} \qquad (8.74)$$

将式(8.74)、(8.73)和(8.72)代入式(8.69)得

$$\varphi_{de} = \varphi^{\ominus} + \frac{0.0591}{n}\lg\left(\frac{D'}{D}\right)^{1/2} + \frac{0.0591}{n}\lg\frac{i_d - i}{i} \qquad (8.75)$$

当 $i = i_d/2$ 时，φ_{de} 等于半波电位

$$E_{1/2} = \varphi^{\ominus} + \frac{0.0591}{n}\lg\left(\frac{D'}{D}\right)^{1/2} \qquad (8.76)$$

式(8.76)表明，半波电位与标准电极电位相差一个常数，它与电活性物质浓度无关，可作为定性分析的依据。电活性物质在不同底液中的半波电位可从有关手册中查到。

式(8.76)代入式(8.75)得

$$\varphi_{de} = E_{1/2} + \frac{0.0591}{n}\lg\frac{i_d - i}{i} \qquad (8.77)$$

如果是可逆氧化波，则

$$\varphi_{de} = E_{1/2} + \frac{0.0591}{n}\lg\frac{i}{i_d - i} \qquad (8.78)$$

由式(8.77)，若以 $\lg\dfrac{i_d - i}{i}$ 对滴汞电极的电位 φ_{de} 作图(图 8.32)，对于可逆极谱波则为一直线，该直线的斜率为 $n/0.0591(25℃)$，便可求得电极反应中转移电子数 n。而对数项为零时所对应的电位便是半波电位，由此可准确测定半波电位。这种方法称为极谱波对数分析法。

2)金属离子配合物的可逆极谱波方程

金属离子配合物体系的极谱行为较简单金属离子的极谱行为复杂。由于配合物常带有有机配体，一般在汞电极上都具有吸附性，极谱电流常包括扩散电流和吸附电流两部分。按照在电极上发生的电化学反应，金属离子配合物可能发生如下电极过程：

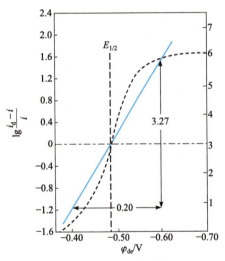

图 8.32　极谱波对数分析图
$1.0×10^{-3} \text{mol·L}^{-1}$ Tl^+； 0.9mol·L^{-1} KCl

(1)吸附或扩散到电极表面上的配合物先离解为金属离子和配体，然后由金属离子进行电子转移。

(2)电极表面上的配合物先离解为金属离子和配体，由于配体吸附性强，占据整个表面，因而在配体与电极之间发生电子转移。

(3)吸附或扩散在电极表面上的配合物不离解，配合物整体参与电子转移，依照量子化学原理，从汞电极上得到的电子属整个π体系。

后两种情况常有 H^+ 参与反应，使得电极过程更加复杂，有关文献已有讨论。本书就第一种情况展开讨论。

假定金属离子与配体只形成一种配合物(不存在逐级配位反应),它在汞电极上不吸附,电极反应是可逆的,电极表面上的配合物首先发生离解

$$\mathrm{ML}_p^{(n-pb)+} \rightleftharpoons \mathrm{M}^{n+} + p\mathrm{L}^{b-}$$

离解出来的金属离子 M^{n+} 在汞电极上还原形成汞齐

$$\mathrm{M}^{n+} + n\mathrm{e}^- + \mathrm{Hg} \rightleftharpoons \mathrm{M(Hg)}$$

总反应为

$$\mathrm{ML}_p^{(n-pb)+} + n\mathrm{e}^- + \mathrm{Hg} \rightleftharpoons \mathrm{M(Hg)} + p\mathrm{L}^{b-}$$

配合物稳定常数 K_{ML} 为

$$K_{\mathrm{ML}} = \frac{[\mathrm{ML}_p^{(n-pb)+}]_s}{[\mathrm{M}^{n+}]_s[\mathrm{L}^{b-}]_s^p} \tag{8.79}$$

式中,下标 s 表示汞滴表面。由于配体浓度很大

$$[\mathrm{L}^{b-}]_s \approx [\mathrm{L}^{b-}] \tag{8.80}$$

由式(8.79)、式(8.80)、式(8.69)得

$$\varphi_{\mathrm{de}} = \varphi^{\ominus} - \frac{0.0591}{n}\lg K_{\mathrm{ML}} + \frac{0.0591}{n}\lg \frac{[\mathrm{ML}_p^{(n-pb)+}]}{[\mathrm{L}^{b-}]^p[\mathrm{M(Hg)}]_s} \tag{8.81}$$

根据 Ilkovic 方程

$$i = k([\mathrm{ML}_p^{(n-pb)+}] - p[\mathrm{ML}_p^{(n-pb)+}]_s) \tag{8.82}$$

$$i_\mathrm{d} = k([\mathrm{ML}_p^{(n-pb)+}]) \tag{8.83}$$

合并式(8.82)和(8.83),可得

$$[\mathrm{ML}_p^{(n-pb)+}]_s = \frac{i_\mathrm{d} - i}{K} \tag{8.84}$$

与简单金属离子类似

$$[\mathrm{M(Hg)}]_s = \frac{i}{K'} \tag{8.85}$$

式(8.84)和(8.85)代入式(8.81)

$$\varphi_{\mathrm{de}} = \varphi^{\ominus} + \frac{0.0591}{n}\lg K_{\mathrm{ML}} + \frac{0.0591}{n}\lg\left(\frac{D'}{D_{\mathrm{ML}}}\right)^{1/2} - p\frac{0.0591}{n}\lg[\mathrm{L}^{b-}] + \frac{0.0591}{n}\lg\frac{i_\mathrm{d}-i}{i} \tag{8.86}$$

半波电位为

$$E_{1/2} = \varphi^{\ominus} + \frac{0.0591}{n}\lg K_{\mathrm{ML}} + \frac{0.0591}{n}\lg\left(\frac{D'}{D_{\mathrm{ML}}}\right)^{1/2} - p\frac{0.0591}{n}\lg[\mathrm{L}^{b-}] \tag{8.87}$$

式(8.87)表明,金属离子配合物的半波电位与配合物稳定常数和配体浓度有关,配合物稳定常数越大,配体浓度越大,半波电位越向负电位方向移动。

式(8.76)减去式(8.87),即金属离子配合物的半波电位与相应简单金属离子半波电位之差

$$\Delta E_{1/2} = \frac{0.0591}{n}\lg K_{\mathrm{ML}} + \frac{0.0591}{n}\lg\left(\frac{D}{D_{\mathrm{ML}}}\right)^{1/2} + p\frac{0.0591}{n}\lg[\mathrm{L}^{b-}] \tag{8.88}$$

如果 D 与 D_{ML} 接近或相等，则

$$\Delta E_{1/2} = \frac{0.0591}{n}\lg K_{ML} + p\frac{0.0591}{n}\lg[L^{b-}] \tag{8.89}$$

测定不同配体浓度下的 $\Delta E_{1/2}$，以 $\Delta E_{1/2}$ 对 $\lg[L^{b-}]$ 作图得一直线，若 n 已知，则由截距可估计 K_{ML}，由斜率可估计配体数 p。

3) 有机化合物的极谱波方程

有机化合物一般以中性分子进行电极反应，且通常有 H^+ 参与反应，同时电极反应的产物不形成汞齐。其电极反应通式为

$$R + nH^+ + ne^- \rightleftharpoons RH_n$$

R 是氧化态，RH_n 是还原态。如果电极反应为可逆反应，且受扩散控制，则电极电位为

$$\varphi_{de} = \varphi^\ominus + \frac{0.0591}{n}\lg\frac{[R]_s[H^+]^n}{[RH_n]_s} \tag{8.90}$$

由 Ilkovic 方程，还原电流 i_c 为

$$i_c = K_R([R]-[R]_s)$$

极限扩散电流 i_{dc} 为

$$i_{dc} = K_R[R]$$

同样，氧化电流 i_a 为

$$i_a = K_{RH_n}([RH_n]-[RH_n]_s)$$

$$-i_{da} = K_{RH_n}[RH_n]$$

式中，K_R 和 K_{RH_n} 为与毛细管特性有关的比例常数。极谱波上任意一点的电流 $i = i_a + i_c$。此时滴汞电极的电位

$$\varphi_{de} = \varphi^\ominus + 0.0591\lg[H^+] + \frac{0.0591}{n}\lg\left(\frac{D_{RH_n}}{D_R}\right)^{1/2} + \frac{0.0591}{n}\lg\frac{i_{dc}-i}{i-i_{da}} \tag{8.91}$$

式中，D_{RH_n} 为还原态的扩散系数；D_R 为氧化态的扩散系数。半波电位为

$$E_{1/2} = \varphi^\ominus + 0.0591\lg[H^+] + \frac{0.0591}{n}\lg\left(\frac{D_{RH_n}}{D_R}\right)^{1/2} \tag{8.92}$$

有机化合物的极谱波方程为

$$\varphi_{de} = E_{1/2} + \frac{0.0591}{n}\lg\frac{i_{dc}-i}{i-i_{da}} \tag{8.93}$$

8.3.4 定量分析方法

Ilkovic 方程是极谱定量分析的基础，根据该方程可选用下列方法进行物质含量的测定。

1. 校正曲线法

配制一系列底液相同但含不同浓度的待测物质的标准溶液，在相同仪器操作条件下记录极谱图，以极谱波高对浓度作图所得到的曲线称为校正曲线。在完全相同实验条件下测得样品溶

液的极谱波高,从校正曲线上可查出样品测试液中的浓度,从而计算得到待测物质的含量。

2. 标准加入法

首先测得浓度为 c_x、体积为 V_x 的样品试液的极谱波高 h_x,再在极化池中加入浓度为 c_s(c_s 至少为 c_x 的 100 倍)、体积为 V_s 的标准溶液,在同样实验条件下测得波高 h_s,则

$$h_x = Kc_x \tag{8.94}$$

$$h_s = K\frac{c_xV_x + c_sV_s}{V_x + V_s} \tag{8.95}$$

上述两式相除并整理,得

$$c_x = \frac{c_sV_sh_x}{h_s(V_x + V_s) - hV_x} \tag{8.96}$$

采用标准加入法进行极谱定量测定时,要求校正曲线必须通过原点,否则标准加入法不能使用。

8.3.5 单扫描极谱法

单扫描极谱法(single sweep polarography)曾称为示波极谱法(oscillopolarography),可以认为它是线性扫描伏安法的一种特殊类型,其特点为:

(1) 用阴极射线示波器记录电流-电位曲线。
(2) 在汞滴的生长后期施加线性扫描电压,且扫描速度快。
(3) 在滴汞生长周期内完成一个极谱波的测定(共 7s,前 5s 为休止期,后 2s 加上一个变化速率极快的 $250\text{mV} \cdot \text{s}^{-1}$ 线性扫描电位)。

由于采用了阴极射线示波器作为电信号的检测工具,单扫描极谱法的电位扫描速度较普通极谱法快得多,可达 $250\text{mV} \cdot \text{s}^{-1}$(普通极谱法为 $200\text{mV} \cdot \text{min}^{-1}$)。这样快的电位扫描速度使得电极表面的离子迅速还原,瞬时产生很大的电流,而周围的离子来不及扩散到电极表面,从而使扩散层加厚,造成极谱电流迅速下降,形成峰形极化曲线。由于单扫描极谱法电流比普通极谱电流大,同时峰形极化曲线易于测量,故灵敏度比较高,一般可达 $10^{-7}\text{mol} \cdot \text{L}^{-1}$。

1. 单扫描极谱图与单扫描极谱仪

单扫描极谱法在单扫描极谱仪上进行,得到单扫描极谱波(图 8.33)。单扫描极谱仪的基本电路示于图 8.34,它在一滴汞上获得一张极谱图(普通极谱法要用数十滴汞甚至上百滴汞才能得到一张极谱图)。汞滴滴下时间为 7s,由于汞滴在成长初期表面积变化较大,所以在前 5s 不加扫描电位(休止期),而是在汞滴滴下的前两秒时间内加上一线性扫描电位(一般为 0.5V,扫描的起始电位可任意设定)。为了使汞滴滴落时间与电位扫描同步进行,在滴汞电极上装有敲击装置,于每次扫描结束时启动敲击器,把汞滴敲落。以后汞滴生长至第 5s 末时,又进行一次 2s 的电位扫描。每扫描一次,荧光屏上就重复出现一次极谱图。汞滴的瞬时面积 A_t 为

$$A_t = 0.85v^{2/3}t^{2/3} \tag{8.97}$$

$$\frac{\text{d}A_t}{\text{d}t} = \left(0.85 \times \frac{2}{3}\right)v^{2/3}t^{-1/3} \tag{8.98}$$

可见，汞滴面积在生长的末期变化很小。单扫描极谱波是在汞滴面积变化微小的情况下记录的，所以得到的极谱图是平滑曲线，而不是普通极谱图的振荡电流。

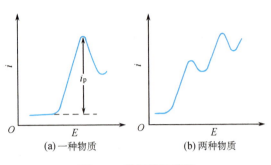

图 8.33　单扫描极谱图

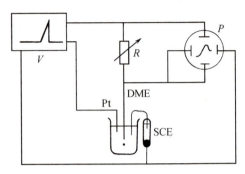

图 8.34　单扫描极谱仪基本电路

2. 峰电流与峰电位

对于可逆波，在固定电极面积和线性扩散条件下，Randles 和 Sevcik 分别推导了单扫描极谱波的峰电流方程

$$i_p = Kn^{1/2}D^{1/2}v_1^{1/2}Ac \tag{8.99}$$

式中，K 为比例常数；v_1 为扫描速度 $(V \cdot s^{-1})$；c 为待测物质的浓度 $(mmol \cdot L^{-1})$；A 为电极表面的面积 (cm^2)；D 为扩散系数 $(cm \cdot s^{-1})$；i_p 为峰电流 (μA)。将式 (8.97) 代入式 (8.99) 得

$$i_p = 2.69 \times 10^5 n^{3/2} D^{1/2} v_1^{1/2} v^{2/3} t_p^{2/3} c \tag{8.100}$$

峰电位 E_p 与半波电位 $E_{1/2}$ 有如下关系：

$$E_p = E_{1/2} - 1.1\frac{RT}{nF} = E_{1/2} - \frac{0.028}{n}(25℃) \tag{8.101}$$

单扫描极谱波峰电流与扫描速度 $v_1^{1/2}$ 成正比，扫描速度越大，峰电流越大，检出限达 $10^{-7} mol \cdot L^{-1}$。但充电电流限制了扫描速度的提高，因为扫描速度增加，充电电流也增加，使信噪比减少，对检测不利。为了进一步提高分辨率，仪器设有导数装置，可以进行一阶、二阶导数测定。单扫描极谱法中，由于氧化波为不可逆波，其干扰作用也大为降低，常可不除去溶液中的氧进行测定。该方法特别适合于配合物吸附波和具有吸附性质的催化波的测定。

8.3.6　循环伏安法

1. 循环伏安法基本原理

与单扫描极谱法类似，循环伏安法 (cyclic voltammetry) 也是以快速线性扫描的方式将激发电位施加于极化池上，它们的区别在于：单扫描极谱法的激发信号是锯齿波电位，而循环伏安法是等腰三角波电位（图 8.35）。从起始电位 E_i 开始，电位沿某一方向线性变化至终止电位 E_m，立即换向回扫至起始电位。若没有停止命令，将不断重复上述过程。一般仪器的电位扫描速度可以从每秒数毫伏至 1V，常用悬汞电极、汞膜电极、Pt 电极、金电极和玻碳电极等固定电极作工作电极。

用三角形脉冲电位得到的循环伏安曲线示于图 8.36。它包括上下两部分：上部分为电活性物质的氧化态还原形成的还原波，称为还原分支或阴极分支，其电流和电位分别为阴极峰电流(i_{pc})和阴极峰电位(E_{pc})；下部分为还原反应产物氧化形成的氧化波，称为氧化分支或阳极分支，其电流和电位分别为阳极峰电流(i_{pa})和阳极峰电位(E_{pa})。还原波和氧化波的峰电流与峰电位方程式均与单扫描极谱波相同。

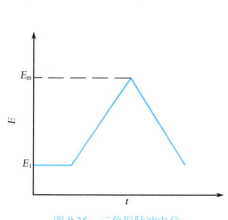

图 8.35　三角形脉冲电位

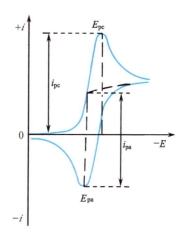

图 8.36　循环伏安曲线

2. 循环伏安法的应用

循环伏安法常用于电极过程、电极吸附现象等电化学基础理论研究。

1) 电极过程可逆性的判断

对于可逆电极反应，阴极波的峰电位 E_{pc} 为

$$E_{pc} = E_{1/2} - \frac{28.25}{n} \tag{8.102}$$

阳极波的峰电位 E_{pa} 为

$$E_{pa} = E_{1/2} + \frac{28.25}{n} \tag{8.103}$$

阳极分支与阴极分支峰电位之差 ΔE_p 为

$$\Delta E_p = E_{pa} - E_{pc} = \frac{56.5}{n} \tag{8.104}$$

必须注意，ΔE_p 值与循环扫描时换向电位有关，如果 n 等于 1，当换向电位较 E_{pc} 负 100mV 时，ΔE_p 将为 59mV。ΔE_p 还与实验条件有关，其值在 55～65mV ($n=1$)，即可判断该电极反应为可逆过程。

Laviron 研究了可逆吸附波的循环伏安曲线（图 8.37）。由图可知，当反应物和产物在电极上强吸附时，可逆波的循环伏安曲线对称，E_{pc} 与 E_{pa} 相等，i_{pc} 与 i_{pa} 相等。

2) 电极反应机理的判断

循环伏安法可用来研究电极反应机理。例如，

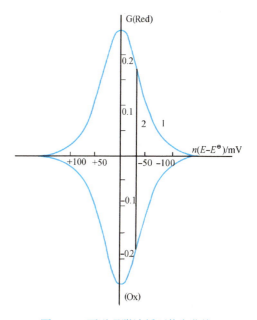

图 8.37　可逆吸附波循环伏安曲线
(引自 J. Electroanal. Chem., 1974, 52: 355)

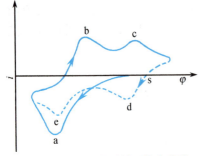

图 8.38 对氨基苯酚循环伏安曲线

对氨基苯酚的循环伏安图见图 8.38。循环伏安扫描的起始电位在图中 s 处，电位较负，沿箭头方向进行阳极扫描，产生阳极峰 a。然后作反向阴极扫描，出现两个阴极峰 b 和 c，再换向作阳极扫描，此时阳极分支出现峰 d 和峰 e，其中峰 e 与峰 a 的峰电位很接近。由此实验结果推断对氨基苯酚的电极反应机理如下。

在第一次阳极扫描时溶液中仅有对氨基苯酚是电活性物质，它在电极上发生氧化反应，生成对亚氨基苯醌出现阳极峰 a。产物对亚氨基苯醌有一部分在电极附近溶液中与水和氢离子发生化学反应，生成苯醌。

阴极扫描时，对亚氨基苯醌还原为对氨基苯酚，形成阴极峰 b；化学反应产物对苯醌还原为对苯二酚，形成峰 c。

第二次阳极扫描时对苯二酚被氧化为苯醌，形成峰 d，峰 e 和峰 a 电极反应相同。

峰 c 和峰 d 可由实验证实。配制对苯二酚溶液，在相同实验条件下记录循环伏安图，便可得到证实。

8.3.7 交流、方波和脉冲极谱法

前已阐明，充电电流是影响普通极谱法灵敏度的主要因素，在示波极谱法中充电电流也限制了电位扫描速度的提高。为了消除充电电流，于是发展了交流极谱、方波极谱和脉冲极谱等新技术。

1. 交流极谱法

交流极谱法是在直流极谱基础上发展起来的，在直流电压上叠加一个振幅为 10～30mV、

频率为 5~20Hz 的正弦波电压(图 8.39)，然后测量流过极化池的交流电流。交流极谱的装置如图 8.40 所示。

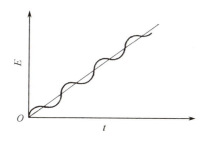

图 8.39　交流电压与直流电压的叠加

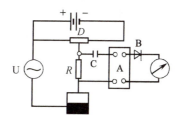

图 8.40　交流极谱装置示意图

由电源 B 提供的直流电压经交流电压 U 调制后，施加于极化池的两个电极上。通过电解池的电流由三部分组成：①由直流电压使电活性物质发生电化学反应所产生的直流电解电流 i_f；②正弦交流电压向双电层充放电的电容电流 i_z；③交流电压使电活性物质发生电极反应的交流电解电流 i_{fa}。其中直流成分 i_f 被滤波电容 C 滤去，仅有交流电流 i_{fa} 和 i_z 进入放大装置 A，被记录下来。

交流极谱波如图 8.41 所示，是峰形曲线。在电活性物质的分解电位 E_2 以前，小振幅的交流电压还不能使电活性物质发生电极反应，因此没有电解电流 i_{fa}。当达到分解电位后，在直流极谱电流的上升区内，当交流电压位于正半周时，实际加在极化电极上的电压比未叠加时要正；而正弦交流电压位于负半周时，要更负。它们产生的还原电流比未叠加时要小些或大些，即产生电解电流的交流成分。当直流电位达到 $E_{1/2}$ 时，由于经典极谱波的上升部分斜率最大，即同样的电压变化引起的电流变化最大，因而得到的交流电流也最大。在 $E_{1/2}$ 的左边或右边，交流电压所引起的电流变化均较 $E_{1/2}$ 处小，故交流极谱波呈峰形。图中当外加电压较 E_3 更负时，电解电流的直流成分已达极限扩散电流，交流电压的变化不再引起电解电流的变化，即电解电流的交流成分 i_{fa} 为零，故在图中交流极谱图上 C 区和 A 区相同。可见，交流极谱波的峰电位与直流极谱的半波电位 $E_{1/2}$ 相同。

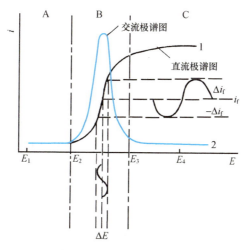

图 8.41　交流极谱波的产生

峰电流 i_p 为

$$i_p = \frac{n^2 F^2}{4RT} D^{1/2} A \omega^{1/2} \Delta U c \tag{8.105}$$

式中，ω 为叠加的交流电的角频率；ΔU 为交流电压振幅；其他符号具有通常意义。

交流极谱分辨率高，可分辨电位相差 40mV 的两个极谱波。同时，对可逆波的灵敏度较高，氧波干扰很小。但充电电流大，比普通极谱大 10～20 倍，限制了检测限的降低。为了减少充电电流的影响，发展了相敏交流极谱法。根据电学原理，充电电流相位超前于所叠加的交流电压相位 90°，可逆过程的 Faraday 交流电流超前于所加交流电相位 45°。采用相敏检测器，在相对于所叠加交流电相角 0°或 180°处测量，所测得的电流中充电电流等于零，这样就完全消除了充电电流。

2. 方波极谱法

在交流极谱基础上，用一个频率为 225～250Hz、振幅为 10～30mV 的方波电压代替正弦波电压调制直流线性扫描电压（图 8.42），并在方波电压改变方向前的瞬间记录通过电解池的交流电流，便是方波极谱法。方波极谱波如图 8.43 所示，图中(a)是断续方波极谱波，(b)为连续方波极谱波。

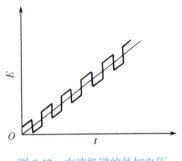

图 8.42　方波极谱的外加电压

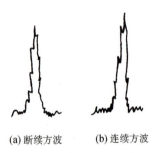

(a) 断续方波　　(b) 连续方波

图 8.43　方波极谱波

方波极谱较交流极谱灵敏度高，分辨率也较好，这是由于方波极谱充分衰减了充电电流，消除了充电电流的影响（图 8.44）。充电电流 $i_{电容}$ 随时间呈指数衰减

$$i_{电容} = \frac{E_s}{R} e^{-\frac{t}{RC}} \tag{8.106}$$

式中，E_s 为方波电压振幅；R 为整个回路（包括溶液）的电阻；C 为双电层电容。当 $t = RC$ 时，$e^{-t/RC}$ 值为 0.368，即 $i_{电容}$ 为开始时的 36.8%；当 $t = 5RC$ 时，此时仅为开始时的 0.67%，可见时间在 $5RC$ 以后充电电流可以忽略不计。

当有电活性物质在电极上发生电化学反应时，Faraday 电解电流随时间的平方根 $t^{1/2}$ 衰减比 $i_{电容}$ 慢，因此在方波极谱改变方向的前一瞬间记录极谱电流，就可以消除充电电流的影响（图 8.44）。

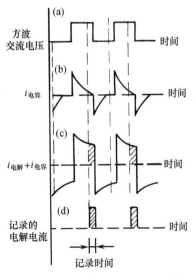

图 8.44　方波极谱中充电电流消除

方波极谱中，灵敏度的进一步提高受到毛细管噪声的影响。当汞滴滴下时，毛细管中的汞要向上回缩。溶液便进入毛细管端部，附于内壁上形成一层液膜。对于每一滴汞来说，液膜的厚度和汞回升的高度不规则，从而电流发生变化，形成毛细管噪声电流。为了解决这一问题，发展了脉冲极谱法。

3. 脉冲极谱法

脉冲极谱(pulse polarography)是在滴汞电极的每一滴汞的末期,于直流线性电压上叠加一个振幅为2～100mV、持续时间为40～60ms的周期性脉冲电压,并在脉冲电压后期记录Faraday电流。与方波极谱一样,它消除了充电电流的影响,但又与方波极谱不同,脉冲极谱的方波频率降低(脉冲极谱的脉冲方波持续时间至少为40ms,而方波极谱为2ms),致使毛细管噪声电流得到充分衰减,因而脉冲极谱法是最灵敏的电化学分析方法之一。

脉冲极谱法按施加脉冲电压的方式和记录电流的方式不同,分为常规脉冲极谱和微分脉冲极谱两种方法。

1) 常规脉冲极谱

常规脉冲极谱(NPP)用时间控制器同步,在每一滴汞的后期,于极化池上施加一个振幅逐渐递增的脉冲电压[图 8.45(a)],在每一个脉冲电压消失前 20ms 时进行电流取样[图 8.45(b)],记录得到的极谱图示于图 8.45(c),它与普通极谱波形状相似。

常规脉冲极谱的极限电流方程式为

$$i_l = nFA\left(\frac{D}{\pi t_m}\right)^{1/2} c \tag{8.107}$$

式中,t_m 为以施加脉冲电压至测量电流时的时间;其他符号具有通常意义。与普通极谱相比,i_l 是 i_d 的 6～7 倍。作为分析工具,常规脉冲极谱广泛用于痕量重金属和有机物的测定,特别是环境样品的分析。

2) 微分脉冲极谱

微分脉冲极谱(DPP)是在缓慢变化的直流电压上用时间控制器控制,同步在每一滴汞后期叠加一个 5～100mV 等振幅、持续时间为 40～80ms 的脉冲电压[图 8.46(a)],在脉冲电压加入前 20ms 进行第一次电流取样,在脉冲电压消失前 20ms 进行第二次电流取样,记录两次电流差[图 8.46(b)],其极谱波示于图 8.46(c),呈对称的峰形。

微分脉冲极谱的峰电流 i_p 方程式为

$$i_p = \frac{n^2 F^2 A \Delta E}{4RT}\left(\frac{D}{\pi t_m}\right)^{1/2} c \tag{8.108}$$

式中,ΔE 为脉冲振幅。

微分脉冲极谱波的峰电位与半波电位的关系如下

$$E_p = E_{1/2} \pm \frac{\Delta E}{2} \tag{8.109}$$

式中,还原波取 "−",氧化波取 "+"。

8.3.8 极谱催化波

8.3.7 节介绍了提高极谱分析灵敏度的电子技术,本节将讨论提高极谱和伏安分析灵敏度的化学方法。

在电极过程中,常观察到电极反应与化学反应相偶合,使得电极过程取决于化学反应速率,这类极谱波称为极谱催化波。极谱催化波是一种动力波,动力波的特点在于电极反应过程同时受某些化学反应速率所控制。根据电极反应(记为 E)与化学反应(记为 C)的关系,可分为三种类型。

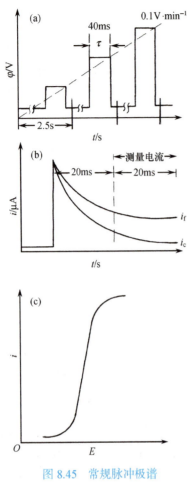
图 8.45 常规脉冲极谱

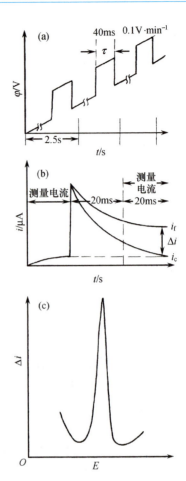
图 8.46 微分脉冲极谱

(1) 化学反应先行于电极反应，即 CE 电极过程。

$$A \rightleftharpoons B \text{(化学反应)}$$
$$B + ne^- \longrightarrow C \text{(电极反应)}$$

(2) 化学反应平行于电极反应，称为 EC(R) 电极过程。

$$A + ne^- \longrightarrow B \quad \text{(电极反应)}$$
$$B + C \rightleftharpoons A \quad \text{(化学反应)}$$

(3) 化学反应后行于电极反应，即 EC 电极过程。

$$A + ne^- \longrightarrow B \text{(电极反应)}$$
$$B \rightleftharpoons C \text{(化学反应)}$$

通常极谱催化波是平行反应过程的动力波，它可以用普通的极谱仪器检测，其检测限一般可达到 $10^{-9} \sim 10^{-10} \text{mol} \cdot \text{L}^{-1}$，有时甚至可达到 $10^{-12} \text{mol} \cdot \text{L}^{-1}$。

1. 平行催化波

这类催化波中，在电极反应进行的同时，电极周围一薄层溶液中发生某氧化还原化学反应，使电极反应的产物生成原来的反应物。例如

$$Ox + ne^- \rightleftharpoons Red \quad \text{电极还原反应}$$

$$Red + Z \rightleftharpoons Ox \quad \text{化学氧化反应}$$

整个电极过程受有关化学反应动力学控制。由于化学反应与电极反应平行进行，形成循环，催化极谱电流较相应的扩散电流大得多，故称为平行催化波。在平行催化波体系中，实际上电解前后 Ox 的浓度没有变化，所消耗的是氧化剂 Z。物质 Ox 相当于一种催化剂，催化了物质 Z 的还原。催化电流与催化剂 Ox 的浓度成正比，从而可用来测定 Ox 的含量。在平行催化波中，化学反应速率越快，得到的催化电流越大，方法的灵敏度也越高。

在平行催化波中，化学反应使物质 Red 氧化成物质 Ox，不一定非需氧化剂 Z 不可，有时其他物理因素也可以。例如，中枢神经系统抑制剂氯帕米明的极谱波，氯帕米明从汞电极上得到电子，在整个大 π 键上运动，生成化合物 Ⅱ。由于吩噻嗪类药物在阳光照射下容易氧化，化合物 Ⅱ 在光作用下更容易氧化，生成化合物 Ⅰ，从而形成平行催化波。

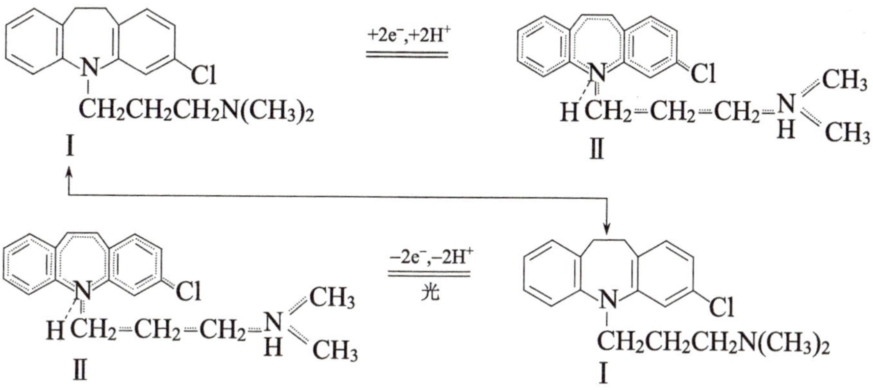

(氯帕米明在滴汞电极上的电极反应，引自 "药学学报" 1994 年第 6 期，p478)

催化电流与汞柱高度无关，其温度系数由化学反应速度常数的温度系数决定，一般为 4%～5%。

2. 氢催化波

氢在汞电极上有很高的超电位，如在 $0.1 mol \cdot L^{-1}$ HCl 溶液中，H^+ 在 −1.2V 才开始还原。在酸性溶液中，某些物质可降低氢的超电位，使 H^+ 在较正的电位还原，形成氢催化波。根据产生的机理不同，氢催化波可分为两类。

1) 铂族元素的氢催化波

在酸性溶液中，铂族元素很容易被还原，生成具有催化活性的金属原子，沉积于汞电极表面(Pb 例外，能形成汞齐)，使电极表面的性质有很大改变。而氢在铂族元素电极上的超电位远小于在汞电极上的超电位，从而使 H^+ 提前还原。例如，在 $0.1 mol \cdot L^{-1}$ HCl 溶液中，当有 $5 \times 10^{-8} mol \cdot L^{-1}$ Pt(Ⅳ)存在时，在 −1.05V 产生一个氢催化波，该波波高与 Pt(Ⅳ)的浓度成正比，可用来测定痕量铂。除钯、锇以外，其余铂族元素均能形成氢催化波。

2) 有机化合物或金属配合物的氢催化波

有机化合物在汞电极上一般具有吸附性。在酸性溶液中或溶液中有质子给予体存在时，一些含氮、氧或硫的有机化合物可发生加质子反应，形成质子化产物，它们被吸附到电极表面上，便可发生 H^+ 的还原反应，形成氢催化波。

$$\text{Org} + \text{BH}^+ \rightleftharpoons \text{B} + \text{Org}—\text{H} \qquad \text{（质子化反应）}$$

$$\text{Org}—\text{H} + 2e^- \longrightarrow \text{Org} + \text{H}_2 \qquad \text{（电极反应）}$$

式中，Org 代表有机化合物。上述电极过程在本质上与平行催化波有区别，作为催化剂的 Org—H 的浓度没有变化，消耗的是质子给予体 BH^+，即电极反应放出的氢来自质子给予体。

与上述有机化合物相似，这些有机化合物与金属离子所形成的配合物也能产生氢催化波。例如，在氨性缓冲溶液中，Co(Ⅱ) 与含有—SH 键的半胱氨酸或胱氨酸形成配合物，产生氢催化波。催化电流与 Co(Ⅱ) 的浓度和胱氨酸浓度有关，可用来测定蛋白质、胰岛素、尿、脑脊髓液及血清中的胱氨酸，还可用于医疗诊断。

3. 配合物吸附波

一些阴离子、阳离子或中性分子可强烈地吸附在汞电极上，使得电极表面浓度比溶液本体浓度高得多，在单扫描极谱法中能得到较大的 Faraday 电流。这类极谱分析方法的灵敏度很高，可用来测定痕量组分。

在配合物吸附波中，电活性物质是以配合物形式吸附于电极上的，它可以先分解，再有金属离子还原，也可以有配体还原，还可以配合物整体参加电极反应。因此，配合物吸附波可分为三种主要类型。

1) 配合物中金属离子还原

I^- 在滴汞电极上强烈吸附，导致配合物 CdI_2 在汞电极上发生诱导吸附，使 Cd^{2+} 表面浓度增加，从而 Cd^{2+} 的还原电流增大。

2) 配合物中配体还原

含有偶氮基、亚硝基、硝基、酮式或醌式结构的配体容易被还原，金属离子与这类配合剂形成的配合物一般在电极上容易被吸附，并发生电极反应，由配合物中的配体还原。例如，Mg-铬黑 T 配合物在乙二胺介质中产生灵敏的配合物吸附波。Mg^{2+} 在通常的外加电压下不产生极谱波，在此配合物的电极过程中，由配体铬黑 T 还原，形成吸附电流，可以用来测定 $10^{-8} \text{mol} \cdot \text{L}^{-1}$ 的镁。

3) 配合物整体还原

吸附在电极上的金属离子配合物不分解，以分子整体参加电极反应。例如，铜与 4-(2-喹啉偶氮)-1,3-二羟萘(2-QADNm)配合物吸附于滴汞电极上，发生电极反应，从电极上得到的两个电子在整个大 π 键上运动，同时加上两个氢，生成在电极上不吸附的电极反应产物，在碱性溶液中该产物失去氢，当电位回扫时被氧化，产生阳极峰。

理想的配合物吸附波要求配体有很好的疏水性，并在电极上有一定的吸附能力。许多配体在水中的溶解度很小，且具有大 π 键，容易与汞电极表面交叠，吸附于电极上。有机试剂在极谱催化波中的应用已有综述。生成的配合物的稳定性要适中，条件稳定常数在 $10^5 \sim 10^8$ 之间。

[Cu(2-QADAm)₂配合物在滴汞电极上的电极反应,引自"中国科学"1988年第8期,p819]

8.3.9 溶出伏安法

1. 溶出伏安法基本原理

溶出伏安法(stripping voltammetry)包含电解富集和电解溶出两个过程,是一种灵敏很高的电化学分析方法,一般可达 $10^{-7} \sim 10^{-11} \text{mol} \cdot \text{L}^{-1}$,这主要是由于工作电极的表面积很小,通过电解富集,可使电极表面汞齐中金属的浓度相当大,溶出时导致产生较大的电流,从而提高灵敏度。

在该方法中,首先使待测物质在一定电位下电解或吸附富集一段时间,然后进行电位扫描,使富集在电极上的物质电解,并记录电流-电位曲线,进行定量分析。为了对低浓度的物质更有效地富集,在富集时常需要搅拌。测量时则保持溶液静止。图 8.47 是以悬汞电极为工作电极,采用方波极谱记录的 Cu、Pb、Cd 和 Zn 的溶出伏安曲线,检测下限可达 $10^{-10} \text{mol} \cdot \text{L}^{-1}$。

在适宜的条件下,溶出伏安曲线的峰高与待测物的浓度成正比,所以采用溶出伏安法可进行定量分析。除了测定金属离子外,还可以测定氯、溴、碘、硫等阴离子。这些阴离子可以与汞生成难溶化合物,可用阴极溶出法进行测定。

因此,溶出伏安法包括阳极溶出伏安法和阴极溶出伏安法。在溶出过程中,若电极反应为氧化反应,称为阳极溶出伏安法,多用于测定金属离子。若溶出时电极反应为还原反应,则称为阴极溶出伏安法,可用于测定卤素、硫、钨酸根等阴离子。溶出伏安法中使用的工作电极有悬汞电极、汞膜电极和玻碳电极等固体电极。汞膜电极用银、铂等作电极基体材料,在其表面镀汞,形成厚度为数十纳米至数百纳米的汞膜。这种电极面积大,电解富集效率高。

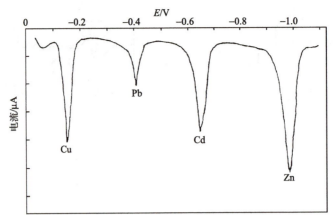

图 8.47　Cu、Pb、Cd 和 Zn 溶出伏安图（方波）
0.1mol·L⁻¹ HCl，0.01mol·L⁻¹ NaCl

2. 溶出峰电流

在悬汞电极上，溶出峰电流与电活性物质浓度呈下列关系

$$i_p = -k_1 m n^{3/2} D_R^{1/2} rvtc \tag{8.110}$$

在汞膜电极上

$$i_p = -k_2 m n^2 Avtc \tag{8.111}$$

上两式中，k_1 和 k_2 为常数；m 为传质系数

$$m = D_0^{2/3} \omega^{1/2} \eta^{-1/6} \tag{8.112}$$

其他各项的物理意义如下：n 为在溶出时电极反应的转移电子数；D_0、D_R 分别为电活性物质在溶液中和在汞齐中的扩散系数；r 为悬汞电极的半径；A 为汞膜电极的表面积；v 为溶出时的电位扫描速度；ω 为富集时搅拌的角频率；η 为溶液的黏度；t 为富集时间；c 为电活性物质的浓度。当实验条件不变时

$$i_p = Kc \tag{8.113}$$

这就是溶出伏安法定量分析的基础。

溶出伏安法灵敏度高，广泛应用于金属离子及有机化合物测定。例如，血铅的临床检测方法之一就是阳极溶出伏安法。

思考题 8.9　伏安分析法原理是什么？采用几电极体系？分别是什么电极？各电极有何特点？

思考题 8.10　极谱分析的主要特点及影响极谱分析灵敏度和分辨率的主要因素是什么？

思考题 8.11　影响极谱扩散电流的因素是什么？

思考题 8.12　极谱分析中的干扰电流有哪些？如何消除？

思考题 8.13　极谱分析法采用的滴汞电极具有哪些优缺点？

思考题 8.14　在极谱分析中为什么要加入大量支持电解质？加入电解质后电解池的电阻将降低，但电流不会增大，为什么？

思考题 8.15　极谱定性和定量的参数是什么？

思考题 8.16　简述基于配合物极谱波方程如何获得配合物的 n、p、K。

思考题 8.17　极谱催化波有哪些类型？说明它们产生的过程差异。

思考题 8.18　简述溶出伏安法的原理、特点及用途。

思考题 8.19 简述 Ilkovic 方程式中各符号的意义。

思考题 8.20 为什么单扫描极谱、交流极谱、方波极谱和脉冲极谱具有比经典直流极谱更高的灵敏度和分辨率？是如何改进的？

思考题 8.21 简述循环伏安法的基本原理。氧化波和还原波是如何产生的？

思考题 8.22 循环伏安法如何判断电极过程是可逆与不可逆的？

思考题 8.23 对氨基苯酚的循环伏安扫描曲线中，第一次阳极扫描出现一个峰，第二次阳极扫描时为什么出现两个峰？

8.4 库仑分析法

按照 Faraday 定律，用电解过程中所消耗的电量进行定量分析的方法称为库仑分析法。其基本要求是：电极反应必须单纯，电量必须全部被待测物所消耗，以保证电极反应的电流效率为 100%。库仑分析的依据是 Faraday 定律。库仑分析法可分为控制电位库仑分析法与控制电流库仑分析法两种。

8.4.1 Faraday 定律

Faraday 定律揭示了在电解过程中电极上所析出物质的量与通过电解池的电量之间的关系，其数学表达式为

$$m = \frac{MQ}{nF} = \frac{Mit}{nF} \tag{8.114}$$

式中，m 为析出物质的质量(g)；M 为该物质的摩尔质量；n 为电极反应的转移电子数；F 为 Faraday 常量($96485 \text{C} \cdot \text{mol}^{-1}$)；$i$ 为通过电解池的电流(A)；t 为电解时间(s)；Q 为电量(C)。

Faraday 定律是自然科学中最严格的定律之一，不受温度、压力、电解质浓度、电极材料与形状、溶剂性质等因素的影响。

8.4.2 控制电位库仑分析

1. 理论基础

在电解过程中，控制工作电极的电极电位保持恒定值，直接根据被测物质所消耗的电量求出其含量的方法称为控制电位库仑分析法，其基本装置见图 8.48。电极系统由工作电极、对电极和参比电极组成，其中工作电极与参比电极构成电位测量与控制系统，以便维持工作电极的电位恒定，使待测物质以 100%电流效率进行电解。当电流趋近于零时，表明该物质已电解完全。如果在电路中串联库仑计，即可精确测定电量，再根据 Faraday 定律计算该物质的含量。常用的工作电极有铂、银、汞或碳电极等。

例如，用控制电位库仑法测定铜时，将含 Cu^{2+} 的 $0.4 \text{mol} \cdot \text{L}^{-1}$ 酒石酸钠-$0.1 \text{mol} \cdot \text{L}^{-1}$ 酒石酸氢钠-$0.2 \text{mol} \cdot \text{L}^{-1}$ 氯化钠溶液置于汞阴极电解池中，通氮除氧，在此底液中 Cu^{2+} 的极谱半波电位为-0.09V，因而控制阴极电位在$(0.24 \pm 0.02)\text{V}$(vs.SCE)，电解 $40 \sim 60 \text{min}$ 后，当电解电流降低至 1mA 以下时，电解已经完全，由消耗的电量计算铜含量。

2. 电量的测定

在控制电位电解过程中，电解电流随电解时间而变化

$$i_t = i_0 10^{-kt} \tag{8.115}$$

式中，i_t 为时间 t 时的电流；i_0 为电解开始时的电流；k 为常数，与溶液和电极的性质有关，因此不能简单地由电解电流与电解时间之乘积计算电量，而要在电路中串联库仑计或电流时间积分仪来测量所消耗的电量。

1) 氢氧气体库仑计

氢氧气体库仑计(图 8.49)是在库仑分析法中早期常用的库仑计。使用时串联于控制电位电解装置中，电解管置于恒温水浴内，电解管中装 0.5mol·L⁻¹ K_2SO_4 或 Na_2SO_4 电解液，电解水时在阳极上析出氧，而在阴极上析出氢。通过测定电解前后刻度管体积的变化，计算所消耗的电量。在标准状况下，消耗 1C 电量析出 0.1741mL 氢和氧混合气体，故

$$Q = \frac{V}{0.1741} \tag{8.116}$$

式中，V 为电解前后刻度管读数之差。根据 Faraday 定律，待测物质的质量为

$$m = \frac{VM}{(0.1741 \times 96485)^{-1} n} \tag{8.117}$$

式中，n 为待测物质在电极反应过程中转移电子数；M 为待测物质的摩尔质量。

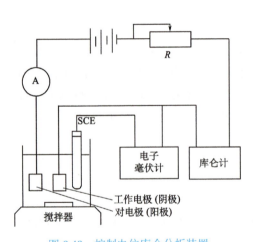

图 8.48 控制电位库仑分析装置

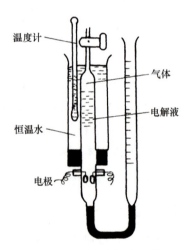

图 8.49 氢氧气体库仑计

2) 电子积分仪

根据电解过程中的电解电流 i_t，采用电子积分仪，便可记录电解过程中所消耗的电量

$$Q = \int_0^t i_t \, dt \tag{8.118}$$

3) 图解法

由式(8.115)和式(8.118)得

$$Q = \int_0^t i_0 10^{-kt} \, dt = \frac{i_0}{2.303k}(1 - 10^{-kt}) \tag{8.119}$$

由式(8.119)可知，t 增加，即电解时间越长，10^{-kt} 值减少。当 $kt > 3$ 时，10^{-kt} 可以忽略不计，则其极值为

$$Q = \frac{i_0}{2.303k} \tag{8.120}$$

对式(8.115)取对数,得

$$\lg i_t = \lg i_0 - kt \tag{8.121}$$

以 $\lg i_t$ 对 t 作图,得一直线,截距为 $\lg i_0$,由斜率可得 k 值。将 i_0 和 k 值代入式(8.119),便可求得电量 Q 值。当 t 较大时,电量 Q 的极值由式(8.120)计算,即为 $2.303^{-1}k^{-1}i_0$。

8.4.3 控制电流库仑分析

控制电流库仑法又称库仑滴定法,是用恒定的电流以100%的电流效率进行电解,在电解池内产生一种物质(称为滴定剂),与待测物质进行定量化学反应,反应的化学计量点可用指示剂或其他仪器方法(如电化学方法、分光光度法等)指示。该法的基本原理与普通容量法相似,不同点在于普通容量法的滴定剂是由滴定管中加入的,而库仑滴定法是用恒定的电流在电解质溶液中产生的,所以有人认为库仑滴定法是一种以电子为"滴定剂"的容量分析方法。

在库仑滴定分析时,由于电流是恒定的,电生滴定剂耗去的电量容易测量($Q=it$),又称为恒电流库仑滴定法。

1. 库仑滴定装置

用于库仑滴定的装置如图8.50所示。图中电阻 R 用来调节和控制通过电解池的电解电流。为了防止可能产生的干扰反应,保证电解效率为100%,通常用多孔性套管将阴极与阳极分开。电解时间由计时器指示。滴定终点由终点指示系统控制,当达到终点时,指示系统发出信号,切断电源,并记录电解时间。

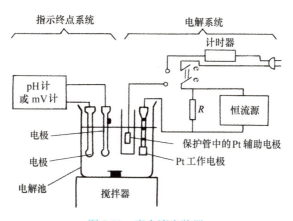

图8.50 库仑滴定装置

2. 指示化学计量点的方法

在库仑滴定过程中,可采用在滴定分析一章中所描述的指示剂法、电位法指示滴定终点,也可采用双铂电极电流法指示滴定终点。该法是在电解池中插入两支铂电极作为指示电极,并在它们之间施加很小的直流电压,一般为数十毫伏至200mV。在化学计量点前后,根据两个电对的电极反应可逆与不可逆,在很小的直流电压作用下电流会有显著的变化,由电流突变点便可确定滴定终点,这种滴定终点指示方法又称为永停法。

例如，电生 I_2 滴定 As(Ⅲ) 时，在化学计量点以前，试液中主要是 As(Ⅴ)/As(Ⅲ) 不可逆电对，由于双铂电极上的电压很小，因而没有明显的氧化还原电流(图 8.51 中 AB 段)。在化学计量点以后，试液中主要是 $I_2/2I^-$ 电对，它是可逆电对，在很小直流电压下双铂电极上便会有明显的氧化还原电流(图 8.51 中 BC 段)。电流曲线转折处便是滴定终点。

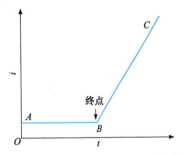

图 8.51　I_2 滴定 As(Ⅲ) 的双铂电极电流曲线

3. 特点与应用

控制电流库仑分析具有下列特点：

(1) 可使用不稳定的滴定剂。由于库仑滴定法所用的滴定剂是电解产生的，边产生边反应，因而一些不稳定的滴定剂如 Cl_2、Br_2、Cu(Ⅰ) 等，可以用作滴定剂，从而扩大了滴定分析的应用范围。

(2) 既可用于常量分析，也可用于微量分析，相对误差小于 0.5%。若采用计算机控制的精密库仑滴定装置，准确度可达 0.01%。

(3) 库仑滴定也可以采用控制电位的方法进行，从而提高库仑滴定分析的选择性。

新发展起来的微库仑分析法可用来测定有机卤化物中卤素的含量。将微库仑池与燃烧装置相连，有机卤化物燃烧后生成卤离子，用 Ag^+ 自动滴定。这种方法用于有机氯化物中氯含量的测定，可检测 $0.1\sim1000\mu g$ 的 Cl^-。

库仑滴定可利用酸碱反应、配合反应、氧化还原反应和沉淀反应等化学反应进行滴定。一些库仑滴定分析应用列于表 8.6。

表 8.6　库仑滴定产生的滴定剂及应用

滴定剂	介质	工作电极	测定的物质
Br_2	$0.1mol\cdot L^{-1}\ H_2SO_4+0.2mol\cdot L^{-1}\ NaBr$	Pt	Sb(Ⅲ)，I^-，Ti(Ⅰ)，U(Ⅳ)，有机化合物
I_2	$0.1mol\cdot L^{-1}$ 硫酸盐缓冲溶液(pH=8)+$0.1mol\cdot L^{-1}\ KI$	Pt	As(Ⅲ)，Sb(Ⅲ)，$S_2O_3^{2-}$，S^{2-}
Cl_2	$2mol\cdot L^{-1}\ HCl$	Pt	As(Ⅲ)，I^-，脂肪酸
Ce(Ⅳ)	$1.5mol\cdot L^{-1}\ H_2SO_4+0.1mol\cdot L^{-1}\ Ce_2(SO_4)_3$	Pt	Fe(Ⅱ)，$Fe(CN)_6^{4-}$
Mn(Ⅲ)	$1.8mol\cdot L^{-1}\ H_2SO_4+0.45mol\cdot L^{-1}\ MnSO_4$	Pt	草酸，Fe(Ⅱ)，As(Ⅲ)
Ag(Ⅱ)	$5mol\cdot L^{-1}\ HNO_3+0.1mol\cdot L^{-1}\ AgNO_3$	Au	As(Ⅲ)，V(Ⅳ)，Ce(Ⅲ)，草酸 Zn(Ⅱ)
$Fe(CN)_6^{4-}$	$0.2mol\cdot L^{-1}\ K_3Fe(CN)_6\ (pH=2)$	Pt	Zn(Ⅱ)
Cu(Ⅰ)	$0.07mol\cdot L^{-1}\ CuSO_4$	Pt	Cr(Ⅵ)，V(Ⅴ)，IO_3^-
Fe(Ⅱ)	$2mol\cdot L^{-1}\ H_2SO_4+0.6mol\cdot L^{-1}$ 铁铵矾	Pt	Cr(Ⅵ)，V(Ⅴ)，MnO_4^-
Ag(Ⅰ)	$0.4mol\cdot L^{-1}\ HClO_4$	Ag 阳极	Cl^-，Br^-，I^-
EDTA(Y^{4-})	$0.02mol\cdot L^{-1}\ HgNH_3Y^{2-}+0.1mol\cdot L^{-1}\ NH_4NO_3\ (pH=8$，除 $O_2)$	Hg	Ca(Ⅱ)，Zn(Ⅱ)，Pb(Ⅱ) 等
H^+ 或 OH^-	$0.01mol\cdot L^{-1}\ Na_2SO_4$ 或 KCl	Pt	OH^-，或 H^+，有机酸或碱

思考题 8.24　电解分析和库仑分析在原理、装置上有何异同之处？

思考题 8.25　控制电位库仑分析法和库仑滴定有什么异同点？

思考题 8.26 在库仑分析法中,为什么要使待测物质以 100%的电流效率进行电解?影响电流效率的主要因素是什么?

8.5 计时分析法

在电分析化学中,记录电位与时间、电流与时间或电量与时间关系的方法分别为计时电位法、计时电流法或计时电量法,它们统称为计时分析法。它们是研究电极过程动力学的有效手段,是测定有关电化学参数的有效方法。

8.5.1 计时电位法

控制流过工作电极的电流(一般为恒定值),记录工作电极电位随时间变化的曲线,这种电化学方法称为计时电位法。其仪器装置示于图 8.52。

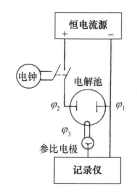

图 8.52 计时电位法装置示意图

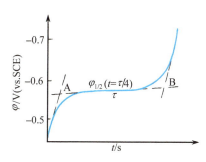

图 8.53 计时电位曲线

图 8.53 是电解 Cd^{2+} 的计时电位曲线,即 $\varphi\text{-}t$ 曲线。当恒定电流 i 通过电解池时,工作电极上的电位 φ 会随电解进行的时间 t 发生变化,当在含有支持电解质且静止的溶液中进行电解时,Cd^{2+} 在汞电极上还原为镉汞齐

$$Cd^{2+} + 2e^- + Hg \rightleftharpoons Cd(Hg)$$

其电极电位为

$$\varphi_{de} = \varphi^{\ominus} + \frac{0.0591}{2} \lg \frac{[Cd^{2+}]}{[Cd(Hg)]} \tag{8.122}$$

式(8.122)表明,滴汞电极上的电位值由电极表面上 $[Cd^{2+}]/[Cd(Hg)]$ 比值决定。随着电解进行,电极表面上 $[Cd^{2+}]$ 减少,Cd^{2+} 的补充受到扩散速度的影响;而 $[Cd(Hg)]$ 逐渐增大,因此汞电极电位逐渐变负。当电极表面 Cd^{2+} 耗尽,浓度趋近于零时,滴汞电极电位便很快向负电位方向移动,直至另一电活性物质还原,电极电位才缓慢负移。

在图 8.53 中,AB 之间的时间间隔称为过渡时间,用 τ 表示。无论电极反应可逆与否,电流 i、过渡时间 τ 及溶液本体浓度 c 之间的关系服从下式:

$$\tau^{1/2} = \frac{nFA(\pi D_0)^{1/2}}{2i} c \tag{8.123}$$

过渡时间的平方根与电活性物质浓度成正比,式(8.123)便是计时电位法定量分析的基础。

如果电极过程可逆，计时电位曲线方程为

$$\varphi = E_{1/2} + \frac{0.0591}{n} \lg \frac{\tau^{1/2} - t^{1/2}}{t^{1/2}} \tag{8.124}$$

由式(8.124)可见，当 $t=\tau/4$ 时，滴汞电极的电极电位等于半波电位

$$\varphi = E_{1/2} \tag{8.125}$$

式(8.125)便是计时电位法用于定性分析的依据。

8.5.2 计时电流法和计时电量法

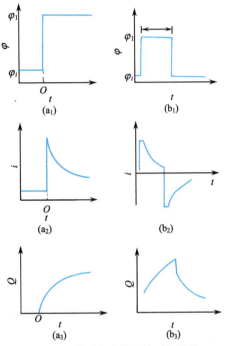

图 8.54　计时电流法和计时电量法
(a)单阶跃；(b)双阶跃

计时电流法和极谱法、伏安法一样，是控制电极电位的电化学技术方法。它记录的是静止的平面电极线性扩散条件下由于电位阶跃而引起的电流随时间变化的曲线，即 i-t 曲线。在计时电流法中，施加于工作电极上的电位是阶跃电位。它有两种：第一种是单阶跃电位，电极电位从起始电位 φ_i 变到 φ_1，其波形如图 8.54(a_1) 所示，第二种是双阶跃电位，电极电位从起始电位 φ_i 变到电位 φ_1，形成第一个阶跃，并保持一定时间 t，然后电极电位又回到 φ_i，形成第二个阶跃，其波形见图 8.54(b_1)。单阶跃计时电流曲线(i-t 曲线)示于图 8.54(a_2)，双阶跃计时电流曲线见图 8.54(b_2)。

如果电位阶跃已达到产生极限扩散电流的电位，电流可用 Cottrell 方程表示

$$i_{t,1} = nFA \left(\frac{D_0}{\pi t}\right)^{1/2} c \tag{8.126}$$

如果电位阶跃未达到产生极限扩散电流的电位，则

$$i_t = nFA \left(\frac{D_0}{\pi t}\right)^{1/2} (c - c^s) \tag{8.127}$$

式中，c^s 为电活性物质的电极表面浓度。一般阶跃前的电位设置在没有还原反应发生且接近电解电位处。

如果对极限电流积分，则

$$Q = \int_0^t i_t \, dt = 2nFAt^{1/2} \left(\frac{D_0}{\pi}\right)^{1/2} c \tag{8.128}$$

式(8.128)描述了电量与时间的关系，称为计时电量法，又称计时库仑法。图 8.54(a_3)是单阶跃计时电量曲线(Q-t 曲线)，图 8.54(b_3)是双阶跃计时电量曲线。在电极过程动力学研究中，计时库仑法较计时电流法应用更广泛，可用来测定电极反应过程中转移电子数、电极的实际面积 A 及电活性物质的扩散系数 D_0 等；在研究电活性物质的吸附作用时，常采用计时电量法。

对于受扩散控制的电极过程，如果在工作电极上施加一个从还原波峰前的电位到还原波

峰后的电位的单阶跃，所产生的电流 i 包括 Faraday 电流 i_f 和电容电流 $i_{电容}$

$$i = i_f + i_{电容} = nFA\left(\frac{D_0}{\pi t}\right)^{1/2} c + i_{电容} \tag{8.129}$$

对式(8.129)积分得

$$Q = 2nFAt^{1/2}\left(\frac{D_0}{\pi}\right)^{1/2} c + Q_{dl} = kt^{1/2} + Q_{dl} \tag{8.130}$$

式中，Q_{dl} 为双电层充电的电量；$k = 2nFAD_0^{1/2}\pi^{-1/2}c$。

如果反应物在电极上吸附，且电极过程同时受吸附和扩散控制，则总电量 Q 为

$$Q = kt^{1/2} + Q_{ads} + Q_{dl} \tag{8.131}$$

式中，Q_{ads} 为吸附的电活性物质还原时所消耗的电量

$$Q_{ads} = nFA\Gamma_0 \tag{8.132}$$

式中，Γ_0 为电活性物质在电极表面上的吸附量。

如果是反应物吸附，利用式(8.132)可以测定有关电化学参数。首先记录没有反应物的底液的计时电量曲线，得到 Q-$t^{1/2}$ 图，是一条平行于横坐标的直线，截距为 Q_{dl}（图 8.55a）。然后进行有反应物存在的计时电量实验，如果反应物不吸附，Q-$t^{1/2}$ 图如图 8.55b 所示；如果反应物在电极上吸附，Q-$t^{1/2}$ 图为一平行于 b 的直线，截距为 Q_{ads} 与 Q_{dl} 之和（图 8.55c）。根据实验结果，由式(8.132)可计算吸附量 Γ_0，由斜率可计算 n、D_0 和 A。

在单阶跃计时电量法中，忽略了电极电位和吸附对 Q_{dl} 的影响，实际上它们对 Q_{dl} 有影响，于是提出了双阶跃计时电量法。

在双阶跃计时电量法中，第一个阶跃时电流不断衰减，电量不断增加；第二个阶跃是反方向阶跃，因而电流不断增加，而电量不断减少[图 8.54(b_2)和(b_3)]。

如果仅有反应物吸附，产物不吸附，在双阶跃过程中，电位从 φ_i 开始，又回到 φ_i，因而双电层充电电量是不变的，即第一个阶跃与第二个阶跃时 Q_{dl} 是一样的，因而消除了电极电位和吸附的影响。

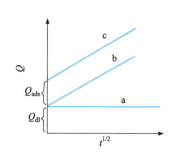

图 8.55　单阶跃计时电量法 Q-$t^{1/2}$ 曲线
a. 空白溶液；b. 反应物不吸附；c. 反应物吸附

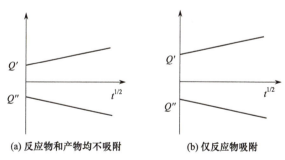

图 8.56　双阶跃计时电量法 Q-$t^{1/2}$ 曲线

第一次阶跃的电量记为 Q'，第二次阶跃的电量记为 Q''，对于反应物和产物均不吸附的体系，Q'-$t^{1/2}$ 曲线和 Q''-$t^{1/2}$ 曲线见图 8.56(a)，可见截距是相等的，即 Q_{dl} 相等；对于仅有反应物吸附体系[图 8.56(b)]，Q'-$t^{1/2}$ 的截距大于 Q''-$t^{1/2}$ 截距，它们的差值为 Q_{ads}。

思考题 8.27　电化学计时分析法包括哪些类型？

8.6 电分析化学进展

8.6.1 光谱电化学

光谱电化学是光谱技术与电化学方法相结合的产物。1960年美国著名电化学家Adams提出了这一设想,他的研究生T.Kuwana在他的指导下进行邻苯二胺衍生物电氧化时,发现电极反应伴随着颜色改变。于是他研制了一种光透电极(optically transparent electrode,OTE),开辟了光谱电化学的研究领域。光谱电化学充分利用电化学方法容易控制物质的状态和定量产生试剂、光谱方法便于识别物质的特点,在同一个电解池内采用电化学技术引发电极反应,同时以光谱技术进行物质的检测。至今,光谱电化学的理论和方法已有深入的研究,并广泛用于有机物质、无机物质和生命物质的研究。

1. 光谱电化学池与光谱电化学传感器

光谱电化学实验在光谱电化学池中进行。光谱电化学池是一个特殊的薄层电池(图8.57),它是夹心式金网栅电极薄层电池,被测溶液通过毛细作用从贮液器中吸入池内,并充满整个池腔。池内溶液体积约为40μL,厚度约为200μm,金网栅电极浸在溶液中。当给电池两端施加外加电压进行电解时,可在数秒钟内完成整体电解。因此,对于化学可逆体系,整个溶液都与电极电位处于平衡状态,所测得的光谱数据是相对于稳定溶液的。

薄层电池体积小,能直接装入分光光度计的样品室中,使用方便。按光入射电极的方式可分为光透射式和光反射式两类。在图8.58中,(a)和(b)是光透射式薄层电池,入射光穿过电极及与之邻接的溶液,进入检测系统。其中(a)采用半无限扩散电解方式进行电解,(b)采用薄层耗竭性电解方式进行电解。(c)和(d)是光反射式薄层电池,根据光反射方式不同,有全内反射和镜面反射两种:入射光束通过电极背面,射到电极与溶液的界面上,当入射角大于临界角时,产生光谱全反射[图8.58(c)];入射光从溶液侧面射向电极表面则发生镜面反射[图8.58(d)]。

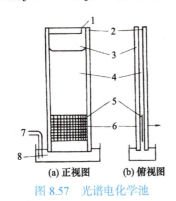

图8.57 光谱电化学池

1.吸溶液口;2.胶带;3.玻璃片;4.溶液;5.透光金网栅;6.入射光;7.参比电极和辅助电极;8.贮液器

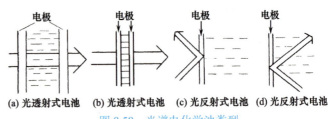

图8.58 光谱电化学池类型

薄层电池的关键组件是OTE,目前有人称之为光谱电化学传感器。OTE既要有很好的光透性,又要电阻值低,因此常采用金网微栅电极和透明导电薄膜电极作工作电极。

薄膜电极是将 Au、Pt 等化学惰性的优良导电材料镀到玻璃、石英等透明基体上,或将 SnO_2、In_2O_3 等半导电材料涂敷在透明基体上制作而成,其性能取决于膜的厚度。电极膜越薄,透光性越好,可是电极的导电性差,电阻大。

微栅电极是用金属丝编织成网状而成,一般每厘米有数百条金属丝,如常用的金网栅每厘米有 400 条金丝。光可以从电极中大量的细小网孔中穿过。一般来说,电化学实验的时间长,溶液经长时间电解,扩散层的厚度比微网电极小孔的尺寸大得多,因而整个电极可看作平板电极。

2. 光谱电化学应用

1) 测定条件电极电位 $\varphi^{\ominus\prime}$ 和电极反应转移电子数 n

对于可逆或准可逆电极反应

$$Ox + ne^- \rightleftharpoons Red$$

在实验条件下,Nernst 方程为

$$\varphi = \varphi^{\ominus\prime} + \frac{RT}{nF} \ln \frac{a_{Ox}}{a_{Red}} \tag{8.133}$$

前已阐明,在光谱电化学池中整体溶液与电极表面能很快达到平衡,所以

$$\left(\frac{a_{Ox}}{a_{Red}}\right)_s = \left(\frac{a_{Ox}}{a_{Red}}\right)_{sol} \tag{8.134}$$

下标 s 和 sol 分别表示电极表面和溶液。溶液中物质的浓度可用分光光度法测定,根据 Lambert-Beer 定律,吸光度 A 与吸光物质浓度成正比,则

$$\left(\frac{a_{Ox}}{a_{Red}}\right)_{sol} = \frac{A - A_{Red}}{A_{Ox} - A} \tag{8.135}$$

式中,A_{Red} 和 A_{Ox} 分别为纯还原态和纯氧化态的吸光度;A 为氧化态和还原态共存时的吸光度。式(8.135)代入式(8.133)得

$$\varphi = \varphi^{\ominus\prime} + \frac{RT}{nF} \ln \frac{A - A_{Red}}{A_{Ox} - A} \tag{8.136}$$

以 φ 对 $\lg \frac{A - A_{Red}}{A_{Ox} - A}$ 作图(图 8.59)得一直线,截距为条件电极电位 $\varphi^{\ominus\prime}$,由斜率可计算转移电子数 n。

2) 热力学函数及条件反应平衡常数测定

使用薄层电池可方便地进行一些光谱电化学研究工作,但存在温度控制不便的不足。这样对热力学研究和热力学常数的测定造成困难。光纤传感器的出现使这一问题迎刃而解。光纤传感器引入光谱电化学池便构成光纤光谱电化学池(FOSEC,又称为光纤光谱电化学传感器),使光谱电化学池从分光光度计的样品室中移出,置于恒温水浴等控温设备中,从而进行研究体系的热力学函数测定,其原理如下。

实验测定不同温度下电池的电动势 E 和相应的吸光度

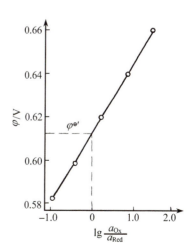

图 8.59　φ-$\lg \frac{a_{Ox}}{a_{Red}}$ 曲线

值 A，以 E 对 $\lg \dfrac{A - A_{\text{Red}}}{A_{\text{Ox}} - A}$ 作图，求得 $E^{\ominus\prime}$。然后再以 $E^{\ominus\prime}$ 对 T 作图，求出条件电极电位的温度系数 $\mathrm{d}E^{\ominus\prime}/\mathrm{d}T$。根据下列公式便可计算出热力学函数

$$\Delta G = -nFE^{\ominus\prime} \tag{8.137}$$

$$\Delta S = nF\dfrac{\mathrm{d}E^{\ominus\prime}}{\mathrm{d}T} \tag{8.138}$$

$$\Delta H = \Delta G + T\Delta S = -nFE^{\ominus\prime} + nFT\dfrac{\mathrm{d}E^{\ominus\prime}}{\mathrm{d}T} \tag{8.139}$$

化学反应的条件平衡常数 K_c' 可由下式计算

$$\Delta G = -RT\ln K_c' \tag{8.140}$$

3）离子价态测定

过渡族元素 Fe、Cr 等在溶液中常同时以不同价态存在，价态不同，性质和作用也不同。在工业生产、环境监测等方面常需要对离子的价态进行分析测定。

设体系中某元素氧化态浓度为 c_{Ox}，还原态浓度为 c_{Red}，有一显色剂仅与还原态形成有色配合物。当未对光谱电化学池施加电压（没有进行电解）时，体系的吸光度 A_1 为

$$A_1 = kc_{\text{Red}} \tag{8.141}$$

然后施加一定电压，使氧化态还原为还原态，测得吸光度为 A_2

$$A_2 = k(c_{\text{Red}} + c_{\text{Ox}}) \tag{8.142}$$

式(8.142)减去式(8.141)得

$$A_2 - A_1 = kc_{\text{Ox}} \tag{8.143}$$

式(8.143)和式(8.141)是光纤光谱电化学进行价态分析的基础。

4）电极反应方程式的确定

有些电极反应在氧化态与还原态相互转化的同时，有其他离子或分子（如 H^+、NH_3 等）参与反应。光谱电化学提供了确定参与反应的离子或分子数的简便方法。

对于任一电极反应

$$p\text{B} + m\text{C} + n\text{e}^- \Longrightarrow q\text{D} \tag{8.144}$$

式中，B 为氧化态；D 为还原态；C 为参与反应的物质；B、C、D 均忽略电荷。其 Nernst 方程为

$$\varphi = \varphi^{\ominus\prime} + \dfrac{RT}{nF}\ln\dfrac{a_{\text{B}}^p a_{\text{C}}^m}{a_{\text{D}}^q} = \varphi^{\ominus\prime} + m\dfrac{RT}{nF}\ln c + \dfrac{RT}{nF}\ln\dfrac{a_{\text{B}}^p}{a_{\text{D}}^q} \tag{8.145}$$

令

$$\varphi^{\ominus\prime\prime} = \varphi^{\ominus\prime} + m\dfrac{RT}{nF}\ln c \tag{8.146}$$

则

$$\varphi = \varphi^{\ominus\prime\prime} + \dfrac{RT}{nF}\ln\dfrac{a_{\text{B}}^p}{a_{\text{D}}^q} = \varphi^{\ominus\prime\prime} + \dfrac{RT}{nF}\ln\dfrac{(A - A_{\text{Red}})^p}{(A_{\text{Ox}} - A)^q} + (q - p)\ln(\varepsilon l) \tag{8.147}$$

根据式(8.147)，可测定含不同浓度 c 物质溶液的条件电极电位 $\varphi^{\ominus\prime\prime}$ 和转移电子数 n。再根

据式(8.146)，以 $\varphi^{\ominus\prime\prime}$ 对 $\ln c$ 作图，因 n 已知，由斜率便可求出 m 值，从而可确定电极反应式。

8.6.2 电化学传感器

当今科学技术离不开传感器，传感技术涉及各个科学领域。化学工作者最关注化学传感器，化学传感器有光化学传感器、电化学传感器等。电化学传感器按响应信号可分为电位型电化学传感器、电流型电化学传感器(伏安传感器)和质量型传感器(微天平)。电位型电化学传感器在电位分析法一章中已经详细阐述，本节将讨论伏安传感器，并对目前伏安传感器的前沿研究方向，如修饰电极、微电极、生物传感器及电子鼻等进行简要介绍。

1. 伏安传感器

在极谱和伏安分析中，最早用滴汞电极作工作电极。汞有毒，且在正电位区不能使用，使灵敏度高和选择性好的伏安分析法的应用受到限制，因而广大电分析化学工作者不断寻找新的工作电极，一些惰性金属电极如铂电极、金电极、银电极等相继问世，以石墨为材料的玻碳电极、碳棒电极、碳糊电极等也应用于伏安分析中。近年来碳糊伏安传感器又有新的发展。

1) 活性材料-碳糊电极

最早使用碳糊电极(carbon paste electrode)的是 R. N. Adams，1958 年他用滴碳糊电极代替滴汞电极记录极谱图，从此以后，各种碳糊电极相继问世。碳糊电极具有重现性好、施加电位范围广、制作方便及无毒等特点，越来越受到分析工作者青睐。

一般碳糊电极由石墨粉和憎水性黏合剂调成稠糊状制作而成。根据所使用的黏合剂可分为非导体类和电解质溶液类两大类。常用的非导体黏合剂有液体石蜡、凡士林油、酞酸二丁酯及某些色谱固定液等，电极反应只能在电极与溶液的界面上进行。黏合剂也可以是电解质溶液，电极反应便可在电极本体内进行。

在碳糊中加入化学活性材料(添加剂)，可显著改善碳糊电极的性能。常见的添加剂有配体、离子交换树脂、吸附剂、金属配合物和生物材料等。

制备配体-碳糊电极时，首先将碳粉与固体配体或螯合树脂在研钵中磨细，混合均匀，再用黏合剂调成糊状，制成配体-碳糊电极。例如，在碳糊中加入聚胺螯合树脂 PA_2 制成的碳糊电极用于伏安法中测定金，用丁二肟-碳糊电极可同时测定 Hg、Ni、Co 和 Pd。

阴离子交换树脂或阳离子交换树脂加入碳糊中，便可制得离子交换树脂-碳糊电极。有人用阳离子交换树脂 Dower 50w-X8-碳糊电极测定 Cd^{2+}，峰电位为 $-0.85V$，检测下限达 $8.9 \times 10^{-9} mol \cdot L^{-1}$。

动植物组织可直接用于制备生物组织-碳糊电极。将香蕉、茄子、土豆、南瓜、青椒等植物组织与碳粉及液体石蜡混合均匀，制备的电极可用于生物活性物质的测定。D. Wijesuriya 及其合作者用豌豆秧苗制成碳糊电极，用以测定胺类植物生长调节剂。

2) 混合黏合剂碳糊电极

黏合剂是碳糊电极的主要成分，它有萃取作用。根据协同萃取原理，黏合剂可以由两种或两种以上的组分组成混合黏合剂，这种电极称为混合黏合剂碳糊电极，其选择性和灵敏度均显著提高。血清、尿液等生物样品不经任何预处理，用由甘油和液体石蜡组成的混合黏合剂碳糊电极可直接测定样品中的异烟肼、依诺沙星、丁螺环酮等药物。混合黏合剂碳糊电极经表面活性剂修饰后，可测定 $10^{-10} mol \cdot L^{-1}$ 的磺胺嘧啶。

2. 微电极

微电极的直径小于 100μm，其小于常规电极扩散层的厚度。微电极具备以下特点：

(1) 电极尺寸很小，可以在微小体系内工作，用于微区检测，适合活体分析。

(2) 电极响应速度快，可以研究快速的电荷转移或化学反应，以及对短寿命物质的监测。

(3) 通过电极的电流很小，溶液的 iR 降趋近于零，这样对高阻抗体系（如有机溶剂或未加支持电解质的水溶液）的电化学测量有利。同时由于电流非常小，可以用两电极系统代替三电极系统。

(4) 由于微电极面积极小，其充电电容非常低，可明显提高信噪比和灵敏度。

微电极具有上述突出优点，因而引起了电化学工作者的极大兴趣和关注。自 R. N. Adams 获得第一张活体伏安图以来，微电极用于活体分析的研究不断发展。

按电极的形状微电极可分为带状微电极、环状微电极、盘状微电极、球状微电极、柱状微电极（图 8.60）等。按电极的组合形式分类，微电极有单电极、双电极、多电极、阵列微电极、叉指式阵列微电极（图 8.61）等。

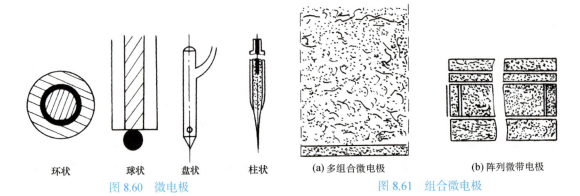

图 8.60　微电极　　　　　　　　图 8.61　组合微电极

制备微电极的材料主要有贵金属（如 Pt、Au、Ir 等）、石墨、超导材料和导电聚合物等。常用的有碳纤维、Pt 及 Au。铂电极上的氢超电位低，常用于正电位区。碳纤维电极上残余电流小，机械性能好，对活体组织损害小，宜用于活体分析。

微电极的表面处理直接影响到电极的性能，许多研究者进行了深入的研究。对微电极进行化学修饰，可显著提高电极的选择性和灵敏度。

微电极广泛用于电化学理论研究、电化学参数测量和电化学分析测定，它已成为活体分析的重要工具。R. N. Adams 用一支微石墨电极（图 8.62）插入老鼠大脑尾核部位进行循环伏安扫描，获得了第一张活体伏安图，图中显示出多巴胺的存在，从而证明了伏安技术可以直接用于脑组织研究。

人体内某些金属离子影响人体健康，因而人体内金属离子的活体监测受到许多学者的重视。Nicholson 等用微电极对中枢神经中的 K^+、Cd^{2+} 等离子进行活体监测，实验发现，当电刺激时，K^+ 浓度增加 3~4 倍，而 Cd^{2+} 浓度减少。

微电极将在生命科学、医药学、法庭科学、遗传学等学科领域内有广泛的应用前景。

3. 化学修饰电极

化学修饰电极（chemically modified electrodes, CME）是当前电化学和电分析化学中十分活

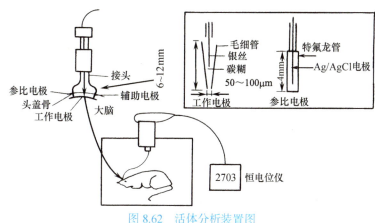

图 8.62　活体分析装置图

跃的研究领域。1973 年化学修饰电极的问世，突破了传统电化学中只限于研究裸电极/溶液界面的范围，开创了从化学状态上人为控制电极表面结构的领域。通过对电极表面的分子裁剪，可按研究者的意图给予电极预定的功能，以便在其上有选择地进行所期望的电化学反应，实现在分子水平上对电极功能的设计。研究这种人为设计和制备的电极的表面结构和在该表面上进行的电化学反应，不仅推动了对电极过程动力学理论研究的发展，而且展示了电催化、电致显色(发光)、表面配合、开关与整流、电化学有机合成、分子识别等化学领域的广阔研究前景。化学修饰电极的研究为化学和相关边缘学科开拓了一个创新的广阔研究领域。

1) 化学修饰电极的定义

1989 年 IUPAC 的电分析化学委员会对化学修饰电极的命名和定义提出了建议。化学修饰电极是利用化学或物理方法，在普通导体或半导体电极表面接枝或涂敷单分子的、多分子的、离子的或聚合物的化学物质薄膜，从而改变或改善电极的原有性质，在电极上可进行某些预定的、有选择性的反应，并提供更快的电子转移速度。与电化学中其他电极的概念不同，CME 最突出的特点是在电极表面接着或涂敷了一层薄膜，其厚度从单分子层到几个微米不等。该薄膜是按研究者或使用者意图设计的，并赋予了电极某种预定的性质，如化学的、电化学的、光学的、电学的或传输性的等性能。CME 一般采用安培法，利用 Faraday(电荷转移)反应进行实验研究和测定。

2) 化学修饰电极的制备与分类

化学修饰电极的制备是开展这个领域研究的关键步骤。修饰方法设计是否合理、实验操作的优劣等均直接影响化学修饰电极的活性、重现性和稳定性。可以认为它是化学修饰电极研究和应用的基础。

用作基体电极的材料有 Pt、Au、石墨和半导体等。制备化学修饰电极时，首先要对基体电极进行清洗处理。由于金属和碳等固体材料晶面的棱面原子上具有未饱和的化学价，其表面具有一定的表面能，这种表面能的分布是不均匀的。同时，晶面上的缺陷容易吸附溶液中荷电的或具有极性的物质，从而造成电极污染。因此，必须对基体电极先进行表面抛光至镜面，再进行化学或电化学清洗处理。

化学修饰电极的修饰方法主要包括共价键合法、吸附法和聚合物薄膜法等。

(1) 共价键合法。共价键合法是最早用来对电极进行人工修饰的方法，它是将用来修饰电极表面的分子通过共价键连接方式结合到电极表面。一般分两步进行：第一步是电极表面预处理，采用氧化、还原等方法，引入键合基；第二步是进行表面有机合成，通过键合反应把预定的功能团接着在电极表面。用这种方法制得的修饰电极较稳定，使用寿命长。

例如，Anson 在高温下使抛光的碳电极表面形成较多的含氧基团，然后用酰氯试剂及胺类与之作用生成肽键，用以固定活性基团(图 8.63)。

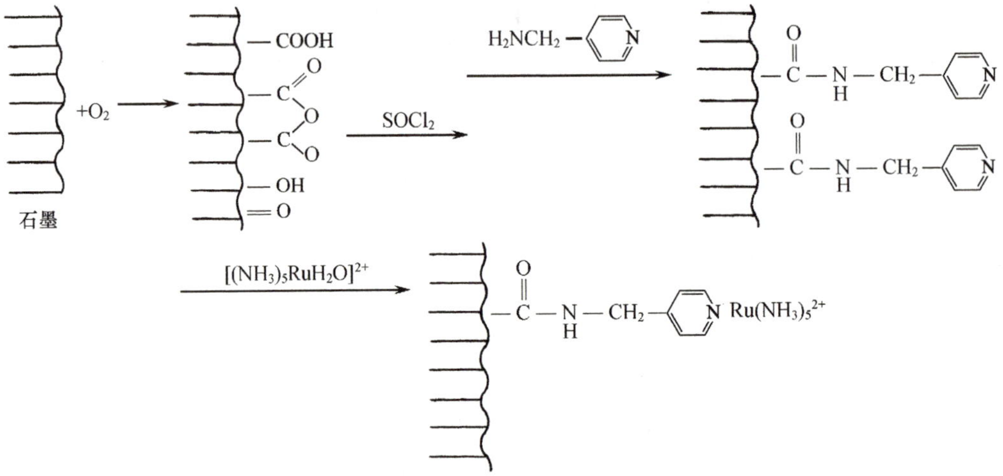

图 8.63 用 $SOCl_2$ 的分子接着过程

共价键合的单分子层一般只有 10～100nm 厚，修饰后的电极导电性好，功能团接着牢固，但修饰步骤繁琐，最终能接上的功能团的覆盖度不高。

用共价键合法制备的修饰电极属共价键合型修饰电极。

(2)吸附法。利用基体电极的吸附作用将具有特定官能团的分子(修饰剂)接着到电极表面，便可制备吸附型修饰电极。修饰物质在基体上的吸附可以是强吸附物质的平衡吸附，也可以是离子的静电吸引，还可以是(Langmuir-Blodgett，LB)膜吸附。利用 LB 膜吸附模式制备修饰电极示于图 8.64。在水溶液中，不溶于水的表面活性物质在水面上展开成 LB 膜，其亲水基伸向水相，疏水基则伸向气相。当插入电极后，若电极表面是亲水性的，此时表面活性物质的亲水基便向电极表面排列，得到高度有序排列的分子层，从而使电极表面被修饰剂所修饰。

(a)在基体电极上制作修饰膜　　(b)制作复合膜

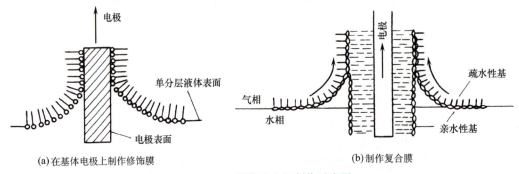

图 8.64 LB 膜修饰电极制作示意图

吸附型修饰剂分子中通常含有不饱和键，一些具有共轭双键结构的有机试剂(如苯环类衍生物)和聚合物，由于 π 电子能与电极表面交叠，容易吸附在基体电极表面上。硫醇、二硫化物和硫化物中的 S 原子对金的亲和力大，这些化合物容易在金电极表面形成有序的单分子膜，通常称这类膜为自组装(self-assembly，SA)膜。

很多配体容易吸附于 Pt、Au 及碳等电极表面，不少配体能有选择性地与溶液中的组分结合。将这些配体修饰到电极表面制成的修饰电极，便具有富集目标物的作用，从而提高测定的灵敏度。例如，玻碳电极经 8-羟基喹啉修饰后，可用来测定 Tl^+。电极表面的修饰剂也可以是催化剂。例如，Anson 将石墨电极表面吸附双面钴卟啉，该修饰电极在酸性溶液中能催化氧还原为水。

(3) 聚合物薄膜法。这种方法是通过电化学聚合、有机硅烷缩合或等离子体聚合等化学反应将修饰剂连接到基体电极表面，从而制备聚合物薄膜型修饰电极。这类电极是多分子层修饰电极，与单分子层修饰电极相比较，多分子层修饰电极具有三维空间结构的特点，能提供许多可利用的势场，活性基的浓度高，电化学响应信号大，具有较大的化学、机械和电化学稳定性，而且对基体电极的表面要求不苛刻，因此这类电极在理论研究和应用方面均有发展前景。修饰剂可以是单体，如苯胺、吡咯等，也可以是聚合物。

电化学聚合是将单体在电极上氧化或还原，产生荷电自由基，由自由基进行缩合反应，在电极表面形成薄膜。

有机硅烷缩合是利用有机硅烷化试剂容易水解，发生水解缩合而形成分子层薄膜。

等离子体聚合在等离子体反应器中进行，将单体的蒸气导入反应器中进行等离子体放电，诱发聚合反应，在基体电极上形成聚合物薄膜。

$$M\!\!\left\{\!\!-OH + R_2SiX_2 \xrightarrow{-HX} M\!\!\left\{\!\!-OSiR_2 \atop X\right. \xrightarrow[-HX]{+H_2O} M\!\!\left\{\!\!-O-SiR_2 \atop OH\right. \xrightarrow[+R_2SiX_2]{-HX} M\!\!\left\{\!\!-OSiR_2 \atop O-SiR_2 \atop X\right. \xrightarrow{+H_2O+R_2SiX \atop -HX} \cdots\cdots$$

3) 化学修饰电极在分析化学中的应用

化学修饰电极是通过化学修饰的方法有目的地在基体电极上修饰上预定的化学功能基团，赋予电极某种特定功能，它通常集分离、富集和测定三者于一体，能显著提高分析方法的选择性和灵敏度(表 8.7)，因此，不但广泛用于化学、电化学和生物化学、催化机制及电合成化学的研究中，而且广泛用于各种无机物、有机物以及生物活性物质的分析测定。

表 8.7 不同电极测定 Ag(Ⅰ)的结果

电极	$i_{p,s}$ / μA	$\varphi_{p,n}$ /V	峰面积/cm^2
GC	0.08	0.220	0.120
GC/IDA	3.30	0.300	3.96
GC/EDTA	2.60	0.320	2.61
GC/GEDTA	3.50	0.300	4.29

4. 气体传感器与电子鼻

挥发性化学物质的检测是大气监测、有毒气体检测和食品饮料等领域关注的问题。气体传感器应当具有很高的灵敏度，同时能识别多种化学物质，以便在复杂的混合气体中使用和适应连续变化的检测环境。然而，单一传感器难以满足这一需求。在长期的进化过程中，人和动物的嗅觉系统具备这种特性。图 8.65 是人的嗅觉神经系统对气味的处理过程。在人的鼻子中，有由一亿个嗅觉敏感元组成的阵列式传感器，气体分子与这些敏感元作用产生的信号输送到嗅觉触突，然后传送到大脑中负责处理嗅觉信息的部分。嗅觉敏感元的特征在于能反复与不同类挥发性物质作用，产生信号，供大脑处理。人的大脑识别气味的过程实际上是一个复杂的模式识别过程。由气味分子与阵列传感器作用所产生的信号经过聚类比较，得到一个模式,然后与以前学习过并储存在脑内的模式比较,从而得出结论。

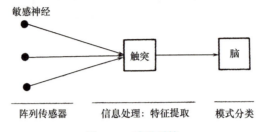

图 8.65 嗅觉系统

将气敏元件与智能技术结合可以构成智能气体传感器,对混合气体进行识别和分析,这就是通常所说的"电子鼻"(electronic nose)。它是采用多个具有不同选择性的气体传感器组合在一起,构成阵列传感器,通过聚类分析、模式识别和神经网络技术,进行气体种类识别和含量测定。目前这方面研究工作已取得了一系列成果,有的已经商品化。例如,Muller 等采用 4 个 MOS 气敏元件组成阵列,用相关系数法对氢气、甲烷和乙炔混合气体进行判断,效果良好。日本学者采用压电石英晶体传感器阵列与神经网络模式识别技术建造了一个人工嗅觉系统,可用来识别酒类饮料、香水等。在电子鼻中使用的气体传感器应具备下列特征:

(1) 不必要求传感器对个别挥发性物质分子有专属性,但对特定的物质要有优先响应。

(2) 用非特异性传感器组成阵列可以实现特定化学物质的识别。只要在阵列传感器中每个传感器能产生不同且可逆的响应,就可得到一个描述个别化学物质的特征模式。

(3) 若传感器对不同浓度的挥发性物质也能识别,则是最理想的。

(4) 在室温下响应迅速且可逆。

(5) 传感器产生的信号要简单且易于处理。

科学家们正在努力研制符合上述要求的阵列传感器,并取得了一定的进展。自 1962 年日本学者清山发现氧化锌对可燃性气体有选择性响应以来,有关气体传感器的报道不断发表。1969 年田口采用 SnO_2 为材料制成了可燃性气体传感器,并作为气体泄漏的报警装置,从而使气体传感器进入商品化生产阶段。

已见报道的气体传感器按制作材料分类,有下列几类:

(1) 金属氧化物气体传感器。以金属氧化物半导体为电极材料制备的气体传感器广泛用于可燃气体的检测。这类传感器一般在 300~500℃工作,以便得到快速响应和高敏感性。例如,日本生产的 Taguchi 气体传感器属这一类,它用 SnO_2 与其他过渡金属氧化物混合,经烧结制成气体传感器,当放入可燃性气体中时,其电阻发生可逆性变化,从而在家庭和工业上用于可燃气体报警。

(2) 催化气体传感器。它是以氧化反应的催化剂(如氧化铂)为电极材料制备的对可燃气体有响应的传感器。当它暴露在可燃气体中时,催化剂产生的热可引起催化材料本身或与该材料紧贴的细铂丝的电阻发生变化,从而实现对气体的检测。

(3) 有机半导体气体传感器。酞菁等有机半导体材料可用来制备电位型气体传感器。Bott 等在这方面做了许多研究工作,成功地用这类电极测定氮的氧化物。

用导电聚合物制备气体传感器是一个有发展前途的研究方向。在室温下气体在这类传感器上吸附和脱附的速度快,适合用来制备电子鼻。Persand 等制备的甲醇传感器的响应曲线如图 8.66 所示。它是一个方波脉冲。这类传感器在室温下能快速吸附和脱附,但这类材料对气体没有很高的专一性。然而它们对不同气体的响应信号强度有较大差别,并在很宽浓度范围内有良好的线性关系,这为用计算机处理有关信息提供了方便。

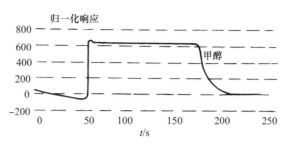

图 8.66 导电聚合物传感器对甲醇的响应

(4) 固态电解质气体传感器。这类传感器实际上是一个电池。它在某特定反应中消耗气体,生成离子,引起相应离子的活度变化。离子活度与电池电动势之间的关系符合 Nernst 方程。

(5) 质量型气体传感器。压电石英晶体谐振频率的变化(ΔF)与外加质量(Δm)有如下关系

$$\Delta F = -2.3 \times 10^6 \frac{F_q^2}{A} \Delta m \tag{8.148}$$

式中,F_q 为基频(MHz);A 为电极面积(cm^2);ΔF 和 Δm 的单位分别为 Hz 和 g。式(8.148)表明ΔF 与 Δm 呈线性响应。若某气体在石英晶体上吸附沉积,则该压电石英晶体是一个很好的质量型传感器,它是以检测物质质量为基础的,所以又称为微天平。Guilbault 和姚守拙在这方面做了大量研究工作。

8.6.3　生物分析法与生物电化学传感器

8.6.4　扫描电化学显微镜

扫描电化学显微镜(scanning electrochemical microscope,SECM)是 20 世纪 80 年代 Bard 小组提出和发展起来的,可看作一类扫描探针显微镜(scanning probe microscope,SPM)。SECM 是基于微电极及扫描隧道显微镜(scanning tunneling microscope,STM)的发展而产生出来的一种分辨率介于普通光学显微镜与 STM 之间的电化学现场检测技术。它是将一支可三维移动的微电极作为探针插入电解质溶液中,在离固相基底很近的位置进行扫描,从而获得对应的微区电化学和相关信息。探针的电化学响应为探针在横向位置(x, y)和探针-基底距离(z)上关于渐进曲线的函数。相对于 STM 和原子力显微镜(atomic force microscope,AFM)而言,扫描电化学显微镜基于电化学原理工作,可测量微区内物质氧化或还原所给出的电化学电流。可用于研究导体和绝缘体基底表面的几何形貌、固/液、液/液界面的氧化还原活性、分辨不均匀电极表面的电化学活性、微区电化学动力学、生物过程及对材料进行微加工等。

1. 仪器

常规 SECM 装置主要由电化学部分(电解池、探头、基底、参比电极、对电极和双恒电位仪)、用来精确控制操作探针和基底位置的压力驱动器(压电控制仪、压电位置仪)以及用来获取和分析数据的计算机(包括接口)三部分组成(图 8.67)。

双恒电位仪控制探针与基底电极的电位或电流,压电控制仪和压电位置仪控制探针对基底进行 x、y、z 方向扫描。电解池固定于操作台上,基底固定在电解池的底部。基底可以是各

种材料的电极,也可以是固定有生物物质和细胞的绝缘基底,有时基底也作为第二工作电极。探头电极为工作电极,用作探头的电极有微电极、微纳米管等。探针电极的设计和表面状态可显著影响 SECM 的分辨率和实验的重现性,用前需处理以获得干净表面。参比电极通常为饱和甘汞电极或 Ag/AgCl 电极,对电极为铂电极。

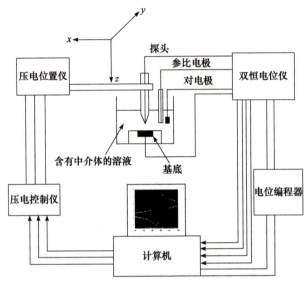

图 8.67　扫描电化学显微镜结构示意图

2. 操作模式

扫描电化学显微镜技术是以电化学原理为基础的扫描探针新技术,具有反馈模式、产生及收集模式、穿透模式、离子转移反馈模式、平衡扰动模式、电位测定模式等多种操作模式。其中主要操作模式是基于微探针对电流的测量。在探针远离基底时加上一定大小的电势,氧化还原活性分子在微电极附近的本体溶液中被还原,然后流过针尖的稳态电流为

$$i_{T,\infty} = 4nFD_0c_0a \tag{8.149}$$

式中,F 为法拉第常量;D_0 和 c_0 分别为氧化还原分子的扩散系数和在本体溶液中的浓度;a 为探针电极的半径。

针尖电流 i_T 与针尖与基底距离 d 的关系图称为逼近曲线,不仅可以从曲面的形状确定基质的反应活性,还可以通过针尖电流确定针尖-基底距离。当探针在微位移器的驱动下对基底进行恒定高度状态下的 x-y 扫描时,探针电极上的法拉第电流将随基底的起伏或性质改变而发生相应改变,SECM 就是通过电流的正反馈或负反馈过程及其强弱来感应基底表面的几何形貌或电化学活性研究的。

3. 应用

相对于 STM 和 AFM 技术而言,SECM 基于电化学原理工作,可测量微区内物质氧化或还原所给出的电化学电流,并能进行微区沉积或刻蚀,其应用包括但不限于以下几个方面。

1)样品表面扫描成像

探针在靠近样品表面扫描并记录作为 x-y-z 坐标位置函数的探针电流,可以得到三维的 SECM 图像。

2) 异相电荷转移反应研究

SECM 的探针可移至非常靠近样品电极表面从而形成薄层池，达到很高的传质系数，且 SECM 探针电流测量很容易在稳态进行，具有很高的信噪比和测量精度，也基本不受 iR 降和充电电流的影响。SECM 可以定量地测量在探针或基底表面的异相电子转移速率常数。通过稳态伏安法可以得到异相速率常数。

3) 均相化学反应动力学研究

SECM 的收集模式、反馈模式及其与计时安培法、快扫描循环伏安法等电化学方法的联用，已用于测定均相化学反应动力学和其他类型的与电极过程偶联的化学反应动力学。

SECM 主要应用于研究固体基底，但液/液界面也是一个稳定的、在尺寸上处于亚微米级的界面，从而可作为 SECM 的基底。SECM 用于液/液界面研究时，两相的电位取决于两相中电对的浓度。此时电子转移在探针附近微区内发生，而离子转移在整个相界面发生，因而可以区分电子转移与离子转移过程，减少电容电流和非水相 iR 降的影响。

4) 微区加工

当探针移至样品表面时，电子转移局限于靠近样品表面的很小的区域，故可用 SECM 进行微区沉积或刻蚀。探针可以作为工作电极直接进行表面加工，也可以在探针上产生试剂与样品的作用。已在生物传感器的制作中用于生物分子的沉积。

5) 单细胞研究

SECM 在单细胞研究中具有一系列优势：任何放置或者培养在固体表面并沉浸在电解质溶液中的活细胞都可以被直接测量而不需任何的探针尖端和样本的接触；所关注的化学物质的行为可以被有选择性且高度灵敏性地监控；单个细胞的局部反应和表面形貌可以在高空间分辨率下进行研究；针尖的反应可以用来量化基底反应的热力学和动力学参数。该技术可以用于单细胞活性的定量表征与成像，监测化学刺激对细胞活性的影响等。

目前，SECM 还可以与其他技术联用以获取更多的信息。例如，与石英晶体微天平(QCM)联用，分别提供电化学信息和质量效应信息研究有机或无机薄膜性质；与 AFM 联用，同时提供高空间分辨率的电化学和基底形貌信息，用于表面刻蚀和固/液界面研究；与扫描光学显微技术联用，同时进行扫描电化学、光学研究获得空间分辨信息。

思考题 8.28 相对于普通电极，微电极具有哪些特点？可应用于分析化学哪些领域？

思考题 8.29 什么是化学修饰电极？化学修饰对电极有何利弊？

小　结

习　题

说明：本章习题除指明者外，均不考虑离子强度影响，温度为 25℃，有关 φ、K_{sp}、K_a 等常数请查手册。

8.1 计算下列电池的电动势，并标明电极的正负。

$$\text{Ag, AgCl} \left| \begin{array}{c} 0.1\text{mol·L}^{-1}\text{ NaCl} \\ 1\times10^{-4}\text{mol·L}^{-1}\text{ NaF} \end{array} \right| \begin{array}{c} \text{LaF}_3 \\ \text{单晶膜} \end{array} \left| 0.1\text{mol·L}^{-1}\text{ KF} \right\| \text{SCE}$$

$$\varphi_{\text{AgCl,Ag}} = +0.22\text{V}, \quad \varphi_{\text{SCE}} = +0.244\text{V}$$

8.2 氟电极的内参比电极为银-氯化银电极，内参比溶液为 0.0100mol·L^{-1} NaCl 与 $1.00\times10^{-3}\text{mol·L}^{-1}$ NaF，计算其在 $1.00\times10^{-5}\text{mol·L}^{-1}$ F^{-}、pH=10.00 的试液中的电位。($K_{\text{F,OH}}^{\text{pot}} = 0.1$，设膜内外等性)

8.3 氟化铅溶度积常数的测定以晶体膜铅离子选择电极作负极,以氟电极作正极,浸入 pH 为 5.50 的 0.0500mol·L⁻¹氟化钠并经氟化铅沉淀饱和的溶液。在 25℃时测得该电池的电动势为 0.1549V,同时测得铅电极的响应斜率为 28.5mV/pPb,电极常数 K_{Pb} = +0.1742V;氟电极的响应斜率为 59.0mV/pF,电极常数 K_F = +0.1162V。试计算氟化铅的 K_{sp}。

8.4 当试液中二价响应离子的活度增加 1 倍时,该离子电极电位变化的理论值为多少?

8.5 晶体膜氯电极对 CrO_4^{2-} 的电位选择性系数为 2.00×10^{-3},当此电极用于测定 pH = 6.00,0.0100mol·L⁻¹ 铬酸钾溶液中的 5.00×10^{-4}mol·L⁻¹ 氯离子时,估计方法的相对误差。

8.6 某 pH 计改变一个 pH 单位,其电位改变 60mV。若用响应斜率为 50mV/pH 的玻璃电极测定 pH = 5.00 的溶液,采用 pH = 2.00 的标准溶液定位,其测定结果的绝对误差为多大?若用 pH = 4.00 标准溶液定位,绝对误差为多大?

8.7 某玻璃电极的内阻为 100MΩ,响应斜率为 50mV/pH,测量时通过电池回路的电流为 1.00×10^{-12}A。试计算因电压降所产生的测量误差相当于多少 pH 单位。

8.8 当电池[玻璃电极|H⁺(a = x)‖SCE] 中的溶液是 pH = 4.00 的缓冲溶液时,在 25℃测得电池的电动势为 0.209V,当缓冲溶液用未知溶液代替时,测得电池电动势为 0.312V。计算该溶液的 pH。

8.9 用 0.1mol·L⁻¹硝酸银溶液电位滴定 5×10^{-3}mol·L⁻¹碘化钾溶液,以全固态晶体膜碘电极为指示电极,饱和甘汞电极为参比电极,碘电极的响应斜率为 60.0mV/pH。试计算滴定开始时及等当点时电池的电动势,并指出何者为正极,何者为负极。

8.10 当用氟硼酸根液体离子交换薄膜电极测量 10^{-3}mol·L⁻¹ 的 BF_4^- 时,如果容许存在 1%干扰,则容许存在的下列干扰阴离子的最大浓度是多少?括号中给出下列离子的选择性系数:OH^-(10^{-3}),I^-(20)。

8.11 采用下列反应进行电位滴定时,应选用什么指标电极?写出滴定反应式。

(1) $Ag^+ + S^{2-} \rightarrow$ (2) $Ag^+ + CN^- \rightarrow$

(3) $NaOH + H_2C_2O_4 \rightarrow$ (4) $Fe(CN)_6^{3-} + Co(NH_3)_6^{2+} \rightarrow$

(5) $Al^{3+} + F^- \rightarrow$ (6) $K_4Fe(CN)_6 + Zn^{2+} \rightarrow$

(7) $H_2Y^{2-} + CO^{2+} \rightarrow$

8.12 采用标准加入法测定某试样中的微量锌,取试样 1.000g 溶解后,加入 NH₃NH₄Cl 底液,稀释至 50mL,取试液 1.00mL,测得极谱高为 10 格,加入锌标准溶液(含锌 1mg·mL⁻¹)0.50mL 后,波高则为 20 格,计算试样中锌的百分含量。

8.13 用还原铁离子产生的亚铁离子对 MnO_4^- 进行库仑滴定的方法测定工业废水中的 COD。取水样 25.00mL,恒定电流为 0.0427A,样品需 282s 达到滴定终点,样品空白需经过 618s 才达到滴定终点。计算水样 COD 值,以 mg·L⁻¹表示。($F = 96485C·mol^{-1}$)

8.14 由某溶液所得铅的极谱波,当为 2.50mg·s⁻¹ 及 t 为 3.40s 时极限扩散电流为 6.70μA。调整毛细管上的汞柱高度使 t 变成 4.00s,则铅波的极限扩散电流变成多少?

8.15 在 1mol·L⁻¹硝酸钾溶液中,铅离子还原为铅汞齐的半波电位为 –4.05V,在 1mol·L⁻¹ 硝酸介质中,当 1×10^{-4}mol·L⁻¹ Pb^{2+}与 1×10^{-2}mol·L⁻¹ EDTA 发生配合反应时,其配合物还原波的半波电位为多少?设扩散系数 $D_{Pb^{2+}}$ 和 $D_{PbY^{2-}}$ 相等,并已知 PbY^{2-}的稳定常数为 1.110^{18}。

8.16 Co^{3+}在氨盐介质中一般分两步反应到 $Co(0)$,得到的极谱图如图 8.68。

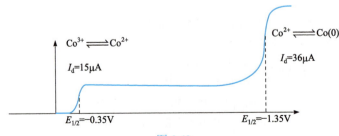

图 8.68

求此溶液 Co^{3+} 和 Co^{2+} 的初始浓度比,并分析这两步反应的电池性质(即原电池或电解池,工作电极是阳极还是阴极,是正极还是负极)。

锂电池之父——John B. Goodenough

约翰·巴尼斯特·古迪纳夫
(John B. Goodenough)

仿真动画——显微技术

原子力显微镜　　透射电子
　　　　　　　　显微技术　　扫描隧道
　　　　　　　　　　　　　　显微镜　　扫描电子显微
　　　　　　　　　　　　　　　　　　　技术

第 9 章 色谱分离分析法

内容提要

本章阐述色谱分离分析方法及其应用，重点掌握色谱分离分析的基本原理、定性定量分析方法、气相和液相色谱分离分析技术。

9.1 色谱分离分析概论

9.1.1 色谱发展简史

一般而言，分析对象是由各种化合物组成的混合物，为数不多的几种元素即可组成许多化合物。为分析混合物，必须利用组分之间某种物理和化学行为的差异，逐一分离各组分，测定其构成元素的种类和数目、结合状态、立体构型和相对分子质量等，再鉴定其组分。若能分离出需要量（几十毫克）的纯化合物组分，则用现代仪器分析方法（如质谱分析、核磁共振分析、红外吸收分析、元素分析、X 射线分析等）就能确定结构。反之，当测定样品中有多种化合物共存时，即使用上述方法，也不可能对各种组分进行识别和鉴定。因此，在使用这些仪器分析方法之前，除去干扰物，分离出分析仪器鉴定极限以上的纯品量的前处理工作是必不可少的。色谱分析法是基于分离的分析方法，可以有效实现样品的前处理。

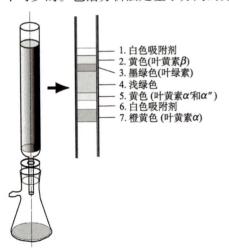

图 9.1 Tswett 的色谱装置和色谱图

对色谱分析法首先进行详细描述的是俄国植物学家茨维特（Tswett）。1906 年，茨维特在研究植物色素的组成时，把植物色素的石油醚提取液注入一根装有 $CaCO_3$ 颗粒的竖直玻璃管中，提取液中的色素被吸附在 $CaCO_3$ 颗粒上，然后再加入纯石油醚，任其自由流下，经过一段时间以后，叶绿素中的各种成分就逐渐相互分开，在玻璃管中形成了不同颜色的谱带（图 9.1），"色谱"（有色的谱带）一词由此而得名。用机械方法，将吸附色素的区带依次推出。各个区带的色素再分别用适当的溶剂洗脱下来。他把这种分离方法命名为色谱分析法，把这根玻璃管称为色谱柱。

色谱分析法（chromatography）这一名词是由希腊字 "chromatus"（颜色）和 "graphein"（记录）二字合并而成。以后的研究和应用表明无颜色的物质也可以用色谱分析法分离。

1941 年，马丁（Martin）和辛格（Synge）把含有一定量水分的硅胶填充到色谱柱中，然后将氨基酸混合物溶液加入柱中，再用氯仿淋洗，结果各种氨基酸得到分离。这种实验方法与茨维持的方法形式上相同，但分离原理完全不同，他们把这种分离方法称为分配色谱分析法。

1952 年，马丁和詹姆斯发展了气液色谱分析法并将蒸馏塔板理论应用到色谱分离中，进一步推动了色谱分析法的发展，目前这一方法在科学研究和工业上都得到了广泛应用，特别是在有机物的分析方面应用更加普遍。马丁和辛格由于在色谱分析法的研究中做出了重大贡献而荣获 1952 年的诺贝尔化学奖。

20 世纪 60 年代末，法国的 G. Aubouin 和美国的 Scott 等几乎同时各自创立了高压液相色谱分析法。高压液相色谱分析法是由现代高压技术与传统的液相色谱分析法相结合，加上高效柱填充物和高灵敏检测器所发展起来的新型分离分析技术。由于它具有高效、快速、高灵敏度以及宽的适应范围和大的工作容量等一系列特点，为分析化学中广泛应用柱液相色谱分析法开拓了广阔的前景。

色谱与其他分析方法的联用促使分析灵敏度提高、鉴别能力增强、分析速度加快，并且得到的大量数据需要电子计算机进行计算和存储，这使得联用技术与电子计算机紧密结合起来，进一步促进了色谱与其他分析仪器联用技术的发展。

20 世纪 50 年代初我国的科技工作者开展了气相色谱的研究与应用工作，多年来在薄层色谱、气相色谱、毛细管色谱、高效液相色谱、联用技术、毛细管电动色谱以及智能色谱等方面都取得了很大的成就，在科学研究和国民经济建设中发挥了重要作用。例如，中国科学院大连化学物理研究所研制的双通道气相色谱仪具有体积小、重量轻和功耗低等优点，于 2021 年随天和核心舱发射升空，用于舱内空气中微量挥发性有机物的在线监测，保障航天员在轨安全生存。

9.1.2 色谱分析法的分类

色谱分析法是利用在固定相和流动相之间相互作用的平衡场内物质行为的差异，从多组分混合物中使单一组分互相分离，继而进行定性检出和鉴定、定量测定和记录的分析方法。

色谱分析法的类型较多，色谱分析法根据两相状态、分离机理、固定相和动力学的不同分成若干类型。

1. 按两相的状态分类

在色谱分析中有流动相和固定相两相。流动相是色谱分析中携带组分向前移动的物质，固定相是色谱分析中不移动的具有吸附活性的固体或涂渍在固体载体表面上的固定液。用液体作为流动相的称为液相色谱分析法，用气体作为流动相的称为气相色谱分析法。此外，20 世纪 80 年代以来发展起来的超临界流体色谱法利用高于临界压力和临界温度的物质作为流动相，兼有气相色谱和液相色谱的特点。又因固定相也有两种状态，按照使用流动相和固定相的不同，可将色谱分析法分为：液固色谱分析法，即流动相为液体，固定相为具有吸附活性的固体；液液色谱分析法，即流动相为液体，固定相为液体；气固色谱分析法，即流动相为气体，固定相为具有吸附活性的固体；气液色谱分析法，即流动相为气体，固定相为液体。

2. 按色谱分离机理分类

1）吸附色谱分析法

固定相为吸附剂，利用吸附剂对不同组分吸附性能的差别进行色谱分离和分析的方法。这种色谱分析法根据使用的流动相不同又可分为气固吸附色谱分析法和液固吸附色谱分析法。

2) 分配色谱分析法

利用不同组分在流动相和固定相之间分配系数(或溶解度)的不同而进行分离和分析的方法。根据使用的流动相不同，又可分为液液分配色谱分析法和气液分配色谱分析法。

3) 离子交换色谱分析法

用一种能交换离子的材料为固定相来分离离子型化合物的色谱方法。这种色谱分析法广泛应用于无机离子、生物化学中各种核酸衍生物、氨基酸等的分离。

4) 凝胶色谱分析法

利用某些凝胶对不同组分分子的大小不同而产生不同的滞留作用，以达到分离的色谱方法。这种色谱分析法主要用于较大分子的分离，也称为筛析色谱分析法和尺寸(空间)排阻色谱分析法。

3. 按固定相的性质分类

1) 柱色谱分析法

这种色谱分析法分两大类：一类是将固定相装入色谱柱内，称为填充柱色谱分析法；另一类是将固定相涂渍在一根空心的毛细管内壁，称为开管型毛细管柱色谱分析法。先将固定相填满一根管子内，再将管子拉成毛细管或再将固定液涂渍于管内载体上，称为填充型毛细管柱色谱分析法。

2) 纸色谱分析法

以纸为载体，以纸纤维吸附的水分(或吸附的其他物质)为固定相，样品点在纸条的一端，用流动相展开以进行分离和分析的色谱分析法。

3) 薄层色谱分析法

将吸附剂(或载体)均匀地铺在一块玻璃板或塑料板上形成薄层，在此薄层上进行色谱分离的方法。

4. 按动力学过程分类

1) 冲洗法

冲洗法是将试样加在色谱柱的一端，选用在固定相上被吸附或溶解能力比试样组分弱的气体或液体冲洗柱子，由于各组分在固定相上被吸附或溶解能力的差异，各组分被冲洗出来的顺序不同，从而达到分离之目的。图9.2为流出曲线。这种方法的分离效能较高，适合于多组分混合物的分离，是一种使用最广泛的色谱方法。

2) 迎头法

迎头法是使多组分的混合物连续地进入色谱柱，按混合物中吸附或溶解能力的强弱而依次流出色谱柱。其色谱流出曲线见图9.3。利用这种色谱分析法分离多组分的混合物时，所得到的第一个组分为纯品，其余的均为非纯品。因此，它只适用于从复杂组分中分离某一纯组分的分离与分析，也用于测定某些物理常数。

3) 顶替法

顶替法是将混合物试样加入色谱柱，将选择的顶替剂加入惰性流动相中，这种顶替剂在固定相上的吸附或溶解能力比试样中所有组分都强，当含顶替剂的惰性流动相通过柱子后，试样中各组分依吸附或溶解能力的强弱顺序被顶替出色谱柱，得到如图9.4的流出曲线。利用这种方法可从混合物中分离出几种纯品，有利于组分分析。该法比迎头法的分离效果更好些。

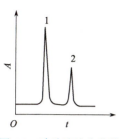
图 9.2 冲洗法流出曲线

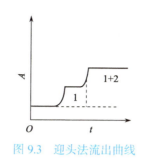
图 9.3 迎头法流出曲线

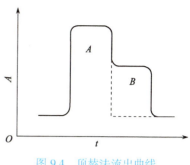
图 9.4 顶替法流出曲线

9.1.3 色谱分析法的特点

(1) 高效能。色谱分析法可将性质极为接近的组分和复杂的多组分混合物进行有效分离。

(2) 高选择性。通过选用高选择性的固定相，使各组分之间的分配系数有较大的差异，从而对性质极为相似的组分（如同位素、烃类异构体等）有很强的分离能力。

(3) 高灵敏度。在色谱仪中采用高灵敏检测器检测极微量的组分，特别适合于痕量杂质分析，已在高纯试剂、农药残留量、环境保护、生物化学、医药卫生等方面广泛应用。

此外，色谱分离分析速度快。如果用色谱工作站控制整个分析过程，可自动化操作。

色谱分析法是一种既能分离又能分析的强有力的分析手段，在科学研究与生产中发挥着重要作用。

9.2 色谱分离分析基础理论

9.2.1 基本术语

色谱柱流出物通过检测器系统时所产生的响应信号对时间或流动相流出体积的曲线图称为色谱图（图 9.5）。

(1) 基线。它是在正常操作条件下仅有流动相通过检测器系统时的响应信号曲线，如图 9.5 中 OP 线。

(2) 色谱峰。色谱柱流出组分通过检测器系统时所产生的响应信号的微分曲线（图 9.5 中 $CHFEGJD$ 所成的曲线）。

(3) 峰底。峰的起点与终点之间连接的直线（图 9.5 中的 CD）。

(4) 峰高(h)。从峰最大值到峰底的距离（图 9.5 中 BE）。

(5) 峰宽(w)。在峰两侧拐点(F, G)处所作切线与峰底相交两点间的距离（图 9.5 中 KL）。

(6) 半高峰宽($W_{h/2}$)。通过峰高中点作平行于峰底的直线，此直线与峰两侧相交点之间的距离（图 9.5 中 HJ）。

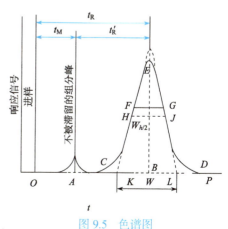
图 9.5 色谱图

(7) 峰面积(A)。峰与峰底之间的面积,如图 9.5 中 $CHEJDC$ 所围成的面积。

(8) 标准偏差(σ)。峰高 0.607 处色谱峰宽度的一半(图 9.5 中 $FG/2$)。

(9) 保留值。保留值是表示被测组分在柱中停留时间的数值,常用以下各值表示:

(i) 死时间(t_M)。不被固定相滞留的组分,从进样到出现峰最大值所需的时间。气相色谱中,常用空气或甲烷作此组分测 t_M。

(ii) 保留时间(t_R)。组分从进样到出现峰最大值所需的时间。

(iii) 调整保留时间(t'_R)。减去死时间的保留时间。

$$t'_R = t_R - t_M \tag{9.1}$$

(iv) 校正保留时间(t_R^0)。用压力梯度校正因子修正的保留时间,即保留时间与压力梯度校正因子的乘积

$$t_R^0 = j t_R \tag{9.2}$$

式中,j 为色谱柱进口压力(p_i)与出口压力(p_o,大气压力)梯度校正因子

$$j = \frac{3}{2} \times \frac{(p_i/p_o)^2 - 1}{(p_i/p_o)^3 - 1} \tag{9.3}$$

(v) 净保留时间(t_N)。用压力梯度校正因子修正的调整保留时间,即调整保留时间与压力梯度校正因子的乘积

$$t_N = j t'_R \tag{9.4}$$

上述时间的单位均以 min 表示。也可用体积代替时间表征保留值。

(10) 相对保留值($r_{i,s}$)。在相同操作条件下,组分(i)与参比组分(s)的调整保留值之比

$$r_{i,s} = \frac{t'_{R(i)}}{t'_{R(s)}} = \frac{V'_{R(i)}}{V'_{R(s)}} \neq \frac{t_{R(i)}}{t_{R(s)}} \tag{9.5}$$

(11) 相比率(β)。色谱柱中气相体积(V_G)与固定相体积(V_L)之比

$$\beta = \frac{V_G}{V_L} \tag{9.6}$$

(12) 分配系数(K)。在平衡状态时,组分在固定相与流动相中的浓度之比

$$K = \frac{C_L}{C_G} \tag{9.7}$$

式中,C_L 为组分在固定相中的浓度;C_G 为组分在流动相中的浓度。

(13) 容量因子(k')。又称分配比、分配容量,定义为平衡状态时组分在固定相中的质量(p)与组分在流动相中的质量(q)之比

$$k' = \frac{p}{q} = K\frac{V_L}{V_G} = \frac{K}{\beta} = \frac{t'_R}{t_M} = \frac{V'_R}{V_M} \tag{9.8}$$

由上述各式可得到分配系数与保留时间的关系如下:

$$\begin{cases} t_R = t_M \left(1 + k\dfrac{V_L}{V_G}\right) \\ t'_R = t_M\, k\dfrac{V_L}{V_G} \end{cases} \tag{9.9}$$

(14) 分离因子 (∂)。在相同操作条件下,两个相邻组分的调整保留值之比

$$\partial = \frac{t'_{R(2)}}{t'_{R(1)}} = \frac{V'_{R(2)}}{V'_{R(1)}} \qquad \partial \geqslant 1 \tag{9.10}$$

9.2.2 塔板理论及柱效率

马丁等在研究色谱过程时,借用蒸馏过程的塔板理论进行处理,所得结果能解释一些实验现象,并能计算出理论塔板数,以评价柱效率。

塔板理论把色谱柱比拟为一个蒸馏塔,每个塔板的高度为 H,称为理论塔板高度。当物质进入柱内就在两相间进行分配,并假设:

(1) 所有组分开始都进入零块塔板,组分的纵向扩散可以忽略,流动相按前进方向通过柱子。
(2) 流动相以脉冲式进入柱子,每次进入柱子的最小体积就是一个塔板的体积。
(3) 在每块塔板内,组分在两相间能达瞬间分配平衡。
(4) 分配系数在每块塔板上都是常数,与组分在塔板中的浓度无关。

按照这种假设,对于一根长为 L 的色谱柱,溶质平衡的次数应为

$$n = \frac{L}{H} \tag{9.11}$$

式中,n 又称为理论塔板数。

按照塔板理论,理论塔板数与色谱参数之间的关系为

$$n = 5.54 \left(\frac{t_R}{W_{h/2}}\right)^2 = 16 \left(\frac{t_R}{W}\right)^2 \tag{9.12}$$

当组分在柱上的 t_R、W 和 $W_{h/2}$ 测定后,即可计算出该柱的理论塔板数。由于同一柱上不同组分的 t_R、W 和 $W_{h/2}$ 不同,所计算出的 n 不同。因此,当测定柱子的理论塔板数时,应说明是以什么物质进行测定。H 的单位以 cm 或 mm 表示。$W_{h/2}$ 越窄,n 越大,H 越小,柱效率越高。一般填充柱 $n > 10^3$,H 约为 1mm,毛细管柱的 $n > 10^4$,H 为 0.5~0.1mm。

用 t'_R 代替 t_R,所得塔板数称为有效塔板数 n_{eff} 和有效塔板高度 H_{eff}

$$n_{eff} = 5.54 \left(\frac{t'_R}{W_{h/2}}\right)^2 = 16 \left(\frac{t'_R}{W}\right)^2 \tag{9.13}$$

$$H_{eff} = \frac{L}{n_{eff}} \tag{9.14}$$

当 k' 一定时,n_{eff} 与 n 的关系为

$$n_{eff} = n \left(\frac{k'}{k'+1}\right)^2$$

9.2.3 理论塔板数与选择性、分离度的关系

理论塔板数或理论塔板高度可衡量柱效率,n 越大或 H 越小,则柱效越高,因此 n 或 H 可作为评价柱效率的指标。但 n、H 只是根据单一组分的 t_R 和 W 计算出来以说明其柱效的,对于一个多组分的混合物在柱中的分离情况却不能加以判断。为了表征相邻两组分的分离程度,提出了选择性与分离度两个概念。

选择性是指固定液对两个相邻组分的调整保留值之比，用 $r_{2,1}$ 表示，此处 1 和 2 代表混合物中两个相邻的最难分离的组分，称为最难分离物质对。$r_{2,1}$ 越大，两组分越容易分离。

两个相邻组分的保留值之差与其平均峰宽值之比称为分离度（R）

$$R = 2\left(\frac{t_{R(2)} - t_{R(1)}}{W_2 + W_1}\right) \tag{9.15}$$

实验结果表明，$R < 0.8$ 时，两组分不能完全分离；$R = 1$ 时，两峰重叠约 2%；$R = 1.5$ 时，可达完全分离。因此，R 值越大，分离效果越好。

理论塔板数与选择性、分离度有如下的关系：

$$n_{\text{eff}} = 16R^2\left(\frac{r_{2,1}}{r_{2,1} - 1}\right)^2 \tag{9.16}$$

$$n = 16R^2\left(\frac{r_{2,1}}{r_{2,1} - 1}\right)^2\left(\frac{1 + k'}{k'}\right)^2 \tag{9.17}$$

【例 9.1】 已知某色谱柱的 n 值为 3600，组分 A 和 B 在该柱上的保留时间分别为 100s 和 110s，t_M=10s，求其分离度 R。

解 对于组分 A 和 B，该柱的 n 均为 3600。由式（9.13）得

$$W_A = \frac{4t_{R(A)}}{\sqrt{n}}, \quad W_B = \frac{4t_{R(B)}}{\sqrt{n}}$$

$$R = 2\left(\frac{t_{R(B)} - t_{R(A)}}{W_B + W_A}\right) = \frac{\sqrt{n}}{2} \cdot \frac{t_{R(B)} - t_{R(A)}}{t_{R(B)} + t_{R(A)}} = \frac{\sqrt{3600}}{2} \times \frac{110 - 100}{110 + 100} = 1.43$$

9.2.4 速率理论及谱峰扩展

塔板理论是从热力学角度处理色谱过程的，而在色谱分离过程中力学平衡是瞬时的，其全过程是一个动力学过程。1956年，范第姆特（van Deemter）等以气相色谱为对象提出速率理论，认为色谱过程受涡流扩散、分子扩散、两相间传质阻力等影响，其扩散过程如图 9.6。根据三个扩散过程对塔板高度 H 的影响，导出速率方程即范第姆特方程式

$$H = A + B/u + Cu \tag{9.18}$$

式中，A 为涡流扩散项；B/u 为分子扩散项；Cu 为传质阻力项；u 为载气线速度。

1）涡流扩散项

流动相由于受到固定相的阻碍，不断改变运动的方向，发生类似"涡流"，使同一组分流出柱的时间有差异，从而引起峰扩展。峰扩展程度用下式表示

$$A = 2\lambda d_p \tag{9.19}$$

式中，A 为峰扩展程度；λ 为固定相填充不均匀因子，填充越不均匀，λ 越大，λ 为 1~8；d_p 为固定相平均颗粒直径，单位为 cm。涡流扩散与流动相无关，只与固定相颗粒大小及填充的均匀性有关，填充越不均匀，颗粒直径越大，则峰扩展严重，H 增大，柱效率降低。但 d_p 太小也会使柱子流动相传质阻力加大，柱效率降低，因此一般使用 0.18~0.25mm 或 0.25~0.32mm 的填充物较合适。

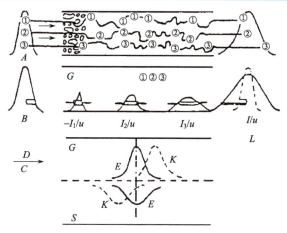

图 9.6 气相色谱扩散过程示意图

A. 涡流扩散；①、②、③. 所分析的组分；B. 分子扩散；C. 两相间的传质阻力；D. 流动相流动方向；E. 平衡状态；G. 流动相；K. 实际浓度；L. 总柱长；S. 固定相；u. 流动相线速度

2) 分子扩散项

分子扩散项是由组分在流动中的浓差扩散所引起的。样品进入柱子后不是立即充满全部柱子，而是形成浓度梯度，分子从高浓度向低浓度扩散，这种扩散沿柱的纵向进行，故也称分子纵向扩散，用下式表示：

$$B = 2\gamma D_g \tag{9.20}$$

式中，B 为分子扩散项系数；γ 为因颗粒大小不规则引起流动相扩散路径弯曲的因子，简称弯曲因子，对填充柱 $\gamma < 1$；D_g 为组分分子在载气中的扩散系数，单位为 $cm^2 \cdot s^{-1}$。D_g 随组分的性质、柱温、柱压和载气性质不同而不同。组分相对分子质量大，扩散不易，故 D_g 小。D_g 与载气相对分子质量的平方根成反比，对一定样品来说，采用相对分子质量较大的氮气作载气，D_g 会小。由于液相扩散系数 D_l 仅为 D_g 的 $10^{-4} \sim 10^{-5}$ 倍，故组分在液相中的纵向扩散可忽略不计。载气线速较大时，分子扩散项变得很小，所以色谱峰扩展与载气线速成反比。

3) 传质阻力项

传质阻力能使组分在固定相和流动相中的浓度产生偏差，如图 9.6C。传质阻力项 Cu 包括液相传质阻力项和气相传质阻力项，所以 $C = C_l + C_g$，C_l 称为液相传质阻力系数，C_g 称为气相传质阻力系数。

气相传质阻力就是组分分子从气相到两相界间进行交换时的传质阻力，这个阻力会使柱子的横断面上的浓度分配不均匀。这种传质阻力越大，所需的时间就越长，浓度分配就越不均匀，峰扩展就越严重。气相传质阻力系数表示为

$$C_g = \frac{0.01 k'^2 d_p^2}{(1+k')^2 D_g} \tag{9.21}$$

由式(9.21)可知，C_g 与 d_p^2 成正比，故采用小颗粒的填充物可使 C_g 减小，有利于柱效率的提高。C_g 与 D_g 成反比，组分在气相中的扩散系数越大，气相传质阻力越小，故在快速气相色谱中采用 D_g 大的 H_2 或 He 作载气，有利于减小气相传质阻力，使柱效率提高。但载气线速增大，可使气相传质阻力增大，柱效降低。

液相传质阻力是组分从气液界面扩散到液相内部发生质量交换，达平衡后又返回气液界

面的传质阻力。在整个传质过程中受到阻力越大,需要的时间就越长,与未进入液相的分子间的距离就越远,色谱峰扩展就越严重。液相传质阻力系数表示为

$$C_1 = \frac{2k'}{3(1+k')^2} \cdot \frac{d_f^2}{D_1} \tag{9.22}$$

式中,d_f 为固定液液膜的厚度;D_1 为组分在固定液中的扩散系数,单位为 $cm^2 \cdot s^{-1}$。很显然,固定液液膜厚度大,液相传质阻力也大;D_1 越大,C_1 也就越小,因此选择低固定液含量,可使液相传质阻力减小,以利提高柱效率。此外,C_1 还与固定液的性质、组分的性质、柱温以及载气流速有关。

将式(9.19)~式(9.22)代入式(9.18),得

$$H = 2\lambda d_p + \frac{2\gamma D_g}{u} + \frac{2k'u}{3(1+k')^2} \cdot \frac{d_f^2}{D_1} + \frac{0.01k'^2 d_p^2 u}{(1+k')^2 D_g} \tag{9.23}$$

这个方程式称为范第姆特方程式,式(9.18)是它的简化式。

戈雷(Golay)方程:毛细管柱中心是空的,对载气是畅通的,所以 1971 年美国材料试验学会(ASTM)又将它命名为空心柱。描述空心柱板高的戈雷方程为

$$H = B/u + C_g u + C_1 u \tag{9.24}$$

式中,B/u 为分子扩散项;$C_g u$ 为流体扩散项或气相传质项;$C_1 u$ 为液相传质项;$B = 2D_g$。

气相传质系数 $C_g = \frac{(1+6k'+11k'^2)}{24(1+k')^2} \cdot \frac{r_0^2}{D_g}$ (r_0 为空心柱内半径)

液相传质系数 $C_1 = \frac{2}{3} \cdot \frac{k'}{(1+k')^2} \cdot \frac{d_f^2}{D_1}$

和填充柱的范氏方程相比,空心柱中无填充颗粒,所以戈雷方程中的涡流扩散项为零。同时也由于它没有填充颗粒,它的分子扩散项中的曲折因子 $\gamma = 1$。液相传质项系数对于空心柱和填充柱也有差别,这是因为推导速率方程时,对于填充柱假设填充颗粒为球状,而空心柱中则假设其液膜为一平面。由戈雷方程可导出 $H_{min} = 2(BC)^{1/2}$,与之对应的 $u_{opt} = (B/C)^{1/2}$。

吉丁斯(Giddings)方程:

$$H = 2\lambda d_p + \overset{H_d}{(C_d D_m / u)} + [\overset{H_m}{(C_m d_p^2 / D_m)} + \overset{H_s}{(C_s d_f^2 / D_s)} + \overset{H_{sm}}{(C_{sm} d_p^2 / D_m)}]u \tag{9.25}$$

式中,H_e 为涡流扩散;H_d 为分子扩散;H_m 为流动相传质阻力;H_s 为固定相传质阻力;H_{sm} 为停滞相的流动传质阻力;C_d、C_m、C_s、C_{sm} 在一定条件下为常数;D_m 为组分在流动相中的扩散系数;D_s 为组分在固定相中的扩散系数。将三项传质阻力合并,可进一步简化为 $H = A + B/u + Cu$。这与范氏方程形式上一致。

组分在液体中的扩散系数 D_m 很小(是它在气体中扩散系数的 $10^{-5} \sim 10^{-4}$),而传质阻力与 D_m(或 D_s)成反比,故传质是影响谱带变宽的主要因素。如果采用低黏度的流动相,D_m 增大,H 会减小,可提高柱效。

9.2.5 定性和定量分析

1. 定性分析

一个混合物样品经色谱分离后得到一系列的色谱峰,定性分析的任务就是鉴别这些峰属

于什么物质。目前色谱定性方法很多，现将常用的定性方法介绍如下。

1）利用保留值定性

任何一种物质在选定的色谱条件下都有确定的保留值，依据这一特性即可定性。常有下列几种方法。

(1) 利用保留时间定性。该法比较简单、方便。在一定的色谱条件下，将未知样、标准物质分别进样，测量它们的 t_R 进行比较，如果未知样的组分与标准物质有相同的 t_R，就认为它们属于同一物质。

峰加高的方法也常使用，其做法是：取少量试样，加入一定的标准物质，混合均匀进样，观察加入标准物质前后色谱峰高的变化，如果峰加高，则峰加高前的峰与加高的峰就属于同一物质。

这种定性方法的可靠性欠佳，因为不同的物质可能有相同的 t_R。可用其他定性方法加以检验。

(2) 利用相对保留值定性。用相对保留值定性可依据下式：

$$\gamma_{i,s} = \frac{t'_{R(i)}}{t'_{R(s)}} = \frac{V_{g(i)}}{V_{g(s)}} = \frac{K_i}{K_s}$$

由公式可知，$\gamma_{i,s}$ 值只与固定液性质、组分的性质以及柱温有关，而与固定液的含量以及其他操作条件无关，因此测量比较准确。

测定时选择某化合物为标准物，于相同色谱条件下，分别测出未知样和标准物质中各组分的 $\gamma_{i,s}$ 值加以比较，当未知样和标准物质中相应组分的 $\gamma_{i,s}$ 值相同时，即认为它们属于同一物质，这样就可以鉴别出未知样的各个组分。

(3) 利用保留指数定性。目前，用保留指数定性是一种较好的方法。保留指数的测定是科瓦茨(Ko-vats)1958 年提出的，其测定方法是把某组分的保留行为用两个靠近它的正构烷烃来标定，并以均一标度表示。某组分的保留指数(I_x)可用下式进行计算

$$I_x = 100 \left[Z + \frac{\lg t'_{R(x)} - \lg t'_{R(Z)}}{\lg t'_{R(Z+1)} - \lg t'_{R(Z)}} \right] \tag{9.26}$$

式中，$t'_{R(x)}$ 为某组分的调整保留时间；$t'_{R(Z)}$ 和 $t'_{R(Z+1)}$ 为具有 Z 和 $(Z+1)$ 个碳原子的正构烷烃的调整保留时间。选定两个正构烷烃，使待测组分的保留值 $t'_{R(x)}$ 恰在两正构烷烃之间

$$t'_{R(Z)} \leqslant t'_{R(x)} \leqslant t'_{R(Z+1)}$$

测定时将待测组分与两个正构烷烃混合，于 100℃测定，在某柱上流出得色谱图，按式(9.26)进行计算，并规定正构烷烃的保留指数为其碳原子数的 100 倍(100Z)，故正戊烷的 $I_5 = 500$，正己烷的 $I_6 = 600$，正庚烷的 $I_7 = 700$ 等，这样待测组分的保留指数就在它们之间。

例如，1-庚烯在角鲨烷柱上的保留指数的测定：选定的正构烷烃为正己烷($Z = 6$)，正庚烷($Z+1 = 7$)，于 100℃测得 $t'_{R(Z)} = 112.7s$，$t'_{R(x)} = 253.7s$，$t'_{R(Z+1)} = 299.2s$，则 1-庚烯的保留指数为

$$I_x = 100 \left[6 + \frac{\lg 253.7 - \lg 112.7}{\lg 229.2 - \lg 112.7} \right] = 683.1$$

计算出的 I_x 值是百位数，介于 600 与 700 之间，它表示 1-庚烯的保留指数相当于具有 6.831 个碳原子的正构烷烃的保留指数。各种有机化合物的 I_x 值均可按上述方法求得。

在进行定性时，除使用两个正构烷烃做标准外，不必另外使用纯品物质，可直接将被测

物的 I_X 值与文献值对照,即可做出判断。但因 I_X 值仍与柱温、固定液有关,测定 I_X 值时需与文献值的操作条件保持一致。

(4) 利用双柱定性。在一般柱子上测定保留值,有时会出现几种物质的保留值相同的情况,这就无法定性。此时可采用两根极性相差较大的柱子定性。实验结果表明,同系物在两种极性不同的固定相上的保留值的对数值呈线性关系

$$\lg a_1 = b\lg a_2 + C \tag{9.27}$$

式中,a_1、a_2 为两种柱子上的保留值。例如,酯类和醇在甲基硅油Ⅰ和磷酸三甲苯酯两根柱上的比保留体积如图9.7。

可见酯类和醇类在两柱上的比保留体积对数有良好的线性关系。当样品和纯物质在两根柱子上测得的相应 V_g 都一致时,可认为样品中各组分与相应的纯物质是相同的物质。根据样品情况还可采用几根柱子定性,其可靠性会更好。

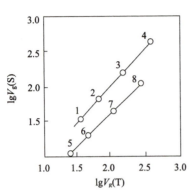

图 9.7 两种固定相上比保留体积对数之间的关系
S. 甲基硅油Ⅰ;T. 磷酸三甲苯酯;柱温 78℃;
1. 甲基乙酸酯;2. 乙基乙酸酯;3. 丙基乙酸酯;
4. 丁基乙酸酯;5. 甲醇;6. 乙醇;7. 丙醇;8. 丁醇

2) 利用保留值经验规律定性

在实际工作中,当找不到标准物质时,除可采用保留指数定性外,还可利用保留值变化的有关规律定性,可利用的规律有以下两点。

(1) 沸点规律。实验表明,许多类型的同系物在各种固定相上的保留值的对数与沸点呈线性关系

$$\lg \gamma_{i,s} = a_1 + b_1 T_b \tag{9.28}$$

式中,a_1、b_1 为经验常数;T_b 为沸点。将 $\gamma_{i,s}$ 值换成 V_g、V_R' 或其他保留值,也有相类似的规律。利用式(9.28)可作定性鉴定。

(2) 碳素规律。温度一定时,同系物的调整保留值的对数与分子中的碳原子数呈线性关系,其表达式如下

$$\lg t_R' = a_2 + b_2 n \tag{9.29}$$

式中,a_2、b_2 为常数;n 为分子中的碳原子数。例如,芳香类和烷烃类化合物的 t_R' 与碳原子数的关系服从式(9.29)。

这个规律除适用于芳香类、烷烃类之外,也适用于脂肪酸类、酯类、醛类、酮类以及其他各类化合物。只要测出未知物的 t_R' 值,就可利用式(9.29)找出 n,并与标准物对照定性。

3) 利用化学反应定性

利用化学反应定性是将被分析物在柱前、柱中和柱后进行化学反应来定性,常用的方法有如下几种。

(1) 利用衍生物定性。有机化合物中某些难挥发、热不稳定性或极性很强的物质,如酸类、糖类、醇类、胺类等,可利用各种衍生反应生成衍生物后定性。这可克服直接分析的困难,使这些物质的分析变得比较容易。

对于色谱可直接定性的未知物,如已初步定性,也可将未知物和标准物同时转化成衍生物,如果未知物与标准物的保留值变化相一致,则可认为它们是同一物质。

(2) 利用消除法定性。某些官能团与化学试剂反应后,样品中某种类型的组分消失,因而

色谱图中不出峰以确定所消失的组分代表何种物质。这种消除法可在柱上或注射器针筒内进行，也可在单独的微型反应管中进行，然后将反应物注入色谱仪进行分析。

(3) 利用柱后流出物的化学检验定性。在柱后收集色谱柱分离后的纯组分，再用官能团分类试剂检验定性。收集的方法可用溶剂共冷凝收集法、溶剂结晶收集法或用螺旋玻璃管冷凝收集法等。

也可将柱后馏出物直接通入盛有官能团分类试剂的检验管，利用官能团特征反应，就可对各馏出物进行定性。

4) 利用选择性检测器定性

在相同的色谱条件下，同一样品在不同的检测器上有不同的响应信号，可利用检测器的这种选择性进行定性。例如，火焰光度检测器对含 S、P 的物质特别敏感，可检测混合物中是否含有 S、P 化合物。

在实际分析中多采用双检测器定性，两检测器可串联也可并联。当两检测器并联在色谱柱出口时，样品通过色谱柱分离后同时进入两个检测器中被检测，用双笔记录器记录，得色谱图 9.8。由色谱图可知，含碳氢化合物与卤化物的混合物通过双检测器后，氢火焰离子化检测器对所有化合物均有响应，而碱金属火焰离子化检测器只对氯化物有响应，两者的响应特性有很大的差别，用对照的方法即可进行定性分析。

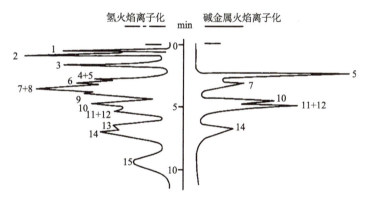

图 9.8　检测器同时检测的色谱图

1. 甲烷；2. 戊烷；3. 环己烷；4. 乙酸乙酯；5. 四氯化碳；6. 甲醇；7. 二氯甲烷； 8. 乙醇；9. 苯；10. 三氯乙烯；11. 氯仿；12. 四氯乙烯；13. 甲苯；14. 1,2-二氯乙烷；15. 乙酸异戊酯

5) 利用色谱与其他仪器联用定性

色谱具有很强的分离能力，适合于做多组分混合物的定量分析，但定性分析常因无纯物质或几种物质保留值相近而发生困难，因此，对复杂组分的混合物，其定性分析难以做出正确的判断。而质谱、红外光谱、核磁共振波谱等方法，又特别适合于单一组分的定性，将色谱与这些仪器联用，就能发挥各自的长处，以解决组分极其复杂的混合物的定性问题。

联用的方法有两种：一种称为不在线，另一种称为在线。不在线是将色谱柱分离的组分收集后，再进入其他仪器定性。在线是色谱柱分离后的组分直接进入其他仪器定性。后一种发展十分迅速。

目前已发展了各种形式的联用仪器，其中以色谱-质谱联用仪最有效，是鉴别复杂组分混合物的强有力的工具之一。

2. 定量分析

色谱的定量分析是指求出混合样品中各组分的含量。在一定的操作条件下,色谱检测器响应值与被检测组分含量成正比。每个组分的响应信号与物质的质量之间有如下关系式

$$m = fA \tag{9.30}$$

$$m = fh \tag{9.31}$$

式中,m 为物质的质量(g);A、h 分别为峰面积和峰高;f 为定量校正因子。要进行准确的定量,必须首先测量组分的峰面积或峰高,再测出定量校正因子,即可进行定量计算。

1)峰面积的测量

测量峰高比测量峰面积要快得多、简单得多,但测量峰高要求操作条件非常恒定,半高峰宽也一定,峰形尖窄对称。一般色谱峰形较宽,有的呈扁平,测量误差较大,故多使用峰面积定量。测量峰面积的方法有如下几种。

(1)峰高乘半高峰宽法。这是一种测量峰面积的近似方法,此法简便、快速,但其测量的准确性与色谱峰形有关。对于不对称峰或高度很低的峰,以及流出时间很长的峰,则不适用。理论上可以证明,色谱峰的真实峰面积为实测峰面积的 1.065 倍,即 $A_{真} = 1.065h W_{h/2}$。在进行绝对测量时,测得色谱峰面积后需乘上 1.065。而进行相对测量时,1.065 可以消去,不影响定量,故可用测得的峰面积直接进行计算。对于对称峰,其测量误差约为 2.5%。

(2)峰高乘峰宽法。此法也是一种近似测量法。此法非常简便,峰高容易测量,但有时拐点的位置不易确定,因此不适用于窄而高的峰或不对称峰的测量。理论上可以证明,真实峰面积是测量峰面积的 1.020 倍。相对测量时,1.020 可以消去,可直接用测得的峰面积进行含量计算。绝对测量时,测得峰面积需乘 1.020。

(3)峰高乘保留时间法。当色谱峰很尖、很窄,半峰宽不易测准时,只要两峰尖分开,即可用此法,但只适用于同系物。实验表明,进样量在线性范围内,峰宽保持一样时,同系物的半高峰宽与保留时间(或保留距离)有下列良好线性关系

$$W_{h/2} = a' + bt_R \tag{9.32}$$

式中,a'、b 为常数,对填充柱 $a' \to 0$,当 t_R 大时,a' 可忽略,则色谱峰面积 $A_{真}$ 为

$$A_{真} = 1.065 h b t_R \tag{9.33}$$

在作相对测量时,1.065 及 b 均可消去,不影响定量计算。

(4)峰高乘平均峰宽法。对前伸峰或拖尾峰可采用峰高乘平均峰宽法测量峰面积,计算公式如下

$$A = \frac{1}{2}(W_{0.15} + W_{0.85}) \times h \tag{9.34}$$

式中,$W_{0.15}$、$W_{0.85}$ 分别为峰高 15% 及 85% 处的峰宽。

(5)不完全分离峰面积的测定。当峰形对称而相重叠不多时($R > 0.5$),可从两峰交界点向基线作垂线,此垂线即为两峰的交界线,分别测量两峰的面积,如图 9.9 中的 a 和 b。

当两峰重叠严重时,可作重叠侧两峰的切线,从两切线的交点作基线的垂线,以此垂线作交界线,分别测量两峰的面积,如图 9.9 中的 c 和 d。

(6)大峰尾部小峰的测量。沿大峰拖尾作延伸线,围成小峰的峰面积,如图 9.10。可按上述方法测量小峰面积。

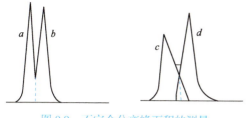

图 9.9 不完全分离峰面积的测量

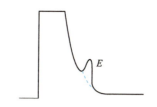

图 9.10 大峰尾部小峰的测量

(7) 色谱工作站。现代色谱分析中常用色谱工作站进行色谱数据处理，可十分方便地获得有关信息，利用色谱工作站自动测量峰面积，其准确度已大大提高。

2) 定量校正因子

在定量分析中，由于一定质量的物质在同一检测器上，尽管质量相同，但不同的物质其色谱响应值不同；同样，一定质量的同一物质在不同检测器上，其色谱响应值也不同。因此，不能用峰面积等响应值来直接计算物质的含量。可用标准物质对峰面积进行校正，用校正后的峰面积计算物质的含量。

(1) 校正因子的几种表示方法。由式(9.30)可得下式，即单位峰面积所代表的物质的质量

$$f_i = \frac{m_i}{A_i} \tag{9.35}$$

式中，f_i 称为绝对校正因子；m_i、A_i 分别为某物质的质量(g)和峰面积。绝对校正因子受进样量、色谱条件影响大，难以测准和直接应用，常采用相对校正因子表示，即某物质与标准物质的绝对校正因子之比，用 f_i' 表示

$$f_i' = \frac{f_i}{f_s} = \frac{m_i/A_i}{m_s/A_s} \tag{9.36}$$

式中，f_i、f_s 分别为某物质和标准物质的绝对校正因子；A_i、A_s 分别为某物质和标准物质的峰面积；m_i、m_s 分别为某物质和标准物质的质量，可用质量(g)、物质的量(mol)、体积(mL)等单位表示，分别称为相对质量校正因子(f_W')、相对物质的量校正因子(f_M')、相对体积校正因子(f_V')，它们之间有下列关系

$$f_M' = f_W' \frac{M_s}{M_i} \tag{9.37}$$

式中，M_i、M_s 分别为某物质和标准物质的相对分子质量。

在定量分析中也常用相对响应值 s' 进行计算。当单位相同时，s' 与 f' 互为倒数

$$s' = \frac{1}{f'} \tag{9.38}$$

同样，相对响应值也有相对质量响应值(s_W')、相对物质的量响应值(s_M')、相对体积响应值(s_V')三种表示方法。

相对校正因子或相对响应值常省去"相对"两字，简称校正因子或响应值灵敏度。

(2) 校正因子的测量。准确称取一定量的被测组分的纯物质(m_i)和标准组分的纯物质(m_s)，混合均匀后注入色谱仪，得被测组分的峰面积(A_i)和标准组分的峰面积(A_s)，按上述公式计算出 f'。

在许多文献上载有各种有机化合物的校正因子，如果没有纯物质时可查阅文献，但色谱测定条件要与文献值条件完全一致才能引用。气相色谱中校正因子与试样、载气性质及检测

器类型有关,一般认为以 H_2、He 为载气时热导池的校正因子可以通用,以 N_2 为载气时不能通用。而氢火焰离子化检测器的校正因子能否通用,看法不一。校正因子最好自行测定。

气相色谱中测量校正因子的标准物质,热导池是用苯,氢火焰离子化检测器用正庚烷,也可选用其他物质作标准。

3) 定量分析方法

色谱定量分析方法除常用的校正曲线外,还有归一化法和标准加入法。

(1) 归一化法。试样中全部组分都显示出色谱峰时,测量的全部峰值经相应的校正因子校正并归一化后,计算每个组分的百分含量的方法,称为归一化法。计算式为

$$X_i = \frac{m_i}{m_1+m_2+\cdots+m_n}\times 100\% = \frac{f_i' A_i}{f_1' A_1 + f_2' A_2 + \cdots + f_n' A_n}\times 100\% \tag{9.39}$$

式中,f_i' 为任一待测组分的校正因子。如果组分的含量在检测器线性范围内变化,测量峰高即可代替峰面积定量时,可用下式计算:

$$X_i = \frac{f_i' h_i}{f_1' h_1 + f_2' h_2 + \cdots + f_n' h_n}\times 100\% \tag{9.40}$$

归一化法具有简便、准确、受色谱操作条件影响较小等优点,但样品中各组分必须全部出峰,否则不能用此法定量计算。如果样品中各组分为同分异构体或同系物,它们的 f_i' 值近似相等,这时式(9.39)可简化为

$$X_i = \frac{A_i}{A_1+A_2+\cdots+A_n}\times 100\% \tag{9.41}$$

例如,测定混合物中苯胺、苯腈、氯仿的含量。混合物中三种组分全部出峰,每种组分的含量可用归一化法测定。测定结果见表9.1。

表 9.1 混合物中各组分定量测定结果

组分/单位	苯胺	苯腈	氯仿
A_i / mm^2	28	15	165
f_w'	0.95	0.98	0.84
$A_i f_w'$	26.6	14.3	131.0
$X_i / \%$	15.5	8.5	76.0

(2) 内标法。在试样中加入能与所有组分完全分离的已知质量的内标物质,用相应的校正因子校正待测组分的峰值并与内标物质的峰值进行比较,求出待测组分的含量的方法,称为内标法。当只要求测定样品中某几个组分,或样品中组分不能全部出峰,或检测器不能对所有组分都产生信号时,可用此法。

内标法中使用的内标物要符合以下要求:内标物最好与组分性质接近,含量也接近;内标与组分互溶,但不能发生化学反应;内标峰与组分峰靠近;能准确称量。

内标法的操作方法是:准确称取样品和内标物,混合均匀后取样注入色谱仪,根据样品和内标物的 m、m_s 和 A_i、A_s,计算出组分的含量

$$X_i = \frac{m_i}{m} \times 100\% = \frac{A_i f_i' m_s}{A_s f_s' m} \times 100\% \tag{9.42}$$

式中，f_i' 为被测组分的校正因子；f_s' 为内标物的校正因子；m 为样品质量；m_s 为内标物的质量。当以内标物为基准时，$f_s' = 1$，式(9.42)可进一步简化。

内标法是一种常用的定量法，具有准确、不必严格控制进样量等优点。但操作较麻烦，每分析一次都要准确称取样品和内标的质量。

例如，混合样品中苯甲酸甲酯含量的测定。样品中含有苯、苯甲醛、苯甲酸甲酯，以对氯甲苯为内标，用内标法测定。称取样品 m 为 0.50g，内标物 m_s 为 0.049g，测得苯甲酸甲酯峰面积为 59mm², 对氯甲苯的 f_s' 为 1.21，$A_s = 76\text{mm}^2$，苯甲酸甲酯的 f_i' 为 0.91，则苯甲酸甲酯的质量百分含量为

$$X_i = \frac{A_i f_i' m_s}{A_s f_s' m} \times 100\% = \frac{59 \times 0.91 \times 0.049}{76 \times 1.21 \times 0.50} \times 100\% = 4.67\%$$

其他组分的含量可按同样步骤求得。

(3) 叠加法。在实际分析中，有时由于样品中组分复杂，色谱图中难以加进内标峰，或难以找到合适的标准物质，这时可用叠加法。其测定步骤是先测量试样中待测组分及一邻近组分的峰值后，在已知量的试样中加入一定量的待测组分，再测量此两组分的峰值，求出待测组分的含量(图9.11)。图中，A_1、A_2 为原样品中组分 1、2 的峰面积，A_1'、A_2' 为原样品中加入一定量待测组分后组分 1、2 的峰面积，A_1' 中包含原有面积 A_1，在相同的色谱条件下，两次进样浓度虽不同，但 A_1/A_2 值应不变，设 a 为加入待测组分后原样中组分 1 的峰面积，a' 为加入待测组分后组分 1 增加的峰面积，则

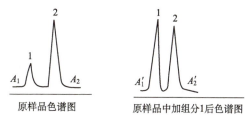

图 9.11　叠加法定量图

$$\frac{A_1}{A_2} = \frac{a}{A_2'}, \quad a = \frac{A_1 A_2'}{A_2}, \quad a' = A_1' - a = A_1' - \frac{A_1 A_2'}{A_2}$$

再按内标法计算公式计算组分 1 和 2 的百分含量。因 a' 与 a 是相同物质的峰面积，计算组分 1 时可不加校正因子，组分 2 需加校正因子，得到下列计算公式：

$$X_1 = \frac{A_1 A_2' m_1}{(A_1' A_2 - A_1 A_2') m} \times 100\% \tag{9.43}$$

$$X_2 = \frac{A_j' f_j' m_i A_j}{(A_1' A_j - A_1 A_j') f_i'} \times 100\% \tag{9.44}$$

式中，m_i、m 分别为加入组分 i 和样品的质量；f_i'、f_j' 分别为组分 1 和 2 的校正因子。

(4) 外标法。即在相同的实验条件下，分别测定等量的试样和标准样，比较试样与标准样中待测组分的峰面积，按比例求出待测组分含量

$$X_i = E_i A_i / A_E \tag{9.45}$$

式中，X_i 为试样中组分 i 的含量；E_i 为标准样中组分 i 的含量；A_i 为试样中组分 i 的峰面积(cm²)；A_E 为标准试样中组分 i 的峰面积(cm²)。

外标法中的标准曲线法是在操作条件不变情况下，分别测定一系列标准样和等量的试样，最后根据标准曲线求出待测组分含量的方法。

外标法简便、快速、不需使用校正因子,但需严格控制操作条件及进样量。

思考题 9.1 用公式表示下列关系。
(1)柱长、保留时间与分配比的关系
(2)调整保留体积与固定液体积之间的关系
(3)载气线速度与空气保留时间之间的关系
(4)相对保留值与温度之间的关系
(5)有效塔板数与理论塔板数之间的关系

思考题 9.2 试辨析分离效率(柱效)和分离度的概念。有人说"在色谱分析中,塔板数越多分配次数就越多,柱效能就越高,两组分的分离就越好",对吗?

思考题 9.3 在定量分析中为什么要测校正因子?如何测量?什么情况下可以不测?

思考题 9.4 试将绝对校正因子与朗伯-比尔定律中吸收系数加以比较。

思考题 9.5 试将色谱分离过程中同一组分的众多分子在色谱柱内停留时间的集中趋势(以保留时间为中心)和分散性(色谱区带的扩散)与第1章介绍的随机误差的分布规律加以比较。

9.3 气相色谱分析法

气相色谱分析法(gas chromatograph)是以气体为流动相的色谱分析法。按照所使用的固定相不同,可分为气固色谱分析法和气液色谱分析法两大类。在气固色谱分析法中所使用的固定相是具有一定活性的吸附剂,如分子筛、活性炭、硅胶等,主要应用于永久性气体及一些小分子有机物气体的分离与分析。气液色谱分析法中所使用的固定相是涂渍或化学交联键合在载体上的液膜,由于可供选择的载体和固定相种类很多,并且它们各有特点,因此,很多有机物都可用这种方法进行分离与分析,解决了许多复杂物质的分离与分析问题。

气相色谱分析法按色谱柱类型不同,又可分为填充柱气相色谱分析法和毛细管柱气相色谱分析法。毛细管柱气相色谱分析法又可分为开管型毛细管柱气相色谱分析法和填充型毛细管柱气相色谱分析法。由于毛细管柱气相色谱分析法在复杂物质的分离与分析上显示出一系列的优越性,其应用日益广泛,目前已成为色谱学科中的一个重要分支。

由于气体黏度小、传质速率高、渗透性强,有利于高效快速的分离,气相色谱分析法具有如下特点:

(1)高效能。在较短的时间内能够同时分离和测定极为复杂的混合物,如含有100多个组分的烃类混合物的分离分析。

(2)高选择性。能分离分析性质极为相近的物质,如有机物中的顺、反异构体和手性物质等。

(3)高灵敏度。气相色谱分析的灵敏度与选用的检测器有关。使用高灵敏的检测器可以分析 $10^{-11} \sim 10^{-13}$ g 的物质,特别适合于微量和痕量分析。

(4)高速度。一般只需几分钟到几十分钟便可完成一个分析周期。

(5)应用范围广。可以分析气体、易挥发的液体和固体及包含在固体中的气体。一般情况下,只要沸点在500℃以下,且在操作条件下热稳定性良好的物质,原则上均可用气相色谱分析法进行分析。对于受热易分解和挥发性低的物质,如果通过化学衍生方法使其转化为热稳定和高挥发性的衍生物,同样可以实现气相色谱的分离与分析。

气相色谱不适用于大部分沸点高和热不稳定的化合物以及腐蚀性能和反应性能较强的物质,有15%~20%的有机化合物能用气相色谱分析法进行分析。

9.3.1 气相色谱仪

以气体作流动相而设计的色谱仪称为气相色谱仪。作为流动相的气体称为载气,除载气外气相色谱有时也会用到辅助气体,常用的载气和辅助气有 N_2、H_2、He、Ar、空气和氧气等。气相色谱仪基本构造如图 9.12 所示,载气由高压钢瓶供给,也可由专门的设备生产供给。先把高压钢瓶供给的载气经减压阀减压,再用净化干燥管净化,通过气流调节阀(稳压阀)和转子流量计调节柱前流量和压力至适当值,然后将气化室、色谱柱和检测器各升到所需温度。试样从进样器注入气化室后,立即气化并被载气带入色谱柱进行分离。分离后的组分依次进入检测器,产生的信号经放大后在记录仪上记录下来得到色谱图。

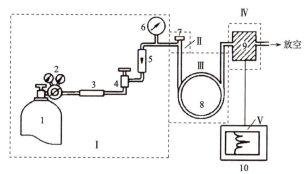

图 9.12 气相色谱基本设备示意图
1. 高压钢瓶;2. 减压阀;3. 载气净化干燥管;4. 稳压阀;5. 稳流阀;6. 压力表;7.气化室; 8. 色谱柱;9. 检测器;10. 色谱记录与处理系统

气相色谱仪主要由气路系统Ⅰ、进样系统Ⅱ、分离系统Ⅲ、检测系统Ⅳ、记录系统Ⅴ和温控系统 6 个基本单元组成。组分能否分离,色谱柱是关键,它是色谱仪的"心脏";分离后的组分能否产生信号则取决于检测器的性能和种类,它是色谱仪的"眼睛"。因此,分离系统和检测系统是仪器的核心。

1. 气路及进样系统

载气由高压气瓶或气体发生器供给,经压力调节器减压和稳压,以稳定流量进入气化室、色谱柱、检测器后放空。常用载气有氢气、氮气。氢气主要用热导检测器时使用,氮气主要用氢火焰离子化检测器时使用。图 9.12 所示为单通道气路系统。目前气相色谱仪较多采用双柱双检测器的双气路系统,这种仪器能用于程序升温操作,并且可以减小因固定液流失及柱温、气流等变化而引起的噪声和漂移,使基线稳定。

进样是用注射器(或其他进样装置)将样品迅速而定量地注入气化室气化,再被载气带入柱内分离。要想获得良好分离,进样速度应极快,样品应在气化室内瞬间气化。常用注射器规格为 0.5~50μL 微量注射器。气体则用六通阀进样。

毛细管柱内径细,固定液膜厚度薄,因此样品容量很小。对液体样品,一般进样量为 10^{-3}~10^{-2}μL,气体样品为 10^{-7}mL,所以需要用分流进样技术,即在气化室出口载气分两路,绝大部分放空,极小部分进入柱子,这两部分的比例大小称为分流比。要求分流前后样品的组成保持不变。分流进样器的性能好坏直接影响毛细管色谱的定量结果。

2. 分离系统

色谱柱是气相色谱仪的核心,各组分在其中进行分离。它由柱管及装在其中的固定相组成。色谱柱管可用各种材料制作，常用柱管材料为不锈钢、玻璃或石英玻璃。色谱柱的外形可依据层析室的尺寸大小进行选择。常用的有直线形、U形、螺旋形等，其中螺旋形柱子的螺旋直径至少应是柱管直径的20倍。色谱柱的制备是色谱分析中的重要操作技术之一。出厂的色谱仪都制备了1~2根色谱柱装入仪器，供调试仪器使用。也可自己制备色谱柱。将选定的固定液涂渍在载体上，然后装入色谱柱，这种柱子称为填充柱。常用填充柱内径一般为2~6mm，长度为0.5~5m。毛细管填充柱较少使用。市售毛细管柱都用石英玻璃拉制而成，并在其外面包覆聚酰胺、硅橡胶等高分子材料以增加其柔性和强度。常用商品毛细管柱的内径有0.53mm、0.32mm和0.25mm等几种规格，长度为10~30m。它的固定液直接涂渍或通过化学交联键在预先经过处理的管壁上。

要使样品中各组分得到良好分离，主要依赖于固定液的选择。实际工作中遇到的样品往往比较复杂多变，因此选择固定液无严格规律可循，一般凭经验规则，或根据文献资料选择。在充分了解样品性质的基础上，尽量使固定液与样品中组分之间有某些相似性，使两者之间作用力增大，从而有较大的分配系数的差别，以实现良好分离。

有关色谱柱内所使用的固定相将单独介绍。

3. 检测系统

检测器是一种检测柱后流出物质成分和浓度变化的装置。它利用载气和被分析组分的化学和物理性质，将流出物质成分和浓度的变化转变成可测量的电信号，然后输入记录器记录下来，经放大后记录为色谱图。

根据检测器的响应特性，气相色谱检测器可分为浓度型和质量型两大类。

(1) 浓度型检测器。响应信号与载气中组分的瞬间浓度呈线性关系，峰面积与载气流速成反比。常用的浓度型检测器有热导检测器和电子捕获检测器。

(2) 质量型检测器。响应信号与单位时间内进入检测器组分的质量呈线性关系，与组分在载气中的浓度无关，因此峰面积不受载气流速影响。常用的质量型检测器有氢火焰离子化检测器和火焰光度检测器。

1) 热导检测器

热导检测器(thermal conductivity detector，TCD)具有结构简单、性能稳定、灵敏度适中、线性范围宽、不破坏样品、应用广泛，对无机物和有机物都能进行分析，适宜于常量分析及含量在10^{-5}g以上的组分分析等特点，是一种通用型检测器。

TCD的结构如图9.13所示，它是由池体和热敏元件等组成，池体内装两根电阻相等($R_1 = R_2$)的热敏元件(钨丝、铼钨丝或热敏电阻)构成参比池和测量池，它们与两固定电阻R_3和R_4组成惠斯顿电桥，如图9.14所示。在电桥平衡时，有$R_1R_4 = R_2R_3$，当两池中只有恒定的载气通过时，从热敏元件上带走的热量相同，两池电阻变化也相同，$\Delta R_1 = \Delta R_2$，所以$(R_1 + \Delta R_1) \cdot R_4 = (R_2 + \Delta R_2) \cdot R_3$，电桥仍处于平衡状态，记录仪输出一条直线。

当样品经色谱柱分离后，随载气通过测量池时，由于样品各组分与载气的热导系数不同，它们带走的热量与参比池中仅由载气通过时带走的热量不同，即$\Delta R_1 \neq \Delta R_2$，所以$(R_1 + \Delta R_1) \cdot R_4 \neq (R_2 + \Delta R_2) \cdot R_3$，电桥平衡被破坏，因而记录仪上有信号(色谱峰)产生。

使用热导检测器时，应注意以下几点：

(1) TCD是基于不同物质具有不同的导热系数的原理制成的，载气与样品的热导系数相差越大，热导池的灵敏度就越高。由于一般物质导热系数较小，因此宜选用导热系数较大的气

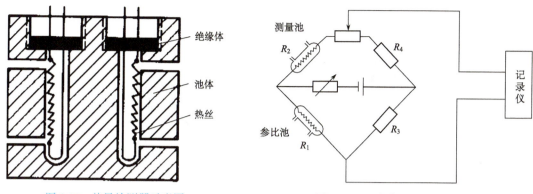

图 9.13　热导检测器示意图　　　　图 9.14　双臂热导电池电路原理

体(H_2 或 He)作载气。

(2) 热导池的灵敏度 S 与热敏元件的电阻 R 及其桥路电流 I 的关系为 $S \propto I^3 R^2$。当 R 一定时，增加桥路电流，显著提高灵敏度；但电流太大，噪声增大，热丝易烧断。一般桥路电流应控制在 100～200mA。

(3) 当桥路电流一定时，则热敏元件温度一定，若池体温度低，它和热敏元件的温差大，灵敏度提高；但池体温度不能太低，否则待测组分将在检测器内冷凝。一般池体温度应等于或高于柱温。

(4) 开启仪器时，要先开气路，后开电路；关闭时，先关电路，后关气路，以防热敏元件烧毁。

(5) 热导池高温操作后，关闭载气时要慢慢降低流速，使热丝慢慢冷却，防止空气突然进入热导池导致高温下热敏元件被氧化。

(6) 经常检查是否漏气，防止发生事故。

2) 火焰离子化检测器

火焰离子化检测器(flame ionization detector，FID)是利用 H_2 在 O_2 中燃烧产生火焰，组分在火焰中产生离子时，在电场作用下形成离子流而加以检测，由于使用 H_2 产生火焰，又称为氢火焰离子化检测器，简称氢焰检测器。它只对碳氢化合物产生信号，对无机物和某些有机物不响应或响应很小。其特点是死体积小、灵敏度高(是 TCD 的 100～1000 倍)、稳定性好、响应快、线性范围宽，适合于痕量有机物的分析，但样品被破坏，无法进行收集，不能检测永久性气体以及 H_2O、H_2S 等。

火焰离子化检测器的结构如图 9.15 所示。FID 需要用到载气、燃气和助燃气三种气体。常用 N_2 作为载气，H_2 作为燃气，空气作为助燃气。H_2 与 N_2 在进入喷嘴前混合，空气由一侧引入。在火焰上方筒状收集电极(作正极)和下方的圆环状极化电极(作负极)间施加恒定的电压，当待测有机物由载气携带从色谱柱流出进入离子室后，在 2000℃ 左右的 C 层火焰中发生裂解反应，产生自由基。产生的自由基在 D 层火焰中与外面扩散进来的激发态原子氧或分子氧以及火焰中大量水分子碰撞发生离子化反应，生成大量正离子和电子。在外加恒定直流电场的作用下，正离子和电子分别向两极定向运动而产生微电流(微电流的大小与待测有机物含量成正比)，微电流经放大器放大后由记录仪记录。在一定范围内，微电流的大小与进入离子室的被测组分质量成正比，所以 FID 是质量型检测器。

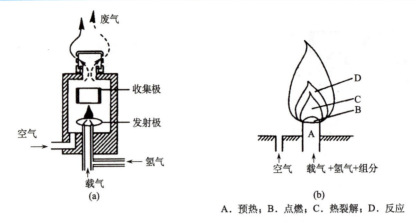

图 9.15 氢火焰离子化检测器示意图

氢火焰离子化检测器选用 N_2 作载气,灵敏度高,可获得最大的响应值。选择 FID 的操作条件时应注意所用气体流量和工作电压,一般 N_2 和 H_2 流速的最佳比为 $(1\sim 1.5):1$,氢气和空气的比例为 $1:10$,极化电压一般为 $100\sim 300\text{V}$。

3) 电子捕获检测器

电子捕获检测器(electron capture detector,ECD)具有灵敏度高、选择性好、对电负性物质特别敏感等特点,在环境监测、农药分析等方面获得了广泛应用。它对大多数烃类没有响应,只对具有电负性的物质(如含卤素、S、P、O、N 的物质)有响应,而且电负性越强,检测器的灵敏度越高;高灵敏度表现在能检测出 $10^{-14}\text{g}\cdot\text{mL}^{-1}$ 的电负性物质,因此可测定痕量的电负性物质(如多卤、多硫化合物、甾族化合物、金属有机物等)。

ECD 结构如图 9.16 所示。两极间施加直流或脉冲电压,当只有载气(一般为高纯 N_2)进入检测器时,由放射源放射出的射线使载气电离,产生正离子和慢速低能量电子,在电场的作用下,向极性相反的电极运动,形成恒定的本底电流(基流);当载气携带电负性物质进入检测器时,电负性物质捕获低能量的电子,使基流降低产生负信号而形成倒峰,检测信号的大小与待测物质的浓度呈线性关系。ECD 的线性范围较窄($10^2\sim 10^4$),故进样量不可太大。

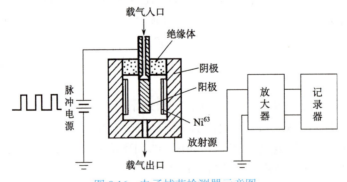

图 9.16 电子捕获检测器示意图

4) 火焰光度检测器

火焰光度检测器(flame photometric detector,FPD)是一种对含硫、磷化合物具有高选择性、高灵敏度的检测器,也可检测某些金属(如 Mo、W、Ti、As、Zr、Cr 等)的螯合物及一般的有机物。

FPD 结构原理如图 9.17 所示。它实际上是一个简单的火焰发射光谱仪,含硫、磷化合物在富氢焰中燃烧被打成有机碎片,从而发出不同波长的特征光谱(含硫化合物发出 394nm 特征光,含磷化合物发出 526nm 特征光),通过滤光片获得较纯的单色光,经光电倍增管把光信号转换成电信号,经放大后由记录仪记录下来。

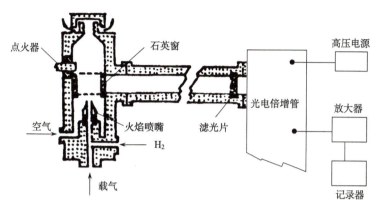

图 9.17 火焰光度检测器示意图

5) 检测器的性能指标

(1) 灵敏度。检测器的灵敏度也称响应值或应答值,表示单位浓度(或质量)的组分 ΔQ 引起检测器响应值的变化 ΔR。以 S 表示,即

$$S = \Delta R/\Delta Q$$

S 值越大,说明检测器越灵敏。对于不同类型的检测器,S 的表示方法不同。

浓度型检测器采用单位体积载气中含有单位质量(或体积)样品通过检测器时所产生的信号来表示。灵敏度[单位为 mV/(mL·mg^{-1}) 或 mV/(mL·mL^{-1})] 计算公式为

$$S = \frac{c_1 A F_o}{c_2 m}$$

式中,A 为色谱峰面积;F_o 为载气流速(mL·min^{-1});c_1 为记录仪的灵敏度,即记录仪满量程与记录纸宽度之比(mV·cm^{-1});c_2 为记录仪纸速(cm·min^{-1});m 为进入检测器的某组分的质量(mg)。

质量型检测器采用每秒有 1g 物质通过检测器时所产生的信号表示。灵敏度[单位为 mV/(g·s^{-1}) 或 mV·s·g^{-1}] 计算公式为

$$S = \frac{60 c_1 A}{c_2 m}$$

式中,m 为进样量(g)。

(2) 检出限(敏感度)。检测器的敏感度是同时考虑检测器的灵敏度与噪声后提出的指标。所谓噪声是指没有样品进入检测器时基线波动的大小,用 R_N 表示。噪声是仪器性能的主要指标之一。测量时,可让仪器在最灵敏挡走基线约 1h,基线上下波动的最大峰值即为 R_N。

灵敏度未能反映仪器噪声的干扰,只用灵敏度不能很好地评价检测器的性能,因而引进检出限(亦称敏感度)——指某组分产生的响应信号为 3 倍噪声时,单位体积(或时间)通过检测器的量,计算公式为

$$D = \frac{3 R_N}{S}$$

式中，R_N 为检测器的噪声（单位为 mV 或 A）；S 为灵敏度；D 为检出限，单位由 S 而定，对于浓度型检测器 D 的单位为 $mg \cdot mL^{-1}$，而质量型检测器 D 的单位为 $g \cdot s^{-1}$。D 值越小说明检测器越敏感。

产生的色谱峰高等于 3 倍噪声时，待测组分的进样量称为最小检测量，它不仅与检测器本身性能有关，还受色谱柱效以及色谱操作条件影响。

(3) 线性范围。检测器的线性范围是指待测物质的质量或浓度与响应信号之间呈线性关系的范围。

4. 记录和温控系统

记录系统采集并处理检测系统输出的信号，显示和记录色谱分析结果，包括放大器、记录仪和数据处理器。

色谱柱恒温箱、气化室和检测器都需要加热和控温。因各部分要求的温度不同，故需要 3 套不同的温控装置。一般情况下气化室温度比色谱柱恒温箱温度高 30~70℃，以保证试样能瞬间气化；检测器温度与色谱柱恒温箱温度相同或稍高于后者，以防止试样组分在检测室内冷凝。

目前，气相色谱仪普遍配备了色谱工作站，可自动进行色谱数据的采集、处理、保存和显示色谱峰各种参数。仪器中各系统的温度、载气压力和流量等色谱仪的工作参数，以及大批试样的自动进样也可以由仪器控制系统直接控制。

9.3.2 气相色谱分析法基本原理

气相色谱分离在色谱柱内完成。色谱柱主要有两种，一种是内装固定相的填充柱，另一种是内壁涂渍固定液的毛细管柱。后者因阻力小可做得很长（20~100m），因而柱的分离能力强、分析速度快，近年来发展很快，应用逐渐广泛。

气固色谱的固定相是多孔性的固体吸附剂。气固色谱分离是基于固体吸附剂对试样中各组分的吸附能力的不同。

气液色谱的固定相是由担体（用来支持固定液的惰性的多孔性固体物质）表面涂渍固定液（高沸点的有机物）所组成。气液色谱的分离主要是基于固定液对试样中各组分的溶解度的不同。

试样经气化后由载气携带进入色谱柱，与固定相接触时，很快被固定相溶解或吸附。随着载气的不断通入，被溶解或吸附的组分又从固定相中挥发或脱附下来，挥发或脱附下来的组分随着载气向前移动时又再次被固定相溶解或吸附，随着载气的流动，溶解、挥发、吸附、脱附的过程反复地进行。显然，由于组分性质的差异，固定相对它们的溶解或吸附的能力不同。易被溶解或吸附的组分挥发或脱附较难，随载气移动的速度慢，在柱内停留的时间长；反之，不易被溶解或吸附的组分随载气移动的速度快，在柱内停留的时间短。因此，经过一定的时间间隔（一定柱长）后性质不同的组分便彼此分离。

组分在固定相和流动相间发生的吸附、脱附或溶解、挥发的过程称为分配过程。在一定温度下，组分在两相间分配达到平衡时的浓度（单位 $g \cdot mL^{-1}$）比称为分配系数，用 K 表示

$$K = \frac{\text{组分在固定相中的浓度}}{\text{组分在流动相中的浓度}}$$

一定温度下各物质在两相间的分配系数不相同。显然，对于分配系数小的组分，每次分

配在气相中的浓度较大,随载气前移速度快,在柱内停留时间短;对于分配系数大的组分,每次分配在气相中的浓度较小,随载气前移的速度慢,在柱内停留时间长。因此,经过足够多次的分配以后,组分便彼此分离。

综上所述,气固色谱和气液色谱是利用不同物质在流动相和固定相两相间分配系数的不同,当两相做相对运动时,试样中各组分就在两相中经过反复多次的分配,从而使分配系数仅有微小差异的各组分能够彼此分离。

为将试样各组分分离,必须使各组分在流动相和固定相两相间具有不同的分配系数。一定温度下分配系数只与固定相和组分的性质有关。当试样一定时,组分的分配系数主要取决于固定相的性质。若各组分在固定相和流动相间的分配系数相同,则它们在柱内的保留时间相同,色谱峰将重叠;反之,各组分的分配系数差别越大,它们在柱内的保留时间相差越大,色谱峰间距就越大,各组分分离的可能性也越大。

9.3.3 气相色谱固定相

气相色谱填充柱由柱管和固定相组成。一般填充柱的柱管用 2~6mm 的不锈钢或硬质玻璃制成,呈螺旋管状。管内填充固体相或涂渍固定液(液体固定相)的载体填料。应用固体固定相的一般为吸附色谱,应用液体固定相的一般为分配色谱。

1. 固体固定相

固体固定相是气相色谱中使用较早的一类固定相,多为硅胶、石墨化炭黑等活性吸附剂,以及化学键合相和高分子多孔微球等。除高分子多孔微球外,它们大多数能在高温下使用,用于分析永久性气体及其他气体混合物、高沸点混合物或极性很强的物质。

硅胶比表面较大,为 $800 \sim 900 \mathrm{m}^2 \cdot \mathrm{g}^{-1}$,最高使用温度低于 500℃,可用于气体、低级烷烃、低级芳烃以及高沸点化合物的分析。石墨化炭黑具有均匀的非极性表面,用在气固色谱中分离低级醇、脂肪酸、胺等极性物质。氧化铝常用来分离各种永久性气体的混合物。分子筛是一种人工合成的泡沸石,其主要的化学成分是 $x(\mathrm{MO}) \cdot y(\mathrm{Al}_2\mathrm{O}_3) \cdot z(\mathrm{SiO}_2) \cdot \mu(\mathrm{H}_2\mathrm{O})$,具有均匀的多孔结晶,具有大的比表面($700 \sim 800 \mathrm{m}^2 \cdot \mathrm{g}^{-1}$),适用于惰性气体、$H_2$、$O_2$、$N_2$、CO、$CH_4$ 等永久性气体和氮氧化物的分离。高分子多孔微球也称有机载体,是由苯乙烯(单体)与二乙烯苯(交联剂)在稀释剂存在下共聚而成。天津化学试剂二厂与上海化学试剂一厂均生产此类固定相,其商品名分别为 GDX 和 400 系列有机载体。国外同类产品有美国的 Porapak 与 Chromosorb 系列。同一系列中不同型号具有不同的极性,如 GDX-1 与 GDX-2 型是二乙烯基苯交联共聚物,为非极性固定相;GDX-3、GDX-4 与 GDX-5 型是二乙烯基苯共聚物中分别引入三氯乙烯、N-乙烯吡咯烷酮和丙烯腈等,故它们的极性逐渐增强。同一型号中不同品种表示加入稀释剂量不同。高分子多孔微球在药物分析中常用于乙醇、水分和残留溶剂的测定。

高分子多孔微球具有以下的特性:①用不同的单体及共聚条件,可得到极性及物理结构均不相同(如比表面积和孔径分布)的小球,且有不同的分离效能;②机械强度好,不易破碎,但使用温度不宜高,一般小于 250℃,否则流失并相互黏结;③具有疏水性能,对水的保留能力比绝大多数有机化合物小,适于快速测定样品中微量水;④有的具有耐腐蚀性能,可用于分析氨、氯气、氯化氢等,有的可分离多种气体、腈、卤代烷、烃类及醇、醛、酮、酸、酯等含氧化合物;⑤小分子醇、酸等极性化合物无需衍生化可直接分离,峰形对称,并按相对分子质量大小的顺序流出，其色谱图如图 9.18 所示。

2. 固定液

在气液色谱中使用的固定相是涂渍在固体支持物上的一层液膜，称为固定液。

固定液一般为高沸点的液体，在操作温度下为液态，在室温时为固态或液态。理想的固定液需具备以下条件：①在操作温度下呈液态且蒸气压低，因为蒸气压低的固定液流失慢、柱寿命长、检测器信号本底低，每种固定液都有其最高使用温度，一般操作温度要比最高使用温度低 30～50℃ 或更低；②固定液对样品中各组分有足够的溶解能力，分配系数较大；③选择性能高，两个沸点或性质相近的组分的分配系数比不等于 1；④稳定性好，固定液与样品组分或载体不发生化学反应，高温下不分解；⑤黏度小，凝固点低。

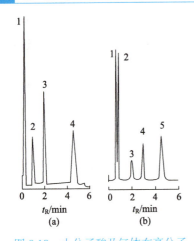

图 9.18　小分子酸及气体在高分子多孔微球色谱柱上的分离

柱温：175℃(a)、75℃(b)；检测器 TCD
(a) 1. 水；2. 甲酸；3. 乙酸；4. 丙酸
(b) 1. 空气、CO；2. CO_2；3. H_2O；4. CS_2；5. SO_2

气相色谱常用固定液(按极性增加的次序)：甲基硅橡胶(SE-30)，最高使用温度 350℃；50%苯基甲基聚硅氧烷(OV-17)，最高使用温度 375℃；三氟丙基甲基聚硅氧烷(OV-210)，最高使用温度 250℃；聚乙二醇(PEG-20M)，最高使用温度 200℃；丁二酸二乙二醇聚酯(DEGS)，最高使用温度 200℃。最高使用温度指固定液在此温度以上，它的蒸气压急剧上升而造成基线不稳。

1) 固定液的分类

有数百种固定液，可将其按化学分类或按极性分类。

(1) 化学分类法。按固定液的化学结构类型分类的方法。

(i) 烃类。包括烷烃与芳烃。常用的有角鲨烷、石蜡烷、聚乙烯等，是标准的非极性固定液。常把角鲨烷的相对极性定为零，其结构式为

$$HC-(CH_2)_3-CH-(CH_2)_3-CH-(CH_2)_4-CH-(CH_2)_3-CH(CH_2)_3-CH$$

(侧链均为 CH_3)

(ii) 硅氧烷类。应用最广的通用型固定液，包括从弱极性到极性多种固定液。其优点是温度黏度系数小、蒸气压低，流失少，有较高的使用温度；对大多数有机物都有很好的溶解能力，使用范围广等。这类固定液的基本化学结构为

$$(CH_3)_3Si\!-\![O-\underset{R}{\underset{|}{Si}}]_x\!-\![O-\underset{CH_3}{\underset{|}{Si}}]_y\!-\!O-Si(CH_3)_3 \qquad (链节数\ n=x+y)$$

硅氧烷类弱极性固定液，如甲基硅油 I (R 为甲基，$n<400$)、甲基硅橡胶(如 SE-30、OV-1，$n>400$)，苯基硅氧烷(R 为苯基，如含 50%苯基的 OV-17)等；中等极性固定液(R 为三氟丙基)，如 QF-1、OV-210 等；强极性固定液(R 为氰乙基)，如 XF-1150、OV-255、Silar-5CP 等。

(iii) 醇类。氢键型固定液，可分为非聚合醇与聚合醇两类。聚乙二醇如 Carbowax-20M、PEG-20M(平均相对分子质量 20000)，是药物分析中最常用的极性固定液之一。

(iv)酯类。中强极性固定液,分为非聚合酯与聚酯两类。聚酯类多是二元酸及二元醇所生成的线型聚合物,如丁二酸二乙二醇聚酯(polydiethylene glycol succinate,PDEGS 或 DEGS)。在酸性或碱性条件下或 200℃以上的水蒸气均能使聚酯水解。

(2)极性分类法。按固定液的相对极性或特征常数分类的方法。目前常用麦氏(Mcreynolds)特征常数分类法。麦氏常数法是以标准物质 m 在某一固定液和标准固定液(通常是用非极性的角鲨烷)中的保留指数之差值作为该固定液相对极性强弱的度量

$$p = \Delta I_m = I_p - I_s$$

式中,I_p、I_s 分别表示物质 m 在被测固定液(p)和角鲨烷(s)上的保留指数。

为了全面地反映固定液的分离特征,1970 年麦氏选用性质不同的 10 种物质作为标准物质,测定它们的保留指数之差值(ΔI)。这 10 种物质代表了不同类型的化合物:

(i)苯。偶极矩为 0,苯环有大 π 键,容易受极性固定液极化,产生诱导力,是易极化物质。

(ii)丁醇。偶极矩为 1.66,属于氢键型化合物。

(iii) 2-戊酮。偶极矩为 2.78,中等极性,是接受氢键能力强的化合物。

(iv)硝基丙烷。偶极矩为 3.66,属于特殊氢键型化合物。

(v)吡啶。偶极矩为 2.19,氮杂环可形成大 π 键,易极化,有弱碱性。

(vi) 2-甲基戊醇-2,和丁醇相似。

(vii)碘丁烷。不能形成氢键,是含卤素烷烃的极性化合物。

(viii) 2-辛炔。含有叁键。

(ix)二氧六环。属于对称结构非极性物质。

(x)顺八氢化茚。立体结构不对称的饱和烃。

把上述 10 种标准物质的 ΔI 之和称为总极性,其平均值称为平均极性。这样,固定液的总极性越大,则极性越强。常用固定液的麦氏特征常数见表 9.2。

表 9.2 几种常用的固定液的麦克雷诺常数表

固定液	苯	丁醇	2-戊酮	硝基丙烷	吡啶	平均极性	相似组数	T_b/℃[1)	溶剂[2)
角鲨烷(Ⅰ)[3)(squalane)	0	0	0	0	0	—	1	—	—
甲基硅橡胶(SE-30)	15	53	44	64	41	43	2	350	C
苯基(10%)甲基聚硅氧烷(OV-3)	44	86	81	124	88	85	2	350	C
苯基(20%)甲基聚硅氧烷(OV-7)	69	113	111	171	128	118	2	350	A
苯基(50%)甲基聚硅氧烷(OV-17)	119	158	162	243	202	177	2	300	A
苯基(60%)甲基聚硅氧烷(OV-22)	160	188	191	283	253	219	2	300	C
三氟丙基(50%)甲基硅氧烷(QF-1)	144	233	355	463	305	300	10	250	E

续表

固定液	苯	丁醇	2-戊酮	硝基丙烷	吡啶	平均极性	相似组数	T_h/℃[1]	溶剂[2]
β-氰丙基(25%)甲基硅氧烷 (XE-60)	204	381	340	493	367	357	9	275	M
聚乙二醇-20M (Carbowax-20M)	322	536	368	572	510	462	8	200	C M

1) 最高使用温度，其值随固定液聚合物相对分子质量而变化，同一名称固定液，相对分子质量不同，T_h 也不同。
2) 溶解固定液用的溶剂：A. 丙酮；C. 氯仿；E. 乙酸乙酯；M. 甲醇。
3) 表中 5 种标准物在角鲨烷上的保留指数分别为 653、590、627、652 和 699；表内列出的分别是与它们保留指数之差值(ΔI)。
引自：Mcreynolds W O. J Chromatogr Sci，1970，8(4):214

2) 特殊类型固定液

例如，强极性固定液有机皂土-34，其结构式为

$$C_{18}H_{37} - \underset{\underset{CH_3}{|}}{\overset{\overset{CH_3}{|}}{N}} - 皂土$$
$$\quad\quad\quad C_{18}H_{37}$$

其最高使用温度为 180～200℃，可用于有效分离芳香族异构体。

液晶分子多为对称结构式，如丁炔二酸-对-丁氧基苯酯为

$$C_4H_9-O-\text{〇}-O-\overset{O}{\overset{\|}{C}}-C\equiv C-\overset{O}{\overset{\|}{C}}-O-\text{〇}-OC_4H_9$$

可用于分离邻、间、对位甲基苯甲醚和邻、间、对位二甲苯以及氯代苯等。液晶具有近晶相、向列相、胆甾相 3 种结构，均会因温度改变而发生相变，因此使用液晶固定相时，柱温要选择在液晶相的温度范围内。

手性固定相(chiral stationary phase)是近 30 年发展起来的一类能直接分离对映异构体的色谱固定相。它们本身具有光学活性，因而又称为光学活性固定相。为提高分离度，常用毛细管气相色谱分析法，将手性固定相涂渍并交联到毛细管壁上进行手性分离。例如，Chirasil-Val 是 t-丁基酰胺-L-缬氨酸与二甲基和羧烷基甲基聚硅氧烷结合的聚合物手性固定液，手性中心在 L-缬氨酸分子的不对称碳原子上。分离机理靠固定液与对映体溶质分子间的结构适应性和相互间的氢键力，也与偶极-偶极相互作用及色散力有关。

3) 固定液的选择

对于组分已知的样品，固定液选择的基本原则如下：

(1) 利用相似相溶原理选择。相似相溶原理是指结构或极性相似的物质之间具有较大的溶解度。因为相似相溶，组分在固定液中的溶解度大，分配系数大，保留时间长，分开的可能性就大。例如，欲分离非极性烃类应选用非极性固定液，这时组分与固定液分子间的作用力主要是色散力，组分基本上以沸点顺序流出色谱柱，低沸点的先流出。中等极性样品首先选用中等极性固定液，分子间的作用力主要是色散力和诱导力，组分基本上也以沸点顺序流出。如果是烃类与非烃类混合物，则相同沸点的极性组分先流出。对于强极性样品应选用强极性固定液，组分与固定液分子间的作用力主要是定向力，诱导力和色散力位于次要地位，组分主要按极性顺序流出。对于极性和非极性混合物，非极性组分先流出。易形成氢键的样品，应选用氢键型固定液进行分离。

(2) 利用固定液的特征常数选择。将难分离组分与测定麦克雷诺常数的标准物质进行比较，选择相似类型标准物质的麦氏常数差别大的固定液进行实验。根据麦氏常数，也可选择同类固定液代替文献报道的固定液分离待测样品。

(3) 根据组分的酸碱性选择。对于兼有酸性或碱性的极性样品，应选带有酸性或碱性基团的高分子多孔微球，如 GDX-3 或 GDX-4 等。也可选用强极性固定液加入少量酸性或碱性添加剂，以克服载体的拖尾效应。例如，分析碱性氮化物，可在固定液中加入少量 KOH；分析酸性含氧化物，可加入少量 H_3PO_4，以便得到对称峰。

在一般气相色谱实验室中，用于常规分析，常备有 4 种色谱柱：①非极性色谱柱，如 SE-30；②弱极性色谱柱，如 OV-17；③极性色谱柱，如聚乙二醇-20M；④高分子多孔微球色谱柱，如 GDX-3 或 GDX-4 等。前 3 种用于一般不同极性化合物的分离，高分子多孔微球用于溶剂、小分子有机酸和小分子有机碱的测定。

在气液色谱分析中，固定液的选择是实现良好分离的关键，但同时也要考虑固定液的支持物(载体)的影响和选择。

3. 载体

气相色谱的载体是一种固体支持物，也称担体。把固定液涂渍在载体表面上形成均匀的薄膜，就构成色谱柱填料。

理想的载体应具有以下性质：表面惰性好，没有吸附活性，没有催化作用，热稳定性好，孔结构合适，比表面适当，机械强度高等。完全满足上述要求的载体是没有的，而且某一种优点往往带来另一种缺点，如表面积越大，则吸附活性越强。通常将载体经过处理，以适合具体的分析任务。

1) 载体的分类

载体大致可分为两大类：硅藻土型和非硅藻土型载体。

(1) 硅藻土型载体。由硅藻土煅烧而成，由于制造工艺的不同分为：①红色载体，由天然硅藻土加黏土于高温煅烧而成，其中含有少量的 Fe_2O_3，故煅烧后呈红色，国产 6201 载体及国外的 Chromosorb P 属于这一类。红色载体孔径较小，比表面较大，机械强度好，分离效能高，主要用于分离非极性和弱极性化合物。②白色载体，将天然硅藻土经 HCl 处理，煅烧时加入一定量助熔剂 Na_2CO_3 烧结，硅藻土中的 Fe_2O_3 在高温下与 Na_2CO_3 作用，生成白色的铁硅酸钠配合物，而呈白色多孔性颗粒物。国产的 101 白色载体、405 载体和国外的 Chromosorb W 载体属于这一类。白色载体孔径较大，比表面较小，表面惰性好，主要用于分离极性和碱性物质。

(2) 非硅藻土型载体，即除硅藻土载体以外的其他载体，对某些特殊样品的分析很有用。玻璃微球和聚四氟乙烯是广泛使用的两种非硅藻土型载体。

2) 载体的表面处理

硅藻土型载体由于表面具有很多的硅醇(Si—OH)和硅醚(Si—O—Si)基团，并含有 ≻Fe—OH，≻Al—OH键和相当多的细孔结构，使得其表面有很强的吸附性，即活性。载体表面活性破坏了组分在气-液两相中的分配关系，产生色谱峰拖尾现象。为了消除载体的表面活性，处理载体表面的方法有酸洗、碱洗、硅烷化和釉化。

酸洗、碱洗能去除载体中的无机杂质，调整表面 pH。硅烷化是将载体与硅烷化试剂反应，除去载体表面的硅醇基，从而把极性表面变成非极性表面，达到表面惰化目的。常用的硅烷化试剂有三甲基氯硅烷(TMCS)、二甲基二氯硅烷(DMCS)和六甲基二硅氮烷(HMDS)等。用各种方法处理好的白色载体都有商品出售,可选择使用。使用时应谨防将载体破碎,断裂新表面的吸附作用也会使色谱峰拖尾。

3) 载体的选择

选择载体的大致原则如下:①当固定液涂渍量(固定液质量/载体质量)大于 5%时,选用白色硅藻土型载体,10%以上可选用红色硅藻土型载体;②当固定液涂渍量小于 5%时,应选用处理过的载体;③对于高沸点组分,可选用玻璃微球载体;④对于强腐蚀性组分,可选用氟载体。

载体的粒度一般用 80～100 目,高效柱可用 100～120 目。载体临用前最好重新筛分。

9.3.4 气相色谱操作条件的选择

为了在较短时间内获得较满意的色谱分析结果,除了选择合适的固定相,还要选择最佳的操作条件,以提高柱效能,增大分离度,满足分离分析的需要。

1. 载气及其流速的选择

1) 载气种类的选择

载气种类的选择应考虑三个方面:检测器要求、载气性质及载气对柱效的影响。

首先考虑检测器的适应性,如 TCD 常用 H_2、He 作载气,FID 和 FPD 和 ECD 常用 N_2 作载气;其次考虑流速的大小,由范第姆特方程可知,当流速较小时,分子扩散项(B/u)是色谱峰扩展的主要因素,应采用相对分子质量较大的载气如 N_2、Ar 等(组分在载气中的扩散系数小);当流速较大时,传质阻力项(Cu)起主要作用,宜用相对分子质量较小的载气如 H_2、He 等,以提高柱效。

2) 载气流速的选择

由速率理论方程式:$H = A + B/u + Cu$,分子扩散项与载气线速成反比,传质阻力项与载气线速成正比,故必有一最佳载气线速能使色谱柱的理论塔板高度最小,柱效最高。

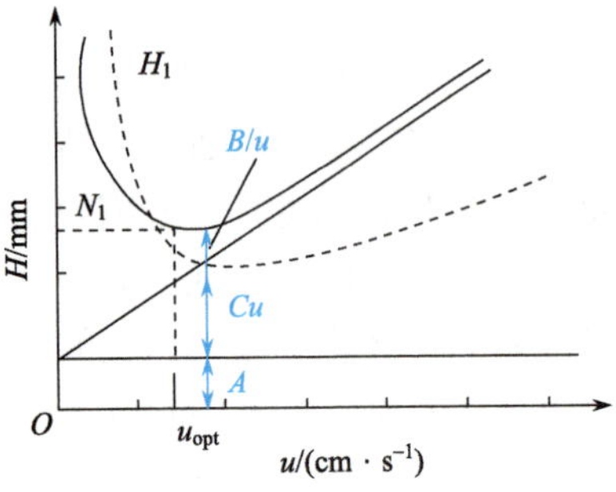

根据范第姆特方程作图得到范第姆特曲线(图 9.19)。由图可见,塔板高度随载气线速而变化。当载气线速较小时,曲线很陡,B/u 项对塔板高度的影响大。当载气线速较大时,Cu 项对塔板高度的影响逐渐增大,而 B/u 项的影响可以忽略。曲线有一最低点,此时 B/u 项和 Cu 项对塔板高度的影响都最小,柱效率最高,其塔板高度称为最小塔板高度 H_{min},相应的线速度称为最佳载气线速度 u_{opt}

图 9.19 塔板高度与线速度关系图

$$H_{min} = A + 2(BC)^{\frac{1}{2}}$$

$$u_{opt} = (B/C)^{\frac{1}{2}}$$

在实际分析工作中,为提高分析速度,所选载气线速可略高于 u_{opt},常称为最佳实用线速度。一般填充柱内径为 3～4mm,以 H_2 作载气时,常用线速为 15～20cm·s^{-1},以 N_2 作载气时,常用线速为 10～15cm·s^{-1}。

2. 柱温的选择

柱温是气相色谱最重要的操作条件之一,直接影响柱效、分离选择性、检测灵敏度和稳定性。提高柱温可以改善传质阻力，有利于提高柱效，缩短分析时间，但降低了选择性，不利于分离。选择柱温的一般原则是：在使最难分离的组分尽可能分离的前提下，尽量采用较低的柱温，但以保留时间适宜，峰形不拖尾为度。

选择柱温时，首先要考虑到每种固定液都有一定的使用温度，柱温应介于固定液的最低使用温度(低于此温度固定液以固体形式存在)和最高使用温度(超过该温度固定液易流失)之间，否则不利于分配或易造成固定液流失。

在实际工作中常通过实验选择最佳柱温，既能使各组分分离，又不使峰形扩张、拖尾。柱温一般选择各组分沸点的平均温度或更低。

对于宽沸程(沸程大于100℃)样品，宜采用程序升温色谱分析法，即分析过程中柱温按设定的参数(开始升温的时间、升温速度及最终温度)连续地或分阶段地进行升温，分别使试样中各组分在最佳柱温下分离。这样能兼顾高、低沸点组分的分离效果和分析时间，使不同沸点的组分基本上在其较合适的温度下得到良好的分离。

3. 载体和固定液含量的选择

1) 载体的选择

(1) 载体表面的固定液液膜薄(d_f小)而均匀可使液相传质阻力减小，因此要求载体表面具有多孔性且孔径分布均匀。

(2) 载体颗粒直径(d_p)的减小有利于提高柱效。但也不可太小，否则颗粒填充不易均匀，致使填充不规则因子 λ 增大，理论塔板高度 H 增大，柱效降低，而且需要较大的柱压，容易漏气，给仪器装配带来困难。一般填充柱要求载体颗粒直径是柱直径的1/10左右，即60~80目或80~100目较好。

(3) 载体颗粒要求均匀，筛分范围要窄，以减小理论塔板高度 H，提高柱效。一般使用颗粒筛分范围约为20目。

2) 固定液及其配比的选择

固定液的性质和配比对 H 的影响反映在传质阻力项中，即与分配比 K'、液膜厚度 d_f 和组分在液相中的扩散系数 D_l 有关。K'、D_l 与固定液和样品的性质及温度有关，d_f 除了与固定液的性质、用量有关外，还与载体的可浸润性、表面结构和孔结构有关。因此，一般选用的固定液对分析样品要有合适的 K' 值，使待分离物质对有较大的相对保留值 $r_{1,2}$，此外还要求固定液的黏度小、蒸气压低等。

为了改善液相传质，减少 H，可采用低固定液配比以减少 d_f，并且利于在较低的温度下分析沸点较高的组分和缩短分析时间。但是配比太低，d_f 太薄，载体表面不能完全被掩盖，易产生吸附，使色谱峰拖尾，柱效降低。低固定液配比时，柱负荷变小，样品量也要相应减少。一般填充柱的液载比为5%~25%，空心柱 d_f = 0.2~0.5μm。

4. 进样条件的选择

进样速度必须快，使样品能立即气化并被带入柱中。若进样时间过长，样品原始宽度变大，使色谱峰扩张。

进样量应控制在柱容量允许范围及检测器线性检测范围之内。液体试样一般进样 0.1~5μL，气体试样 0.1~10mL。进样量太少，检测器不易检测，增大分析误差；若进样量太多，则柱效下降，同时由于柱超负荷，分离效果差，拖延流出时间。

在色谱仪进样口下端有一气化器，液体试样进样后，需要在此瞬间气化，气化温度一般较柱温高 30~70℃，应防止气化温度太高而造成试样分解。

9.3.5 衍生化气相色谱分析法

通过化学反应将被测组分转变成另一种化合物(称为衍生物)，再用气相色谱分析法分析，这种方法称为衍生化气相色谱分析法。这种方法具有如下优点：

(1) 扩大应用范围。由于挥发性过低、极性太强或热稳定性差等，许多化合物不能或不适于直接进行气相色谱分析，而其衍生物则可方便地进行气相色谱分析。例如，不易挥发的氨基酸、糖类等化合物转化成某些衍生物后，可增加挥发性和降低极性。

(2) 提高分离效能。一些难于分离的组分转化成衍生物后则可相互分离。另外，许多化合物制备成衍生物后，衍生物的色谱峰不再拖尾，能获得较对称的色谱峰。

(3) 扩大检测限。将制备的衍生物用选择性检测器检测，可检测低含量组分。例如，卤素基团引入衍生物后，用电子俘获检测器可进行低含量组分的检测。

(4) 排除干扰。样品中有些杂质因不能成为衍生物可被除去。

下面介绍几种气相色谱分析法常用的化学衍生化法。

1. 硅烷化反应法

被测组分中的活泼氢被硅烷基取代后生成极性低、挥发性高和热稳定性好的硅烷基衍生物。例如

$$\begin{cases} R-OH \\ R-COOH \\ R-SH+TMS \\ R-NH_2 \\ R_1R_2NH \end{cases} + 衍生化试剂 \longrightarrow \begin{cases} -O-Si(CH_3)_3 \\ -COO-Si(CH_3)_3 \\ -S-Si(CH_3)_3 \\ -NH-Si(CH_3)_3, -N[Si(CH_3)_3]_2 \\ R_1R_2N-Si(CH_3)_3 \end{cases}$$

三甲基氯硅烷(TMCS)、六甲基二硅烷(HMDS)和 N-三甲基甲硅烷咪唑(TMSIM)比较适于羟基的硅烷化；N,O-双三甲基甲硅烷乙酰胺(BSA)和 N,O-双三甲基硅烷三氟乙酰胺(BSTFA)适用于含活性较弱的—NH_2 和—NH 基团或空间位阻大的基团的化合物硅烷化。溶剂则可选用吡啶、二甲基甲酰胺、四氢呋喃、二甲基亚砜、乙腈或烷烃，其中吡啶最为常用。

2. 酰化反应法

酰化反应分为两类：酸酐法和酰卤法。酸酐法是用酸酐的吡啶或四氢呋喃溶液制备成酰化的衍生物，卤代酸酐类试剂有三氟乙酸酐(TFAA)、五氟丙酸酐(PFPA)和七氟丁酸酐(HFBA)等；酰卤法中采用的酰卤类试剂有乙酰氯和苯甲酰氯。例如，胺与三氟乙酰氯反应

$$RNH_2 + CF_3COCl \longrightarrow RNHOCCF_3 \longrightarrow RN(OCCF_3)_2$$

含卤素的衍生物用 ECD 检测具有很高的灵敏度，也适于用 FID 检测。

除上述反应外，还有羧酸的酯化反应和烷基化反应等。衍生化气相色谱分析法已经是非常成熟的技术，有许多制备衍生物的专著与文献可供参考。

9.3.6 气相色谱分析法测定选例

气相色谱分析法在生物科学、石油化工、环境保护、医药卫生、食品检验等领域都具有

广泛的应用。在药物分析方面,气相色谱分析法可用于药物的鉴别、含量测定、杂质检查及微量水分测定、药物中间体的监控(反应程度的监控)、中药成分研究、制剂分析(制剂稳定性和生物利用度研究)、治疗药物监测和药物代谢研究等方面。早期研究中填充柱色谱分析法应用较多,目前只有一些组分较简单的样品仍用填充柱色谱分析法分析,而毛细管气相色谱分析法或它与质谱联用技术(GC-MS)已成为复杂样品最主要的分析方法。近年来裂解气相色谱分析法(将难挥发的固体样品在高温下裂解后进行分离鉴定,已用于聚合物的分析和微生物的分类鉴定)、顶空气相色谱分析法(通过对密闭体系中处于热力学平衡状态的蒸气的分析,间接地测定液体或固体中的挥发性成分)等的应用,大大扩展了气相色谱分析法的应用范围。

1. 在药物分析中的应用

1) 合成药物分析

药物合成过程中往往产生各种中间体。因此,合成药物的质量控制在测定产物含量的同时,需要控制其中间产物,气相色谱分析法能分离药物及其中间体,并进行定量测定。

【例 9.2】 萘丁美酮的含量测定及其中间体的控制。

萘丁美酮是一种消炎、镇痛、解热药。采用下列气相色谱分析法进行测定,获得了满意的效果,而且还可分离中间体 6-甲氧基-萘乙酮。

(1) 色谱条件。

色谱柱:2.0m × 3mm 玻璃柱,内填充 1.5% OV-17 的 Shimalite W 80～100 目(AW-DMCS)

柱温:215℃

检测器:FID

气化温度:280℃

载气:N_2 50mL·min^{-1},空气 0.4kg·cm^{-2},H_2 0.55kg·cm^{-2}

进样量:1μL

(2) 分析结果。

将样品用无水乙醇温热溶解,加入内标物(扑尔敏)的无水乙醇溶液,稀释后进样。萘丁美酮、扑尔敏和中间体的保留时间分别为 7.95min、4.80min 和 4.00min,用校正因子计算其质量分数。

2) 中药成分分析

中药的成分复杂,而中成药一般由多种药材研制而成,成分更加复杂,色谱分析法是研究其成分的最常用的方法。其中,气相色谱分析法常用于中草药中挥发油或挥发性成分的分析、部分成分的含量测定和农药残留量的测定等。

【例 9.3】 麝香中麝香酮的测定[《中华人民共和国药典》2000 版(二部)第 318 页]。

(1) 色谱条件。

固定相:苯基(50%)甲基硅酮(OV-17),涂渍浓度 2%

柱温:200℃±10℃

检测器:FID;理论板数不低于 1500

对照品溶液的制备:准确称取麝香酮对照品适量,加无水乙醇溶解制成每 1mL 含 1.5mg 的溶液。

样品溶液的制备:准确称取干燥样品约 0.2g,加无水乙醇 2mL,摇匀,放置 1h,过滤,滤液待用。

(2) 测定方法。分别准确吸取对照品溶液和样品溶液各 2μL,注入气相色谱仪分析。

《中华人民共和国药典》规定麝香中含麝香酮($C_{16}H_{30}O$)不得少于 2.0%。

3）体内药物分析

在治疗药物监测和药代动力学研究中都需要测定血液、尿液或其他组织中的药物浓度，气相色谱分析法可用于这类样品的分析测定。

【例 9.4】 尿中可待因及其代谢产物的分析。

可待因是一种麻醉镇痛剂，也是体育比赛中的禁用药物之一。可待因相对分子质量较大，是一种含有强极性羟基的难挥发性生物碱，其代谢产物吗啡和去甲基可待因的极性更强。通过三甲基硅烷和三氟乙酰化，其衍生物极性降低，挥发性增强，色谱峰形变好，灵敏度提高。

（1）色谱条件。

色谱柱：17m × 0.20mm HP-5 交联弹性石英毛细管柱

柱温：180℃→220℃（10℃·min^{-1}）

检测器：NPD，290℃

气化温度：250℃

载气：N_2 1.9mL·min^{-1}，H_2 30mL·min^{-1}，空气 109mL·min^{-1}

进样量：1μL

（2）分析结果。

尿样经溶剂提取，干燥后得残渣，加入 N-甲基-N-三甲基硅烷三氟乙酰胺（N-methyl-N-trimethylsilyl trifluoroacetamide，MSTFA），在 70℃进行三甲基硅烷化反应 10min。然后再加入 N-甲基-双三氟乙酰胺（N-methyl-bistrifluoroacetamide，MBTFA），在 70℃进行三氟乙酰化反应 10min。以安眠酮为内标物。按上述色谱条件测得内标物、可待因、吗啡和去甲基可待因的保留时间分别为 6.58min、10.05min、10.80min 和 11.23min。

2. 在生物科学中的应用

气相色谱分析法不仅可以对生物体中的氨基酸、脂肪酸、维生素和糖等组分进行分离分析，还可以分析生物体组织液、尿液中的毒物（农药、低级醇、丙酮等）、痕量的动植物激素等。

【例 9.5】 生物试样中核糖核酸的分析。

RNA 用气相色谱分析法分析时，由于 RNA 相对分子质量大而无挥发性，必须先用衍生试剂（TMS）将其变成低沸点的三甲基硅烷衍生物，以满足气相色谱分析法的要求，此法的特点是分析时间短，检出限可达 10^{-9}g·s^{-1}，误差小于±5%。

RNA 分子中存在 4 种核糖核苷：胞嘧啶核苷（胞苷）、尿嘧啶核苷（尿苷）、腺嘌呤核苷（腺苷）、鸟嘌呤核苷（鸟苷）。

（1）色谱条件。

色谱柱：2m × 4mm 玻璃柱，内填充 3%OV-101 或 3%OV-17 的 Chromosorb W HP 100～120 目（AW-DMCS）

柱温：160℃（嘧啶碱基），190℃（嘌呤碱基），260℃（核苷）

气化温度：280℃（核苷），250℃（嘧啶，嘌呤）

载气：Ar 60mL·min^{-1}

检测器：FID

（2）色谱图如图 9.20 所示。

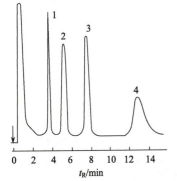

图 9.20 核糖核苷的 TMS 衍生物色谱图
1. 尿苷；2. 腺苷；3. 鸟苷；4. 胞苷

3. 在测定农药残留量方面的应用

用气相色谱分析法可以检测农副产品、食品、水质中的农药残留量。

【例 9.6】 农副产品、食品、环境样品等中的有机氯农药分析。

有机氯农药主要有 DDT 及七氯、艾氏剂、狄氏剂等环戊二烯系农药。这类农药化学性质稳定，不易分解，在人体、动物体内不易代谢分解排出体外。此类农药残留量的测定分析对保护人类健康具有重要意义。

(1) 色谱条件。

色谱柱：2m × 2mm 玻璃柱，填充料 3%DC-200（或 SE-30）涂渍于 100～120 目 Gas Chrom Q 上

柱温：175℃

气化温度：250℃

载气：N_2 3mL·min^{-1}

检测器：ECD

(2) 其色谱图如图 9.21 所示。

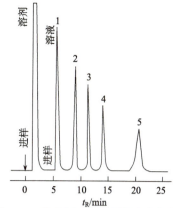

图 9.21 艾氏剂、狄氏剂等农药色谱图

1. 林丹；2. 七氯；3. 艾氏剂；4. 环氧七氯；5. 狄氏剂

4. 在环境监测中的应用

【例 9.7】 大气中硫化物污染物的分析。

大气污染成分主要有卤化物、氮化物、硫化物以及芳香族化合物等，浓度一般在 10^{-6}～10^{-9}g·L^{-1} 水平，而在气相色谱分析中，由于使用了高灵敏度检测器，试样可以不经浓缩而直接进行监测。

(1) 色谱条件。

色谱柱：1.25m × 3mm 聚四氟乙烯柱，内装石墨化炭黑，预涂渍以 1.5% H_3PO_4 减尾

柱温：40℃

载气：N_2 100mL·min^{-1}

检测器：FPD（140℃）

(2) 其色谱图如图 9.22 所示。

【例 9.8】 水样中微量酚的分析。

(1) 色谱条件。

色谱柱：3m × 3mm 玻璃柱，填充 1.5%OV-17 + 2%QF-1 涂渍的 100～120 目 Chromosorb W

柱温：195℃

检测器：ECD

(2) 其色谱图如图 9.23 所示。

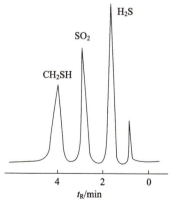

图 9.22 大气硫化物色谱图

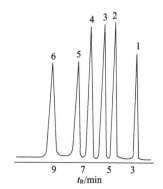

图 9.23 水中微量酚的色谱图

1. o-氯酚；2. 2,4-二氯酚；3. 2,3-二氯酚 4. 2,4,6-三氯酚；5. 2,4,5-三氯酚；6. 2,3,4-三氯酚

5. 在食品检验中的应用

用气相色谱分析法可以对食品中各种组分、添加剂（防腐剂、抗氧化剂、发色剂等）及食品中的污染物进行分离分析。

【例 9.9】 菜籽油等油脂中脂肪酸含量的分析。
（1）色谱条件。
色谱柱：PEG-20M（19m × 0.21m）
柱温：200℃
气化温度：230℃
载气：N_2 40mL·min^{-1}
（2）检测器：FID
其色谱图如图 9.24 所示。

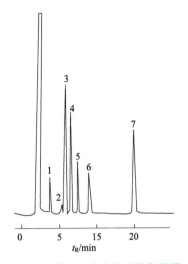

图 9.24 菜籽油中脂肪酸的色谱图
1. 软脂酸甲酯；2. 硬脂酸甲酯；3. 油酸甲酯；4. 亚油酸甲酯；
5. γ-亚麻酸甲酯；6. 花生烯酸甲酯；7. 芥酸甲酯

【例 9.10】 酒中 C_2H_5OH 含量分析。
（1）色谱条件。
色谱柱：2m × 3mm 玻璃柱，聚乙二醇 20000（PEG-20M），上海试剂厂 102 白色载体（60~80 目），液载比 10%
柱温：90℃
气化温度：150℃
载气：N_2 40mL·min^{-1}
检测器：FID（130℃）
（2）分析结果。
按下式计算 C_2H_5OH 的质量浓度：

$$\rho_i = \frac{(A_i / A_s) \cdot m'_i}{(A'_i / A'_s) \cdot V} \times 稀释倍数$$

式中，ρ_i 为 C_2H_5OH 的质量浓度（单位为 g·mL^{-1}）；m'_i 为标准溶液中 C_2H_5OH 质量（单位为 g）；V 为样品溶液体积（单位为 mL）；A_i/A_s 为样品溶液中 C_2H_5OH 与内标物 n-C_3H_7OH 的峰面积比；A'_i / A'_s 为标准溶液中 C_2H_5OH 与内标物 n-C_3H_7OH 的峰面积比。

【例 9.11】 食品中山梨酸和苯甲酸的分析。
（1）色谱条件。
色谱柱：2m × 3mm 不锈钢柱，5%DEGS（固定液二乙二醇丁二酸聚酯），1%H_3PO_4 载体，101 酸洗白色载体（60~80 目）
柱温：180℃
气化温度：210℃
载气：N_2 30mL·min^{-1}
检测器：FID（210℃）
（2）分析结果。
绘制标准曲线并根据标准曲线计算出山梨酸、苯甲酸的含量。

6. 在气体分析中的应用

1）永久性气体的分析

以 13X 或 5Å 分子筛为固定相，用气固色谱分析法分析混合气中的氧、氮、甲烷、一氧化碳，用纯物质对照进行定性，再用峰面积归一化法计算各个组分的含量。

(1) 色谱条件。

固定相：13X 或 5Å 分子筛(60～80 目)；4mm × 2m 不锈钢填充柱

柱温：室温

载气：H_2 30mL·min^{-1}

检测器：TCD

气化温度：室温

(2) 分析结果。记录各个组分从色谱柱流出的保留时间(t_R)，用纯物质进行对照，其色谱图如图 9.25 所示。

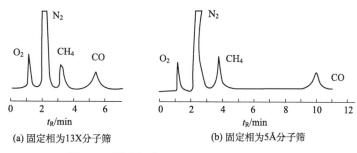

(a) 固定相为13X分子筛　　(b) 固定相为5Å分子筛

图 9.25　混合气中 O_2、N_2、CH_4、CO 的分析

由谱图中测得各个组分的峰高和半峰宽计算各组分的峰面积。已知 O_2、N_2、CH_4 和 CO 的相对摩尔校正因子分别为 2.50、2.38、2.80 和 2.38。再用峰面积归一化法就可计算出各个组分的体积百分含量。

2) 低级烃类的全分析

在硅藻土担体上涂渍非极性固定液角鲨烷，以分离 C_1 至 C_4 烃类，对不同碳数的烃，按 C_1 至 C_4 的顺序依次流出；对相同碳数的烃，按炔、烯、烷的顺序依次流出。用纯物质对照和相对保留值定性，用峰面积归一化法进行定量计算。

(1) 色谱条件。

固定相：25%角鲨烷/6201(60～80 目)，4mm×7m 不锈钢柱管

柱温：室温

载气：N_2 40mL·min^{-1}；燃气：H_2 40mL·min^{-1}；助燃气：压缩空气 400mL·min^{-1}

检测器：FID

气化温度：50℃

进样：六通阀进样，定量管 0.2mL

(2) 分析结果。记录各个组分出峰的保留时间(t_R)，并用纯烷烃气体和相对保留值定性。图 9.26 为 C_1～C_4 烃类在角鲨烷固定液上分离的色谱图。

由色谱图中各组分的峰面积及从手册上查到的各个组分的相对质量校正因子，用归一化法计算出各个组分的质量分数。

9.3.7　毛细管柱气相色谱分析法简介

毛细管柱气相色谱是在填充柱色谱基础上发展起来的一种气相色谱方法，对于复杂混合物的分析特别有效。一般来说，填充柱色谱结构简单、操作方便、稳定性好，较多应用于工业分析，而毛细管柱气相色谱较多用于复杂样品分析及科学研究。

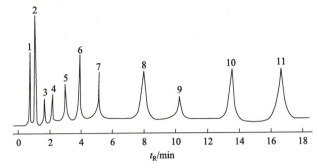

图 9.26 $C_1 \sim C_4$ 烃类的分析

1. 空气；2. C_1^0；3. CO_2；4. $C_2^=$；5. C_2^-；6. C_2^0；7. C_3^-；8. C_3^0；9. $C_3^=$；10. iC_4^0；11. $n, iC_{4-1}^- + iC_{4-1,30}^-$；$C^0$. 烷烃；$C^=$. 烯烃；$C^\equiv$. 炔烃；$C^{==}$. 二烯烃；$n$. 正构；$i$. 异构

1. 毛细管柱气相色谱分析法的特点

使用具有高分辨效能的毛细管柱的气相色谱分析法称为毛细管柱气相色谱分析法，它是 Golay 在 1957 年首先提出、研制成功的，与填充柱气相色谱分析法相比有以下特点。

(1) 分离效率高。评价毛细管柱柱效的指标有多种，以常用的理论塔板数 n 表示，n 约为 10^4，最高可达 10^6，比填充柱高 $10 \sim 100$ 倍。毛细管柱的内径只有 $0.1 \sim 0.5 \, \text{mm}$，而长度在 $20 \sim 300 \, \text{m}$，柱内径越小，柱效越高。

(2) 柱容量小。柱容量是指每根色谱柱的最大进样量，它与色谱柱的固定液含量有关。由于毛细管柱的固定液含量很少，因此柱容量很小，是填充柱的几十到几百分之一。如此小的柱容量就要求进样量非常少，一般在 $0.001 \sim 0.01 \, \mu\text{L}$。

(3) 分析速度快。毛细管柱因是空心，柱的渗透率 B_0 大。渗透率是指载气通过色谱柱时所受阻力的大小，用下式表示：

$$B_0 = \frac{\eta L u}{\Delta p}$$

式中，L 为柱长(m)；u 为载气平均线速度($\text{cm} \cdot \text{s}^{-1}$)；$\eta$ 为柱温下载气的黏度($\text{Pa} \cdot \text{s}$)；Δp 为柱压降(Pa)；B_0 的单位为 cm^2。由于毛细管柱的 B_0 较大，柱阻力小，载气线速度就可提高，因而使分析速度加快。

(4) 色谱峰窄、峰形对称。较多采用程序升温方式，适应于宽沸程、复杂试样分析。

(5) 灵敏度高。一般采用氢火焰离子化检测器。

(6) 应用广泛。毛细管柱气相色谱分析法由于分离效能高、分析速度快、柱容量小、灵敏度高等特点，因而能快速分离和分析很多组成复杂、含量很低的样品，广泛应用于石油、化工、环保、食品、天然有机物、生化、医药等领域，并有取代填充柱气相色谱的趋势。

2. 毛细管色谱柱的类型

毛细管柱按其制备方法可分为如下几种。

1) 填充型毛细管柱

(1) 填充毛细管柱。将载体或吸附剂先装入玻璃管中，然后在高温下拉制成毛细管柱，内径一般为 $0.25 \sim 0.5 \, \text{mm}$。

(2) 微填充柱。填充了微粒固定相的毛细管柱，内径一般为 $0.5 \sim 1 \, \text{mm}$。

2) 开管型毛细管柱

(1) 涂渍壁开管柱(WCOT)。将固定液直接涂渍在管内壁上。柱制作相对简单，但柱制备的重现性差、寿命短。这种色谱柱柱效高、渗透性好，是使用较普遍的色谱柱。

(2) 多孔层开管柱(PLOT)。在管壁上涂渍一层多孔性吸附剂固体微粒(如分子筛、氧化铝等)的开管柱，构成毛细管气固色谱。它是一种吸附柱，柱流失小，柱容量大，但柱效比 WCOT 柱小。

(3) 载体涂渍开管柱(SCOT)。将非常细的担体微粒粘接在管壁上，再涂渍固定液的开管柱。其柱效较 WCOT 高。

3) 化学键合或交联毛细管柱

将固定液通过化学反应键合在管壁上或交联在一起，使柱效和柱寿命进一步提高。

3. 毛细管柱气相色谱分析法基本原理

Golay 在气相色谱填充柱的速率方程基础上，提出了毛细管柱的速率方程

$$H = \frac{B}{u} + C_g u + C_l u$$

上式也称 Golay 方程，而

$$B = 2D_g, \quad C_g \propto \frac{r^2}{D_g}, \quad C_l \propto \frac{d_f^2}{D_l}$$

将上述公式与填充柱公式比较可知：

(1) 毛细管柱因是空心的，只有一个流路，不存在涡流扩散，故 $A=0$。
(2) 毛细管柱中组分分子扩散因无填充物阻碍，故弯曲因子 $\gamma=1$。
(3) 公式中的 r 为毛细管柱内半径。

根据公式可以了解影响毛细管柱柱效的各种因素，并依据这些因素选择最佳操作条件。

4. 毛细管柱气相色谱操作技术

1) 进样

毛细管柱的柱容量很小，用通常的气相色谱微量注射器进样会引起色谱柱超载，使谱带加宽。为防止谱带加宽，以满足准确定性、定量分析的要求，进样量必须很小。为此，色谱工作者进行了许多研究，早期采用了分流进样的方法，较好地解决了这一难题。随后，又出现了不分流进样、冷柱头进样、程序升温气化进样、毛细管柱顶空进样等新技术。

2) 色谱柱选择

与填充柱相比，毛细管柱的制备技术要求高、难度大、成功率低、价格较贵，既不适合大批量工业化生产，也不像填充柱容易自行制备。制作一根毛细管柱要经过柱管的拉制、柱表面处理(包括粗糙化、惰化处理)、柱的涂渍(或键合、交联)、老化等步骤，在缺乏制作条件和技术的情况下，可由有关生产部门购买。一般有弱极性(如 SE-30)、中等极性(如 OV-17)、极性(如 PEG-20M) 3 种类型的毛细管色谱柱，即可满足大部分分析工作的要求。

3) 尾吹

因毛细管柱内载气流速很低，一般只有 $0.5\sim 2\text{mL}\cdot\text{min}^{-1}$，柱后有一定的死体积，可使分离变坏，检测灵敏度降低。当在柱出口和检测器之间接特制的三通后，用 N_2 或空气作尾吹气可使柱后死体积减小，又可提高 N_2/H_2 比，增加检测灵敏度，用空气作尾吹气还可提高离子化效率。

4) 检测器

由于毛细管柱气相色谱的进样量很少，组分出峰快，峰很窄，这就要求有高灵敏度、响应时间快、死体积小的检测器进行检测。又由于需要采用尾吹技术，因此在毛细管柱气相色谱中主要使用灵敏度较高的氢火焰离子化检测器、电子捕获检测器、火焰光度检测器、热离子检测器等。

5. 应用示例

酚类化合物的毛细管柱色谱分析。用涂渍 SE-54 的高效石英弹性毛细管柱，可直接分析废水中酸性条件下石油醚萃取的酚类化合物。

(1) 色谱条件。

固定相：SE-54 交联石英弹性柱 0.25mm × 15m；固定液液膜厚度 2.5μm；程序升温由 50℃升温至 220℃；升温速率 8℃·min^{-1}

载气：N_2，1～2mL·min^{-1}；燃气：H_2，40mL·min^{-1}；助燃气：压缩空气，400mL·min^{-1}

检测器：FID

气化温度：250℃

分流进样分流比(100∶1)，进样量 1μL(石油醚萃取液)。

(2) 分析结果。记录各组分的保留时间(t_R)，用酚类化合物纯样对照，其色谱图见图 9.27。

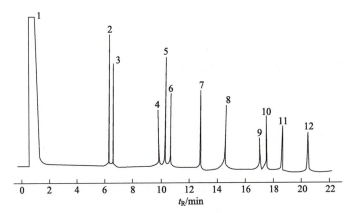

图 9.27　酚类化合物的毛细管柱色谱图

1. 石油醚；2. 酚；3. 2-氯酚；4. 2-硝基酚；5. 2,4-二甲基酚；6. 2,4-二氯酚；7. 对氯间甲酚；8. 2,4,6-三氯酚；9. 2,4-二硝基酚；10. 4-硝基酚；11. 4,6-二硝基邻甲酚；12. 五氯酚

由谱图中各组分的峰面积和从手册上查到的相对质量校正因子，用归一化法计算各个组分的质量分数。

思考题 9.6　启动气相色谱仪时为什么要先开气路后通电路，而关闭色谱仪时又要先断开电路后关闭气路？

思考题 9.7　色谱仪的层析室、检测室为什么要严格控制恒温？

思考题 9.8　何谓检测器的灵敏度、敏感度、线性范围？

思考题 9.9　气相色谱中引起谱带扩张的因素主要有哪些？为什么在气相色谱范氏方程的 H-u 曲线上有一个最低的谷点？

思考题 9.10　何谓毛细管柱气相色谱？有何特点？分哪几种类型？

9.4 高效液相色谱分析法

高效液相色谱分析法(high performance liquid chromatography，HPLC)是在 20 世纪 60 年代末以经典液相色谱分析法为基础，引入气相色谱的理论与实验方法而发展起来的，又称高压液相色谱分析法、高速液相色谱分析法。它与经典液相色谱分析法的主要区别是：流动相改为高压输送，采用高效固定相，具有在线检测器及更高的自动化程度等。该法具有分离效能高(最高可达 40000 块/米理论塔板)、分析速度快(每秒 23 块有效塔板)、检测灵敏度高(最低可达 $10^{-12}\mathrm{g \cdot mL^{-1}}$)及应用范围广等特点。

气相色谱分析法虽然也具有快速、分离效率高、用样量少等优点，但它要求样品能够气化，从而常受到样品的挥发性限制。在约 300 万个有机化合物中，可以直接用气相色谱分析法分析的仅占 15%～20%。对于挥发性差或热不稳定的化合物，虽然可以采取裂解、酯化、硅烷化等预处理方法，但毕竟增加了操作上的麻烦，且常改变样品原来的面目，而不易复原。

高效液相色谱分析法对一般液体样品均能分析，而特别适用于分析挥发性低、热稳定性差、相对分子质量大的高分子化合物以及离子型化合物，如氨基酸、蛋白质、生物碱、核酸、甾体、类脂、维生素、抗生素、有机酸、药物、农药等。相对分子质量较大、沸点较高的有机物以及无机盐类，都可用高效液相色谱分析法进行分析。

9.4.1 高效液相色谱仪

高效液相色谱仪一般可分为 4 个主要部分：高压输液系统、进样系统、分离系统和检测系统。此外，还配有辅助装置，如梯度洗脱、自动进样及数据处理等，其基本结构示意图见图 9.28。高效液相色谱仪工作过程如下：高压泵将储液器中溶剂按照一定比例在混合室混合成流动相。流动相依次经过进样器、色谱柱，然后从检测器的出口流出。当注入欲分离的样品时，流入进样器的流动相再将样品同时带入色谱柱进行分离，然后依先后顺序进入检测器，记录仪将检测器送出的信号记录下来，由此得到液相色谱图。

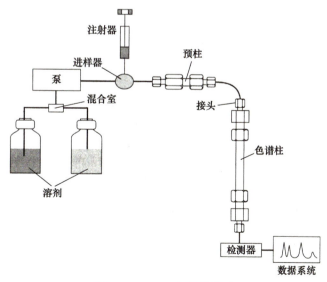

图 9.28 HPLC 仪器结构图

1. 高压输液系统

高压输液系统是高效液相色谱仪的关键部件之一。由于高效液相色谱分析法所用的固定相颗粒极细,因此对流动相阻力很大,为使流动相流动较快,必须配备有高压输液系统。一般由储液罐、高压输液泵、过滤器、压力脉动阻力器等组成,其中高压输液泵是核心部件。对于一个好的高压输液泵,应符合密封性好,输出流量恒定,压力平稳,可调范围宽,便于迅速更换溶剂及耐腐蚀等要求。

常用的输液泵按其工作原理可分为恒流泵和恒压泵两种。恒流泵就是输出恒定流量的泵,其特点是在一定操作条件下,输出流量保持恒定而与色谱柱引起阻力的变化无关;输出压力恒定的泵称为恒压泵,它能保持输出压力恒定,但其流量则随色谱系统阻力而变化,故保留时间的重现性差,它们各有优缺点。目前恒流泵逐渐取代恒压泵。恒流泵又称机械泵,分为机械注射泵和机械往复泵两种,应用最多的是机械往复泵。

2. 进样系统

高效液相色谱柱比气相色谱柱短得多,所以柱外展宽(又称柱外效应)较突出。柱外展宽是指色谱柱外的因素所引起的峰展宽,主要包括进样系统、连接管道及检测器中存在死体积。柱外展宽可分柱前和柱后展宽,进样系统是引起柱前展宽的主要因素,因此高效液相色谱分析法中对进样技术要求较严。常用的进样装置有注射进样器和高压进样阀两种。

1) 隔膜注射进样器

这种注射器由导向螺丝、不锈钢隔板和弹性隔膜组成。它是在色谱柱顶端装入耐压弹性隔膜,进样时用微量注射器刺穿隔膜将试样注入色谱柱。其优点是装置简单、价廉、死体积小,缺点是允许进样量小、重复性差。

2) 高压进样阀

这种进样器由高压六通阀和定量管组成,其结构和工作原理与气相色谱中所用六通阀完全相同。由于进样可由定量管的体积严格控制,因此进样准确,重复性好,适于做定量分析。更换不同体积的定量管,可调整进样量。

3. 分离系统

色谱柱是高效液相色谱仪的心脏部分,它由柱管、固定相、压紧螺丝、密封衬套、柱子堵头和滤片(也称筛板)等部件组成。柱管材料有玻璃、不锈钢、铝、铜及内衬光滑的聚合材料的其他金属。玻璃耐管压有限,故一般用优质不锈钢管制作。一般色谱柱长 10~50cm,柱内径为 2~5mm;凝胶色谱柱内径为 3~12mm,制备柱内径较大,可达 25mm 以上。一般在分离柱前备有一个前置柱,前置柱内填充物和分离柱完全一样,这样可使淋洗溶剂由于经过前置柱被其中的固定相饱和,使它在流过分离柱时不再洗脱其中固定相,保证分离柱的性能不受影响。

柱子装填质量的好坏对柱效影响很大。对于细粒度的填料(<20μm),一般采用匀浆填充法装柱,先将填料调成匀浆,然后在高压泵作用下快速将其压入装有洗脱液的色谱柱内,经冲洗后即可备用。

4. 检测系统

高效液相色谱仪中的检测器是检测色谱柱后流出组分和浓度变化的装置,因此要求灵敏度高、线性范围宽、适应性广、响应快、噪声小、死体积小及受外界的影响小等,还应该对温度和流速的变化不敏感。

检测器可分为两大类:通用型检测器和选择性检测器。通用型检测器是对试样和洗脱液总的物理性质和化学性质有响应。选择性检测器仅对待分离组分的物理化学特性有响应。通用型检测器能检测的范围广,但由于对流动相也有响应,因此易受环境温度、流量变化等因素的影响,造成较大的噪声和漂移,限制了检测灵敏度,不适于做痕量分析,并且通常不能用于梯度洗脱操作。选择性检测器灵敏度高,受外界影响小,并且可用于梯度洗脱操作,但由于其选择性只对某些化合物有响应,限制了它的应用范围。通常一台性能完备的高效液相色谱仪应当具备一台通用型检测器和几种选择性检测器。常用的检测器有紫外检测器、荧光检测器、二极管阵列检测器和电化学检测器等。

5. 附属系统

附属系统包括脱气、梯度洗脱、恒温、自动进样、馏分收集以及数据处理等装置。其中梯度洗脱装置是高效液相色谱仪中尤为重要的附属装置。梯度洗脱是指在分离过程中使流动相的组成随时间改变而改变。通过连续改变色谱柱中流动相的极性、离子强度或 pH 等因素,使被测组分的相对保留值得以改变,提高分离效率。高效液相色谱中的梯度洗脱技术类似于气相色谱中的程序升温技术,不过前者连续改变的是流动相的极性、pH 或离子强度而不是温度。梯度洗脱对于一些组分复杂及容量因子值范围很宽的样品分离尤为必要。

图 9.29 表示梯度洗脱与分段洗脱的比较。图中(a)说明,以某一固定组成 A 作流动相洗脱样品时,各组分的容量因子数据(k)相差较大,并且 k 大的组分,其峰宽而矮,所需分析时间长。图中(b)以溶解力较强的固定组成 B 作流动相,洗脱时,样品各组分很快被洗脱下来,但 k 小的组分得不到分离。若将 A、B 两种溶剂以适当比例混合,组成的流动相的浓度可随时间而改变,找出合适的梯度洗脱条件,就可使样品各组分在适宜的 k 下全部流出,既获得好的峰形又缩短分析时间,正如图中(c)所示。

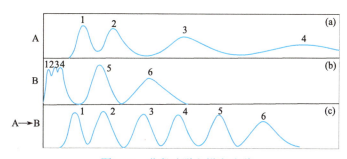

图 9.29 分段洗脱和梯度洗脱

梯度洗脱是通过梯度程序控制系统控制泵的动作,根据需要把两种或两种以上性能不同的溶剂按预先设定的程序和比例混合,使其产生不同形式的梯度,再经高压泵供给柱子来实现的。梯度洗脱的优点是显而易见的,它可改进复杂样品的分离,改善峰形,减少拖尾并缩短分析时间。另外,由于滞留组分全部流出柱子,可保持柱性能长期良好。当用完梯度洗脱后,在更换流动相时,要注意流动相的极性与平衡时间,由于不同溶剂的紫外吸收程度有差异,可能引起基线漂移。尤其值得注意的是,梯度洗脱技术的应用引起了流动相化学成分的变化,某些检测器不适应,从而导致仪器噪声增大甚至不能工作。

9.4.2 高效液相色谱分析法基本原理

高效液相色谱分析法是将经典液相色谱分析法与气相色谱分析法的基本原理和实验方法相结合而产生的。在色谱分析法概论与气相色谱分析法中介绍过的基本概念、保留值与分配系数的关系、塔板理论及速率理论，都可应用于高效液相色谱分析法。高效液相色谱分析法与气相色谱分析法的主要差别是流动相的性质不同。因此，某些公式的表现形式或参数的含义有些差别。

在高效液相色谱中，液体流动相的相对分子质量比气相色谱中的气体流动相的相对分子质量大得多，由于被测组分在流动相中的扩散系数 D_m 与流动相的相对分子质量成反比，因此速率方程（范第姆特方程）中的分子扩散项 B/u 较小（$B = 2rD_m$），可以忽略不计，于是范第姆特方程式在 HPLC 中为

$$H = A + Cu$$

上式说明 HPLC 中可近似认为流动相的流速与塔板高度成直线关系，A 为截距，C 为斜率。流速增大，塔板高度增加，色谱柱柱效降低。为了兼顾柱效与分析速度，一般尽可能地采用较低流速。内径 4.6mm 柱，流速多采用 $1\text{mL} \cdot \text{min}^{-1}$。

高效液相色谱与气相色谱两者的 H-u 曲线的形状不同，如图 9.30 所示。

谱带扩张是指由柱内外各种因素引起的色谱峰变宽或变形，使柱效降低的现象。在高效液相色谱中，主要由以下因素引起：

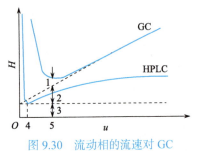

图 9.30 流动相的流速对 GC 与 HPLC 柱效影响对比

1. B/u；2. Cu；3. A；4. HPLC 的 $u_{最佳}$；5. GC$u_{最佳}$

（1）涡流扩散。涡流扩散是由于柱中存在曲折的多通道，流动相流动不均匀，$A = 2\lambda d_p$。为了使 A 减小，提高色谱柱柱效，可从两方面采取措施：①降低 d_p，采用小粒度固定相，粒径 d_p 越小，A 越小。以前多用 10μm 固定相，目前商品柱多采用 3～5μm 粒径的固定相；②降低 λ，采用球形、窄粒度分布（RSD<5%）的固定相及匀浆装柱。球形固定相除了能降低 λ 外，还能增加柱渗透性，降低柱压。但固定相的粒度越小，越难装均匀，因此需采用高压、匀浆装柱法。3～5μm 球形固定相，柱效一般为 $(8～5) \times 10^4 \text{m}^{-1}$，最高可达 $1 \times 10^5 \text{m}^{-1}$。

（2）传质阻力。传质阻力是指在同一流路中各部位的流速不同所造成的分子纵向扩散而引起的谱带扩张。因为当流动相在柱中流过时，靠近颗粒表面的流速比流路中间的流速要慢，甚至不流动，结果在一定的时间里，靠近颗粒表面的分子所扩散的距离比中间的要短，因而引起了分子在柱内的扩散分布。流动相传质引起的谱带扩张使柱效降低。传质阻力项为 C。在 HPLC 中传质阻力系数由 3 个系数组成

$$C = C_m + C_{sm} + C_s$$

式中，C_m、C_{sm}、C_s 分别表示组分在流动相、静态流动相和固定相中的传质阻力系数。

在填充气相色谱柱中，固定液的传质阻力起决定作用，因此

$$C = C_s \quad 或 \quad C = C_l$$

而在 HPLC 中，只有在使用厚涂渍层并具有深孔的离子交换树脂的离子交换色谱分析法中，C_s 才起作用。由于通常都采用化学键合相，它的"固定液"是键合在载体表面固定液官能团的单分子层，因此固定液的传质阻力可以忽略，于是

$$C = C_m + C_{sm}$$

因此,范第姆特方程式用于 HPLC 最常见的表现形式为

$$H = A + C_m u + C_{sm} u$$

上式说明,HPLC 色谱柱的理论塔板高度主要由涡流扩散项、流动相传质阻力项和静态流动相传质阻力项 3 项所构成。涡流扩散与各种传质阻力项对色谱峰扩张的影响如图 9.31 所示。

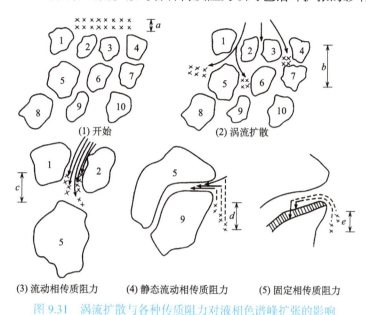

图 9.31　涡流扩散与各种传质阻力对液相色谱峰扩张的影响

×为被分离的样品分子(下称分子);a 为样品带原宽度;b、c、d 和 e 是经各种扩张因素扩张后,色谱峰的谱带扩张(峰宽); 1~10 表示固定相颗粒编号

涡流扩散项引起的峰扩张是由于分子走了不同距离的途径（图 9.31 中 b）。流动相传质阻力项引起的峰扩张是由于在一个流路中处于流路中心的分子和处于流路边缘的分子与固定相的作用力不同,迁移速率不同。处于流路边缘的分子与固定相的作用力大于处于流路中心的分子,迁移速率相对慢于处于流路中心的分子,因而谱带扩张(图 9.31 中 c)。静态传质阻力是分子进入处于固定相深孔中的静态流动相中,相对慢些回到流动相,而引起的峰扩张(图 9.31 中 d)。固定相的传质阻力引起的峰扩张是由于分子进入厚涂渍层固定液,相对慢些回到流动相(图 9.31 中 e)。

根据应用于 HPLC 的范第姆特方程,HPLC 分离操作条件主要包括如下几方面:①采用小粒径、窄粒度分布的球形固定相,首选化学键合相,用匀浆法装柱;②采用低黏度流动相,低流速($1mL·min^{-1}$);③柱温一般以 25~30℃ 为宜。柱温太低,则使流动相的黏度增加,柱温太高易产生气泡。用不含有机溶剂的水溶液为流动相的色谱分析法(如离子交换色谱、离子色谱等)可按需升温。

9.4.3　高效液相色谱分析法的类型

高效液相色谱分析法的类型按组分在两相间分离机理的不同主要分为:液固吸附色谱分析法、液液分配色谱分析法、化学键合相色谱分析法、离子交换色谱分析法和凝胶色谱分析法等。

1. 固定相和流动相

1) 固定相

高效液相色谱固定相按所承受的高压能力可分为刚性固体和硬胶两大类。刚性固体以 SiO_2 为基质，可承受较高压力，在其表面可以键合各种功能官能团，称为化学键合固定相，是目前应用最广泛的固定相。硬胶主要用于离子交换色谱分析法和凝胶色谱分析法中，它由聚苯乙烯与二乙烯基苯交联而成，可承受的压力较低。

固定相按孔隙深度又分为表面多孔型(薄壳型)和全多孔型。表面多孔型的基体是球形玻璃珠，在玻璃表面包覆一层数微米厚的多孔活性物质(如硅胶、氧化铝、聚酰胺、离子交换树脂、分子筛等)，直径为 25～70μm，其结构如图 9.32(a) 所示。也可以制成化学键合固定相，这种固定相的多孔层薄，传质速率快，柱效高，适用于快速分离、填充均匀紧密、机械强度高、能承受高压的情况，适合于较简单的样品及常规分析，但由于多孔层薄，进样量受限制。全多孔型固定相由硅胶颗粒凝聚而成，一般制成筛分很窄(1μm 到几个微米)、颗粒很小(5～10μm)的全多孔微球型或非微球型，其结构如图 9.32(b)(c)所示。全多孔型固定相比表面积大，柱容量大，小颗粒全孔型固定相(直径 10μm)孔洞浅，传质速率仍很快，柱效高，分离效果好，适合于复杂样品、痕量组分的分离分析，是目前高效液相色谱中应用最广泛的固定相。

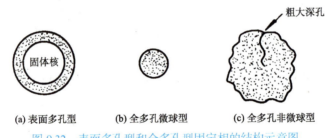

图 9.32 表面多孔型和全多孔型固定相的结构示意图

2) 流动相

液相色谱中的流动相也称溶剂，由洗脱剂和调节剂两部分组成。前者的作用是将样品溶解和分离，后者则用以调节洗脱剂的极性和强度，以改变组分在柱中的移动速度和分离状态。

由于高效液相色谱中流动相是液体，它对组分有亲和力，并参与固定相对组分的竞争。因此，正确选择流动相直接影响组分的分离度。对流动相的基本要求是：

(1) 所选用的流动相稳定性好，不与固定相互溶，不发生不可逆作用，不与样品组分发生化学反应，保持柱效或柱子的保留值性质较长时间不变。

(2) 选择性好，对待测样品有足够的溶解能力，以提高测定的灵敏度。

(3) 与所用检测器相匹配，如应用紫外吸收检测器时，不能用对紫外光有吸收的溶剂。

(4) 黏度尽可能小，不干扰样品的回收，以获得较高的柱效。

(5) 流动相纯度要高。不纯溶剂会引起基线不稳，或产生"伪峰"。溶剂中痕量杂质的存在长期积累会导致检测器噪声增加，同时影响收集的馏分纯度。

(6) 价格适宜，不污染环境和腐蚀仪器。

色谱分析中，流动相选择时虽然有极性、结构"相似相溶"的规则可循，但多数仍带有一定的经验性。一般情况下，要使样品分离得好、容易洗脱，样品和流动相就应具有化学上的相似性。也就是说，极性大的样品选用极性大的流动相，极性小的样品选用极性小的流动相。对于在正相色谱分析法中分离时间较长或难以分离的样品，可改用强极性的流动相和弱极性固定相的反相色谱分析法进行分离。有时,为了获得溶剂强度(极性)适当的流动相,往往需要经过反复的试验,或采用两种以上的混合溶剂作流动相。

在高效液相色谱分离的过程中,为分离复杂的混合物,把两种或两种以上的溶剂随着时间的改变按一定的比例混合,以连续改变流动相的极性、pH 或离子强度,使之改变被分离组分的相对保留值,以提高分离效果和加快分离速度,这种方法称为梯度洗脱法。其相应的装置称为梯度洗脱装置。

2. 液固吸附色谱分析法

液固吸附色谱分析法(LSC)是以固体吸附剂为固定相,如硅胶、氧化铝等,吸附剂表面的活性中心具有吸附能力,试样分子被流动相带入柱内时,它将与流动相溶剂分子在吸附剂表面发生竞争性吸附。

目前较常使用的吸附剂有硅胶、氧化铝、分子筛(极性)和活性炭(非极性)等,以硅胶最为常用(一般使用 5~10μm 的硅胶吸附剂)。硅胶的优点较多,如线性容量较高、机械性能较好、不溶胀、与大多数试样不发生化学反应等。一般极性弱的试样用活性较高的吸附剂,极性强的试样用活性较低的吸附剂。填料有薄壳珠和全多孔微粒两类。

液固吸附色谱分析法的流动相可以是各种不同极性的一元或多元溶剂。其分离原理是组分在两相间经过反复多次的吸附与解吸附分配平衡。

液固吸附色谱分析法选择流动相的原则是:极性大的试样需用极性强的洗脱剂,极性弱的试样宜用极性较弱的洗脱剂。常用溶剂的极性顺序排列如下:

水(极性最大),甲酰胺,乙腈,甲醇,乙醇,丙醇,丙酮,二氧六环,四氢呋喃,丁酮,正丁醇,乙酸乙酯,乙醚,异丙醚,二氯甲烷,氯仿,溴乙烷,苯,氯丙烷,甲苯,四氯化碳,二硫化碳,环己烷,己烷,庚烷,煤油(极性最小)。

液固吸附色谱分析法选择性好,最大允许样品量较大,在分离几何异构体、族分离和制备色谱等方面具有独特的意义。液固色谱还可用于分离偶氮染料、维生素、甾族化合物、多核苷芳烃、脂肪、油类、极性较小的植物色素等。

3. 液液分配色谱分析法

液液分配色谱分析法(LLC)是根据物质在两种互不相溶(或部分互溶)的液体中溶解度的不同而实现分离的方法。通过在担体(载体)上涂渍一薄层固定液制备固定相,与流动相一起构成液液两相,依据各组分在两相间分配系数的不同,经反复多次分配平衡而实现分离。

根据固定相和流动相之间相对极性的大小,可将分配色谱分析法分成两类。流动相极性低而固定相极性高的称为正相分配色谱分析法,常用于分离强极性化合物;流动相极性大固定相极性小的称为反相分配色谱分析法,适于分离弱极性的化合物。

分配色谱分析法的固定相由载体和固定液组成。载体的材料可以是惰性的玻璃微球也可以是吸附剂,极性固定液直接涂渍在亲水的多孔载体上;对于非极性固定液,则需先将载体制成疏水性吸附剂,然后涂渍。固定液易被流动相逐渐溶解而流失,为了防止固定液流失,一般需让流动相先通过一个与分析柱有相同固定液的前置柱,以便让流动相预先被固定液饱和。

常用的固定液只有几种极性不同的物质,如 β,β'-氧二丙腈、聚乙二醇、聚酰胺、正十八烷和异三十烷等。

分配色谱分析法所用流动相的极性必须与固定相显著不同。这主要是为了避免固定液溶解于流动相中而流失。一般原则是：若用极性较强的或亲水性物质为固定相，应以极性较弱的或亲脂性溶剂为流动相；若用非极性或亲脂性物质为固定相，则应以极性较大的或亲水性溶剂为流动相。流动相一般根据实验来选择，正相色谱分析法常用低极性溶剂(如烃类)加入适量极性溶剂(如氯仿、醇类)以调节洗脱强度。反相色谱分析法的流动相多以水或无机盐缓冲液为主体，加入甲醇、乙腈等调节极性。梯度洗脱时，正相色谱分析法通常逐渐增大洗脱剂中极性溶剂的比例，而反相色谱分析法则与之相反，逐渐增大甲醇和乙腈的配比。正相色谱分析法与反相色谱分析法的区别见表9.3。由表9.3可见，正相色谱分析法与吸附色谱分析法有较多的共同之处。

表9.3 正相色谱分析法与反相色谱分析法的比较

比较项目	正相色谱分析法	反相色谱分析法
固定相	强极性	非极性
流动相	弱-中等极性	中等-强极性
出峰顺序	极性弱的组分先出峰	极性强的组分先出峰
保留值与流动相极性的关系	极性增强保留值变小	极性增强保留值变大
适于分离的物质	极性物质	弱极性物质

液液分配色谱分析法最适合同系物组分的分离。例如，它能分离水解蛋白质所生成的各种氨基酸，分离脂肪酸同系物等。由于涂渍在载体上的固定液易流失、重现性差，并且不适于梯度洗脱和采用高速流动相，因此在此基础上发展了一种新型固定相——化学键合固定相。

4. 化学键合相色谱分析法

化学键合即用化学反应的方法通过化学键将固定液结合在载体表面。采用化学键合相的液相色谱分析法称为化学键合相色谱分析法，简称键合相色谱。键合固定相非常稳定，使用中不易流失，适于梯度洗脱。由于键合到载体表面的官能团可以是各种极性的，因此适用于各种样品的分离测定。用来制备键合固定相的载体几乎都用硅胶。通常反应发生在硅胶表面的硅醇基(≡Si—OH)上，形成硅氧碳键型(≡Si—O—C)、硅氧硅碳型(≡Si—O—Si—C)、硅碳型(≡Si—C)和硅氮型(≡Si—N)4种类型。其中以硅烷化键合反应(硅氧硅碳型)最为常用，其反应如下：

$$\equiv\text{Si—OH} + \text{X—Si}(R_1)(R_2)(R_3) \longrightarrow \equiv\text{Si—O—Si}(R_1)(R_2)(R_3) + \text{HX}$$

(X为Cl, CH_3O 或 C_2H_5O)

如十八烷基键合硅胶柱(简称碳十八柱，ODS柱)。

化学键合相具有以下特点：①固定相不易流失，柱的稳定性和寿命较高；②能耐受各种溶剂，可用于梯度洗脱；③表面较为均一，没有液坑，传质快，柱效高；④能键合不同基团以改变其选择性，如键合氰基、氨基等极性基团用于正相色谱分析法，键合离子交换基团用于离子色谱分析法，键合 C_2、C_4、C_6、C_8、C_{16}、C_{18}、C_{22} 烷基和苯基等非极性基团用于反相色谱分析法等。因此，它是 HPLC 较为理想的固定相。

9.4.4 高效液相色谱检测器

检测器是检测色谱柱后流出组分和浓度变化的装置。高效液相色谱的被测组分溶解在流动相中，浓度很低，要求检测器具有较高的灵敏度。同时，虽经过脉冲阻力抑制高压输液泵的脉冲，但流动相仍有微小的波动，也要求检测器能够不受流动相微小脉冲的影响。目前，高效液相色谱中应用较广的检测器有紫外光度检测器(UV)、示差折光检测器(RI)、荧光检测器(FLD)和电导检测器等。

1. 紫外光度检测器

紫外光度检测器是高效液相色谱中应用最普遍的检测器。它具有对温度和流速波动不敏感，适合于梯度洗脱，对许多物质都具有很高的灵敏度，应用范围广等特点。其原理是基于试样中各组分对特定波长的紫外光有选择性吸收，组分浓度与吸光度之间服从朗伯-比尔定律，因此要求在测定波长处流动相应无明显的吸收，而被测组分应有较大的吸光系数。紫外光度检测器的最低检测限可达 $10^{-10}g \cdot mL^{-1}$。

紫外光度检测器有固定波长和可变波长两种：前者测定波长固定(一般为 254nm 或 280nm)，适用于芳烃化合物的检测；后者可根据试样性质选择测定波长，方便灵活适用面广。

光电二极管阵列检测器(photo-diode array detector, PDAD)由多个二极管(211、512 或 1024 个)组成阵列，每个二极管各自检测特定波长，可同时检测 180~700nm 波长范围内全部紫外光和可见光的信号。将吸收后透过的紫外光束分光投射到二极管阵列上，用计算机快速处理，可获得更多信息及显示吸光度、波长、时间三维立体谱图。

2. 示差折光检测器

示差折光检测器是一种广泛应用的浓度型检测器。其原理是基于含有被测组分的流动相和纯流动相的溶液折射率之差与被测组分在流动相中的浓度有关，可根据流动相折射率的变化，测定试样组分含量。示差折光检测器的最低检测限可达 $10^{-7}g \cdot mL^{-1}$，对温度变化敏感，不能用于梯度洗脱。

3. 荧光检测器

荧光检测器是一种灵敏度很高、选择性较好的检测器。其原理是基于当入射的紫外光或可见光强度、溶液的厚度一定，样品的浓度较低时，溶质受激发而辐射出的荧光强度与被测组分的浓度成正比，即服从朗伯-比尔定律。凡是经紫外或可见光激发后能辐射出荧光的物质，如许多生物成分、药物、氨基酸、胺类、维生素、芳香族化合物、甾族化合物和酶等都可用荧光检测器检测，此外对于自身没有荧光的物质，可通过衍生化反应生成荧光物质进行检测。荧光检测器的最低检测限可达到 10^{-9}~$10^{-10}g \cdot mL^{-1}$ 或 1ppb，其选择性高、线性范围广，对温度、流量等的要求相对低，在适当的条件下可使用梯度洗脱技术。

4. 电导检测器

电导检测器是根据被测组分出现时流动相电导率变化而设计的，适用于水溶性流动相中离子型化合物的检测。由于电导率对温度敏感，需配以好的控温系统。各种检测器性能比较见表 9.4。

表 9.4 常用检测器性能比较

检测器	分析单位	检测器选择性	流速的灵敏度	温度的灵敏度	最小测量量 /(g·mL^{-1})	池体积/μL	是否适于梯度洗脱
紫外	吸光度	选择性	不敏感	不敏感	$10^{-7} \sim 10^{-8}$	10	适于
示差折光	折射率	通用	不敏感	敏感	10^{-7}	2~10	不适于
荧光	荧光强度	选择性	不敏感	不敏感	$10^{-9} \sim 10^{-10}$	7	适于
电导	电导率	选择性	不敏感	敏感	$10^{-9} \sim 10^{-10}$	0.5~2	不适于

9.4.5 高效液相色谱分析法应用示例

高效液相色谱分析法不仅是快速有效的分离手段，也是定性定量分析的有力工具。它以其分析速度快、分离效能高和检测灵敏等特点，配合液-固吸附、液-液分配等多种方式，及其在分离过程中各种流动相的变换和梯度洗脱技术的运用，而广泛地应用于各个领域之中。

在大多数情况下，色谱分析的目的不在于分离，而在于对分离后的物质进行定性和定量分析。当其作定性分析时，可用色谱鉴定法定性，如标准物对照法、保留值定性法等。也可收集分离后的馏分，用具有专属性的化学反应法或用红外、荧光、质谱和核磁共振波谱法等非色谱分析法定性。当作定量分析时，其测定方式和计算方法与气相色谱分析法相同，可用归一化法、内标法、外标法等进行定量。

近 20 年来，高效液相色谱分析法发展迅速，不仅已广泛用于石油、农药、药物、染料、天然产物、生物化学及高聚物的分离分析，而且应用于无机物、金属螯合物的分析。

【例 9.12】 稠环烃的分析。
固定相：氧化铝+2%水
流动相：正戊烷-乙醚梯度洗脱
色谱柱：100cm × 0.4cm
检测器：紫外光度检测器，254nm
其液相色谱图如图 9.33 所示。

【例 9.13】 杀虫剂的分析。
固定相：SIL-X
流动相：正己烷∶氯丁烷(5∶1)1mL·min^{-1}
压力：25MPa
色谱柱：50cm × 0.3cm
检测器：紫外光度检测器，254nm
其液相色谱图如图 9.34 所示。

【例 9.14】 人类红血球膜中提取类脂的分离分析。
固定相：Lichrosorb SI-60（粒度 10μm）
流动相：正己烷∶丙醇∶水，6∶8∶0.75~6∶8∶14(体积比)，1mL·min^{-1}
色谱柱：25cm × 0.4cm
检测器：紫外光度检测器，206nm
其液相色谱图如图 9.35 所示。
样品：1. 胆甾醇；2. 磷脂酸；3、4. 未知物；5. 磷脂酰乙醇胺；6. 未知物；7. 磷脂酰肌醇；8. 磷脂酰丝氨酸；9. 鞘磷脂与卵磷脂混合物；10. 鞘磷脂；11. 溶血磷脂酰胆碱。

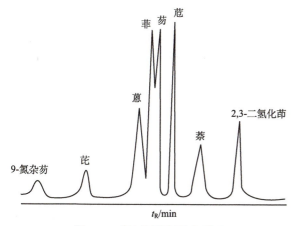

图 9.33　稠环烃分析的色谱图

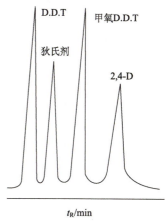

图 9.34　杀虫剂分析的色谱图

【例 9.15】　苯、萘、蒽、偶氮苯、硝基苯的分离分析。

固定相：硅胶上键合 $SiNH(CH_2)_2NHCH_2PhNO_2$

流动相：正庚烷，线速度 $16.5mm \cdot s^{-1}$

柱压：$45kg \cdot cm^{-2}$

色谱柱：$50cm \times 0.2cm$

其液相色谱图见图 9.36 所示。

样品：1. 正壬烷；2. 苯；3. 1,5-二甲基萘；4. 萤蒽；5. 苯并芘；6. 苯甲醚；7. 偶氮苯；8. 硝基苯；9. 对硝基甲苯。

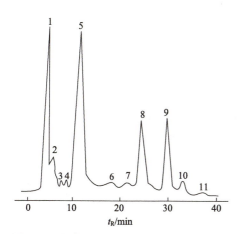

图 9.35　人类红血球膜中提取类脂的色谱图

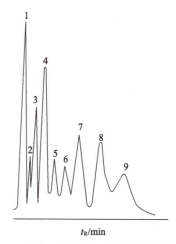

图 9.36　烃类、偶氮苯、硝基苯分离的色谱图

高效液相色谱除了用于定性定量分析外，还可利用其高效分离的特点，将柱后流出组分分别收集，蒸去流动相，获得难于通过一般方法制备的高纯度样品（色谱纯）。这种色谱称为制备色谱，其进样量和分离柱容量较大，柱后的组分收集装置可根据组分出峰时间进行快速切换。经多次进样收集即可获得一定量纯样品，其纯度可达 99.99% 以上。该法和一般的经典提纯方法（如重结晶、精密分馏等）相比，具有更高的分辨率，方便快速，而且纯度高，是一种有效的分离提纯方法。

思考题 9.11　高效液相色谱有哪些特点？

思考题 9.12 液固色谱与液液色谱的分离原理有何不同?

思考题 9.13 高效液相色谱与气相色谱的范第姆特方程有何差别?如何选择两种色谱的最佳流速?

思考题 9.14 高效液相色谱的固定相分哪几类?反相液相色谱应选择何种固定相?

思考题 9.15 何为气相色谱的程序升温和高效液相色谱的梯度洗脱?两者有何共性,又有什么不同?高效液相色谱可以采用什么方式实现梯度洗脱?

9.5 其他色谱分析法简介

9.5.1 离子交换色谱分析法简介

离子交换色谱分析法(ion exchange chromatography, IEC)是利用离子交换原理和液相色谱技术的结合来测定溶液中阳离子和阴离子的一种分离分析方法。凡在溶液中能够电离的物质通常可用离子交换色谱分析法进行分离。它不仅适用于无机离子混合物的分离分析,亦可用于有机化合物的分离分析,如氨基酸、核酸、蛋白质等生物大分子,应用范围较广。

1. 离子交换色谱分析法的分类

根据操作技术和应用的差别,离子交换色谱一般可分为三种类型:淋洗色谱、置换色谱和前沿色谱。其中,只有淋洗色谱才能应用于分析化学中作定量分离分析,而置换色谱则是大量性质相似元素分离制备的有效方法,前沿色谱因只有首先流出的组分可以获得部分纯的组成,所以到目前为止研究和应用得很少。

1) 离子交换淋洗色谱分析法

在离子交换淋洗色谱分析法中,首先必须将交换柱中的离子交换树脂进行转型处理,为此,一般将足够量的电解质溶液通过交换柱,直到两相达到新的分配平衡为止,然后用蒸馏水或去离子水洗净交换柱内残留在树脂颗粒之间的电解质溶液。加入试液后,用淋洗剂进行淋洗,树脂上可交换离子发生如下交换:

$$R-A^+ + M^+ \rightleftharpoons R-M^+ + A^+$$

流出液分别收集,并作浓度分析,绘出浓度对时间(或对流出体积,亦称淋洗体积)的流出曲线图,或称淋洗曲线图。

两个组分的离子交换色谱分离的典型淋洗曲线如图 9.37 所示。其中,曲线 I 的分离很好;曲线 II 虽然两组分也获得了定量分离,但两组分间的间隙体积太大,耗费太多时间和试剂,B 组分谱带严重扩展,不利于检测;曲线 III 中两组分谱带重叠较严重,没有达到完全分离。

2) 离子交换置换色谱分析法

在离子交换置换色谱分析法中,首先也必须将交换柱中的树脂转型。例如转为 A 型,A 离子对树脂的亲和力要小于待分离试样中的任何离子。通常将 A 离子称为阻滞离子。

交换柱的树脂转型后,即可将试液以一定流速通过交换柱,并用淋洗剂淋洗。淋洗剂中能对分离组分起置换作用的离子称为置换离

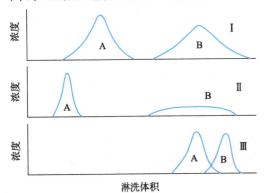

图 9.37 两组分混合物淋洗曲线图

子，它的亲和力应大于试样中的任何一种离子。所用的淋洗剂通常是一种与分离组分不起配合作用的盐或酸，也可用能与试样中组分起配合作用，并具有一定 pH 的含有有机酸的盐类（如铵盐、钠盐等）。试样中的离子因为与配位剂配合而大大降低了它们对树脂的亲和力，使得它们的分配系数小于置换离子，促使本来对树脂亲和力要小得多的 NH_4^+ 或 Na^+ 能置换二价、三价以至四价离子。离子交换置换色谱分析法可用于大量物质的制备分离。

3）离子交换前沿色谱分析法

离子交换前沿色谱分析法同样也需要先将树脂转型，如转为 A 型，通常要求 A 离子的分配系数比试样中任一组分的小。然后将试样以一定流速通过交换柱，不需要使用淋洗剂。图 9.38 是 Cl^-、Br^-、I^- 3 种卤素离子的钠盐混合溶液通过一支 $C_2H_3O_2^-$ 型树脂的交换柱，总交换容量为 12mmol，每个离子的浓度为 $0.1mol \cdot L^{-1}$。从图 9.38 可以看出，每个组分的前沿界面都是陡峭的，而且只有最先流出的组分可以部分地得到纯组成，因此实际应用较少。

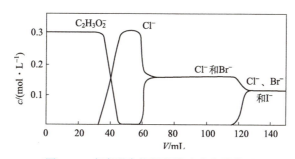

图 9.38　卤素混合物的前沿法流出曲线图

2. 离子交换色谱技术

1）交换柱的准备

离子交换色谱分离中，交换柱的制备与单纯离子交换分离法基本上是相同的，只是离子交换色谱分析法一般要求较长的交换柱，在实际工作中常使用 30～60cm 的交换柱。此外，要求柱中的树脂装得更加均匀，因为不均匀的填充树脂会引起淋洗剂的"涡流"或不规则的流动而降低柱效。

在离子交换色谱中，应用强酸性阳离子交换树脂和强碱性阴离子交换树脂较多，一般树脂的粒度在 200～400 筛孔较为合适，因为树脂粒度小离子内扩散途径短，即离子在固定相内传质作用快，可以加快交换速度。

离子交换树脂的交联度对离子交换的色谱分离效果也有一定影响。在经典的离子交换色谱中，多采用交联度为 8%左右的树脂，也有人认为交联度较低的树脂对提高交换速度较为合适。

2）淋洗

在离子交换淋洗色谱中，熟练地掌握淋洗操作技术是相当重要的。在淋洗开始之前，细心地在交换柱顶部引入薄而均匀的一层试样组分。如果是用移液管将试样引进树脂床，树脂床的表面层的搅动应尽可能小。当试样溶液进入离子交换树脂后，加入少量淋洗剂溶液，用于冲洗树脂床上部柱内壁上黏附的试样，然后加入足够的淋洗剂进行淋洗。

在淋洗过程中，必须保持流速的恒定，如果流速不断改变，组分的淋洗曲线就会出现许多不规则的小峰而使分离效能降低。

3) 流出液的分析

从交换柱中流出的淋洗液一份一份地分别收集在容器中，也可用分部接液器进行收集，然后对收集的溶液进行分析或检测。在经典离子交换色谱中常采用非连续的手工操作方式对每一流出组分进行检测，而在高压离子交换色谱中则采用检测器进行自动检测。分析的方法可依据实际分离的对象或浓度，采用化学分析法、仪器分析法以及放射性测量方法等。测定出每一流出组分的含量后，可作出浓度与淋洗剂体积的淋洗曲线图或称洗脱曲线图。

根据淋洗曲线可以判断离子交换色谱分离的效果，并为寻找良好的色谱分离条件提供重要的依据。

3. 离子交换色谱分析法的应用

绝大部分周期表中的元素都可用离子交换色谱分析法分离分析，许多有机化合物也能用此法分离分析。对于其他分离方法难于分离的性质非常相似的元素，采用经典离子交换色谱分析法仍具有其独特的优点。

【例 9.16】 Hg、Cd、Be、Fe、Ba 和 Zr 金属元素的混合溶液，在强酸性阳离子交换树脂上，采用浓度梯度洗脱方法，可将这 6 种金属离子进行定量分离。具体洗脱情况如下：$0.20\mathrm{mol \cdot L^{-1}}$ HCl 洗脱 Hg，$0.5\mathrm{mol \cdot L^{-1}}$ HCl 洗脱 Cd，$1.2\mathrm{mol \cdot L^{-1}}$ $\mathrm{HNO_3}$ 洗脱 Be，$1.75\mathrm{mol \cdot L^{-1}}$ HCl 洗脱 $\mathrm{Fe^{3+}}$，$2.50\mathrm{mol \cdot L^{-1}}$ $\mathrm{HNO_3}$ 洗脱 Ba，$5.00\mathrm{mol \cdot L^{-1}}$ HCl 洗脱 Zr。

【例 9.17】 Y(Ⅲ)、Th(Ⅳ)、U(Ⅵ)和 Mo(Ⅵ)在 $0.35\mathrm{mol \cdot L^{-1}}$ $\mathrm{H_2SO_4}$ 中的混合溶液，在强碱性阴离子交换树脂上，采用浓度梯度洗脱方法，可将这 4 种金属离子定量分离。具体洗脱情况如下：Y(Ⅲ)直接通过交换柱，$0.35\mathrm{mol \cdot L^{-1}}$ $\mathrm{H_2SO_4}$ 洗脱 Th(Ⅳ)，$1.0\mathrm{mol \cdot L^{-1}}$ $\mathrm{H_2SO_4}$ 洗脱 U(Ⅵ)，$2\mathrm{mol \cdot L^{-1}}$ $\mathrm{NH_4NO_3}$+$0.5\mathrm{mol \cdot L^{-1}}$ $\mathrm{NH_4OH}$ 洗脱 Mo(Ⅵ)。

【例 9.18】 高纯 $\mathrm{Y_2O_3}$ 中轻稀土元素的离子交换色谱分离。采用 $0.17\mathrm{mol \cdot L^{-1}}$ 的 α-羟基异丁酸(加入氨水调至 pH 为 5.2)作淋洗剂，应用多孔性强酸性阳离子交换树脂，柱高 50～60cm(柱内径为 2.5cm)，将淋洗剂以 $1.8\mathrm{mL \cdot min^{-1}}$ 的流速洗脱，可定量地从 1g 高纯 $\mathrm{Y_2O_3}$ 中分离出轻稀土元素 La、Ce、Pr、Nd 和 Sm，用此法配合光谱分析，可以测定 99.999%～99.9999%的高纯 $\mathrm{Y_2O_3}$ 中的痕量稀土杂质。

【例 9.19】 核苷及核苷酸的分离。

固定相：阴离子的交换树脂 20～50μm

流动相：$0.006\mathrm{mol \cdot L^{-1}}$ $\mathrm{H_3PO_4}$-$0.002\mathrm{mol \cdot L^{-1}}$ $\mathrm{KH_2PO_4}$(pH = 3.75)，流速 $2.5\mathrm{mL \cdot min^{-1}}$

柱压：$70\mathrm{kg \cdot cm^{-2}}$

色谱柱：50cm × 0.2cm

柱温：65℃

检测器：紫外光度检测器，254nm

其色谱图见图 9.39。

【例 9.20】 水杨酸、咖啡因及非那西丁的分离。

固定相：Aminex-50W-×4- $\mathrm{NH_4^+}$ 阴离子交换树脂

流动相：25%乙醇胺或硼酸胺缓冲液

流速：$24\mathrm{mL \cdot h^{-1}}$

色谱柱：20cm × 0.63cm

柱温：55℃

样品：1. 水杨酸；2. 乙酰水杨酸；3. 咖啡因；4. 对羟基乙酰苯胺；5. 非那西丁；6. 水杨酰胺。

其色谱图见图 9.40。

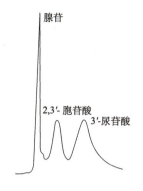

图 9.39　核苷及核苷酸的分离色谱图

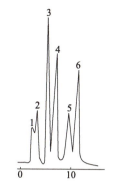

图 9.40　水杨酸、咖啡因、非那西丁的分离色谱图

9.5.2　高压离子交换色谱分析法简介

高压离子交换色谱分析法是将现代高压技术与经典离子交换色谱方法相结合，加上高效柱填充物和高灵敏检测器所发展起来的新型分离分析技术。它具有高效、快速、高灵敏度以及适用范围广泛和工作容量大等一系列特点，因此，又称高速离子交换色谱分析法或高效离子交换色谱分析法。高压离子交换色谱分析法已经和气相色谱分析法一样成为分析实验室的例行手段，而且由于前者可分离后者无法分离的难挥发物质，适用范围显得更加广泛。

高压离子交换色谱是从 1968 年由 Scott 的实验开始的。他用 $5\sim10\mu m$ 的微粒树脂为固定相，以 $150kg \cdot cm^{-2}$ 高压输液泵强制输送淋洗剂来分离尿中的成分，得到了 140 个色谱峰。在 20 世纪 70 年代中期，继 Scott 之后，C. Aubouln 等也用细粒树脂加压淋洗分离了一系列无机离子。

在以后的几年内，高压离子交换色谱分析法在超钚元素的大规模分离制备，稀土元素的分离分析，氨基酸、核酸的分离分析等方面都取得了前所未有的成就。同时，在核化学与放射化学、无机分析化学、生物化学、药物化学、环境化学等各个领域都得到了广泛应用。

高压离子交换色谱仪主要由流动相贮槽、高压泵、试样注入器、色谱柱、检测器和记录器等组成。输液系统是高压离子交换色谱仪的重要组成部分，它包括流动相贮槽、高压泵和梯度洗脱装置。在淋洗过程中，如果希望淋洗剂的浓度或酸度随时间变化而按一定规律变化，需使用梯度洗脱装置。高压离子交换色谱中的梯度洗脱技术类似于气相色谱中的程序升温，梯度可以是逐级的或阶梯式的，也可以是连续的。梯度洗脱系统可分为两类：一类是溶剂在常压下混合，再用泵打入柱内；另一类是在进柱之前，用泵在高压下把溶剂先打入混合室。

交换柱(色谱柱)是高压离子交换色谱的核心部分，用于无机物制备或分析的交换柱，除要求能耐高压外，还要求能耐腐蚀。在压力较低时，交换柱可用耐压玻璃制作，在压力较高时一般用经过处理的无缝不锈钢管制作。大多数分析柱长为 $0.5\sim1.0m$，柱内径为 2.4 或 6mm。

高压离子交换色谱对固定相的要求：①表面积大，一般为 $50\sim400m^2 \cdot g^{-1}$，国外已报道试制成表面积高达 $860\sim1000m^2 \cdot g^{-1}$ 的固定相；②颗粒粒度均匀；③机械强度好，能够耐高压；④传质速度快。高压离子交换色谱常用小颗粒离子交换树脂和薄壳型离子交换树脂作为固定相。

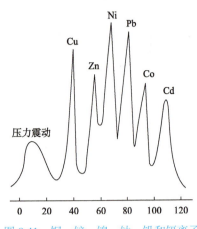

图 9.41 铜、锌、镍、钴、铅和镉离子的高压离子交换色谱图

高压离子交换色谱中所使用的检测器主要用来测量流动相中总的物理性质,如折射率、电导率和介电常数等的变化。常用的检测器有紫外检测器、示差折光检测器、荧光检测器、电导检测器等。

高压离子交换色谱已广泛应用于无机化合物离子和有机化合物的分离分析。

例如,铜、锌、镍、铅、钴和镉 6 种金属离子使用流动式库仑检测器的高压离子交换色谱分离(图 9.41)。实验条件如下:

进样量:3×10^{-8} mol·L^{-1}。

树脂:Hitachi custom 阳离子交换树脂 No.2611。颗粒大小 5~8μm。

色谱柱:40mm × 6mm I.D,50℃。

淋洗剂:0.5mol·L^{-1} 酒石酸钠-0.038mol·L^{-1} NaCl,几个 ppm 六甲基磷酸钠,pH 3.70。

流速:0.82mL·min^{-1}。

压力:13kg·cm^{-2}。

检测电压:220mV。

9.5.3 离子色谱分析法简介

离子色谱(ion chromatography,IC)是在 20 世纪 70 年代末出现、80 年代迅速发展起来的以无机混合物为主要分析对象的色谱分析方法。从分类来看,离子色谱分析法应属于液相色谱分析法的一种,但在仪器装置和应用上又独具特色。

1975 年 Small 等采用交换容量非常低的特制离子交换树脂(如 H$^+$ 型阳离子交换树脂)作为固定相,并在离子交换分离柱之后,用另外一支抑制柱(如装有高交换容量的 OH$^-$ 型阴离子交换树脂的柱子,中和酸性淋洗液)来消除淋洗液的高本底电导,采用电导检测器检测流出组分,使微量无机离子混合物的快速分离分析的问题得到解决。之后各种抑制装置及无抑制方法的出现,使这种分离分析技术在 20 世纪 80 年代得到迅速发展,并成为色谱分析法中的独立分支。为区别传统的离子交换色谱而称之为离子色谱。

为表彰 Small 等创建离子色谱的贡献,在 1977 年的 Pittsburgh 国际会议上,离子色谱获得国际应用化学奖。

1. 离子色谱的优点

与传统无机化合物分析方法相比,离子色谱具有以下优点:
(1)分析速度快,可在数分钟内完成 1 个试样的分析。
(2)分离能力高,在不同分离柱上和适宜的条件下,可使常见的各种阴离子混合物或阳离子混合物完全分离。
(3)灵敏度高,使用电导检测器,检测下限为 10^{-6}mol·L^{-1}。

2. 离子色谱的基本原理

离子色谱的分离原理仍然是离子交换,即利用被测离子与柱中离子交换树脂固定相上的可交换基团之间作用力的不同,经过与可交换离子反复多次的交换平衡而达到分离。

离子色谱由三部分组成,即离子交换分离、淋洗液的抑制和电导检测(图9.42和图9.43)。

图9.42是阳离子分离分析的示意图。经过抑制柱后,待测离子B^+从盐的形式转变成相应的碱,此转换对强电解质也是等量的,而淋洗液HCl被转变成H_2O,电导很低,而待测离子B^+的电导通过抑制柱反应没有改变。

淋洗液通过抑制柱时,淋洗液中大量的阴离子被树脂保留,置换下的OH^-与淋洗液中的质子中和生成水,使淋洗液的电导大大降低,试样中的阳离子不与抑制柱作用流出柱子,进入电导检测器而被检测。

图9.43是阴离子分离分析示意图。经过抑制柱后,待测离子A^-从盐的形式转变成酸,此转换对强电解质也是等量的,待测离子A^-的电导通过抑制柱反应没有改变,而淋洗液$NaHCO_3$或NaOH经过抑制柱后转变成H_2CO_3或H_2O,H_2CO_3或H_2O的电导都很低。

由此可见,通过抑制柱的反应扣除了淋洗液的高背景电导,突出了待测离子的电导,这是离子色谱的关键。

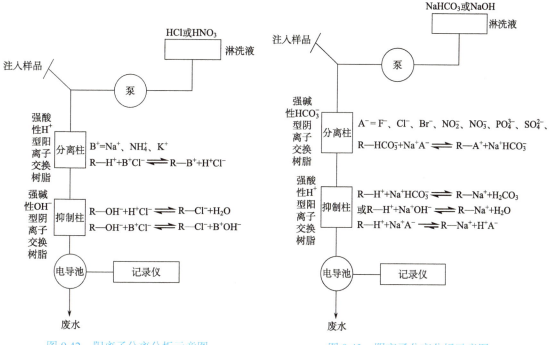

图9.42 阳离子分离分析示意图　　图9.43 阴离子分离分析示意图

近年来,有些离子色谱仪加上前置柱(或称预富集柱),它可将待测组分浓缩,从而可提高检出限30~50倍。此外,也有离子色谱仪增加了俘获柱,用于俘获可能来自泵体中的重金属离子,以避免树脂被毒化。

由于抑制柱积累了来自淋洗液中的离子,因此,对阴、阳离子分析的抑制柱要定期分别用酸和碱再生,使其恢复到原来的强酸型和强碱型。

3. 淋洗液的选择

选择淋洗液的总的原则是必须能洗脱待测离子使其彼此分离和可被抑制,即淋洗液不应破坏抑制柱,而且要能在柱中迅速反应,转变成低电导的产物。离子色谱经常使用缓冲淋洗液，如 $NaHCO_3$ 和 Na_2CO_3 的混合物等。

阴离子分离的淋洗液一般用 HCO_3^-/CO_3^{2-}。分析一价阳离子时最常用的是 HCl、HNO_3 的稀溶液。分析二价阳离子时常用间苯二胺作淋洗液。

4. 离子色谱的仪器设备

如前所述，由于离子色谱使用的流动相(淋洗液和再生液)都是强酸或强碱，因此，它不同于其他高效液相色谱仪的部件，柱子不能用不锈钢材料，一般采用塑料柱或玻璃柱，并使用塑料管线和接头。离子色谱的系统压力一般在 $(30\sim60)\times10^5$ Pa。由此可见，离子色谱实际上是低压高效液相色谱。

5. 离子色谱技术的应用

离子色谱是一种测定阴、阳离子的新分离分析技术，具有快速、灵敏度高、选择性好等特点，能分离很多化学性质相似的成分，并能同时测定多个阴离子和阳离子特别是阴离子。离子色谱技术在冶金、地质、化工、生物制品、临床医学、水、大气、土壤提取物等分析领域都有应用。到目前为止，离子色谱能测定的阴离子已超过 60 个，但可测阳离子的增加速度较慢。图 9.44 和图 9.45 分别是阳离子和阴离子的标准离子色谱图。

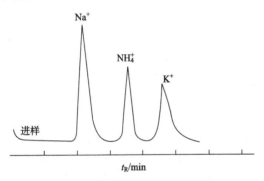

图 9.44　阳离子标准离子色谱图

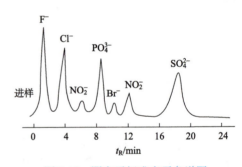

图 9.45　阴离子标准离子色谱图

淋洗液：$0.005mol\cdot L^{-1}$ NHO_3

色谱柱：6mm × 250mm 分离柱；9mm × 250mm 抑制柱

进样体积：100μL

浓度(ppm)：Na^+ 5，NH_4^+ 5，K^+ 10

淋洗液：$0.003mol\cdot L^{-1}$ $NaHCO_3$/$0.0024mol\cdot L^{-1}$ Na_2CO_3

流量：$138mL\cdot h^{-1}$

色谱柱：3mm × 500mm 分离柱；6mm × 250mm 抑制柱

进样体积：100μL

离子色谱的缺点是：电离常数 $pK_a>7$ 的离子虽可用离子色谱分离，但因电导太低，难于检测；两性物质如氨基酸，也较难用离子色谱分析；在抑制柱中发生副反应的离子，如过渡金属和重金属离子，以氢氧化物沉淀在抑制柱上，不能用离子色谱分析。

9.5.4　离子对色谱分析法简介

离子对色谱分析法(ion pair chromatography，IPC)是分离分析强极性有机酸和有机碱的极好方法。它是离子对萃取技术与色谱分析法相结合的产物。在 20 世纪 70 年代中期，Schill 等首先提出离子对色谱分析法，其后发展十分迅速。

1. 离子对色谱分析法原理

离子对色谱分析法是将一种(或数种)与溶质离子的电荷相反的离子(称作对离子或反离子)加入流动相或固定相中，使其与溶质离子结合形成离子对，从而控制溶质离子保留行为的一种色谱分析法。

离子对色谱分析法的机理至今仍不十分明确，已提出三种机理：离子对形成机理、离子交换机理和离子相互作用机理。假如有一离子对色谱体系，其固定相为非极性键合相，流动相为水溶液，在其中加入一种与组分离子 A^- 电荷相反的离子 B^+，B^+ 由于静电引力与带负电的 A^- 组分离子生成离子对化合物 A^-B^+。离子对生成反应式如下

$$A^-_{水相} + B^+_{水相} \xleftarrow{K_{AB}} A^-B^+_{有机相}$$

由于离子对化合物 A^-B^+ 具有疏水性，因而被非极性固定相(有机相)提取。根据组分离子的性质不同、反离子形成离子对的能力不同以及形成离子对疏水性质的不同，各组分离子在固定相中滞留时间不同，因而出峰先后不同。这就是离子对色谱分析法分离的离子对形成机理的基本原理。

2. 键合相反相离子对色谱分析法

离子对色谱分析法类型很多。根据流动相和固定相的极性不同，可分为反相离子对色谱分析法和正相离子对色谱分析法。因为后者已很少用，故只介绍键合相反相离子对色谱分析法。这种色谱分析法的固定相采用非极性的疏水键合相[如十八烷基键合相(ODS)等]，流动相为加有平衡离子(反离子)的极性溶液(如甲醇-水或乙腈-水)。当把离子对试剂加入极性流动相中后，被分析的样品离子在流动相中与离子对试剂(反离子)生成不带电荷的中性离子对(离子对模式说)，从而增加了样品离子在非极性固定相中的溶解度，使分配系数增加，改善分离效果。

根据离子对生成反应式，平衡常数 K_{AB} 表示为

$$K_{AB} = \frac{[A^-B^+]_{有机相}}{[A^-]_{水相}[B^+]_{水相}}$$

根据定义，溶质的分配系数为

$$K = \frac{[A^-B^+]_{有机相}}{[A^-]_{水相}} = K_{AB}[B^+]_{水相}$$

因此，容量因子 k 为

$$k = K\frac{V_s}{V_m} = K_{AB}[B^+]_{水相}\frac{1}{\beta}$$

式中，β 为相比率，容量因子 k 随 K_{AB} 和 $[B^+]$ 水相的增大而增大。

键合相反相离子对色谱分析法操作简便，只要改变流动相的 pH、平衡离子的浓度和种类，就可在较大范围内改变分离的选择性，能较好解决难分离混合物的分离问题。此法发展迅速，应用较广泛，特别是在药物分析中应用很广，如生物碱、有机酸、磺胺类药物、某些抗生素与维生素等的分离分析。在体内药物分析上也有许多应用，如在测定人体内碱性药物的血药

浓度时，有利于与其代谢产物和内源性酸性杂质分离。

9.5.5 萃取色谱分析法简介

萃取色谱的基本原理是液-液萃取与色谱技术的结合。在萃取色谱中，利用样品中被分离的组分在两个不相混溶的液相之间具有不同的分配比，在色谱柱中进行多次分配作用，从而达到分离。这一技术类似于溶剂萃取，实际上也可以用溶剂萃取数据来预测萃取色谱的分配系数，但萃取色谱的分辨能力和速度则要大得多。萃取色谱中的两种互不混溶的液相，其中之一涂渍在惰性载体上作固定相，另一种作为流动相。

萃取色谱根据固定相和流动相的相对极性可分为两类。当固定相是极性而流动相是非极性时，称为正相萃取色谱。溶质的洗脱顺序与吸附色谱在硅胶柱上观察到的相类似。非极性的组分呈现低的容量因子，首先流出，而极性组分具有较高的容量因子，较晚流出。当固定相为非极性而流动相为极性时，称为反相萃取色谱。组分的洗脱顺序一般与正相萃取色谱观察到的相反。正相萃取色谱是以水溶液作固定相，有机萃取剂作流动相，而反相萃取色谱是以有机萃取剂作固定相，水溶液作流动相。一般说来，反相比正相分离效果好，研究也比较深入，应用也比较广泛。下面简要讨论反相萃取色谱。

1. 萃取色谱载体及涂渍层制备

萃取色谱中有三类常用的载体。第一类是表面为羟基覆盖的多孔载体，这类载体有较高的表面能（如 SiO_2，表面能约为 $80 dyn \cdot cm^{-1}$），对极性液体（如水）浸润很好。这类载体包括：硅藻土、硅胶、玻璃、纤维素和氧化铝。在反相萃取色谱中，这些载体不经任何特殊处理就可以应用。

第二类是表层多孔载体，如 Zipax、Corasil 和表层蚀刻微球。这类载体具有非渗透性硬核和薄的多孔外壳。其优点是传质速度较快，又因它们都是一些致密的球形物，能制备装填均匀的色谱柱，因而柱效较高。其缺点是较贵和样品容量较低。

第三类是包括各种表面能较低的有机聚合物，如聚四氟乙烯的表面能为 $19 dyn \cdot cm^{-1}$。这类载体主要包括：聚乙烯、聚四氟乙烯、聚三氟氯乙烯等，它们都是疏水性的，对各种有机溶剂的浸润性能都很好。

在液体色谱分离中，为了获得良好的分离效果，必须设法制成具有最大效率的色谱柱。对于萃取色谱来说，在载体上涂渍固定相的方法主要有下面三种。

（1）溶剂蒸发法。将固定液溶解于挥发性溶剂中，如二氯甲烷，并与载体一起调成浆状，然后把混合物在干燥空气或氮气流下慢慢搅拌，使挥发性溶剂蒸发，直到混合物完全干燥为止。

（2）预装柱的涂渍法。于预先装好载体的柱中装入溶于挥发性溶剂中的固定液，通入干燥空气或氮气，把床层缝隙中的溶液缓慢地排出。然后在空气或氮气气流下，使剩下的溶剂蒸发掉。将柱置于恒温环境中（根据需要也可用较高温度）一段时间，使固定相均匀涂渍在载体上。

（3）溶剂过滤法。把在挥发性溶剂中含有过量固定液的溶液（5%～10%）加入置有载体的烧瓶中，将溶液减压处理数次，使溶液脱气，并确保载体为溶液完全浸润，然后将过量的溶液滤出，并将载体在干燥的氮气或空气流中慢慢搅拌，或在微热情况下使之干燥。

2. 萃取色谱固定相

萃取色谱常用的固定相都是有机萃取剂，按照萃合物的种类或萃取过程机理的不同，可将萃取剂分为三大类：酸性萃取剂、中性有机磷萃取剂和碱性萃取剂（或称为胺类和季铵盐萃取剂）。

酸性萃取剂多为酸性磷型萃取剂，其萃取性能主要是这些酸性基团中的 H^+ 与水溶液中的阳离子发生离子交换，所以又常称为液态阳离子交换剂。例如，二烷基磷酸中的二(2-乙基己基)磷酸(HDEHP)，磷酸二丁酯(HDBP)磷酸二辛酯(HDOP)，一烷基磷酸中的单(2-乙基己基)磷酸(H_2MEHP)，以及 2-乙基己基苯基膦酸(HEHP)都属于此类萃取剂。

中性有机磷萃取剂常用的有磷酸三丁酯(TBP)、三正辛基膦化氧(TOPO)等。

碱性萃取剂多用高分子胺类萃取剂，其萃取机理为阴离子交换萃取，因此这类萃取剂又常称为液体阴离子交换剂。常用的有三正辛胺(TNOA)、三烷基胺(Alamine 336)、氯化甲基三烷基胺(Aliquat 336)等。

3. 萃取色谱淋洗剂

在萃取色谱中主要是用无机酸作淋洗剂，如硝酸、盐酸、硫酸、高氯酸等是常用的淋洗剂。实践证明，这些酸的浓度对分离的影响很大。

为了使固定相因溶解于流动相而引起的流失保持在最低限度，淋洗剂必须事先用作固定相的萃取剂进行预饱和处理。可以将此两相置于分液漏斗中摇晃或采用"预饱和柱"进行预饱和。

4. 萃取色谱的优缺点

萃取色谱的主要优点是分离因数较高，广泛应用于许多性质相似的元素或化合物的分离分析中。例如，稀土元素和锕系元素的分离，许多裂变产物的分离等。

萃取色谱的缺点主要是固定液易流失，因此色谱柱的使用寿命较短，分离的重现性和稳定性也较差。

9.5.6 凝胶色谱分析法简介

凝胶色谱分析法(gel chromatography)又称空间排阻色谱分析法(steric exclusion chromatography，SEC)，或称分子排阻色谱分析法(molecular exclusion chromatography)、尺寸排阻色谱分析法(size exclusion chromatography)，主要用于较大分子的分离。与其他液相色谱方法原理不同，它不具有吸附、分配和离子交换作用机理，而是基于试样分子的尺寸和形状不同来实现分离。这种色谱分析法以多孔凝胶为固定相，靠凝胶孔隙的孔径大小与高分子样品分子的线团尺寸间的相对关系对溶质进行分离分析。

凝胶色谱分析法可分为两类：采用水溶液作为流动相的称为过滤凝胶色谱分析法，使用的流动相通常为水溶液或缓冲液；采用有机溶剂为流动相的称为渗透凝胶色谱分析法，多采用低黏度、与样品折光指数相差大的流动相，常用的流动相有苯、甲苯、邻二氯苯、二氯甲烷、1,2-二氯乙烷、氯仿、水等。

凝胶是含有大量液体（一般是水）的柔软而富于弹性的化学惰性的多孔物质，它类似于分子筛，但孔径比分子筛大。凝胶具有经过交联的立柱网状的多聚体结构。当样品进入色谱柱后，不同大小的样品分子随流动相沿凝胶颗粒外部间隙和凝胶孔穴旁流过，体积大的分子因

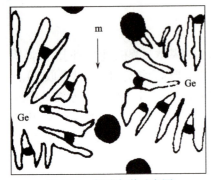

图 9.46 凝胶色谱示意图
Ge. 凝胶；m. 流动相

不能渗透到凝胶孔穴中去而被排阻，较早地被流动相冲洗出来（图 9.46）；中等体积的分子部分渗透；小分子可完全渗透入内，最后流出色谱柱。这样，样品分子基本上按其分子大小先后排阻，从柱中流出。

显然，这种分离将主要取决于凝胶的孔径大小与被分离组分分子尺寸之间的关系，与流动相的性质没有直接关系。

凝胶色谱分析法的分离机理有多种理论，空间排斥理论是目前被多数人所接受的理论。该理论有两条假设：

(1) 孔内同等大小的溶质分子处于扩散平衡状态

$$X_m \longleftrightarrow X_s$$

其中，X_m 与 X_s 分别代表在流动相与凝胶孔隙中同等大小的溶质分子。平衡时，两者浓度之比为渗透系数 K_p，即

$$K_p = [X_s]/[X_m]$$

(2) 渗透系数的大小由溶质分子的线团尺寸及凝胶孔隙的大小所定。

在凝胶孔径一定时，当分子大到不能进入凝胶的所有孔隙时，$[X_s] = 0$，则 $K_p = 0$；当分子大到能进入所有孔隙时，$[X_s] = [X_m]$，$K_p = 1$；分子尺寸在上述两种分子之间时，$0 < K_p < 1$。在高分子溶液中，相同成分的分子的线团尺寸与其相对分子质量成比例。因此，在一定分子线团尺寸范围内，K_p 与相对分子质量相关。

凝胶色谱分析法广泛用于高分子聚合物相对分子质量与相对分子质量分布的测定，还可以用于对高分子杂质的测定。

9.5.7 亲和色谱分析法简介

亲和色谱分析法(affinity chromatography，AC)是基于样品(生物大分子)中各组分与固定在载体上的配基间亲和作用的差别而实现分离的一种方法。它是一类有 40 余年历史、专门用于纯化生物大分子的色谱。这种分离分析技术通常是载体(无机或有机填料)的表面先键合一种具有一般反应性能的所谓间隔臂(如环氧、联氨等)，随后连接上配基(如酶、抗原或激素等)。这种固载化的配基只能和具有亲和力特性吸附的生物大分子相作用而被保留，没有这种作用的分子不被保留。图 9.47 为亲和色谱的原理示意图。

许多生物大分子化合物具有这种亲和特性。例如，酶与底物、抗原与抗体、激素与受体、RNA 与和它互补的 DNA，以及核酸适体(aptamer)与它对应的靶标等。当含有亲和物的复杂混合试样随流动相流动，经过固定相时，亲和物与配基先结合，而与其他组分分离。此时，其他组分先流出色谱柱，然后通过改变流动相的 pH 和组成，以降低亲和物与配基的结合力，将保留在柱上的大分子以纯品形态洗脱下来。

亲和色谱分析法具有专属性的选择性，可用于酶、酶抑制剂、抗体、抗原、受体及核酸等的纯化，是生物样品分离纯化的重要手段。

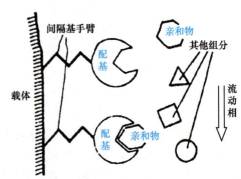

图 9.47 亲和色谱分析法原理示意图

9.5.8 超临界流体色谱分析法简介

超临界流体色谱分析法(supercritical fluid chromatography, SFC)是以超临界流体作为流动相的一种色谱分析方法。它是集气相色谱分析法和液相色谱分析法的优势而在 20 世纪 80 年代发展起来的一种崭新的色谱分离分析技术,不仅能够分析气相色谱不宜分析的高沸点、低挥发性的试样组分,而且具有比高效液相色谱更快的分析速率和更高的柱效率,因此得到迅速发展。据统计,至今约有 25%的分离对象涉及难以对付的物质,借助于超临界流体色谱能取得较为满意的结果。

1. 基本原理

1) 超临界流体及其特性

物质随着温度和压力的不同在气、液、固三种状态间变化。某些纯物质具有三相点和临界点,其相图如图 9.48 所示。

由相图可以看出,物质在三相点时,气、液、固三者处于平衡状态。当温度或压力增大到临界点时,物质就变成了超临界流体。此时,物质既不是气体,也不是液体,而是一种流体。超临界流体是指既不是气体也不是液体的一些物质,它们的物理性质介于气体和液体之间。无论是从液体还是从气体变成超临界流体时,都没有相变发生,但超临界流体具有对分离极为有利的物质性质,如表 9.5 所示。

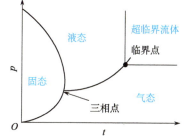

图 9.48 纯物质的相图

表 9.5 超临界流体、气体和液体的物理性质比较

状态	密度/(g·cm^{-3})	扩散系数/(cm^2·s^{-1})	黏度/(Pa·s)
气体	(0.6~2)×10^{-3}	0.1~0.4	(1~3)×10^{-5}
超临界流体	0.2~0.5	10^{-3}~10^{-4}	(1~3)×10^{-5}
液体	0.6~2	(0.2~2)×10^{-5}	(0.2~3)×10^{-3}

表 9.5 数据显示,超临界流体的性质介于气体和液体之间,由于超临界流体的黏度与气体相近,扩散系数比液体高出一个数量级,因此用超临界流体作流动相比用液体作流动相传质阻力小,能更迅速地达到分配平衡,获得快速、高效的分离;另一方面,密度又与液体相似,对溶质的溶解能力随密度增大而成比例增加,因此便于在低温下分离和分析热不稳定及相对分子质量大的物质。同时,流体的扩散系数、黏度等都是密度的函数。通过改变流体的密度,就可以改变流体的性质,从类似气体到类似液体,无需通过气液平衡曲线。超临界流体色谱中的程序升压(升密度)(通过程序升压实现流体的程序升密达到改善分离目的)相当于气相色谱中的程序升温和高效液相色谱中的梯度洗脱。

2) 超临界流体色谱分析法与其他色谱分析法的比较

SFC 与气相色谱分析法比较具有以下优点:

(1) 由于超临界流体的扩散系数比气体小得多,因此 SFC 的谱带宽度比气相色谱窄。

(2) SFC 中流动相的作用类似液相色谱中的流动相,因此,流体不仅携带待测组分移动,而且与溶质会产生相互作用力,参与选择竞争,因而更有利于组分的分离。

(3) 把溶质分子溶解在超临界流体中看作类似于挥发,这样,SFC 可以用比气相色谱更低的温度实现对大分子物质、热不稳定化合物及高聚物等进行有效的分离。

SFC 与液相色谱比较，由于超临界流体黏度低，可使其流动速率比 HPLC 快得多，因此分离时间缩短。柱效一般比 HPLC 高，当平均线速率为 $0.6\text{cm}\cdot\text{s}^{-1}$ 时，SFC 法的柱效可为 HPLC 法的 4 倍左右；在最小理论塔板高度下，SFC 的载气线速率是 HPLC 法的 3 倍左右。

2. 应用

SFC 特别适用于分析气相色谱和高效液相色谱不能分析的样品，如天然产物、精细化工、环境污染物、药物、表面活性剂、农药、氨基酸、多环芳烃、高聚物、多聚物、炸药和火箭推进剂等。

【例 9.21】 SFC 的等压与程序升压法分离各类胆甾酸酯。

(1) 色谱条件。

色谱柱：DB-1

流动相：CO_2 流体；温度：90℃

检测器：FID

(2) SFC 色谱图如图 9.49 所示。

【例 9.22】 SFC 法测定鱼油中的脂肪酸。

(1) 色谱条件。

色谱柱：将油脂先皂化，再将脂肪酸转变为其脂肪酸甲酯后进行分析。

$50\text{cm}\times245\mu\text{m}(\text{id})$ 石英毛细管，o,p,p-DCBP-涂渍层，填充去活化氰丙基聚甲基硅氧烷和银配合物颗粒。

流动相：CO_2，85℃，压力程序从 16MPa 到 25MPa，每分钟升高 0.15MPa

检测器：FID(350℃)

(2) SFC 色谱图如图 9.50 所示。

脂肪酸以 n 编号系统命名。在分隔符(:)左边的数字表示脂肪酸碳链中碳原子数目，当分隔符(:)右边为零时，该脂肪酸不含不饱和键，如 14:0 为十四烷酸。当脂肪酸含有不饱和键时，分隔符(:)右边数字不为零，如 18:4n-3 中，n 表示双键，4 表示双键数目，3 表示第一个双键出现在(由距离羧基端最远的碳原子开始)第三个碳原子的位置。

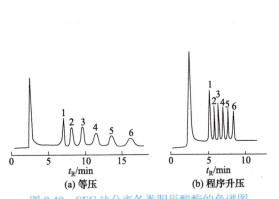 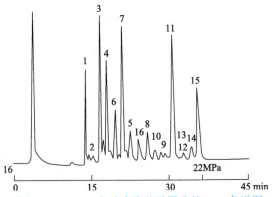

图 9.49　SFC 法分离各类胆甾酸酯的色谱图

1. 胆甾辛酸酯；2. 胆甾癸酸酯；3. 胆甾月桂酸酯；4. 胆甾十四碳烷酸酯；5. 胆甾十六碳烷酸酯；6. 胆甾十八碳烷酸酯

图 9.50　CPL-30 鱼油中脂肪酸甲酯的 SFC 色谱图

1. 14:0；2. 15:0；3. 16:0；4. 16:1n-7；5. 16:4n-4；6. 18:0；7. 18:1n-9；8. 18:4n-3；9. 20:4n-6；10. 22:1n-11；11. 20:5n-3；12. 22:4n-3；13. 22:4n-3；14. 22:5n-3；15. 22:6n-3；16. 20:1n-9

9.5.9　手性色谱分析法简介

当化合物中的某个碳原子上连接 4 个互不相同的基团时，该碳原子称为手性碳原子或手性中心。对于药物分子而言，含有手性中心的称为手性药物。当手性药物中两种构型的分子等量混合同时存在时，称为外消旋体。临床应用的手性药物中，两种构型对映体分子之间的药效、药物动力学甚至毒性通常有很大差异。很多情况下是一种对映体具有药物活性，而另一种没有活性或活性很低，甚至有较大毒性。除天然和半合成药物外，人工合成的手性药物通常以外消旋体为主。因此，对外消旋体手性药物进行分离，获得具有药物活性的对映体具有重要意义。手性色谱分析法(chiral chromatography, CC)是一种利用手性固定相(chiral stationary phase, CSP)或在流动相中加入手性添加剂，分离、分析立体异构体的方法，在生物和医药领域应用广泛。手性固定相与对映体(样品)间作用力的强弱首先取决于两者间的作用点是否"配对"。"配对"则作用力强，保留时间长；反之作用力弱，保留时间短。两者间的作用力主要是氢键缔合、偶极作用、π-π 作用、疏水作用及空间位阻等。一般手性固定相与相反构型的对映体间的作用力强，因此可将对映体拆分。以 Pirkle 型固定相为例，第二代 R 构型 Pirkle 型 CSP 是把(R)-N-(3,5-二硝基苯甲酰)苯甘氨酸键合在具有丙氨基(间隔基)的硅胶载体上而成。一般是 CSP 与相反构型的样品对映体作用力强。例如，用 R 构型的 Pirkle 型 CSP 分离 N-芳基氨基酸，其 S 构型异构体的保留时间长，后流出色谱柱；R 构型异构体保留时间短，先流出色谱柱。

手性色谱分析法是分析与直接拆分对映体的重要手段。制备单一活性异构体，替代外消旋药物是当今制药业发展的趋势。用手性固定相制备药物的单一活性异构体，是最快捷的方法，但由于手性固定相的价格较贵，该法目前尚不能普及。

9.6 色谱分析法的发展趋势

色谱分析法是分析化学中发展最快、应用最广的方法之一。现代色谱分析法具有分离与"在线"分析两种功能，不仅能用于复杂物质的分离、定性和定量分析，还具有分离制备纯组分的功能。色谱分析法在对复杂物质分离分析上具有其他技术不可替代的强大功能，其发展趋势主要体现在以下两方面。

1. 新型固定相和检测器的研究

各种手性固定相的出现简化了手性药物的分离分析。近年来固定相载体的研究取得了引人注目的发展，粒径均匀、高强度的高分子多孔微球制备技术已相对比较成熟。但是随着粒径减小，仪器柱压将迅速提高，因此对填料及仪器的耐压性能要求明显提高，因而目前一般仪器所用填料粒径限制为 3～5μm。最近新研制的超高效液相色谱(ultra performance liquid chromatography, UPLC)较好地解决了耐高压的问题，使用粒径为 1.7μm 的填料，使高效液相色谱分析法分离分析的高选择性、高通量、高速度又上了一个新台阶。

被称为第四代色谱填料的整体柱技术是近年来液相色谱发展的一个热点。整体柱又称棒柱，是将填料单体、引发剂、制孔剂等混合后通过原位聚合或固化在柱管中而形成的多孔结构的棒状整体式柱体。由于整体柱的多孔结构，有极好的通透性，在高流速下仍然有较低的柱压和较高的柱效，因此可通过延长柱长实现高柱效，在提高柱效和重现性、实现快速分离分析方面具有明显的优势。

新型检测器也在不断发展。高效液相色谱所用的蒸发光散射检测器和半导体激光荧光检测器已逐步得到普及。前者信号响应不依赖于样品的光学性质，适用于挥发性低于流动相的组分，因而可用于无紫外吸收物质的测定；而后者具有高灵敏度，其检测限可优于普通紫外吸光光度法两个数量级。

2. 色谱新技术的研究

20世纪80年代初发展起来的毛细管电泳技术,由于其高选择性和高灵敏度的特点,符合生命科学各领域中对生物大分子(肽、蛋白、DNA等)的分离分析的要求,受到分析化学工作者的普遍重视,成为生命学科及其他自然学科分析实验室中常用的分析手段。

毛细管电色谱分析法、低背景毛细管梯度凝胶电泳、手性色谱等近期发展起来的各种色谱新技术产生了一批达到国际先进水平的研究成果。毛细管电色谱分析法兼有毛细管电泳和微填充柱色谱分析法的优点,其应用研究越来越多,将成为最重要的色谱方法之一。1995年出现了以激光的辐射压力为色谱分离驱动力的光色谱,按几何尺寸对组分进行分离,其应用仍在研究之中。

以毛细管电泳为基础,由其集成化、小型化、自动化而形成的微全分析系统(u-TAS)的重要分支-微流控芯片分析系统,是20世纪90年代末期才发展起来的分析技术。由于该系统能在芯片上实现样品处理系统、成分分离系统、检测系统等分析实验室的整体功能,因此又称为"芯片实验室"(lab-chip)。芯片实验室不仅可用于样品的分析(如药物分析、环境监测、基因组学、蛋白组学及细胞研究等),而且可用于有机合成与药物筛选。因此,它的出现备受分析化学、生命科学及环境科学等诸多领域的研究人员的广泛重视。

联用技术是分析方法发展的重要趋势。色谱分离和光谱检测方法的联用,将色谱的分离效能和光谱的检测可靠性结合起来,能在复杂混合组分分离的基础上,进一步对组分的结构做出合理的判断,获得更多的组分定性定量信息。

对于一个高度自动化的完整仪器系统,色谱专家系统的应用技术也是一个重要的研究领域。专家系统是指模拟色谱专家的思维方式,解决色谱应用实际问题的计算机软件系统。色谱专家系统的功能包括了柱系统推荐和评价、样品预处理方法推荐、分离条件推荐与优化、在线定性定量分析、数据处理及结果的解析等。色谱专家系统的应用对色谱分析方法的建立、优化和实验数据处理、分析有着明显的指导作用。

9.7 色谱联用技术

将两种或多种仪器分析方法结合起来,互相取长补短,构成新的先分离后分析的分析方法,称为联用分离分析法。例如,红外吸收光谱法、核磁共振波谱法、质谱分析法等具有很强的定性功能,但检测的样品一般必须是纯物质,对于多组分混合物则无能为力;而色谱分析法对混合物有很强的分离能力,但定性能力较差。因此,将二者结合起来,优势互补,则可形成既有很强分离能力又有很强定性能力的联用分离分析方法。这是当前极富生命力的一个仪器分析领域。

1. 气相色谱-质谱联用仪

气相色谱与质谱联用技术(gas chromatography-mass spectrometry,GC-MS)是利用气相色谱对混合物的高效分离能力和质谱对纯物质的准确鉴定能力而发展起来的一种技术,其仪器称为气相色谱-质谱联用仪。这种技术开发较早,已成为在分析仪器联用技术中最成功的一种。目前生产的有机质谱仪几乎都具有与气相色谱联用的功能。迄今气相色谱-质谱联用仪已相当完善,技术成熟,广泛应用于石油化工、环境保护、医药卫生和生命科学等领域。

GC-MS 联用仪由气相色谱仪、接口(GC 和 MS 之间的连接装置)、质谱仪和计算机 4 大部分组成,见图 9.51。

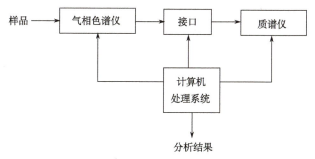

图 9.51　GC-MS 联用仪组成方框图

这四个部件的作用分别是:气相色谱仪是样品中各组分的分离器;接口是组分的传输器并保证 GC 和 MS 两者间的气压匹配;质谱是组分的鉴定器;计算机是整机工作的控制器、数据处理器和分析结果输出器。

1) 气相色谱仪

样品入口端高于大气压,出口端为大气压,在高于大气压条件下完成复杂组分的分离。其色谱柱有填充柱和毛细管柱两种类型。填充柱的柱内径大(i.d.≥1mm),载气流量大,不适合与质谱直接相连,需要用专门的接口才能联用。毛细管色谱柱的柱内径较小,载气流量小,其中细径柱(如 i.d.≤0.32mm)通过接口直接导入质谱;大口径柱(如 i.d.=0.53mm)需要分流后通过接口导入质谱或导入喷射式接口后进入质谱仪。

2) 接口

由于高分辨细内径毛细管的广泛使用,常用直接导入型接口,如图 9.52 所示。这种接口仅起控温作用,以防止由气相色谱仪插入到质谱仪的毛细管柱被冷却,一般接口的温度稍高于柱温。色谱柱的所有流出物全部导入质谱仪的离子源内,绝大部分载气被离子源高真空泵抽出,达到离子源真空度的要求。其色谱柱的工作流量受质谱仪能承受流量的限制,故一般不适合大口径毛细管柱和填充柱,而适合小口径毛细管的高分辨气相色谱仪与质谱仪的联用。

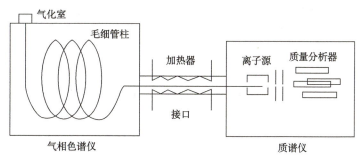

图 9.52　毛细管柱直接导入型接口示意图

3) 质谱仪

与气相色谱联用的质谱仪主要有四极杆质谱仪、飞行时间质谱仪、离子阱质谱仪等。

4) 计算机

小型 GC-MS 联用仪常用存储容量较大的个人计算机,也称为工作站。它能实现在线数据处理、仪器控制和自动化管理；能记录和存储色谱图、质谱图；进行各种运算、定量分析、创建谱库或从购买的谱库中检索图谱进行样品组分的鉴别等。目前通用的标准谱库有：①NIST 库由美国国家科学技术研究所(National Science and Technology)出版，74000 张；②NBS 谱库，43000 张；③Willey/NB5 谱库，130000 张等。专用谱库有：①Pfieger 药物库 1700 张；②TX 毒物库 2200 张等。

GC-MS 的工作原理是：混入试样注入气相色谱仪，试样经色谱柱分离后，直接进入接口，除去载气，试样中各组分分子依次进入质谱的离子源中，电离为离子。试样离子被离子源的加速电压加速，射入质谱仪的质量分析器中，对各组分各种离子进行分离排序，然后依次由检测器检测，各种信号经计算机处理系统处理后获得每一组分的质谱图和整个混合物试样的色谱图，用以对组分进行定性、定量和结构分析。

2. 液相色谱-质谱联用仪

对于挥发度低、难气化、极性强、相对分子质量大及热稳定性差的样品，可使用液相色谱-质谱(LC-MS)联用法。液相色谱-质谱联用仪主要由液相色谱仪、接口、质量分析器、真空系统和计算机数据处理系统组成，如图 9.53 所示。

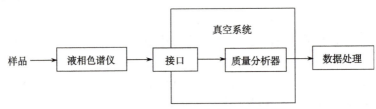

图 9.53 LC-MS 联用仪器组成方框图

使用液相色谱-质谱联用仪分析样品的基本过程是：样品通过液相色谱系统进样，由色谱柱进行分离，而后进入接口。在接口中，样品由液相中的离子或分子转变成气相中的离子，其后离子被聚焦于质量分析器中，根据质荷比而分离。最后离子被转变为电信号，传送至计算机数据处理系统。

1)液相色谱系统

液相色谱-质谱联用仪的液相色谱系统与传统的液相色谱系统相同，只是检测器由原来的紫外检测器变成质谱检测器，因为检测器的变化，也使得其他部分产生了相应的改变。液相色谱-质谱联用仪要求液相色谱泵能在较低流速下提供流量准确、稳定的流动相，以保证实验结果的稳定性和重现性。色谱柱通常采用的反相 ODS 柱，柱长一般为 10～50mm。LC-MS 分析对流动相的基本要求是不能含有非挥发性盐类(如磷酸盐缓冲液和离子对试剂等)，因为接口中高速喷射的液流会产生制冷效应，造成液流中的非挥发性组分极易冷凝析出，堵塞毛细管等小口径入口，影响分析的稳定和仪器的使用寿命。流动相中挥发性电解质(如甲酸、乙酸、氨水等)的浓度也不能超过 10mmol·L^{-1}，一般认为低浓度电解液和高比例有机相容易获得较好的离子化效率。

2)接口和离子化方式

(1)接口。液相色谱-质谱联用仪接口起下列作用：①将流动相及样品气化；②分离除去大量的流动相分子；③将样品分子电离。

在 20 多年的发展进程中，前后引入了 20 多种不同的接口技术，其中主要包括传送带接口(MB)、粒子束接口(PB)、直接导入接口(DLI)、连续流动快原子轰击(CFFAB)和热喷雾接口(TSP)等。大气压离子化接口(API)是一种在大气压下将溶液中分子或离子转变成气相中离子的接口,包括电喷雾电离(ESI)和大气压化学电离(APCI)两种电离方式,它们都是非常温和的离子化技术,其区别主要在于在大气压下产生气相离子的方式不同。ESI 只能用于离子型样品,喷雾后即是气相离子,而 APCI 具有电晕放电针,因此还可用于非极性样品的电离。其次是待测物的相对分子质量范围不同(图9.54)。

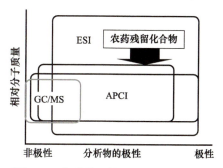

图 9.54 各种接口技术的相对适用范围

(2)离子化方式。电喷雾离子化是目前为止"最软"的电离技术,它将溶液中分析物离子转化为气态离子。在 ESI 接口中,通常采用套管喷口设计,除了 LC 的喷口外,还能引入雾化气、鞘液和辅助气。前两者使 LC 的液流充分雾化和离子化,而辅助气能包裹着这一雾流和离子流而不被扩散,由此得到较高的离子产率。电喷雾的实验过程可简述为:常压下,样品溶液通过带高压电的毛细管,在几千伏的高电场作用下,并在雾化气、鞘液等辅助手段帮助下,产生高度带电荷的雾状液滴,它们沿着电压和压力梯度,经锥孔到达质谱仪的质量分析器。在迁移过程中,液滴由于溶剂蒸发或库仑爆炸而体积逐渐减小,最后产生完全脱溶剂的离子。

ESI 可用于在溶液中能以离子形式存在的化合物,因此适用于大多数化合物的定性和定量研究。由于检测多电荷离子,质量分析器检测的质量可提高几十倍甚至更高,ESI 可用于分析相对分子质量高达 200000 的化合物。

大气压化学离子化也是一种非常软的离子化技术,它将溶液中的样品分子转化为气态离子。在 APCI 接口中,样品溶液由具有雾化气套管的毛细管端流出,被氮气流雾化,通过加热管时被气化,在加热管端进行电晕尖端放电,溶剂分子被电离,形成溶剂离子。然后,这些溶剂离子和雾化气与气态的样品分子反应,得到样品分子的准分子离子。APCI 与 ESI 的不同之处是 APCI 具有电晕放电针。因此,APCI 可使极性较弱或部分非极性的小分子化合物离子化。

APCI 通常用于分析有一定挥发性的中等极性与弱极性的小分子化合物,相对分子质量在 2000 以下。APCI 是一种非常耐用的离子化技术,与 ESI 相比,APCI 对溶剂选择、流速和添加物的依赖性较小。当样品为非酸非碱性物质且易被蒸发时,溶剂、流速和添加物等不适于 ESI,或样品有较差的 ESI 响应时,应选用 APCI。

3)质量分析器

质量分析器是质谱仪的核心,不同类型的质量分析器有不同的原理、技术指标和应用范围,而且有不同的功能。质量分析器的不同构成了不同种类的质谱仪器。在液相色谱-质谱联用仪中最常使用的是四极杆质量分析器和离子阱(ion trap)质量分析器。近年来,飞行时间质谱的应用也日益广泛。原理参考 7.2 节相关内容。

LC-MS 联用仪是分析相对分子质量大、极性强的生物样品(如蛋白质等)不可缺少的分析仪器,目前已广泛应用于生物化学、临床医学、环保、化工、中药研究及农林等各领域。

除此之外,还有色谱与光谱或波谱的联用。它们是把色谱的分离优势与光谱、波谱及质谱的结构分析优势有机地结合在一起,成为分析测定复杂样品的最有效方法。

思考题 9.16 离子色谱的色谱柱有哪几种类型?各有何特点?
思考题 9.17 为何离子色谱在分离柱后要再串联一根抑制柱?
思考题 9.18 色谱-质谱联用的关键部件是什么?它有何作用?

小 结

习 题

9.1 某色谱峰的保留时间是 60s,如果理论塔板数为 1000,该色谱峰的半峰宽是多少?如果柱长为 50cm,塔板高度是多少?

9.2 在一根已知有 1600 块理论塔板的柱子上,异辛烷和正辛烷的保留时间各为 180s 和 200s,(1)二组分通过该柱子时,所得到的分离度为多少?(2)假如二组分保留时间不变,当使分离度达到 1.5 时,所需的塔板数为多少?

9.3 将某样品进样后,测得各组分的保留时间为:空气峰 45s,丙烷 1.5min,正戊烷 2.35min,丙酮 2.45min,丁醛 3.95min,二甲苯 15.0min。以正戊烷为标准时,各化合物的相对保留值为多少?

9.4 色谱柱温为 150℃时,范第姆特方程中的常数 $A = 0.08$cm,$B = 0.15$cm$^2 \cdot$s^{-1},$C = 0.03$s,这根柱子的最佳流速为多少?所对应的最小塔板高度为多少?

9.5 在角鲨烷柱上,100℃时下列物质的保留时间分别为:甲烷 147.9s,正己烷 410.0s,正庚烷 809.2s,苯 543.2s。计算苯在角鲨烷柱上的保留指数。

9.6 有一混合物样品,其中所含的组分是苯、丙酮、乙醇。在缺乏苯、丙酮、乙醇的单组分标样的情况下,如何对此混合物的色谱峰进行定性?

9.7 已知 CO_2 气体体积含量分别为 80%、40%、20%时,其峰高分别为 100mm、50mm、25mm(等体积进样),试做出外标曲线。现进一个等体积的样品,CO_2 的峰高为 75mm。此样品中 CO_2 的体积分数是多少?

9.8 称量某样品质量为 0.1g,加入 0.1g 内标物,欲测组分 A 的面积校正因子为 0.80,内标物的面积校正因子为 1.00,组分 A 的峰面积为 60mm^2,内标组分峰面积为 100mm^2。求组分 A 的质量分数。

9.9 用液液分配高效液相色谱分析多元组分混合物时,固定相体积 0.6mL,流动相体积 0.6mL,死体积 0.8mL,当测得组分Ⅰ、Ⅱ、Ⅲ的保留体积分别为 3.2、4.2、5.8mL 时,计算它们的分配系数。

9.10 气相色谱分析乙苯和二甲苯的混合物,色谱数据如下。计算各组分的质量分数。

组分	乙苯	对二甲苯	间二甲苯	邻二甲苯
峰面积/cm^2	70	90	120	80
校正因子 f	0.97	1.00	0.96	0.98

9.11 无水乙醇中微量水的测定方法如下:称取已知含水量为 0.221%的乙醇 45.25g,加入无水甲醇 0.201g 为内标物,混合后取 5μL 进样,在 GDX-203 固定相上分离后得到水峰面积为 42.1mm^2,甲醇峰面积为 80.2mm^2。然后取乙醇试样 79.39g,加入无水甲醇 0.257g,混合后取 4μL 进样,测得水峰面积为 80.4mm^2。计算:
(1)水对甲醇的相对质量校正因子。
(2)试样中水的含量。

9.12 提出适合分离下列混合物的分离方法。
(1)Ba^{2+} 和 Sr^{2+} (2)正戊酸和正己酸 (3)CH$_3$CH$_2$OH 和 CH$_3$CH$_2$CH$_2$OH

9.13 试归纳在下列情况下色谱出峰的大致规律。

序号	试样性质	固定相性质
1	非极性	非极性
2	极性	极性
3	极性和非极性混合物	极性
4	形成氢键型	极性、氢键型

9.14 试预测下面两组溶质在正相和反相色谱中的洗出顺序。
(1)正己烷、正己醇、苯 (2)乙酸乙酯、乙醚、硝基丁烷

9.15 下列物质进行气相色谱分析时,使用何种检测器较好?解释选择的依据。
(1)检测尿液样品判断奥林匹克运动员是否服用兴奋剂。
(2)水中痕量多氯联苯的检测。
(3)氦气中半痕量氧气、二氧化碳和水的检测。

9.16 阅读《色谱》杂质有关 HPLC 分析食品中污染物苏丹红的论文[如色谱,2005,23(5):542-545],回答:
(1)查 4 种苏丹红的分子结构式。
(2)论文采用什么流动相和固定相?属于什么分离模式?解释 4 种结构苏丹红在论文条件下的流出顺序。
(3)采用净化提取液的方法属于哪种色谱分离法?从净化柱流出的前 15mL 乙酸乙酯中可能含有的化合物的相对分子质量应该大于还是小于苏丹红?

9.17 气相色谱中固定相的选择取决于分析物的物理性质和化学性质、分析物间的相互作用,以及分离过程中的温度等因素。例如,气固色谱法通常是处理室温条件下以气体形式出现的挥发性很强的分析物时的首选方法,而气液色谱往往更适合用于挥发性较低的分析物。解释以下气相色谱分析方法中固定相选择的原因。
(1)石油检测工作人员使用含聚苯乙烯/二乙烯基苯多孔聚合物的 PLOT(Porous-layer open tubular column)色谱柱分析 C1-C10 的饱和烷烃。
(2)以 100%二甲基聚硅氧烷作为固定相的 OV-1 色谱柱分析空气中挥发性有机化合物。
(3)为了分析甲醇、乙醇、正丙醇和 2-丙醇等醇类混合物,白酒行业分析师将 DB-5 色谱柱(固定相为5%苯基-95%甲基聚硅氧烷作为固定相)换成 Carbowax 20 M 色谱柱。

9.18 为什么直接注射水样会导致许多气相色谱柱产生问题?讨论如何避免这些问题。

9.19 试设计下列试样测定的色谱分析操作条件。
(1)乙醇中微量水的测定
(2)超纯氮中微量氧的测定
(3)蔬菜中有机磷农药的测定
(4)微量苯、甲苯、二甲苯异构体的测定

9.20 选择一种存在于水中且与环境相关的化学样品,并获取化合物相关信息,设计液相色谱方法检测该物质,并说明选择液相色谱类型、固定相、流动相和检测方法的理由。

谭蔚泓院士和靶向核酸抗癌药物

谭蔚泓院士

仿真动画——液相色谱

液质联用一级质谱	液质联用二级质谱	进样装置	高压泵原理	典型结构流程	亲和色谱分离过程	两相分配	二极管阵列检测器

仿真动画——气相色谱

气相色谱法	色谱分离原理	热导检测器原理	氢火焰离子化检验装置	电子俘获检测器	凝胶色谱原理	离子交换分离

第10章 毛细管电泳分离分析法

内容提要

本章阐述毛细管电泳法的原理、分离模式及其仪器构造，重点掌握毛细管电泳法的基本原理以及常见的分离模式。

毛细管电泳（capillary electrophoresis，CE）又称为高效毛细管电泳（high performance capillary electrophoresis，HPCE），是继高效液相色谱之后分离分析方面的又一重大进展。毛细管电泳是以毛细管为分离通道，以高压直流电场为驱动力，依据样品中各组分的淌度（单位电场强度的迁移速度）的差异而实现分离的一种分析方法。毛细管电泳的分离模式多样化，且具有高速、高效、样品用量少等特点。

毛细管电泳是经典电泳和现代微柱分离技术相结合的产物。经典电泳最大的局限性在于难以克服高电压引起的电介质离子流的自发热（焦耳热），而毛细管电泳是在散热效率很高的毛细管内进行的，焦耳热效应明显减小，使得在分离过程中可以采用高电压，从而显著提高分离效率。1981年，Jorgenson等利用75μm玻璃毛细管分离丹酰化氨基酸，获得了高达400000理论塔板数/m的柱效，促进电泳技术发生了根本变革，迅速发展成为可与色谱相媲美的分离分析技术——毛细管电泳。随着人们对毛细管电泳技术认识的加深，毛细管电泳技术飞速发展，已在生命科学、食品科学、环境化学、药物化学等领域广泛应用。

10.1 毛细管电泳与高效液相色谱比较

毛细管电泳和高效液相色谱均属于液相分离分析技术，都是差速迁移过程，可用相同的理论描述，色谱中所用的一些名词概念和基本理论（如保留值、塔板理论和速率理论等）均可用于毛细管电泳技术。两者的仪器流程基本相同，均包括进样装置、分离柱、检测器和数据处理等部分。但是两者分离原理不同：电泳是指带电粒子在一定介质中因电场作用而发生定向运动，依据粒子所带的电荷数、形状、离解度等不同所产生的不同的迁移速度而分离；色谱是利用不同组分在两相（固定相和流动相）中的分配系数的不同而分离。毛细管电泳的一些分离模式也包含了色谱的分离机制。

毛细管电泳和高效液相色谱可以互为补充，但无论从效率、速度、样品用量还是成本来看，毛细管电泳都显示了明显的优势。毛细管电泳具有高柱效，可达 $10^5 \sim 10^6$ 理论塔板数/m；高速度，几十秒至几十分钟内即可完成一个试样的分析；溶剂和试样的消耗极少，只需纳升级的进样量；仪器成本低，只需少量的流动相和可长期使用的毛细管。但毛细管电泳在迁移时间的重现性、进样的准确性和检测灵敏度方面比高效液相色谱分析法稍逊色。

毛细管电泳与高效液相色谱的比较见表 10.1。

表 10.1 毛细管电泳与高效液相色谱的比较

比较项目	毛细管电泳	高效液相色谱
分离原理	带电粒子在一定介质中因电场作用而发生定向运动，依据粒子所带的电荷数、形状、离解度等不同所产生的不同迁移速度而分离	不同组分在两相(固定相和流动相)中的分配系数的不同而分离
分离模式	毛细管区带电泳 毛细管凝胶电泳 毛细管等电聚焦 毛细管等速电泳 毛细管电色谱 亲和毛细管电泳 胶束电动毛细管色谱等	正相色谱 反相色谱 亲和色谱 离子交换色谱 离子色谱 离子对色谱 凝胶色谱等
分离柱	细内径毛细管，内装不同电解质	色谱柱，内装不同固定相
进样方式	静压力差或电迁移进样	六通阀进样
进样体积	一般为几到几十纳升	一般为几到几百微升
流体驱动系统	高压直流电场	机械压力
检测器	两者均可采用紫外、荧光、电化学等检测器，但 CE 采用在柱检测，光程较短，灵敏度和线性范围逊于 HPLC	
定性定量方法	CE 与 HPLC 的定性定量方法相似，均可采用保留值定性、峰面积定量	

10.2 毛细管电泳理论

10.2.1 电泳和电泳淌度

当带电粒子以速度 v 在电场中移动时，它受到一个正比于其有效电荷 (q) 和电场强度 (E) 的电场力 (F_E)，即

$$F_E = qE \tag{10.1}$$

同时受到一个与其速度成正比的阻力 (F)，即摩擦力

$$F = fv \tag{10.2}$$

式中，f 为摩擦系数，与粒子大小和形状有关。

当这两个作用力相对平衡时，电场力和摩擦力相等而方向相反，则粒子以稳态速度运动，其速度为

$$v = \frac{qE}{f} \tag{10.3}$$

其中，对于球状粒子，$f = 6\pi\eta r$；对于棒状粒子，$f = 4\pi\eta r$，则

$$v = \frac{qE}{6\pi\eta r}(\text{球状粒子}) \quad \text{或} \quad v = \frac{qE}{4\pi\eta r}(\text{棒状粒子}) \tag{10.4}$$

式中，r 为表观液态动力学半径；η 为介质黏度。又因为荷电粒子的有效电荷与 zeta 电势 (ζ_e)

相关

$$\zeta_e = \frac{q}{\varepsilon r} \tag{10.5}$$

则有

$$v = \frac{\varepsilon \zeta_e E}{6\pi \eta}(球状粒子) \quad 或 \quad v = \frac{\varepsilon \zeta_e E}{4\pi \eta}(棒状粒子) \tag{10.6}$$

式(10.6)中 ε 表示介质的介电常数。

在电泳中常用淌度(迁移速率)描述荷电粒子的电泳行为与特性,淌度定义为单位电场下带电离子的迁移速度。淌度不同是电泳分离的基础。无限稀释溶液中带电离子在单位电场强度下的平均迁移速度称为绝对淌度(absolute mobility, μ_{ab}),可在手册中查阅。在实际溶液中一般要考虑离子活度系数、溶质分子的离解度对粒子的淌度的影响,此时的淌度称为有效淌度 μ_{ef}。

$$\mu_{ef} = \sum \alpha_i \gamma_i \mu_{ab} \tag{10.7}$$

式中,α_i 为 i 级离解度;γ_i 为活度系数。

由此可见,荷电粒子在电场中的迁移速度除了与电场强度和介质特性有关,还与粒子的离解度、有效电荷、大小和形状有关。不同的带电粒子电泳速度不同,可以实现分离。

10.2.2 电渗现象与电渗流

当固体与液体相接触时,如果固体表面因某种原因带一种电荷,则静电引力使其周围液体带相反电荷,在固液界面形成双电层,二者之间有电势差。当液体两端施加电压时就会发生液体相对于固体表面的移动。这种液体相对于固体表面移动的现象称为电渗现象。电渗现象中整体移动的液体称为电渗流(electroosmotic flow, EOF)。毛细管电泳分离的一个重要特性是毛细管内存在电渗流,电渗流的来源如图 10.1 所示。

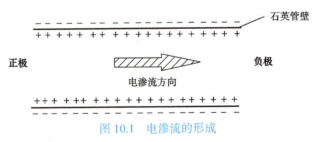

图 10.1 电渗流的形成

对于石英毛细管而言,其表面的等电点约等于3,当溶液的 pH > 3 时,毛细管内壁因较多的硅羟基(SiOH)电离为 SiO^- 而带负电荷,并由于静电作用吸附溶液中带相反电荷的离子,从而形成双电层。在高电场的作用下,带正电荷的溶液表面及扩散层向负极移动,形成电渗流,即毛细管内壁表面电荷所引起的管内液体的整体定向移动。

1. 电渗流的大小

电渗流的大小用电渗流速度 v_{eo} 表示,取决于电渗淌度 μ_{eo} 和电场强度 E,即

$$v_{eo} = \mu_{eo} E \tag{10.8}$$

而电渗淌度 μ_{eo} 又取决于电泳介质及双电层的 zeta 电势 ζ,即

$$\mu_{eo} = \frac{\varepsilon \zeta}{4\pi \eta} \tag{10.9}$$

式中,ε 为电泳介质的介电常数;ζ 为毛细管壁的 zeta 电势 ζ,它近似等于扩散层与吸附层界面上的电位;η 为介质黏度。则有

$$v_{eo} = \frac{\varepsilon \zeta E}{4\pi \eta} \tag{10.10}$$

在实际电泳分析中,电渗流速度 v_{eo} 可通过实验测定

$$v_{eo} = \frac{L_{ef}}{t_{eo}} \tag{10.11}$$

式中,L_{ef} 为毛细管的有效长度;t_{eo} 为电渗流标记物(中性物质)的迁移时间。

总之,ζ 越大,介电常数越大,黏度越小,电渗流速度越快。在电场作用下,电泳和电渗同时存在,电渗流速度为电泳的 5~7 倍。

2. 电渗流的方向

电渗流的方向取决于毛细管内壁表面电荷的性质:内表面带负电荷,溶液带正电荷,电渗流流向负极;内表面带正电荷,溶液带负电荷,电渗流流向正极。

改变电渗流方向的常见方法包括:

(1)对毛细管进行改性。例如,蛋白质带有许多正电荷取代基,会紧紧地被束缚于带负电荷的石英管壁上。为消除这种情况,可将一定浓度的二氨基丙烷加到电解质溶液中,此时以离子状态存在的 $^+H_3NCH_2CH_2CH_2NH_3^+$ 起到中和管壁电荷的作用。

(2)加电渗流反转剂。内充液中加入大量的阳离子表面活性剂,将使石英毛细管壁带正电荷,溶液表面带负电荷,使得电渗流流向正极。

3. 电渗流的流型

由于毛细管内壁表面扩散层的过剩阳离子均匀分布,在外电场驱动下产生的电渗流为平流,即塞式流动,谱带展宽较小,如图 10.2(a)。液体流动速度除在管壁附近因摩擦力迅速减小到零以外,其余部分几乎相等。而高效液相色谱中溶液的流动为层流[图 10.2(b)],呈抛物线流型,管壁处流速为零,管中心处的速度为平均速度的 2 倍,引起的谱带展宽相对较大。

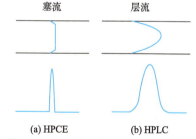

图 10.2 毛细管电泳中电渗流和高效液相色谱溶液的流型(上)及相应的谱带(下)

4. 电渗流的作用

电场作用下,毛细管内既有电泳现象又有电渗流现象。毛细管内粒子的迁移速度等于电泳(v_{ef})和电渗流(v_{eo})两种速度的矢量和,即

$$v_{ap} = v_{ef} + v_{eo} \quad \text{或} \quad \mu_{ap} = \mu_{ef} + \mu_{eo} \tag{10.12}$$

式中,v_{ap} 为表观迁移速度;μ_{ap} 为表观淌度(apparent mobility),或净淌度(net mobility)。

通常电渗流的速度为离子电泳速度的 5~7 倍。不同电性离子在毛细管柱中的迁移速度不

同：阳离子的移动方向和电渗流一致，其迁移速度为 $v_{ap} + v_{eo}$，故最先流出；中性粒子的电泳速度为零，其迁移速度等于电渗流速度 v_{eo}；阴离子的移动方向与电渗流相反，但因电渗流速度一般大于电泳速度，它在中性粒子之后流出，从而实现分离。由此可以看出，由于存在电渗流，利用毛细管电泳可同时分离阳离子、阴离子和中性粒子；改变电渗流的大小和方向可改变分离效率和选择性；电渗流的微小变化可影响结果的重现性。因此，在毛细管电泳中需要严格控制电渗流。

5. 影响电渗流的因素

电渗现象可以控制组分的迁移效率和方向，从而影响毛细管电泳的分离效率和重现性，因此电渗流控制是毛细管电泳的关键技术之一。

影响电渗流的因素可分为直接因素和间接因素。前者包括电场强度、溶液黏度、介电常数和 zeta 电势等，后者包括温度、缓冲溶液的 pH、管壁的性质等。

1) 电场强度的影响

当毛细管长度一定时，电渗流速度和电场强度成正比。但是，当外加电压过高时，由于焦耳热效应，温度升高，介质黏度降低，扩散层厚度增大，从而引起电渗流与电场强度的关系偏离线性。

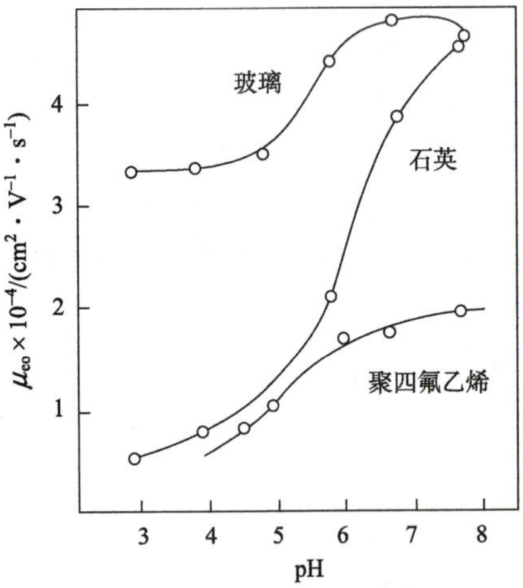

2) 毛细管材料的影响

不同材料毛细管的表面电荷特性不同，故产生的电渗流大小不同，如图 10.3 所示。

3) 溶液 pH 的影响

不同的 pH 对应于不同的 ζ，因此溶液 pH 对电渗流影响较大。如图 10.3 所示，对于石英毛细管，溶液 pH 增高时，表面电离程度加大，电荷密度增加，管壁 ζ 增大，电渗流增大，当 pH 为 7 时可达到最大；pH 小于 3 时，毛细管表面呈电中性，电渗流为零。一般采用缓冲溶液来保持 pH 稳定。

图 10.3 不同材料的毛细管在不同 pH 条件下电渗淌度

4) 阴离子的影响

当其他条件相同，采用浓度相同的不同阴离子时，毛细管中的电流有较大差别，由此产生的焦耳热不同，从而导致电渗流速度不同。由于缓冲溶液离子强度可影响双电层的厚度、溶液黏度和工作电流，故也可明显影响电渗流大小。一般而言，缓冲溶液离子强度增加，电渗流速度下降。

5) 温度的影响

毛细管内温度的升高将使溶液的黏度下降，管壁硅羟基的电离度升高，引起电渗流增大。

6) 添加剂的影响

添加剂的种类很多，性质各异。添加剂的引入会影响电渗流的大小。例如，K_2SO_4 等中性盐的加入使离子强度增大，双电层被压缩、变薄，zeta 电势减小，溶液黏度增大，电渗流减小；两性离子如四甲基氯化铵的加入，可以减小管壁对溶质的吸附，使离子强度增大，电渗流减小。加入表面活性剂能够明显改变毛细管壁表面的电荷特性，从而改变电渗流的大小和方向，并且不同种类和浓度的表面活性剂对电渗流的影响不同。例如，添加不同浓度的季铵盐，可改变电渗流的大小和方向；加入阴离子表面活性剂十二烷基磺酸钠（SDS），可以使毛细管壁表面负电荷增加，ζ增大，电渗流增大；而不同烷基链长的阳离子表面活性剂随着烷基链的增长，其影响越大，通过改变不同链长的阳离子表面活性剂的浓度和比例可以控制电渗流的大小和方向。有机溶剂对电渗流的影响较为复杂。某些有机溶剂如甲醇、乙腈等可能使电渗流减小，有人认为这是由于部分有机溶剂通过氢键或偶极作用附着在管壁上，减少了管壁表面的净负电荷或增加了双电层的局部黏度。有机溶剂还可能通过抑制硅羟基的解离而减小电渗流。

7) 管壁涂层

管壁涂层技术是通过物理涂覆或化学键合将毛细管壁改性，改变表面硅羟基的浓度和活性，从而引起电渗流的变化。

10.2.3 分离效率

毛细管电泳中的分离效率用理论塔板数 n 表示，其理论表达来源于色谱理论，根据 Giddings 方程可知

$$n = \frac{L_{ef}^2}{\sigma^2} \tag{10.13}$$

式中，L_{ef} 为有效长度；σ^2 为区带中浓度分布的方差。

在理想的毛细管电泳中，由于溶液呈塞式流动，且没有或很少有溶质与管壁间的相互吸附作用，再加上毛细管本身具有抗对流性，可以忽略溶质在柱中的径向扩散、吸附以及对流所致的峰加宽现象。因此，可认为溶质的纵向扩散是高效毛细管电泳中引起溶质峰加宽的唯一因素，相当于色谱速率理论中的分子扩散项对塔板高度的影响，则

$$\sigma^2 = 2Dt_m \tag{10.14}$$

式中，D 为溶质的扩散系数；t_m 为迁移时间。而

$$t_m = \frac{L_{ef}}{\mu_{ap}E} = \frac{L_{ef}l}{\mu_{ap}V} \tag{10.15}$$

式中，V 为外加电压；l 为毛细管总长度；L_{ef} 为毛细管有效长度。

将式(10.15)和(10.14)代入式(10.13)可得

$$n = \frac{\mu_{ap}VL_{ef}}{2Dl} = \frac{\mu_{ap}EL_{ef}}{2D} \tag{10.16}$$

由此看出，表观电渗淌度大，工作电压大，扩散系数小，都可使 n 大，分离效率提高。在相同电流条件下，扩散系数小的溶质（如蛋白质、核酸等生物大分子）有较高的分离效率，这也是毛细管电泳能高效分离生物大分子的理论依据。

另外，色谱的塔板理论同样适用于毛细管电泳中，因此也有

$$n = 5.54\left(\frac{t_R}{Y_{\frac{1}{2}}}\right)^2 \tag{10.17}$$

式中，t_R 为电泳谱图上起点至峰最大值之间的距离；$Y_{\frac{1}{2}}$ 为半高峰宽。因此分离效率也可直接从电泳谱图求出。

10.2.4 分离度

分离度又称分辨率，是指将淌度相近的组分分开的能力，是毛细管电泳技术中的一个重

要性能指标。按照Giddings方程，相邻两组分的分离度R为

$$R = \frac{\sqrt{n}}{4} \cdot \frac{\Delta v}{v_{平}} \tag{10.18}$$

式中，Δv为相邻两组分的迁移速度差；$v_{平}$为相邻两组分迁移速度的平均值；$\frac{\Delta v}{v_{平}}$表示分离选择性；n为柱效。

由于$\frac{\Delta v}{v_{平}} = \frac{\Delta \mu}{\mu}$，即相邻两组分的相对速度差等于相邻两组分的相对淌度差，并引入式(10.16)，可得

$$R = 0.177 \frac{2\Delta \mu}{\mu_{ap1} + \mu_{ap2}} \sqrt{\frac{\mu_{ap} V L_{ef}}{Dl}} \tag{10.19}$$

可以看出，影响分离度的主要因素有工作电压、毛细管有效长度与总长度比、有效淌度差等。通常也可在电泳谱图读出两相邻峰的迁移时间和峰宽，然后根据式(10.20)计算分离度

$$R = \frac{2(t_{R2} - t_{R1})}{W_1 + W_2} \tag{10.20}$$

式中，下标1和2分别代表相邻两组分；t_R为迁移时间；W为以时间表示的色谱峰底宽度。式(10.20)中分子代表两组分迁移时间之差，分母表示这一时间间隔组分展宽对分离的影响。

10.2.5 影响分离效率的因素

1) 纵向扩散的影响

在毛细管电泳中，主要是由纵向扩散引起峰变宽。由式(10.14)可知，纵向扩散取决于扩散系数和迁移时间。大分子的扩散系数小，故可获得更高的分离效率，这也是毛细管电泳高效分离大分子生物试样的依据。

2) 进样的影响

当进样塞长度太大时，引起的峰展宽大于纵向扩散，分离效率明显下降。实际操作时进样塞长度小于或等于毛细管总长度的1%~2%。

3) 焦耳热与温度梯度的影响

在细孔径毛细管内进行电泳的主要优点是减小了焦耳热效应。根据分离效率和分离度的理论计算可以看出，电场强度高将有利于获得好的分离效率和分离度，但不论如何控制毛细管的尺寸，过分升高电场强度将引起明显的焦耳热效应。焦耳热效应可以导致不均匀的温度梯度(中心温度高)和局部的黏度变化，破坏塞流，导致区带展宽。可以通过减小毛细管内径和控制散热进行改善。

4) 溶质与管壁间的相互作用

溶质与毛细管之间的相互作用对毛细管电泳非常不利。在不同的相互作用下，可能会出现拖尾峰甚至发生对溶质的完全吸附。引起毛细管壁对溶质吸附的主要原因是阳离子溶质与带负电表面之间的静电作用和疏水作用。例如，蛋白质和多肽带电荷数多，有较多的疏水基，导致吸附问题严重。采用细内径毛细管柱虽然有利于散热，但由于比表面积大，也会增加溶质吸附程度。通常可以加入两性离子代替强电解质以减小吸附。也可以对毛细管壁进行改性处理，消除或反转管壁上的电荷，调节疏水性能，以抑制溶质与管壁的相互作用。

5) 其他影响因素

当溶质区带与缓冲溶液区带的电导不同时，也会造成谱带展宽。可尽量选择与试样淌度相匹配的背景电解质溶液。

一般情况下，毛细管电泳中不存在层流，但当毛细管两端存在压力差时，由于毛细管两端液面高度不同，也可出现抛物线形的层流。通常可以在实际操作时保持毛细管两端缓冲溶液平面高度相同以避免。

思考题 10.1　经典电泳法存在什么局限性？毛细管电泳是如何解决该问题的？
思考题 10.2　为什么在毛细管电泳中使用无涂层硅胶毛细管会导致电渗流？流动的方向是什么？电渗如何影响分析物通过毛细管电泳系统的表观迁移？
思考题 10.3　焦耳热的产生是毛细管电泳中不可避免的现象。实际操作中有哪些办法可以加强散热，减少焦耳热带来的负面影响？
思考题 10.4　利用毛细管电泳分析蛋白质时，可以采用哪些措施克服毛细管对蛋白质的吸附作用？
思考题 10.5　在液相色谱中有制备色谱可用于高纯度试剂的制备，是否也可以发展出"制备毛细管电泳"？

10.3　毛细管电泳的主要分离模式

10.3.1　毛细管区带电泳

1. 毛细管区带电泳原理

毛细管区带电泳(capillary zone electrophoresis, CZE)又称毛细管自由电泳，是毛细管电泳中最基本、应用最普遍的一种模式。

由于带电粒子的迁移速度等于电泳和电渗流速度的矢量和，在只填充缓冲溶液的毛细管中，不同质荷比大小的组分在电场作用下因其淌度的不同而得以分离。在毛细管中，由于电渗流的存在，所有溶质都有随电渗流一起向负极迁移的速度分量。在毛细管区带电泳中可以实现正负离子(或粒子)的同时分离，中性粒子随电渗流一起流出毛细管，不能分离。组分的检出顺序为：阳离子(正粒子)>中性粒子>阴离子(负粒子)。

2. 毛细管区带电泳的影响因素

(1) 操作电压。操作电压与毛细管的内径、长度及缓冲溶液浓度(离子强度)有关。柱长一定时，在一定电压范围内，随着操作电压的增加，电渗流和电泳速度的绝对值都增加，迁移时间缩短，但是操作电压与迁移时间不呈线性关系，且当电压过高时，焦耳热效应的影响会进一步增大。一般而言，采用小于 30kV 的电压。同样，电压也会对柱效产生相似的影响。

(2) 缓冲溶液。缓冲液的种类和 pH、浓度均会对电泳产生影响，其中缓冲溶液的 pH 是影响组分离子淌度的最主要因素。缓冲溶液的 pH 一方面可以影响管壁电荷密度、电渗流的大小和迁移速率，另一方面可以影响被分离物质的电荷、迁移速度和方向。因此，毛细管区带电泳中缓冲溶液必须符合：在规定的 pH 范围内应有较强的缓冲容量，并维持恒定的 pH；尽可能使用分子体积大、电荷少、淌度低的缓冲盐溶液；在检测波长处有较低的吸光度；尽可能采用酸性缓冲溶液；吸附和电渗都小。

(3) 有机改性剂的添加，可以改变溶液黏度，降低电渗流。常用的有机改性剂有甲醇、乙腈等。

(4) 操作温度。温度增加 1℃，黏度降低 2%～3%，进而使离子的电泳淌度增加，电渗流增大。因此，不能在较低的柱温下进行电泳实验，应配备自动控温的柱温箱，以保持实验结果的重复性。

3. 毛细管区带电泳特点

毛细管区带电泳因其操作简单、分析速度快、分离效率高等特点而得到广泛应用，可适用于分离具有不同淌度的带电粒子，包括相对分子质量范围从十几的小分子到几十万的生物大分子，但是毛细管区带电泳不能用于中性粒子的分离。

10.3.2 胶束电动毛细管色谱

1. 胶束电动毛细管色谱原理

胶束电动毛细管色谱(micellar electrokinetic capillary chromatography，MECC)是将离子型表面活性剂(如十二烷基磺酸钠)加到缓冲液中，当其浓度超过临界浓度(CMC)后就形成具有疏水内核的、外部带负电的胶束。在电场力的作用下，胶束在柱中移动。电泳和电渗流的方向相反，且电渗流的速度远大于电泳速度，负电胶束以较慢的速度向负极移动。中性分子在胶束相(准固定相)和溶液(水相)间分配，因其本身疏水性不同，在两相中分配存在差异：疏水性强的组分与胶束结合较牢，流出时间长；亲水性组分则与胶束结合弱，流出时间短。根据中性粒子亲疏水性不同可以进行分离。胶束电动毛细管色谱可用于中性物质的分离，拓宽了毛细管电泳的应用范围。

2. 胶束的选择

对于用于胶束电动毛细管色谱的胶束通常要求：①生成的胶束稳定性好，可与溶质快速缔合，以减小峰扩散；②形成的胶束是均匀、透明的溶液，紫外吸收(背景)越低越好，以便可以采用紫外检测器检测；③胶束的黏度小，不影响电渗流和分离度；④表面活性剂的临界胶束浓度应小，太高则电导大，产生不利的热效应。

3. 胶束电动毛细管色谱的影响因素

在胶束电动毛细管色谱分析法中，影响分离的因素很多，如在缓冲液中加入不同的阴、阳离子和两性离子，加入不同的有机溶剂，以及加入不同的表面活性剂，均可改变被分析物在两相之间的分配系数，其中尤以表面活性剂的影响最大。例如，SDS 可用于大多数中性溶质的分离；强疏水性溶质可选用极性强的胶束体系如胆酸盐；对易被管壁吸附的大分子溶质，可选用阳离子胶束；分离离子型溶质时，要选择与溶质电荷相反的胶束，才能产生强的相互作用进入胶束。

4. 胶束电动毛细管色谱的特点

胶束电动毛细管色谱能同时分离不带电的中性分子和荷电粒子，并可用于强疏水性溶质的分离；分离效率高，其柱效高达 50000～500000 理论塔板数/m；广泛应用于中药分析、天然产物分析和农药分析中。但稳定性不好，不易于重复。

10.3.3 毛细管凝胶电泳

毛细管凝胶电泳(capillary gel electrophoresis，CGE)是将聚丙烯酰胺等在毛细管柱内交联生成凝胶。凝胶具有多孔性，起类似分子筛的作用，试样分子按大小分离。凝胶黏度大，能有效减小组分的扩散，所得峰形尖锐，能达到毛细管电泳中最高的柱效。

毛细管凝胶电泳的分离选择性受凝胶的浓度、交联度、相对分子质量、分离温度、电场强度、缓冲溶液等多种因素影响。例如，通常分离较低分子质量的物质时，采用较高的凝胶浓度或交联度，减小凝胶孔径，通过增加小分子的迁移时间提高其分离效率；分离较大分子质量的物质时则相反，采用较低凝胶浓度，增加孔径，提高分辨率。

蛋白质、DNA 等的电荷/质量比与分子大小无关，因此采用毛细管区带电泳模式很难分离，但采用毛细管凝胶电泳则可较好分离。毛细管凝胶电泳是 DNA 测序的重要手段，具有抗对流性好、散热性好、分离度高等特点，但其制备麻烦，使用寿命短。若采用黏度低的线性聚合物如甲基纤维素代替聚丙烯酰胺，可形成无凝胶但有筛分作用的无胶筛分(non-gel sieving)介质，能避免气泡形成，比凝胶柱制备简单、寿命长，但分离能力比凝胶柱略差。

10.3.4 毛细管等电聚焦

毛细管等电聚焦(capillary isoelectric focusing，CIEF)是一种根据等电点差别分离生物大分子的高分辨率电泳技术。毛细管内充有两性电解质(如具有不同等电点范围的脂肪族多胺基多羧酸混合物)，当施加直流电压时，管内将建立一个由正极到负极逐步升高的 pH 梯度。具有一定等电点(pI)的蛋白质在电场中建立的 pH 梯度介质中，当所处位置的 pH 小于等电点时带正电荷，向负极移动；在大于等电点的 pH 位置时带负电荷，向正极移动；在其等电点时，呈电中性，淌度为零。具有不同等电点的生物试样在电场力的作用下迁移，分别到达满足其等电点 pH 的位置时呈电中性并停止移动。即不同等电点组分被聚焦在不同位置而达到聚焦和分离的目的。

毛细管等电聚焦具有以下特点：①分辨率高，可用于分离等电点相差约 0.005pI 单位的蛋白质；②灵敏度高，最低检出量可达 0.1ng；③重复性好，RSD ≥ 3%；④样品用量少等。与毛细管区带电泳相比，还具有峰容量大、对两性溶质的选择性好等优势。

10.3.5 毛细管等速电泳

毛细管等速电泳(capillary isotachophoresis，CITP)是根据试样中各组分的有效淌度差异进行分离的电泳技术。在等速电泳中被分析试样进样前后分别引入淌度较大的前导电解质溶液和淌度较小的尾随离子电解质溶液。当施加电场时，由于各种离子淌度不同，向正极迁移的速度不同，逐渐形成各自独立的区带而分离。所形成的区带的电场强度不同，其中淌度大的离子区带电场强度小。沿出口到进口，将不同区带依次排序为 1、2、3、4⋯，其电场强度依次增大。若区带 2 中离子扩散到区带 3 中，由于 3 区电场强度大，离子则被加速，返回到 2 区；反之，当 2 区中离子跑到 1 区中，离子则被减速使之返回到 2 区。因此，达到等速后，不同溶质保持在其特定的界面上直到流出毛细管。

毛细管等速电泳各区带界面明显，可以起富集、浓缩作用。由于离子浓度与其淌度之比为电流大小，在恒电流方式下，淌度大的离子浓度越大，即浓缩比越高；最先出峰的样品组分可达到 10^6 塔板数/m 的分离柱效和 10^3 倍的浓缩效率。淌度较小的离子也能获得高效的分离和高的富集倍数。

10.4 毛细管电泳仪

毛细管电泳仪主要包括高压电源、缓冲液、进样系统、毛细管柱、检测器及数据处理五个部分，可以等效为包含了一段电解质溶液导体的导电回路，如图 10.4 所示。

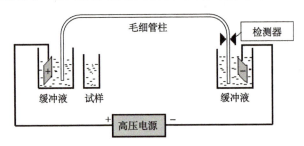

图 10.4 毛细管电泳仪结构示意图

1. 高压电源

高压电源包括电源、电极和电极槽等。高压电源一般采用电压范围为 0～30kV 的稳定、连续可调的直流电源，其电压输出精度可达 0.1%，具有恒压、恒流、恒功率输出和电场强度程序控制系统，电源极性易转换等特点。

2. 毛细管柱

理想的毛细管柱应是化学和电惰性的，可以通过紫外光和可见光，易于弯曲，耐用且便宜。毛细管柱的材料可以是聚四氟乙烯、玻璃和石英等。其中聚四氟乙烯可以透过紫外光，电渗较弱，缺点是较难得到内径均匀的管子，对样品有吸附，热传导性差。玻璃电渗最强，但光学、机械性能差。通常采用石英毛细管，石英表面的金属杂质较少，不易对溶质产生非氢键吸附。熔融石英毛细管很脆，因此其外壁常涂覆一层保护性的聚酰亚胺薄膜，使其富有弹性，不易被折断。

在同样电压下，毛细管孔径越小，电流越小，产生的焦耳热量越少。此外，孔径越小，比表面积越大，散热效果越好。因此，从散热效果看，孔径越小越好，已有用小至内径只有 2μm 的毛细管作电泳分离的报道。但是，孔径小，样品负载小，增加检测的难度，也造成进样、清洗等操作上的困难，而且由于比表面积大，吸附作用的影响更为明显。因此，毛细管柱孔径的下限受检测灵敏度的限制，其上限受径向热梯度制约，一般使用的柱内径为 25～100μm，最常用的是 50μm 和 75μm。柱的壁厚或外径对散热速率有影响，内径一定时，外径大，散热面积大，散热速度快。通常毛细管外径大于 300μm，柱长一般为 40～100cm，具体视实际情况而定。

3. 进样

毛细管电泳采用无死体积的进样方法，即让毛细管直接与样品接触，通过重力、电场力或其他动力驱动样品进入管中。进样量可以通过控制驱动力的大小或时间长短来控制。目前主要有以下几种进样方式。

1) 流动动力学进样

又称虹吸进样或者压力进样。它要求毛细管中的填充介质具有流动性。当将毛细管进样端插入试样溶液容器,通过进样端加压,或检测端出口减压,或调节进样端试样溶液液面大于出口端缓冲液液面高度,利用虹吸现象使进样口端与出口端形成正压差,并维持一定时间,试样在压差作用下进入毛细管进样端。流动动力学进样没有组分偏向问题,进样量几乎与试样基质无关,但选择性较差。

2) 电动进样

又称电迁移进样。将毛细管的进样端插入试样溶液并施加电场,试样溶液在电泳和电渗流作用下进入毛细管。电动进样对毛细管内的填充介质没有特别要求,可以实现自动化操作。但电动进样对离子组分存在进样偏向,降低了准确性和可靠性。另外,基质变化也会引起导电性和进样量的变化,影响进样的重现性。

3) 扩散进样

利用浓度差扩散原理可以将试样分子引入毛细管。扩散进样对管内介质没有任何限制。扩散具有双向性,在溶质分子进入毛细管的同时,区带中的背景物质也向管外扩散,故可抑制背景干扰,提高分离效率。同时,扩散与电迁移速度和方向无关,可抑制进样偏向,提高定性定量的可靠性。

4. 检测器

检测器是毛细管电泳仪器的关键部件,目前主要包括以下几种检测器。

1) 紫外检测器

毛细管电泳中使用最多的一种检测器,它的原理是朗伯-比尔定律。目前主要有固定波长、可变波长、快速扫描三种类型。其中快速扫描型又包括:基于二极管阵列装置快速捕获紫外光和利用光电倍增管快速扫描型。由于紫外检测器光路长度受毛细管内径的限制,其检测灵敏度相对较低,通常在几个 ppm 的水平上,它的线性范围通常在 3~4 个数量级。就紫外检测器而言,其灵敏度顺序为:固定波长型>可变波长型>光电管型>二极管阵列型。

2) 荧光检测器

荧光检测器是毛细管电泳检测器中灵敏度较高的一种检测器。其中激光诱导荧光检测器的灵敏度则更高,检测下限可低至 10^{-16} mol·L^{-1}。激光单色性好,强度大,容易校准且光散射较少,可以大大提高检测的灵敏度。常用的激光光源为波长 325nm、强度为 5~10mV 的 He-Cd 光源。基于荧光检测器的毛细管电泳在 DNA 测序、单细胞和单分子检测中广泛使用,但对不能发射天然荧光的化合物,需要进行荧光修饰,操作步骤较复杂。

3) 电化学检测器

电化学检测器可有效避免光学检测器中的光程太短的限制,因此灵敏度较高。根据检测原理的不同,可分为安培(电流)检测器、电导检测器和电位检测器等。其中安培(电流)检测器最灵敏,检测限可达 10^{-8}~10^{-9} mol·L^{-1}。由于其只对电活性物质有响应,选择性较好。另外,安培检测器制造简单,成本较低。

4) 化学发光检测器

化学发光检测器具有结构简单、灵敏度高等特点而引起人们重视。其中鲁米诺(luminol)体系对大多数待测物如金属离子、氨基酸及其衍生物的检测灵敏度高,且反应可在水相进行,故成为应用最多的体系。近来,由于灵敏度高,电致化学发光(ECL)检测器已引起人们兴趣。

5) 质谱检测器

质谱检测器是将待测物分子转成带电粒子,再用恒定磁场使带电粒子按质量大小顺序分离，形成有规则的质量谱。可以提供待测物相对分子质量和结构信息。质谱检测器种类很多，其中电喷雾质谱由于可以确定的相对分子质量达到 10 万，常作为首选仪器。

除了以上检测器以外，一些以激光作光源的激光热透镜检测器、激光光热检测器和激光拉曼检测器等，由于具有更高的灵敏度，亦引起了人们的兴趣。

10.5 毛细管电泳分离分析的应用

毛细管内壁的修饰方法以及缓冲液的组分种类繁多，因而毛细管电泳具有分离模式多样化的特点，其分析对象包括无机与有机离子、极性与非极性分子、有机小分子与大分子，甚至还有单细胞、病毒等。此外，毛细管电泳法还具有柱效高、分离速度快、样品用量少、分析成本低等优点，在药物分析、食品安全、临床检验、刑事侦查、环境监测等多个领域中得到了广泛应用。目前，毛细管电泳技术正朝着微型化、集成化、自动化、多种仪器联用等方向发展。

思考题 10.6 从电泳的发现到毛细管电泳方法的建立，可以看到一个分离方法的发展与成熟。毛细管电泳方法还会进一步发展吗？它还会仅仅是一个分离方法吗？

思考题 10.7 毛细管检测方法有哪些？它们分别有何优缺点？

思考题 10.8 毛细管电色谱是通过使用电渗流而不是仅通过压力差实现分析物在固定相中的移动。查阅资料获取有关此方法的更多信息，分析此方法的工作原理及其应用，并讨论该方法与传统液相色谱和毛细管电泳的关联。

小　结

习　题

10.1　电泳分离的主要依据是什么？
10.2　电泳分离中的电泳淌度指什么？影响电泳淌度的因素主要有哪些？
10.3　比较毛细管电泳与高效液相色谱的相同点与不同点。
10.4　简述电渗流的作用。
10.5　在毛细管区带电泳中，指出下列物质的出峰顺序。
　　　溴离子、硫脲、铜离子、钠离子、硫酸根离子。
10.6　简述影响毛细管电泳分离度的因素。
10.7　为什么 pH 会影响毛细管电泳分离氨基酸？
10.8　指出下列毛细管电泳分离模式中各最适宜分离的物质。
　　　毛细管区带电泳、胶束电动毛细管色谱、毛细管凝胶电泳。
10.9　简述毛细管电泳的常见分离模式及各自特点。
10.10　简述胶束电动毛细管电泳的原理。
10.11　简述毛细管电泳仪的进样方式。
10.12　为什么高效毛细管电泳具有很高的分离效率？
10.13　解释电泳现象和电渗流现象产生的原因。
10.14　电泳只能分离带电的组分吗？为什么？
10.15　谈谈电泳和色谱的区别与联系。

📖 两次诺贝尔化学奖得主——弗雷德里克·桑格

弗雷德里克·桑格
(Frederick Sanger)

参考文献

陈恒武. 2010. 分析化学简明教程. 北京: 高等教育出版社
大连理工大学分析化学教研室. 2006. 分析化学. 3版. 大连: 大连理工大学出版社
戴树桂. 1984. 仪器分析. 北京: 高等教育出版社
邓芹英, 刘岚, 邓慧敏. 2003. 波谱分析教程. 北京: 科学出版社
董元彦. 2007. 无机及分析化学. 2版. 北京: 科学出版社
高职高专化学教研组. 2000. 分析化学. 北京: 高等教育出版社
国家自然科学基金委员会. 1993. 分析化学. 北京: 科学出版社
华东理工大学分析化学教研组, 四川大学工科化学基础课程教学基地. 2009. 分析化学. 6版. 北京: 高等教育出版社
华中师范大学, 东北师范大学, 陕西师范大学, 等. 2011. 分析化学(上、下册). 4版. 北京: 高等教育出版社
宦双燕. 2008. 波谱分析. 北京: 中国纺织出版社
兰叶青. 2006. 无机及分析化学. 北京: 中国农业出版社
刘密新, 罗国安, 张新荣, 等. 2002. 仪器分析. 北京: 清华大学出版社
刘约权. 2006. 现代仪器分析. 2版. 北京: 高等教育出版社
刘志广, 张华, 李亚明. 2004. 仪器分析. 大连: 大连理工大学出版社
栾锋, 王丽, 庄旭明, 等, 2019. 分析化学. 北京: 化学工业出版社
罗焕光. 1990. 分离技术导论. 武汉: 武汉大学出版社
孟令芝, 龚淑玲, 何永炳. 2003. 有机波谱分析. 武汉: 武汉大学出版社
宁永成. 2000. 有机化合物结构鉴定与有机波谱学. 2版. 北京: 科学出版社
苏克曼, 张济新. 2005. 仪器分析实验. 2版. 北京: 高等教育出版社
孙毓庆, 胡育筑. 2006. 分析化学. 2版. 北京: 科学出版社
唐波. 2014. 分析化学. 北京: 北京师范大学出版社
汪尔康. 2001. 21世纪的分析化学. 北京: 科学出版社
王鹏, 冯金生. 2012. 有机波谱. 北京: 国防工业出版社
王玉枝, 陈贻文, 杨桂法. 2009. 有机分析. 长沙: 湖南大学出版社
武汉大学. 2011. 分析化学(上、下册). 5版. 北京: 高等教育出版社
奚旦立, 孙裕生, 刘秀英. 1999. 环境监测(修订版). 北京: 高等教育出版社
叶宪曾, 张新祥. 2007. 仪器分析教程. 2版. 北京: 北京大学出版社
原昭二, 森定雄, 花井俊彦. 1988. 现代色谱分析法——原理和实用应用. 邱宗荫, 孙琢琎译. 北京: 科学技术文献出版社
张华. 2005. 现代有机波谱分析. 北京: 化学工业出版社
张剑荣, 戚苓, 方惠群. 1999. 仪器分析实验. 北京: 科学出版社
张正奇. 1997. 法庭化学. 长沙: 湖南大学出版社
赵藻藩. 1990. 仪器分析. 北京: 高等教育出版社
周名成. 1986. 紫外与可见分光光度分析法. 北京: 化学工业出版社

《化学分离富集方法及应用》编委会. 1997. 化学分离富集方法及应用. 长沙: 中南工业大学出版社

Ewing G W. 1985. Instrumental Methods of Chemical Analysis. 5th ed. New York: McGraw-Hill Book Company

Fifield F W, Kealey D. 1999. Principles and Practice of Analytical Chemistry. 4th ed. Berlin: Springer

National Institute of Advanced Industrial Science and Technology. Spectral Database for Organic Compounds, SDBS, Japan. http://sdbs. db. aist. go. jp/sdbs/cgi-bin/cre_index. cgi?lang=eng

附 录

附表 1　弱酸、弱碱在水中的离解常数和稳定常数($25℃$、$I=0$)

弱酸或弱碱	分子式	K_a	$\lg K_{af}$
砷酸	H_3AsO_4	6.3×10^{-3} (K_{a1})	2.20 ($\lg K_{af3}$)
		1.0×10^{-7} (K_{a2})	7.00 ($\lg K_{af2}$)
		3.2×10^{-12} (K_{a3})	11.50 ($\lg K_{af1}$)
亚砷酸	H_3AsO_3	6.0×10^{-10}	9.22
硼酸	H_3BO_3	5.8×10^{-10}	9.24
焦硼酸	$H_2B_4O_7$	1×10^{-4} (K_{a1})	4.0 ($\lg K_{af2}$)
		1×10^{-9} (K_{a2})	9.0 ($\lg K_{af1}$)
碳酸	H_2CO_3 ($CO_2 + H_2O$)[1)]	4.2×10^{-7} (K_{a1})	6.38 ($\lg K_{af2}$)
		5.6×10^{-11} (K_{a2})	10.25 ($\lg K_{af1}$)
氢氰酸	HCN	6.2×10^{-10}	9.21
铬酸	H_2CrO_4	1.8×10^{-1} (K_{a1})	0.74 ($\lg K_{af2}$)
		3.2×10^{-7} (K_{a2})	6.50 ($\lg K_{af1}$)
氢氟酸	HF	6.6×10^{-4}	3.18
亚硝酸	HNO_2	5.1×10^{-4}	3.29
过氧化氢	H_2O_2	1.8×10^{-12}	11.75
磷酸	H_3PO_4	7.6×10^{-3} (K_{a1})	2.12 ($\lg K_{af3}$)
		6.3×10^{-8} (K_{a2})	7.20 ($\lg K_{af2}$)
		4.4×10^{-13} (K_{a3})	12.36 ($\lg K_{af1}$)
焦磷酸	$H_4P_2O_7$	3.0×10^{-2} (K_{a1})	1.52 ($\lg K_{af4}$)
		4.4×10^{-3} (K_{a2})	2.36 ($\lg K_{af3}$)
		2.5×10^{-7} (K_{a3})	6.60 ($\lg K_{af2}$)
		5.6×10^{-10} (K_{a4})	9.25 ($\lg K_{af1}$)
亚磷酸	H_3PO_3	5.0×10^{-2} (K_{a1})	1.30 ($\lg K_{af2}$)
		2.5×10^{-7} (K_{a2})	6.60 ($\lg K_{af1}$)
氢硫酸	H_2S	1.3×10^{-7} (K_{a1})	6.88 ($\lg K_{af2}$)
		7.1×10^{-15} (K_{a2})	14.15 ($\lg K_{af1}$)
硫酸	H_2SO_4	1.0×10^{-2} (K_{a2})	1.99 ($\lg K_{af1}$)
亚硫酸	H_2SO_3 ($SO_2 + H_2O$)	1.3×10^{-2} (K_{a1})	1.90 ($\lg K_{af2}$)
		6.3×10^{-8} (K_{a2})	7.20 ($\lg K_{af1}$)

续表

弱酸或弱碱	分子式	K_a	$\lg K_{af}$
偏硅酸	H_2SiO_3	1.7×10^{-10} (K_{a1})	9.77 ($\lg K_{af2}$)
		1.6×10^{-12} (K_{a2})	11.8 ($\lg K_{af1}$)
甲酸	HCOOH	1.8×10^{-4}	3.74
乙酸	CH_3COOH	1.8×10^{-5}	4.74
一氯乙酸	$CH_2ClCOOH$	1.4×10^{-3}	2.86
二氯乙酸	$CHCl_2COOH$	5.0×10^{-2}	1.30
三氯乙酸	CCl_3COOH	0.23	0.64
氨基乙酸盐	$^+NH_3CH_2COOH$	4.5×10^{-3} (K_{a1})	2.35 ($\lg K_{af2}$)
	$^+NH_3CH_2COO^-$	2.5×10^{-10} (K_{a2})	9.60 ($\lg K_{af1}$)
抗坏血酸	O=C—C(OH)=C(OH)—CH—CHOH—CH_2OH (环O)	5.0×10^{-5} (K_{a1})	4.30 ($\lg K_{af2}$)
		1.5×10^{-10} (K_{a2})	9.82 ($\lg K_{af1}$)
乳酸	$CH_3CHOHCOOH$	1.4×10^{-4}	3.86
苯甲酸	C_6H_5COOH	6.2×10^{-5}	4.21
草酸	$H_2C_2O_4$	5.9×10^{-2} (K_{a1})	1.22 ($\lg K_{af2}$)
		6.4×10^{-5} (K_{a2})	4.19 ($\lg K_{af1}$)
d-酒石酸	CH(OH)COOH—CH(OH)COOH	9.1×10^{-4} (K_{a1})	3.04 ($\lg K_{af2}$)
		4.3×10^{-5} (K_{a2})	4.37 ($\lg K_{af1}$)
邻苯二甲酸	$C_6H_4(COOH)_2$	1.1×10^{-3} (K_{a1})	2.95 ($\lg K_{af2}$)
		3.9×10^{-6} (K_{a2})	5.41 ($\lg K_{af1}$)
柠檬酸	CH_2COOH—$C(OH)COOH$—CH_2COOH	7.4×10^{-4} (K_{a1})	3.13 ($\lg K_{af3}$)
		1.7×10^{-5} (K_{a2})	4.76 ($\lg K_{af2}$)
		4.0×10^{-7} (K_{a3})	6.40 ($\lg K_{af1}$)
苯酚	C_6H_5OH	1.1×10^{-10}	9.95
乙二胺四乙酸	H_6EDTA^{2+}	0.13 (K_{a1})	0.9 ($\lg K_{af6}$)
	H_5EDTA^+	3×10^{-2} (K_{a2})	1.6 ($\lg K_{af5}$)
	H_4EDTA	1×10^{-2} (K_{a3})	2.0 ($\lg K_{af4}$)
	H_3EDTA^-	2.1×10^{-3} (K_{a4})	2.67 ($\lg K_{af3}$)
	H_2EDTA^{2-}	6.9×10^{-7} (K_{a5})	6.16 ($\lg K_{af2}$)
	$HEDTA^{3-}$	5.5×10^{-11} (K_{a6})	10.26 ($\lg K_{af1}$)
氨水	NH_3	1.8×10^{-5} (K_b)	4.74 ($\lg K_{bf}$)
联氨	H_2NNH_2	3.0×10^{-6} (K_{b1})	5.52 ($\lg K_{bf2}$)
		7.6×10^{-15} (K_{b2})	14.12 ($\lg K_{bf1}$)
羟胺	NH_2OH	9.1×10^{-9} (K_b)	8.04 ($\lg K_{bf}$)

弱酸或弱碱	分子式	K_a	$\lg K_{af}$
甲胺	CH_3NH_2	$4.2 \times 10^{-4}(K_b)$	$3.38 (\lg K_{bf})$
乙胺	$C_2H_5NH_2$	$5.6 \times 10^{-4}(K_b)$	$3.25 (\lg K_{bf})$
二甲胺	$(CH_3)_2NH$	$1.2 \times 10^{-4}(K_b)$	$3.93 (\lg K_{bf})$
二乙胺	$(C_2H_5)_2NH$	$1.3 \times 10^{-3}(K_b)$	$2.89 (\lg K_{bf})$
乙醇胺	$HOCH_2CH_2NH_2$	$3.2 \times 10^{-5}(K_b)$	$4.50 (\lg K_{bf})$
三乙醇胺	$(HOCH_2CH_2)_3N$	$5.8 \times 10^{-7}(K_b)$	$6.24 (\lg K_{bf})$
六亚甲基四胺	$(CH_2)_6N_4$	$1.4 \times 10^{-9}(K_b)$	$8.85 (\lg K_{bf})$
乙二胺	$H_2NCH_2CH_2NH_2$	$8.5 \times 10^{-5}(K_{b1})$	$4.07 (\lg K_{bf2})$
		$7.1 \times 10^{-8}(K_{b2})$	$7.15 (\lg K_{bf1})$
吡啶	(C₅H₅N)	$1.7 \times 10^{-9}(K_b)$	$8.77 (\lg K_{bf})$

1) 如不计水合 CO_2, H_2CO_3 的 $\lg K_{af2} = 3.76$。

附表 2　配合物的稳定常数(18～25℃)

金属离子	$I/(mol \cdot L^{-1})$	n	$\lg \beta_n$
氨配合物			
Ag^+	0.5	1, 2	3.24; 7.05
Cd^{2+}	2	1, …, 6	2.65; 4.75; 6.19; 7.12; 6.80; 5.14
Co^{2+}	2	1, …, 6	2.11; 3.74; 4.79; 5.55; 5.73; 5.11
Co^{3+}	2	1, …, 6	6.7; 14.0; 20.1; 25.7; 30.8; 35.2
Cu^+	2	1, 2	5.93; 10.86
Cu^{2+}	2	1, …, 5	4.31; 7.98; 11.02; 13.32; 12.86
Ni^{2+}	2	1, …, 6	2.80; 5.04; 6.77; 7.96; 8.71; 8.74
Zn^{2+}	2	1, …, 4	2.37; 4.81; 7.31; 9.46
溴配合物			
Ag^+	0	1, …, 4	4.38; 7.33; 8.00; 8.73
Bi^{3+}	2.3	1, …, 6	4.30; 5.55; 5.89; 7.82; —; 9.70
Cd^{2+}	3	1, …, 4	1.75; 2.34; 3.32; 3.70
Cu^+	0	2	5.89
Hg^{2+}	0.5	1, …, 4	9.05; 17.32; 19.74; 21.00
氯配合物			
Ag^+	0	1, …, 4	3.04; 5.04; 5.04; 5.30
Hg^{2+}	0.5	1, …, 4	6.74; 13.22; 14.07; 15.07
Sn^{2+}	0	1, …, 4	1.51; 2.24; 2.03; 1.48
Sb^{3+}	4	1, …, 6	2.26; 3.49; 4.18; 4.72; 4.72; 4.11

续表

金属离子	$I/(\text{mol} \cdot \text{L}^{-1})$	n	$\lg\beta_n$
氰配合物			
Ag^+	0	1, …, 4	—；21.1；21.7；20.6
Cd^{2+}	3	1, …, 4	5.48；10.60；15.23；18.78
Co^{2+}		6	19.09
Cu^+	0	1, …, 4	—；24.0；28.59；30.3
Fe^{2+}	0	6	35
Fe^{3+}	0	6	42
Hg^{2+}	0	4	41.4
Ni^{2+}	0.1	4	31.3
Zn^{2+}	0.1	4	16.7
氟配合物			
Al^{3+}	0.5	1, …, 6	6.13；11.15；15.00；17.75；19.37；19.84
Fe^{3+}	0.5	1, …, 6	5.28；9.30；12.06；—；15.77；—
Th^{4+}	0.5	1, 2, 3	7.65；13.46；17.97
TiO^{2+}	3	1, …, 4	5.4；9.8；13.7；18.0
ZrO^{2+}	2	1, 2, 3	8.80；16.12；21.94
碘配合物			
Ag^+	0	1, 2, 3	6.58；11.74；13.68
Bi^{3+}	2	1, …, 6	3.63；—；—；14.95；16.80；18.80
Cd^{2+}	0	1, …, 4	2.10；3.43；4.49；5.41
Hg^{2+}	0.5	1, …, 4	12.87；23.82；27.60；29.83
Pb^{2+}	0	1, …, 4	2.00；3.15；3.92；4.47
磷酸配合物			
Ca^{2+}	0.2	CaHL	1.7
Fe^{3+}	0.66	FeHL	9.35
Mg^{2+}	0.2	MgHL	1.9
Mn^{2+}	0.2	MnHL	2.6
硫氰酸配合物			
Ag^+	2.2	1, …, 4	—；7.57；9.08；10.08
Au^+	0	1, …, 4	—；23；—；42
Co^{2+}	1	1	1.0
Cu^+	5	1, …, 4	—；11.00；10.90；10.48
Fe^{3+}	0.5	1, 2	2.95；3.36
Hg^{2+}	1	1, …, 4	—；17.47；—；21.23

续表

金属离子	I/(mol·L^{-1})	n	$\lg\beta_n$
硫代硫酸配合物			
Ag^+	0	1, 2, 3	8.82；13.46；14.15
Cu^+	0.8	1, 2, 3	10.35；12.27；13.71
Hg^{2+}	0	1, ⋯, 4	—；29.86；32.26；33.61
Pb^{2+}	0	1, 3	5.1；6.4
乙酰丙酮配合物			
Al^{3+}	0	1, 2, 3	8.60；15.5；21.30
Cu^{2+}	0	1, 2	8.27；16.34
Fe^{2+}	0	1, 2	5.07；8.67
Fe^{3+}	0	1, 2, 3	11.4；22.1；26.7
Ni^{2+}	0	1, 2, 3	6.06；10.77；13.09
Zn^{2+}	0	1, 2	4.98；8.81
柠檬酸配合物			
Ag^+	0	Ag_2HL	7.1
Al^{3+}	0.5	$AlHL$	7.0
		AlL	20.0
		$AlOHL$	30.6
Ca^{2+}	0.5	CaH_3L	10.9
		CaH_2L	8.4
		$CaHL$	3.5
Cd^{2+}	0.5	CdH_2L	7.9
	0.5	$CdHL$	4.0
		CdL	11.3
Co^{2+}	0.5	CoH_2L	8.9
		$CoHL$	4.4
		CoL	12.5
Cu^{2+}	0.5	CuH_3L	12.0
	0	$CuHL$	6.1
	0.5	CuL	18.0
Fe^{2+}	0.5	$FeHL$	3.1
		FeL	15.5
Fe^{3+}	0.5	FeH_3L	7.3
		FeH_2L	12.2
		$FeHL$	10.9
		FeL	25.0
Ni^{2+}	0.5	NiH_2L	9.0
		$NiHL$	4.8

续表

金属离子	$I/(\text{mol} \cdot \text{L}^{-1})$	n	$\lg\beta_n$
Ni^{2+}		NiL	14.3
Pb^{2+}	0.5	PbH_2L	11.2
		PbHL	5.2
		PbL	12.3
Zn^{2+}	0.5	ZnH_2L	8.7
		ZnHL	4.5
		ZnL	11.4
草酸配合物			
Al^{3+}	0	1, 2, 3	7.26；13.0；16.3
Cd^{2+}	0.5	1, 2	2.9；4.7
Co^{2+}	0.5	CoHL	5.5
		CoH_2L	10.6
		1, 2, 3	4.79；6.7；9.7
Co^{3+}	0	3	~20
Cu^{2+}	0.5	CuHL	6.25
		1, 2	4.5；8.9
Fe^{2+}	0.5~1	1, 2, 3	2.9；4.52；5.22
Fe^{3+}	0	1, 2, 3	9.4；16.2；20.2
Mg^{2+}	0.1	1, 2	2.76；4.38
Mn^{3+}	2	1, 2, 3	9.98；16.57；19.42
Ni^{2+}	0.1	1, 2, 3	5.3；7.64；8.5
Th^{4+}	0.1	4	24.5
TiO^{2+}	2	1, 2	6.6；9.9
Zn^{2+}	0.5	ZnH_2L	5.6
		1, 2, 3	4.89；7.60；8.15
磺基水杨酸配合物			
Al^{3+}	0.1	1, 2, 3	13.20；22.83；28.89
Cd^{2+}	0.25	1, 2	16.68；29.08
Co^{2+}	0.1	1, 2	6.13；9.82
Cr^{3+}	0.1	1	9.56
Cu^{2+}	0.1	1, 2	9.52；16.45
Fe^{2+}	0.1~0.5	1, 2	5.90；9.90
Fe^{3+}	0.25	1, 2, 3	14.64；25.18；32.12
Mn^{2+}	0.1	1, 2	5.24；8.24
Ni^{2+}	0.1	1, 2	6.42；10.24
Zn^{2+}	0.1	1, 2	6.05；10.65

续表

金属离子	I/(mol·L^{-1})	n	$\lg\beta_n$
酒石酸配合物			
Bi^{3+}	0	3	8.30
Ca^{2+}	0.5	CaHL	4.85
	0	1, 2	2.98；9.01
Cd^{2+}	0.5	1	2.8
Cu^{2+}	1	1, ⋯, 4	3.2；5.11；4.78；6.51
Fe^{3+}	0	3	7.49
Mg^{2+}	0.5	MgHL	4.65
		1	1.2
Pb^{2+}	0	1, 2, 3	3.78；—；4.7
Zn^{2+}	0.5	ZnHL	4.5
		1, 2	2.4；8.32
乙二胺配合物			
Ag^+	0.1	1, 2	4.70；7.70
Cd^{2+}	0.5	1, 2, 3	5.47；10.09；12.09
Co^{2+}	1	1, 2, 3	5.91；10.64；13.94
Co^{3+}	1	1, 2, 3	18.70；34.90；48.69
Cu^+		2	10.8
Cu^{2+}	1	1, 2, 3	10.67；20.00；21.0
Fe^{2+}	1.4	1, 2, 3	4.34；7.65；9.70
Hg^{2+}	0.1	1, 2	14.30；23.3
Mn^{2+}	1	1, 2, 3	2.73；4.79；5.67
Ni^{2+}	1	1, 2, 3	7.52；13.80；18.06
Zn^{2+}	1	1, 2, 3	5.77；10.83；14.11
硫脲配合物			
Ag^+	0.03	1, 2	7.4；13.1
Bi^{3+}		6	11.9
Cu^+	0.1	3, 4	13；15.4
Hg^{2+}		2, 3, 4	22.1；24.7；26.8
氢氧基配合物			
Al^{3+}	2	4	33.3
		$Al_6(OH)_{15}^{3+}$	163
Bi^{3+}	3	1	12.4
		$Bi_6(OH)_{12}^{6+}$	168.3

续表

金属离子	$I/(mol \cdot L^{-1})$	n	$\lg\beta_n$
Cd^{2+}	3	1, …, 4	4.3；7.7；10.3；12.0
Co^{2+}	0.1	1, 2, 3	5.1；—；10.2
Cr^{3+}	0.1	1, 2	10.2；18.3
Fe^{2+}	1	1	4.5
Fe^{3+}	3	1, 2	11.0；21.7
		$Fe_2(OH)_2^{4+}$	25.1
Hg^{2+}	0.5	2	21.7
Mg^{2+}	0	1	2.6
Mn^{2+}	0.1	1	3.4
Ni^{2+}	0.1	1	4.6
Pb^{2+}	0.3	1, 2, 3	6.2；10.3；13.3
		$Pb_2(OH)^{3+}$	7.6
Sn^{2+}	3	1	10.1
Th^{4+}	1	1	9.7
Ti^{3+}	0.5	1	11.8
TiO^{2+}	1	1	13.7
VO^{2+}	3	1	8.0
Zn^{2+}	0	1, …, 4	4.4；10.1；14.2；15.5

注：(1) β_n 为配合物的累积稳定常数，$\beta_n = K_1 K_2 K_3 \cdots K_n$。
例如 Ag^+ 与 NH_3 的配合物，$\lg\beta_1 = 3.24$，即 $\lg K_1 = 3.24$；$\lg\beta_2 = 7.05$，即 $\lg K_1 = 3.24$，$\lg K_2 = 3.81$。
(2) 酸式、碱式配合物及多核氢氧基配合物的化学式标明于 n 栏中。

附表3 氨羧配位剂类配合物的稳定常数(18～25℃，$I = 0.1 mol \cdot L^{-1}$)

金属离子	lgK					NTA[6]	
	EDTA[1]	DCyTA[2]	DTPA[3]	EGTA[4]	HEDTA[5]	$\lg\beta_1$	$\lg\beta_2$
Ag^+	7.32			6.88	6.71	5.16	
Al^{3+}	16.3	19.5	18.6	13.9	14.3	11.4	
Ba^{2+}	7.86	8.69	8.87	8.41	6.3	4.82	
Be^{2+}	9.2	11.51			7.11		
Bi^{3+}	27.94	32.3	35.6		22.3	17.5	
Ca^{2+}	10.69	13.20	10.83	10.97	8.3	6.41	
Cd^{2+}	16.46	19.93	19.2	16.7	13.3	9.83	14.61
Co^{2+}	16.31	19.62	19.27	12.39	14.6	10.38	14.39
Co^{3+}	36			37.4		6.84	
Cr^{3+}	23.4				6.23		

续表

金属离子	lg$K$					NTA[6]	
	EDTA[1]	DCyTA[2]	DTPA[3]	EGTA[4]	HEDTA[5]	lgβ_1	lgβ_2
Cu^{2+}	18.80	22.00	21.55	17.71	17.6	12.96	
Fe^{2+}	14.32	19.0	16.5	11.87	12.3	8.33	
Fe^{3+}	25.1	30.1	28.0	20.5	19.8	15.9	
Ga^{3+}	20.3	23.2	25.54		16.9	13.6	
Hg^{2+}	21.7	25.00	26.70	23.2	20.30	14.6	
In^{3+}	25.0	28.8	29.0		20.2	16.9	
Li^+	2.79					2.51	
Mg^{2+}	8.7	11.02	9.30	5.21	7.0	5.41	
Mn^{2+}	13.87	17.48	15.60	12.28	10.9	7.44	
Mo(V)	~28						
Na^+	1.66						1.22
Ni^{2+}	18.62	20.3	20.32	13.55	17.3	11.53	16.42
Pb^{2+}	18.04	20.38	18.80	14.71	15.7	11.39	
Pd^{2+}	18.5						
Sc^{3+}	23.1	26.1	24.5	18.2			24.1
Sn^{2+}	22.11						
Sr^{2+}	8.73	10.59	9.77	8.50	6.9	4.98	
Th^{4+}	23.2	25.6	28.78				
TiO^{2+}	17.3						
Tl^{3+}	37.8	38.3				20.9	32.5
U^{4+}	25.8	27.6	7.69				
VO^{2+}	18.8	20.1					
Y^{3+}	18.09	19.85	22.13	17.16	14.78	11.41	20.43
Zn^{2+}	16.50	19.37	18.40	12.7	14.7	10.67	14.29
Zr^{4+}	29.5		35.8			20.8	
稀土元素	16~20	17~22	19		13~16	10~12	

1) EDTA：乙二胺四乙酸。
2) DCyTA（或 DCTA、CyDTA）：1,2-二氨基环己烷四乙酸。
3) DTPA：二乙基三胺五乙酸。
4) EGTA：乙二醇二乙醚二胺四乙酸。
5) HEDTA：N-羟基乙基乙二胺三乙酸。
6) NTA：氨三乙酸。

附表 4 标准电极电位（18～25℃）

半反应	$\varphi^{\ominus}$ /V
$F_2(g) + 2H^+ + 2e^- = 2HF$	3.06
$O_3 + 2H^+ + 2e^- = O_2 + H_2O$	2.07
$S_2O_8^{2-} + 2e^- = 2SO_4^{2-}$	2.01
$H_2O_2 + 2H^+ + 2e^- = 2H_2O$	1.77
$MnO_4^- + 4H^+ + 3e^- = MnO_2(s) + 2H_2O$	1.695
$PbO_2(s) + SO_4^{2-} + 4H^+ + 2e^- = PbSO_4(s) + 2H_2O$	1.685
$HClO_2 + 2H^+ + 2e^- = HClO + H_2O$	1.64
$HClO + H^+ + e^- = 1/2Cl_2 + H_2O$	1.63
$Ce^{4+} + e^- = Ce^{3+}$	1.61
$H_5IO_6 + H^+ + 2e^- = IO_3^- + 3H_2O$	1.60
$HBrO + H^+ + e^- = 1/2Br_2 + H_2O$	1.59
$BrO_3^- + 6H^+ + 5e^- = 1/2Br_2 + 3H_2O$	1.52
$MnO_4^- + 8H^+ + 5e^- = Mn^{2+} + 4H_2O$	1.51
$Au(III) + 3e^- = Au$	1.50
$HClO + H^+ + 2e^- = Cl^- + H_2O$	1.49
$ClO_3^- + 6H^+ + 5e^- = 1/2Cl_2 + 3H_2O$	1.47
$PbO_2(s) + 4H^+ + 2e^- = Pb^{2+} + 2H_2O$	1.455
$HIO + H^+ + e^- = 1/2I_2 + H_2O$	1.45
$ClO_3^- + 6H^+ + 6e^- = Cl^- + 3H_2O$	1.45
$BrO_3^- + 6H^+ + 6e^- = Br^- + 3H_2O$	1.44
$Au(III) + 2e^- = Au(I)$	1.41
$Cl_2(g) + 2e^- = 2Cl^-$	1.3595
$ClO_4^- + 8H^+ + 7e^- = 1/2Cl_2 + 4H_2O$	1.34
$Cr_2O_7^{2-} + 14H^+ + 6e^- = 2Cr^{3+} + 7H_2O$	1.33
$MnO_2(s) + 4H^+ + 2e^- = Mn^{2+} + 2H_2O$	1.23
$O_2(g) + 4H^+ + 4e^- = 2H_2O$	1.229
$IO_3^- + 6H^+ + 5e^- = 1/2I_2 + 3H_2O$	1.20
$ClO_4^- + 2H^+ + 2e^- = ClO_3^- + H_2O$	1.19
$Br_2(aq) + 2e^- = 2Br^-$	1.087
$NO_2 + H^+ + e^- = HNO_2$	1.07
$Br_3^- + 2e^- = 3Br^-$	1.05
$HNO_2 + H^+ + e^- = NO(g) + H_2O$	1.00
$VO_2^+ + 2H^+ + e^- = VO^{2+} + H_2O$	1.00

续表

半反应	$\varphi^{\ominus}$ /V
$HIO + H^+ + 2e^- \rightleftharpoons I^- + H_2O$	0.99
$NO_3^- + 3H^+ + 2e^- \rightleftharpoons HNO_2 + H_2O$	0.94
$ClO^- + H_2O + 2e^- \rightleftharpoons Cl^- + 2OH^-$	0.89
$H_2O_2 + 2e^- \rightleftharpoons 2OH^-$	0.88
$Cu^{2+} + I^- + e^- \rightleftharpoons CuI(s)$	0.86
$Hg^{2+} + 2e^- \rightleftharpoons Hg$	0.845
$NO_3^- + 2H^+ + e^- \rightleftharpoons NO_2 + H_2O$	0.80
$Ag^+ + e^- \rightleftharpoons Ag$	0.7995
$Hg_2^{2+} + 2e^- \rightleftharpoons 2Hg$	0.793
$Fe^{3+} + e^- \rightleftharpoons Fe^{2+}$	0.771
$BrO^- + H_2O + 2e^- \rightleftharpoons Br^- + 2OH^-$	0.76
$O_2(g) + 2H^+ + 2e^- \rightleftharpoons H_2O_2$	0.682
$AsO_2^- + 2H_2O + 3e^- \rightleftharpoons As + 4OH^-$	0.68
$2HgCl_2 + 2e^- \rightleftharpoons Hg_2Cl_2(s) + 2Cl^-$	0.63
$Hg_2SO_4(s) + 2e^- \rightleftharpoons 2Hg + SO_4^{2-}$	0.6151
$MnO_4^- + 2H_2O + 3e^- \rightleftharpoons MnO_2(s) + 4OH^-$	0.588
$MnO_4^- + e^- \rightleftharpoons MnO_4^{2-}$	0.564
$H_3AsO_4 + 2H^+ + 2e^- \rightleftharpoons HAsO_2 + 2H_2O$	0.559
$I_3^- + 2e^- \rightleftharpoons 3I^-$	0.545
$I_2(s) + 2e^- \rightleftharpoons 2I^-$	0.5345
$Mo(VI) + e^- \rightleftharpoons Mo(V)$	0.53
$Cu^+ + e^- \rightleftharpoons Cu$	0.52
$4SO_2(aq) + 4H^+ + 6e^- \rightleftharpoons S_4O_6^{2-} + 2H_2O$	0.51
$HgCl_4^{2-} + 2e^- \rightleftharpoons Hg + 4Cl^-$	0.48
$2SO_2(aq) + 2H^+ + 4e^- \rightleftharpoons S_2O_3^{2-} + H_2O$	0.40
$Fe(CN)_6^{3-} + e^- \rightleftharpoons Fe(CN)_6^{4-}$	0.36
$Cu^{2+} + 2e^- \rightleftharpoons Cu$	0.337
$VO^{2+} + 2H^+ + e^- \rightleftharpoons V^{3+} + H_2O$	0.337
$BiO^+ + 2H^+ + 3e^- \rightleftharpoons Bi + H_2O$	0.32
$Hg_2Cl_2(s) + 2e^- \rightleftharpoons 2Hg + 2Cl^-$	0.2676
$HAsO_2 + 3H^+ + 3e^- \rightleftharpoons As + 2H_2O$	0.248
$AgCl(s) + e^- \rightleftharpoons Ag + Cl^-$	0.2223
$SbO^+ + 2H^+ + 3e^- \rightleftharpoons Sb + H_2O$	0.212
$SO_4^{2-} + 4H^+ + 2e^- \rightleftharpoons SO_2(aq) + 2H_2O$	0.17
$Cu^{2+} + e^- \rightleftharpoons Cu^+$	0.159

续表

半反应	$\varphi^\ominus$ /V
$Sn^{4+} + 2e^- \rightleftharpoons Sn^{2+}$	0.154
$S + 2H^+ + 2e^- \rightleftharpoons H_2S(g)$	0.141
$Hg_2Br_2 + 2e^- \rightleftharpoons 2Hg + 2Br^-$	0.1395
$TiO^{2+} + 2H^+ + e^- \rightleftharpoons Ti^{3+} + H_2O$	0.1
$S_4O_6^{2-} + 2e^- \rightleftharpoons 2S_2O_3^{2-}$	0.08
$AgBr(s) + e^- \rightleftharpoons Ag + Br^-$	0.071
$2H^+ + 2e^- \rightleftharpoons H_2$	0.000
$O_2 + H_2O + 2e^- \rightleftharpoons HO_2^- + OH^-$	−0.067
$TiOCl^+ + 2H^+ + 3Cl^- + e^- \rightleftharpoons TiCl_4^- + H_2O$	−0.09
$Pb^{2+} + 2e^- \rightleftharpoons Pb$	−0.126
$Sn^{2+} + 2e^- \rightleftharpoons Sn$	−0.136
$AgI(s) + e^- \rightleftharpoons Ag + I^-$	−0.152
$Ni^{2+} + 2e^- \rightleftharpoons Ni$	−0.246
$H_3PO_4 + 2H^+ + 2e^- \rightleftharpoons H_3PO_3 + H_2O$	−0.276
$Co^{2+} + 2e^- \rightleftharpoons Co$	−0.277
$Tl^+ + e^- \rightleftharpoons Tl$	−0.3360
$In^{3+} + 3e^- \rightleftharpoons In$	−0.345
$PbSO_4(s) + 2e^- \rightleftharpoons Pb + SO_4^{2-}$	−0.3553
$SeO_3^{2-} + 3H_2O + 4e^- \rightleftharpoons Se + 6OH^-$	−0.366
$As + 3H^+ + 3e^- \rightleftharpoons AsH_3$	−0.38
$Se + 2H^+ + 2e^- \rightleftharpoons H_2Se$	−0.40
$Cd^{2+} + 2e^- \rightleftharpoons Cd$	−0.403
$Cr^{3+} + e^- \rightleftharpoons Cr^{2+}$	−0.41
$Fe^{2+} + 2e^- \rightleftharpoons Fe$	−0.440
$S + 2e^- \rightleftharpoons S^{2-}$	−0.48
$2CO_2 + 2H^+ + 2e^- \rightleftharpoons H_2C_2O_4$	−0.49
$H_3PO_3 + 2H^+ + 2e^- \rightleftharpoons H_3PO_2 + H_2O$	−0.50
$Sb + 3H^+ + 3e^- \rightleftharpoons SbH_3$	−0.51
$HPbO_2^- + H_2O + 2e^- \rightleftharpoons Pb + 3OH^-$	−0.54
$Ga^{3+} + 3e^- \rightleftharpoons Ga$	−0.56
$TeO_3^{2-} + 3H_2O + 4e^- \rightleftharpoons Te + 6OH^-$	−0.57
$2SO_3^{2-} + 3H_2O + 4e^- \rightleftharpoons S_2O_3^{2-} + 6OH^-$	−0.58
$SO_3^{2-} + 3H_2O + 4e^- \rightleftharpoons S + 6OH^-$	−0.66
$AsO_4^{3-} + 2H_2O + 2e^- \rightleftharpoons AsO_2^- + 4OH^-$	−0.67
$Ag_2S(s) + 2e^- \rightleftharpoons 2Ag + S^{2-}$	−0.69

续表

半反应	$\varphi^{\ominus}$ /V
$Zn^{2+} + 2e^- = Zn$	−0.763
$2H_2O + 2e^- = H_2 + 2OH^-$	−0.828
$Cr^{2+} + 2e^- = Cr$	−0.91
$HSnO_2^- + H_2O + 2e^- = Sn + 3OH^-$	−0.91
$Se + 2e^- = Se^{2-}$	−0.92
$Sn(OH)_6^{2-} + 2e^- = HSnO_2^- + H_2O + 3OH^-$	−0.93
$CNO^- + H_2O + 2e^- = CN^- + 2OH^-$	−0.97
$Mn^{2+} + 2e^- = Mn$	−1.182
$ZnO_2^{2-} + 2H_2O + 2e^- = Zn + 4OH^-$	−1.216
$Al^{3+} + 3e^- = Al$	−1.66
$H_2AlO_3^- + H_2O + 3e^- = Al + 4OH^-$	−2.35
$Mg^{2+} + 2e^- = Mg$	−2.37
$Na^+ + e^- = Na$	−2.714
$Ca^{2+} + 2e^- = Ca$	−2.87
$Sr^{2+} + 2e^- = Sr$	−2.89
$Ba^{2+} + 2e^- = Ba$	−2.90
$K^+ + e^- = K$	−2.925
$Li^+ + e^- = Li$	−3.042

附表 5 某些氧化还原电对的条件电位

半反应	$\varphi^{\ominus\prime}$ /V	介质
$Ag^{2+} + e^- = Ag^+$	1.927	4 mol·L^{-1} HNO$_3$
$Ce^{4+} + e^- = Ce^{3+}$	1.74	1 mol·L^{-1} HClO$_4$
$Ce^{4+} + e^- = Ce^{3+}$	1.44	0.5 mol·L^{-1} H$_2$SO$_4$
$Ce^{4+} + e^- = Ce^{3+}$	1.28	1 mol·L^{-1} HCl
$Co^{3+} + e^- = Co^{2+}$	1.84	3 mol·L^{-1} HNO$_3$
$Co(en)_3^{3+} + e^- = Co(en)_3^{2+}$	−0.2	0.1 mol·L^{-1} KNO$_3$ + 0.1 mol·L^{-1} 乙二胺
$Cr^{3+} + e^- = Cr^{2+}$	−0.40	5 mol·L^{-1} HCl
$Cr_2O_7^{2-} + 14H^+ + 6e^- = 2Cr^{3+} + 7H_2O$	1.08	3 mol·L^{-1} HCl
$Cr_2O_7^{2-} + 14H^+ + 6e^- = 2Cr^{3+} + 7H_2O$	1.15	4 mol·L^{-1} H$_2$SO$_4$
$Cr_2O_7^{2-} + 14H^+ + 6e^- = 2Cr^{3+} + 7H_2O$	1.025	1 mol·L^{-1} HClO$_4$
$CrO_4^{2-} + 2H_2O + 3e^- = CrO_2^- + 4OH^-$	−0.12	1 mol·L^{-1} NaOH
$Fe^{3+} + e^- = Fe^{2+}$	0.767	1 mol·L^{-1} HClO$_4$
$Fe^{3+} + e^- = Fe^{2+}$	0.71	0.5 mol·L^{-1} HCl
$Fe^{3+} + e^- = Fe^{2+}$	0.68	1 mol·L^{-1} H$_2$SO$_4$

续表

半反应	$\varphi^{\ominus\prime}$/V	介质
$Fe^{3+} + e^- \rightleftharpoons Fe^{2+}$	0.68	$1mol \cdot L^{-1}$ HCl
	0.46	$2mol \cdot L^{-1}$ H_3PO_4
	0.51	$1mol \cdot L^{-1}$ HCl-$0.25mol \cdot L^{-1}$ H_3PO_4
$Fe(EDTA)^- + e^- \rightleftharpoons Fe(EDTA)^{2-}$	0.12	$0.1mol \cdot L^{-1}$ EDTA，pH 4~6
$Fe(CN)_6^{3-} + e^- \rightleftharpoons Fe(CN)_6^{4-}$	0.56	$0.1mol \cdot L^{-1}$ HCl
$FeO_4^{2-} + 2H_2O + 3e^- \rightleftharpoons FeO_2^- + 4OH^-$	0.55	$10mol \cdot L^{-1}$ NaOH
$I_3^- + 2e^- \rightleftharpoons 3I^-$	0.5446	$0.5mol \cdot L^{-1}$ H_2SO_4
$I_2(aq) + 2e^- \rightleftharpoons 2I^-$	0.6276	$0.5mol \cdot L^{-1}$ H_2SO_4
$MnO_4^- + 8H^+ + 5e^- \rightleftharpoons Mn^{2+} + 4H_2O$	1.45	$1mol \cdot L^{-1}$ $HClO_4$
$SnCl_6^{2-} + 2e^- \rightleftharpoons SnCl_4^{2-} + 2Cl^-$	0.14	$1mol \cdot L^{-1}$ HCl
$Sb^{5+} + 2e^- \rightleftharpoons Sb^{3+}$	0.75	$3.5mol \cdot L^{-1}$ HCl
$Sb(OH)_6^- + 2e^- \rightleftharpoons SbO_2^- + 2OH^- + 2H_2O$	−0.428	$3mol \cdot L^{-1}$ NaOH
$SbO_2^- + 2H_2O + 3e^- \rightleftharpoons Sb + 4OH^-$	−0.675	$10mol \cdot L^{-1}$ KOH
$Ti^{4+} + e^- \rightleftharpoons Ti^{3+}$	−0.01	$0.2mol \cdot L^{-1}$ H_2SO_4
	0.12	$2mol \cdot L^{-1}$ H_2SO_4
	−0.04	$1mol \cdot L^{-1}$ HCl
	−0.05	$1mol \cdot L^{-1}$ H_3PO_4
$Pb^{2+} + 2e^- \rightleftharpoons Pb$	−0.32	$1mol \cdot L^{-1}$ NaAc

附表6 微溶化合物的溶度积和累积稳定常数(18~25℃，$I = 0$)

微溶化合物	K_{sp}	$\lg\beta_{pf}$	微溶化合物	K_{sp}	$\lg\beta_{pf}$
Ag_3AsO_4	1×10^{-22}	22.0	$As_2S_3^{1)}$	2.1×10^{-22}	21.68
AgBr	5.0×10^{-13}	12.30	$BaCO_3$	5.1×10^{-9}	8.29
Ag_2CO_3	8.1×10^{-12}	11.09	$BaCrO_4$	1.2×10^{-10}	9.93
AgCl	1.8×10^{-10}	9.75	BaF_2	1×10^{-6}	6.0
Ag_2CrO_4	2.0×10^{-12}	11.71	$BaC_2O_4 \cdot H_2O$	2.3×10^{-8}	7.64
AgCN	1.2×10^{-16}	15.92	$BaSO_4$	1.1×10^{-10}	9.96
$Ag_2C_2O_4$	3.5×10^{-11}	10.46	$Bi(OH)_3$	4×10^{-31}	30.4
AgI	9.3×10^{-17}	16.03	$BiOOH^{2)}$	4×10^{-10}	9.4
AgOH	2.0×10^{-8}	7.71	BiI_3	8.1×10^{-19}	18.09
Ag_3PO_4	1.4×10^{-16}	15.84	BiOCl	1.8×10^{-31}	30.75
Ag_2SO_4	1.4×10^{-5}	4.84	$BiPO_4$	1.3×10^{-23}	22.89
Ag_2S	2×10^{-49}	48.69	Bi_2S_3	1×10^{-97}	97.0
AgSCN	1.0×10^{-12}	12.00	$CaCO_3$	2.9×10^{-9}	8.54
$Al(OH)_3$(无定形)	1.3×10^{-33}	32.9	$CaC_2O_4 \cdot H_2O$	2.0×10^{-9}	8.70

微溶化合物	K_{sp}	$\lg\beta_{pf}$	微溶化合物	K_{sp}	$\lg\beta_{pf}$
CaF_2	2.7×10^{-11}	10.57	Hg_2Cl_2	1.3×10^{-18}	17.88
$Ca_3(PO_4)_2$	2.0×10^{-29}	28.70	Hg_2I_2	4.5×10^{-29}	28.35
$CaSO_4$	9.1×10^{-6}	5.04	Hg_2SO_4	7.4×10^{-7}	6.13
$CaWO_4$	8.7×10^{-9}	8.06	Hg_2S	1×10^{-47}	47.0
$CdCO_3$	5.2×10^{-12}	11.28	$Hg_2(OH)_2$	2×10^{-24}	23.7
$Cd_2[Fe(CN)_6]$	3.2×10^{-17}	16.49	$Hg(OH)_2$	3.0×10^{-26}	25.52
$Cd(OH)_2$(新析出)	2.5×10^{-14}	13.60	HgS(红色)	4×10^{-53}	52.4
$CdC_2O_4 \cdot 3H_2O$	9.1×10^{-8}	7.04	HgS(黑色)	2×10^{-52}	51.7
CdS	8×10^{-27}	26.1	$MgCO_3$	3.5×10^{-8}	7.46
$CoCO_3$	1.4×10^{-13}	12.84	MgF_2	6.4×10^{-9}	8.19
$Co_2[Fe(CN)_6]$	1.8×10^{-15}	14.74	$MgNH_4PO_4$	2×10^{-13}	12.7
$Co(OH)_2$(新析出)	2×10^{-15}	14.7	$Mg(OH)_2$	1.8×10^{-11}	10.74
$Co(OH)_3$	2×10^{-44}	43.7	$MnCO_3$	1.8×10^{-11}	10.74
$Co[Hg(SCN)_4]$	1.5×10^{-6}	5.82	$Mn(OH)_2$	1.9×10^{-13}	12.72
$Co_3(PO_4)_2$	2×10^{-35}	34.7	MnS(无定形)	2×10^{-10}	9.7
α-CoS	4×10^{-21}	20.4	MnS(晶形)	2×10^{-13}	12.7
β-CoS	2×10^{-25}	24.7	$NiCO_3$	6.6×10^{-9}	8.18
$Cr(OH)_3$	6×10^{-31}	30.2	$Ni(OH)_2$(新析出)	2×10^{-15}	14.7
$CuBr$	5.2×10^{-9}	8.28	$Ni_3(PO_4)_2$	5×10^{-31}	30.3
$CuCl$	1.2×10^{-6}	5.92	α-NiS	3×10^{-19}	18.5
$CuCN$	3.2×10^{-20}	19.49	β-NiS	1×10^{-24}	24.0
CuI	1.1×10^{-12}	11.96	γ-NiS	2×10^{-26}	25.7
$CuOH$	1×10^{-14}	14.0	$PbCO_3$	7.4×10^{-14}	13.13
Cu_2S	2×10^{-48}	47.7	$PbCl_2$	1.6×10^{-5}	4.79
$CuSCN$	4.8×10^{-15}	14.32	$PbClF$	2.4×10^{-9}	8.62
$CuCO_3$	1.4×10^{-10}	9.86	$PbCrO_4$	2.8×10^{-13}	12.55
$Cu(OH)_2$	2.2×10^{-20}	19.66	PbF_2	2.7×10^{-8}	7.57
CuS	6×10^{-36}	35.2	$Pb(OH)_2$	1.2×10^{-15}	14.93
$FeCO_3$	3.2×10^{-11}	10.50	PbI_2	7.1×10^{-9}	8.15
$Fe(OH)_2$	8×10^{-16}	15.1	$PbMoO_4$	1×10^{-13}	13.0
$Fe(OH)_3$	4×10^{-38}	37.4	$Pb_3(PO_4)_2$	8.0×10^{-43}	42.10
$FePO_4$	1.3×10^{-22}	21.89	$PbSO_4$	1.6×10^{-8}	7.79
FeS	6×10^{-18}	17.2	PbS	8×10^{-28}	27.9
$Hg_2Br_2^{3)}$	5.8×10^{-23}	22.24	$Pb(OH)_4$	3×10^{-66}	65.5
Hg_2CO_3	8.9×10^{-17}	16.05	$Sb(OH)_3$	4×10^{-42}	41.4

续表

微溶化合物	K_{sp}	$\lg\beta_{pf}$	微溶化合物	K_{sp}	$\lg\beta_{pf}$
Sb_2S_3	2×10^{-93}	92.7	$Sr_3(PO_4)_2$	4.1×10^{-28}	27.39
$Sn(OH)_2$	1.4×10^{-28}	27.85	$SrSO_4$	3.2×10^{-7}	6.49
SnS	1×10^{-25}	25.0	$Ti(OH)_3$	1×10^{-40}	40.0
SnS_2	2×10^{-27}	26.7	$TiO(OH)_2$ [4]	1×10^{-29}	29.0
$Sn(OH)_4$	1×10^{-56}	56.0	$ZnCO_3$	1.4×10^{-11}	10.84
SnS_3	1×10^{-25}	25.0	$Zn_2[Fe(CN)_6]$	4.1×10^{-16}	15.39
$SrCO_3$	1.1×10^{-10}	9.96	$Zn(OH)_2$	1.2×10^{-17}	16.92
$SrC_2O_4 \cdot H_2O$	1.6×10^{-7}	6.80	$Zn_3(PO_4)_2$	9.1×10^{-33}	32.04
$SrCrO_4$	2.2×10^{-5}	4.65	ZnS	2×10^{-22}	21.7
SrF_2	2.4×10^{-9}	8.61			

1) 为反应 $As_2S_3 + 4H_2O \rightleftharpoons 2HAsO_2 + 3H_2S$ 的平衡常数。
2) $K_{sp} = [BiO^+][OH^-]$。
3) $(Hg_2)_m X_n$ 的 $K_{sp} = [Hg_2^{2+}]^m[X^{-2m/n}]^n$。
4) $TiO(OH)_2$ 的 $K_{sp} = [TiO^{2+}][OH^-]^2$。

附表7 化合物的相对分子质量

物质	相对分子质量	物质	相对分子质量	物质	相对分子质量
Ag_3AsO_4	462.57	$BaCl_2 \cdot 2H_2O$	244.27	$CdCO_3$	172.42
$AgBr$	187.77	$BaCrO_4$	253.32	$CdCl_2$	183.32
$AgCl$	143.32	BaO	153.33	CdS	144.47
$AgCN$	133.89	$Ba(OH)_2$	171.34	$Ce(SO_4)_2$	332.24
Ag_2CrO_4	331.73	$BaSO_4$	233.39	$Ce(SO_4)_2 \cdot 4H_2O$	404.30
AgI	234.77	$BiCl_3$	315.34	$CoCl_2$	129.84
$AgNO_3$	169.87	$BiOCl$	260.43	$CoCl_2 \cdot 6H_2O$	237.93
$AlCl_3$	165.95	CH_3COONa	82.034	CoS	90.99
$AgSCN$	133.34	$CH_3COONa \cdot 3H_2O$	136.08	$CoSO_4$	154.99
$AlCl_3 \cdot 6H_2O$	241.43	CH_3COOH	60.05	$CoSO_4 \cdot 7H_2O$	281.10
$Al(NO_3)_3$	213.00	CH_3COONH_4	77.083	$CrCl_3$	158.35
$Al(NO_3)_3 \cdot 9H_2O$	375.13	CO_2	44.01	$Co(NO_3)_2$	182.94
Al_2O_3	101.96	$CO(NH_2)_2$	60.06	$Co(NO_3)_2 \cdot 6H_2O$	291.03
$Al(OH)_3$	78.00	CaO	56.08	$CrCl_3 \cdot 6H_2O$	266.45
$Al_2(SO_4)_3$	342.14	$CaCO_3$	100.09	$Cr(NO_3)_3$	238.01
$Al_2(SO_4)_3 \cdot 18H_2O$	666.41	CaC_2O_4	128.10	Cr_2O_3	151.99
As_2O_3	197.84	$CaCl_2$	110.99	$CuCl$	98.999
As_2O_5	229.84	$CaCl_2 \cdot 6H_2O$	219.08	$CuCl_2$	134.45
As_2S_3	246.02	$Ca(NO_3)_2 \cdot 4H_2O$	236.15	$CuCl_2 \cdot 2H_2O$	170.48
$BaCO_3$	197.34	$Ca(OH)_2$	74.09	$CuSCN$	121.62
BaC_2O_4	225.35	$Ca_3(PO_4)_2$	310.18	CuI	190.45
$BaCl_2$	208.24	$CaSO_4$	136.14	$Cu(NO_3)_2$	187.56

续表

物质	相对分子质量	物质	相对分子质量	物质	相对分子质量
$Cu(NO_3)_2 \cdot 3H_2O$	241.60	H_2S	34.08	KOH	56.106
CuO	79.545	H_2SO_3	82.07	K_2SO_4	174.25
Cu_2O	143.09	H_2SO_4	98.07	$MgCO_3$	84.314
CuS	95.61	$Hg(CN)_2$	252.63	$MgCl_2$	95.211
$CuSO_4$	159.60	$HgCl_2$	271.50	$MgCl_2 \cdot 6H_2O$	203.30
$CuSO_4 \cdot 5H_2O$	249.68	Hg_2Cl_2	472.09	MgC_2O_4	112.33
$FeCl_2$	126.75	HgI_2	454.40	$Mg(NO_3)_2 \cdot 6H_2O$	256.41
$FeCl_2 \cdot 4H_2O$	198.81	$Hg_2(NO_3)_2$	525.19	$MgNH_4PO_4$	137.32
$FeCl_3$	162.21	$Hg_2(NO_3)_2 \cdot 2H_2O$	561.22	MgO	40.304
$FeCl_3 \cdot 6H_2O$	270.30	$Hg(NO_3)_2$	324.60	$Mg(OH)_2$	58.32
$FeNH_4(SO_4)_2 \cdot 12H_2O$	482.18	HgO	216.59	$Mg_2P_2O_7$	222.55
$Fe(NO_3)_3$	241.86	HgS	232.65	$MgSO_4 \cdot 7H_2O$	246.47
$Fe(NO_3)_3 \cdot 9H_2O$	404.00	$HgSO_4$	296.65	$MnCO_3$	114.95
FeO	71.846	Hg_2SO_4	497.24	$MnCl_2 \cdot 4H_2O$	197.91
Fe_2O_3	159.69	$KAl(SO_4)_2 \cdot 12H_2O$	474.38	MnO_2	86.937
Fe_3O_4	231.54	KBr	119.00	MnS	87.00
$Fe(OH)_3$	106.87	$KBrO_3$	167.00	$MnSO_4$	151.00
FeS	87.91	KCl	74.551	$MnSO_4 \cdot 4H_2O$	223.06
Fe_2S_3	207.87	$KClO_3$	122.55	$Mn(NO_3)_2 \cdot 6H_2O$	287.04
$FeSO_4$	151.91	$KClO_4$	138.55	MnO	70.937
$FeSO_4 \cdot 7H_2O$	278.01	KCN	65.116	NH_3	17.03
$FeSO_4 \cdot (NH_4)_2SO_4 \cdot 6H_2O$	392.13	$KSCN$	97.18	NH_4Cl	53.491
H_3AsO_3	125.94	K_2CO_3	138.21	$(NH_4)_2CO_3$	96.086
H_3AsO_4	141.94	K_2CrO_4	194.19	$(NH_4)_2C_2O_4$	124.10
H_3BO_3	61.83	$K_2Cr_2O_7$	294.18	$(NH_4)_2C_2O_4 \cdot H_2O$	142.11
HBr	80.912	$K_3Fe(CN)_6$	329.25	NH_4SCN	76.12
HCN	27.026	$K_4Fe(CN)_6$	368.35	NH_4HCO_3	79.055
$HCOOH$	46.026	$KFe(SO_4)_2 \cdot 12H_2O$	503.24	$(NH_4)_2MoO_4$	196.01
H_2CO_3	62.025	$KHC_2O_4 \cdot H_2O$	146.14	NH_4NO_3	80.043
$H_2C_2O_4$	90.035	$KHC_2O_4 \cdot H_2C_2O_4 \cdot 2H_2O$	254.19	$(NH_4)_2HPO_4$	132.06
$H_2C_2O_4 \cdot 2H_2O$	126.07	$KHC_4H_4O_6$	188.18	$(NH_4)_2S$	68.14
HCl	36.461	$KHSO_4$	136.16	$(NH_4)_2SO_4$	132.13
HF	20.006	KI	166.00	NH_4VO_3	116.98
HI	127.91	KIO_3	214.00	NO	30.006
HNO_2	47.013	$KIO_3 \cdot HIO_3$	389.91	NO_2	46.006
HIO_3	175.91	$KMnO_4$	158.03	Na_3AsO_3	191.89
HNO_3	63.01	$KNaC_4H_4O_6 \cdot 4H_2O$	282.22	$Na_2B_4O_7$	201.22
H_2O	18.02	KNO_3	101.10	$Na_2CO_3 \cdot 10H_2O$	381.37
H_2O_2	34.02	KNO_2	85.104	$NaBiO_3$	279.97
H_3PO_4	98.00	K_2O	94.196	$NaCN$	49.007

续表

物质	相对分子质量	物质	相对分子质量	物质	相对分子质量
NaSCN	81.07	NiS	90.75	$SnCl_2$	189.62
Na_2CO_3	105.99	$NiSO_4 \cdot 7H_2O$	280.85	$SnCl_2 \cdot 2H_2O$	225.65
$Na_2CO_3 \cdot 10H_2O$	286.14	P_2O_5	141.94	$SnCl_4$	260.52
$Na_2C_2O_4$	134.00	PbC_2O_4	295.22	$SnCl_4 \cdot 5H_2O$	350.596
NaCl	58.443	$PbCO_3$	267.20	SnO_2	150.71
$Na_2HPO_4 \cdot 12H_2O$	358.14	$PbCl_2$	278.10	SnS	150.776
NaClO	74.442	$PbCrO_4$	323.20	$SrCO_3$	147.63
$NaHCO_3$	84.007	$Pb(CH_3COO)_2$	325.30	SrC_2O_4	175.64
$Na_2H_2Y \cdot 2H_2O$	372.24	$Pb(CH_3COO)_2 \cdot 3H_2O$	379.30	$SrCrO_4$	203.61
$NaNO_2$	68.995	PbI_2	461.00	$Sr(NO_3)_2$	211.63
$NaNO_3$	84.995	$Pb(NO_3)_2$	331.20	$Sr(NO_3)_2 \cdot 4H_2O$	283.69
Na_2O	61.979	PbO	223.20	$SrSO_4$	183.68
Na_2O_2	77.978	PbO_2	239.20	$UO_2(CH_3COO)_2 \cdot 2H_2O$	424.15
NaOH	39.997	$Pb_3(PO_4)_2$	811.54	$ZnCO_3$	125.39
Na_3PO_4	163.94	PbS	239.30	ZnC_2O_4	153.40
Na_2S	78.04	$PbSO_4$	303.30	$ZnCl_2$	136.29
$Na_2S \cdot 9H_2O$	240.18	SO_2	64.06	$Zn(CH_3COO)_2$	183.47
Na_2SO_3	126.04	SO_3	80.06	$Zn(CH_3COO)_2 \cdot 2H_2O$	219.50
Na_2SO_4	142.04	$SbCl_3$	228.11	$Zn(NO_3)_2$	189.39
$Na_2S_2O_3$	158.10	$SbCl_5$	299.02	$Zn(NO_3)_2 \cdot 6H_2O$	297.48
$Na_2S_2O_3 \cdot 5H_2O$	248.17	Sb_2O_3	291.5	ZnO	81.38
$NiCl_2 \cdot 6H_2O$	237.69	Sb_2S_3	339.68	ZnS	97.44
NiO	74.69	SiF_4	104.08	$ZnSO_4$	161.44
$Ni(NO_3)_2 \cdot 6H_2O$	290.79	SiO_2	60.084	$ZnSO_4 \cdot 7H_2O$	287.54

科学出版社

教学支持说明

科学出版社为了对教师的教学提供支持,特对教师免费提供本教材的电子课件,以方便教师教学。

获取电子课件的教师需要填写如下情况的调查表,以确保本电子课件仅为任课教师获得,并保证只能用于教学,不得复制传播用于商业用途。否则,科学出版社保留诉诸法律的权利。

微信关注公众号"科学 EDU",可在线申请教材课件。也可将本证明签字盖章、扫描后发送到 chem@mail.sciencep.com,我们确认销售记录后立即赠送。

如果您对本书有任何意见和建议,也欢迎您告诉我们。意见经采纳,我们将赠送书目,教师可以免费选书一本。

证 明

兹证明_____大学_____学院/_____系第_____学年□上 □下学期开设的课程,采用科学出版社出版的_____/_____(书名/作者)作为上课教材。任课教师为_____共_____人,学生_____个班共_____人。

任课教师需要与本教材配套的电子教案。

电 话:_____

传 真:_____

E-mail:_____

地 址:_____

邮 编:_____

　　　　　　　　　　　　　　　　院长/系主任:_____(签字)

　　　　　　　　　　　　　　　　　　　(学院/系办公室章)

　　　　　　　　　　　　　　　　　　___年__月__日